深水沉积地质导论

李 华 何幼斌 李向东 著

石油工业出版社

内 容 提 要

本书介绍了内波、内潮汐、等深流、重力流及深水交互作用等深水沉积的基本概念及研究历程，全面总结了深水沉积类型及特征，系统阐述了深水沉积的形成机理，详细论证了深水沉积的资源潜力及地质意义。

本书可供从事深水油气勘探和开发、地质灾害预防的科研人员及管理人员参考。

图书在版编目（CIP）数据

深水沉积地质导论/李华，何幼斌，李向东著 . —北京：石油工业出版社，2024.6

ISBN 978-7-5183-6230-1

Ⅰ.①深… Ⅱ.①李… ②何… ③李… Ⅲ.①沉积岩—地质学 Ⅳ.① P588.2

中国国家版本馆 CIP 数据核字（2023）第 161756 号

审图号：GS 京（2024）0971 号

出版发行：石油工业出版社
（北京安定门外安华里 2 区 1 号　100011）
网　　址：www.petropub.com
编辑部：（010）64251539　　图书营销中心：（010）64523633
经　　销：全国新华书店
印　　刷：北京中石油彩色印刷有限责任公司

2024 年 6 月第 1 版　2024 年 6 月第 1 次印刷
787×1092 毫米　开本：1/16　印张：22
字数：560 千字

定价：120.00 元
（如出现印装质量问题，我社图书营销中心负责调换）
版权所有，翻印必究

FOREWORD 序一

  沉积物（岩）蕴含了众多地质信息，是环境灾害、资源能源、生存空间及地球演化研究的重要载体。海洋占地球面积约四分之三，对地球系统的碳、氢、氧等物质循环、沉积过程、热液活动及生态环境具有重要调控作用。深水沉积是深水区（水深＞200m）常见的沉积类型，是"源—汇"系统的终端部分，也是沉积体系重要组成部分。然而，由于深水区水体深度大，水动力性质复杂多样，且存在不同性质水动力相互影响，沉积物的搬运、堆积过程极为复杂，导致对深水沉积的形成机理认识较为薄弱。因此，加强深水沉积研究既有利于揭示环境、气候及构造演化，又可丰富沉积学研究内容。深水沉积可分为深水原地沉积和异地沉积两大类。根据流体性质不同，深水异地沉积又可进一步分为深水牵引流（等深流、内波及内潮汐）和重力流沉积。就深水原地沉积的细粒沉积物而言，搬运方式、沉积过程及成岩过程是当前研究的重要内容。对于深水异地沉积来说，内波、内潮汐沉积的有效鉴别标志、沉积物供给、搬运和沉积过程等研究极为薄弱；等深流沉积的古环境信息及形成机理是当今研究主题；重力流沉积过程中的流体性质变化、沉积物供给、搬运方式及沉积响应之间的耦合关系研究较为薄弱。

  另外，深水沉积已成为石油地质及沉积学领域研究的重要对象之一。目前，全球共发现深水油气田1140余个，大型、超大型油气田超过90个，形成了墨西哥湾、巴西东部海域、西非陆架"金三角"深水油气区，圭亚那盆地、东非及南海等地也不断发现了新的世界级大型深水油气区。勘探结果表明，深水沉积，特别是重力流沉积成为了国际石油产量及储量增长的主体。尽管沉积学家及石油地质学家开展重力流沉积研究时间较长，成果也较为丰富，但是在物源供给—搬运通道—沉积体系—储层分布、流体性质—搬运过程—沉积体系—优质储层的耦合关系研究方面仍较为薄弱。粗粒的等深流沉积也具有较大的油气勘探潜力，阿拉伯克拉通等深流沉积油气开发已有数十年的历史；细粒的等深流沉积还可成为烃源岩及封堵层。水道型内波及内潮汐沉积多以砂质沉积为主，是潜在的储层。同时，在同一深水区可能同时存在多种性质的流体，这些流体之间相互影响，沉积响应还不清楚。内波、内潮汐及等深流等可以改造早期重力流沉积，使得重力流沉积储集物性变好，但不同环境的内波及等深流等改造重力流沉积的程度及储集性能差异需要进一步研究。

长江大学由高振中、何幼斌、李华等组成的深水沉积团队长期从事深水沉积研究，团队"老、中、青"传承有序，研究成果较为丰硕，特别是在古代地层记录中的内波、内潮汐、等深流及重力流沉积研究方面具有较为突出的特色，相关研究成果提升了深水沉积认识，并较好地指导了深水油气勘探。本书共五章，包括内波沉积、内潮汐沉积、等深流沉积、重力流沉积及交互作用沉积，覆盖了常见的深水沉积类型，内容涉及深水沉积相关的基本概念、研究历程、鉴别标志、形成机理、地质意义及发展方向，具有热点与特色、基础与专业、理论与生产相结合等特点，是目前较为全面、系统介绍深水沉积的专著。该书有助于地质和海洋等工作者快速了解、掌握深水沉积知识并开展研究工作，对推动深水沉积研究及深水油气勘探具有积极作用。

中国科学院院士

序二

随着深水油气勘探不断获得突破，深水沉积已成为石油地质及沉积学领域研究的重要对象。目前，全球共发现与深水沉积相关的油气田1140余个，大型、超大型油气田超过90个。勘探结果表明，深水沉积，特别是深水重力流沉积储层已成为全球石油储量及产量增长的主体。然而，深水沉积区由于水体深度大，水动力性质复杂，沉积响应多变，导致深水沉积相关油气勘探面临许多挑战。

重力流沉积是油气勘探的主要研究对象，尽管沉积学家及石油地质学家开展重力流沉积研究时间较长，成果也较为丰富，但是在物源供给—搬运通道—沉积体系—储层分布、流体性质—搬运过程—沉积体系—优质储层的耦合关系研究方面仍较为薄弱。粗粒等深流沉积具有较大的油气勘探潜力，阿拉伯克拉通等深流沉积储层油气开发已有数十年的历史；北大西洋加的斯海湾发育砾级、砂级等深流沉积；细粒等深流沉积还可成为烃源岩及封堵层。水道内部的内波及内潮汐沉积多以砂质为主，也是潜在的储层。同时，在同一深水沉积区可能存在多种性质的洋流，这些洋流之间相互影响，可形成类型多样、特征迥异、过程复杂的沉积体系，如内波、内潮汐及等深流可以改造早期重力流沉积，使得重力流沉积储层物性变好，但不同环境的内波及等深流改造重力流沉积过程、主控因素及储集性能仍需进一步研究。另外，重力流、等深流及内波、内潮汐沉积蕴含了丰富的古构造、古气候、古海洋等信息，开展深水沉积研究有助于古环境及古构造的恢复。

20世纪80年代初，江汉石油学院（现长江大学）高振中教授等对十万大山下三叠统碳酸盐岩重力流沉积开展了研究，随后又对我国十余个省（区）的重力流沉积进行了研究；"七五"期间，他们在湘北九溪地区下奥陶统中发现了国内首例地层记录中的等深岩丘（世界第二例）；90年代初，在美国阿巴拉契亚地区奥陶系发现并系统研究了世界第一例内潮汐沉积，开辟了沉积学一个新的研究领域。此后，对我国西北、华南以及非洲海岸盆地等地区开展了深水重力流沉积和牵引流沉积研究，形成了以高振中教授、何幼斌教授和李华副教授等为代表的"老、中、青"相结合，以深水沉积研究为特色的研究团队，相关成果发展了深水沉积理论，并较好地指导了深水沉积油气勘探。

本书是长江大学深水沉积科研团队长期研究的成果，共分五章，包括内波沉积、内潮汐沉积、等深流沉积、重力流沉积及交互作用沉积等，覆盖了常见的深水沉积类型，内容涉及深水沉积相关的基本概念、研究历程、鉴别标志、形成机理、地质意义及发展方向。具有基础知识与学科前沿兼顾、沉积机理与勘探实践结合的特点，是目前较为全面、系统论述深水沉积的专著。该书值得大学和科研院所相关科技人员学习与借鉴，对推动深水沉积研究及深水油气勘探具有促进作用。

中国工程院院士 邓运华

前言

　　海洋约占地球面积的71%，记载了地球系统演变的珍贵信息，而深水区由于水深大（水深＞200m），人类了解甚少。深水区常见重力流、等深流、内波和内潮汐等不同性质的流体，可形成不同类型与规模的深水沉积。深水沉积是"源—汇"系统的重要组成部分，其包含了重要的海洋、气候与构造等信息，并且具有良好的油气勘探潜力，还是海洋污染研究的重要方向。因此，深水沉积受到了沉积学家、石油地质学家与构造地质学家的高度关注。

　　目前，深水沉积研究主要集中在形成机理、油气等矿产资源勘探与地质灾害预测等三个方面：（1）沉积物从河流、三角洲、陆架区搬运至陆坡与深海盆地过程中的搬运方式、沉积过程、分布规律与主控因素是形成机理研究的重要内容；（2）西非尼日尔三角洲盆地和下刚果盆地、巴西坎波斯盆地、墨西哥湾以及南海北部等地区的深水油气勘探成果表明，深水沉积（特别是粗粒沉积）具有良好的油气勘探潜力，同时，随着非常规油气勘探的不断深入，深水原地沉积与细粒异地沉积也具有重要的勘探价值；（3）深水区不同性质的流体长时间作用，可形成不同地貌，以及风暴、海啸、地震等活动，可能触发具有破坏性的地质灾害，加强深水沉积研究有助于地质灾害的预测。

　　本书是国家科技重大专项"东非海岸重点盆地勘探潜力综合评价"、国家自然科学基金"鄂尔多斯盆地西南缘中—上奥陶统深水斜坡—海槽区等深流—重力流混合沉积形成机理"及"内蒙古乌海地区奥陶系深水复合型及迁移型重力流水道形成机理"的联合资助成果。本书也是由17项科研项目研究成果综合而成，这些项目主要包括国家自然科学基金"鄂尔多斯盆地西南缘中—上奥陶统深水斜坡—海槽区等深流—重力流混合沉积形成机理""内蒙古乌海地区奥陶系深水复合型及迁移型重力流水道形成机理""鄂尔多斯盆地西南缘中奥陶统重力流与等深流交互作用沉积研究""鄂尔多斯盆地西南缘中奥陶统等深流沉积及其主控因素研究""阿拉善地块东南缘与鄂尔多斯盆地西缘中、上奥陶统浊流演化及其与内波相互作用研究""鄂尔多斯盆地西缘中奥陶统深水牵引流沉积研究""下古生界深水牵引流沉积研究""宁夏香山群内波、内潮汐沉积及其伴生沉积研究",国家科技重大专项"东非海岸重点盆地勘探潜力综合评价",湖北省自然基金"深水重力流水道沉积类型及形成机理研究",以及中国海油、中国石化和中国石油等单位委托的生产课题。本书也是长江大学深水沉积团队多年来专注深水沉积研究的重要成果之一。

本书在撰写过程中,按照先基础后前沿、理论与生产并重的原则,力求做到以下三点。

(1) 紧扣热点,突出特色。笔者调研了大量国内外研究成果,本书主要内容与成果紧扣沉积学、石油地质学等领域研究热点。在充分吸收借鉴国内外研究成果的基础上,结合笔者所在团队近30余年对南海北部、西非、东非、巴西、孟加拉扇、塔里木盆地奥陶系、鄂尔多斯盆地西南缘奥陶系、广西百色三叠系、西秦岭三叠系、湖北大洪山中元古界、湘黔地区奥陶系、湖南石门寒武系等地的研究认识,突出展示了野外基础与油气勘探研究特色。

(2) 兼顾基础理论与专业研究。本书对内波、内潮汐、等深流、重力流及相应沉积的基本概念、研究历史、沉积特征和鉴别标志等进行了较为全面的介绍,有利于刚接触深水沉积的专家、学者及相关专业工作人员快速了解并掌握深水沉积主要特征,进而开展深水沉积初步研究工作。同时,围绕关键科学问题及研究热点,介绍了深水沉积研究面临的问题与发展方向。

(3) 注重基础研究与生产需求紧密结合。本书不仅介绍了内潮汐、等深流、重力流、交互作用沉积机理研究的主要内容与关键问题,还结合当今油气勘探热点与地质灾害预测等实际需求,重视理论研究和生产需求相结合。研究对象包括现代深水沉积和古代深水沉积,研究内容涉及野外露头、地球物理、岩心、物理海洋、现代观察等资料,能基本满足深水沉积研究要求。

全书共有五章：第一章介绍了内波、内潮汐的特征，内波、内潮汐沉积的鉴别与研究意义，并筛选了美国弗吉尼亚、中国浙江桐庐—临安、宁夏中卫地区等三个研究实例进行介绍。第二章介绍了全球现今等深流运动特征、等深流沉积特征与鉴别标志以及等深流沉积研究意义，选取了南海北部现代等深流沉积与鄂尔多斯盆地西南缘奥陶系平凉组等深流沉积两个实例进行介绍。第三章介绍了重力流类型及特征、重力流沉积单元及形成机理以及重力流沉积研究意义，并介绍了鄂尔多斯盆地西缘奥陶系拉什仲组、莺歌海盆地中新统以及东非渐新统重力流沉积的研究成果。第四章介绍了深水交互作用沉积，重点阐述了等深流与重力流交互作用沉积特征、鉴别标志和研究意义，最后选取南海北部现今、鄂尔多斯盆地西南缘奥陶系等深流与重力流交互作用沉积两个实例进行了介绍。第五章介绍了深水沉积的主要问题与发展方向。

本书第一章由李向东撰写，第二章至第四章由李华和何幼斌共同撰写，第五章由李华、何幼斌和李向东共同撰写，全书由李华、何幼斌统稿。在本书撰写过程中，罗进雄、刘圣乾、赵仲祥、徐艳霞、肖彬和王宁等教师，冯斌、娄婧瑶、郭笑和郭嘉玮等博士研究生，谈梦婷、葛稳稳、孙玉玺、魏泽昳、于星、叶蓉、王丹丹、陶叶、雷亚静、范宇昊、严宇洋、刘娜、伍炼华、朱雪清、何一鸣、姜纯伟、吴吉泽、姚凤南和张显坤等硕士研究生也参与了内容修订、文献调研及翻译、图件清绘等工作。因此，本书是团队集体劳动的成果，衷心感谢参与本书编写工作的师生，感谢国家自然科学基金委员会、中华人民共和国科学技术部、中国海油、中国石化、中国石油及长江大学等企事业单位的大力支持。

由于水平有限，书中难免有疏漏和不妥之处，敬请读者批评指正。

目录

第一章　内波及内潮汐沉积 ··· 1
第一节　概述 ··· 1
第二节　内波及内潮汐特征 ······································· 17
第三节　地层记录中内波及内潮汐沉积 ······························· 44
第四节　内波及内潮汐沉积研究意义 ································· 66
第五节　研究实例 ·· 78

第二章　等深流及等深流沉积 ··· 113
第一节　概述 ·· 113
第二节　现代等深流特征 ·· 118
第三节　等深流沉积特征及鉴别标志 ······························· 125
第四节　等深流沉积研究意义 ···································· 171
第五节　研究实例 ··· 175

第三章　重力流及重力流沉积 ··· 204
第一节　概述 ·· 204
第二节　重力流类型及特征 ······································ 207
第三节　重力流沉积单元及形成机理 ······························· 215
第四节　重力流沉积研究意义 ···································· 233
第五节　研究实例 ··· 236

第四章　深水交互作用沉积 ··· 264
第一节　等深流与重力流交互作用沉积 ······························ 264
第二节　深水交互作用沉积研究意义 ································ 274
第三节　研究实例 ··· 276

第五章 深水沉积研究展望 ······ 298

第一节 鉴别标志的完善 ······ 298
第二节 研究实例的质量与数量 ······ 299
第三节 交叉学科及多尺度的综合研究 ······ 300
第四节 形成机理的研究 ······ 301
第五节 地质信息的发掘与应用研究 ······ 303

参考文献 ······ 305

第一章 内波及内潮汐沉积

第一节 概　述

内波是一种水下波，它存在于两个不同密度水层的界面上，或存在于具有密度梯度的水层之内（Lafond，1966）。当内波的周期与海面潮汐（半日潮或日潮）的周期相同时，就称这种内波为内潮汐（Rattray，1960）。与表面波相比，内波产生于流体内部的不同密度界面处，而表面波则产生于空气和水的界面处，两者的差别在于内波所处的跃层界面的密度差（跃层上下的相对密度差仅约为0.1%）远小于水和空气的密度差；因此，海水只要受到很小的扰动就会偏离其平衡位置而产生"轩然大波"（方欣华和杜涛，2004）。内波的振幅和波长的变化范围很大，振幅可从几厘米到一百多米，据统计，最大垂向振幅可高达180m（Roberts，1975）；波长可由远小于1m到数千米、数十千米和数百千米（Gao et al.，1998；方欣华和杜涛，2004），目前已观测到的内波最大波长可达350km（da Silva et al.，2011）。内波在现代海洋中的分布几乎是无所不在的，从陆架、陆坡到海底峡谷及深海大洋均广泛发育（杜涛等，2001；Pomar et al.，2012）。中国南海是一个内波、内潮汐多发的海域，中国目前已对南海的内波、内潮汐展开了较为系统的研究（张效谦等，2005；蔡树群等，2011；Guo et al.，2012；杨红君等，2013；郭书生等，2017）。

一、研究历程

海洋内波已有比较长的研究历史，最早的理论研究是1847年Stokes关于两层流体间的界面波动，即在较轻的流体和其下较重流体的界面上存在内波，这是对表面波理论的扩展。在界面内波的理论基础之上，1883年Rayleigh将内波研究扩展到连续层化，即具有纵向密度梯度的流体中（Munk，1981）。1895年Korteweg和de Vries首先推导出了表面波的Korteweg—de Vries方程（简称KdV方程），并得到了特定的周期解和孤立波解，Djordjevic和Redekopp（1978）将该方程应用于两层流体中，得到了内波的KdV方程，用来研究内波在传播过程中非线性作用与频散作用之间的消长关系。1912年Rayleigh将后来称为WKB的近似方法应用于内波研究，即忽略垂向上浮频率的变化率。

最早发现海洋内波现象的是挪威极地探险家、海洋学家和社会活动家Fridtjof Nansen（1922年诺贝尔和平奖得主）。1893年，年仅32岁的Nansen驾驶着自行设计的"Fram"号前往北极探险。在穿越北西伯利亚诺登舍尔德群岛（巴伦支海）的时候遇到了一种被当地水手称为"死水"的奇怪现象，"Fram"号遭遇了来自海水的某种神秘拖拽力，在周围海洋环境没有太大变化的情况下，其航速从原先的6~7节直接降至1.5节以下（1节为1.852km/h）。同时，Nansen注意到海水明显地分成两层，即在盐水上面覆盖着一薄层淡水（Munk，1981；Gao et al.，1998；方欣华和杜涛，2004；王展和朱玉可，2019）。1896年探险结束后，Nansen请教了同事Vilhelm Bjerknes教授，后者大胆地提出船在两层流体上运动可在界面处产生波动，从而消耗了船的运动能量的假设。1902年Nansen第一次报道了有关海洋内波的观测结果，即海水垂向上温盐结构的短期变化。1904年Bjerknes教授的学生Vagn Walfrid Ekman博士在他的博士论文中设计了一个简单的模型，并通过一系列精巧的实验证实了Bjerknes的假设（内波增阻效应）。2011年为纪念Nansen船长诞辰150周年（Mercier et al.，2011；王展和朱玉可，2019），法国里昂高等师范学院物理实验室的Matthieu Mercier等实验流体力学家利用现代实验手段复现了Ekman的"死水"实验（图1-1）。

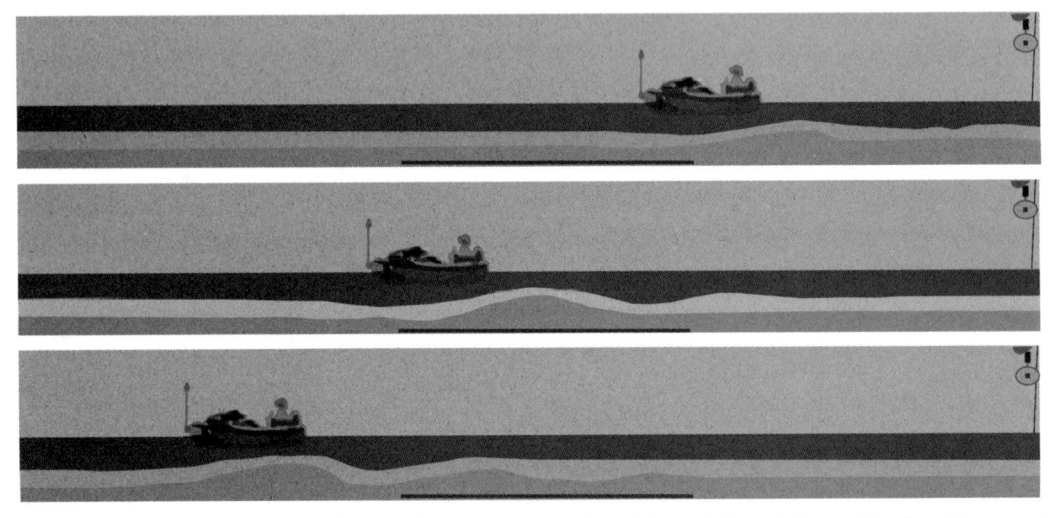

图1-1 法国里昂高等师范学院物理实验室复现Ekman的"死水"实验（转引自王展和朱玉可，2019）

以三层流体系统为实验模型，每层的厚度分别为5.0cm、3.0cm与5.5cm，而密度分别为0.9967g/cm^3、1.0079g/cm^{3}和1.0201g/cm^3，模型船由左向右航行，3张图由上至下表示不同时刻模型船的位置以及内波的波形

此后，人们陆续对海洋内波进行了观测，如1910年的"Michael Sars"号的考察、1927年和1938年"Meteor"号的考察以及1929—1930年"Snellius"号的考察等。这一时期由于观测技术的限制和理论研究的困难，人们对内波的特性与运动规律知之甚少，海洋内波研究长期处于缓慢发展状态（方欣华和杜涛，2004；王展和朱玉可，2019）。到了20世纪40年代，由于内波严重地影响到了潜艇活动和声呐（声音导航与测距）功能，海洋内波的观测与研究逐渐受到重视。伴随着温深仪的发明及各种快速密集取样调查仪器与方法的相继出现，如CTD（Conductivity-Temperature-Depth Profiler）剖面仪（测量电导率、温度随深度的变化）、测温链、各种自记式电子海流计（记录装置和测流速装置一起放入水下自动记录）、声学多普勒流速剖面仪（Acoustic Doppler Current Profilers，简写为ADCP）、声呐、锚系设备（水中固定设备）、中性浮子（自由漂浮监测系统）、各种类型的拖体以及卫星遥感技术等，使得内波的观测工作迅速发展起来（方欣华和杜涛，2004；王展和朱玉可，2019）。

20世纪60—70年代进行了大量的海洋内波观测。1965年在安达曼海的观测中发现在1500m深的海域中约500m深处的主温跃层上存在高达80m，长约2000m的海洋内波，并伴随着海面上大片的短波区（Perry and Schimke，1965）。此外，其他观测主要包括：西北大西洋D点（39°N，5°E）和百慕大海域（32°N，64°W）的锚系海流计观测（Webster，1968；Fofonoff，1969）；地中海（38°N，5°W）和新英格兰外海（39°N，71°W）的中性浮子观测；加利福尼亚州（34°N，120°W）与华盛顿州外海（47°N，131°W）的走航拖曳测温链观测；夏威夷州附近的（47°N，131°W）潜艇拖曳测温链探头观测等（Garrett and Munk，1972，1975）。另外，遥感观测内波始于1953年，用航空摄影记录下内波引起的表面条带现象（Munk，1981）。在这些观测资料基础之上提出了大洋内波谱模型（Garrett and Munk，1972），即GM72模型，采用理论与实践有机结合的研究方法，根据内波观测谱资料和随机过程理论构思了大洋内波能量密度（无量纲量）波数—频率谱。此后，在GM72模型的基础上，经过改进先后提出了GM75模型和GM79模型（Garrett and Munk，1972，1979）。此外，在"内波实验"（IWEX）大洋内波调查以及其后的资料分析工作中提出了IWEX内波谱模型（Muller et al.，1978），与GM模型相比，该模型具有较强的适应性，但要复杂得多，应用起来不如GM模型方便。

内波谱模型的提出是内波研究史上的一个里程碑，此后的研究工作主要围绕内波谱模型进行，寻找实际情况与模型的偏离及其原因（方欣华和王景明，1986），研究重点逐步转移到内波动力学方面，主要包括3个方面（方欣华和杜涛，2004；Chen，2011；Herná ndez-Molina et al.，2011；Guo and Chen，2014）：（1）内波自身演化的动力学机制，包括内波的产生、叠加、传播（含内波的非线性破碎与频散）、混合、耗散和边界层问题等；（2）内波与海底地形交互作用动力学机制，包括内波遇海底地形所产生的破碎、反射、扩散、衰减、冲流（内涌）、回流、内水跃和再悬浮等；（3）内波在整个海洋能量平衡和大洋环流中的作用。

中国的海洋调查起步较晚，1957年6月"金星号"海洋调查船、1968年"实践号"调查船和1970年"向阳红01"号天气船相继投入使用，标志着中国正式开始海洋调查（中国第一次综合海洋调查时间为1935—1936年）。1976年7月，中国万吨级远洋科学调查船"向阳红05号"和"向阳红11号"（临时抽调的商船改装），在太平洋成功地进行了中国第一次远洋科学调查。1978年12月至1979年7月，"向阳红09号"和"实践号"调查船在参加联合国世界气象组织的"第一次全球大气试验"期间，在太平洋西部赤道区域除完成世界气象组织的要求外，还进行了其他水文项目观测，经研究发现该地区表层（水深为0～75m）可形成温度大于29.3℃的高温低盐流体，在深度为250m的赤道潜流温度仍可达13～14℃，为中国的等深流和内波研究提供了第一手观测资料（马继瑞等，1985）。

1980年春，中国科学院声学研究所汪德昭教授和国家海洋局第一研究所束星北教授共同倡导，在中国近海开展海洋内波的观测和研究，以海洋现场实测为基础的海洋内波研究在中国开始起步（杨树珍，1994）。此后10多年，采用多层海流计、测温链、温深剖面仪（BT）、CTD剖面仪等，系统研究了中国黄海区的内波场（叶建华，1990；赵俊生等，1992），同时对渤海、东海和长江口的内波特征也进行了相关的研究（Fang et al.，1989；Kuroda and Mitsudera，1995）以及卫星遥感合成孔径雷达（SAR）图像分析（Hsu et al.，

2000）。

南海北部陆架—陆坡海域是国际公认的优良的天然内波实验场。对该海域普遍存在的内波现象，美国从20世纪70年代就开始进行遥感观测及相关研究，发现在中国东沙群岛附近存在着孤立内波（Wunsch，1975；Fett and Rabe，1977）；同时，欧洲航天局的卫星也多次进行遥感观测。鉴于内波对海上石油钻探与开采作业及水下航行安全的危害，1986—1995年，"七五"与"八五"国家重点科技专项"南沙群岛及其邻近海区综合科学调查"对南沙海域的内波做了调查和研究（方欣华等，1999）。1987年在南海流花油田发现石油后，中国海油南海东部公司和阿莫科东方石油公司在流花油田附近进行了大规模观测并发现了内孤立波（周期约20min，流速约2m/s）。20世纪90年代初由于中国海油南海东部公司在陆丰外海（约21°27.88′N，116°37.75′E）进行石油勘探时受孤立内波的破坏性影响，于是在该海域依托钻井平台进行内波调查（蔡树群和甘子钧，2001）。此后，随着1996—2000年的"南海季风实验"、2000—2001年在南海东北部进行的"亚洲海国际声学试验"（蔡树群和甘子钧，2001；蔡树群等，2011）以及其他的南海内波观测，如2001年的"南中国海实验"（王少强等，2001）、2005年"文昌海内波实验"（柯自明等，2009）等的实施，逐步对中国南海的内波展开了系统研究（Fu et al.，2012；Vlasenko et al.，2012；Liu et al.，2013；Guo and Chen，2014；Xu et al.，2016）。

二、一般特征

内波存在的先决条件是水体介质密度的"稳定层化"。在海洋或湖泊中，水体密度存在垂向梯度的流体称为层化流体。由于海洋中海水的温度和盐度都是时间和空间的函数，故海水密度也是时间和空间的函数。除海洋峰等特殊的水域外，一般海域海水平均密度的水平梯度很小，可以忽略。在只考虑垂向密度梯度的理想海水中，如果海水的垂向密度梯度小于0（取竖直向上为正），即海水密度随深度的增大而增大，若有一小团海水受某种外力干扰而偏离平衡位置，由于所受到的浮力与运动方向相反（恢复力），在外力消失后，这团海水会在平衡位置附近不停地上、下往复运动。这种密度层化不因外部扰动而遭受破坏的现象称为稳定层化。如果海水的垂向密度梯度大于0，即海水密度随深度的增大而减小，此时若有一小团海水受某种外力干扰而偏离平衡位置，由于所受到的浮力与运动方向相同，在外力消失后，这团海水也不会再回到原来的平衡位置。这种密度层化会因外部扰动而遭受破坏的现象称为不稳定层化。

当水体密度随深度的变化强度或梯度达到规定值时，就把这一段水层称为跃层。在海洋中浅水区（深度小于或等于200m）和深水区（深度大于200m）密度跃层的底界值分别为$0.1kg/m^4$和$0.015kg/m^4$（刘金芳等，2013）。密度跃层影响的深度范围可从3m到4000m（Pomar et al.，2012），其中浅密度跃层受季节影响较大，一年之中一般可分为成长期、强盛期、消衰期和无跃期，一般情况下夏季跃层强，冬季跃层弱（刘金芳等，2013）。在深海区，当海水密度跃层强度大于$0.05kg/m^4$时，称为强密度跃层；当强度处于$0.015\sim0.05kg/m^4$时，称为弱密度跃层（张绪东等，2004；修义瑞等，2010）。深密度跃层终年存在，比较稳定，为永久性跃层，受季节变化影响不明显。中国南海深密度跃层强度一般为 0.015~0.05kg/m^4，上界深度为 50~200m，厚度为 50~150m，基本属于弱温度跃层（刘金芳等，2013），但局部海域深密度跃层强度可大于 0.2kg/m^4。

海水密度的分布与变化，随水温、盐度和压力而变化，在海洋上层主要取决于水温和盐度，密度跃层是依附于温跃层、盐跃层而伴生的。温跃层的底界值为 0.05℃/m，盐跃层的底界值为 0.01m^{-1}（苏玉芬和乔荣珍，1990）。在温盐环流体系下，海洋中的深密度跃层主要受温跃层控制（Pomar et al.，2012），特别是在中、低纬度地区更是如此（方欣华和杜涛，2004）。只有在高纬度地区，盐跃层才有可能控制海水的密度层化，如现今北冰洋存在一个长年性盐跃层，上界深度约 50m，厚度约 100m，强度约 0.015m^{-1}（史久新和赵进平，2003）。温跃层受纬度的影响明显（图 1-2a），在低纬度地区，永久性温跃层强度大，在 300m 范围内（水深为 100~400m）可降低约 20℃；在中纬度地区，温跃层结构复杂，一般在水体上层 100m 范围内发育季节性温跃层（图 1-2a），夏季温跃层强度明显增强，冬夏表面水温相差可达 10℃以上（图 1-2b），永久性温跃层强度较低纬度地区大幅度减小，底界深度增加（水深可达 600m）；在高纬度地区，温跃层较弱或不发育。在现今大洋低纬度区域，永久性温跃层具有夏季强度大（可达 0.35℃/m）、厚度大（可达 200m）和分布范围广的特点；此外，无论夏季还是冬季，永久性温跃层边缘厚度均可小于 50m（周燕遐等，2002）。

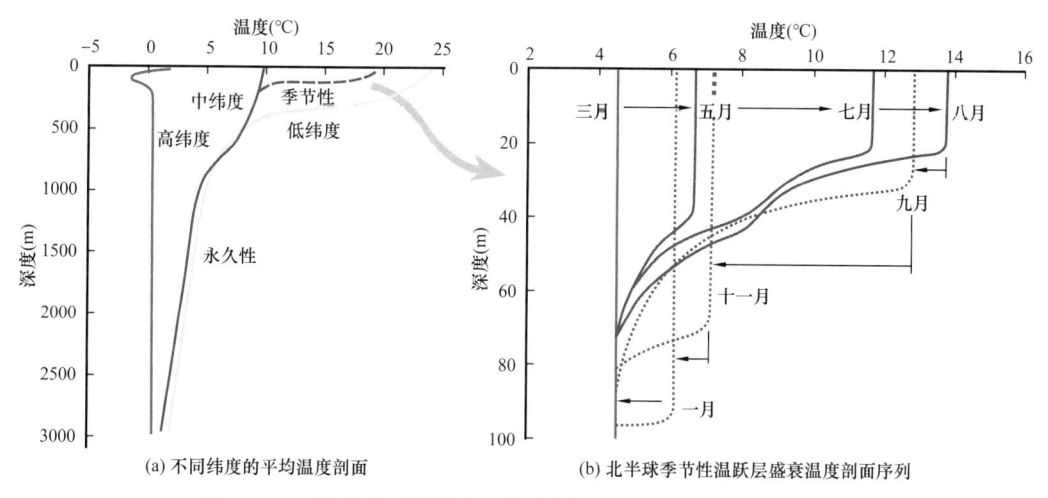

图 1-2 大洋中典型的温度—深度剖面（据 Pomar et al.，2012）

内波的波动频率介于惯性频率和浮频率之间（方欣华和杜涛，2004）。惯性频率是地球固有的振荡频率，即地转科氏力的垂向分量，随纬度的变化而变化，地球两极附近频率最大，其值为 1.46×10^{-4}s^{-1}，相应的周期最小，约为 2h。浮频率是海水固有的振荡频率，也称 Brunt-Väisälä 频率或 Väisälä 频率，如同单摆振动的固有频率是描述单摆特性的重要物理量一样，浮频率是描述海水运动特性的一个重要物理量，其值大小与海水的密度梯度和压强相关，是海水密度层化状况的一种度量。浮频率在海洋中的垂向变化与海水的密度梯度类似，上层对应密度跃层部分其数值和变化幅度均较大，下层其数值随着水深的增加而逐渐减小，最后趋于均一（图 1-3）。

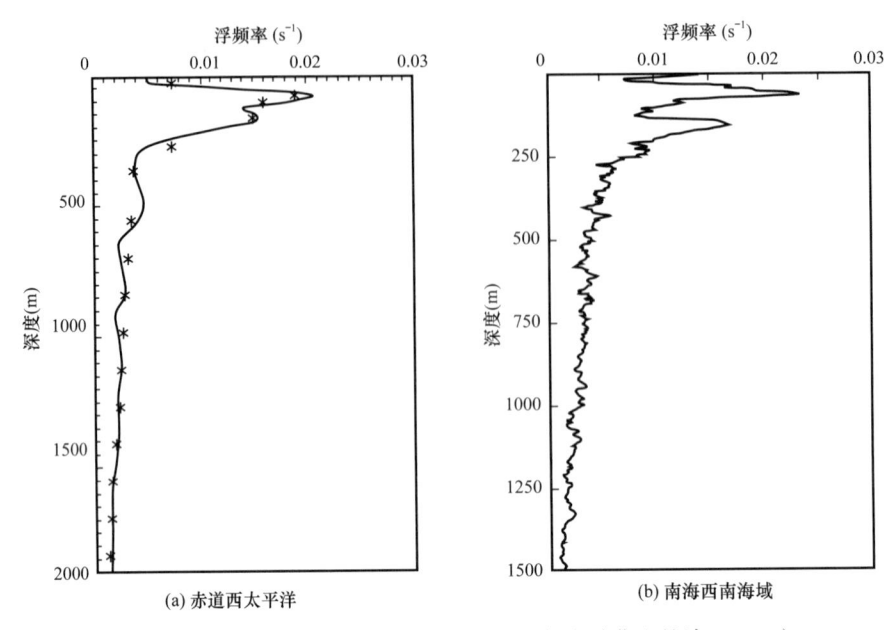

图 1-3 现代海洋不同海域浮频率剖面（据方欣华和杜涛，2004）

当内波的波动频率接近惯性频率时（一般可发生在高纬度地区），其恢复力主要是地转科氏惯性力，此时的内波也称为内重力波或内惯性—重力波，波形近于沿铅垂方向传播，即由密度跃层处向海面及海底传播，内波引起海洋中能量的水平输运。当内波的波动频率接近浮频率时（一般可发生在低纬度地区），其恢复力主要是重力与浮力的合力，称为约化重力或弱化重力，其量值比重力小得多，约为重力的0.1%，此时内波波形近似地沿水平方向传播，与表面波类似，为正压波，内波引起海洋中能量的垂向输运。一般情况下，内波的波动频率远离惯性频率和浮频率，波形沿斜向传播，即向斜上方与斜下方传播，表现为斜压波，内波引起海洋中能量的斜向输运（Shanmugam，2013）。

一般情况下，惯性频率小于浮频率，在海洋中，除了季节性跃层外，浮频率随水体深度的增大而减小。如果短周期内波的频率处于海水浮频率剖面中最大值和最小值之间，在内波向海底传播的过程中，当内波达到浮频率与自身频率相等的深度时，内波则会发生反射而不能继续向前传播，该深度即称为内波的转折深度（方欣华和王景明，1986）。在转折深度以上，内波呈波状变化，在转折深度以下，内波呈指数或双曲函数的形式衰减，直至消失（方欣华和杜涛，2004）。同样，长周期内波在由低纬度地区向高纬度地区传播过程中，当内波达到惯性频率与自身频率相等的纬度时，内波同样会发生反射而不能继续向前传播，该纬度则称为内波的转折纬度（方欣华和王景明，1986）。此外，当存在平均剪切流时，如内波叠加于等深流之上，如果内波向剪切流速度增大的方向传播（横向或垂向），此时内波频率会逐渐减小，当内波的频率接近惯性频率时，波动引起的垂向剪切增大，能量传输趋于水平，内波会被平均剪切流吸收，永远不能到达浮频率等于惯性频率的深度，这种现象称为临界层吸收现象（方欣华和王景明，1986；方欣华和杜涛，2004）。

当斜压内波在传播过程中触及海底时内波会发生反射（方欣华和杜涛，2004），不论海底是倾斜还是水平，入射内波（射线）与水平面的夹角和反射内波与水平面的夹角相等（图1-4）。当海底为水平时，波能在水平方向上仍然向前传送（图1-4a）。当海底倾斜时，只有在海底地形倾角小于波形传播方向与铅垂方向的夹角时，即亚临界地形，波能才能不断地在水平方向上向前传送（图1-4b）；当海底地形倾角大于波形传播方向与铅垂方向的夹角时，即超临界地形，波能在水平方向上也将受到反射，向后传送（图1-4c）。当内波发生近临界反射（波形传播方向与铅垂方向的夹角约等于海底地形倾角）时，波能会沿着斜坡向上传送，形成较强的上冲流，即内涌现象（Dauxois and Young，1999；Umeyama and Shintani，2004）。

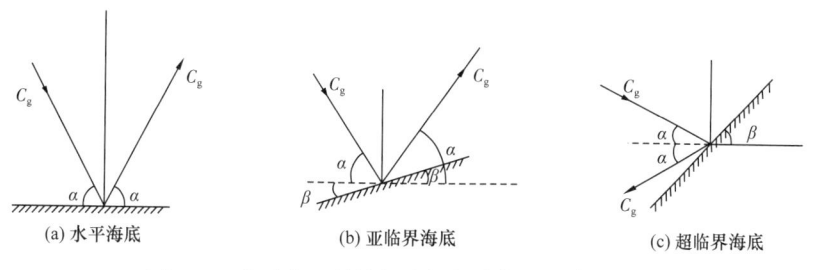

图1-4 内波的反射特征（据方欣华和杜涛，2004）

α为传播方向与铅垂方向的夹角；β为地形倾角

和海底类似，海面对内波的传播也有重要影响。虽然内波也可引起海面的起伏变化，但是这种起伏与内波引起的海水内部的起伏相比是极微小的，可以忽略，因而可以近似地将海面视为刚性平面，即海洋学中著名的"刚盖假设"。在这种情况下，当内波触及海底时，由于海底和海面都有可能使内波发生反射，从而在铅直方向上形成一列上传波和一列下传波，这两列波叠加则有可能形成垂向上的驻波，即内波的垂向驻模态（图1-5a）。当垂向波形（振幅）只有1个极值点时，称为第1模态，从海底到海面，沿深度仅有量值变化而无方向改变，引起的等密度面变化如图1-5（b）所示。当垂向波形有2个极值点时，称为第2模态，其间有1个零点，在海底与海面处也为0（图1-5c），从海底到海面，沿深度不仅有量值变化，而且有方向改变，上、下两部分水层垂向运动方向相反（方欣华和杜涛，2004）。依次可出现第3模态、第4模态和第5模态等（图1-5b至f），即极值点零点随模态序数依次递增。一般情况下，波动极值点在强密度跃层中比在弱密度跃层中要密集（叶志敏和张铭，2004）。

跃层波动是海洋中的一个重要现象，也是海洋观测时最易发现的。一般在中、低纬度浅海区域春、夏、秋三季，海水可以分成密度均匀的上混合层、厚度很薄的强跃层，以及密度随深度变化极微的下层，此时可将跃层简化成间断面，并忽略下层密度的微小变化，从而可将内波看成发生在两层均匀流体界面处的波动，即内波的界面波模型。内波的界面波模型是强跃层的近似，适用于低模态波动（方欣华和杜涛，2004），此时波动振幅在界面处有极大值，随着到界面距离的增大，以双曲正弦形式递减，到自由表面和底面减小为0；垂向速度振幅具有同样的变化规律，即在界面处具有极大值，在自由表面和底面为0；水平速度振幅虽然在界面处上、下层均具有最大振幅，但其方向相反，在界面处像剪刀一样具有最大的剪切力，随着到界面距离的增大，以双曲余弦形式递减，但

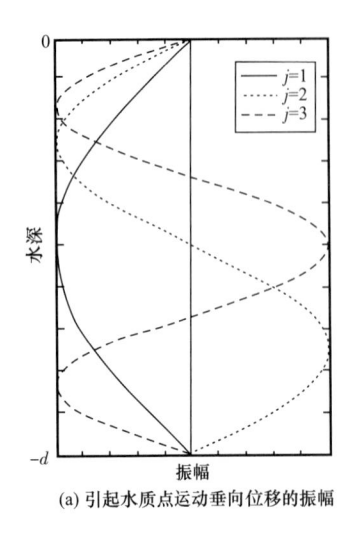

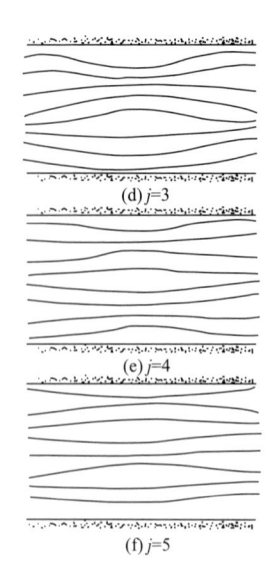

图 1-5 不同模态驻内波特征（据方欣华和杜涛，2004）
（b）至（f）为引起的等密度面的波动图案；d 为水深；j 为模态数

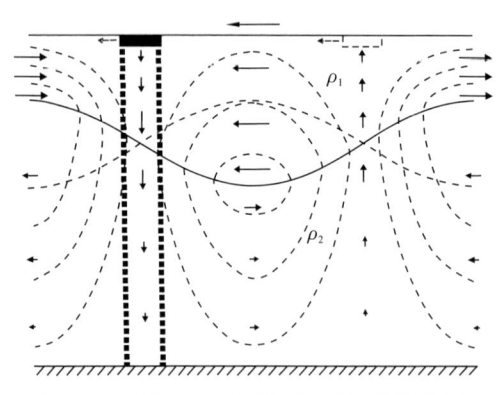

图 1-6 两种密度水层界面上的简单前进内波的运动情况（据 LaFond，1962）
ρ_1、ρ_2 为上、下两层水体的密度，$\rho_1<\rho_2$

在自由表面和底面并不为 0（图 1-6）。此外，上、下两层流体中水平速度的深度平均值也不相等，薄层的速度大于厚层的速度，从而使两层流体的体积能量值相等，但方向相反，保持通过从海面到海底的整个截面的流量为 0（图 1-6）。

与表面波一样，在内波的界面模型中，内波垂向速度的相位比垂向位移的相位超前 π/2，即速度最大时位移为 0。下层水平流速与垂向位移具有相同的相位，而上层则相反（图 1-6 中的流动方向和水质点垂向位移的关系）；因此，在波峰和波谷处内波有最大的水平速度而垂向速度为 0；在波峰和波谷的中点处则具有最大的垂向速度，波峰前为上升流，波峰后为下沉流。在波峰处和波谷处水的运动方向相反：在界面之上，波谷处水的运动方向与内波传播方向相同，在波峰处水的运动方向与内波传播方向相反；在界面之下，波峰处水的运动方向与内波传播方向相同，在波谷处水的运动方向与内波传播方向相反（图 1-6）。当界面接近海底时，内波的运动将会影响到海底的沉积物，使其随之发生运动。由于波谷下方较波峰下方窄，故波谷下方的流速较波峰下方大；而波谷下方水的运动方向与内波的传播方向相反，故内波引起的沉积物搬运的总趋势与内波的前进方向相反（Gao et al.，1998）。如果界面的深度较小时，这种流动反映在自由表面上，在波峰后形成辐聚区，在波峰前形成辐散区。内波形成的这种辐聚、辐散流对较小的表面波起着调制作用，使辐聚区的波形变陡，表面变粗糙；辐散区的波形变平，表面变光滑。从正上方俯视，粗糙面呈暗色，光滑面呈亮色；若用卫星遥感从斜上方观测，粗糙面由于后向散射强而呈亮色，而光滑面由于后向散射弱而呈暗色（方欣华和杜涛，2004）。

波的频散（色散）是指由于相速度（波峰速度）随频率而变化所造成的波的结构在空间上的扩展或消失（高频成分相速度快），在波中不存在因频散而产生的能量损失或增益（休斯和布赖顿，2002）。波的线性与非线性则是因描述波的理论假设及处理方法不同而区分的，流体力学方程和边界条件只保留线性项所描述的波称为线性波，含有非线性项的称为非线性波，非线性影响的程度取决于波高、波长、水深和上、下层流体厚度（对于界面内波而言）之间的相互关系，波的非线性作用伴随着波的能量变化。非线性和频散是在流体中传播的重力波的两个基本机制，非线性作用使波的振幅增加，在其演化过程中变得越来越陡，而频散作用恰恰相反，使波的振幅减小，使波面坡度变平，最终变为微振幅波（曹立辉等，2010）。对于内波而言，如果非线性作用不能被频散效应平衡或耗散掉，内波会变得越来越陡并最终发生破碎，形成湍流并发生海水混合。如果内波在传播过程中非线性作用和频散效应达到平衡，那么内波就会以接近正弦波或内孤立波的形式传播。如果传播过程中频散效应较强，内波的波形会越变越平坦，并由于耗散作用（形成有序结构消耗波能）而最终消失（方欣华和杜涛，2004）。

三、分类与演化

以 Garrett 和 Munk（1972，1975）建立的 GM 大洋内波谱模型为分水岭，海洋内波研究的重点逐步由实地观测转移到内波的动力学机制方面，学者们对海洋内波的生成、演化和消衰的研究极为关注，Thorpe（1975）给出了关于大洋内波生成、相互作用和耗散过程的一个形象图解（图 1-7）。从图 1-7 中可以看出，影响内波有关物理过程的因素可位于海洋的上边界、内部和下边界。上边界影响因素主要指海—气界面的相关物理过程，以外强迫场作用为主，包括风应力（动量通量）和浮力通量（海面的热量和盐量交换）

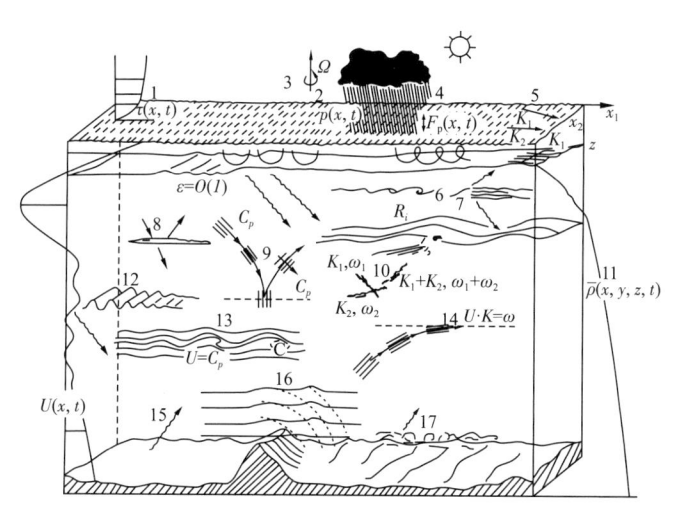

图 1-7 和内波有关的物理过程（据 Thorpe，1975）

1—风应力；2—变化的大气压；3—地转；4—浮力通量；5—表面波相互作用；6—剪切不稳定；7—平均流；8—湍流减弱作用；9—转折深度；10—波-波相互作用；11—密度层化；12—黏性减弱作用；13—对流不稳定；14—临界层吸收；15—海底地形反射；16—海流或潮流与海底地形相互作用；17—粗糙海底地形影响

等；海洋内部影响因素主要包括海洋中的流体动力学过程和海水结构，例如密度层化情况、与浮频率有关的转折深度，以及与惯性频率有关的临界层吸收等；下边界影响因素主要指与海底地形有关的流体动力学过程。

一般情况下，密度层化海水中的任何频率小于海水浮频率的扰动均可产生内波（Aguilar and Sutherland，2006）。位于海洋上边界的内波源，其形成机制可能有两种（杜涛等，2001）：一是共振相互作用机制，即外强迫场（风及表面波形成的压力场或应力场）与内波场的共振耦合作用产生更大振幅的内波，例如，大气中的风在海洋表面会产生一个移动的压力场，当该压力场的对流速度及其在同一方向上的波数与某一内波的波数和频率满足共振条件时，即可激发出新的内波；另一个机制是通过引发海水的垂直运动产生内波，例如，由风在海洋表面产生变化的浮力通量通过引发上表层底边界的垂直振动即可产生内波。

位于海洋内部的内波源可分为运动物体和流体动力学过程两大类。在稳定层化流体中运动的物体可激发出体积效应内波和尾迹效应内波，前者是由于体积效应使得流体质点偏离平衡位置，从而产生内波，如船体效应等；后者则是由水下运动物体紊流尾迹的重力塌陷及形成的流体不稳定所致（魏岗和戴世强，2006；孟静等，2017），其机制与流体动力学过程内波源类似。海洋中由流体动力学过程形成的内波以内孤立波为代表，其形成机制主要由流体中的混合流体团运动引发（朱勇，1993），可大致分为4类：（1）流体混合区的重力塌陷可对周围层化水体产生类似活塞运动的冲击作用，从而激发出内波，其中混合区可由内波在陆棚或海底不规则地形上破碎混合形成（剪切失稳），也可由受海底地形阻挡的阻塞浊流（Gladstone et al.，2018；李向东等，2019）和异重流等物理流体在层化水体中机械混合形成，还可以由层化水体中垂直或水平方向上的温度差形成，例如在海洋中上升流边缘经常发现内波，其原因为上升流穿越跃层界面引起跃层波动将会导致内波的激发产生（蔡树群等，2011；董卉子和许惠平，2016）；（2）分层水体中的周期性流体（水流或人工气流）可作为扰动源激发内波，例如饮用水水库为解决季节性水质污染和底层富营养化问题，采用曝气装置产生的周期性水流在水库中激发内波（孙昕等，2016），在海洋中，等深流往往交替出现低流速期与高流速期，具有明显的周期性（Faugeres and Stow，1993），从理论上讲也可以激发出内波来；（3）两列内波斜交而产生共振时可形成振幅更大的内波或者两种流体成角度叠加由底部粗糙面激发内波（Gladstone et al.，2018）；（4）海洋内部大尺度环流和中尺度涡由于破碎及斜压不稳定而衰减、长周期内波的非线性和频散达到平衡时而裂变（内潮波裂变产生内孤立波列）、大尺度流动的地转流的调整和不稳定的剪切流场均可激发出内波（司广成等，2014）。

位于海洋下边界的内波源一般与起伏变化较大的海底地形对海水流动的扰动密切相关，其中的海水流动可以是周期性水流，也可以是特定条件下的恒定均匀流（苏梦等，2017），此外，海底表面的剧烈震动或能量在海底的突然喷发，如地震、海底火山喷发、热液、热液羽和海啸等也可以激发内波的产生（杜涛等，2001）。在海洋下边界的内波生成机制中，最重要也是最为突出的是潮地相互作用激发内波，其形成机制有两种：一是内潮波机制；二是山后波（Lee Wave）机制（杜涛等，2001；李群等，2009）。对于内潮波机制，主要为正压潮流（海面潮汐）流过海底粗糙地形，如陆坡、海峡、海山、海脊和海沟等，周期性的水平流动与海底地形相互作用，在稳定层化的海水中产生持续的周期性扰动，并随着相互作用的持续该扰动向外传播导致层化海水在垂向做大幅度、与潮汐运动周期一致的上下波动，最终形成内潮波，其垂向幅度在跃层处达到最大值，而在海平面和海底处波动几乎消失（Brandt et al.，1997）。内潮波的这种潮地作用生成机制在解释陆架和陆坡周围海域及浅海环境中内潮波成因时取得了比较令人满意的结果，但是却不能很好地解释深海大洋中的内潮波生成机制（方欣华和杜涛，2004）。Krauss（1999）提出了一种新的内潮波生成机制，即当正压潮流通过斜压涡场时，两者之间的非线性相互作用会产生内潮波，内潮波的波长和垂向模态结构由涡场决定，静止涡场产生内潮驻波，运动涡场产生内潮行波。

山后波机制则是当正压潮流或海流流过变化的海底地形时，在地形后方会产生温跃层或等温度面下凹，随即产生山后波，并在传播过程中演化成为内孤立波，这是目前内孤立波生成的一种重要机制，内孤立波的另一种重要生成机制则是内潮波在传播过程中裂变产生（属于流体动力学演化成因，前已述及）。Maxworthy（1979）进行了正压潮流经过三维地形生成内孤立波的实验（图1-8）。当潮流速度（实验中为地形移动速度）较小，流体弗劳德数小于某个下限弗劳德数（Fr_c）时，整个流体非线性效应不强，不产生内孤立波。当潮流速度增大，流体弗劳德数大于某个下限弗劳德数（Fr_c）而小于某个上限弗劳德数（Fr_m）时，可形成内孤立波，称为山后波脱离地形逆流传播演变机制，其过程如下（图1-8a至c）：当潮流从左向右流动且速度增加时，在海脊的右侧（背流侧）产生下陷的山后波，即下陷波（图1-8a）；当潮流减速时，山后波越过海脊地形逆流向左传播（图1-8b）；越过海脊的下陷波演变为内孤立波列（图1-8c），其中潮流速度的大小和海脊的宽度决定着下陷波能否越过海脊并与海脊左侧半个周期前产生的下陷波发生相互作用。当潮流速度较大，流体弗劳德数大于某个上限弗劳德数（Fr_m）时或海脊地形直接穿透到上混合层，也可产生内孤立波，称为山后下陷波流体混合区塌陷生成机制，

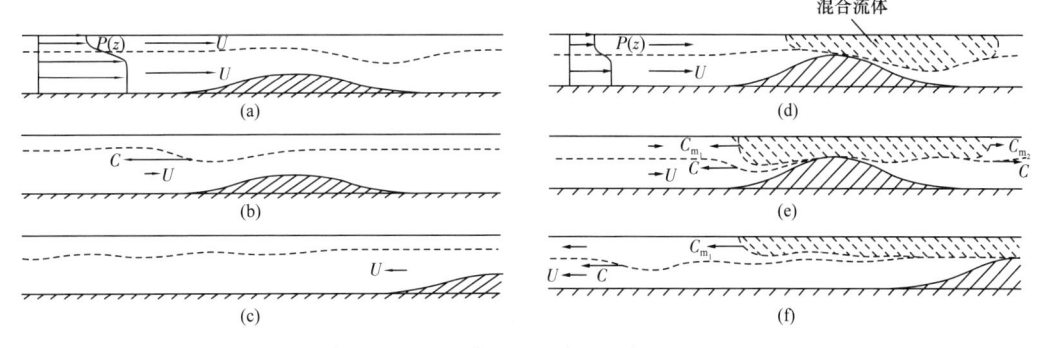

图1-8　海脊地形内孤立波形成示意图（据Maxworthy，1979）

（a）至（c）满足条件$Fr_c \leq Fr \leq Fr_m$的情况下；（d）至（f）满足条件$Fr \geq Fr_m$的情况下；
Fr_c—产生山后波的下限弗劳德数；Fr—流体弗劳德数；Fr_m—下陷波发生破碎混合的上限弗劳德数；U—潮流最大速度（速度的振幅）；C—密度层化水体中小振幅长内波的相速度；C_{m_1}—向左传播的相速度；C_{m_2}—向右传播的相速度；$P(z)$—压力随深度的变化函数，变化率较大处为跃层

其过程如下（图 1-8d 至 f）：当潮流从左向右流动且速度增加时，在海脊的右侧（背流侧）产生下陷的山后波，并发生破碎混合，形成混合流体（图 1-8c）；当潮流减速时，下陷波向右传，同时由混合区产生的内孤立波向左、右两个方向传播，并且向左传播的相速度大于向右传播的相速度（图 1-8e、f）则显示向左传播的内孤立波列。

内波的传播研究实质上是研究内波在进行过程中非线性效应和频散效应以及两者之间的关系，其中非线性作用使内波的振幅增加，频散作用使内波振幅减小，其定量研究多为两层界面波模型（方欣华和杜涛，2004；王晶等，2012）。在浅海环境下，跃层上、下水体深度相差较小，为有限深情况，内波多为有限振幅波或小振幅波（线性波），一般使用 KdV 方程进行描述，在海底地形与海水层化因素变化较大的海域，一般使用扩展 KdV 方程（eKdV 方程）。eKdV 方程是在 KdV 方程的基础上引入三阶（高阶）非线性项，从而解决了内波极性转换研究的不足，同时也可用来描述一些大振幅内波的传播（王晶等，2012；王展和朱玉可，2019）。在深海环境下，跃层之下的水体可视为无限深，内波振幅较大，波长较长，为有限振幅或大振幅，其定量描述方程主要有：（1）当界面波下层流体无限深时的 Benjamin—Ono 方程，即 BO 方程（Benjamin and Brooke，1967；Ono，1975）；（2）当界面波下层流体深度远大于上层深度时的有限振幅长内波方程（Intermediate Long Wave，简写为 ILW），ILW 方程在水深趋于浅水条件时，其解趋近于 KdV 方程的解，在水深趋于深水条件时，其解趋近于 BO 方程的解（Kubota，1978；王晶等，2012）；（3）用于深海弱非线性内波的薛定谔方程（NLS），当界面波下层水深大于 7000m 时可近似为无限水深（宋诗艳等，2010）；（4）大振幅内波强非线性模型（Miyata—Choi—Camassa 方程），该方程在浅水假设下推导出来的演化方程，在弱非线性假设下，可进一步推导出 KdV 方程，但是当内波振幅足够大时会出现 Kelvin—Helmholtz 不稳定性，从而导致模型的不适用（Choi and Camassa，1999；王展和朱玉可，2019）；（5）完全非线性大振幅内波的位势流方程，此时内波已出现强烈的"流"的性质，可利用速度图变换和边界积分法进行数值计算（Turner and Vanden-Broeck，1988；王展和朱玉可，2019）。

在内波传播过程中振幅不断减小，当频散作用和非线性作用平衡时，内波能长距离传播而保持波形不变，此时长波长的周期性内波可裂解为内孤立波；当频散作用大于非线性作用时，内波在传播过程中会出现相位偏移，借用光孤子通信学术语，可称为啁啾，其大小与海况参数（分层、深度、密度差、地形等）和初始波的振幅有关，此时总啁啾不为 0，呈现频散性，内波在传播过程中不断展宽，内波波形逐渐变得扁平，这种情况一般发生在深海区；当非线性作用大于频散作用时，总啁啾不为 0，内波呈现非线性，内波在传播过程中振幅呈周期性变化，内波前沿变陡，导致内波裂解和破碎，这种情况一般发生在浅海区（宋诗艳等，2010；王晶等，2012；王展和朱玉可，2019）。

在深海区，内波破碎是内波能量耗散和海水混合的主要方式，内波会从其产生的地方携带走能量和动量，当内波破碎时这些能量和动量会被释放出来，从而导致了内波破碎区的平均流动的变化，引起热量和溶解物的水平和垂直混合，素有"深海搅拌器"之称（李家春，2005）。在内波的传播过程中，由于非线性作用，等密度面会变陡甚至发生翻转，当有湍流和不可逆能量耗散发生时，即视为发生内波破碎，内波破碎有局部破碎和完全破碎两种情况：局部破碎指内波传播过程中波形整体上保持不变，但波面上个别地方发生微尺度的碎裂；完全破碎指内波传播到某些地方（陆架、陆坡、海脊或临界层）时所发生的波面的全部碎裂（梁建军和杜涛，2012）。内波在近岸破碎可以引起水层的强烈混合，对沿岸环流中的扩散和生物初级生产力有显著的影响；而且内波即将破碎和刚刚破碎时的水质点速度非常大，局部频率非常高，会对海上结构物产生极大的破坏力（刘国涛等，2009），触及海底时，会在近海底产生较强的剪切力。

内波破碎的实质是恢复力和扰动压力梯度之间的平衡关系，内波破碎主要由流体不稳定引起，包括静力不稳定、对流不稳定和剪切不稳定（Kelvin—Helmholtz 不稳定）等3种类型（刘国涛等，2009）。通常对于具有较大波陡的内波，若流场某处的微团速度超过相速度，微团将被平流输送出波面，形成局部的密度逆反区（等密度面呈倒"S"形），从而导致对流不稳定的出现。初始的对流不稳定属于静力不稳定，如果瑞利数和雷诺数足够大，对流不稳定持续的时间足够长，流体就会由静力不稳定转变为动力不稳定和湍动（Thorpe，1999），这时内波发生破碎。当内波在有背景剪切流的环境中传播时，若遇到背景流场中足够急剧的垂向密度转变，就会有剪切不稳定出现，同时引发内波破碎（Munk，1981）。内波破碎的作用过程主要包括共振相互作用、在倾斜地形上的反射、与背景剪切流场或自身诱导流场的相互作用等（梁建军和杜涛，2012）。

在介质变化均匀和无背景剪切流场情况下，一个内行进波（Propagating Internalwave），无论其振幅大小，对二维的扰动均不稳定。因此，在密度随高度均匀变化或无临界层（Criticallayer）的情况下，内波也可能破碎。对于小振幅内波，这种不稳定机制是共振相互作用的谐波参数不稳定（Parametric Subharmonic Instability，简写为 PSI）机制（Bouruet-Aubertot et al.，1995），即能量由初级波（Primary Wave）向较低频和高波数的次级波（Secondary Waves）运动转移（李丙瑞等，2010）。对小振幅内波而言，不稳定机制主要为共振相互作用的 PSI 机制，对大振幅内波而言则不然，其不稳定机制非常广泛，三维性强，并且其特性依赖于内波振幅和传播方向。对内波破碎后引起强烈的非线性机制，通常称其为层化湍流（李丙瑞等，2010）。

内波或内潮汐传到凹陆坡、凸陆坡、亚临界陆坡、近临界陆坡和超临界陆坡上，由于反射可产生破碎（Legg and Adcroft，2003）：当内波传到陆坡时，首先在陆坡中下部分出现很强的几乎垂直的密度锋，表现为近乎垂直的等密度线；随着密度锋沿陆坡向上前进，在密度锋的正上方，有等密度线翻转的区域，它标示着内潮汐的破碎。虽然内潮汐传播中遇到的陆坡不同，但内潮汐破碎时的流场特征是类似的。

在平底地形中，除了对流不稳定外，剪切不稳定可以引起界面内波与内孤立波的破碎（Barad and Fringer，2010），其中内波和剪切流场相互作用在临界层处破碎，则是常见的一种内波破碎机制。在加速剪切流场中传播的内波，剪切流的加速度决定了剪切不稳定的发生，当加速度较小时，内波会通过剪切不稳定产生破碎，数值实验没有发现对流不稳定存在的证据（Bouruet-Aubertot and Thorpe，1999）。此外，内波还可以和其自身波动所引发的流场相互作用而变得不稳定并发生破碎，称为自加速过程（Self-acceleration Process）。

四、搬运与沉积作用

由于内波发生在海洋内部，所以不能用测量表面波的方法进行观测，但可通过间接的方法测得，如通过测定流速、温度、盐度等随时间的变化（方欣华和杜涛，2004）。随着深海调查的不断进行，发现在海底峡谷和大陆边缘其他各种类型的沟谷中，几乎普遍存在着沿沟谷轴线向上和向下的交替流动。Shepard 等（1979）对 25 个海底峡谷和其他沟谷各测站进行了长时间观测，获得了总时数达 25000h 的大量记录，取得了丰富的实际资料。测量的深度范围为 39~4206m。大量数据表明，这种向上和向下交替流动的最大流速和平均流速各地不同。向沟谷上方流动的最大流速的变化范围为 3~48cm/s，以 15~30cm/s 的为主；向下方的最大流速的变化范围为 4~68cm/s，以 15~40cm/s 为主。向沟谷上方流动的平均流速变化范围为 0.8~23.6cm/s，以 4~15cm/s 为主；向沟谷下方流动的平均流速变化范围为 0.6~26.0cm/s，以 5~20cm/s 为主。这些双向交替流动几乎是连续进行的，它们可能是由内波引起的。因此，只要测出其时间—流速曲线，海洋中的内波就直观地表现出来了。图 1-9 是在海底峡谷中测得的一些时间—流速曲线。

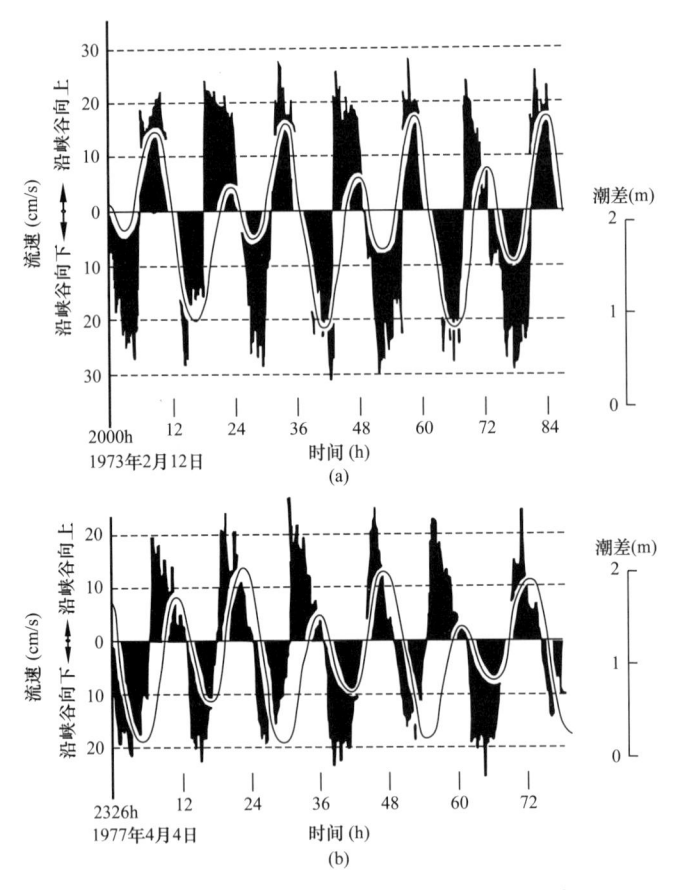

图 1-9 海底峡谷中沿峡谷轴线上下交替流动的时间—流速曲线（据 Shepard et al., 1979）
（a）胡埃那米（Hueneme）海底峡谷 28 号测站，水深为 448m，高于峡谷底 3m；（b）圣克里门蒂（San Clemente）裂谷 123 号测站，水深为 1646m，高于谷底 3m

图1-9表示在海底峡谷中由内潮汐引起的沿峡谷轴线向上方和向下方的交替流动，其反向的周期与当地海面潮汐（半日潮）的周期几乎完全相同。实际上，内潮汐只是内波的一种，是一种特殊而又非常重要的类型。其特殊性就在于其周期等于半日潮或日潮的周期。在浅水带，各种不同周期的内波表现得都很强烈，在海底测量记录中不易识别内潮汐；而在较深水部位，短周期内波的影响大为减弱，内潮汐表现得相当明显（图1-9）。海底沟谷中观测到的这种交替流动的平均周期的变化范围很大，从小于1h至20h不等，同一沟谷的不同测站变化很大，不同沟谷之间更有明显差别。但经过对观测资料的细致分析可以发现，交替流动周期的变化是有规律的，它与深度和潮差有关（Shepard et al.，1979）。

海底沟谷中交替流动平均周期变化的总趋势是随深度增加而增加，一般情况下，大多数沟谷在达到一定深度后其交替流动平均周期趋近于潮汐周期（半日潮）。但是，不同沟谷中交替流动平均周期趋近于潮汐周期的深度差别很大，其主要原因是各地的潮差不同。通常在潮差较大的地区，趋近于潮汐周期的深度小，通常在深度达到250～400m时，交替流动的周期即趋近半日潮或日潮，在潮差大的一些峡谷中甚至更浅，如弗雷泽（Fraser）峡谷中，潮差高达4.6m，在深度60m处已接近潮汐周期。而在潮差较小的地区，则需要更大的深度才能趋近于表面潮汐的周期，通常需要上千米或更大的深度（Shepard et al.，1976），例如里奥巴尔斯（Rio Balsas）海底峡谷，所处地区潮差最大约为0.6m，在1905m的水深处才趋于潮汐周期，而潮差小于0.3m的克里斯琴斯特德（Christiansted）海底峡谷，直到2525m水深才趋近于潮汐周期。

海底峡谷中的流体流动大部分表现为向上和向下基本对称的交替流动，但是也有少量表现为单向占绝对优势的流动，主要表现为对流型、叠加单向水流和叠加长周期内波等3种类型。对流型主要由于表层水体和底层水体具有不同的流动方向所致，例如拉丁美洲维尔京群岛索尔特里弗（Salt River）海底峡谷水深49m处的测量结果表明：高于谷底3m的流动记录显示为向下占绝对优势的流动，向上方的流动时间很短而且很微弱；与此同时，高于谷底30m的测量记录则相反，显示为向上方占优势的流动（Shepard et al.，1979）。叠加单向水流是指较强的单向水流掩盖了峡谷中上、下交替流动，从而形成了单向流动。例如，法国南部海域的瓦尔（Var）海底峡谷在风暴洪水期测到了完全沿峡谷向下的流动，具体为在流速为10～20cm/s的背景流场上，形成具有间隔为数小时的脉动流，流速高达90cm/s（Gennesseaux et al.，1971）。这两种类型与内波、内潮汐的关系并不密切。

一般来说，内波、内潮汐产生的上、下交替流动是连续进行的，但是有些情况下会出现以指向水道上方为主的流动或以指向水道下方为主的流动。例如，在美国东海岸哈得逊（Hudson）海底峡谷水深约3000m处，在高于谷底7m和100m处均测到了连续4天向峡谷下方的持续流动，该单向流动具有潮汐周期的波动，即包含潮汐作用的成分（Shepard et al.，1979）。与此类似，在美国加利福尼亚州海岸最大的海底峡谷——蒙特雷（Monterey）海底峡谷中也取得了单向优势流的记录，在水深1061m处主要为向上方的流动（图1-10）。而与此同时其他测站的记录并不显示这种向上方占明显优势的流动。

高振中等（1998）认为产生这种具有潮汐周期的单向优势流的原因可能是在内潮汐或短周期的内波上叠加有高能量、长周期的内波（Gao et al., 1998）。因为长周期内波可引起长时间的沿峡谷向上或向下的流动，当长时间向下方或上方的流动叠加于能量较弱的内潮汐或短周期内波之上时，可在一定程度上改变水流方向，即可形成具有潮汐周期或短周期内波特征的单向流动，使其在一段时间内以向上流动为主而在另一段时间内则以向下流动为主。至于在同一峡谷不同测站上有的显示以向上为主的流动，有的显示以向下为主的流动，以及不显示明显单向优势流动等情况，可能是由于在不同地方，内潮汐或短周期内波与不同相位的长周期内波叠加引起的（Gao et al., 1998）。

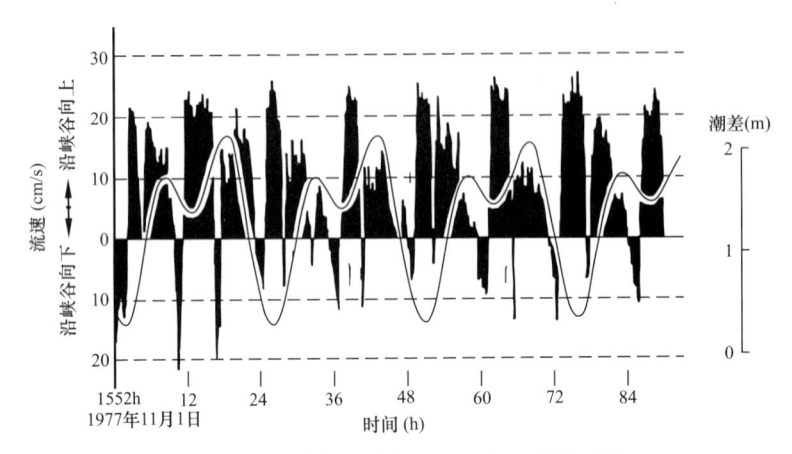

图 1-10　海底峡谷中向上方单向优势流动的时间—流速曲线（据 Shepard et al., 1979）
蒙特雷海底峡谷，深度为 1061m，第 58 号测站，距谷底 3m，1977 年 11 月 1 日至 4 日记录

虽然海底峡谷中的流动一般都是沿峡谷轴线上、下交替的流动，有时还会发育横越峡谷轴线方向的流动，但是经过一段时间后，这种上、下和左、右往复流动的最后结果却并非无规律可循。Shepard 等（1979）依据距谷底 3m 的观测记录，标绘了 69 处流动前进矢量图，其中 43 例的净流动方向为向峡谷下方，26 例为向峡谷上方。这说明双向交替流动搬运沉积物的总趋势是以向峡谷下方为主。而且其所依据的测量记录，大多为正常天气的记录，仅有少量为风暴天气。暴风雨天气的时间虽然不长，但在沉积物搬运中起的作用却很大，而暴风雨期间的净流动一般都是指向海底峡谷下方的。所以，海底峡谷中上、下交替流动搬运沉积物的总趋势与重力方向是一致的，也是指向峡谷下方。

内波、内潮汐在海底峡谷中可沿轴线方向传播，其直接证据是如果将同一峡谷内相邻测站的时间—流速曲线进行对比，将一条曲线与另一测站的曲线相互移动就会发现，当移动至某一位置时，这两组交替流动的时间—流速曲线的样式非常相似，接近相互重合。在 Shepard 等（1979）研究的 27 个实例中，有 20 例为沿峡谷轴线向上方传播，传播速度在 20~100cm/s 之间；有 7 例为沿峡谷轴线向下方传播，传播速度在 25~265cm/s 之间。因此，海底峡谷中内波的传播方向以向峡谷上方的居多，而沉积物搬运方向与内波前进方向相反，即与净流量方向相同。

除了海底峡谷之外，在大洋底部（海盆中）也同样广泛存在内波、内潮汐作用。例如，在中太平洋夏威夷附近的"地平线盖约特"（Horizon Guyot）平顶海山水深 2000m 处的底流速度和方向均具有潮汐流特征，以 NW—SE 向为主，反复倒向，流速不对称；其流动反射次数每月近 60 次，具有半日潮周期，最强的流动出现在春季（3月至5月），其峰值流速接近 30cm/s，这一阶段的强流动与温度升高有关。观察到的相位关系表明，这种半日潮不是表面潮汐，而是内潮汐。在太平洋中北部观察到半日潮流流动的能量向底部增加，这种能量随深度增加而增加的现象也说明了是由内波控制而不是表面潮汐。由于在超过 9 个月的时间内记录的内潮汐的相位非常稳定，故 Cacchione 等（1988）认为"地平线盖约特"平顶海山上的内潮汐不是自远距离深水大洋传播而来，而是产生于平顶海山本身（Cacchione et al.，1988）。在"地平线盖约特"平顶海山的盖层上，广泛发育由有孔虫砂屑组成的流水波痕和小型沙丘（Lonsdale et al.，1972），该地的水流流速一般为 15~20cm/s，最大可达 30cm/s，因此可形成流水波痕。对于沙丘而言，虽然形成大型石英质沙波的沉积物开始搬运流速需要超过 50cm/s，但是这些有孔虫砂屑颗粒的密度仅有 $1.46g/cm^3$，远小于石英砂的密度 $2.65g/cm^3$，同时考虑到在 3—5 月最大流速可达 30~35cm/s，所以形成沙丘并使其迁移是完全可能的（Cacchione et al.，1988）。

内波的现代海洋调查也发现内波可以在小于 1000m 至 10000m 的海底使沉积物再悬浮，搬运细砂级颗粒并形成波痕、沙丘和大型沉积物波等底形（Reeder et al.，2011；Li et al.，2019）。1952 年，由 Menard 报道的西太平洋马绍尔群岛北部 1372m 深的海底发育的不对称波痕（波长约 30.5cm，波高约 7.6cm），被归因于短周期内波引起的振荡流沉积所致（Menard，1952；Reeder et al.，2011）。近十多年来，综合地震探测、卫星遥感及各种定点观测资料，在中国南海与世界其他海域的大陆斜坡和深海平原中不断发现与内波（特别是内孤立波）相关的底床形态（Reeder et al.，2011；Li et al.，2019）。

第二节　内波及内潮汐特征

地层记录中的内波、内潮汐沉积研究始于 20 世纪 90 年代初（Gao and Eriksson，1991），虽然已有 30 年的研究历史，但是与海洋物理学中的内波、内潮汐研究以及深水异地沉积中的浊流沉积和等深流沉积研究相比，其研究还显得非常薄弱，仍属于沉积学中一个比较新的研究领域（何幼斌和黄伟，2015）。在现代海洋中，内波、内潮汐沉积广泛发育于深水海洋的各种环境中，其分布几乎是无所不在的（杜涛等，2001；李家春，2005；Pomar et al.，2012），但是迄今已识别出的内波、内潮汐沉积仍然是相当有限的，其原因主要包括：（1）在海洋中内波、内潮汐作用较弱，其沉积不易保存（Gao et al.，1998）；（2）沉积记录中更多的内波、内潮汐沉积尚未被识别出来（Pomar et al.，2012）；（3）内波、内潮汐形成和演化机制复杂，随着沉积环境、流体层化条件和海底地形的不同而不同，其沉积特征也会有所差别，鉴别标志具有多样化特征；（4）内波、内潮汐和海面潮汐、风暴、波浪的水动力过程类似，其沉积特征也相似，缺乏明显的排他性鉴别标志。因此，要提出完整、准确而又普遍适用的排他性内波、内潮汐鉴别标志相当困难，需要综合分析才能比较正确地做出判断。

一、形成环境

内波、内潮汐形成于介质密度"稳定层化"的水体中,能在大洋中长距离稳定地传播的内潮波(包括线性和弱非线性的内潮汐在内)和内孤立波的形成机制主要为潮地作用或与之相关的作用(方欣华和杜涛,2004),而内波、内潮汐沉积能否有效地保存则与沉积环境中背景水动力的强弱息息相关。因此,内波、内潮汐沉积的形成与保存首先受水体密度跃层(含温跃层与盐跃层)的控制,其次与海底地形的复杂程度和背景水动力的强弱密切相关。

深水沉积环境(一般水深为200~250m)有利于内波、内潮汐沉积的形成与保存。首先深水环境中一般发育强的永久性密度跃层,海水层化条件好且层化稳定,有利于内波、内潮汐的形成;其次深水环境下背景水动力弱,一般为静水条件或辅以平缓的底流(Schieber et al.,2013),有利于内波、内潮汐沉积的保存;最后,深水环境以垂直降落的原地沉积为主,沉积岩(物)以黏土岩、粉砂质黏土岩和泥晶灰岩等为主,内波、内潮汐形成的细砂岩、粉砂岩、细晶—粉晶灰岩易于识别。而在近岸浅水环境中多发育季节性密度跃层,海水层化不稳定,常常存在无跃层期,不利于内波、内潮汐长期持续的存在,同时浅水环境中波浪、潮汐和风暴作用强烈,也不利于内波、内潮汐沉积的保存。

海平面上升有利于内波、内潮汐沉积的形成于保存。内波、内潮汐作用的强度通常不是很大,能搬运沉积物的粒度一般不超过中砂级,而且在多数情况下以细砂、极细砂为主。在低海平面时期,深水海洋中,特别是陆坡、陆隆地带,粗屑重力流发育,内波、内潮汐作用通常难以对其进行有效的改造,或者对其中较细粒部分的小规模改造难以保存。而在高海平面时期,粗碎屑物质多被堆积于较为平坦的海岸线附近,很少有机会越过广阔的陆架搬运至深海。此时深水海洋中的重力流沉积粒度较细,规模较少,平均沉积速率也较低,内波、内潮汐作用易于对其进行改造或发生流体交互作用,从而形成内波、内潮汐沉积。因此,通常可以把陆源碎屑内波、内潮汐沉积视作高位体系域的产物。此外,在以碳酸盐等内源沉积为主的海台或海底平顶上,海平面的有限升降对这些深度以千米计的地区的沉积物类型和粒度影响不大,在高、低海平面时期均可形成内波、内潮汐沉积。

复杂的海底地貌有利于内波、内潮汐沉积的形成,影响内波、内潮汐作用的强度和作用范围。总体看来,在海底水道、沟槽或盆地间通道处,由于地形复杂,内波、内潮汐易于形成且易于发生破碎,形成较强内波流或内潮汐流,但其影响范围较小;在平坦开阔地带,内波、内潮汐与地形作用较弱,因而形成的内波流或内潮汐流较弱,但其影响范围较大。由于这种特征导致两个结果:(1)在海底水道、沟槽或盆地间通道处形成内波、内潮汐沉积的可能性较平坦开阔地带大,尽管其分布范围较局限;(2)在平缓开阔地带形成的内潮汐沉积与潮坪沉积有某些类似之处,而海底水道、沟槽或盆地间通道处的内潮汐沉积则类似于潮汐通道沉积。在较平坦的陆坡、陆隆或海台等地带,若内波、内潮汐能量很小,则不易搬运沉积物和形成该类沉积;而当其能量较强时,则易形成典型的床沙载荷和悬浮载荷的频繁交替沉积,常见砂岩、泥岩薄互层,脉状、波状、透镜状层理发育比较普遍,与潮坪沉积类似。在海底水道等环境内,由于潮汐流局限于狭窄的水道内，流速可以较高，沉积物以砂级为主，泥质难以沉积，故常形成有一定厚度的砂岩，形态常呈透镜状，内部小侵蚀面和交错纹层普遍发育，与潮汐通道沉积类似。

较大的表面潮汐潮差有利于内波、内潮汐沉积的形成。在大洋中，内潮汐和内孤立波常由表面潮汐与海底地形相互作用而产生或间接产生，例如，由潮地作用产生的内潮汐在传播过程中演化生成内孤立波。因此，虽然内潮汐的相位与表面潮汐不同，而其周期是相同的，并且其强度与表面潮汐的强度密切相关，即受表面潮汐潮差的影响。在潮差大的地区，内潮汐作用的强度一般较大，在潮差较小的地区，内潮汐的作用也相对微弱。因此，在海面潮差较大的海域，易于产生内潮汐的搬运和沉积作用。而内潮汐沉积的粒度、沉积构造规模以及内潮汐沉积的厚度，均与潮差有关。

"深海风暴"（Deep-sea Storm）对内波、内潮汐沉积的影响尚需进一步研究。深海调查发现，在数千米深的海底经常发生"深海风暴"，在"深海风暴"期间，正常的深海底流受到强烈的间歇流的作用而大大增强或反向流动，具有很强的侵蚀能力，形成悬浮沉积物高浓度的快速流动；而在风暴衰减期则导致底床发育和泥质盖层的快速沉积（Holliter and Mc Cave，1984）。由于"深海风暴"可使底流极大增强，在平时内波、内潮汐作用仅能搬运细粒沉积物的地方，在风暴期则可搬运粗粒的沉积物；在平时内波、内潮汐作用难以搬运沉积物的地方，风暴期或许有能力搬运并形成内波、内潮汐沉积物。"深海风暴"还可影响其沉积构造的规模和指向沉积构造的方向。在通常只能形成微细交错纹理的地方，风暴期由于流动增强，有可能形成中型或规模更大的交错层理，在通常形成双向交错纹理的地方，由于叠加了某一方向的流动，可使原双向流动在该方向加强，而在另一方向减弱甚至反向，从而形成单向交错层理。不过近年来也有观点认为"深海风暴"本身即由内波产生（Pomar et al.，2019）。

二、沉积机制分类

沉积离不开流体，在沉积学研究中始终伴随着对流体的研究，自 2000 年以来，伴随着对复杂水动力条件下沉积特征研究的逐渐深入，流体沉积机制、不同流体交互作用以及不同沉积环境下相似水动力沉积（浅海环境中的波浪与深海环境中的内波，陆上河流沉积与浊流水下水道沉积等）等问题日益突出（Shanmugam，2000；Mutti et al.，2009；Perillo et al.，2014；Jobe et al.，2016）。从水质点的流动性质上可将流体分为 3 种基本类型，即单向流、双向流和振荡流：水质点总体上不具备循环性和周期性，而是向着一定的方向流动，如河流、重力流、等深流等，可称为单向流；水质点以往复循环运动为特征，周期较长的流动，如潮汐、内潮汐、海啸等，往往形成较长时间的上升流（冲流）或下降流（回流），可称为双向流；周期短的流动，如波浪、短周期内波等，可称为振荡流（李向东，2020a）。在自然界，各单一的流动均可以叠加，即发生流体交互作用（吴嘉鹏等，2012；Alonso et al.，2016），其中以"流—流作用"为主的单向流交互作用，可称为叠置流；以"波—流作用"为主的振荡流与单向流的交互作用，可称为复合流；以"波—波作用"为主的流体交互作用，包括振荡流和振荡流、振荡流和双向流、双向流和双向流等，均可统称为叠加流（李向东，2020a）。

在深水沉积研究中，关于沉积的分类有一个争论已久而没有结果的问题，这就是严格地按照引起沉积的流体性质分类还是按照实际发生的沉积过程分类的问题。严格的按照流体动力学性质分类理论性强、概念明晰，有利于应用流体力学理论和数值模拟的方法研究沉积学问题，但是和传统的沉积学研究结合性较差，例如浊积岩、风暴岩、海啸岩和近年来提出的内波岩（Pomar et al.，2012），其形成过程均包含着不同性质流体的多种沉积机制（Shanmugam，2013），同时也和自然界发育的流体脱节。以浊流为例，Mutti等（2009）认为在对浊流进行定义时应充分考虑到浊流事件的发生演化过程，如果单纯地追求以流动机制来定义浊流，可能的结果是在自然界中将找不出一种流体可称为浊流，也将找不出一种岩石可称为浊积岩。相反，以沉积过程分类在直观上更容易接受，也比较符合自然界的流体作用和沉积作用现象，但是给沉积学的定量研究和与相关学科的交叉研究却带来了极大的困难，从而造成了许多学科之间、沉积现象之间和研究方法之间的不平衡。

内波、内潮汐在海洋中广泛发育，其波动参数变化范围大，形成和演化机制多样；因此，在对内波、内潮汐沉积进行分类时，应充分考虑内波、内潮汐的流体作用过程和引起的沉积作用过程，以沉积事件过程为主，同时融入流体演化机制（图1-11），主要原因有两个：（1）海洋中沉积事件往往具有多种不同机制流体参与，以内波、内潮汐为例，目前可确定的参与沉积的流体类型有双向交替流（双向流）、单向优势流（叠加流）、振荡流、复合流，甚至还包括浊流，如浊流反射引发的内波、内潮汐沉积（Tinterri et al.，2016；李向东等，2019）；（2）在海洋物理学中对内波的研究是按照内潮波（包括线性和非线性）、孤立内波（包括大振幅和有限振幅）和高频随机内波的思路展开，并研究其生成、传播、破碎、叠加、反射和边界层等问题（方欣华和杜涛，2004；王展和朱玉可，2019）。

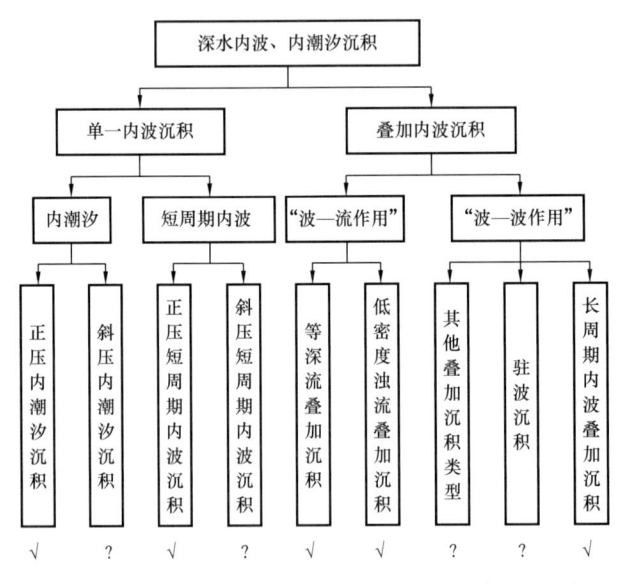

图1-11　内波、内潮汐沉积分类（据李向东，2013）

√—已发现类型；?—尚未发现类型

首先按照流体的沉积作用方式分为单一内波沉积和叠加内波沉积两大类。单一内波沉积是指在无剪切流场的层化海洋中内波由于自身的演化（色散、非线性化、破碎和能量耗散等）和触及海底与地形相互作用（破碎、反射、冲流和回流等）而形成的沉积，包括流体中悬浮物的降落沉积和对已有海底未固结沉积物的改造两个过程（高振中等，2010）。叠加内波沉积是在剪切流场中的内波或内波和其他流体发生交互作用而形成的沉积，也包括流体中悬浮物的降落沉积和对已有海底未固结沉积物的改造两个过程。

在单一内波沉积中，内潮汐尽管也属于内波，但其具有潮汐的周期（日潮或半日潮），而且在现代海洋中分布广泛，作用突出，海洋物理学中将内潮波作为一个单独的类型进行研究；因此，在沉积学中将内潮汐（线性或弱线性内潮波）沉积从其他内波沉积中分离出来已显得非常必要（Shanmugam，2013）。强线性的内潮波沉积由于尚未在地层记录中识别出来，故暂不列入（图1-11）。短周期内波包含大型孤立内波，而大型孤立内波是海洋物理学中最重要的内波研究类型之一，同时在地层记录中也有发现，深水环境下的浪成波纹层理是其重要的沉积特征（李向东等，2011a）；尽管其鉴别目前和内潮汐沉积类似，都依赖于深水沉积环境的识别，但是短周期内波与表面波浪相比，波动参数（波长、周期和振幅）都要大得多，并且在横向上能量具有弱—强—弱变化，其沉积特征应有所差异，尚需进一步研究。

在叠加内波沉积中，可很自然的分为内波与单向流的叠加（"波—流作用"）和内波与内波的相互叠加（"波—波作用"）两类。在"波—流作用"中可能会有两种情况：一是先存在单向流，再叠加上内波，相当于海洋物理学中剪切流背景下的内波问题；二是先有内波存在，再叠加上单向流。这两种情况可能会有所差别，但在这里暂不考虑。鉴于内波能量较弱，对除低密度浊流之外的其他深水重力流可能不会有明显的效果，故将"波—流作用"的沉积暂分为两类，即等深流叠加沉积和低密度浊流叠加沉积（图1-11），这两种类型的叠加内波沉积在地层记录中已被发现（李向东等，2011a，2019）。此外，内波也可以和自身演化中产生的单向流发生交互作用，由于其机制尚不清楚，故暂不列入。在"波—波作用"中，长周期内波和内潮汐的叠加在海洋观测和地层记录中均有发现（Gao et al.，1998）；而驻波是最简单的一种波—波叠加，无论是在海洋物理学中还是在沉积学中对其进行详尽的研究都显得非常必要，已有学者将其和丘状交错层理的形态联系起来（Morsilli and Pomar，2012），但是在地层记录中还没有发现明确的研究实例，其他类型的内波叠加尚需进一步研究。因此，将"波—波作用"的沉积暂分为3类，即长周期内波叠加沉积、驻波沉积和其他内波叠加沉积（图1-11）。此外，完全非线性大振幅内波在演化中完全破碎，也会形成单向流（位势流），与海洋中的等深流或低密度浊流发生交互作用，即也存在"流—流作用"的可能性，但考虑到尚未发现此种类型的沉积，故暂不列入。

内波的传播方向不是像表面波那样仅在水平方向上传播（正压波），在连续层化的海水中，内波的传播方向一般和水平方向成一个夹角，为斜压波；这样内波和海底地形相互作用时就会产生斜压流，只有内波频率接近浮频率时才会出现类似的正压波，与海底地形相互作用产生正压流。斜压流可以穿过峡谷沿着平行于陆架坡折的方向流动，不像正压流沿峡谷轴部流动（Allen and Durrieu de Madron，2009），在已发现的内波、内潮汐沉积构造鉴别标志中，似乎还没有能反映斜压流的沉积构造，或者是无法区别于等深流沉积构造，而且这些沉积构造用界面内波模型可以进行很好的解释。因此，尽管在内波、内潮汐沉积研究中斜压波和斜压问题无法回避，但在现代沉积和地层记录中均未发现斜压内波、斜压内潮汐沉积（图1-11），Shanmugam（2013）曾提议建立"正压流岩"和"斜压流岩"的概念，同时他还提出了"斜压流岩"用于指代与内波、内潮汐均相关的沉积，但是并没有给出"斜压流岩"的识别标志。因此，内潮汐沉积和短周期内波沉积均可再细分为正压型和斜压型两种类型，其中斜压内潮汐沉积和斜压短周期内波沉积尚未在沉积记录中发现。在"波—流作用"的内波沉积中，目前仅发现了复合流层理，沉积机制尚需进一步研究；在"波—波作用"的内波沉积中，由于目前仅发现有少量长周期内波和内潮汐叠加沉积，其他类型的沉积尚未被发现，故暂不考虑正压和斜压的问题（图1-11）。

三、一般沉积特征

就目前地层记录中的内波、内潮汐沉积研究现状而言，内波、内潮汐沉积的鉴别仍缺少排他性的鉴别标志。因此，在识别古代内波、内潮汐沉积时首先应运用深水原地沉积、生物化石、生物遗迹及相关细粒岩的地球化学特征确定深水沉积环境，即在风暴浪基面以下，一般水深200～250m，因为浅水环境中受海面波浪影响，即使形成内波、内潮汐沉积也难以保存或识别；其次观察研究其沉积特征是否和内波、内潮汐作用的水动力状况相符合，即是否具有内波、内潮汐沉积的一般特征；最后运用特征性的沉积构造和沉积序列进行识别。在现有的研究基础上，可将内波、内潮汐沉积的一般特征概括为以下几点（He and Gao，1999；何幼斌等，2004a；李向东，2013；何幼斌和黄伟，2015）。

（1）沉积物粒度较细。水道型内波、内潮汐沉积的粒度以极细砂至中砂级为主，少量为粗砂。这种粒级与其水动力条件相适应，因为水道中往复流动的最大流速通常在15～40cm/s之间，当然其中也含有泥质，不过一般是作为砂级沉积的杂基出现，成层出现的很少。而在平坦、开阔的非水道环境中内波、内潮汐沉积的粒度范围较水道型广阔得多，它包括砂质、粉砂质和泥质沉积，这种特征也是由其自身的环境条件和沉积作用特征决定的。砂岩粒度概率累计曲线主要为三段式，其次为两段式，明显具有牵引流沉积特征。

（2）缺乏生物扰动构造。已鉴别出的内波、内潮汐沉积中均未发现生物扰动构造，这可能与其自身的沉积作用特征有关，即存在不利于底栖生物生存的条件：①内波、内潮汐作用引起的海底流动为双向往复流动，流速变化较快；②这种双向往复流动造成近海底水流浑浊度高；③在平潮期具有较高的悬浮降落沉积速率。但是近年来海洋学的研究表明，由于内波、内潮汐的混合作用，可有效地提高海洋的初级生产力（Witbaard et al.，2005；Muacho et al.，2014），因此，尚需进一步研究缺乏生物扰动构造的成因机制。

（3）通常出现于海平面上升时期。因为在低海平面时期，重力流沉积尤其是粗粒的重力流沉积十分发育，此时重力流作用强度较大，内波、内潮汐作用难以对重力流或重力流沉积物进行改造而形成内波、内潮汐沉积，或已形成的内波、内潮汐沉积难以保存。而随着海平面上升，物源区逐渐远离沉积区，粗碎屑的注入受到抑制，这时内波、内潮汐得以改造细粒的重力流沉积，或与低密度浊流发生交互作用；因此，对于水道环境而言，内波、内潮汐沉积常出现在向上变细的水道充填沉积层序的顶部。

结合内波、内潮汐的现代海洋和地层记录研究，但并不局限于已有的沉积研究实例，可对内波、内潮汐沉积的一般特征或可能具有的一般特征做出分析与概括（表1-1），并分述如下。

表1-1 深水环境下内波、内潮汐沉积一般特征（据李向东，2021）

特征类型	发育位置	作用类型	成因及沉积特征	研究程度
时间特征	整个发育区	周期性作用	内波、内潮汐作用可受自身周期、双周数（天文潮的大潮和小潮）、季节性变化（年变化）、大洋环流中的海流迁移（千年尺度）及暖池效应（千万年和百万年尺度）影响，是否受米兰科维奇旋回影响尚待确认，在地层记录中可形成各种尺度的韵律性变化，小到纹层变化，大到地层旋回	有所涉及
空间特征	破碎带	改造作用	可引起海水低速流动（以20~50cm/s为主）的内潮汐遇到海底地形发生破碎，可对海底已沉积而未固结的沉积物进行改造，一定程度上造成细砂、粉砂和黏土颗粒的分离，在细砂岩和粉砂岩中形成各种单向流和双向流沉积构造；可引起海水高速流动（以120~220cm/s为主）的内孤立波遇到海底地形发生破碎，可形成各种与振荡流有关的沉积构造，搬运和再沉积的颗粒可从粉砂至细砾，此外也可引起海底滑塌并形成密度流沉积	内潮汐研究较为深入，其他研究方向略有涉及
		交互作用	内波、内潮汐与其他类型流体或不同的内波、内潮汐之间的交互作用可大体上分为"波—流作用"和"波—波作用"两类，目前在地层记录中已发现的有短周期内波（可能由内孤立波形成）和低密度浊流及等深流的交互作用形成的复合流沉积构造，内潮汐和更长周期内波叠加形成的单向优势流产生的单向交错层理（纹理）	较为深入
	非破碎带	营养运输	内波、内潮汐普遍具有斜压性质，只有在特定条件下才可近似地看作界面波，内波、内潮汐的垂向混合作用可将深部营养盐带到表层，有效地提高海洋的初级生产力，并对浮游生物的分布产生重要影响，在地史时期可形成上升流及深水生物礁（以珊瑚礁为主）和生物丘	略有涉及
		静水效应	内波、内潮汐在半个波长范围内引起的海水流动，可能对海水中沉降的各种颗粒产生影响，可能包括黏土絮凝体中包裹的粉砂颗粒和絮凝体的分离，不同黏土絮凝体之间的碰撞等，依据水槽实验结果，可能在黏土岩中形成粉砂质纹层和明显的絮凝体颗粒	尚未涉及

海洋中内波、内潮汐的发育和温盐跃层密切相关，一般情况下，在中、低纬度地区温跃层对海水密度的影响比盐跃层大，海水的密度层化基本受温跃层控制（方欣华和杜涛，2004）；在高纬度地区，盐跃层则有可能控制海水的密度层化。温跃层可分为浅水季节性温跃层和深水长年性温跃层（方欣华和杜涛，2004），由于浅水环境受海面波浪和风暴的影响，内波、内潮汐沉积很难保存下来，或在地层记录中很难识别出来，故内波、内潮汐沉积研究主要涉及的是深水长年性温跃层。长年性温跃层受气候及海流的影响，也可以发生季节性变化，一般情况下夏季较强，冬季较弱；在稍大尺度上，海流迁移可形成千年尺度变化（王吉良等，2000），大洋环流中的暖池效应可形成千万年和百万年尺度变化（李保华和翦知湣，2001）。就目前发现的内波、内潮汐沉积而言，其沉积时多处于中、低纬度地区，可能受到长年性温跃层的影响。依据温跃层的变化规律，韵律性可能是内波、内潮汐沉积的一个普遍特征，同时也说明了利用内波、内潮汐沉积研究地史时期大洋环流具有一定的可行性，然而这两方面的研究都非常薄弱。

内波、内潮汐对已有沉积的改造作用与其引起的水体在海底的流动速度密切相关，而这个流动速度一般较小（Gao et al., 1998），在海底峡谷中，双向流速一般为20~50cm/s，其中向沟谷上方流动的最大流速变化范围为3~48cm/s，以15~30cm/s为主；向沟谷下方流动的最大流速变化范围为4~70cm/s，以15~40cm/s为主，净流动一般向沟谷下方，但也有例外（Gao et al., 1998; Pomar et al., 2012）。结合水流中平均流速与搬运颗粒大小的关系（Dey and Ali, 2019），即尤尔斯特隆图解，50cm/s的流速可以剥蚀搬运0.01~2mm的无黏滞颗粒，即包含了细粉砂—极粗砂颗粒。目前发现的内波、内潮汐沉积多为粉砂岩和细砂岩，可能与黏土颗粒的含量密切相关，阻止了水流对更粗颗粒的剥蚀搬运。依据中国南海的观测，内孤立波引起的水平流速度一般为120~220cm/s，通过计算，预测百年一遇的最大流速可达300cm/s（方欣华和杜涛，2004）。在地史时期，由于内波、内潮汐在时间上可能存在的周期性变化，故以300cm/s的流速为例，据尤尔斯特隆图解推算，可以剥蚀搬运0.003~100mm的无黏滞颗粒，包含了部分黏土和极细粉砂—中砾颗粒。

内波、内潮汐在海洋中起着重要的动力学作用，是能量和动量垂向传输的重要载体，可以反复地将海水由光照较弱的深层抬升到光照较强的浅层，促进较深水海洋生物的光合作用，造成叶绿素增加（Muacho et al., 2014），也可在斜坡环境中引起上升流，把低温、富溶解硅和营养盐（特别是硝酸盐和磷酸盐）的海水带到表层，从而有效地提高海洋的初级生产力（方欣华和杜涛，2004）。现代海洋研究表明，内波、内潮汐可以引发深部营养向表面富集层加速扩散，由波动引起的紊流形成的乳浊层可以作为低质量的食物源，从而影响到软体动物群的垂向分布（Witbaard et al., 2005）。大西洋深水珊瑚礁和中国南海深水珊瑚林的发现与研究均说明在现代海洋中1000m水深以下均有造礁生物生长，其营养可能主要来自表层（汪品先，2019），可能和内波、内潮汐的垂向混合作用有关，并且深水软珊瑚最佳生长环境的海水流速约为15cm/s，也和内波、内潮汐引起的海水流速相当。

海洋中内波、内潮汐的扰动及混合作用会对深水细粒沉积（粒度小于62.5μm）产生重要的影响，泥级颗粒实验表明（Yawar and Schieber，2017）：当流体速度小于25cm/s时，约70%以上的粉砂滞留在底床为底载荷，当流体速度小于15cm/s时，粉砂基本上全部滞留在底床，流体中的悬浮物质主要由黏土物质组成，絮凝波发育且具有长的尾迹，在低沉积速率下可形成粉砂和黏土相间的纹层（条纹构造），在高沉积速率下可形成黏土层和交错纹理；当流体速度大于25cm/s，将有30%以上的粉砂处于悬浮状态，流体中的悬浮物质由粉砂和黏土组成，絮凝波不发育，不形成长的尾迹，此时在低沉积速率下可连续沉积形成较厚的粉砂纹层（条带构造），在高沉积速率下可形成较厚的粉砂岩交错纹理。结合内潮汐引起的水流流速及其研究实例，目前关注较多的是在25～50cm/s流速时发生的沉积，而对于低流速的内潮汐（流速为8～25cm/s）缺少较深入的研究。此外，未触及海底而破碎的内波、内潮汐引起的海水流动可能会引起海水中粉砂与黏土絮凝体分离而形成黏土岩中的粉砂质纹层（Yawar and Schieber，2017），黏土絮凝体之间的有效碰撞最终导致沉积物中含有明显的絮凝体颗粒（Kase et al.，2016）。

四、岩相特征

地层记录中的内波、内潮汐沉积研究已有30年的历史，陆续总结出的岩相类型有二三十种之多，有的类型相互之间也有类似之处。内波、内潮汐沉积岩相类型的划分依据主要有沉积构造、岩石类型和粒度特征等（Gao et al.，1998；He and Gao，1999；何幼斌等，2004a；刘成鑫等，2005；高振中等，2010；李向东，2013），但是，如果充考虑这三种因素的差异，则会导致岩相类型种类繁多，不利于内波、内潮汐沉积研究的深入。鉴于海洋中内波、内潮汐形成和演化机制的多样性以及现代海洋中内波、内潮汐研究和地层记录中内波、内潮汐沉积研究之间的不平衡，内波、内潮汐沉积的岩相类型以沉积构造为基础进行划分比较合理，这样可以较直接地反映出内波、内潮汐作用的水动力状况，也有利于不同学科之间的交叉研究。基于沉积构造，对岩性特征和粒度特征进行适当的合并，共归纳出11类内波、内潮汐沉积岩相类型（表1-2），现分述如下。

（1）双向（羽状）交错层理（纹理）砂岩（粉砂岩/石灰岩）相：该岩相以美国弗吉尼亚州芬卡斯尔地区奥陶纪内潮汐沉积为代表（Gao and Eriksson，1991），在该地区表现为双向交错纹理砂岩相，以普遍发育双向交错纹理（分别向水道上方和下方倾斜）为其基本特征。主要由极细粒岩屑杂砂岩组成，局部为粉砂岩，分选明显比浊积岩好，与其互层的是暗色页岩和薄层浊积岩。该类沉积常呈双向递变（向上、向下均变细）或向上变细序列。随后，这种岩相类型在其他研究实例中被广泛发现，成为在内波、内潮汐沉积鉴别中应用最广的鉴别标志，双向交错层理（纹理）有时可变为羽状交错层理（纹理），寄主岩性也不限于细砂岩，可包括粉砂岩、粉晶石灰岩和泥晶石灰岩等（李向东，2013）。这种岩相类型的沉积是由内潮汐引起的沿水道上下交替流动的沉积产物，这种频繁交替的双向交错纹理代表了日潮或半日潮作用的结果，而粒度的纵向变化记录了最大流速的变化，这很可能反映了大潮和小潮的周期性变化（何幼斌等，2004a），对于非线性较强的内波，在近临界地形发生破碎而产生的冲流和回流也有可能形成此类岩相。

表 1-2 内波及内潮汐沉积岩相类型、沉积构造与水动力解释

岩相类型	沉积构造	代表实例	水动力解释
双向（羽状）交错层理（纹理）砂岩（粉砂岩/石灰岩）相	双向交错层理（纹理）羽状交错层理（纹理）	广泛发育，美国阿巴拉契亚山脉芬卡斯尔地区中奥陶统、塔中地区中—上奥陶统、西秦岭地区泥盆系—三叠系、宁夏香山群徐家圈组等	内波、内潮汐引起的双向交替流动以及冲流与回流
单向交错层理（纹理）砂岩（粉砂岩/石灰岩）相	单向交错层理（纹理），纹层倾向水道上方的可作为鉴别标志	美国阿巴拉契亚山脉芬卡斯尔地区中奥陶统、塔中地区中—上奥陶统、宁夏香山群徐家圈组等	长周期内波与内潮汐叠加引起的单向优势流动
浪成波痕（波纹层理/纹理）砂岩（粉砂岩/石灰岩）相	束状透镜体叠加交错层理（纹理）、复杂交织结构交错层理（纹理）、浪成波痕及其他波纹层理（纹理）	西秦岭地区泥盆系—三叠系、湖南桃江前寒武系、宁夏香山群徐家圈组、桌子山地区拉什仲组	内波、内潮汐在波动底界面附近与海底地形相互作用产生的深水振荡流沉积
复合流波痕（层理/纹理）砂岩（粉砂岩/石灰岩）相	复合流波痕（爬升型）、复合流层理（纹理）	宁夏香山群徐家圈组、桌子山地区拉什仲组	短周期内波和低密度浊流、等深流等形成的低流态复合流
准平行层理砂岩（粉砂岩/石灰岩）相	准平行层理	宁夏香山群徐家圈组、桌子山地区拉什仲组	紊流不发育的高流态复合流
小型似丘状（洼状）交错层理砂岩（粉砂岩/石灰岩）相	不对称小型似丘状交错层理、不对称小型洼状交错层理	宁夏香山群徐家圈组、桌子山地区拉什仲组、西班牙伊比利亚盆地、伊朗科曼莎盆地	紊流发育的高流态复合流，高悬浮或低悬浮时分别形成丘状或洼状交错层理
韵律性砂泥岩（石灰岩）薄互层岩相	不同岩性复合层理	浙江桐庐上奥陶统、西班牙伊比利亚盆地	内潮汐引起的床沙载荷与悬浮载荷的频繁交替沉积
脉状、波状、透镜状层理有孔虫灰岩（细砂岩/粉砂岩）相	脉状、波状、透镜状复合层理	浙江桐庐上奥陶统、翁通爪哇海台上白垩系—第四系、赣西北前寒武系修水组	
鲕粒灰岩（砂质鲕粒灰岩）相	脉状、波状、透镜状复合层理，侧积交错层理与双向交错纹理	塔中地区中—上奥陶统	内潮汐侧向迁移和加积形成
"人"字形砾屑灰岩相	"人"字形组构	伊朗科曼莎盆地	短周期内波（可能为内孤立波）形成的振荡流沉积
包卷层理细砂岩（粉砂岩）相	特殊的包卷层理与相关负载构造	桌子山地区拉什仲组、意大利北部亚平宁山脉中新统、法国东南部始新统—渐新统	内波、内潮汐周期性作用于海底未固结沉积物所产生的液化作用

（2）单向交错层理（纹理）砂岩（粉砂岩/石灰岩）相：该岩相在美国弗吉尼亚州芬卡斯尔地区中奥陶统、塔中地区中—上奥陶统碎屑岩段、江西修水中元古界和宁夏中奥陶统香山群徐家圈组中均有发现（Gao and Eriksson，1991；高振中等，2000；郭建秋等，2004；He et al.，2011）。以发育倾向水道（或斜坡）上方的板状交错层理和交错纹理为其特征，由中—细粒岩屑杂砂岩、钙质细砂岩、钙质粉砂岩和粉砂质石灰岩等构成。垂向上也会显示粒度双向递变序列。古流向特征说明其形成于沿水道（或斜坡）向上为主的流动，很可能为长周期内波与内潮汐叠加引起的单向优势流动所致（Gao et al.，1998）。

（3）浪成波痕（波纹层理/纹理）砂岩（粉砂岩/石灰岩）相：该岩相首先发现于西秦岭地区泥盆系—三叠系（晋慧娟等，2002），此后在湖南桃江前寒武系（李建明等，2005）、宁夏香山群徐家圈组（李向东等，2011a）和鄂尔多斯盆地西缘北部桌子山地区拉什仲组（李向东等，2019）相继发现。岩石类型以粉砂岩、黏土质粉砂岩和钙质粉砂岩为主，有少量细砂岩、粉砂质石灰岩和粉砂质黏土岩。该岩相的沉积构造变化较大，包括浪成波痕和各种类型的浪成波纹层理或纹理，主要有束状透镜体叠加交错层理（纹理）、复杂交织结构交错层理（纹理）、"人"字形交错层理（纹理）和具有不均一结构的交错层理（纹理）等。其形成机制可能为短周期内波（含内孤立波）在近海底形成的振荡流沉积所致（李向东，2013）。

（4）复合流波痕（层理/纹理）砂岩（粉砂岩/石灰岩）相：该岩相类型发现于宁夏香山群徐家圈组（李向东等，2011a）和鄂尔多斯盆地西缘北部桌子山地区拉什仲组（李向东等，2019）。其沉积粒度较细，岩性一般为粉砂岩、黏土质粉砂岩、钙质粉砂岩和粉砂质灰岩等。沉积构造较为单一，在层面上为复合流波痕（形态为二维或小型三维），在层内则为复合流层理（纹理），垂向上常与准平行层理伴生。该类岩相可能由短周期内波（含内孤立波）与深水低密度浊流或等深流发生交互作用而形成的低流态复合流沉积所致。由于内孤立波能量较大，故也有可能在砂岩中形成该类岩相。

（5）准平行层理砂岩（粉砂岩/石灰岩）相：准平行层理是介于平行层理和波状层理之间的一种层理，纹层呈微波状起伏，波高与波长比值较大（通常大于1∶100），代表了高流态的复合流沉积（Arnott，1993；Lamb et al.，2008），该岩相类型发现于宁夏香山群徐家圈组（李向东等，2011a）和鄂尔多斯盆地西缘北部桌子山地区拉什仲组（李向东等，2019）。沉积岩（物）特征与复合流波痕（层理/纹理）砂岩（粉砂岩/石灰岩）相基本一致，垂向上可和低流态的复合流层理伴生，也可和高流态的似丘状交错层理伴生，目前尚未发现和似洼状交错层理伴生的情况。其成因可能为短周期内波（含内孤立波）与深水低密度浊流或等深流发生交互作用而形成的高流态复合流沉积所致。

（6）小型似丘状（洼状）交错层理砂岩（粉砂岩/石灰岩）相：似丘状交错层理形态与丘状交错层理类似，只因最初在深水环境中发现，估计最大水深可在1000m以上，并且和浊流沉积有关，故称为似丘状交错层理（Prave and Duke，1990；Mulder et al.，2009；李向东，2020b）。该岩相类型发现于宁夏香山群徐家圈组（李向东等，2010），后在鄂尔多斯盆地西缘北部桌子山地区拉什仲组（李向东等，2019）、西班牙伊比利亚盆地侏罗系巴柔阶—钦莫利阶（Bádenas et al.，2012；Pomar et al.，2019）和伊朗科曼莎盆地侏罗系普林斯巴阶—阿林阶相继发现（Abdi et al.，2014）。岩性一般为粉砂岩、黏土质粉砂岩、钙质粉砂岩、粉砂质灰岩和颗粒灰岩（粒泥岩）等。其成因可能为短周期内波（含内孤立波）与深水低密度浊流或等深流发生交互作用而形成的高流态复合流在流体中悬浮物浓度较高时沉积所致，一般情况下形成似丘状交错层理的悬浮物浓度最高，形成似洼状交错层理的悬浮物浓度次之，形成准平行层理的悬浮物浓度最低，基本为底载荷沉积形成（李向东，2020b）。

（7）韵律性砂泥岩（石灰岩）薄互层岩相：该岩相见于中国已发现的各个实例中（何幼斌等，1998；郭建秋等，2004；何幼斌和黄伟，2015），以砂岩和泥岩薄层组成有规律的频繁互层为特征，而在西班牙伊比利亚盆地侏罗系巴柔阶—钦莫利阶由颗粒灰岩和泥灰岩薄互层组成（Pomar et al.，2019）。基本岩性为灰色细—极细粒砂岩、杂砂岩与深灰色、灰黑色泥岩近等厚互层以及颗粒灰岩和泥灰岩薄互层，此外，颗粒灰岩和泥岩以及泥灰岩与泥岩也有可能形成薄互层。这些异岩薄互层在纵向上呈韵律性变化，以碎屑岩为例，即富砂岩段和富泥岩段交替出现且连续过渡，并组合而形成波状层理、透镜状层理和脉状层理。这种特征代表了床沙载荷与悬浮载荷的频繁交替。在深水斜坡环境中形成这种特征的沉积类型应为内潮汐沉积作用的结果。

（8）脉状、波状、透镜状层理有孔虫灰岩（细砂岩/粉砂岩）相：其中细砂岩和粉砂岩相普遍见于深水斜坡内波、内潮汐沉积，例如浙江桐庐上奥陶统（Gao et al.，1997；何幼斌等，1998）和赣西北前寒武系修水组（郭建秋等，2004）。有孔虫灰岩见于翁通爪哇海台上2200~3000m水深处的白垩系—第四系中，以富含有孔虫和颗石藻的石灰岩为主，与蚀变的粉砂级玻屑纹层、海绿石粉砂岩纹层和沸石质黏土薄层间互成层，它们之间为渐变接触。石灰岩与沸石质黏土层常组合而形成脉状层理、波状层理和透镜状层理。单层厚度10~100cm。这种沉积特征也代表了床沙载荷与悬浮载荷的频繁交替，可能由内潮汐沉积形成。

（9）鲕粒灰岩（砂质鲕粒灰岩）相：该岩相发现于塔里木盆地中—上奥陶统中的大套深灰色含笔石页岩中。以砂质鲕粒灰岩与页岩组成的薄互层为特征。砂质鲕粒灰岩单层一般厚5~15cm，其中发育侧积交错层。砂质鲕粒灰岩常与深灰色页岩构成薄互层，并且以不同的比例、不同的形态组合而形成脉状层理、波状层理和透镜状层理，其中砂质鲕粒灰岩多具双向倾斜的交错纹理。该类沉积为平坦的深水斜坡上内潮汐沉积作用的产物。在这些平坦的斜坡上可能存在一些规模很小的沟渠，具侧积交错层的单独成层的砂质鲕粒灰岩可能为小型沟渠侧向迁移、加积的结果。

（10）"人"字形砾屑灰岩相：该岩相类型发现于伊朗科曼莎盆地侏罗系普林斯巴阶—阿林阶（Abdi et al.，2014）。岩性为砾屑灰岩，砾屑为扁平状，组成低角度的"人"字形，上、下部常发育颗粒灰岩（粒泥岩或泥粒岩），颗粒灰岩中常发育平行层理或小型丘状交错层理。其成因解释为内潮汐引起的较强的双向流对石灰岩砾石的改造。

（11）包卷层理细砂岩（粉砂岩）相：该岩相类型存在于意大利北部亚平宁山脉中新统（Tinterri et al.，2016；Harchegani and Morsilli，2019）、法国东南部始新统—渐新统（Tinterri et al.，2016）和鄂尔多斯盆地西缘北部桌子山地区拉什仲组（李向东等，2019）。

该类型的包卷层理往往具有较为紧闭的背形和较为宽阔的向形，并且背形顶部往往向同一方向倾斜，在背形之下一般会发育较为均一的砂核，在平面上包卷纹层呈现出回旋状，常与小型双向交错层理伴生（Tinterri et al., 2016；李向东等, 2019）。其成因可能为内波对海底的软沉积物施加周期性的压力（波峰压力方向向下，波谷压力方向向上，两者方向相反）而导致软沉积物液化形成，有时在背形下部会形成残余的砂核（Tinterri et al., 2016；Gladstone et al., 2018）。

五、沉积构造特征

沉积构造虽然是沉积学领域最为古老且比较成熟的研究领域，但同时也是沉积学的重要基础和主要研究内容之一，历来受到重视，即使到了沉积学发展比较成熟的今天，仍然在不断地发现新的沉积构造（钟建华和梁刚, 2009）。内波、内潮汐沉积具有多种类型层理构造，其中以各种各样的交错纹理和交错层理最为常见，同时还可见到脉状层理、波状层理、透镜状层理、浪成波纹层理、准平行层理、复合流层理、小型似丘状交错层理以及波痕、沙波与泥波等沉积构造。在地层记录中的内波、内潮汐沉积鉴别方面，尽管由于浅水和深水环境中水动力作用过程的相似性而导致相标志的相似，但是在识别出深水沉积环境之后，沉积构造一直作为内波、内潮汐沉积鉴别的主要标志之一。为叙述方便，下面分为内潮汐沉积、短周期内波沉积和深水复合流沉积等3种不同类型沉积构造进行讨论。

1. 内潮汐沉积构造

指向沉积构造是鉴别内潮汐沉积的关键标志之一。由于内潮汐作用通常总是引起双向往复流动，故所形成的沉积具有双向沉积构造，具有沿水道向上和向下方向倾斜的交错纹理或交错层理是水道内潮汐沉积的典型特征，也是区别于重力流和等深流沉积的显著标志（图1-12）。深水沉积环境下的双向沉积构造是目前鉴别内潮汐沉积的关键（何幼斌和黄伟, 2015），双向交错层理（纹理）在已发现的内波、内潮汐沉积实例中广泛分布，寄主岩性主要为极细粒砂岩、粉砂岩和黏土质粉砂岩。由于内潮汐一般为弱非线性内潮波，尽管可以简化为界面波，但其水动力特征与表面潮汐还是有所差别，故形成的双向交错层理（纹理）的纹层形态和层系形态都较为复杂，纹层可呈现平直（图1-12a）、曲线（图1-12b）和向底部收敛（图1-12c）等多种形态，有时层系之间相互切割普遍（图1-12b），层系也可表现为板状、楔状和透镜状等不同的形态（图1-12a至c）。

内潮汐也可形成羽状交错层理和类羽状交错层理。其中羽状交错层理规模较小，常与双向交错层理伴生，为内潮汐的典型沉积构造之一。类羽状交错层理发现于宁夏香山群徐家圈组（王青春等, 2009），两个倾向相反的斜层系之间黏土隔层较厚，而不是一个分界面，与一般的羽状交错层理有所差别（图1-12d至f）。这种类羽状交错层理的形成可能与低密度浊流和内潮汐密切相关，低密度浊流的存在可使深水流体中黏土悬浮物浓度增加，甚至形成乳浊层，这样在内潮汐作用期间既可改造海底已有沉积物而形成倾向相反的纹层，又可因为悬浮黏土的抑制而难以在上、下层系与黏土层之间形成明显的侵

图 1-12 深水环境下内潮汐作用形成的双向（羽状）交错层理

(a) 钙质粉砂岩，具双向交错层理 (B)，塔里木盆地 TZ10 井，O_{2+3}；(b) 钙质粉砂岩，具双向交错层理 (B) 和内部侵蚀面 (I)，塔里木盆地 TZ10 井，O_{2+3}；(c) 钙质粉砂岩，具双向交错层理，宁夏香山群徐家圈组；(d) 粉砂质泥晶石灰岩，类羽状交错层理下部纹层同一岩层的左侧部分；(e) 粉砂质泥晶灰岩，类羽状交错层理上部纹层同一岩层的右侧部分；(f) 类羽状交错层理形成时的复原示意图（据王青春等，2009），A、B 分别为图 d 和图 e 所在的位置蚀面或再作用面。又由于内潮汐引发的水流周期较长，在流向转换时会有较长时间的平静期，在平静期高悬浮的黏土又可发生垂直降落沉积而形成黏土层。总之，类羽状交错层理的形成机理与波状、脉状、透镜状复合层理类似，不同之处可能在于具有较强的双向流作用和较高的黏土悬浮物浓度。

内潮汐在理论上也可形成冲洗交错层理。当内潮汐遇到海底近临界地形发生反射而出现内涌现象时，沿斜坡向上形成的冲流和在重力作用下形成的回流对海底沉积物的改造则有可能形成冲洗交错层理，但这种层理目前尚未在内波、内潮汐沉积中发现。另外，在具有平缓坡度的开阔地带，内潮汐作用引起的双向往复流动的路径并一定相同，这就导致双向指向沉积构造的方向并不一定刚好相差180°，而可以有一定程度的偏离。而且，在这种平缓的开阔地带，内潮汐引起的往复流动由于受地形限制较小，在重力或地转科氏力的影响下，其总体方向也易于发生变化，再加上在深水环境中与低密度浊流和等深流的交互作用，从而使得形成的指向沉积构造事实上是多向的。

内潮汐也可以在海底引起单向优势流动（Gao et al., 1998）。当内潮汐与更长周期内波叠加时，由于更长周期内波可引起海水长时间的持续单向流动，当较弱的内潮汐叠加于其上，可形成单向流动的脉动流，又由于长周期内波和内潮汐周期和相位的不同，可在某一位置形成沿斜坡向上的流动，而在另一位置形成沿斜坡向下的流动，但均为单向流，而不出现双向交替流。另外，当内波（含内潮汐）和海底地形发生相互作用而变得不对称，即波谷较缓，波峰较陡且相差比较大时（王青春等，2005），由于内波在通过海底的整个截面上的流通量为0，故此时波谷下方的流速较波峰下方的流速大且持续时间长，在这种情况下则可形成与内波前进方向相反的单向优势流动（李琳静，2012）。

上述两种情况均可形成单向交错层理（图1-13a、b），其中倾向区域斜坡上方的纹层可作为内潮汐沉积鉴别标志（Gao et al., 1998; He and Gao, 1999）。在深水沉积中，如果仅存在指示向水道上方的交错纹理、交错层理或其他指向沉积构造，应视为存在内潮汐沉积的指示（图1-13a）。因为在深水沉积环境中，向斜坡上方的指向沉积构造似乎为内潮汐沉积所特有；若仅存在向水道下方的沉积构造，既有可能为重力流所形成，也有可能为内潮汐沉积所形成，这就应根据沉积层序和其他特征加以鉴别。但是，如果沿斜坡方向在空间上交替出现倾向斜坡上方和下方的单向交错层理，也应视为内潮汐沉积；若单向交错层理所示古水流方向与区域斜坡方向斜交（图1-13b），也需要具体分析，一般情况下呈大角度斜交（钝角）可视为内潮汐沉积（李向东等，2020c）。

脉状、波状、透镜状复合层理是床沙载荷和悬浮载荷交替沉积的产物。当沉积物以砂质为主，泥质呈脉状穿插其间时，称为脉状复合层理；若以泥质为主，砂质呈孤立波痕状侧向不连续，称为透镜状复合层理；若砂质、泥质均呈侧向连续的波状起伏，则称为波状复合层理。这三种层理的砂质部分均显示微细交错纹理，常见双向倾斜。一般认为脉状、波状、透镜状复合层理与潮汐环境有关，因为潮流沉积的一个重要特征就是床沙载荷和悬浮载荷的交替沉积。在斜坡型和海台型内潮汐沉积中也普遍发育脉状、波状、透镜状复合层理（Gao et al., 1998; He and Gao, 1999; 晋慧娟等，2002; 何幼斌等，2005)，如翁通爪哇海台白垩系和新生界内潮汐沉积的含火山碎屑的生物石灰岩、浙江桐

-31-

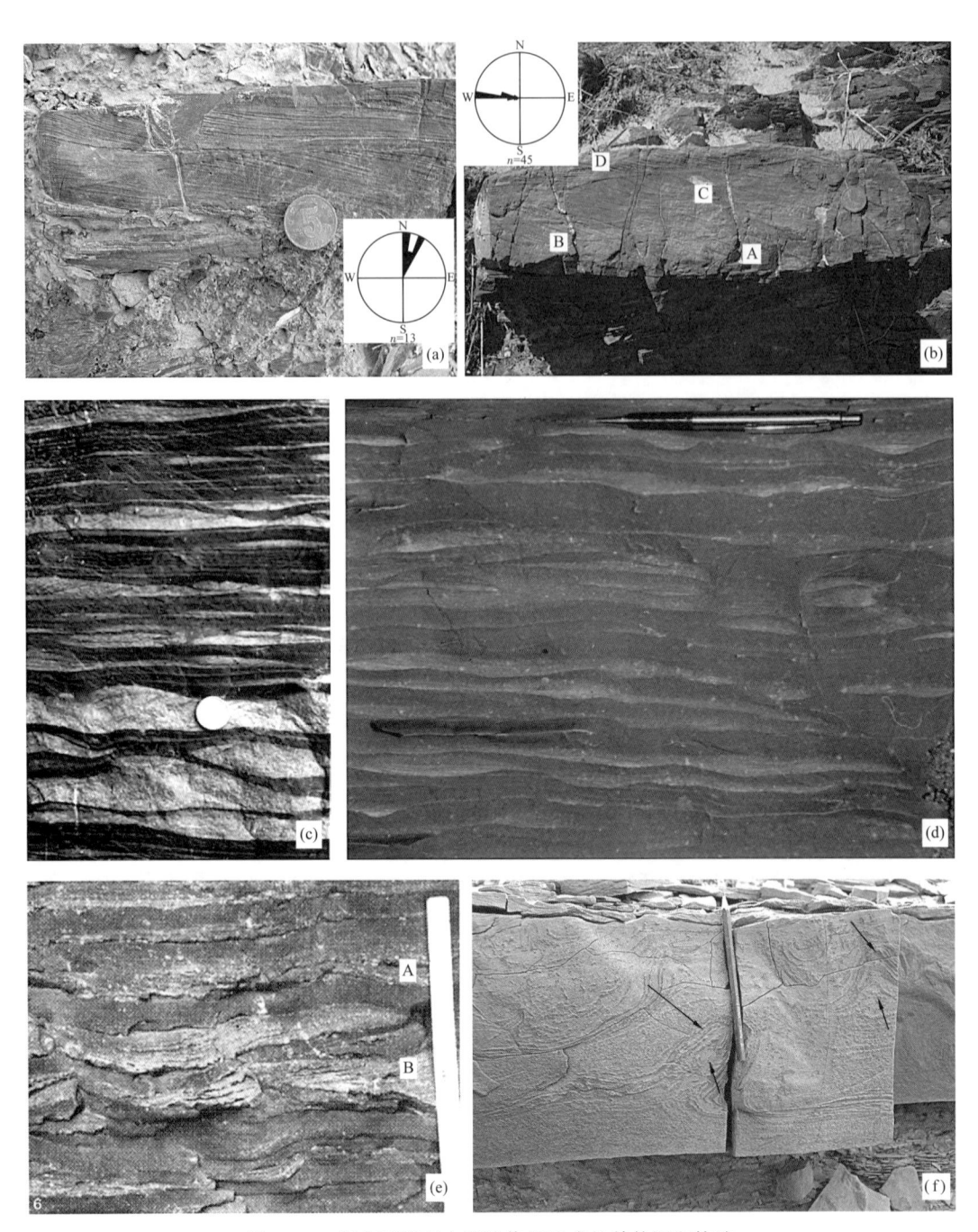

图 1-13 深水环境下内潮汐作用形成的其他沉积构造

（a）钙质粉砂岩中的单向交错层理，古水流方向与区域斜坡方向（SSW）完全相反，宁夏香山群徐家圈组；（b）钙质粉砂岩中的单向交错层理，古水流方向与区域斜坡方向（SSW）具有较大夹角，A、B、C、D 为不同的层系，宁夏香山群徐家圈组；（c）灰—深灰色砂泥岩互层，中上部具波状和透镜状层理，下部见脉状层理，深海沉积环境，甘肃夏河上二叠统（据晋慧娟等，2002）；（d）深灰色含粉砂泥岩夹黄灰色透镜状、条带状灰质粉砂岩，发育透镜状层理，粉砂岩中发育单向与双向交错纹理，深水斜坡沉积环境，湖南石门杨家坪下寒武统杷榔组三段（据何幼斌等，2005）；（e）浅灰色条带状灰质砂岩的交错纹理，校正后的纹层分别倾向 SEE（层系 A）和 NW（层系 B）方向，区域斜坡方向为 SEE，杷榔组三段（据何幼斌等，2005）；（f）灰绿色中层状粉砂岩的包卷层理，具有紧闭的背形（长箭头）和开阔的向形，背形具有较均一的砂核（短箭头），内蒙古乌海市上奥陶统拉什仲组（据李向东等，2019）

庐上奥陶统堰口组内潮汐沉积、甘肃夏河上二叠统内潮汐沉积（图 1-13c）和湖南石门杨家坪下寒武统杷榔组内潮汐沉积（图 1-13d）等。在深水环境中，当沉积物供应不足时可形成脉状、波状、透镜状复合层理，其中粗粒的细砂、粉砂沉积中发育的双向交错纹理则说明双向交替水流的存在，细砂或粉砂沉积底界可为突变，也可为渐变（图 1-13d），但不出现明显的剥蚀与切割现象则说明沉积流体总体上能量不强，但在沉积过程中能量多变，这些特征均与内潮汐水动力特征及其发育环境一致。深水环境与潮坪环境所见的脉状、波状、透镜状复合层理相比，无暴露标志，其沉积环境一般为深水还原环境，沉积物颜色和指相矿物迥然不同。

内潮汐具有明显的周期性，内潮汐沉积在垂向上往往形成韵律性砂泥岩（石灰岩）薄互层。除了异岩韵律外，还可形成透镜状、条带状构造，例如湖南石门杨家坪下寒武统杷榔组三段，在含粉砂或粉砂质水云母黏土（页）岩中夹有透镜状、条带状粉砂岩，黏土质粉砂岩和灰质粉砂岩（图 1-13e）。这种透镜状、条带状粉砂岩厚度一般为 0.5~2.0cm，横向延伸 10~100cm，垂向丰度为 10~60 层 /m，发育交错层理，通常一个透镜体仅见一个层系，个别较厚的透镜体可见 2~3 个层系，纹层倾角为 10°~15°，倾向既有单向的，也有双向的（图 1-13e）。

此外，内潮汐可对未固结的海底软沉积物施加周期性的压力（波峰压力方向向下，波谷压力方向向上），从而在软沉积物中产生液化，形成包卷层理或重荷模（Tinterri et al., 2016; Gladstone et al., 2018）。内潮汐形成的包卷层理往往具有较为紧闭的背形和较为宽阔的向形，并且背形顶部往往向同一方向倾斜（图 1-13f 中长箭头），在背形之下一般会发育有较为均一的砂核（图 1-13f 中短箭头），在平面上包卷纹层呈现出回旋状，常与小型双向交错层理、浪成波纹层理及泄水构造伴生（李向东等，2019）。包卷层理一般是发生流化作用的沉积物在层内流动产生的小褶皱或微褶皱（孙福宁等，2018），其变形限制在单岩层之内，而不包括多个岩层的共同变形，一般形成于同沉积期，包括软沉积物液化、沉积物垂向不稳定（瑞利—泰勒不稳定性）和后续流体的剪切（放大变形幅度）等 3 个过程（Gladstone et al., 2018）。内潮汐成因的包卷层理已在意大利北部亚平宁山脉中新统 Marnoso—arenacea 组、法国东南部始新统—渐新统 Annot 砂岩和内蒙古乌海市上奥陶统拉什仲组（Tinterri et al., 2016; 李向东等，2019）发现。另外，英国威尔士西部志留系深水浊积岩鲍马序列 C 段发育的包卷层理（首次发现包卷层理的地层）已被重新解释为与波动有关（Gladstone et al., 2018），推测可能为内潮汐。

因此，深水环境中发育的双向交错层理、纹层倾向区域斜坡上方的单向交错层理、粉砂岩与黏土岩复合层理（脉状、波状、透镜状复合层理，粉砂岩和黏土岩形成的异岩韵律以及含双向交错纹理条带状沉积构造等）和特殊的包卷层理可作为内潮汐沉积的鉴别标志。但是这些沉积构造鉴别标志仍然存在部分疑义，尚需进一步研究，现以最为常见的双向交错层理为例予以说明。

Shepard 等（1979）报道了沿海底峡谷的双向潮汐流，但是并不清楚这些流体是正压成因，还是斜压成因（Shanmugam, 2013）。Gao 等（1991）在美国阿巴拉契亚山脉芬卡斯尔地区奥陶纪海底水道的研究中，发现了向古水道上方和下方倾斜的双向交错层理和向古水道上方倾斜的低角度板状交错层和交错层理，并将其解释为内潮汐沉积的产物，至此双向交错层理首次与海底水道和峡谷联系起来。经过对中国部分地区和美国阿巴拉契亚山脉内潮汐沉积的研究，Gao 等（2013）认为内潮汐沉积最典型的沉积构造是深水沉积中发育双向交错层理与沿海底峡谷和区域斜坡向上的单向交错层理。

Shanmugam（2014）认为这一论断完全基于古代地层的记录，而没有任何现代类似物来验证。Stow 等（2013）报道了在现代加的斯海湾水道中，与内潮汐相关的流体的转向，但是他们并没有说明岩心中是否出现双向交错层理。因此，没有通过现代类似物建立双向交错层理与内潮汐之间的直接联系。Allen 等（2009）认为斜压流穿过峡谷沿着平行于陆架坡折的方向流动，不像正压流沿峡谷轴部流动，如美国 Hydrographer 峡谷（Wunsch and Webb，1979）、美国 Monterey 峡谷（Kunze et al.，2002）、中国台湾 Gaoping 峡谷（Lee et al.，2009），在这些峡谷中，斜压流穿过峡谷沿着平行于陆架坡折的方向流动，不可能产生双向交错层理。现代内波的卫星图像表明内波的传播方向在海岸线、陆架边缘和水道轴部有很大变化，例如内波朝着海岸线传播、内波远离海岸线或陆架边缘传播、内波几乎与海岸线平行传播、内波由一个海底山脊控制而平行于海峡轴部或水道轴部传播、内波由一个海底山脊控制而在海峡两边以相同的方向传播，以及在海峡中同一个海底山脊的控制下出现两列内波朝相反的方向传播（Shanmugam，2013）。但是，Shanmugam（2014）认为这并没有建立起卫星观察到的海洋表面的波的传播方向与内部沉积构造（现代海洋的沉积底形）之间的关系，当在海底出现海底山脊的时候，波沿密度跃层的传播方向与流体在海底运动的方向之间的关系将更加复杂。此外，Dykstra（2012）认为如果在海水不同深度的密度分层上出现多个波，那么哪个波将会影响海底地形，很难区分。

因此，目前关于内潮汐流向方面的研究还很不完善，是否能将双向交错层理作为内潮汐沉积的典型特征有待进一步检验。

关于内潮汐在海底峡谷引起的水体流动，由于内潮汐属于线性或弱非线性潮成内波，因此可以暂不考虑斜压流作用，参照界面波引起正压流的模式，依据 Southard 等（1972）的实验资料可以给出一个形象图解（图 1-14；Pomar et al.，2012）。当内潮汐和海底地形相互作用时会发生破碎，形成上升流和下降流（图 1-14a、b），也相当于冲流和回流（Emery and Gunnerson，1973），其强度相比于内涌要弱，在海底峡谷中观测到的双向交替流动可能就是此种流动，它不同于内波没有破碎时引起的和内波传播方向相反的流动（王青春等，2005）。此外，破碎的内潮汐产生的紊流会剥蚀、搬运和沉积已有的海底沉积物（图 1-14c），关于这一现象，Pomar 等（2012）和 Bádenas 等（2012）则将其作用过程分为 3 个阶段：破碎阶段、向上冲刷阶段和回流阶段。在破碎阶段，内潮汐与地形相互作用产生破碎，可形成紊流和迅速消失的涡动，剥蚀海底已有沉积物使之呈部分悬浮状态向斜坡上方移动，此阶段不沉积；在向上冲刷阶段，形成倾向斜坡上方的交错层理，而在破碎带附近，第一阶段悬浮起的较粗的颗粒或泥砾，会很快沉积（不会搬运太远），形成透镜体或具有上倾纹层的透镜体；在回流阶段，沉积物以底载荷搬运，形成倾向斜坡下方的交错层理。从这一过程来看，破碎阶段形成涡流的剥蚀强度、向上冲刷阶段和回流阶段的流体强度和时间以及流体转向时间的不同可以形成不同的沉积构造：一般情况下形成双向交错层理或羽状交错层理；当剥蚀较强时，流体中悬浮物较多，可形成脉状、波状、透镜状复合层理；当流体转向时间较长时可形成类羽状交错层理；当向上冲刷阶段和回流阶段流体的强度和流动时间均相差较大时，可形成单向交错层理。

图 1-14　海底缓斜坡（峡谷）内潮汐破碎示意图（据 Southard and Cacchione，1972；Pomar et al.，2012）
（a）内潮汐破碎，沉积物向坡上方运动（向上冲刷）；（b）补偿性回流，沉积物向斜坡下方运动（逆流）；（c）重复的高能量事件作用下内潮汐产生的紊流，沉积物剥蚀、搬运和沉积

2. 短周期内波沉积构造

在现代海洋物理学的研究中，大振幅孤立内波（孤立子）的周期一般小于 40min（方欣华和杜涛，2004），中国南海的内孤立波周期一般为 10~20min（蔡树群等，2001，2011；胡涛等，2008；岳军等，2011），和内潮汐的一日或半日周期相比则要小得多；同时，大振幅孤立内波会在海底引起强底流并形成沙波运动（夏华永等，2009；Reeder et al.，2011）；在条件合适时，非线性的孤立内波还可引发周期为十几分钟的线性内波（胡涛等，2008）。此外，高频随机内波在现代海洋中也是广泛发育的，特别是在赤道附近（杜涛等，2001），其动力扰动源具有多样性和广泛性，只要稳定层化的海水受到了各种因素（淡水的汇入、太阳辐射对海洋上层的加热、海底的浊流流动与反射以及热液活动等）的扰动，高频随机内波在任何地方都可以被激发出来。上述大振幅孤立内波（非线性）、小周期线性内波和高频随机内波都可视为短周期内波。

在地层记录内波、内潮汐沉积研究中，首先在西秦岭地区上古生界和中生界三叠系发现了类型多样的浪成沉积构造，包括浪成波痕、束状透镜体叠加的交错纹理和具有复杂交织的双向交错纹理等（晋慧娟等，2002），归为内波、内潮汐沉积。此后又先后在宁夏香山群徐家圈组（李向东等，2010）和内蒙古乌海市上奥陶统拉什仲组（李向东等，2019）发现浪成波纹层理。李向东等（2013）将这种在深水环境中由振荡流形成的浪成波痕与浪成波纹层理（纹理）归为短周期内波沉积，寄主岩石比滨岸环境中由表面波形成的岩石粒度要细，一般为细砂岩、粉砂岩和黏土质粉砂岩，表面波形成的各种浪成波纹层理类型在短周期内波沉积中均有发现（图1-15）。

图1-15 深水环境下短周期内波破碎形成的沉积构造

（a）灰绿色粉砂岩中的"人"字形（箭头）浪成波纹层理，内蒙古乌海市上奥陶统拉什仲组；（b）浅灰色细砂岩中由双向交错纹层（长箭头）和波状纹层（短箭头）组成的浪成波纹层理，底部具有明显的侵蚀，安徽省东至县新元古界双桥山群计林组；（c）鲍马序列C段小型交错层理，从右向左纹层从上凹通过平直变为上凸，具有浪成波纹层理的不均一结构，水流方向与区域斜坡方向一致，内蒙古乌海市上奥陶统拉什仲组；（d）灰绿色含钙质粉砂岩中具有复杂交织结构的浪成波纹层理，内蒙古乌海市上奥陶统拉什仲组

滨岸环境中表面波形成的"人"字形交错层理（纹理）在短周期内波沉积中并不常见，但也有所发现，如图1-15（a）所示为内蒙古乌海市上奥陶统拉什仲组灰绿色粉砂岩中形成的小型"人"字形交错层理，形成于斜坡非水道环境，层系整体呈楔状，中部纹层略呈曲线形，可能表明沉积时波动并不稳定。双向交错层理较难和内潮汐沉积区别，一般情况下可认为是内潮汐沉积的鉴别标志，但是在扬子陆块新元古界双桥山群计林组发现与波状层理伴生的小型双向交错层理（图1-15b），可能为短周期内波形成。在短周期内波沉积中，最常见的浪成波纹层理类型有束状纹层及束状纹层叠加或束状透镜体叠置、不均一结构（图1-15c）和复杂交织结构（图1-15d），这些类型的沉积构造在西秦岭地区上古生界和中生界三叠系（晋慧娟等，2002）、宁夏香山群徐家圈组（李向东等，2010）和内蒙古乌海市上奥陶统拉什仲组均有发现，从沉积机制方面则解释为振荡流沉沉

积（Raaf et al., 1977）。

束状纹层的形成与振荡流在迎流面的喷射沉积相关（Raaf et al., 1977；李向东，2013），在短周期内波沉积中可以单独出现，也可相互切割叠置形成复杂的结构。不均一结构是在同一层系中纹层形态由上凹经平直变为上凸，一般认为是近岸环境下由波浪引起的振荡流沉积的显著特征，由浪成波痕迁移及向上生长形成（Raaf et al., 1977；Cotter, 2000；晋慧娟等, 2002）。在深水环境中，纹层的这种不均一结构可形成于交错层理之中，也可形成于浊积岩的鲍马序列C段（图1-15c），说明可以由短周期内波沉积形成，也可以由短周期内波改造已有的沉积物形成。复杂交织结构主要有以下特征（图1-15d）：前积纹层堆积成束状，并可分叉；前积纹层具不规则的下界面；可见膨胀的透镜状层理；层理内部的总体形态极不协调（晋慧娟等, 2002）；纹层形态不规则，有时可与包卷层理呈连续过渡。

与内潮汐类似，如果不考虑浅水季节性温盐跃层，对于发生在稳定性温盐跃层上的短周期内波，也可用内波的界面波模型来描述。此外，在连续层化海水中，当短周期内波的频率接近浮力频率时，内波的传播方向接近水平方向（方欣华和杜涛, 2004）。以中国南海为例，岳军等（2011）在周期为14～33min的内孤立波中分解出频率为0.2次/min的稳定模态分量；方文东等（2005）在东沙岛南缘水深500m处观察到周期为10～20min的内孤立波；而南海500m深处的浮力频率可根据Li等（2011）给出的浮力频率随深度变化的理论曲线估算，其值约为0.23次/min，由此推算，内孤立波与水平方向的传播夹角不会大于18°。在这两种情况下，短周期内波均可近似地看作对海底地形产生正压，此时可借用海岸环境中表面波的作用模式（图1-16）对其剥蚀、搬运和沉积过程进行解释（Pomar et al., 2012）。

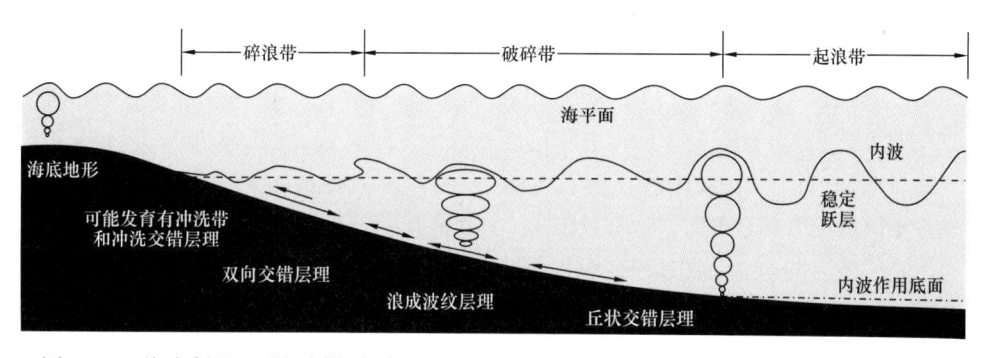

图1-16 海底斜坡地形短周期内波破碎过程和沉积示意图（据Pomar et al., 2012, 修改）

由于内波与地形的作用，当内波触及海底在斜坡上传播时，一般波峰会基本平行斜坡；因此，在图1-16中，当稳定温盐跃层与海底斜坡相交，取内波传播方向垂直斜坡等深线。当内波触及海底至破碎前（破碎带），波形发生变化，在海底产生振荡流，形成振荡流沉积构造，即浪成波纹层理和似丘状交错层理，由于短周期内波能量较风暴要小，似丘状交错层理多与复合流沉积有关（李向东, 2020b）。当内波破碎后，在碎浪带，水体会涌向斜坡上方，接着在重力作用下发生回流，产生双向交替流动，形成双向交错层理；碎浪带中，水体流动与内潮汐相似，只是在短周期内波作用中不占主导地位，另外，

- 37 -

由短周期内波和内潮汐形成的双向交错层理之间的差别尚需进一步研究。在碎浪带向斜坡方向也有可能形成冲洗带（如果内波能量足够强），鉴于目前尚未在内波、内潮汐沉积中发现冲洗交错层理，因此图1-16中未给出冲洗带。继续向斜坡上方，则可能有两种情况：一是直接出现深水细粒沉积；二是内波能量逐渐减弱，在横向上出现近乎对称的沉积构造，具体情况尚需进一步研究。

3. 深水复合流沉积构造

广义来讲，复合流（Combined-flow）是两种或多种不同类型的流体在时间上和空间上的叠加，但一般情况下，将用于叠加的流体限定为单向流和波动引起的振荡流（Dumas et al., 2005）。复合流研究起源于已知水动力条件下的水槽实验，以产生介于流水波痕和浪成波痕之间的复合流波痕为特征，该波痕具有不对称且光滑的波峰及上凸或曲线形的纹层，其厚度在波峰处变薄，在波谷处变厚（Harms, 1969）。此后，基于现代沉积物的观察，则提出了丘状（洼状）交错层理的复合流成因（Nøttvedt and Kreisa, 1987; Datta et al., 1999; Basilici et al., 2012）。复合流沉积主要发育在具有复杂水动力条件的潮坪、河口湾、三角洲前缘、海滩、陆棚与大洋等环境中（Dumas et al., 2005）。地层记录中的复合流沉积最早见报道的时间是1992年（Walker and Plint, 1992），目前尚处于发现实例和探索研究阶段。

在深水沉积环境中与短周期内波相关的复合流沉积发现于宁夏香山群徐家圈组（李向东等，2010），后来在内蒙古乌海市上奥陶统拉什仲组也有发现（李向东等，2019），伊朗科曼莎盆地侏罗系普林斯巴阶—阿林阶碳酸盐岩中的似丘状交错层理则被解释为与内波相关的复合流沉积（Abdi et al., 2014），西班牙伊比利亚盆地侏罗系巴柔阶—钦莫利阶碳酸盐岩中的"深海风暴"沉积发育有大量似丘状交错层理也解释为与内波相关的复合流沉积（Bádenas et al., 2012; Pomar et al., 2019）。此外，大量已发现的与浊流沉积伴生的复合流沉积（Myrow et al., 2002; Lamb et al., 2008），其沉积环境（深水或浅水）和波动类型（短周期内波或表面波）均需进一步研究确认。现仅以内蒙古乌海市上奥陶统拉什仲组中的内波致复合流沉积构造（图1-17）为例对其沉积特征进行说明，沉积构造类型主要包括复合流层理、准平行层理、小型似丘状交错层理和少量爬升层理等4类。

复合流层理是复合流沉积最直接的鉴别标志（Dumas et al., 2005），这种层理既不同于流水波纹层理，也不同于浪成波纹层理。复合流层理在拉什仲组中的浊流水道和非水道环境中均有发育，具有明显的圆滑、上凸的纹层，侧向上呈发散状（图1-17a），在平面和剖面上（岩层顺纹层裂开），可明显看到略呈不对称（向左）且光滑的波峰，纹层在波峰处变薄、在波谷处变厚（图1-17b）。岩性为中—薄层粉砂岩和黏土质粉砂岩，多形成于鲍马序列C段，常与浪成波纹层理伴生，图1-17（a）中的复合流层理发育在完整的鲍马序列中，下部的叠置透镜体中发育具有不均一结构的交错层理，从左向右，纹层由上凹经过平直变为上凸，具有明显的浪成波纹层理特征，发育层段泥质含量较高。也可在垂向上形成准平行层理—粒序层—复合流层理的序列，图1-17（b）中在准平行层理之上则形成两组粒序层和复合流层理序列，其中复合流层理的波长向上变小，自下部复合流层理向上，粉砂岩略显示出向上变细的正粒序特征（图1-17b）。

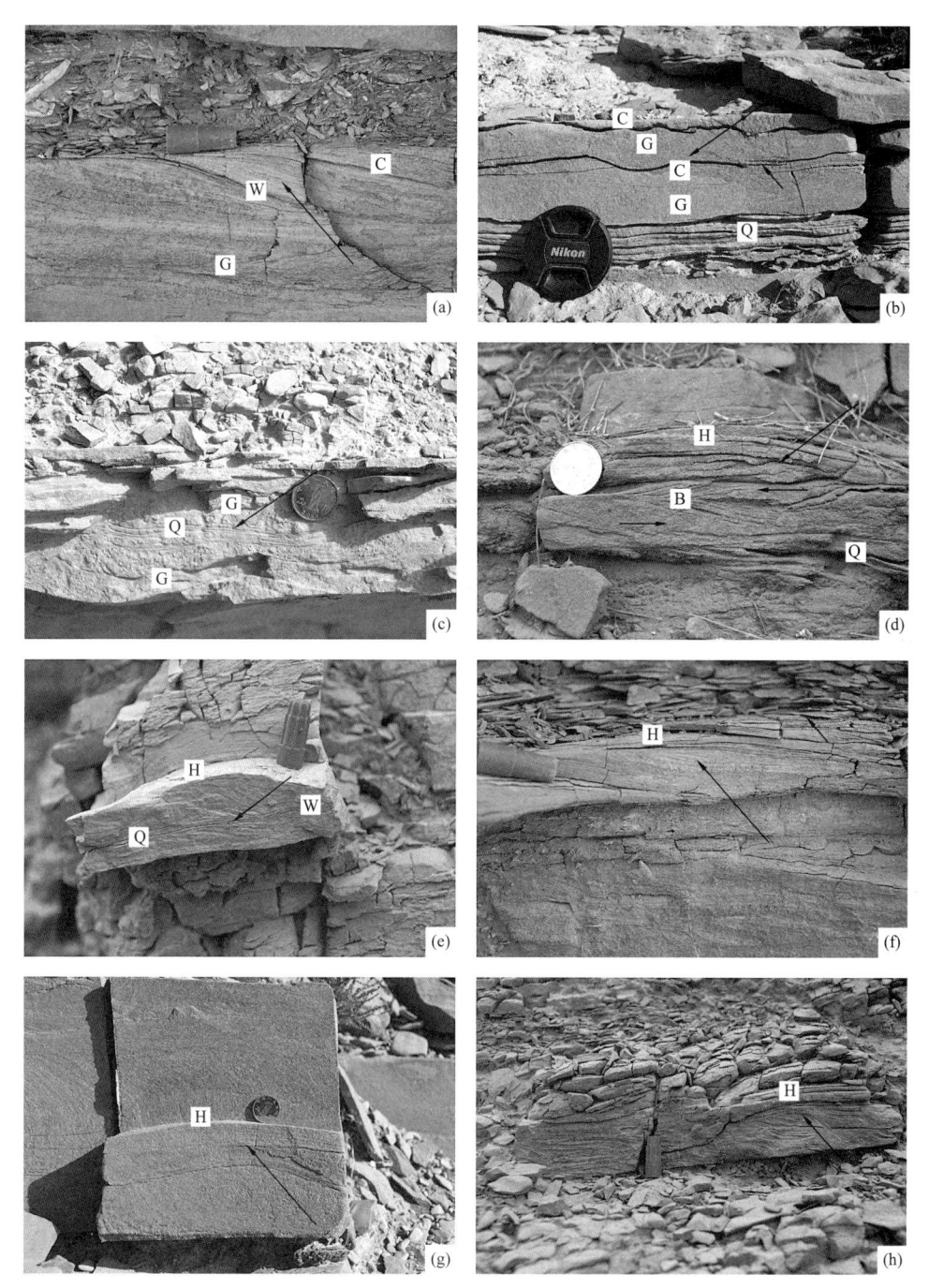

图 1-17　内蒙古桌子山地区拉什仲组深水环境下内波致复合流沉积构造（据李向东等，2019）
(a) 叠置透镜体和复合流层理；(b) 准平行层理、正粒序层和复合流层理，复合流层理（长箭头）纹层厚度向波谷变厚（短箭头）；(c) 准平行层理，上、下可见正粒序层；(d) 准平行层理、双向交错层理（水平箭头）和不对称小型似丘状交错层理（长箭头）；(e) 波状层理向准平行层理的转化；(f) 不对称小型似丘状交错层理（长箭头），丘状纹层向上渐变为水平纹层（短箭头）；(g) 对称小型似丘状交错层理（箭头）；(h) 同 (g)，其下为爬升层理，含有上凸型纹层（长箭头）；B—双向交错层理；C—复合流层理；G—正粒序层；H—小型似丘状交错层理；Q—准平行层理；W—浪成波纹层理，含不均一结构、束状体、波状层理等；(b) 和 (g) 为中层状细砂岩；(c)、(e) 和 (h) 为薄层状粉砂岩；(d) 和 (f) 分别为薄层状中砂岩和中层状黏土质粉砂岩

— 39 —

准平行层理是复合流沉积的又一重要的鉴别标志（Arnott，1993），是介于平行层理和波状层理之间的一种层理，纹层呈微波状起伏，波高与波长比值较大，代表了高流态的复合流沉积（Perillo et al.，2014）。拉什仲组准平行层理与复合流层理一样，在非浊流水道和水道环境中均有发育。在非浊流非水道环境中岩性为灰绿色薄层黏土质粉砂岩，一般位于砂层中部，层系厚度较小，上、下略显正粒序（图1-17c）；在浊流水道环境中岩性为灰绿色薄层细砂岩，其上可发育粒序层（图1-17b）或其他小型交错层理，如图1-17（d）所示的双向交错层理。在侧向上可与波状层理（图1-17f）或平行层理呈连续的过渡。在垂向上可形成准平行层理—粒序层—复合流层理（图1-17b）、粒序层—准平行层理（图1-17c）、准平行层理—双向交错层理—小型似丘状层理（图1-17d）和准平行层理—小型似丘状交错层理的序列（图1-17e）。

似丘状交错层理与丘状交错层理相比，主要存在3个方面的差别（Mulder et al.，2009；Basilici et al.，2012；Pomar et al.，2019；李向东，2020b）：（1）纹层的形态变化主要表现为和丘状层形态相似的丘形，在不对称似丘状交错层理中可形成曲线形的纹层，在侧向上，纹层厚度一般由中心到两边逐渐减薄，有时也可变厚；（2）内部纹层往往不具有削截面，或者仅在丘状层与洼状层，以及丘状层、洼状层与平行层之间偶尔出现极低角度的削截面；（3）似丘状交错层理上、下一般无剥蚀面发育，往往出现高流态沉积构造（似丘状交错层理、平行层理等）与低流态沉积构造（小型或大型浪成波纹层理、复合流层理等）在垂向上交替叠置，并且呈连续沉积。

拉什仲组中小型似丘状交错层理发育较为普遍，波高一般为2～5cm，波长一般为10～20cm，虽然在浊流水道环境中也有发育（图1-17d），但是主要发育在非浊流水道环境（图1-17e至h）。在浊流水道环境中寄主岩性为灰绿色薄层状细砂岩，而在非浊流水道环境中，则为灰绿色薄层状黏土质粉砂岩。小型似丘状交错层理的形态以不对称型为主，顶部及丘状纹层略偏向一边，在浊流水道环境中，其方向为NWW向（图1-17d），与区域斜坡方向夹角较大（大于45°），在非浊流水道环境中一般为SW向，与区域斜坡方向一致（图1-17e、f）。在不对称似丘状交错层理中，其下部为曲线形纹层（图1-17d至f中的长箭头所示），上部为丘状纹层，二者之间无削截现象。图1-17（d）中，丘状纹层向两侧变薄，下部纹层近水平状（平行层理），只是在与丘状纹层交会处略呈弯曲；图1-17（e）中曲线形纹层弯曲较大，具有背流面崩落特征；图1-17（f）中丘状层向两侧变厚，其上过渡为水平层（短箭头），曲线形纹层弯曲幅度较小（长箭头），其下为小型似洼状层理，与似丘状交错层理组成透镜体形态，整体上又由2个透镜体叠置。在对称似丘状交错层理中，由单一的丘状纹层组成，垂向上逐渐变宽缓，侧向上无较明显的厚度变化（图1-17g、h）。图1-17（g）中丘状纹层由下向上，由略不对称逐渐变为对称，丘状纹层之下为较均一的粉砂岩，略显正粒序；图1-17（h）中，似丘状交错层理之下为爬升层理，表现为低能沉积构造与高能沉积构造的交替叠置，爬升层理向流微侵蚀面与丘状纹层形态相似，二者之间不存在削截现象，此外，爬升层理中含有少量上凸纹层（图1-17中箭头），表现出复合流沉积特征。

关于波浪（振荡流）与浊流或异重流形成的复合流沉积，Lamb等（2008）给出了一个概念模式（图1-18）。在该模式中，反向流指当波浪的轨迹速度大于单向流速度时，在一个波动周期内，复合流的流动方向会发生反转，相当于波控复合流（Harms，1969）；脉动流指当波浪的轨迹速度小于单向流速度时，在一个波动周期内，复合流始终流向同一方向，只是大小发生周期性的变化，相当于单向流主控的复合流（Harms，1969）或连续脉动流（Swift et al.，1983），为与波控复合流对应，可称为流控复合流。在图1-18（a）和图1-18（b）中，单向流与振荡流同步增加或减弱，在拉什仲组中，内波的形成与浊流相关；因此，内波的强弱变化与浊流的强弱变化一致。而复合流的形成既和低密度浊流有关，也和等深流有关（李向东等，2019）。

在与低密度浊流相关的复合流中，由于流体中存在较多悬浮物，其沉积机制兼具牵引流和重力流的特征，其中速度对时间的变化率（脉冲性）和速度对空间的变化率（稳定性）在流体的剥蚀与沉积中起到了关键的作用。因此，复合流不但在速度减小时可发生沉积，而且在速度增加时也可能发生沉积，此时加速度减小或稳定性降低，可导致流体中的悬浮物发生沉积（Kneller and Branney，1995；Mulder et al.，2001，2009；Lamb et al.，2008）。

在图1-18中，复合流速度较大时（图1-18c），如果在进入平行层理区域时流体表现为沉积性质，则形成平行层理（或准平行层理）、丘状交错层理和复合流层理的叠置次序。当浊流中悬浮泥浓度较大时（浊流水道环境），高浓度的悬浮泥会对流体能量产生抑制，使高流态流体产生低流态沉积构造（Sumner et al.，2008），形成正粒序层—浪成波纹层理—复合流层理序列（图1-17a）；当浊流影响较大时，形成准平行层理—正粒序层—复合流层理序列（图1-17b）或正粒序层—准平行层理序列（图1-17c）；当等深流作用较强时，在浊流水道环境中，由于地形限制，可与浊流呈相反方向，从而形成准平行层理—双向交错层理—小型似丘状交错层理序列（图1-17d）。复合流速度较小时（图1-18d），如果在进入平行层理区域时流体表现为沉积性质，则会出现平行层理（或准平行层理）与复合流层理的叠置次序；当流体穿过丘状交错层理区域时，则会形成准平行层理—小型似丘状交错层理序列（图1-17e）或小型似丘状交错层理叠置序列（图1-17f），其中透镜体中的似丘状交错层理则可能与流体中的悬浮物浓度变小有关，即与流体的脉冲性有关（Datta et al.，1999；Dumas and Arnott，2006；Basilici et al.，2012）。当浊流中砂或粉砂含量较多时，浊流中层密度差异小，流体处于较稳定状态，不易形成流水沉积构造（Arnott，2012），此时可能在细砂岩或粉砂岩中形成单一的小型似丘状交错层理（图1-17g）。当复合流处于速度增加阶段由于不稳定性而发生沉积时，则会形成低能沉积构造与高能沉积构造的交替叠置，例如图1-17（h）中的爬升层理—小型似丘状交错层理序列。

关于丘状交错层理和似丘状交错层理的成因机制一直争议较大（Quin，2011；Basilici et al.，2012），鉴于单一的振荡流、单向流以及两者相互作用形成的复合流均可形成丘状（似丘状）交错层理，李向东（2019）认为丘状交错层理和似丘状交错层理形成的水动力机制相同，并给出一个立轴旋涡的模式图解（图1-19），这是因为涡运动是自然界中可以普遍观察到的流体运动形态，在单向流、振荡流和复合流中均可出现。

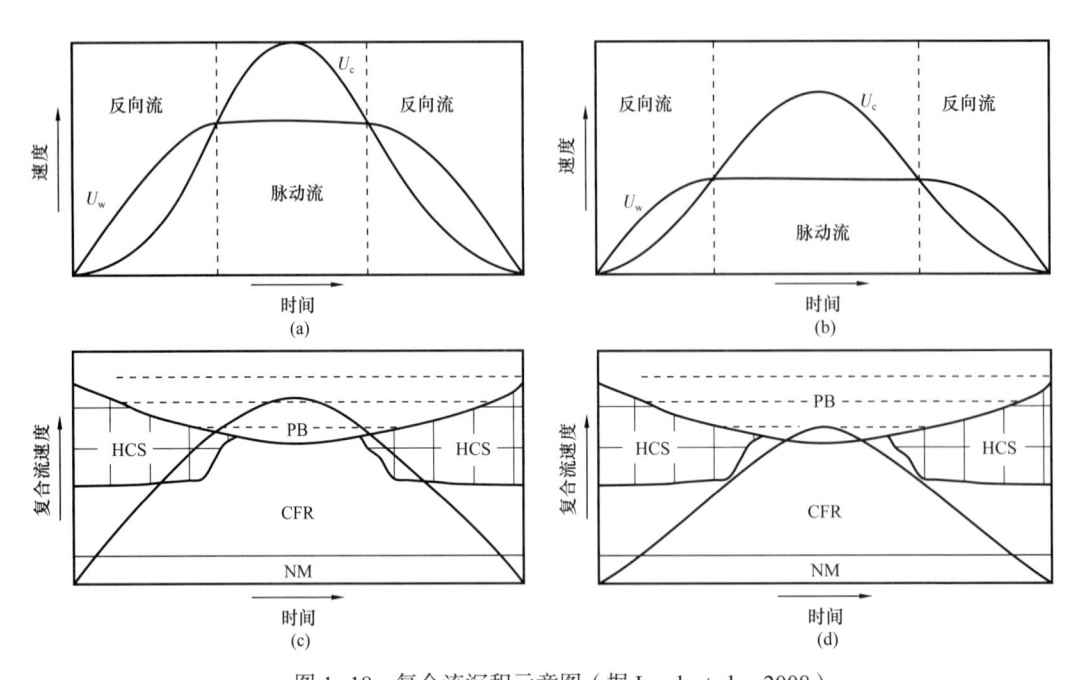

图 1-18 复合流沉积示意图（据 Lamb et al., 2008）

U_w—波轨迹速度；U_c—单向流速度；NM—无颗粒移动；CFR—复合流痕；HCS—丘状交错层理；PB—平行层理；（a）和（c）为速度较大时；（b）和（d）为速度较小时

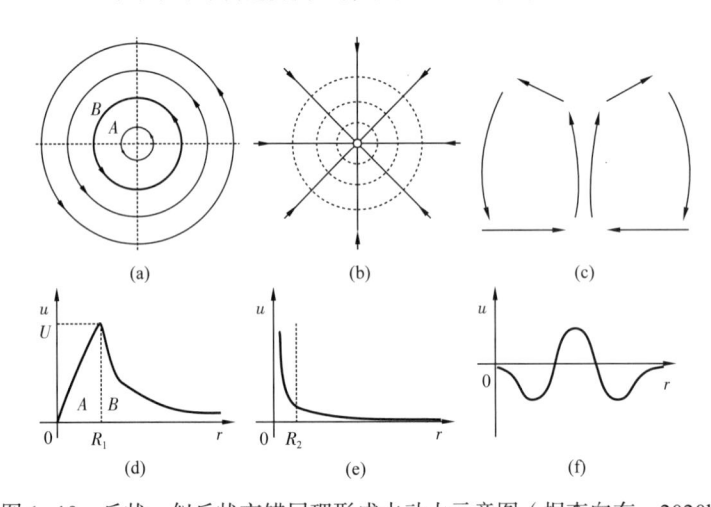

图 1-19 丘状、似丘状交错层理形成水动力示意图（据李向东，2020b）

（a）切向速度平面分布；（b）径向速度平面分布；（c）轴向速度和径向速度引起的横向环流；（d）切向速度沿半径变化规律；（e）径向速度沿半径变化规律；（f）轴向速度沿半径变化规律；A—似固体旋转区；B—势流旋转区；R_1—涡核半径；R_2—汇球面半径

如果不考虑薄涡层，旋涡可定义为一群绕公共中心旋转的流体微团。以首尾相接的涡环为例，其流动速度可分为切向速度（与半径垂直）、径向速度（与半径方向一致）和轴向速度（与旋转面垂直）。在这 3 个速度中，除旋转轴中心区域外，切向速度一般比径向速度和轴向速度都大得多，沉积物的剥蚀和沉积将主要取决于切向速度（郑洯徐和鲁钟琪，1980）。

依据切向速度的分布规律,可将旋涡分为两个区(图 1-19a):外围为势流旋转区,流体做无旋的曲线运动,切向速度随半径的增大而减小,越靠近旋转轴中心,切向速度越大(图 1-19d);内部则称为似固体旋转区,黏性将起到很大作用,流体做有旋的曲线运动,切向速度随半径的增大而增大,越靠近旋转轴中心(黏性增大),切向速度越小(图 1-19d)。势流旋转区和似固体旋转区分界处的半径称为涡核半径,在涡核半径以外,流体压力随半径的增大而增大,在涡核半径以内,流体压力随半径的减小而减小,这样在旋涡中心会形成低压区,即旋涡具有抽吸能力,其压降大小则随涡核半径处切向速度(最大切向速度)的增大而增大。

径向速度的方向在旋涡底部指向旋转中心(图 1-19b、c),在旋涡顶部则由中心指向外缘(图 1-19c)。在旋涡底部,径向速度的大小分布规律在势流旋转区和似固体旋转区内不同,总趋势随半径的减小而增大,存在一个加速度突然增大的区域,其对应的半径,在简单的汇源旋涡中称为汇球面半径,在该区域内流体动压(速度水头)会突然增大(图 1-19e)。径向速度引起的动压变化和切向速度引起的静压变化将共同作用,形成轴向速度,轴向速度在旋转中心处由下向上,在边缘处由上向下运动,与径向速度引起的径向流一起形成横向环流(图 1-19c)。轴向速度沿半径的分布则如图 1-19(f)所示,中心处速度最大,方向向上,速度值随半径的增大而减小,进而发生方向的改变,其值沿半径由小变大再由大变小。

旋涡具有抽吸能力,当其切向速度大于沉积物移动门限时,旋涡会剥蚀底床,被剥蚀的沉积颗粒或流体中本身悬浮的沉积物颗粒会在径向速度的作用下向旋涡中心聚集,然后在轴向速度的作用下向上运动、扩散,形成沉积物悬浮。其沉积机制可能有两种:(1)当流体的动压和静压平衡时,流体处于稳定状态,只有在整体衰弱或衰减时形成沉积;(2)当流体的动压和静压不平衡时,流体处于不稳定状态,会在旋涡中形成小的涡动,从而消耗流体能量,使悬浮物发生沉积。但一般情况下,由流体不稳定而引起的沉积占主导。

Quin(2011)在详细对比了大型波痕与丘状交错层理的特征之后,认为丘状交错层理是由密度流与重力波形成的流体不稳定性而产生的。而旋涡的形成正是流体不稳定性的一种表现,类似于流体力学中的泰勒不稳定(离心分层流)。在海洋中,无论是浅水还是深水,斜压波更易于引起旋涡,当旋涡与单向流叠加时,超过一定的强度,即可引起流体的不稳定(Kelvin—Helmholtz 不稳定);当斜压波单独存在时,若悬浮颗粒的离心力大于其受到的摩擦阻力时,也可产生流体的不稳定。故丘状(似丘状)交错层理可由波动单独产生,也可由波动与单向流叠加形成的复合流产生。当旋涡减弱时,悬浮的沉积物降落沉积,由于旋涡中心沉积物悬浮浓度大,故沉积速率较快,形成丘状形态,也易于解释丘状、似丘状交错层理丘状中心底部纹层变厚的现象。至于由中心向两侧纹层逐渐变薄或变厚以及垂向上纹层变得宽缓的现象,则与沉积时悬浮物的浓度大小、在空间上分布和轴向速度的分布有关。若无单向流叠加则形成对称形态,若有单向流叠加,则形成不对称形态。

深水环境下似丘状交错层理的形成多和浊流有关,其沉积物主要来源于浊流中固有的悬浮物，一般不需要由波动来剥蚀已有的沉积物形成流体中的悬浮物，故对参与的波动能量要求较低，这一点和内波能量较低相吻合。即似丘状交错层理可以形成于产生平行层理的高流态水流，也可形成于产生浪成波纹层理的低流态水流（Lamb et al.，2008；李向东等，2020b），还可以形成于剥蚀与沉积交替的水流中以及纯沉积的水流中。因此，似丘状交错层理侧向上可过渡为平行层理或浪成波纹层理；其与下伏的平行层理之间可存在剥蚀面，也可不存在剥蚀面；在垂向上可出现高流态沉积构造与低流态沉积构造的交替叠置且无剥蚀面。另外，虽然低密度浊流也可以形成涡流，但是由于流体中悬浮物浓度较大，会对涡流产生明显的抑制作用，短周期内波的交互作用正好可以增强低密度浊流中的涡流强度，从而达到较高能量的立轴漩涡阶段。因此，深水环境中与低密度浊流伴生的小型似丘状交错层理可作为短周期内波的沉积鉴别标志。

第三节 地层记录中内波及内潮汐沉积

由于内波和内潮汐在现代海洋中广泛分布，因此，内波及内潮汐沉积在古代地层中的分布也可能是比较广泛的（Gao et al.，1998）。然而，自首个研究实例发现至今已有三十余年，地层记录中内波及内潮汐沉积研究实例的发现仍然非常有限，并且大多数研究实例仍停留在沉积鉴别层面，对地层记录中内波及内潮汐沉积而言，发现新的研究实例和总结沉积鉴别标志仍然是今后该领域研究应重点解决的问题之一。造成这种现象的原因主要有两个方面，一方面是内波、内潮汐在不同领域之间研究的不平衡，主要包括现代海洋物理研究、古代地层记录研究和现代沉积研究。现代海洋物理研究基于现代海洋观测普遍进行了内波及内潮汐生成、传播和演化的理论研究，数值模拟的研究程度也较高；古代地层记录研究基本还处于总结沉积特征的初级阶段；现代沉积研究由于缺乏研究实例而非常薄弱。另一方面是研究方法的不平衡，同为深水异地沉积的浊流沉积研究一开始便形成了将现代沉积、古代沉积岩石和实验室的实验相结合的综合研究方法。在对等深流的研究中开展了高能海底边界层实验。但是直到现在，有关内波及内潮汐沉积研究的模拟实验还没有开展，没能通过对内波、内潮汐的模拟来对内波及内潮汐沉积进行模拟（何幼斌和黄伟，2015）。

一、研究历程

地层记录中的内波、内潮汐沉积研究始于1991年，对美国弗吉尼亚州芬卡斯尔（Fincastle）地区的内波、内潮汐沉积进行了系统的研究，发现了沿水道上下双向倾斜或向水道上方倾斜的交错纹理与交错层理，并首次使用了"内潮汐沉积"（Internal-tide Deposit）这一术语，自此，开始了沉积学的一个新的研究领域（Gao and Eriksson，1991）。在此之前，则有相关的沉积和流体的报道，Laird（1972）报道了新西兰前泥盆系深水潮汐沉积形成的双向交错层理；Lonsdale等（1972）报道了太平洋"地平线盖约特"（Horizon Guyot）平顶海山上从两边向上迁移的大型沙丘，其迎风面波长可达30m（Lonsdale et al.，1972），在该平顶海山上，Cacchione等（1988）则在水深1100m处发现了一个强的内潮汐,其形成了一个大型沙丘(Cacchione et al.,1988);Klein(1975)报道了翁通爪哇海台上2200~3000m水深处白垩系—第四系岩心中的脉状、波状、透镜状复合层理;Pequegnat(1972)报道了现代墨西哥湾飓风驱动的底流在水深3091m处形成波痕;Shepard等(1979)报道了沿海底峡谷的双向潮汐流,但是并不清楚这些流体是正压成因,还是斜压成因(Shanmugam,2013)。

地层记录中的内波、内潮汐沉积研究虽然已有三十余年的研究历史,但是整体上研究程度不高,仍是沉积学中一个非常年轻的研究领域。在近30年的时间里,中国学者进行了持续的努力,使中国在该领域具有一定的研究优势,及时总结了内波及内潮汐的沉积特征、垂向序列和沉积模式(Gao et al.,1998;He and Gao,1999;何幼斌等,2004a;李向东,2013;何幼斌和黄伟,2015),同时将内波理论应用于对大型沉积物波的解释(Gao et al.,1998;He and Gao,1999;He et al.,2007,2008),为内波、内潮汐沉积更多地发现新的研究实例和进一步的深入研究奠定了基础。与此同时,内波、内潮汐的搬运和沉积也逐步引起了一些国外学者的重视(Pomar et al.,2012;Bádenas et al.,2012;Morsilli and Pomar,2012;Shanmugam,2013,2014)。

在发现研究实例方面,中国学者截至目前,共发现了9例(表1-3中1—9),其中8例在中国。从表1-3的统计结果可以看出具有以下4个特征:(1)在地质年代分布上,从新元古代至新近纪均有发现,太古宙至中元古代暂时没有发现,可能和沉积岩普遍发生变质作用有关,这说明内波、内潮汐沉积在地层记录中普遍发育,也和许多学者的预测结果一致(Gao et al.,1998;李向东,2013;Bádenas et al.,2012;Pomar et al.,2019);(2)从研究内容上看,主要局限于沉积学研究,即内波、内潮汐沉积的鉴别和概念性沉积模式的建立,大地构造环境、古地理环境、内波及内潮汐成因、沉积过程和流体动力学机制等方面的研究很少;(3)从地域(古板块)分布上看,奥陶系的研究实例在中国华北—柴达木板块、华南板块和塔里木板块上均有分布;(4)奥陶纪是发现内波、内潮汐沉积较多和较为集中的年代,多和原特提斯洋相关(李三忠等,2016a),在这些研究实例中,鄂尔多斯盆地西缘研究程度相对较高。

国外地层记录中内波、内潮汐沉积已发现6个研究实例(表1-3中11—15),从表1-3中的统计结果来看,具有以下4个特征:(1)已发现的6个研究实例均位于特提斯洋,沉积环境包括碳酸盐岩斜坡(从威尔逊碳酸盐沉积综合模式第4相带——台地前缘斜坡开始)和深水浊流盆地,尽管目前还没有联系起来进行综合研究,但表现出了极强的潜在系统性;(2)内波、内潮汐沉积发育的地层研究程度非常高,特别是法国东南部的Annot砂岩(19世纪60年代初发现鲍马序列的地层)和意大利北部的Marnoso—arenacea组(19世纪70年代初建立浊积岩扇模式的地层),这使得国外地层记录中内波、内潮汐沉积研究一开始就具有良好的研究基础;(3)一开始便和内波作用过程联系起来,提出了内波破碎沉积模式(Pomar et al.,2012),扩展了内波、内潮汐沉积鉴别标志(特定的包卷层理和砾屑的"人"字形组构),突出了似丘状交错层理鉴别标志;(4)在2012年至2020年间的9年时间里发现了6个研究实例,还不包括潜在的研究实例,说明近年来内波、内潮汐沉积正在逐步成为深水沉积学的研究热点。

表 1-3　地层记录中已发现的内波、内潮汐沉积研究实例统计表（据李向东，2021 修改）

序号	地点		层位	主要研究内容与参考文献	发现时间
1	美国弗吉尼亚州芬卡斯尔地区		中奥陶统贝斯组	世界发现的首例地层记录中的内波、内潮汐沉积，进行了鉴别标志、垂向序列和沉积模式（水下水道型）的综合研究（Gao and Eriksson，1991）	1991年
2	浙江省桐庐—临安地区		上奥陶统堰口组	中国发现的首例地层记录中的内波、内潮汐沉积，进行了沉积特征、垂向序列和沉积模式（非水道型）的综合研究（Gao et al.，1997）	1997年
3	塔里木盆地塔中 32 井		中—上奥陶统（相当于却尔却克组）	进行了岩相类型、垂向序列、储层特征和沉积模式研究，发现了内波形成的大型沉积波（高振中等，2000）	2000年
4	西秦岭地区		泥盆系、二叠系和三叠系	进行了内波、内潮汐沉积的识别和岩相研究，识别出含有浪成波纹层理的内波沉积（晋慧娟等，2002）	2002年
5	赣东北及修水地区		新元古界双桥山群安乐林组和修水组	进行了沉积结构、沉积构造、岩相和垂向序列研究，识别出了内波、内潮汐沉积（郭建秋等，2003，2004）	2003年
6	湖南省益阳市桃江地区		新元古界板溪群马底驿组	从沉积环境、沉积构造等方面识别出了内波、内潮汐沉积（李建明等，2005）	2005年
7	湖南省常德市石门地区		下寒武统杷榔组	从沉积环境、沉积构造和古水流分析等方面识别出了内波、内潮汐沉积（何幼斌等，2005）	2005年
8	鄂尔多斯盆地西缘	宁夏中卫香山地区	中奥陶统香山群徐家圈组	从沉积环境、沉积结构、沉积构造、沉积序列、流体交互作用和沉积地球化学等方面进行综合研究（He et al.，2011），首次报道为 2004 年	2004年
		陕西省宝鸡市陇县	上奥陶统平凉组	从沉积环境、沉积特征和古水流分析等方面识别出内波、内潮汐沉积（何幼斌，2007）	2007年
		贺兰山地区	中奥陶统米钵山组（樱桃沟组）	从沉积环境、岩相、沉积结构、沉积构造等方面识别出内波、内潮汐沉积（丁海军等，2008；王振涛等，2015）	2008年
		内蒙古乌海市桌子山地区	上奥陶统拉什仲组	从沉积环境、沉积构造、古水流分析、浊流沉积类型等方面识别出内波、内潮汐沉积，涉及成因研究，如浊流反射（李向东等，2019；李向东和陈海燕，2020）	2019年
9	中国南海莺歌海盆地		中新统黄流组	从沉积背景、岩相类型和沉积构造等方面识别出内波、内潮汐沉积，并涉及储集特征和沉积体系（朵叶体）研究（杨红君等，2013）	2013年
10	中国南海珠江口盆地		更新统—全新统	从有孔虫砂岩顶底突变面、双向交错层理及粒度分析等特征结合三维地震及现今水流实测数据识别内波、内潮汐沉积（高胜美等，2019）	2019年

续表

序号	地点	层位	主要研究内容与参考文献	发现时间
11	西班牙伊比利亚盆地	侏罗系巴柔阶—钦莫利阶	将远洋沉积中的事件层解释为内波沉积，建立了碳酸盐岩斜坡内波破碎沉积模式，突出似丘状交错层理鉴别标志（Bádenas et al., 2012; Pomar et al., 2019）	2012年
12	伊朗科曼莎盆地	侏罗系普林斯巴阶—阿林阶	印证碳酸盐岩斜坡内波破碎模式，最粗可形成砾屑石灰岩，主要鉴别标志为砾屑的"人"字形组构和似丘状交错层理（Abdi et al., 2014）	2014年
13	意大利北部亚平宁山脉	中新统Marnoso—arenacea组	将具有双层结构的受阻浊流沉积中的包卷层理和负载构造解释为内潮汐周期性作用于海底软沉积物形成（Tinterri et al., 2016）	2016年
14	法国东南部	始新统—渐新统Annot砂岩	同意大利中新统Marnoso—arenacea组（Tinterri et al., 2016）	2016年
15	意大利阿普利亚区	上侏罗统Monte Sacro石灰岩	将碳酸盐岩中斜坡低能环境中的生物礁解释为在内波的作用下形成，涉及与内波有关的营养传输和紊流事件（Harchegani and Morsilli, 2019）	2019年
16	黑海西南博斯普鲁斯海峡	全新统粉砂质黏土岩夹粉砂和砂	基于岩心和地震资料推测沉积物中的不整合界面由水动力作用形成，其中包括内波破碎，但无确切的内波证据（Ankindinova et al., 2020）	2020年

注：可能由内波、内潮汐引起的密度流和上升流沉积，尚需进一步研究，暂未统计。

二、研究概况

地层记录中的内波、内潮汐沉积总体上研究程度较低，主要存在的问题包括：（1）发现的研究实例还非常有限（表1-3）；（2）沉积鉴别标志尚需进一步完善，特别是和内孤立波有关的短周期内波沉积的鉴别标志研究还非常薄弱；（3）内波、内潮汐沉积机制及其控制因素尚不明确；（4）内波、内潮汐沉积和内波、内潮汐物理作用过程尚未有机地联系起来等。为更好地开展内波、内潮汐沉积研究工作，回顾地层记录中内波、内潮汐沉积研究历程，以正式提出内潮汐沉积为界（Gao and Eriksson, 1991），可分为早期探索性研究阶段和以发现更多研究实例为目标的资料准备阶段，后者又可分为国内研究情况和国外研究情况两部分。

1. 早期研究概况

Laird（1972）报道过新西兰格陵兰群中可能由深水潮流形成的沉积。新西兰南岛西海岸帕帕罗亚（Paparoa）山脉地区格陵兰群为一套厚度超过1600m的砂泥岩互层，不含化石，根据同位素年龄等资料推断其地质年代可能属于晚前寒武纪。剖面层序特征、鲍马序列和粒序层的普遍发育以及砂岩底面槽模的存在，均表明为一套以浊积岩为主的沉积，可能属于海底扇体系，推测物源来自东南方向。然而在这套沉积中夹有若干层特征与浊积岩完全不同的砂岩，全部由交错纹理构成，其单层厚度为0.2～1.3m。交错纹理的倾向多为典型的双向型，亦见有多向和单向型。交错纹理所指示的古流向与浊积岩底面槽模所指示的古水流方向完全不同。浊流的主导流向为NW向，而交错纹理砂岩显示的古流向形式在研究区东部主要为NE—SW向，少数为单一的NE向，均和浊流流向正交；在研究区西部，交错纹理倾向显示为多峰形式，主优势方向为SE向。结合这种交错纹理砂岩的其他牵引流沉积特征，Laird认为这些特殊的砂岩最大可能形成于深水潮流。东部的双峰古流向形式表示潮流方向为NE—SW向；西部以SEE为主优势方向和NE—SW为次优势方向的古流向形式与现代潮流方向一致，当然也不能排除其他牵引流影响的可能性（Gao et al.，1998）。

Lonsdale等（1972）最早报道了太平洋中由深海潮流形成的碳酸盐沉积物的底形特征。在夏威夷附近水深为2000m的"地平线盖约特"平顶海山上，海底摄影显示有孔虫软泥具有小型沙丘的底形，沙丘上还叠加了流水波痕，在沙丘凹槽中散布有锰结核，沙丘和波痕的方向为NW—SE向，同时也观察到了从海山两边向上迁移的大型沙丘。置于三个地方的流速测量仪的记录均显示其速度和流动反向频谱具有潮汐特征，三处流向均以NW—SE向为主，反复倒向，流速不对称。

Cacchione等（1988）对"地平线盖约特"平顶海山地区的内潮汐及其对沉积物的搬运进行了更为详细的研究。通过长达9个月的连续观测，所得的流速和温度的时间序列曲线清楚地指示了平顶海山上主要为潮汐运动，其流动反向次数每月近60次，具有半日潮周期，最强流动出现在春季（3—5月），其峰值流速接近30cm/s，并且这一阶段的强流动与温度升高有关。由观察到的相位关系表明，这种半日潮不是表面潮汐，而是内潮汐，其能量随深度的增加而增加。由于在超过9个月的时间内记录的内潮汐的相位非常稳定，故Cacchione等（1988）认为"地平线盖约特"平顶海山上的内潮汐不是自远距离深水大洋传播而来，而是产生于平顶海山本身。

对于流速可达15～20cm/s，最大可达30cm/s的内潮汐而言，产生流水波痕是很自然的。但是这样的流速能否产生沙丘呢？虽然在对大型石英质沙波的研究表明，沉积物开始搬运所需要的接近边界层顶部的流速需超过50cm/s，但是Cacchione等（1988）指出，这些有孔虫砂的颗粒平均密度仅为$1.46×10^3 kg/m^3$，搬运它比搬运同样大小的石英砂（密度为$2.65×10^3 kg/m^3$）所需的流速要小得多。考虑到3—5月最大流速可达30～35cm/s，形成小型沙丘并使其迁移是完全可能的。

深海钻探计划第30航次取自赤道太平洋西部翁通爪哇（Ontong—Java）海台上的水深为2206m和3030m的白垩系—第四系岩心，根据Klein（1975）的研究，存在由海洋底流造成的再沉积作用的证据，而这种洋流具有潮汐周期性或更长的周期性。Klein（1975）描述的第30航次第288和289钻位所取岩心的"下部相"（属于白垩系和始新统）为以石灰岩为主的沉积，由许多粉砂质凝灰岩—深海石灰岩小层序组成，层序厚5～100cm。完整的小层序由三段构成。

C段：富含超微化石的石印模石灰岩。

B段：含有孔虫和超微化石的生物灰岩与蚀变玻屑粉砂纹层、海绿石粉砂岩和沸石质黏土岩薄互层，构成脉状、波状和透镜状复合层理。

A段：具有递变粒序的粉砂级凝灰岩，底部具有冲刷面。

Klein（1975）认为A段为浊流沉积，C段为远洋沉积。而B段的生物灰岩与黏土、凝灰质粉砂岩等的交互代表床沙载荷与悬浮载荷的交互沉积，说明为周期性底流活动的结果。而该段中与潮坪所见非常相似的脉状、波状和透镜状复合层理的存在，说明很可能为深海潮流作用的结果，当然也可能为周期更长的脉动流影响所致。

Stanley（1987，1988，1993）报道了加勒比海地区美属维尔京群岛圣克罗伊（St. Croix）岛上白垩统由底流改造浊积物而形成的沉积类型。据研究，该地区在晚白垩世位于一南倾的深水斜坡的坡脚部位，对古流向测定表明重力流流向以S向为主，也有SE方向和SW方向（图1-20）。而经底流改造的砂岩交错纹理和波痕所反映的古流向变化较大并有不同的样式。Stanley认为这些底流的改造作用是自东向西的等深流所致，但他所提供的古流向资料及岩石特征则反映难以仅用等深流活动做出圆满解释（Gao et al.，1998）。

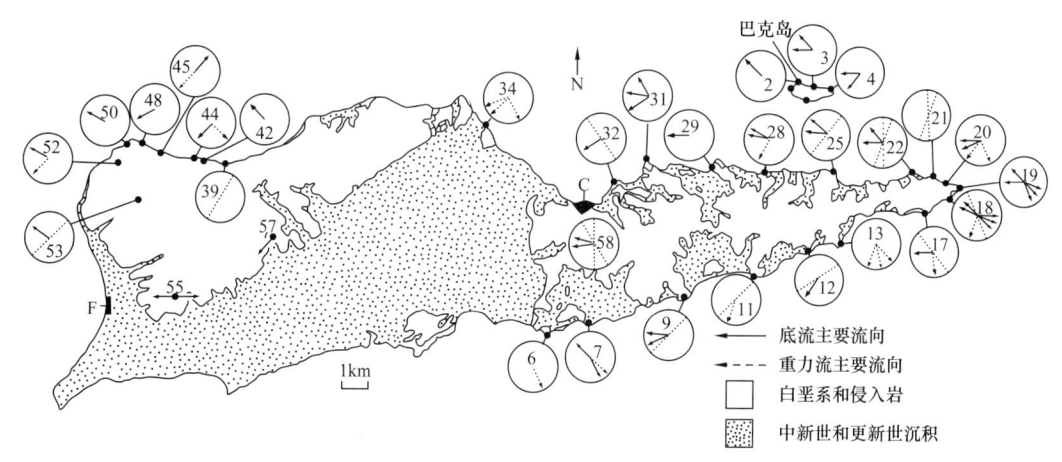

图1-20 在圣克罗伊岛和巴克岛上32个上白垩统露头点上所测的主要古流向（牵引底流和重力流）
C—克里斯琴斯特德（Christiansted）；F—弗雷德里克斯特德（Frederisted）；注意测点7、18、19和55底流的双向流动样式（据Stanley，1993，修改）

Stanley所编的古流向图显示在不少地方的底流呈现典型的双向流动样式（NW—SE向，图1-20中的7、18和19；E—W向，图1-20中的55）。Stanley所提供的野外照片也显示出在测点18处的"等积岩"具有清楚的"人"字形双向交错纹理（Stanley，1993）。结合某些底流沉积具有脉状层理（Stanley，1993）等特征，说明该地区晚白垩世某些底流沉积为具有双向流动的、床沙载荷和悬浮载荷交替沉积的产物，很可能为内潮汐沉积（Gao et al.，1998）。此外，测点7所示的牵引流可能为向上方和下方的交替流动，此处重力流流向为SE，而牵引底流为NW—SE方向。

2. 国内研究概况

在Gao等（1991）对北美阿巴拉契亚山脉中段奥陶系进行研究时鉴别出内潮汐沉积，并总结出水道型内潮汐沉积鉴别标志和沉积模式以后（Gao and Eriksson，1991；He and

Gao，1999），中国学者在地层记录中的内波、内潮汐沉积研究方面做了积极的工作，发现了一系列研究实例，并进行了系统研究。1994年在浙江桐庐一带上奥陶统顶部的堰口组，发现了中国的第一例内波、内潮汐沉积（Gao et al.，1997），并进行了系统的研究，在韵律性砂泥岩薄互层中发现了大量脉状、波状、透镜状复合层理和对偶层双向递变序列，总结出了非水道环境下内潮汐沉积的鉴别标志和沉积模式（Gao et al.，1997；何幼斌等，1998；He and Gao，1999）。浙江临安上奥陶统复理石中的内潮汐沉积和桐庐堰口组为同一海盆中的同一斜坡沉积体系，其沉积特征类似（李建明等，2005a）。国内第二例内波、内潮汐沉积研究实例为塔中地区中—上奥陶统艾家山阶上部至赫南特阶下部（相当于宝塔阶—五峰阶），在微观上总结出了深水环境下的鲕粒灰岩微相（高振中等，2000；何幼斌等，2003），在地震资料上表现为具有明显叠瓦状上攀弱—中等振幅地震相的地震异常体，通过与现代海洋中大型沉积物波的地震反射特征的对比，解释为内潮汐与更长周期内波交互作用形成的大型沉积物波（高振中等，2000；何幼斌等，2002），这是首例在含油气盆地中识别出的内波、内潮汐沉积，自此开启了内波、内潮汐沉积储层研究（何幼斌等，2002；He et al.，2008）。

西秦岭海西—印支造山带深海浊积岩中伴生的内波、内潮汐沉积共被总结为7种微相类型，包括具双向交错层中—细砂岩，羽状交错纹理粉砂岩，束状透镜体叠加的交错纹理粉砂岩，复杂交织的双向交错纹理粉砂岩，双向交错纹理粉砂岩，波状、脉状和透镜状复合层理砂泥岩互层和波浪波痕细砂岩（晋慧娟等，2002）。其中束状透镜体叠加的交错纹理粉砂岩、复杂交织的双向交错纹理粉砂岩和波浪波痕细砂岩等3个微相具有明显的海面波浪沉积特征，后来被概括为短周期内波沉积（李向东，2013）。赣东北及修水地区新元古界内波、内潮汐沉积是在详细的成分和结构分析的基础上结合沉积环境、沉积构造等特征识别出来的（郭建秋等，2003，2004）。在内波、内潮汐沉积鉴别标志方面首先发现了直线形波痕、曲线形波痕和干涉波痕（郭建秋等，2003，2004），这些波痕后来也在宁夏香山群徐家圈组被发现，解释为内波引起的复合流沉积（李向东等，2010；李向东，2013），其中直线形波痕被称为二维波痕（2D波痕），曲线形波痕介于二维波痕和三维（3D）波痕之间，称为2.5D波痕（Arnott and Southard，1990；Dumas et al.，2005）。湖南桃江半边山新元古界板溪群马底驿组内波、内潮汐沉积与赣东北及修水地区新元古界相似，也发现了波痕等短周期内波沉积构造（李建明等，2005b）。

湖南常德市石门地区杨家坪下寒武统杷榔组三段内波、内潮汐沉积发育在深灰色、灰绿色页状—薄层状含粉砂水云母黏土（页）岩与黏土质粉砂岩夹透镜状、条带状粉砂岩中（何幼斌等，2005），其特点是内波、内潮汐沉积发育在陆源碎屑和碳酸盐的混合沉积之中（董桂玉等，2008）。此种情况后来在宁夏香山群徐家圈组和桌子山地区拉什仲组均有发现，这两处的内波、内潮汐沉积的寄主岩性多为钙质粉砂岩和粉砂质灰岩（李向东等，2009，2019），是典型的混积岩。依据中国南方大地构造格局，湘西地区在早古生代为板内环境（刘训等，2012），故杷榔组三段内波、内潮汐沉积可能形成于板内局限深水盆地。另外，桌子山地区拉什仲组由于存在浊流反射现象，可能沉积于局限的小型阻塞盆地（李向东和陈海燕，2020）；因此，陆源碎屑和碳酸盐的混合沉积中的内波、内潮汐沉积是否形成于局限深水盆地尚待进一步研究。

鄂尔多斯盆地西缘中—上奥陶统是各种深水异地沉积都非常发育的地层，包括碎屑流、浊流和等深流沉积在内（高振中等，1995），内波、内潮汐沉积首先发现于宁夏中卫香山群徐家圈组（何幼斌等，2004b），随后又在陕西陇县地区上奥陶统平凉组三段（何幼斌等，2007）、贺兰山地区中奥陶统米钵山组（丁海军等，2008；王振涛等，2015）以及内蒙古乌海市桌子山地区上奥陶统拉什仲组（李向东等，2019；李向东和陈海燕，2020）发现内波、内潮汐沉积。鄂尔多斯盆地西缘在中—晚奥陶世时处于亚洲原特提斯洋东部（李三忠等，2016a），其丰富且类型多样的深水异地沉积反映出了亚洲原特提斯洋东部复杂的水动力条件，对其中的牵引流沉积进行系统的研究则有可能恢复原特提斯洋东部古大洋环流体系。此外，该地区深水异地沉积目前已成为鄂尔多斯盆地重要的油气勘探接替领域之一，上奥陶统拉什仲组已进入工业化勘探阶段（郭彦如等，2016；肖晖等，2017）。

近年来在中国南海北部的莺歌海盆地上中新统黄流组（杨红君等，2013；郭书生等，2017）和珠江口盆地白云峡谷群现代沉积（高胜美等，2019）中发现了内波、内潮汐沉积。黄流组内波、内潮汐沉积发育在海底扇背景下，以内波、内潮汐改造重力流沉积为主，同时可见重力流和内波、内潮汐沉积互层，在研究方法上综合利用岩心（岩相和沉积构造）、微电阻率成像（沉积构造）和常规测井（岩相）资料鉴别出内波、内潮汐沉积（杨红君等，2013），在此基础上以微电阻率扫描成像测井资料为主，结合岩心、地震和核磁测井资料建立了内波、内潮汐沉积解释模型（郭书生等，2017）。白云峡谷群中的内波、内潮汐沉积主要通过重力活塞样的沉积物结构和沉积构造进行鉴别，在研究中综合了三维地震资料（沉积物波）和南海现今水流实测数据（高胜美等，2019）。

3. 国外研究概况

在国外虽然较早地发现了与内波、内潮汐作用有关的沉积记录，但是并没有明确地提出内波、内潮汐沉积的概念，也没有对相关沉积从内波、内潮汐沉积作用方面进行系统的研究，直到 2012 年才开展了地层记录中的内波、内潮汐沉积研究（Pomar et al., 2012；Bádenas et al., 2012）。Pomar 等（2012）综合了现代海洋中内波、内潮汐形成条件与发育环境，中国有关地层记录中内波、内潮汐沉积研究成果和散见于国外文献中的可能与内波、内潮汐作用相关的沉积学文献，对内波、内潮汐形成海底风暴（似丘状交错层理）、在斜坡上的破碎（产生紊流剥蚀、冲流和回流沉积）以及其他沉积效应（鲕粒异地沉积事件、生物建造的形成、黑色页岩中透镜状黄铁矿和货币虫等悬浮进食生物在密度跃层聚集等）进行了详细的综述。此后又对西班牙伊比利亚盆地南部贝蒂克山（Betic Cordillera）侏罗系深海泥晶灰岩中具有丘状交错层理的生物碎屑与鲕粒灰岩进行了详细的研究，探讨了似丘状交错层理（原文称丘状交错层理，这里依据丘状和似丘状交错层理的差别判断为似丘状交错层理）与深水原地沉积和波痕及浪成波纹层理的关系，进一步证明了这些似丘状交错层理由密度跃层附近的内波破碎形成，但并未给出成因机制（Pomar et al., 2019）。

尽管在地层记录中已发现的内波、内潮汐沉积研究实例中通常缺乏生物化石（Gao et al.，1998；He and Gao，1999），但是在现代海洋物理学研究中一直存在生物碳输出量与紊流营养供给量之间的矛盾，依据有关实测资料推算，内波可能参与了海洋中紊流的营养供给，贡献量约为10%（Dietze et al.，2004）。内波作用可导致水体中悬浮物增加，在垂向上形成水体中间的乳浊层作为低质量食源，从而影响到底栖软体滤食生物群的垂向分布，使其在中斜坡环境下比较发育，如设得兰群岛水道软体动物群在水下350m、500~600m和700~800m分别形成垂向分布峰值点（Witbaard et al.，2005）。内波在侧向上可导致叶绿素与浮游生物呈补丁状分布于内波波峰之间，同时引起表层水体营养物质（叶绿素）在相对的深水环境中聚集；但是深部的营养盐分布却和内波引起的垂向净流动有关（斜压内波），净流量向下的内波往往引起明显的营养盐浓度降低（Rinke et al.，2007；Muacho et al.，2014；Dong et al.，2015）。在地层记录中则运用不同深度和不同振幅的内波解释了西班牙东北部比利牛斯山脉安萨盆地（Ainsa Basin）始新世浊流水道间各类货币虫灰岩及其空间组合的形成机制（Mateu-Vicens et al.，2012）。

西班牙伊比利亚盆地侏罗系巴柔阶—钦莫利阶内波、内潮汐沉积呈夹层发育在中斜坡泥灰岩中，为砂质鲕粒灰岩事件层，以前解释为风暴岩，重新解释为内波岩（Internalites）的主要依据为：（1）该事件层发育在中斜坡远端，和同年代的浅水沉积序列分离；（2）无风暴岩向上单层厚度变厚、粒度变粗的序列；（3）沿斜坡向上和向下均逐渐变薄尖灭，夹于中斜坡泥灰岩之中；（4）向斜坡上方（浅水地区）很少发育或没有剥蚀面，即剥蚀面发育在中斜坡特定位置。事件层中的沉积构造则包括透镜体中向斜坡上方倾斜的单向交错层理以及浪成波痕、砂质或泥质分支呈束状上叠等。其沉积构造显示出明显的内波、内潮汐沉积特征，砂质鲕粒灰岩事件层在空间上的分布则与不同深度密度跃层处均可发育内波、内潮汐的现象吻合，故作者以不同深度处内波、内潮汐产生的剥蚀（紊流事件）、冲流和回流进行解释（Bádenas et al.，2012）。而在西班牙南部格拉纳达（Granada）相应层位的深水球粒/鲕粒灰岩中（Subbetic带）广泛发育的似丘状交错层理则依据其可反映沉积流体能量由弱变强再变弱的垂向序列与交替沉积的深水泥灰岩解释为受密度跃层波动控制的内波引发的强紊流沉积（Pomar et al.，2019）。

伊朗科曼莎盆地侏罗系普林斯巴阶—阿林阶内波、内潮汐沉积为夹于远洋碳酸盐岩和放射虫岩中的紊流事件沉积层，岩性为具有扁平状和"人"字形组构的砾屑灰岩以及兼具浅水颗粒（内碎屑、鲕粒及海百合碎片等）和深水颗粒（球粒、海绵骨针和放射虫等）的颗粒岩、粒泥岩和泥粒岩构成。在空间上，沿斜坡向海方向依次出现平直的突变底（顶）面、"人"字形砾屑组构、不对称"饥饿"波痕（近底床速度偶尔达到20cm/s的底流可形成）和小型似丘状交错层理。解释为深水环境中由内波、内潮汐引起的紊流事件沉积形成，具体包括内波、内潮汐在密度跃层处与海底地形相互作用形成的冲流、回流和振荡流，"人"字形砾屑组构位于内波、内潮汐破碎地带，向陆方向发育平直的突变底（顶）面，向海方向发育不对称"饥饿"波痕和小型似丘状交错层理，其中小型似丘状交错层理由回流和内波振荡流交互作用形成的复合流沉积形成，内波、内潮汐则受气候、海底火山、风暴及大地构造作用（摇动）影响（Abdi et al.，2014）。

意大利北部亚平宁山脉中新统 Marnoso—arenacea 组和法国东南部始新统—渐新统 Annot 砂岩中的内波、内潮汐沉积均与低密度浊流沉积伴生，主要发育在鲍马序列 C 段。依据其深水沉积环境、靠近水下高地形的分布位置和特殊的包卷层理（详见本书第一章第二节）重新解释为内波、内潮汐沉积（Tinterri et al.，2016）。意大利阿普利亚区上侏罗统 Monte Sacro 石灰岩沉积于新特提洋中的孤立台地边缘，内波、内潮汐沉积为镶嵌于粒泥岩和细粒泥粒岩中的生物礁或生物建造，主要由富营养、低光照条件下的异养生物（如层孔虫、分枝珊瑚及微生物）组成，并伴有大量的生物碎片，而这些生物碎片具有相同的深水沉积背景，缺少浅水环境中的各种碎屑。解释为受内波、内潮汐控制的深水生物礁或生物建造，包含 3 个不同的生长阶段：（1）静水低能环境下层孔虫和枝状珊瑚生长期；（2）内波、内潮汐扰动期，引发的幕式高能紊流事件破坏已有的生物建造，形成生物碎片，同时从深水中带来大量的营养；（3）层孔虫和枝状珊瑚再次生长期，营养主要来源于前一阶段内波、内潮汐的混合作用（Harchegani and Morsilli，2019）。

Ankindinova 等（2020）依据深拖曳高分辨率地震资料（垂向分辨率约 15cm）、多波束测深资料和重力岩心及活塞岩心资料对黑海西南博斯普鲁斯海峡（黑海与马尔马拉海之间）地区全新统进行了地层格架研究。结果表明中—晚全新世黑海和全球大洋贯通，该地区无距今 9.4ka 因海水蒸发而导致水位下降约 120m 的任何证据，全新统中 2 个以前认为的不整合界面均为水下不整合—相对整合界面，进而结合研究区海流测试数据、季节性密度跃层和永久性密度跃层的相关资料以及地震反射资料内部建造向不同方向倾斜等，认为海洋流体对全新世沉积物的沉积和剥蚀起到控制作用，海洋流体包括黑海边缘流（Rim Currents）、风暴、内波和盐度底流等（Ankindinova et al.，2020）。

三、垂向序列

沉积序列是沉积环境、水动力作用过程、物源及其演化的函数。在内波、内潮汐作用控制下形成的沉积物其垂向沉积序列特征必然反映沉积时的水动力特点及周期性变化，故内波、内潮汐沉积的层序是有其内在规律的。现已识别出的内波、内潮汐沉积，可基本归纳为 7 种垂向沉积序列（图 1-21）。

内波、内潮汐活动的基本特征之一是具有明显的周期性，每一周期的活动强度变化基本上均为由弱至强再变弱，由此导致内波、内潮汐沉积的垂向序列以双向递变最为常见（图 1-21a、b）。这种序列的基本特征是中部粒度最粗，向上、下均逐渐变细，反映水动力条件的弱—强—弱变化，主要由砂级沉积物组成，按照沉积构造特点又可分为 2 种亚类，即完全由交错纹理砂岩构成的双向递变序列（图 1-21a）和由中型交错层、小型交错纹理共同构成的双向递变序列（图 1-21b）。

图 1-21（a）序列以发育交错纹理为特征，一般由细砂级和极细砂级沉积构成。序列中部为细砂，向上、下渐变为极细砂，泥质含量也随之增加，并与上覆及下伏泥质沉积渐变过渡。层序厚度为 0.2~1.3m。交错纹理贯穿全层，通常为典型的双向型，指示古流向反复变换。层系厚度为 0.5~2cm，中部层系厚度较大，向上、下随粒度变细层系厚度逐渐减小。该沉积序列的特征清楚地指示出水动力条件由弱变强再由强变弱的变化，其

- 53 -

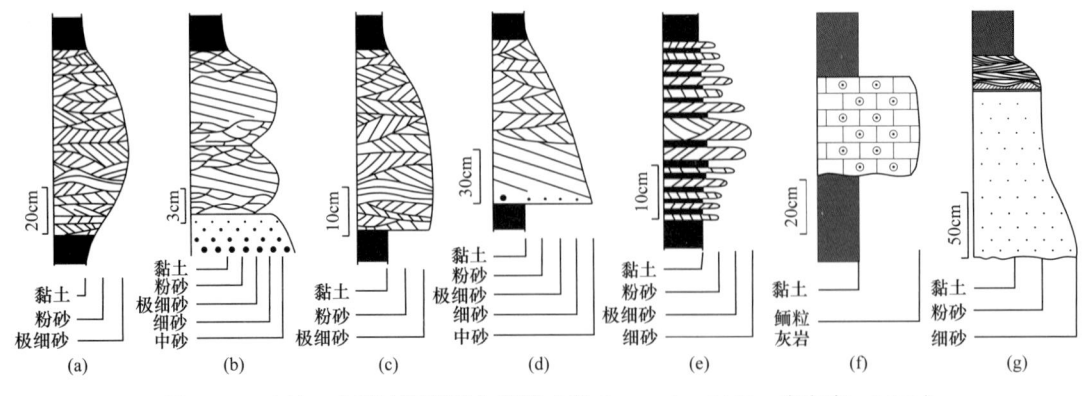

图 1-21 内波、内潮汐沉积垂向序列（据 Gao et al., 2013; 李向东, 2013）

（a）完全由交错纹理砂岩构成的向上变粗再变细序列；（b）由中型交错层和小型交错纹理构成的向上变粗再变细序列；（c）由交错纹理砂岩构成的向上变细序列；（d）由中型交错层和双向交错纹理砂岩构成的向上变细序列；（e）砂泥岩对偶层构成的向上变粗再变细序列；（f）泥岩—鲕粒灰岩—泥岩序列；（g）内波与低密度浊流交互作用（复合流）垂向沉积序列

控制因素可能为大潮和小潮的周期性变化。方向反复变换的交错纹理层系可能为日潮或半日潮作用的产物。而整个序列的粒度和层系厚度的规律性变化则可能代表由小潮期至大潮期再到小潮期的完整旋回。这种序列在大部分内波、内潮汐研究实例中出现，如美国弗吉尼亚州芬卡斯尔地区中奥陶统、新西兰南岛格陵兰群、塔里木盆地塔中 32 井中—上奥陶统、赣东北及修水地区新元古界、宁夏香山群徐家圈组和中国南海珠江口盆地更新统—全新统等。图 1-21（b）序列由中型交错层和小型交错纹理构成。序列中部为中型板状或楔状交错层，通常由中砂组成，上、下部全为交错纹理，由细砂或极细砂组成。交错纹理的规模向上、下变小，即近中部的层系厚度较大，向上、下方向层系厚度均逐渐减小，粒度随之变细，泥质含量相应增多。交错层的方向一般向同一方向倾斜，即由单向交错层理砂岩相组成；交错纹理的方向可向同一方向倾斜（美国弗吉尼亚州芬卡斯尔地区），也可向两个相反的方向倾斜（即双向交错纹理，如塔里木盆地塔中 32 井），序列厚度小于 10cm。序列特征表明其形成时的水动力条件也具有弱—强—弱变化的特点，而变化的速度和幅度则均较交错纹理砂岩双向递变序列大。

在某些情况下，内波、内潮汐活动的由弱至强的变化速度很快，以致先期形成的细粒沉积被其后的强烈流动所侵蚀，因而使得只保留由强至弱时期的沉积，即其垂向序列仅为正递变（图 1-21c、d）。这种垂向沉积序列的特征是序列下部粒度最粗，向上逐渐变细，与上覆泥质沉积呈渐变过渡，底部与下伏泥岩突变接触，分界线明显，其粒度为细砂和极细砂，按照沉积构造特点也可分为两种亚类，即由交错纹理砂岩构成的向上变细序列（图 1-21c）和由中型交错层和双向交错纹理砂岩构成的向上变细序列（图 1-21d）。

图 1-21（c）序列全层由交错纹理构成，层系规模向上逐渐变小，交错纹理方向也为双向型，层序厚度约为 0.4m（Gao et al., 1998），连续叠置所构成的地层序列可达 6～7m（郭建秋等，2004）。这种序列实际上相当于完全由交错纹理砂岩构成的向上变粗再变细序列（图 1-21a）的中上部，虽表现为单向递变，但其形成时的水动力条件可能仍具有弱—强—弱的变化。只是由于由弱至强的变化速度过快，使下部早先形成的细粒沉积被后来

的较强的流动侵蚀掉而导致缺失下部的反递变段。该序列发育在美国弗吉尼亚州芬卡斯尔地区、塔中地区中—上奥陶统和赣东北及修水地区新元古界。

图1-21（d）序列发现于塔里木盆地塔中地区塔10井中—上奥陶统（高振中等，2000）。序列底部见深灰色泥砾，下部粗粒部分形成低角度中型单向交错层理，上部细粒部分发育双向交错纹理。在内潮汐发育的地区，当长周期内波发育时，二者的叠加可形成较强的单向底流，这种底流可以侵蚀搬运海底的沉积物形成该序列底部的泥砾及下部的单向交错层理；当长周期内波作用消失而仅发育内潮汐时则形成了上部的双向交错纹理。当然也不排除该序列是由其他底流或短周期内波引起的紊流事件（海底风暴）与内潮汐共同作用的结果（Pomar et al.，2019）。其他底流侵蚀海底形成沟槽，发育底部的泥砾、中部的单向交错层理及上部较细粒的充填沉积；后期内潮汐可以改造沟槽上部的细粒沉积形成双向交错纹理从而形成该单向递变序列。由中型交错层和双向交错纹理砂岩构成的向上变细序列在塔里木盆地塔中地区的内波、内潮汐沉积中广泛分布（何幼斌等，2002，2003）。

对偶层双向递变序列（图1-21e）见于中国浙江桐庐地区上奥陶统中，由砂岩、泥岩薄互层组成。单层厚度多在3cm以下，厚者也不超过7cm。砂岩/泥岩比率的纵向变化反映出这套薄互层的韵律性。可划分出许多自下而上由细变粗再变细的序列，每个序列的厚度为0.2～1m。序列中部的砂岩/泥岩比率较高，一般为1∶1至2∶1，最高可达3∶1；向上、下砂/泥比逐渐降低，可直至降为1∶3。砂泥岩对偶层的厚度也随之逐渐减小，序列中部的一对砂岩、泥岩层的厚度一般为3～5cm，向上、下可减至1～2cm或更小（图1-21e）。砂岩层横向可连续延伸，也可呈透镜状断续成层。连续延伸者顶面也常呈波状起伏，泥岩层的厚度随之变化，在波谷处较厚而波峰处较薄。

砂岩层内部多显交错纹理，有时亦可见平行纹理。交错纹理方向为双向型，但明显不对称，以一个方向为主。砂岩与泥岩的薄互层则代表床沙载荷与悬浮载荷的频繁交替，这是与潮汐有关沉积的基本特征，交错纹理的双向倾斜更是潮流双向运动的直接证据，而两个方向交错纹理发育程度的显著差别与现今海洋潮流活动的不对称性一致。所以，在深水斜坡环境中形成的这种颇具特征的沉积序列应为内潮汐沉积作用的结果，由于在开阔的斜坡上，潮流转向时具有较长的相对静止期，泥级悬浮物得以沉积并可独立成层。贫砂岩段和富砂岩段交替出现且渐变过渡，则可能为小潮和大潮周期性变化的结果。在大潮期，形成的砂岩单层厚度较大，所占比例较高；在小潮期，形成的砂岩单层很薄，所占比例也小。由于大潮期和小潮期是逐渐变化的，故富砂岩段和贫砂岩段之间也是逐渐过渡的。对偶层双向递变序列除浙江桐庐地区外，在中国南海莺歌海盆地上中新统内波、内潮汐沉积中也有发现（杨红君等，2013）。

泥岩—鲕粒灰岩—泥岩序列（图1-21f）发现于塔里木盆地塔中地区中—上奥陶统碎屑岩段中，由鲕粒灰岩或砂质鲕粒灰岩组成，鲕粒灰岩上下均与暗色泥岩直接接触，多为突变接触，其顶界也可以呈渐变过渡（高振中等，2000；何幼斌等，2004）。在塔里木盆地中，组成该序列的主要岩性为砂质鲕粒灰岩，沉积于大套深灰色含笔石页岩中，与页岩组成薄互层。砂质鲕粒灰岩单层一般厚5～15cm，其中可发育侧积交错层；也与深

- 55 -

灰色页岩以不同的比例、不同的形态组合而形成脉状、波状和透镜状复合层理，并可在砂质鲕粒灰岩中形成双向倾斜的交错纹理。在宁夏香山群徐家圈组的深水沉积中也发现了薄层鲕粒灰岩，经研究鲕粒形成于浅水环境中，由流体搬运到深水环境中再沉积形成（王宁等，2012）。因此，这种沉积于深水原地沉积中的鲕粒灰岩或其他类型的颗粒岩，如同伊朗科曼莎盆地侏罗系中具有扁平状和"人"字形组构的砾屑灰岩一样，可能为深水紊流事件沉积层，而这种深水紊流事件则最有可能为短周期内波形成（Abdi et al., 2014；Pomar et al., 2019）。而在平坦的斜坡上可能存在一些规模很小的沟渠，具侧积交错层的单独成层的砂质鲕粒灰岩可能为小型沟渠侧向迁移、加积的结果。

内波与低密度浊流交互作用（复合流）垂向沉积序列广泛分布于宁夏香山群徐家圈组中，为徐家圈组的基本沉积单元（李向东等，2011b）。底部为浊流或密度流沉积层，主要由细砂岩和粉砂—细砂岩组成，并且在不同厚度层之间无明显的粒度分异；中部为牵引流沉积层，一般发育两组交错层理，第一组是平行层理、准平行层理、复合流层理和小型丘状交错层理，第二组是单向交错层理、双向交错层理和平行层理；上部为深水原地沉积层，由页岩或泥晶灰岩与页岩薄互层组成，其中泥晶灰岩具有不平整的底界，在侧向上呈现出长的透镜状。该序列的底部粒序层为浊流沉积形成，其厚度可从块状（大于100cm）到薄层（小于10cm），但在不同层之间粒度不发生明显的变化，这表明沉积时浊流底层剪切速度无明显变化，即浊流底层处于稳定或准稳定状态。而粒序层的形成，可能为稳定流或准稳定流在内波、内潮汐的影响下达到最终衰弱阶段时形成。第一组交错层理则可能为短周期内波在与浊流相互作用中形成的复合流沉积，第二组交错层理则可能是在浊流事件结束之后，前一时期的沉积物继续被内波、内潮汐改造而成，由于牵引流沉积层本身沉积较薄且受内波、内潮汐的改造，因此该层下部的复合流沉积一般不很发育（李向东等，2009，2011b）。

四、沉积模式

内波、内潮汐沉积广泛发育于深水海洋的各种环境中。在不同环境、不同水动力条件下形成的沉积物特征不同，其形成机制也有区别。目前虽然对内波、内潮汐的具体水动力作用过程和沉积机制尚缺乏有效的研究，特别是短周期内波及内孤立波与深水环境中的紊流事件的研究才刚刚开始（Pomar et al., 2019）；但是，根据现有资料和认识程度，结合沉积环境和沉积特征已建立了3种内波、内潮汐沉积概念模式，分别是水道型内波、内潮汐沉积模式，陆坡非水道环境内波、内潮汐沉积模式和海台内波、内潮汐沉积模式（图1-22）。

与海底水道有关的内波、内潮汐沉积作用模式可用图1-22（a）和图1-22（b）表示。其中图1-22（a）代表低海平面时期，以发育高能量重力流形成的粗碎屑沉积为特征，此时内波、内潮汐作用的能量不足以改造砂砾级碎屑重力流沉积物，故此期难以形成可鉴别的内波、内潮汐沉积。至于粗碎屑沉积中所夹泥级沉积物是否经历过内波、内潮汐作用的改造则难以断定，因为这些泥级沉积物中没有保留指示这些作用的沉积构造。图1-22（b）表示随海平面上升，物源区逐渐远离沉积区，粗碎屑的注入受到抑制，这时内波、内潮汐得以改造细粒重力流沉积物（中砂级以下）。由于水道环境中内波、内潮汐引起的流动速度较高，可形成连续厚度近1m甚至超过1m的砂级沉积物，其中无泥质夹层，并且普遍发育的交错纹理层系之间多具侵蚀面。

水道充填沉积形成的过程可归纳如下：（1）在水道充填的早期阶段处于低海平面时期，大量粗碎屑物质由碎屑流和高密度浊流沿水道搬运和沉积；（2）由于海平面上升，沉积物粒度有所减小，主要为颗粒流和浊流形成的砂砾质沉积；（3）海平面继续上升，此时重力流沉积仅限于砂级沉积物，并且以低密度浊流形成的细砂和极细砂为主，它们大多被内波、内潮汐引起的沿水道上下的交替流动所改造，形成内波、内潮汐沉积；（4）水道被滑塌沉积或其他类型沉积完全充填。

美国阿巴拉契亚山脉中段芬卡斯尔地区发育典型的水道型内波、内潮汐沉积模式（Gao nad Eriksson，1991）。在塔里木盆地塔中地区深水斜坡下部，较强的内潮汐流可在局部地区形成内潮汐沟或小型水道（高振中等，2000）。江西修水地区中元古界双桥山群修水组也发育有较典型的水道型内波、内潮汐沉积（郭建秋等，2003），该地区的水道型内波、内潮汐沉积下部（厚3.98m）为细砾岩、含砾粗砂岩及细砂岩、板岩，底面见槽模构造，砂岩具粒序层理、平行层理，板岩具水平层理，为典型的浊流沉积；中部（厚10.8m）为中—细粒砂岩、粉砂岩夹板岩，发育中小型板状、波状交错层理与浪成波痕层理，交错纹层均为双向倾斜，为内波、内潮汐沉积；上部（厚5.20m）为细砂岩与板岩，具递变层理、平行层理，为浊流沉积，相当于鲍马序列ABE段。虽然在垂向充填层序上有别于典型的水道型内波、内潮汐沉积（缺少碎屑流和颗粒流沉积），但是，如果充填反复交替，则可构成浊流—内波（内潮汐）背景沉积旋回（郭建秋等，2003）。

此外，在中国南海莺歌海盆地上中新统海底扇的分流水道中也形成了水道型内波、内潮汐沉积，在岩心中表现为大型双向交错层理砂岩和单相交错层理中—细砂岩，经内波、内潮汐改造后的重力流沉积往往分选和磨圆变好，储层物性得到提升。物性特征表现为孔隙度8.8%～21.1%（平均为14.7%），渗透率3～50mD（平均为15.47mD），储层分类为Ⅲ类，为研究区较好储层。在井壁微电阻率成像（FMI）中，倾角保留重力流水道充填特征，中低角度红模式；自然伽马（GR）曲线呈复合齿化钟型或箱型，低值，单相厚度为1～11m，地震反射特征为中—强振幅、中等连续性、波状反射（杨红君等，2013；郭书生等，2017）。

在不发育海底水道的陆坡环境条件下，内潮汐流通常不像水道环境中那样强，而是流速较低。在这种情况下，产生典型的床沙载荷和悬浮载荷的交替沉积，即形成砂岩与泥岩的薄互层。由于水动力条件较弱，层间无明显侵蚀面，砂层可连续、断续或呈透镜状，内部多具交错纹理（双向倾斜）。由于内潮汐流多具不对称特点，故两个方向交错纹理的发育程度也不平衡，以一个方向为主，另一方向不甚发育。反映潮汐环境的典型沉积构造脉状、波状、透镜状复合层理常见（图1-22c）。

中国浙江桐庐上奥陶统的内潮汐沉积为较典型的非水道环境沉积模式，与水道型内波、内潮汐沉积相比具有以下特点：（1）不和较粗粒的细砾岩、含砾粗砂岩等伴生，整体为较细粒的砂级、粉砂级和黏土级沉积物构成；（2）双向交错纹理（层理）的倾向不一定正好相差180°，可呈大角度夹角（一般大于90°），与非地形限制条件下往复流动的路径不一定完全相同有关；（3）常发育具有典型的对偶层双向递变序列，这和非水道环境下内波、内潮汐引起的双向流动的流速较小且水流倒向时的相对静止期较长有关；（4）具有典型的脉状、波状、透镜状复合层理；（5）缺乏生物扰动构造，这可能是因为内波、内潮汐作用引起的海底流动为双向往复流动，不但流速变化大，而且水流反复倒向，从而导致近海底水流浑浊度高，不利于底栖生物的生存与活动（Gao et al., 1997；何幼斌等，1998）。

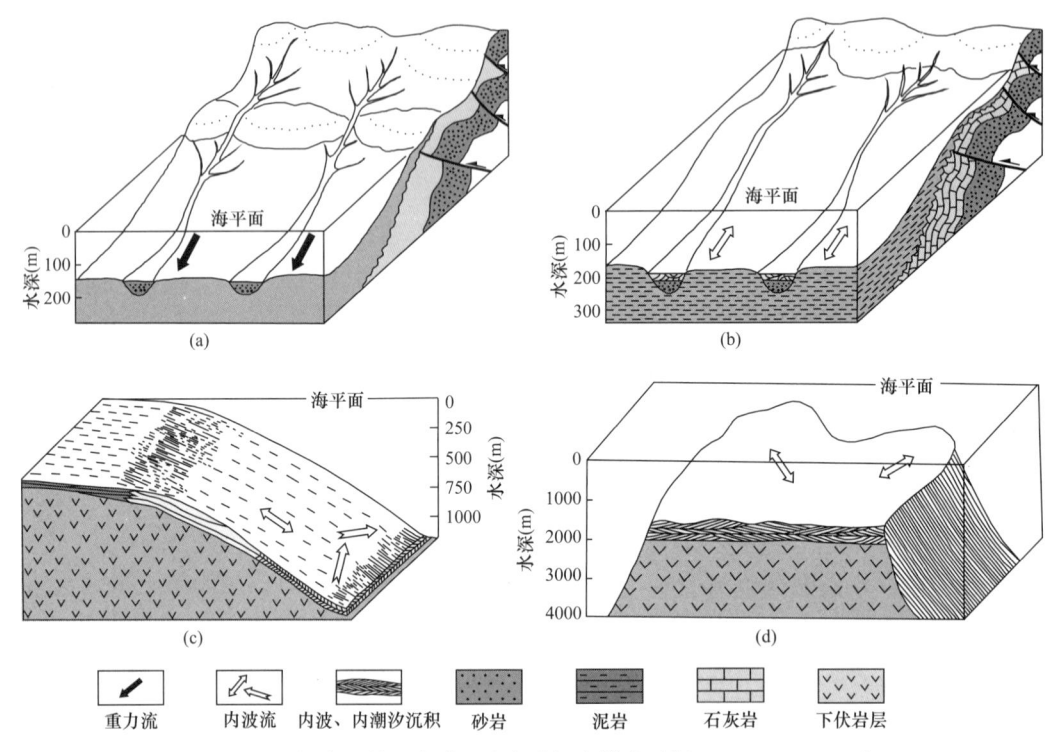

图 1-22 深水环境下内波、内潮汐沉积模式（据 Gao et al., 2013）
（a）和（b）水道型内波、内潮汐沉积模式，其中（a）表示低海平面时期以粗碎屑重力流沉积为主，（b）表示海平面上升时期，内波、内潮汐沉积发育；（c）陆坡非水道环境内波、内潮汐沉积模式；（d）海台内波、内潮汐沉积模式

江西修水地区中元古界双桥山群修水组沉积晚期，主体沉积环境为中扇外缘与外扇沉积，浊积水道不发育，内波、内潮汐沉积以非水道型为主。主要为砂岩、板岩薄互层和脉状、波状、透镜状复合层理细砂岩、粉砂岩、板岩，具双向和单向交错层理，垂向上以对偶层双向和单向递变序列为主（郭建秋等，2003）。宁夏香山群徐家圈组内波、内潮汐沉积在古水流玫瑰花图上显示出多个优势方向，而且各个优势方向之间存在着连续的过渡，显示出深水非水道缓坡环境特征。在这种环境下，内波、内潮汐引起的往复流动受到的限制较小，其路径可以不断变化，可形成沿斜坡向上或与斜坡有较大夹角的单向交错层理，也可以形成沿斜坡上下的双向交错层理。同时，非水道型内波、内潮汐沉积中不发育脉状、波状和透镜状复合层理，结合徐家圈组中发育的深水复合流沉积（低密度浊流和短周期内波交互作用形成），其原因可能是在弱水流活动期间，能量弱的短周

期内波却足以使悬浮的泥质继续保持悬浮状态而不发生沉积（李向东等，2009，2010）。

在中国南海莺歌海盆地上中新统海底扇中主要发育斜坡非水道型内波、内潮汐沉积，形成砂岩与泥岩的薄互层，层间无明显侵蚀面。反映潮汐环境的典型沉积构造的脉状、波状、透镜状复合层理常见。受周期性海平面变化影响，可以在高位体系域水体能量较弱时形成泥岩条带，或于内潮汐一个周期内的"高潮"和"低潮"交替时形成双泥岩纹层（杨红君等，2013）。内波、内潮汐朵叶体主要由细砂岩、含泥细砂岩和中—细砂岩组成，在井壁微电阻率成像（FMI）中，倾角为中低角度不稳定绿模式或蓝模式；自然伽马曲线呈微齿化漏斗形或弓形，单相厚度为1～11m，地震反射特征表现为强振幅、较好连续性、平行反射。受内波、内潮汐改造的朵叶体主要由细砂岩和含泥细砂岩组成，在井壁微电阻率成像（FMI）中，倾角模式为中低角度不稳定。自然伽马曲线形态不明显，单相厚度为1.7～14.0m，地震反射特征表现为强振幅、较好连续性、平行反射。

深海、半深海中广阔的海底平台上也是内波、内潮汐发育的较有利场所（图1-22d）。由于海台上地形平坦、阻力较小，内波、内潮汐流可在较大范围内保持一定的流速，从而可搬运细粒沉积物并形成内波、内潮汐沉积。由于海台上缺乏陆源碎屑物质，通常以碳酸盐沉积为主，也有硅质沉积和火山碎屑沉积。这种开阔和平坦的环境与潮坪有某些类似之处，故脉状、波状、透镜状复合层理为普遍存在的典型沉积构造。这种内波、内潮汐沉积多为改造远洋碳酸盐沉积、火山碎屑沉积的产物。由于内波、内潮汐流的强度毕竟有限，并且其活动强度存在周期性变化，故海台上的各种类型沉积并不完全为内波、内潮汐所改造。该环境形成的内波、内潮汐沉积常与其他类型沉积相间互层，频繁交替，单层厚度很小（Gao et al.，1998）。

西太平洋翁通爪哇海台自白垩纪至今保持上述这种环境特点，形成了范围广阔的内潮汐沉积。虽然累计厚度不过数米，但在数十万平方千米范围内广泛分布。目前在地层记录中尚未发现海台型内波、内潮汐沉积，有关碳酸盐岩的内波、内潮汐沉积研究实例均为碳酸盐岩台地边缘斜坡，发育受内波、内潮汐影响的生物礁及砾屑灰岩（Abdi et al.，2014；Harchegani and Morsilli，2019）。塔里木盆地塔中地区和宁夏香山群徐家圈组虽然发现了与内波、内潮汐有关的鲕粒灰岩层，但其沉积环境仍为深水斜坡（高振中等，2000；李向东等，2009）。

五、深水大型沉积物波

20世纪60年代以来，随着深海钻探（DSDP）和大洋钻探项目（ODP）的成功实施，在现代深海海底（一般水深为2000～4500m）发现了一种大面积分布的大型沉积物波（高平和何幼斌，2009）。深海调查表明，沉积物波可发育于陆坡至深海平原上的任何位置，分布面积从几平方千米到数十万平方千米。已报道的各深海大型沉积物波的波长一般为0.3～20km，以1～10km为主；波高3～140m，以10～100m居多。沉积物波发育区的坡度均很小，绝大部分在0.3°以下，最大不超过1°。其内部结构有的呈近正弦曲线形，有的呈上攀叠瓦形。这些沉积物波多表现为向上坡迁移，少数为向下坡迁移，还有一些呈对称状，无侧向迁移。

关于大型沉积物波的分类，Embley 等（1977）提出了浊流型和底流型两种类型。浊流沉积物波往往出现在巨大的水下峡谷、槽沟的天然堤和峡谷间地区，即一类为峡谷内的沉积物波，可称作峡谷流道型沉积物波；另一类为浊积扇上的沉积物波，可称为流道溢堤型沉积物波（付建军等，2018）。以美国加利福尼亚州蒙特雷海底峡谷为例，峡谷流道型沉积物波分布于谷底的台地和流道两侧，形态上较扇上沉积物波具有更小的尺度，波峰呈波状或新月形，波高仅为2~5m，波长为36~46m，波两翼不对称，迎流侧坡度较缓，背流侧坡度较陡，并且随着底坡坡度的增大而减小，波峰垂直于流道波状延伸100~350m；流道溢堤型沉积物波一般波高为数米至数十米，波长为1~2km，在弯曲流道外侧波长达3km，波高为30~100m，波峰笔直或弯曲延伸数十千米，笔直流道外的沉积物波通常互相平行且垂直或斜交于流道，急弯处流道外侧的沉积物波平行流道延伸（付建军等，2018）。

形成底流型沉积物波的流体主要包括等深流、溢流以及内波、内潮汐流（李华等，2007；高平和何幼斌，2009）。在多数情况下底流型沉积物波沿顺陆坡走向、大致平行于等深线的方向展布，应为地转等深流作用形成。如加的斯（Cádiz）海湾发育了由地中海外流（Mediterranean Outflow）形成的沙波、泥质沙波和泥波的连续系列，英国西部海域的洛克尔海槽的 Barra 海底扇、阿根廷盆地、美国东部海域的下陆隆、布莱克—巴哈马外海脊、非洲西北部海域的下陆坡等均发育等深流沉积物波。等深流（以温盐循环为主）具有广阔的活动范围，因此在多数情况下其波域宽广，通常为数千乃至数万平方千米（何幼斌等，2007b）。

此外，海底滑塌作用也可形成沉积物波（李华等，2007），主要发育在陡坡、峡谷、沟槽、天然堤等地区。该类沉积物波规模一般较小，波形不规则。值得注意的是沉积变形也同样可形成波状沉积地形，但许多波状地形往往为多种机制共同作用的结果，例如法国比斯开湾上陆坡台地上的沉积物波以往解释为和滑塌成因有关的变形所导致的挤压脊，呈波状地形，但有研究者认为其为一种具有复杂成因的构造，包括沉积和重力变形机制的互动（Faugère et al.，2002）。

由于天然气水合物和其他矿产资源勘探开发的需求，目前海底沉积物波的研究多集中于浊流型沉积物波，而底流型沉积物波的研究主要应用于古海洋学的古气候和古环境变化方面。然而，21世纪以来，深海油气勘探和海底管线工程的发展要求深入研究海底工程地质条件，而深水海区松散层巨厚，易被液化，导致工程失稳，于是许多专家在一些海域展开了深水沉积物波的研讨（焦强等，2016）。

现代深海大型沉积物波的内波成因新认识，是内波、内潮汐沉积研究的重要进展（何幼斌等，2007b）。在深水沉积环境中，内波、内潮汐是重要的沉积作用机制之一，不仅可形成厘米级别的沉积单元，规模巨大的内波还可建造大型沉积物波。深水中大型沉积物波、特别是向上坡迁移的沉积物波，内波成因解释更为合理。因为这种大型沉积物波的迁移方向与浊流相反、与等深流相垂直，很难用浊流与等深流成因来解释，而滑塌又很难形成规则的沉积物波形（Gao et al.，1998）。张兴阳等（1999）对北大西洋洛克尔海槽东北部深水大型沉积物波进行了内波成因的解释，现简要转述如下。

洛克尔海槽东北部水深1000~1100m处有两个沉积物波发育区，沉积物波的波长为1~2km，波高为18~20m，分布面积分别为350km^{2}与20km^2，可分别称为大区和小区，沉积物波波脊线近于平行斜坡。洛克尔海槽是分隔赫布里兹陆架与洛克尔海底平原的深水盆地，呈NE走向，轮廓自白垩纪以来没有大的变化，盆地中沉积了白垩纪、古近—新近纪与第四纪沉积物，地层可划分为4个单元：（1）下MacLeod序列，发育上新世—中更新世非冰川斜坡—盆地沉积；（2）上MacLeod序列，中—晚更新世斜坡冰川裙，主要为块体流沉积；（3）Gwaelo和MacAulay序列，晚更新世—全新世斜坡—盆底沉积，主要为覆盖在冰成块体流序列上的远源冰海与海洋沉积。

现代洛克尔海槽深水区存在许多分散的水体（图1-23）。挪威海底层水（NSDW）越过威菲利—托马斯海岭的西端进入海槽后，与拉布拉多海水及南极底层水混合形成北大西洋深层水（NADW），又称作北部底层边界流（DNBC）。NADW沿洛克尔海槽西边缘向南流动并在海槽的南部区域形成环流。洛克尔海槽的东部边缘受沿斜坡向北的水流的影响，斜坡水流向下可延伸到水深1000m处。这可能是北大西洋深层水在海槽南部环流的延续，较高的含盐量表明其可能含有中—上陆坡地中海溢流形成的北东大西洋水团（NEAW）的成分。沿陆坡流动的流体继续向北流动，在赫布里兹斜坡与威菲利—托马斯海岭结合处偏转向西流动。斜坡流沿威菲利—托马斯海岭基部向西流动最后受NSDW溢流影响而沿海槽西边缘流回（图1-23）。世界大洋环流自中新世开始就形成了目前的环流形式，可以假定自中新世以来洛克尔海槽中海流形式与目前类似。

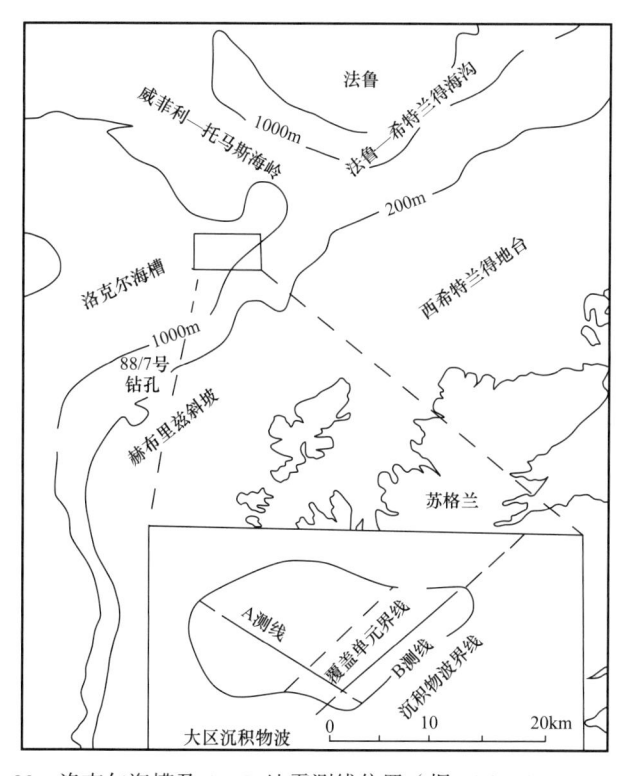

图1-23 洛克尔海槽及A、B地震测线位置（据Richards et al.，1987）

大区沉积物波特征如图 1-24 所示，可分为 4 个单元：底部的单元 1 为上攀沙丘组成的序列；单元 2 是由爬升沙丘向正弦床形的过渡类型；单元 3 呈正弦波形；单元 4 为上覆滑坡单元。单元 1、2、3 形态上类似于 Jopling 等（1968）划分的几种爬升沙纹层理。悬浮载荷与牵引载荷的相对沉积比率控制了由单元 1 向单元 3 的转变，随着底流能量的减弱，悬浮沉积作用加强，而先后发育单元 1、单元 2 与单元 3。Richards 等（1987）将这种强度随时间变化的底流解释为挪威海底层水越过威菲利—托马斯海岭的溢流。并依据晚中新世冰岛—法鲁海岭沉降明显，分流了从威菲利—托马斯海岭的溢流量进一步推断随着溢流流量减小，先后形成 1、2、3 单元，沉积物波的迁移方向依据地震剖面上的波形判断为向南迁移，与溢流方向一致（Richards et al., 1987）。

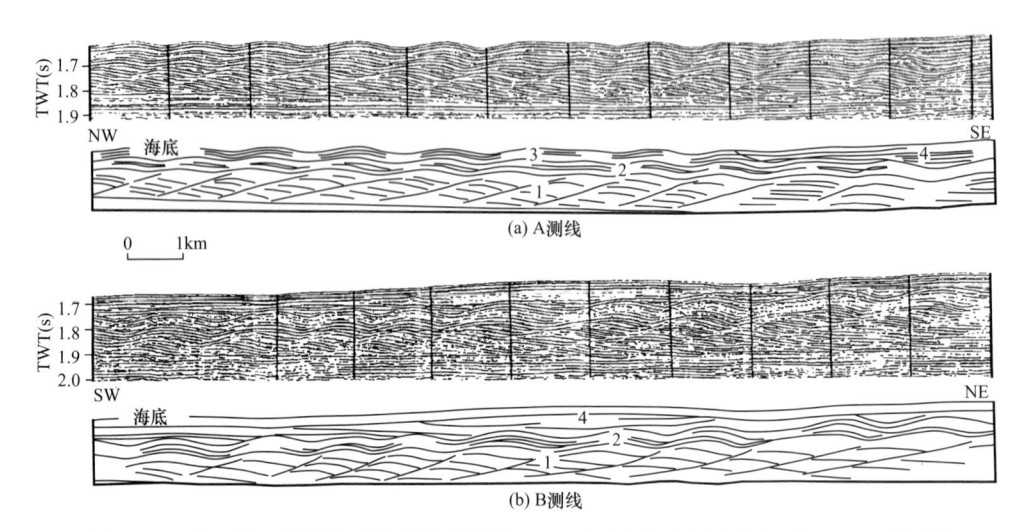

图 1-24 洛克尔海槽东北部大区沉积物波 A、B 地震剖面（据 Richards et al., 1987）
1—底部上攀床形单元；2—中部过渡床形单元；3—上部正弦波形单元；4—上覆滑坡单元

但是，研究区沉积物波的溢流成因解释存在以下两个问题：沉积物波迁移方向与溢流方向的不一致性；沉积物波形成时，溢流不能满足形成沉积物波所需的底流强度（张兴阳等，1999）。

如图 1-24 所示，A 测线剖面单元 1 中上攀层形向 SE 方向爬升，细层倾向 SE，层系界面倾向 NW，说明形成该层的底流具有 SE 方向的流动分量；B 测线剖面中上攀底形向 NE 方向爬升，细层倾向 NE，层系界面倾向 SW，说明形成该层的底流具有 NE 方向的流动分量。如不存在底流主流向的多向性，考虑到两剖面中上攀层形规模的相似性，SE 方向的视流向与 NE 方向的视流向合成的真正底流方向应向东，即沉积物波向东迁移，与底流方向并不一致（张兴阳等，1999）。

Richard 等（1987）认为研究区沉积物波形成在晚中新世晚期或更近时期。然而在中新世，威菲利—托马斯海岭还没有成为挪威海底层水溢流的完全障壁；而且在晚中新世，由于冰岛—法鲁海岭的下沉，分流掉了绝大部分本来越过威菲利—托马斯海岭回到北大西洋的溢流水体，因此，溢流发生时，溢流的主体是从威菲利—托马斯海岭西端进入洛克尔海槽，并沿洛克尔海槽西边缘南进。此外，整个沉积物波实际形成于中新世末期—

全新世，用一期强度逐渐减弱的溢流来解释约5Ma内形成的沉积体，也是很难令人信服的（张兴阳等，1999）。

当密度跃层接近海底，内波引起的底流水平流速较大，并且时间—流速曲线是不对称的，密度界面越接近海底，这种不对称性越强，可形成向内波传播相反方向迁移的大型不对称沉积物波。如两列同向传播的内波相互叠加，可形成与内波传播方向相反、更明显的单向优势流动，作用于海底沉积物时，可形成向内波传播相反方向迁移的大型上攀床形。在半封闭水体中的内波可呈现为驻波形式，持续的作用可使沉积的底形与内驻波波形相匹配，从而形成对称的泥波，即正弦泥波（张兴阳等，1999）。

中新世晚期南极冰盖发展，发生了大规模海退，地中海与世界大洋隔离，发生盐度危机。中新世末期气候强烈波动，至上新世早期为一个高海面、温暖湿润年代。海平面上升使得由一系列内陆盐湖构成的地中海重新与世界大洋沟通，形成超盐度的地中海溢流，可产生强烈的内波，在下斜坡环境中形成明显的与内波传播方向相反（上坡）的单向优势流动，从而可形成向上坡方向迁移的单元1大型上攀床形。上新世晚期，第四纪冰期到来，北大西洋与西北欧发生频繁的冰期—间冰期旋回，气候波动时温盐环流加强，但此时地中海溢流盐度较低，产生的内波能量有限，可形成单元2过渡床形。晚更新世为末次冰期的盛冰期，温盐环流不发育，厚层的大洋浮冰限制了表面波浪的产生，加上洛克尔海槽东北部相对局限的海底地形，使研究区内形成相对安静的半封闭水体，并且容易形成稳定的密度梯度，从而产生内驻波，形成单元3正弦波形（张兴阳等，1999）。

在地层记录中，通过地震剖面分析，在塔里木盆地塔中地区中—上奥陶统识别出了顺坡向上迁移的大型沉积物波（图1-25）。该地震异常体位于塔中2号井和3号井以北，主体处于断裂下降盘，分布面积约为135km^2，剖面上显示异常体西南端为水平—槽状强振幅反射相，紧邻此地震相向北为向南倾斜的断续中等振幅反射相，呈叠瓦状反射，具有上坡方向前积层特征（图1-25）。在邻近的一条平行地震剖面上，不仅具有上述反射特征，而且在异常体西北部还发育有明显的叠瓦状上攀中等—弱振幅地震相，反射同相轴向南倾斜，即向上坡方向倾斜，反映出明显的上坡迁移特征（高振中等，2000）。

该丘状异常体发育于塔中Ⅰ号断裂的下降盘中—上奥陶统碎屑岩段内部，中—上奥陶统碎屑岩段表现为大套的暗色泥岩夹粉砂岩及薄层石灰岩，属外陆棚—陆坡相，为深水混水沉积环境，陆源碎屑占绝对优势，在此环境下发育清水高能的生物格架礁相的可能性不大。多种资料表明中—晚奥陶世塔中低凸起上不存在堆积大量松散硅质碎屑的浅水陆棚，这减少了塔中北坡形成浊积扇体的可能性。该异常体邻近的塔中1、2、3号井及凸起北坡上的钻井取心中缺乏递变层理，浊积岩不发育，故该异常体属于浊积扇体的可能性极小。该地震异常体内部存在向南倾斜的地震反射结构，向深水方向搬运沉积物的浊流及沿等深线流动的等深流极难形成向凸起方向倾斜的反射结构。而异常体内部的特征反射结构与现代海底上内波建造的上坡迁移的大型沉积物波的内部反射结构极为相似且规模相当，如白令海Navarinsky峡谷口的上坡迁移型沉积物波（Karl，1986）、摩西拿海隆上上攀迁移的大型沉积物波（Gao et al.，1998）以及北大西洋洛克尔海槽东北部赫布里兹斜坡向上坡方向迁移的沉积物波（图1-24）等。同时在塔中北坡各井取心中均有内波、内潮汐沉积发育的良好证据，因此，该丘状异常体极有可能属于内波建造的大型沉积物波（高振中等，2000）。

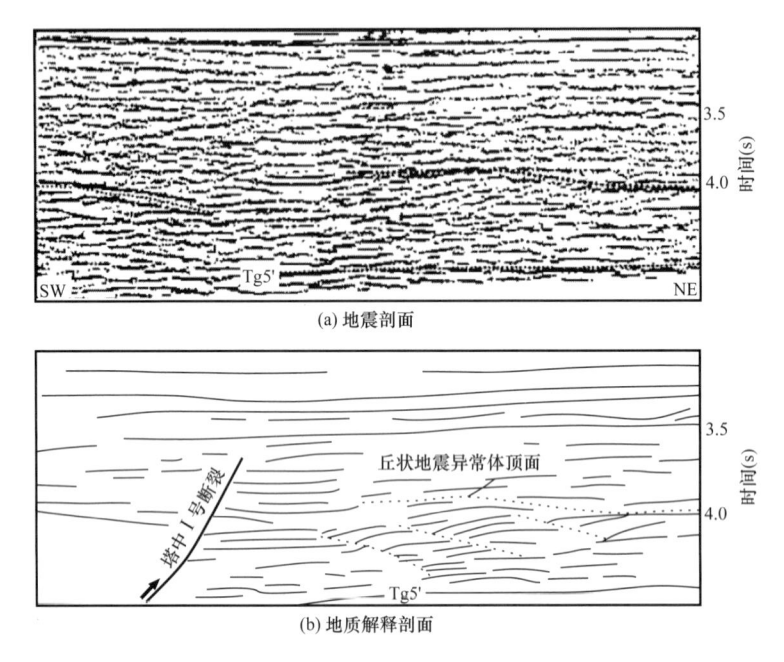

图 1-25 塔里木盆地塔中地区的地震异常体反射图形（据高振中等，2000）

根据波动理论，表面波波动曲线可以看作是海水质点持续做匀角速度圆周运动留下的轨迹，这种曲线并不是正弦曲线，而是波峰较陡波谷较缓的不对称曲线。内波作为一种特殊的波动形式，同样遵循着一般意义上的波动规律，因而也具有相似于表面波的运动特征，只是由于密度跃层上下水体的密度差不如空气和水的密度差那样明显，所以这种不对称性并不是那么强烈，但依旧存在，而且内波的波要素覆盖的尺度范围要比表面波宽得多，因而内波形成的沉积物规模可以很大（张兴阳等，2002）。低频内波具有几十千米甚至几百千米的波长，传播速度可达每秒几米；短周期内波的波长为几百米到几千米，传播速度则有每秒达几十厘米的量阶；低频内波的振幅可达 100m 甚至以上；短周期内波的振幅也有 10～20m（王青春等，2005）。

如图 1-26（a）所示，当内波在海水中传播时，海水质点同时完成水平方向和垂直方向的同频同幅简谐振动，每个质点都在做匀角速度圆周运动；在匀角速度运动过程中，每个海水质点在一个周期内的运动轨迹可以用经过位置 1—9 的曲线表示。当质点处于位置 1—3 之间时，质点的水平运动方向与内波的传播方向相同；当质点处于位置 3—7 之间时，质点的水平运动方向与内波传播方向相反；而当质点处于位置 7—9 之间时，质点的水平运动方向再次同样与内波传播方向相同。因此，在一个波动周期中，内波在波谷处的作用时间要比波峰处略长一些，也就是说内波在前进过程中，海水质点向内波传播方向的反方向运动的趋势大一些，因而形成的优势流流动方向与内波前进方向相反。当这种前进内波接近海底时，就会对海底沉积物产生侵蚀和搬运作用，这种侵蚀和搬运作用持续进行，就形成了如图 1-26（b）所示的沉积形态。在内波的长期作用下，最终会形成一种与内波波形相匹配的具有典型向内波传播方向相反一侧迁移特征的大型沉积物波，如图 1-26(c) 所示。因此，一般意义上的波动理论应该能够很好地适用于内波沉积作用，至少在解释内波沉积中的反向沉积构造方面是成功的（王青春等，2005）。

当产生内波的密度跃层距海底的高度非常大时，内波产生不了海底流动，形成不了底形，这一点与表面波浪对于浪基面以下沉积物影响微弱类似。当密度跃层距海底的高度较大时，内波引起的底流流速较小，引起的底流水平时间—流速曲线是近对称的。与内波引起的洋面流相似，在波谷与波峰下内波引起的底流流向相反，每隔半个波长流动 180° 转向。海底细粒沉积物在背离流与聚合流的作用下，形成不同的侵蚀与沉积区带，在大型内波的持续作用下可形成波长类似于内波波长的海底沉积单元，即大型沉积物波。海底沉积物波的丘状形态也表明，形成沉积物波的海底流动的流动方向发生了反转。在相同的流速下，相对于单独流水作用，内波使沉积物更易被搬运、改造，内波作用于底流将极大地加强边界剪应力。内波的大规模波形控制了海底沉积底形的规模及形态，内波引起的海底流动又足以搬运相对细粒的沉积物颗粒，从而形成与内波规模相当的海底床形（张兴阳等，2002）。

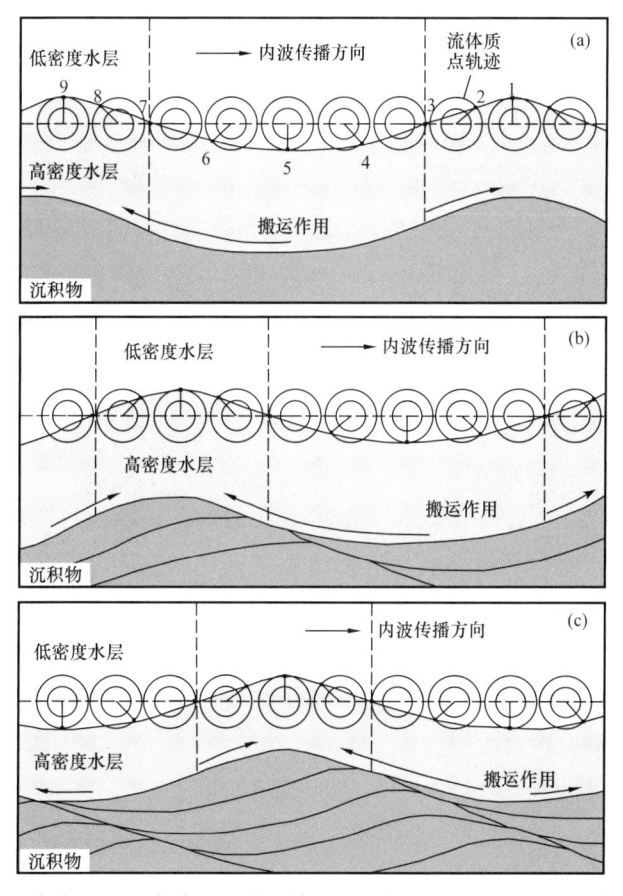

图 1-26 密度界面上内波的运动及其对沉积物的影响（据王青春等，2005）
(a) 内波未触及海底时水质点运动方向示意图，在一个周期内净流量方向与内波传播方向相反；(b) 内波触及海底时对海底已有沉积物的改造，沉积物迁移方向与内波传播方向相反；(c) 在内波长期作用下，形成与内波传播方向相反的大型沉积物波

第四节　内波及内潮汐沉积研究意义

内波及内潮汐沉积是一种新的沉积类型，至今仅有三十多年的研究时间。内波及内潮汐沉积研究对于沉积学的发展具有重要的理论意义，丰富了沉积相和沉积环境的研究内容，对沉积矿产，特别是石油、天然气及页岩气的勘探和开发具有重要的理论指导意义；对于古地形、古环境、古气候、古大地构造以及相关学科的研究具有重要的启示意义；对于古生物分布和古生态研究具有一定的理论创新意义。

一、常规油气勘探意义

与浊流沉积和等深流沉积类似，夹于深水原地沉积的黏土岩之中的砂质内波、内潮汐沉积与黏土岩一起可组成完整的烃源岩—储层—盖层组合，并有可能形成岩性圈闭。更重要的是内波、内潮汐沉积物受到水流的持续冲刷，原生孔隙和次生孔隙均较为发育，其结构成熟度和储层性能要优于浊积岩。水道型内波、内潮汐沉积形成于能量较强的潮流环境，粒度较粗（可达粗砂级），单砂层较厚（可达数米），具有较好的结构成熟度，该类型沉积不仅是油气的良好储层，而且还可与深水重力流沉积和深水背景泥岩沉积一起构成有利的地层圈闭。此外，内波、内潮汐也可形成大型沉积体，如大型沉积物波，特别是沙波，更是潜在的深水沉积油气储层（He et al., 2008）。

中国在塔里木盆地塔中地区钻遇的中—上奥陶统陆坡相内波、内潮汐沉积中，水道型内潮汐成因的双向交错纹理极细，砂岩单层厚度可达几米，碎屑颗粒以岩屑（含量为35%～65%）和石英（含量为30%～60%）为主，多为次圆状，分选较好。在塔中32井等5口井的17个层段中获含油、油浸、油斑、油迹、荧光等不同级别油气显示，累计取心64.3m，该段岩层具有以下4个特点：（1）埋深大，成岩作用历时长，导致砂体较致密，溶蚀孔隙较少；（2）碳酸盐矿物对孔隙的胶结作用强烈，镜下观察其含量达8%～15%，使粒间孔隙遭到很大破坏；（3）砂岩体上、下围岩为厚度大、分布广而生油能力差的"黑被子"——凝灰质泥岩，成岩过程中，有机酸的来源有限，导致砂体中碳酸盐胶结物以及铝硅酸盐矿物的溶解受到限制，溶蚀孔隙很少；（4）储集体粒度细，以粉砂岩为主，部分为细砂岩，孔径小，喉道细，导致溶解介质在体系中的流动迁移不畅通（王方平等，2004）。由于这些因素影响，导致了内波、内潮汐沉积砂体的储层物性不是很好，进而阻碍了油气的大规模成藏，但同时却充分说明了内波、内潮汐沉积成藏的现实可能性（佟彦明等，2007）。

中国南海北部的莺歌海盆地上中新统黄流组的重力流沉积中伴生有内波、内潮汐沉积（杨红君等，2013；郭书生等，2017）。经研究发现，莺歌海盆地中央坳陷带西北部上中新统黄流组一段沉积微相可精细划分出5种水道类型和3种朵叶体类型，分别为内波、内潮汐水道，内波、内潮汐改造水道，砂质碎屑流内扇主水道，砂质碎屑流中扇分流水道，浊积水道，内波、内潮汐朵叶体，内波、内潮汐改造朵叶体和砂质碎屑流朵叶体（郭书生等，2017）。各微相类型的孔隙度和渗透率对比如图1-27所示。从图1-27中可以看出8种微相的孔隙度相差较小，内波、内潮汐沉积或改造型沉积的孔隙度略低于砂质碎屑流沉积和浊流沉积（图1-27a），其原因可能是内波、内潮汐沉积粒度较细，以细砂岩为主且普遍含有泥质，而砂质碎屑流和浊流以中砂和细砂为主，极少含有泥质。在8种微相中渗透率相差较大（图1-27b）。其中，5种海底扇水道中物性从高到低排序分别为内波、内潮汐水道，内波、内潮汐改造水道，砂质碎屑流，分流水道，浊积水道和砂质碎屑流主水道；3种海底扇朵叶体中物性从高到低排序分别为内波、内潮汐朵叶体，内波、内潮汐改造朵叶体和砂质碎屑流朵叶体。因此，可以得出这样的结论，对于同一种沉积元素（水道或朵叶体），决定其物性差异的原因在于不同的沉积过程（重力流、牵引流或位于两者之间），这突破了以往地质工作者在分析沉积相时只考虑沉积要素这一理念（郭书生等，2017）。

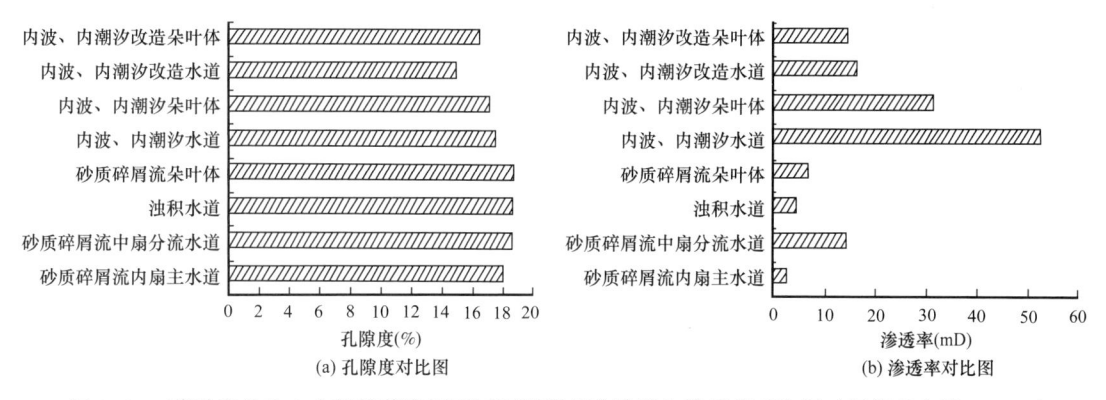

图1-27 莺歌海盆地上中新统黄流组不同沉积微相孔隙度和渗透率对比图（据郭书生等，2017）

莺歌海盆地上中新统黄流组内波、内潮汐沉积受控于基准面变化，基准面相对较高时或古构造埋深较深时更容易形成该类沉积，从下到上可以形成4个沉积序列：内波、内潮汐（改造）沉积，重力流沉积，内波、内潮汐（改造）沉积和远洋泥沉积。在基准面旋回刚开始下降时期，三角洲向海进积，其前缘砂体前端已越过构造坡折带，形成浊流或砂质碎屑流，并继续向盆地内部流动，在地层坡度变缓的地区发生沉积，形成了细砂级重力流沉积物，此时物源供应不足，在内波、内潮汐流改造作用下，形成内波、内潮汐水道/朵叶体或内波、内潮汐改造水道/朵叶体沉积。当基准面进一步下降，三角洲继续向海进积，此时重力流沉积发育更加频繁，形成了粗碎屑重力流沉积，并对早期沉积的内波、内潮汐沉积物产生剥蚀，当基准面降到最低点时，可能只保留重力流沉积物。随后基准面开始上升，物源区逐渐远离沉积区，粗碎屑的注入受到抑制，内波、内潮汐流得以改造细粒重力流沉积物，形成内波、内潮汐水道/朵叶体沉积或内波、内潮汐改造水道/朵叶体沉积。当基准面进一步上升，三角洲前缘砂体远离构造坡折带，这时研究区基本无细砂级粗碎屑沉积物供应，以浅海—半深海远洋泥沉积为主（郭书生等，2017）。这种序列与北美阿巴拉契亚山脉中段奥陶系内波、内潮汐沉积序列相比，发育了重力流底部的内波、内潮汐沉积段。

此外，在滨里海盆地东南缘油气勘探中，发现上石炭统MKT组陆棚斜坡相深水沉积泥岩内部由一系列向西（早期隆起物源区）倾斜的"反向前积层"构成，由于其成因存在较大的争议，导致对石炭系沉积演化规律缺乏统一认识，从而制约了后续勘探工作的开展。代寒松等（2018）运用内波、内潮汐沉积原理对该"反向前积层"进行了合理的解释，并结合相关地质与勘探资料，给出了滨里海盆地东南缘 MKT 组沉积演化模式（图 1-28），其沉积演化分为 4 个阶段。

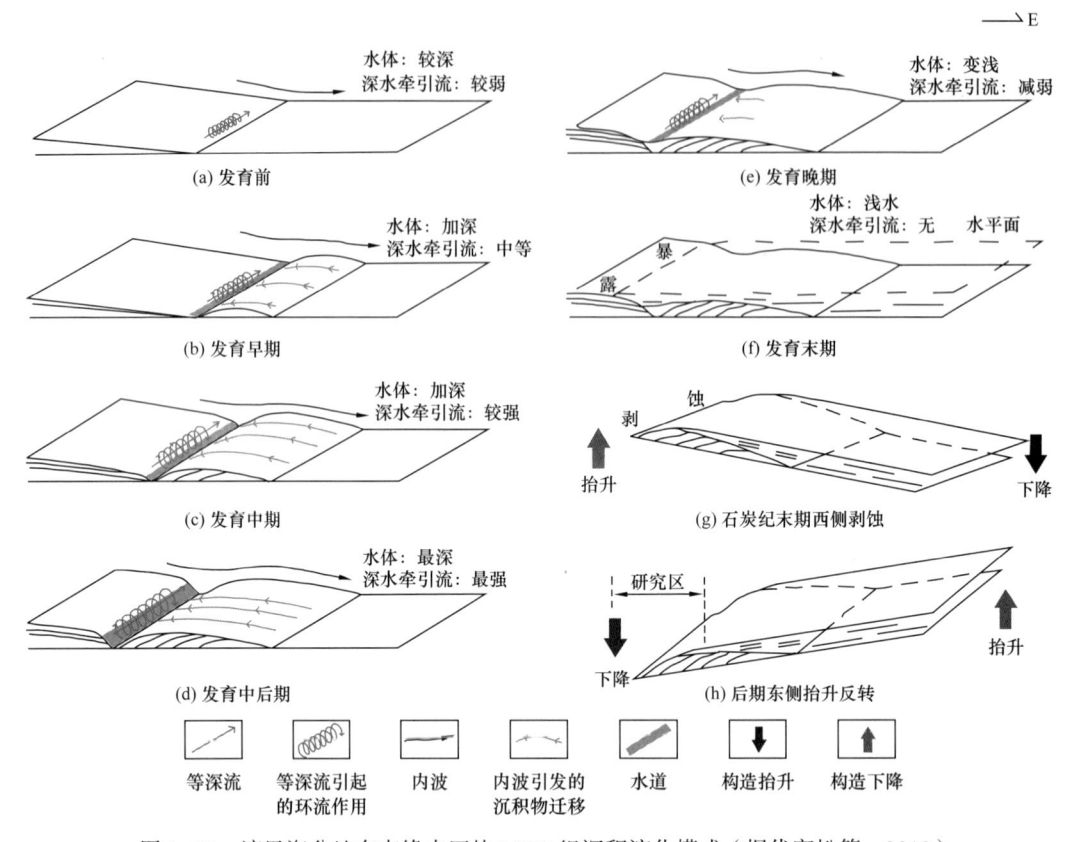

图 1-28 滨里海盆地东南缘中区块 MKT 组沉积演化模式（据代寒松等，2018）

初始形成阶段：盆地东南整体快速下沉，沉积相由开阔台地转为深水陆棚斜坡相，接受泥岩沉积，西侧隆起区少量碎屑混入，其中深水牵引流作用开始显现（图 1-28a、b）。

强烈作用阶段：随着水体逐步加深，深水牵引流作用不断增强，等深流在松散沉积物上形成水道，水道内环流将向陆一侧的沉积物侵蚀，并堆积在向盆的一侧，随着构造整体下沉，等深流水道相对位置逐步上移，向岸一侧逐步侵蚀、向盆一侧不断堆积，形成一系列向陆倾斜的侧积体，而内波作用也使沉积物以波状形态向陆方向迁移。该阶段 MKT 组发育底部平缓的长条形丘状沉积体，其内部由一系列向陆攀升的"反向前积层"组成，水道西侧则为平行于斜坡的较平缓层状松散沉积物堆积（图 1-28c、d）。

晚期衰退阶段：晚期盆地东南部缓慢抬升，海平面降低，沉积相开始由陆棚斜坡向开阔台地转变，等深流、内波作用逐步减弱，沉积作用转变为以整体水平沉积为主，在 MKT 组顶部发育了一套由陆棚斜坡向开阔台地转换的过渡岩性（图 1-28e、f）。

后期调整阶段：石炭纪末期"西升东降"的抬升剥蚀，使盆地东南缘西侧 MKT 组沉积大范围剥蚀殆尽，仅东侧丘状沉积体得以保存（图 1-28f、g）。早二叠世末至今的构造调整最终形成了MKT组"东高西低"的构造形态（图1-28h）。

深水油气勘探经历四十余年的发展，取得了显著的成果，形成了"三竖两横"五大深水盆地群，分别为大西洋深水盆地群、东非陆缘深水盆地群、西太平洋深水盆地群、新特提斯深水盆地群和环北极深水盆地群（张功成等，2017）。深水油气勘探目的层（储层）在早期基本上为浊积砂岩，以综合海底扇模式为理论指导，截至2001年，全球90%的深水油气探明储量位于深水浊流沉积体系之中（何家雄等，2006）；现今虽然逐步形成浊积砂岩、三角洲砂岩、滨岸砂岩和碳酸盐岩并重的勘探思路，但是发现的油气田仍以浊积砂岩为主（张功成等，2017）。由于忽视了内波、内潮汐沉积在深水油气勘探中的作用，石油地质学家可能将形成于海底水道口附近的内潮汐沙坝在思维定式的影响下运用鲍马序列解释为形成于水道口外部的浊积扇体（Shanmugam，2003）。

在深水水道口环境中，沿水道向下的浊流更可能发育席状浊积扇体（Stow and Mayall，2000），其长轴垂直于水道方向展布（图1-29a），与浅水河口环境的潮汐沙坝类似。深水环境中双向内潮汐流多发育呈线状延伸的内潮汐沙坝（图1-29b），其长轴一般平行水道方向展布。席状浊积扇体一般远大于河道的宽度，而内潮汐沙坝比水道的宽度小很多。因此，将深水内潮汐沙坝误用鲍马序列解释为浊积扇体对于预测河道口砂体的展布特征会有较大的影响，从而引起对圈闭要素的过高估计（蔡俊等，2012）。产生这种情况的主要原因是目前内波、内潮汐研究的局限性，因此，在今后的内波、内潮汐沉积研究中应特别注重现代海洋研究、地层记录研究和油气勘探之间的内在联系。

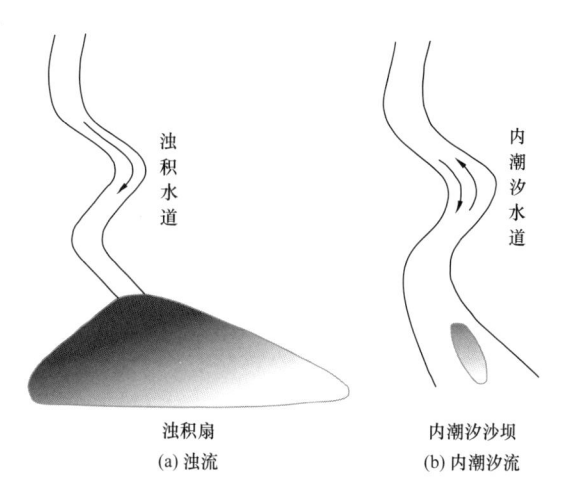

图1-29 海底峡谷水道口环境中形成的砂体分布模型（据Shanmugam，2003）

二、页岩气勘探意义

页岩气是一种典型的非常规天然气，以"连续性"聚集区别于以"幕式"运移为特征的常规天然气（董大忠等，2012）。页岩气的赋存主要有3种形式：（1）以吸附态吸附在有机质颗粒、无机矿物颗粒以及孔隙的表面；（2）以游离态大量存在于孔隙和裂隙中；（3）少量以溶解态溶解于干酪根、沥青质、残留水以及液态原油中（Curtis，2002）。世界上第一口页岩气井于1821年在美国阿巴拉契亚盆地钻探成功，经过一百多年的缓慢发展，20世纪90年代页岩气勘探开发在北美地区取得突破，并在全球范围内掀起了一场能源领域的"页岩气革命"（邹才能等，2017）。中国页岩气于1966年在四川盆地威5井下寒武统筇竹寺组钻遇，自2005年开展中国页岩气地质条件、资源潜力评价研究及勘探开发先导性试验（马永生等，2018），至2010年陆续取得单井突破，进入了海相页岩气工业化开采试验阶段，2015 年进入了海相页岩气规模化开采阶段，预计 2020 年以后达到页岩气规模化开采阶段（邹才能等，2016）。虽然页岩气的形成与富集为自生自储，但是由于其储层在纵、横向上具有较强的非均质性，在一个区块内钻到商业性气井的概率并不相等，中国在页岩气勘探实践中逐步取得了"沉积是基础，保存是关键，压裂是核心"的认识（马永生等，2018）。

页岩气储层致密，其重要的储集空间为纳米级孔隙和微裂缝，表现为低孔低渗特征，导致常规油气储层的评价方法体系难以适用（Curtis，2002；于炳松，2013）。页岩气储层岩石类型多样，包括富有机质的高碳黏土岩、灰泥（云泥）质黏土岩、硅质黏土岩、粉砂质黏土岩以及黏土岩层系中的薄层黏土质粉砂岩、粉砂岩和各种砂岩（邹才能等，2017；马永生等，2018）。随着页岩微观储层"纳米级孔隙"概念的提出（Singh et al.，2009），逐步开始了页岩气储集空间的系统研究，从不同的研究角度提出了结构分类（按孔隙大小）体系、产状（孔隙赋存位置）分类体系（张琴等，2015）、成因分类（沉积和成岩作用）体系（何建华等，2014）和产状—结构综合分类方案（于炳松，2013）。这里关注页岩气储层特征与沉积作用之间的关系，故采用产状分类体系，首先分为基质孔隙和裂缝孔隙两大类，基质孔隙按其赋存位置分为有机质孔隙、粒间孔隙和粒内孔隙等 3 类（表 1-4），此外还可依据颗粒属性和颗粒之间的关系进一步把粒间孔隙细分为颗粒间孔隙、晶间孔隙、黏土矿物间孔隙（"纸房构造"）和刚性颗粒边缘孔隙；把粒内孔隙细分为黄铁矿集合体内晶间孔隙、球粒内孔隙、黏土矿物集合体内孔隙和铸模孔隙等（Loucks et al.，2012；张琴等，2015）。

在基质孔隙中，有机质孔隙是最为重要的一种孔隙类型，主要为发育在有机质内的粒内孔隙（于炳松，2013），具有原生、次生两种类型，前者属于生物内部结构孔隙，后者为有机质在热演化过程中形成，具有明显的非均质性（马永生等，2018）。中国南方进入规模化开采阶段的五峰组—龙马溪组页岩气储层即以有机质孔隙为主，其次为无机孔隙（含粒间和粒内孔隙），有机质孔隙的面孔率（可等效于孔隙度）普遍超过总面孔率的 50%，而且有机质页岩越发育，储层品质就越好（吴艳艳等，2015；范家维等，2020）。粒间孔隙是常规油气储层的主要孔隙类型，在页岩气储层中只有满足特定条件时才会占主导地位，如中国南方寒武系筇竹寺组（及相当层位）的高演化页岩中基质孔隙以粒间孔隙为主，包括黏土矿物晶间孔（"纸房构造"）、脆性矿物粒间孔及黄铁矿晶间孔等，而有机质孔隙并不发育（王朋飞等，2018；何庆等，2019）。粒内孔隙主要指在碎屑颗粒或矿物晶体内部形成的次生孔隙或生物化石内部孔隙等（Loucks et al.，2012），一般情况下发育较为有限，多呈孤立状，连通性差，压裂也很难形成孔隙网络，故在页岩气储层中意义不大，但对页岩的渗透性有贡献作用（曾维特等，2019）。裂缝孔隙一般指天然裂缝，包括宏观裂缝和微裂缝，前者以构造缝为主，主要为高角度的剪切缝、张剪裂缝、压扭裂缝及低角度滑脱缝；后者主要为非构造成因的层间缝、粒间缝和粒内缝（王濡岳等，2016）。在页岩气储层中主要以微裂缝为主，可有效地连通有机质孔隙和粒间孔隙，改善页岩的储渗性能，特别是人工造缝后（压裂）往往形成良好的网状孔—缝体系（郭旭升等，2020）。

表 1-4 海相页岩气储层孔隙类型与影响因素

孔隙类型		孔隙特征	影响因素
基质孔隙	有机质孔隙	成岩改造型网络纳米孔隙：发育在有机质内的粒内孔隙，平面上呈孤立状，在三维空间上连通；长度一般为 5~20nm，占有机质孔隙的 70% 以上，最长可达微米级，在有机颗粒中孔隙度最高可达 50%	有机质含量：随 TOC 含量的增加先增大后减小，临界值约为 5.6%； 热成熟度：当 R_o 大于 0.6% 时开始发育，随 R_o 的增大先增大后减小，临界值约为 2.0%； 干酪根类型：Ⅱ型干酪根（高等浮游生物）通常有机质孔隙发育； 生物硅质含量：较强的抗压能力可使有机质孔隙得以保存； 层状黏土矿物和黄铁矿：具有催化成烃作用
	粒间孔隙	原生沉积为主型孔隙：含少量次生溶蚀孔，在页岩达到生气阶段时分布稀少，具有优势定向性，包括脆性矿物粒间孔、晶间孔、边缘孔和黏土矿物（伊利石最优）间孔隙（"纸房构造"）等；孔径一般为 0.05~10μm，孔喉紧闭；在高演化页岩（筇竹寺组）、生物硅质页岩或局部地区（威远地区）可成为主要孔隙类型	成岩作用：主要包括压实和胶结作用，若脆性矿物分散在黏土中，则脆性矿物粒间孔隙一般不发育； 矿物转化：如高岭石、蒙脱石的伊利石化和绿泥石化使孔隙显著减小，蛋白石向石英的转化可形成大量的石英粒间孔隙，重结晶自生石英可形成黏土矿物晶间孔隙； 脆性矿物含量：一般呈正相关关系（宏孔隙），但目前对砂质纹层孔隙网络研究尚未深入
	粒内孔隙	成岩改造为主型孔隙：发育在颗粒内部，以长石、方解石较为常见，孔径为 0.01~2μm，呈分散状，连通性差，人工造缝也很难连接	成岩作用：硅质生物体内差异溶解作用，易溶颗粒及矿物的选择性溶解作用和有机质脱羧基作用等
裂缝孔隙		成岩改造型孔隙：主要分布于刚性颗粒边缘和内部，可呈平直、锯齿或曲线状，以微裂缝为主，长度一般为 1~20μm，宽 0.01~0.5μm，未充填裂缝可形成良好的渗流通道，被胶结物充填裂缝在开发时可增加诱导裂缝，能有效地沟通有机质孔隙和粒间孔隙	构造应力：构造裂缝明显受构造应力和构造位置的控制，应力变化梯度越大，距断层与褶皱核部越近，裂缝越发育； 岩石脆性：取决于脆性矿物含量和有机质含量的消长关系； 异常流体高压：降低岩石抗剪强度，当压力达到一定值时，可使最小主应力由挤压状态变为拉张状态，形成张裂缝； 矿物转化：黏土矿物转化可产生收缩裂缝

页岩气储层的储集性能主要受有机质（含量、类型和热演化程度）、脆性矿物含量、黏土矿物含量和生物硅质含量等因素影响（表 1-4），而构造作用和沉积作用（沉积纹层）对微裂缝的影响以及成岩作用对粒间孔隙的影响等均与微观成分变化有关（施振生等，2018；苗凤彬等，2020）。生烃和排烃过程会在有机质中产生大量微米和纳米级孔隙，有机质孔隙度随 TOC 含量的增加先增大后减小，临界值约为 5.6%，其原因可能和压实作用有关（Milliken et al.，2013），此外还和干酪根的类型和热演化程度相关（曾维特等，2019）。页岩中脆性矿物的含量一般和构造裂缝及宏孔隙发育程度呈正相关关系，而与总孔体积、微孔和中孔体积等无明显相关性（曾维特等，2019）。脆性矿物含量也是影

响储层改造的重要因素，压裂施工过程中，脆性矿物颗粒首先易被压开，从而连通相对分散、孤立的粒间孔隙和有机质孔隙，形成有机质孔隙—粒间孔隙—微裂缝的网状孔—缝体系（郭旭升等，2020）。黏土矿物含量对于页岩储层孔隙的发育具有一定的影响，主要体现在微孔和中孔上，而与宏孔体积呈负相关（易于压实并造成页岩脆性降低）。黏土矿物的含量增加能增强页岩吸附能力，蒙脱石脱水向伊利石转化过程中会产生成岩收缩裂缝（曾维特等，2019）。生物硅质主要由硅藻、硅鞭毛藻、放射虫和海绵等生物群形成，在埋藏成岩早期，内部充填的硅质和硅质壳体的差异溶解会形成多孔结构，在大规模生烃之前（R_o<1.3%），蛋白石转化形成了石英微晶，并形成大量由石英微晶颗粒构成的刚性格架孔，使得页岩中的有机质孔隙和黏土矿物粒间孔隙得以有效保存。

深水环境下内波、内潮汐沉积由于黏土颗粒与物源供应的影响，其沉积颗粒往往较细，达不到水动力作用的极限，沉积物以细砂和粉砂为主（Gao et al.，1998；He and Gao，1999），特别是在深水斜坡非水道环境下，多以粉砂沉积为主，层厚一般不超过30cm（Gao and He，1997；He et al.，2011；李向东，2013），并且夹于较厚的黏土岩之中，构成韵律性泥岩序列，可形成页岩气储层（表1-5）。表1-5按内波、内潮汐作用列出，但是对于页岩气储层而言，最重要的特征是富含有机质，虽然内波、内潮汐作用可有效地提高海洋的初级生产力这一观点已得到认同（方欣华和杜涛，2004；Witbaard et al.，2005），然而在地层记录中这方面的研究却非常薄弱。其次则是脆性矿物含量，由于页岩气藏是人工气藏，可压裂性是获得高产的核心（马永生等，2018），而内波、内潮汐对海底已有沉积物的改造作用、与其他流体的交互作用以及静水效应（表1-5）均可造成粉砂与黏土分离，避免了粉砂颗粒散落在黏土之中形成均一结构，而是形成粉砂质纹层、层理与岩层，从而有效地提高了页岩的油气水平运移能力和可压裂性。此外，内波、内潮汐作用的周期性及静水效应可形成多级别和多尺度的韵律性，从而增加页岩的非均质性，造成页岩气勘探开发中的不确定性。

页岩气储层评价的关键参数，如总有机碳含量（TOC）、有机质类型、矿物组分以及矿物的脆性指数、储层物性、含气页岩厚度等均受沉积相控制。如中国南方中上扬子地区下寒武统主要发育棚内拉张槽型、陆架边缘斜坡型和台地前缘斜坡型等3种沉积成因类型富有机质页岩（高波等，2020）。奥陶系—志留系五峰组—龙马溪组主要发育潮坪相和浅海陆棚相，包括浅水陆棚亚相和深水陆棚亚相（牟传龙等，2016），其中主要的勘探层位，即五峰组—龙马溪组一段主要为深水陆棚亚相，进一步可按照其成分（黏土、硅质、钙质等）进行岩相划分（熊亮，2019）。在深水沉积环境中，深水牵引流（包括等深流和内波、内潮汐）对沉积物的分布会产生重要影响，以水动力分布特征为出发点，探索页岩气储层的沉积微相，更易形成系统化的研究和有效预测。

三、沉积型磷矿成因意义

磷矿是一种重要的不可再生资源，是列入国家战略性矿产目录的24种矿产之一，其最重要的用途是生产磷肥，磷矿的可持续开发与利用直接关系到全球粮食安全及人类社会的可持续发展，对国民经济和人类生存具有举足轻重的作用。依据地质成因，磷矿床可分为原生磷矿床和次生磷矿床两大类，原生磷矿床按成矿作用类型又可分为沉积型、岩浆岩型和变质岩型等3种主要类型。目前全球工业开采的磷矿石，大约85%是来自沉积型磷矿床，其余为岩浆岩型和极少量的变质岩型磷矿床。沉积型磷矿床主要由海洋沉积富集而成，绝大多数位于非洲北部、中国、中东和美国等地（薛珂和张润宇，2019）。中国磷矿资源丰富，类型以沉积型磷矿床为主，出现在构造活动相对稳定的板块内部环境（地台区），在地域上主要分布在扬子地区的贵州、云南、四川、湖北、湖南和陕西等省，即扬子成磷区的湘黔成矿带、川滇成矿带、鄂西成矿带、陕鄂成矿带和浙桂成矿带等。中国沉积型磷矿床按层位可再分为震旦纪海相沉积型、寒武纪海相沉积型和泥盆纪海相沉积型等3种类别，其中前两种类别约占中国磷矿总储量的80%，各占40%（夏学惠和郝尔宏，2012）。

表1-5 深水环境下内波、内潮汐作用对页岩气储层的影响（据李向东，2021）

作用类型	内波、内潮汐作用 作用过程和结果	对页岩气储层的影响
周期性作用	可在海洋中进行长距离传播的内波、内潮汐的形成多和潮汐作用有关，一般具有不同尺度的周期，在地史时期也可能会受到天文旋回的控制，在内波、内潮汐作用期或强作用期形成较粗粒的细砂、粉砂沉积，在作用间期或弱作用期则形成以黏土为主的沉积，从而形成地层记录中不同尺度的韵律层	可能形成页岩中较大尺度的非均质性，造成页岩气勘探开发中的不确定性
改造作用	内波、内潮汐遇海底地形发生破碎可形成振荡流（短周期内波）、双向流及单向优势流（内潮汐及长周期内波），在斜坡环境中可形成黏土岩中的细砂岩、粉砂岩和黏土质粉砂岩夹层，夹层中发育双向交错层（纹）理、单向交错层（纹）理和浪成波纹层（纹）理，据已有研究，通常可增加岩石中的方解石含量，在水道环境中通常可改善水道砂岩的磨圆和分选，使之更有利于油气储集	增加粒间孔隙、微裂缝和层间滑移缝等储集空间，增加脆性矿物含量（黏土岩中的细砂岩、粉砂岩夹层），改变页岩内部结构，提高页岩的可压裂性
交互作用	指内波、内潮汐与浊流、等深流等其他深水环境下的沉积流体交互作用直接发生沉积，目前可鉴别的是短周期内波与低密度浊流及等深流的交互作用，一般可形成复合流层理、小型似丘状交错层理和准平行层理等复合流沉积构造，并与浪成波纹层理伴生，可造成悬浮物中黏土和粉砂的分离，形成粉砂岩和黏土岩薄互层或极薄互层，并且岩层厚度横向变化小（较大范围内的板状形态）	增加粒间孔隙、微裂缝和层间滑移缝等储集空间，改变页岩内部结构（粉砂岩和黏土岩薄互层和极薄互层），提高页岩的可压裂性
营养输运	内波、内潮汐一般为斜压波，当内波频率接近惯性频率时，可沿近于铅垂方向传播，在海洋能量混合中起着关键的作用，是温盐环流的能量来源之一，可形成上升流，将深部的营养物质输运到表层，提高海洋生产力	可使页岩中有机质富集（非内波破碎带），有机质孔隙发育
静水效应	内波、内潮汐在海洋中传播可能对海水中垂直降落的沉积物产生影响，例如使黏土絮凝体破碎、使粉砂和黏土絮凝体分离、迟滞黏土沉降以及使浮游生物遗体聚集沉积等，可能造成深水原地沉积中的有机质和脆性矿物分布的非均质性	可能形成页岩较小尺度的非均质性，造成页岩气勘探开发中的不确定性

关于沉积型磷矿床的成因，主要有3种假说，即生物成因说、上升洋流说和交代成因说。生物成因说认为磷块岩是海水中生物大量繁殖吸收了海水中的磷质，生物死亡下沉后遗体分解，进而聚集形成矿床。例如，中国陡山沱组沉积期湘黔磷矿成矿带中发现的藻类化石和动物胚胎化石，均表明磷矿层的产出与微生物岩密切相关（杨海英等，2017）。上升洋流说主张在海侵背景下引发的上升洋流作用将深海的物质、富磷质等养分的底层水携带至浅海—滨海地区，在上升期间由于压力下降，磷酸盐溶解度降低，进而以无机沉淀的方式沉积（Baturin，1989）；富磷上升洋流也促进了浅水区海洋生物的快速发展，为磷质聚集提供了物源基础，从而形成磷矿。交代成因说包括化学、生物化学与机械成矿作用等，如孔隙水中磷酸盐交代作用、过饱和磷酸盐凝胶固结作用、风化淋滤作用（伴随岩石的机械破碎作用）以及再沉积作用等。然而，事实上，形成磷矿床的含磷物质可能会有多种来源，包括地面岩石的风化、海水中的磷酸盐、生物遗体的下沉和火山喷发等，导致含磷物质进入海水并最终沉淀，其磷矿床成因也可能是多种因素综合作用的结果。

以滇东地区寒武系纽芬兰统磷矿床（灯影组中谊村段，原渔户村组上部中谊村段和大海段，其下原渔户村组旧城段—小歪头山段白云岩划归灯影组四段；云南省地质矿产局，1996）为例，其成磷前古环境可能为位于昆阳和金马古隆起之间的潟湖环境，沉积了含磷白云质硅质岩和泥质白云岩，水平层理发育（曾允孚等，1989），即灯影组四段。磷矿床层段总体属于海湾潟湖潮坪体系，具体可分为4个相区。浅滩相区位于海湾潟湖潮坪体系的中心部位（晋宁梅树村剖面），水体较动荡，发育原生菌藻磷块岩（下矿层）和内碎屑磷块岩（上矿层），上、下矿层间为厚约1.6m的黏土夹层（俗称"白泥层"）。由于原生菌藻磷块岩是海侵作用产物，故下矿层反映了海进过程；上矿层从下到上白云质条带增加，反映了海退过程；"白泥层"为凝缩段沉积（曾允孚等，1994）。潟湖相区位于海湾潟湖潮坪体系的南部，南端可能与广海相连，水体较深，处于浪基面以下，属安静的水动力环境（江川清水沟剖面），主要发育原生沉积型菌藻磷块岩，上矿层夹有砂屑磷块岩，反映间歇搅动环境。近滨潟湖相区位于海湾潟湖潮坪体系的北部（安宁草铺剖面），发育原生菌藻磷块岩夹含磷不等晶白云岩、细晶白云岩，由潮下藻坪与潟湖相间演化。潮坪相区位于海湾潟湖潮坪体系的东部（呈贡鸡叫山剖面或呈贡梁王山杨柳冲剖面），主要发育条带状菌藻磷块岩和含磷白云岩组合（曾允孚等，1989）。

滇东地区古构造位置属于扬子陆块西缘，紧靠康滇古陆西侧，成磷带震旦系—寒武系沉积厚度远大于两侧，说明有基底扩张、断陷的存在。埃迪卡拉纪（震旦纪）末期普遍海退，在碳酸盐岩台地西部残存着近SN向展布的一些潟湖潮坪。寒武纪初期海侵，在继承了基底古构造格局基础上，扬子地台西缘沉积了一套硅质岩—磷酸盐—碳酸盐为主的海湾潟湖潮坪沉积（曾允孚等，1989）。寒武纪纽芬兰世中国南方位于赤道附近，海洋中古洋流发育，西部大洋富磷上升洋流通过康滇岛弧间水道进入海湾潟湖潮坪区，由于岛链的屏蔽作用，使区内流速减慢，水深变浅，上返的洋流，在阳光充足、温暖的条件下，菌藻类生物迅速繁衍，这在与大洋相通的浅水盆地中起到了很好的聚磷作用。其中，菌藻类代谢作用汲取浓缩磷质，以及它们周期性的死亡形成原生菌藻磷块岩，属生物、生物化学富磷作用；由半固结、弱固结的菌藻磷酸盐沉积物机械破碎成内碎屑，再经簸选后成岩固结形成内碎屑磷块岩，属物理机械富磷作用（曾允孚等，1989）。

上升洋流可大致分为赤道上升流、海洋冰川边缘上升流和海岸上升流，其中发育磷矿床的碳酸盐岩台地主要受风力驱动海岸上升洋流体系影响（Brandano et al.，2020）。在海岸环境中，上升流与温暖的浅水之间往往具有明显的突变界面，在上升流活跃的地区或季节中，海水会发生强烈的密度层化，永久性密度跃层可以上升到沿岸地带，形成倾斜的前沿层，但是密度跃层上升高度受控于上升流的作用时间和强度（Cheng et al.，2010）。上升流地区强烈的海水密度层化可在近滨（平均低潮面和正常波基面之间）及正常波基面以下的较深水区普遍形成内波、内潮汐（Walter et al.，2016）。关于内波、内潮汐在磷矿层形成过程中的作用，Brandano等（2020）以意大利亚平宁山脉中部Latium—Abruzzi台地碳酸盐岩序列中的磷矿层为例进行了研究，简要介绍如下。

Latium—Abruzzi台地由三叠系—中新统碳酸盐岩序列构成，其中三叠系—白垩系由单调重复的潮坪相碳酸盐岩构成，之后缺失古新统和始新统，台地内部渐新统也大部缺失，上渐新统—上中新统则主要由颗粒碳酸盐岩构成。磷矿层发育在Guadagnolo组上部，对应中中新统兰盖阶（Langhian）和塞拉瓦莱阶（Serravallian），主要由粗粒生物碎屑颗粒岩、泥质颗粒岩（泥粒岩）和苔藓虫漂砾岩组成。主要发育两层磷矿层，层厚40~50cm，层内具有再沉积作用形成的剥蚀面，主要由颗粒支撑砾屑磷酸盐岩构成，基质为灰色—褐色生物碎屑泥质颗粒岩或颗粒质泥岩，砾屑一般小于5cm，由于强烈磷化和侵蚀，基质多具有黄铁矿外包壳，并含有海绿石。对于磷矿层的成因，Brandano等（2020）给出了内波解释。

磷酸盐硬底面是富有机质沉积物在成岩早期次氧化环境下由氟磷灰石沉淀形成，在氧化底水的条件下，成岩早期铁循环可形成动荡的次氧化环境并促进磷化作用（Schenau et al.，2000；Mutti and Bernoulli，2003），广泛分布于地中海周边中新统碳酸盐岩序列中，一般解释为由冷的富营养深水上升流形成（Mutti and Bernoulli，2003；Föllmi et al.，2015；Vescogni et al.，2018）。海绿石和磷灰石组合则是典型的磷酸盐硬底和凝缩层沉积（Wigley and Compton，2007；Föllmi，2016），而与磷矿层伴生的圆球虫泥灰岩则沉积于远斜坡至前陆盆地前渊的半深海环境，其水深为300~450m（Zwaan et al.，1990；Brandano et al.，2020）。因此，Guadagnolo组上部的磷矿层沉积于深水环境，在深水沉积环境中磷矿层内部再沉积作用形成的剥蚀面可能由内波形成。

内波在破碎带（受密度跃层的深度控制）破碎，可产生冲流和回流（图1-30a），向岸的冲流可产生剥蚀过程，向海的回流也可剥蚀海底沉积物，并以底负载或重力流的形式向海搬运这些被剥蚀的物质（图1-30b）。由内波形成的沿斜坡向下的重力流可对深水环境中形成的磷化带物质进行剥蚀，产生具有磷酸盐包壳和纹层的磷酸盐砾屑（图1-30c）。最终，由于重力流的剥蚀、搬运和沉积作用，向盆地方向的聚集作用以及水动力的簸选作用，磷化岩屑聚集成单层，形成磷矿层（图1-30d）。

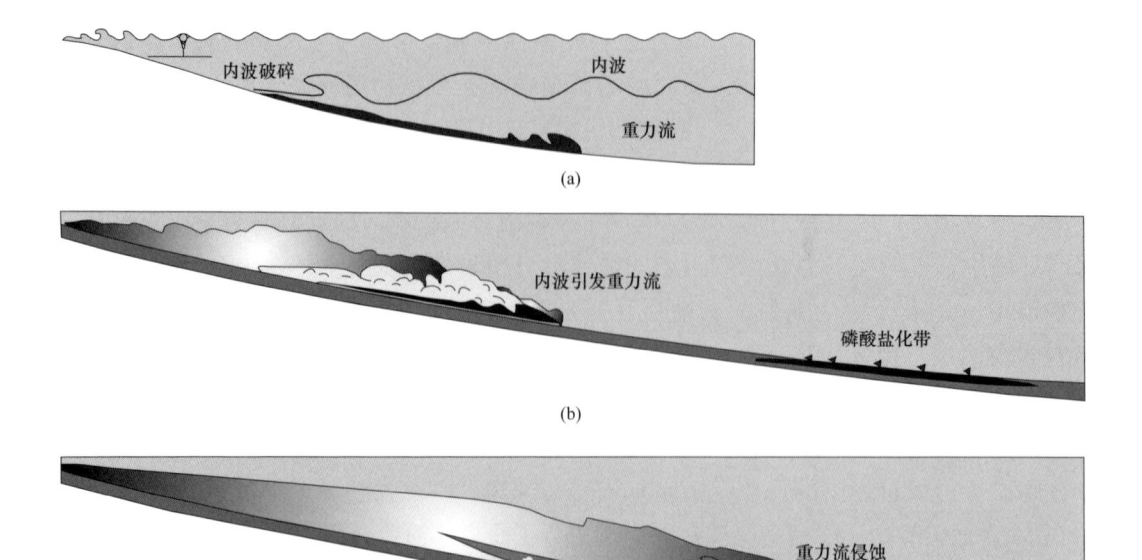

图 1-30　内波作用与含磷颗粒的再沉积（据 Brandano et al.，2020）
（a）内波破碎产生的紊流状态的回流；（b）破碎带内波产生的紊流搬运低密度生物碎屑并产生沉积物重力流；（c）沉积物重力流冲击和剥蚀磷化带具有硬壳和纹层的磷酸盐沉积物；（d）磷酸盐沉积物包括磷酸盐化岩屑、改造型非磷酸盐化石、磷酸盐硬底剥蚀碎屑和内波从破碎带搬运的非磷酸盐化生物骨架碎屑

四、海洋古生物分布的意义

已发现的地层记录中的内波、内潮汐沉积多缺乏生物扰动构造，其原因与内波、内潮汐作用具有反复搅动的水动力特征有关，易形成不利于底栖生物生存的动荡且浑浊的水动力条件和不利于生物化石保存的深水氧化环境。但是，随着研究的深入，发现深水环境中内波、内潮汐作用与海洋中营养物质富集和部分生物的聚集（部分软体生物、浮游生物和造礁生物以及货币虫等）有着较为密切的关系（Witbaard et al., 2005; Rinke et al., 2007; Mateu-Vicens et al., 2012; Muacho et al., 2014; Buerger et al., 2015; Hebbeln et al., 2019; Harchegani and Morsilli, 2019; Wang et al., 2019），概括起来要点如下：
（1）内波、内潮汐普遍具有斜压性质，其垂向运动所引起的混合作用可在斜坡环境中引起上升流，将深部低温、富溶解硅和营养盐（特别是硝酸盐和磷酸盐）的海水带到表层，有效地提高海洋的初级生产力；（2）内波、内潮汐在海洋中是能量和动量垂向传输的重要载体，可以反复地将海水由光照较弱的深层抬升到光照较强的浅层，促进较深水海洋生物的光合作用，造成叶绿素增加；（3）内波、内潮汐的垂向运动可对浮游生物的分布产生重要影响，在侧向上可导致叶绿素及浮游生物呈补丁状分布于内波波峰之间，在垂向上可在密度跃层处集中分布，形成峰值点；（4）内波作用可导致水体中悬浮物增加，在垂向上形成水体中间的乳浊层作为低质量食源，从而影响底栖软体滤食生物群的垂向分布，使其在中斜坡环境下比较发育；（5）深水环境中内波、内潮汐作用的强度变化可促使生物礁的形成，低能环境下可促进造礁生物生长，引发的幕式高能紊流事件可破坏已有的生物建造。

中国南海北部珠江口盆地白云凹陷北侧陆坡区发育陆坡限制型峡谷群，具有特殊的NE向持续性迁移特征（丁巍伟等，2013；Zhou et al.，2015）。现今南海环流体系具有复杂而独特的"三明治"型结构，包括表层流（水深<350m）、中层流（水深为350~1350m）和深层流（水深>1350m），其中中层环流主要为顺时针方向并通过吕宋海峡进入西太平洋（Chen and Wang，1998）。依据在白云峡谷群200~1200m水深发现中层等深流成因的小规模漂积体（Drifts）和沉积物波等，说明了中层流在白云峡谷群主要向NE方向运移（Li et al.，2013）。此外，内波也是南海北部活跃海洋作用过程的重要组成部分，并且规模为全球最大，在白云凹陷峡谷区，内波、内潮汐从深水区向浅水区传播（Alford et al.，2015）。

高胜美等（2019）对珠江口盆地白云凹陷北侧峡谷群中水深分别为767m和1605m处的重力活塞样品（全长分别为5.76m和7.46m）进行了沉积学研究，岩性可分为两种：（1）灰绿色粉砂质黏土岩，平均粒径约为10μm，S值（细砂以上颗粒，即粒径>63μm的粗粒沉积物所占百分比）在0~20%范围内，粒度分布曲线为近单峰式，峰值集中在7~12μm，在靠近粗粒处（100~200μm）略有起伏；（2）灰褐色砂质混积泥岩与泥质混积砂岩，平均粒径约为50μm，S值约为30%。粗粒沉积物主要包括石英、有孔虫、生物碎屑以及少量岩屑。粒度分布曲线为双峰式，泥质部分的平均粒径为10μm，形成粉砂岩峰值；而砂岩粒度峰值在200~600μm之间（有生物碎屑，其密度较小）；概率累计分布曲线均为三段式，说明具有滚动、跳跃以及悬浮三个沉积总体，滚动和跳跃组分的截点粒径在63~250μm范围内，大部分砂层滚动组分的含量约为30%，个别可达30%，而且概率累计分布曲线图中滚动和悬浮组分的曲线斜率较高，体现出两个组分沉积颗粒的分选性较好（高胜美等，2019）。

结合岩层内部的岩性突变界面、砂岩中的双向交错层理以及峡谷群现代水动力特征（Wu et al.，2016），即内波流实测速度为20~40cm/s；等深流速度依据水流观测数据解析为2cm/s，将白云凹陷北侧峡谷群中的砂质混积泥岩与泥质混积砂岩层（含有孔虫及生物碎屑）解释为在等深流背景流场上，由内波、内潮汐作用形成，具体包括两个过程：（1）内波、内潮汐引起水流上涌，使得峡谷上方表层水体富含有机质等营养物质，进而有利于浮游有孔虫的生产，导致其沉降埋藏后的局部富集；（2）海底峡谷中内波、内潮汐改造先期重力流沉积物，形成了诸如双向交错层理、顶部岩性突变接触界面以及浮游有孔虫的再富集等（高胜美等，2019）。

深海冷水珊瑚一般分布在具有硬质基底、局部水流活跃、上层生产力丰盛的海底，水深从几百米到数千米。其研究历史虽然可以上溯到1872—1876年英国"挑战者号（HMS Challenger）"的环球科考航行，但是，海洋底栖生物的研究长期以来仅局限于软基底上，直到深潜技术、载人或不载人深潜器下至岩石基底的深海底面，方能开拓深海珊瑚的研究领域；因此，对于深海珊瑚的研究是21世纪海洋新技术的产物（汪品先，

2019）。欧美发达国家早在几十年前就已经开始了深潜科考，因此，深海冷水珊瑚在大西洋已经被研究了几十年，在美国西海岸、夏威夷乃至南大洋亦有诸多研究和报道，而中国则在2018年在南海北部至中部的深潜航次中首次发现了深海海底的柳珊瑚林。南海发现的深水珊瑚林以八射柳珊瑚为主，水平分布规模常达数百平方米，每100m^{2}可有数十株，其骨骼成分属于高镁方解石，比较抗溶，故形成不同于大西洋深水珊瑚礁（造礁骨骼成分为文石，在大西洋和太平洋的补偿深度分别为2~3km和0.5~1.5km）的深水珊瑚林（汪品先，2019）。

关于深水珊瑚礁的成因目前有两种假说，即内因说和外因说。以大西洋东北爱尔兰西南Porcupine Seabight海盆深水珊瑚礁密集分布区为例，内因说强调珊瑚礁和深部油气的关系，认为这里的珊瑚礁不但发育在含油气地层之上，而且附近还有油苗活动。该假说认为来自深层的烃类流体运移促使珊瑚礁开始发育，加上甲烷菌氧化作用能提高碱度，有利于碳酸盐岩丘的形成（Hovland et al.，1998；汪品先，2019）。外因说强调海流，认为这里的珊瑚礁发育在两个分层海水的界面附近，上有北流的东北大西洋暖水，下有高盐的地中海外流水，底流强劲、营养丰富，这种海流格局的形成才是深水珊瑚发育的原因。2005年，大洋钻探IODP307航次在爱尔兰西岸外钻探冷水珊瑚礁，对两种假说进行了检验（Ferdelman et al.，2006），发现冷水珊瑚礁的发育和冰期旋回对应，从而否定了与油气运移相关的内因假说（Kano et al.，2010）。在外因说中，近年来内波、内潮汐逐步引起了重视，因为分层海水可形成强的密度跃层产生内波、内潮汐，而内波、内潮汐作用又可将深海富营养盐的海水带到表层，有效地提高海洋的初级生产力，并可在深水环境中形成可以作为低质量食物源的乳浊层，从而促进冷水珊瑚礁的生长（Harchegani and Morsilli，2019；Hebbeln et al.，2019；Wang et al.，2019）。

第五节 研究实例

地层记录中的内波、内潮汐沉积研究从1991年首例内波、内潮汐沉积报道算起（Gao and Eriksson，1991），已有三十余年的研究历史。在这三十余年中，据不完全统计（可能由内波、内潮汐引起的密度流和上升流沉积未计算在内），已发现的内波、内潮汐实例有16例或19例（表1-3）。然而，在这些研究实例中，研究程度却参差不齐，国内的一部分研究实例仅限于发现内波、内潮汐沉积的初级阶段，国外由于展开研究的时间较早，所报道的研究实例一般内容较丰富，但基本局限于碳酸盐岩体系，并且探索新的鉴别标志的倾向较为明显，更重要的是这些研究实例多分布在特提斯域，而研究中却未能将内波、内潮汐沉积和特提斯域的水动力体系联系起来。故这里选3个研究实例予以介绍，分别为：（1）美国弗吉尼亚州芬卡斯尔中奥陶统贝斯组，该实例为首次发现的实例，具有内波、内潮汐沉积的典型特征；（2）浙江桐庐—临安地区上奥陶统，其中堰口组为中国首次发现的内波、内潮汐沉积实例，具有内潮汐沉积的典型特征；（3）宁夏中卫地区中奥陶统香山群徐家圈组，该实例内波、内潮汐沉积类型丰富且研究相对较为系统。

一、美国弗吉尼亚州芬卡斯尔中奥陶统贝斯组

美国弗吉尼亚州芬卡斯尔（Fincastle）地区是对内波、内潮汐沉积最早进行系统研究的地区，在这项研究中，作者首次使用了"内潮汐沉积"（Internal-tide Deposit）这一术语（Gao and Eriksson，1991），第一次将海洋学中内波、内潮汐的概念引进沉积学研究中。

1. 区域地质背景

芬卡斯尔地区位于阿巴拉契亚山脉中段，内波、内潮汐沉积发现于谷岭地区中奥陶统上部贝斯组（Bays Formation）中，实测剖面位于弗吉尼亚州芬卡斯尔市狄克森建筑公司（Dixon Construction）的采石场，露头良好（图1-31a）。在奥陶纪，由于塔康运动（Taconic Orogeny），北美地台的东部边缘由被动大陆边缘转变成了前陆盆地，其结果是沉积环境由浅水碳酸盐岩陆棚变成了深水陆源碎屑盆地。在中奥陶世晚期，即贝斯组沉积期，芬卡斯尔地区位于该前陆盆地的东南斜坡带。贝斯组在区域上主要由深灰色细—粗粒砂岩、粉砂岩和页岩组成，局部地带为重力流成因的厚层—巨厚层砾岩、杂砂岩夹少量粉砂岩和页岩，主要发育在芬卡斯尔地区，称为芬卡斯尔砾岩。芬卡斯尔砾岩为海底水道的充填体，以重力流沉积为主，沿一系列SE—NW向的水道呈带状分布（图1-31b、c）。浊积岩底面上的槽模指示的古流向约为NW325°，鲍马序列C段交错纹理倾向的变化范围为NW310°至NE10°，平均值约为NW330°。这些古水流资料与斜坡自SE方向的塔康构造高地向NW方向倾斜的古地貌格局是一致的。

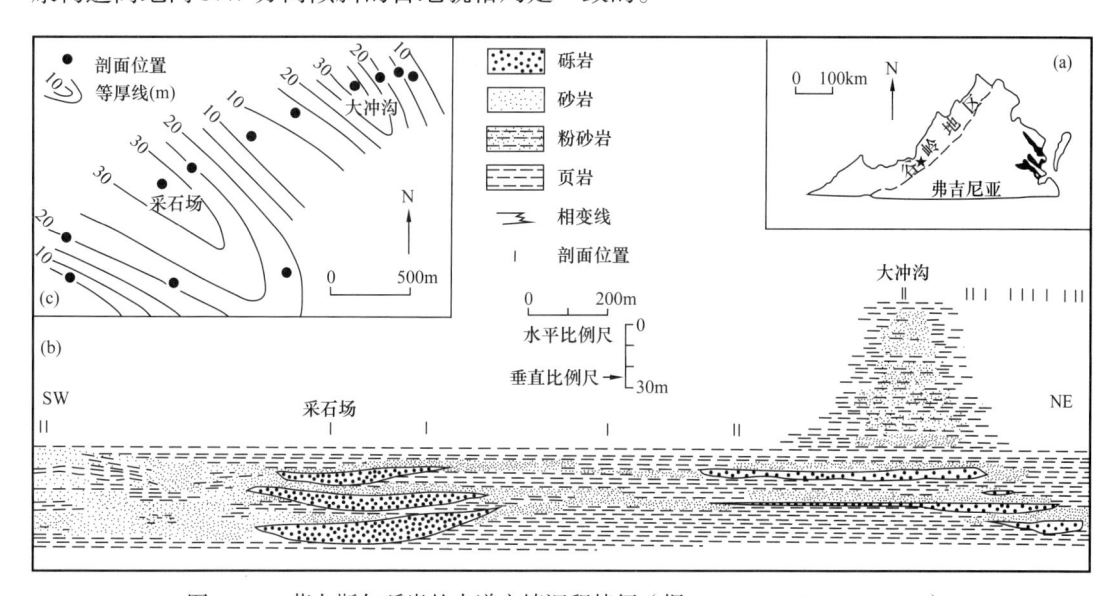

图1-31 芬卡斯尔砾岩的水道充填沉积特征（据Gao and Eriksson，1991）
（a）研究区位置图，星号表示研究区在弗吉尼亚州谷岭地区的位置；（b）芬卡斯尔砾岩岩性横剖面图，表示采石场和大冲沟两处水道充填沉积；（c）芬卡斯尔砾岩的粗碎屑岩等厚图，表示沿两个SE—NW向的水道粗碎屑岩（砾岩＋砂岩）加厚

2. 沉积岩相组合

芬卡斯尔砾岩的实测剖面如图1-32所示，从下到上可划分为5个岩性段（岩相组

合），每个岩性段顶部发育较厚层的页岩，与其上岩性段隔开，总体上形成一个明显向上变细的序列。根据比例尺为1：50的实测剖面详细观察和室内分析研究，芬卡斯尔砾岩共包含9种沉积岩相（表1-6）。芬卡斯尔砾岩的9个岩相构成了5个岩相组合，分别简述如下。

组合Ⅰ：主要由岩相3和岩相6组成，该组合主要由碎屑流成因的富基质砾岩相（岩相3）和高密度浊流成因的递变砂岩相（岩相6）频繁交替构成，顶部为暗色页岩相（岩相1），具向上变细序列（图1-32）。该组合代表了低海平面时期的近源粗屑水道充填沉积，构成了芬卡斯尔砾岩的第Ⅰ岩性段。

组合Ⅱ：主要由岩相3和岩相1组成，该组合主要由富基质砾岩相（岩相3）与暗色页岩相（岩相1）组成，夹卵石泥岩相（岩相2）及极少量浊积岩。主要由碎屑流沉积组成，夹少量颗粒流沉积和浊流沉积，显示出碎屑流向海方向的演化特征。该组合构成了芬卡斯尔砾岩的第Ⅱ岩性段（图1-32），较第Ⅰ岩性段的碎屑流密度有所减小，深水原地沉积的暗色页岩厚度增加，显示出了海侵序列特征。

组合Ⅲ：主要由岩相4和岩相1组成，该组合主要由颗粒流成因的贫基质砾岩相（岩相4）、低密度浊流成因的递变砂岩相（岩相6）和深水暗色页岩相（岩相1）组成，夹高密度浊流成因的块状砂岩相（岩相5）以及碎屑流成因的卵石泥岩相（岩相2）。该组合下部以颗粒流沉积为主，上部以低密度浊流沉积为主，其粒度明显较上述两个组合更细，并具向上变细变薄序列（图1-32），代表海平面上升、物源区逐渐远离沉积区的水道充填沉积。该组合构成了芬卡斯尔砾岩的第Ⅲ岩性段。

组合Ⅳ：主要由岩相8、岩相9和岩相1组成，该组合主要为内潮汐单独形成的双向交错纹理极细砂岩相（岩相8）、叠加内波作用的内潮汐沉积形成的单向交错层理和交错纹理中砂—细砂岩相（岩相9）和深水原地沉积的暗色页岩相（岩相1）组成的互层，并夹有低密度浊流成因的薄层递变砂岩相（浊积岩）。该组合的粒度限于砂级以下，并且以细砂、极细砂为

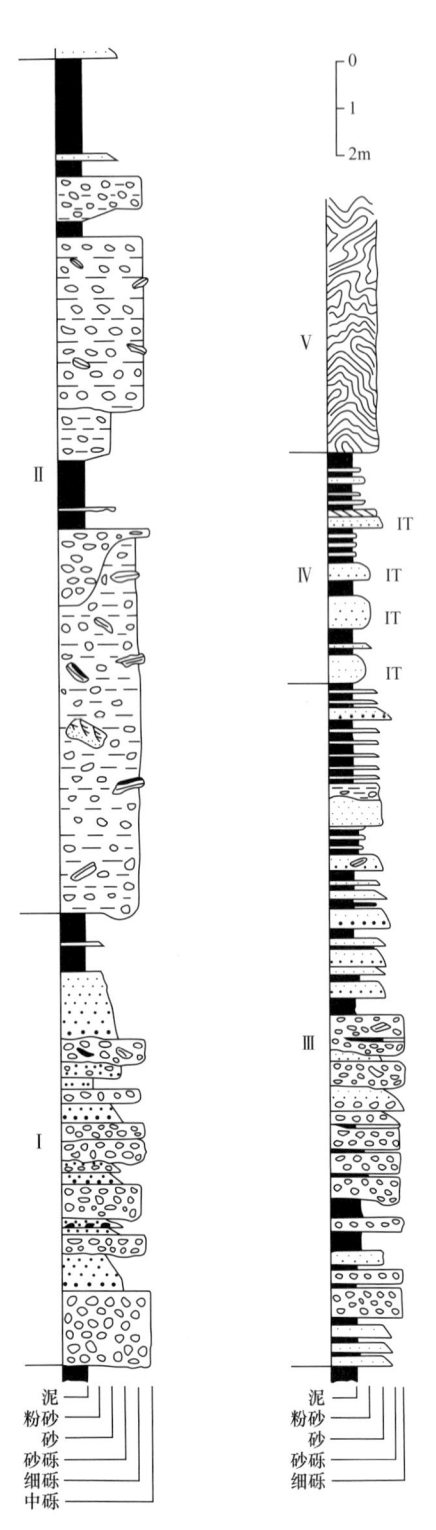

图1-32 芬卡斯尔砾岩柱状剖面图
（据Gao and Eriksson, 1991）
柱状图左侧的罗马数字代表岩性段编号，右侧的IT代表内潮汐沉积

主，较第Ⅲ岩性段上部更细，砂岩的粒序层极不明显，代表海平面进一步上升，是物源区更加远离沉积区的产物，浊流沉积基本不发育或被后期的内波、内潮汐改造。该组合构成了芬卡斯尔砾岩的第Ⅳ岩性段（图1-32）。

组合Ⅴ：该组合完全由滑塌成因的扭曲层岩相（岩相7）组成。扭曲层包含页岩、泥岩（脆性矿物含量页岩高，泥岩低），少量已断折的石灰岩、粉砂岩薄层，含多种底栖生物化石，其颜色亦较前述各组合浅。该组合构成了芬卡斯尔砾岩的第Ⅴ岩性段（图1-32），可能代表了下一海退旋回的开始。

芬卡斯尔砾岩第Ⅰ岩性段至第Ⅴ岩性段为一典型的向上变细变薄序列，反映了一个海平面不断上升，物源区不断向陆后退，粗碎屑注入本区逐渐受到抑制的过程。内潮汐沉积出现于这一向上变细序列的顶部，可能不是偶然的。

表1-6 芬卡斯尔砾岩岩相一览表（据Gao and Eriksson，1991，修改）

序号	岩相名称	成因	数量	部位（段号）
1	暗色页岩相	悬浮沉积	多	Ⅰ—Ⅳ
2	卵石泥岩相	碎屑流	少	Ⅱ、Ⅲ
3	富基质砾岩相	碎屑流	多	Ⅰ、Ⅱ
4	贫基质砾岩相	颗粒流	中	Ⅲ
5	块状砂岩相	高密度浊流	少	Ⅰ、Ⅲ
6	递变砂岩相	低密度浊流	多	Ⅰ、Ⅲ
7	扭曲层岩相	滑塌沉积	多	Ⅴ
8	双向交错纹理极细砂岩相	内潮汐沉积	少	Ⅳ
9	单向交错层理和交错纹理中砂—细砂岩相	叠加内波作用的内潮汐沉积	少	Ⅳ

3. 推断的水深

在内波、内潮汐沉积之下的重力流沉积和原地沉积中缺乏化石，而在其上的滑塌沉积中包含各种化石组合。经鉴定的化石包括底栖穴居生物（双壳类 *Praenucula* 和 *Tancrediapsis*；腹足类 *Bellerophontacean*，cf. *Ectomaria*，cf. *Liospira* 和古腹足类）和食悬浮生物的动物（腕足类 *Sowerbyellia*；双壳类 *Ambonychia*，*Lichenia*；刺毛类钙质海绵、苔藓虫、海百合基板）。类似的生物组合已在奥陶纪的滨外和较深水陆棚沉积中鉴别出。食悬浮物的生物组合的存在，表明其原始沉积水深应在透光带内（0~200m），而奥陶纪重要的食悬浮物生物（有铰腕足类）很低的分异度，说明应为透光带的下半部。因此，该滑塌沉积的原始沉积水深应介于100~200m。芬卡斯尔砾岩中的滑塌沉积（第Ⅴ岩性段）由若干滑塌层连续叠置而成，其累计厚度达54m。这表明该滑塌体底部向下滑动的深度不小于54m，从滑塌沉积的颜色（较下伏地层浅）、含生物情况与内潮汐沉积及其以下地层的明显差异来看，滑塌体应向下滑动了相当大的深度。若滑塌沉积的原始沉积水深取中值150m（依据生物化石），则位于滑塌沉积之下的内波、内潮汐沉积的形成上限深度应大于204m（水深中值150m加上54m）。至于下限深度，尚难确切估算。不过据沉积相纵向演变分析，推断其深度应在数百米范围之内。

4. 内波、内潮汐沉积岩相

Gao等（1991）在研究中共鉴别出4层内潮汐沉积（图1-32），它们分属两种沉积岩相（表1-6）。为了准确测定指向沉积构造的原始产状，作者采了6块大型定向标本。在这些标本上切制了数十个不同方向的垂直层面的光面，对沉积构造进行了细致观察；同时又切制了50多个平行层面的薄板（厚1cm），测量交错纹理和交错层理的倾向，据以编制古水流玫瑰图。现将两种岩相的特征和成因论述如下。

1）双向交错纹理极细砂岩相

（1）特征描述。

该岩相以普遍发育双向（NNW—SSE）交错纹理为其特征（图1-33a、b），主要由极细粒岩屑石英杂砂岩组成，局部为粉砂岩。剖面上共见3层，单层厚0.4～0.75m，与其互层的是暗色页岩和薄层浊积岩。浊积岩的粒度不超过细砂级，其分选明显较内潮汐沉积差。该岩相三层中有两层（各厚0.6m和0.75m）显示双向递变，即中部最粗，向上下均变细，并且与下伏及上覆页岩均呈渐变过渡接触（图1-33c）；另一层（厚0.4m）底部突变，向上变细，与上覆页岩渐变接触（图1-33d）。

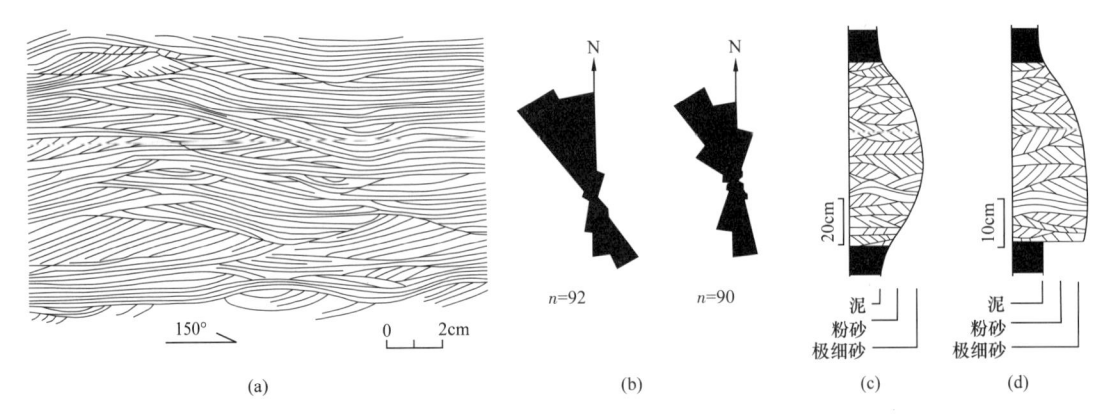

图1-33 芬卡斯尔地区内潮汐沉积的双向交错纹理及其相关特征（据Gao and Eriksson，1991）
（a）内潮汐沉积中的双向交错纹理素描图；（b）内潮汐沉积前积纹层倾向玫瑰花图；（c）和（d）含双向交错纹理的内潮汐沉积序列，其中（c）由双向交错纹理砂岩构成向上变粗再变细序列，（d）由双向交错纹理砂岩构成向上变细序列

该岩相沙纹层理发育良好且贯穿全层。层系厚度一般为0.5～2cm，随粒度变细，层系厚度也趋于减小。上叠沙纹交错纹理普遍，并且有前积层和后积层均发育良好的同相上叠沙纹层理，表现为侧向连续的波状纹理（图1-33a下部）。但是大部分层系间相互切割，形成楔状、透镜状形态（图1-33a）。交错纹理倾向玫瑰图显示该岩相的古流向为典型的双向型（NNW—SSE；图1-33b），恰与海底水道的向下和向上方向一致。两个方向的交错纹理在纵向上频繁交替。例如，在一个厚40cm的层系中，倾向变换了68次。总

体看来，下倾方向的（NNW）交错纹理较上倾方向的（SSE）更发育一些（图1-33b）。该岩相的原始沉积构造均发育良好，生物扰动不发育。

（2）成因解释。

古流向资料表明，这种双向交错纹理砂岩相，既不可能形成于浊流，也不可能为等深流沉积。因为浊流是向斜坡下方的单向流动，而等深流是横越海底水道而不是平行海底水道轴向的流动。再者，现代和古代的等深流沉积中生物扰动构造都很发育，而该岩相则缺少生物扰动构造，故其成因应归于内潮汐作用。在现代海底峡谷和其他类型海底沟谷中内潮汐作用广泛存在，它形成的沉积物应具有双向沉积构造。该岩相交错纹理和上叠沙纹层理的存在，表明其形成时的水流能量可以和已报道的现代海底峡谷中内潮汐的流速相比拟。该岩相这种频繁交替的双向古流向样式，很可能反映日潮或半日潮，而该岩相三个层系的粒度在纵向的变化则记录了最大流速的变化，这很可能反映大潮和小潮的周期性变化。因该岩相与低密度浊流沉积密切伴生，粒度相似而其分选较浊积岩好，故该岩相可能是浊流沉积物经内潮汐改造的产物。

2）单向交错层理和交错纹理中砂—细砂岩相

（1）特征描述。

在实测剖面中，该岩相（图1-34a、b）仅见一层，厚10~13cm，其组成岩石为中粒—细粒岩屑杂砂岩。该层由两个细—粗—细小序列构成（图1-34c）。根据岩石光面观察，每个序列均发育两种类型的交错层理：第一种为低角度板状交错层理，发育于序列中部的中粒砂岩中，层系厚2~5cm，细层较平直，倾角小于8°；第二种为上叠沙纹层理，发育于层序的上、下部，由细粒—极细粒砂岩组成，层系厚1~2cm，细层弯曲，向下收敛，前积层倾角为15°~20°（图1-34a）。这两种类型的交错层理（纹理）有规律组合于厚4~9cm的双向递变序列中。向序列顶底方向粒度变细，泥质含量增加，交错层理规模随之减小。两种类型的交错层理均倾向于古水道的上方（SSE；图1-34a、b）。该层与上覆页岩之间呈渐变过渡，其下伏岩层则为厚30cm的由中粒—粗粒岩屑杂砂岩组成的浊积岩，具正递变粒序。

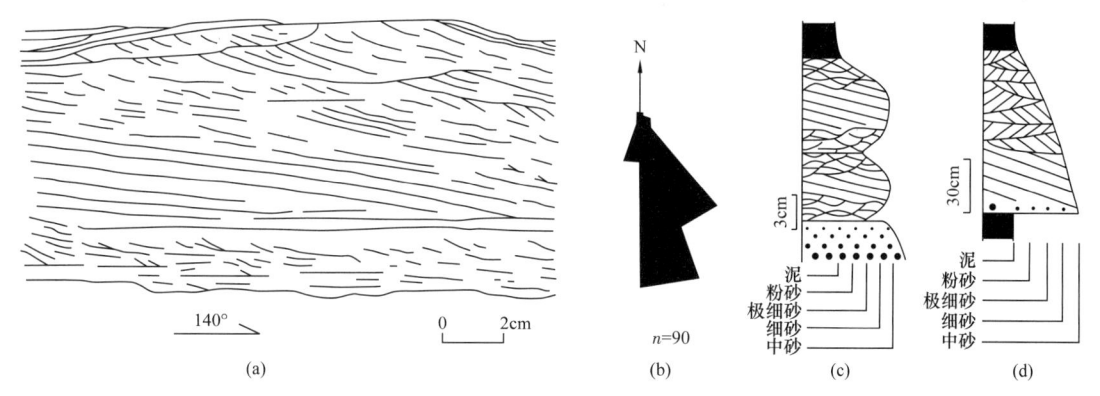

图1-34 芬卡斯尔地区内潮汐沉积的单向交错层理及其相关特征（据Gao and Eriksson，1991）

（a）单向交错层理和双向交错纹理素描图；（b）前积纹层倾向玫瑰花图；（c）单向交错层理和双向交错纹理砂岩组成的向上变粗再变细序列；（d）单向交错层理和双向交错纹理砂岩组成的向上变细序列

（2）成因解释。

古流向特征说明该岩相形成于沿水道向上为主的流动，内潮汐与长周期、高能量的内波的叠加，可形成沿水道向下为主、向上为次的交替流动，也可形成沿水道向上为主、向下为次的交替流动。在这种情况下，沿水道向上方的流动能量强，可形成一定规模的床沙底形。而向下方的流动能量弱，不易形成床沙底形，即使偶尔形成，也容易被其后更强的向上方的水流所改造，不易保存，所以这样形成的沉积仅保留向上方的指向沉积构造。该岩相的特征恰好与这种情况相吻合，故应解释为内潮汐与更长周期的内波叠加产生的向上为主的交替流动所形成的沉积。因下伏浊积岩粒度较粗而且成分与其相似，二者又紧密相邻，故这层内潮汐沉积可能为该层浊积岩较细的顶部改造的产物。

5. 内波、内潮汐沉积的形成条件

在实测剖面上，内波、内潮汐沉积仅见于芬卡斯尔砾岩第Ⅳ岩性段，这表明内波、内潮汐沉积的形成需要特定的环境条件。如前所述，芬卡斯尔砾岩为一向上变细变薄序列。在第Ⅰ和第Ⅱ岩性段中，中砾级和细砾级的碎屑流沉积占优势，第Ⅲ岩性段主要由砂级和砂砾级的高密度浊流和颗粒流沉积组成，而第Ⅳ岩性段的沉积物粒度不超过粗砂级，并且主要由极细砂岩组成（图1-32）。这种向上变细序列是由于海平面上升所致。由于海平面上升，物源区距研究区愈来愈远，粗碎屑多堆积于新的海岸线附近，难以搬运至研究区。这时重力流搬运来的沉积物越来越细且规模越来越小。正是在这种条件下内波、内潮汐作用才能够改造细粒的重力流沉积。

第Ⅰ、Ⅱ、Ⅲ岩性段缺失内波、内潮汐沉积的原因可做如下解释：（1）由内潮汐和内波所引起的流动的速度未能达到改造粗粒重力流沉积的临界速度；（2）即使内波、内潮汐沉积偶尔形成，也会被后来的高能重力流侵蚀掉。因此，内波、内潮汐沉积应主要形成于当海平面上升，高能重力流受到抑制的时期。

二、浙江桐庐—临安地区上奥陶统

浙江桐庐上奥陶统顶部堰口组中的内波、内潮汐沉积是中国发现的首例内波、内潮汐沉积，与其他研究实例相比，具有明显的内潮汐沉积特征（Gao et al.，1997；何幼斌等，1998）。此后，又在距离桐庐不远的浙江临安上奥陶统于潜组和堰口组发现了内波、内潮汐沉积，具有极强的沉积韵律（李建明等，2005a）。由于两处内波和内潮汐沉积特征相似（内潮汐沉积特征突出）、地区相近、沉积环境和大地构造背景相同，故可能为同一体系中的内波、内潮汐沉积。

1. 区域地质背景

浙江桐庐—临安地区位于扬子地块南缘江南带东段，自中—新元古代以来就发育浊流沉积，到寒武纪—奥陶纪，该地区则发育为成熟的被动大陆边缘。晚奥陶世，浙江北部至安徽南部一带为非补偿性深水盆地。在晚奥陶世晚期，随着华夏古陆向扬子地区逐渐靠近并发生碰撞，来自东南方向的陆源碎屑物质的大量注入，使这一非补偿性深水盆地发育为陆源碎屑浊流盆地，并在临安—宁国一带沉积了巨厚的浊积岩，形成了规模巨大的海底扇沉积体系。研究区则位于该深水盆地的东南斜坡带上（图1-35），具体分布在桐庐象山桥、桐君山和临安于潜、藻溪一带，此外建德一带也有发育。

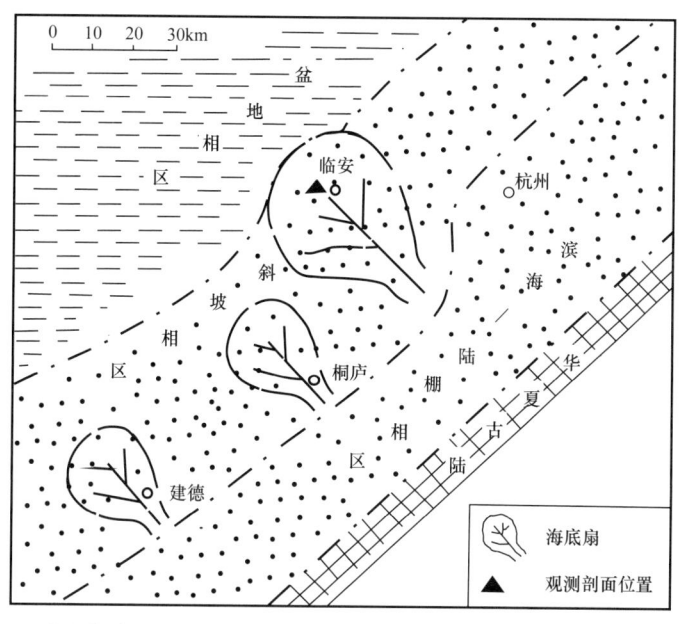

图1-35 浙江桐庐—临安地区晚奥陶世岩相古地理略图（据李建明等，2005a）

研究层位为上奥陶统，复理石发育在上奥陶统于潜组和堰口组，地质年代属于晚奥陶世五峰组沉积期。于潜组复理石为一套深灰色薄—中层状的黏土质粉砂岩、砂岩、杂砂岩与黏土岩互层形成的韵律层，化石较丰富但门类单调，以浮游笔石为主，含有少量的腕足类、三叶虫和海百合茎。堰口组主要为一套灰色细砂岩和粉砂岩与灰黑色、深灰色泥岩的频繁薄互层，含少量笔石和三叶虫。在桐庐县城附近的桐君山实测剖面中（图1-36），堰口组出露厚度为30.2m，与下伏文昌组为连续沉积，与上覆下志留统安吉组为断层接触。底部夹两层厚度分别为1.15m和0.22m的碎屑流沉积的富基质砾岩（图1-36），该砾岩延伸较稳定，分布较广。研究区内堰口组岩性变化不大，底部普遍夹2～3层碎屑流沉积的砾岩。

于潜组笔石个体比较小，以双列有轴笔石 *Climacograptus*，*Diplograptus*，*Orthograptus* 为主，有许多全球性的种属（可以看出海区不是封闭的）；而结构纤细的 *Leptograptus Retiolitidae* 较少，反映出海水动荡、含砂量高、沉降幅度较大的环境特征。于潜组遗迹化石丰富，以食泥动物的潜穴为主，具有较高的种属形态分异，均呈水平分布，有直线形、枝形、网络形、蛇曲形、螺旋形等，以古老的复理石相遗迹化石为主，经鉴定有 *Granularia*，*Planolites*，*Gordia*，*Megagrapton*，*Palaodictyon*，*Spirophycus*，*Helminthopsis*，*Protichnites*，*Unarites*，*Torrowage*，*Chondrites*，*Downward borings* 等。上述遗迹化石属于赛拉赫深度分带的深海—半深海 *Nereites* 相的遗迹化石组合，在国内亦均见于深水复理石沉积之中。于潜组化石及遗迹化石均产在泥岩表面，其夹在两层几乎不产化石的哑地层之中，两者相间分布。古生物组合表明该复理石原地沉积属于深水环境成因（李建明等，2005a）。此外，在野外调查过程中，在桐庐县城西南方向约13km处的象山桥以及建德的下涯埠、杨村等地的相当层位中均发现有明显的浊流沉积，并且深灰色泥岩层面上见大量的水平遗迹化石，反映出深水沉积环境（何幼斌等，1998）。

2. 沉积特征

1）岩性特征

临安藻溪、于潜一带的浊积砂岩（于潜组和堰口组）中，碎屑含量为70%~90%，成分较复杂，以陆源石英、长石、岩屑为主，含少量云母和重矿物，有时含碳酸盐内碎屑。石英含量为60%~75%，长石含量为10%~15%；岩屑含量较高，一般为12%~20%，以泥质岩为主，石英岩、酸性火山岩次之，含少量千枚岩、硅质页岩、角岩。重矿物稳定系数较高，以锆石、白铁矿、电气石、石榴子石、金红石、榍石、绿帘石为主，含少量的黑云母、重晶石、磷灰石、磁铁矿和黄铁矿。岩屑和重矿物属酸性岩浆岩和变质岩组合，并且石英、长石与低级变质岩屑混合，表明碎屑来源于地壳表层岩石，剥蚀区岩性复杂。上述碎屑成分在纵向上自下而上长石、黑云母含量减少，石英、白云母含量略有增加，具有成熟度逐渐增高的趋势。填隙物以泥质杂基为主，含量为8%~30%，其次为硅质、有机质、碳质，含少量绿泥石、钙质和铁质。

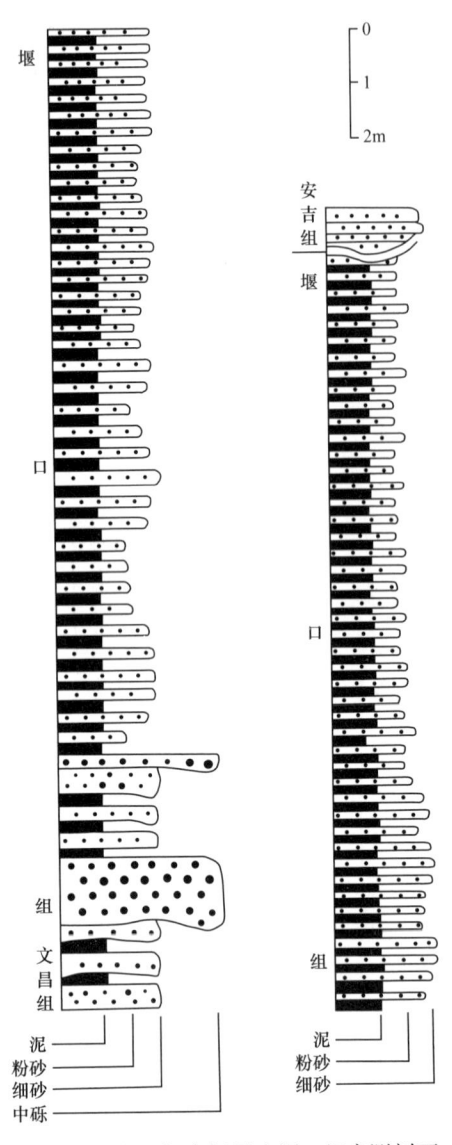

图1-36 浙江桐庐桐君山堰口组实测剖面柱状图（据何幼斌等，1998）

薄片粒度分析表明，该套复理石砂岩、粉砂岩0.2~0.03mm以及小于0.01mm两个粒级最为发育，碎屑磨圆程度较差，一般呈次棱角状，但分选程度中等—较好。粒度概率累计曲线有两种，一种为一段式，斜率较高，一般在60°左右，这代表碎屑物质呈悬浮状态搬运快速堆积，为浊积岩的典型特征；另一种呈两段式，下部斜率较高，属牵引流沉积的粒度概率累计曲线，为内波、内潮汐成因的深水牵引流类型的结构特征。

桐庐一带的堰口组砂岩中，碎屑颗粒占70%~90%，杂基含量为10%~30%。其中碎屑颗粒组分主要为石英，含量为65%~75%，其次为岩屑和长石，含量分别为15%~20%和8%~15%，其岩屑主要为黏土岩岩屑。这种砂岩的成分与已知内波、内潮汐沉积的成分是相似的（表1-7）。

表1-7 若干地区砂级内波、内潮汐沉积成分一览表（据何幼斌等，1998）

地区		美国弗吉尼亚州芬卡斯尔地区	新西兰南岛西海岸帕帕罗瓦地区	中国浙江桐庐地区
年代		中奥陶世	前寒武纪	晚奥陶世
地层		贝斯组	格陵兰群	堰口组
石英含量（%）	变化范围	70～75	69.9～86.5	65～75
	平均值	73.7	76.0	71.5
长石含量（%）	变化范围	4～9	4.7～9.6	8～15
	平均值	6.6	3.0	10.6
岩屑含量（%）	变化范围	17～21	3.9～15.4	15～20
	平均值	19.7	16.0	18.0
杂基含量（%）	变化范围	—	21～38.4	10～30
	平均值	20	30.7	15.5

薄片粒度分析结果表明，桐庐堰口组砂岩的粒度概率累计曲线表现为清楚的两段式，下段斜率较高（图1-37）。这与浊积岩的一段式明显不同。其平均粒径 Mz 变化在 2.55～4.35 之间（表1-8），以细砂级和极细砂级为主，少数为粗粉砂级。标准偏差 σ_1 变化在 0.70～1.06 之间，属于分选中等—较好。偏度 SK_1 为 0.01～0.49，多近于正态分布至正偏，少数极正偏。这种正偏优势的特征可能与其含有较长的细尾（悬浮质）有关。峰度 K_G 为 0.84～1.76，以近正态为主，也有窄峰和很窄峰，说明中部较尾部分选好，这也与其含有较长的细尾有关。

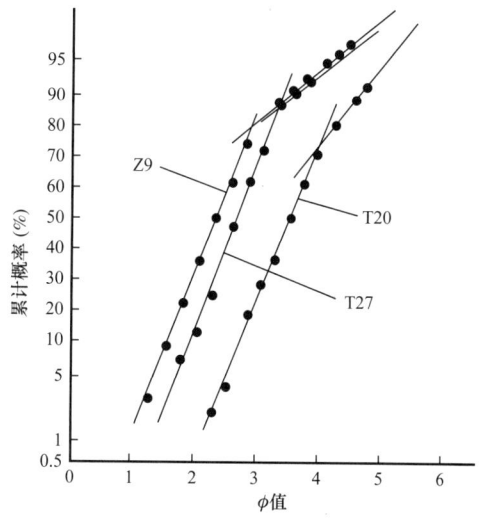

图1-37 浙江桐庐上奥陶统堰口组内波、内潮汐沉积粒度概率累计曲线（据何幼斌等，1998）

2）沉积构造与垂向序列

在临安地区，于潜组和堰口组复理石递变段底面以及两个韵律层之间发育槽模、沟模、锥模、重荷模、枕状构造、火焰状构造以及包卷层理等反映沉积物滑动、液化、高密度、侵蚀刻画证据的沉积构造，反映了流动速度快和快速堆积的密度流特点。这些沉积构造是浊积岩或重力流沉积的典型标志。上述槽模、沟模、锥模以及变形纹层段前积纹层的倾向、包卷层理轴面倾向是确定海底斜坡坡向和古流向的良好标志。经测量主要有 NW325°～355° 和 NE20°～40° 两组，它们分别与海底斜坡倾向和海槽轴向展布方向一致，于潜组浊流应属于沿海底斜坡和海槽轴向搬运的广阔的席状流。碎屑物质搬运方向为 SE—NW 方向，物源区位于海盆东南部的华夏古陆古隆起。

表 1-8 浙江桐庐堰口组砂质内潮汐沉积粒度参数（据何幼斌等，1998）

样品号	平均粒径 Mz（ϕ 值）	标准偏差 σ_1	偏度 SK_1	峰度 K_G
Z9	2.55	0.92	0.29	1.76
Z10	2.87	1.06	0.45	1.69
Z12	4.35	0.88	0.15	0.84
Z13	3.85	1.06	0.49	0.96
T20	3.88	0.72	0.01	0.96
T21	3.58	0.70	0.36	0.96
T23	4.06	0.70	0.03	0.95
T27	2.97	0.76	0.25	1.30
平均值	3.51	0.85	0.26	1.18

研究区砂泥岩以沉积韵律发育为特征，以于潜组为例，经统计自下而上共有 10344 个韵律层，平均每个韵律层厚 11.78cm。虽然单层和单个韵律层都很薄，但是侧向上很稳定，可以延伸很广。这些韵律层在垂向层序中又以不同的厚度和砂/泥比有规则的变化，下部粒度较粗，砂岩段较发育，韵律层厚度较大；上部粒度较细，以泥岩为主，发育韵律层厚度较小的十余个大型沉积旋回，从而组成了一套复杂的韵律体系。砂、泥岩韵律性相间互层，反映出一个动静不断交替变化的沉积环境。在浅海环境中，海平面的升降只能影响床底在波基面附近的上下摆动，很难想象在浅海环境能保持一个长期的平衡条件，能在 1000 多米深的沉积物中保持连续不断地沉积并保存下上万个很规则的层面及其他沉积构造。因此，这套复杂的韵律体系只有在深水环境中才能具有相应的形成条件。

研究区的砂泥岩中发育多种类型的层理和层面构造。常见的层理构造有脉状、波状、透镜状复合层理和交错层理。在堰口组的韵律性砂泥岩互层中，砂岩层和泥岩层一般厚 2~8mm，最厚可达 1~3cm。一般为近等厚互层，侧向连续，呈波状起伏，即波状复合层理；有的砂岩层厚度大于泥岩层，泥质呈脉状穿插其间，即脉状复合层理；有的泥岩层厚度大于砂岩层，砂质呈孤立波痕状侧向不连续，即透镜状复合层理（图 1-38a、b）。这些脉状、波状和透镜状复合层理是堰口组特征的沉积构造。这与翁通爪哇海台上 2000~3000m 水深处白垩系—新近系由内波、内潮汐作用形成的脉状、波状和透镜状复合层理有孔虫灰岩十分相似，这表明它们的成因和形成环境也应该是相似的。

交错层（纹）理主要有双向交错纹理、羽状交错纹理和单向交错层（纹）理。发育这类沉积构造的薄—中层砂泥岩互层组合中可以划分出两种类型，一种是砂泥岩厚度大致相等，砂岩底部较为平整，顶面波状起伏；另一种为泥岩厚度远大于砂岩，砂岩呈透镜状或豆荚状、藕节状，砂岩内部均发育波状纹层或前积纹层。双向交错纹理、羽状交错纹理层系厚度不大，为 5~6cm，由细砂—粉砂岩组成。其中桐庐地区堰口组交错纹理中纹理细层倾向主要为双向的，即 NW 向和 SE 向，但 NW 向明显较 SE 向发育。这一方

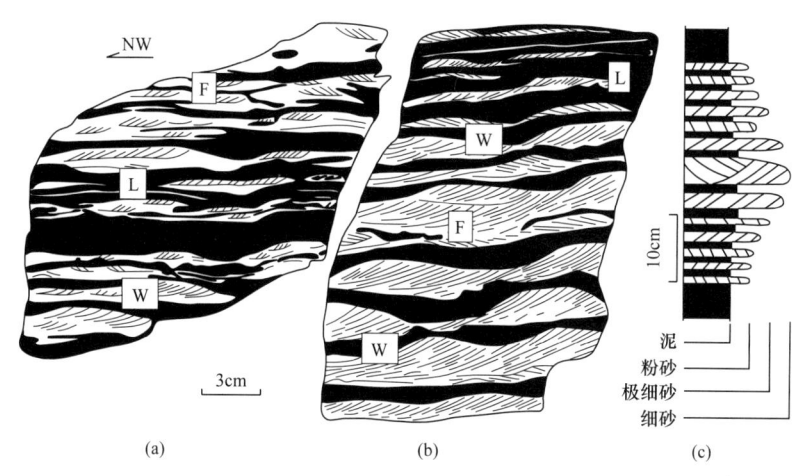

图 1-38 浙江桐庐上奥陶统堰口组内潮汐沉积构造和垂向序列（据何幼斌等，1998）
（a）和（b）内潮汐沉积中的脉状层理、波状层理及透镜状层理；（c）对偶层双向递变层理；
F—脉状层理；W—波状层理；L—透镜状层理

向正好与斜坡走向垂直，即与沿斜坡向下和向上的方向一致，说明其应为沿 NW 和 SE 方向频繁交替流动水流作用的结果。

此外，波痕十分发育，在临安藻溪、临安于潜、淳安阳西和浙江桐庐象山桥、桐君山等地的沿公路剖面的砂岩、粉砂岩层面上波痕时有可见。层面上多见不对称的流水波痕，也有对称波痕和干涉波痕。波痕的走向主要为 NE—SW 向，非对称波痕的缓坡倾向多为 NW 向（300°～340°），陡坡多倾向 SE 向（140°～160°），其倾向与交错纹理细层倾向基本一致，即与斜坡走向垂直。这些也说明该地区存在着沿斜坡上下流动的水流。这种波痕与海洋学调查中发现的在数千米深海底存在着的大量由内波、内潮汐作用形成的波痕是相似的。

浙江桐庐地区上奥陶统堰口组由灰色薄层砂岩、杂砂岩与深灰色、灰黑色薄层泥岩频繁交互组成，其外貌显示为特征的条带状。砂岩或泥岩薄层在侧向上可以连续延伸，也可以呈断续状或透镜状。单层厚度以 0.5～2cm 最为常见，薄者仅 1～2mm，厚者 3～4cm，偶见砂岩厚度达 7cm 的。这套砂泥岩薄互层在纵向上显示出清楚的韵律性，可划分出许多自下而上由细变粗再变细的序列，每个序列由十几个或数十个砂泥岩对偶层组成，序列厚度为 0.2～1m。序列中部的砂/泥比较高，一般为 1～2，最高可达 3；向上和向下砂/泥比均逐渐降低，可直降至 1/3。序列中部一对砂泥岩对偶层的厚度一般为 3～5cm，向上和向下可减少至 1～2cm 或更少（图 1-38c）。砂岩层横向可连续延伸，也可呈透镜状断续成层。连续延伸者顶面也常呈波状起伏，泥岩层的厚度随之变化，在波谷处较厚而波峰处较薄。笔者将具有这种序列特征的内潮汐沉积序列称为对偶层双向递变序列（何幼斌等，1998）。这种序列与芬卡斯尔地区所见的双向递变序列不完全相同，其主要区别在于芬卡斯尔地区的细—粗—细序列是由砂岩层内的粒度和泥质含量变化而显现，而桐庐地区则由砂泥岩对偶层的规模和砂/泥比在纵向上的变化而显现。同时这种序列与经典浊积岩中的鲍马序列是完全不同的。

3. 微相类型及沉积环境分析

1）脉状、波状、透镜状复合层理韵律性砂泥岩薄互层微相

研究区于潜组和堰口组含笔石暗色泥岩的特征表明其形成于深水环境，碎屑流砾岩的伴生以及研究区附近地区相当层位浊流沉积的存在说明为斜坡环境，与前述古地理格局一致。碎屑流砾岩呈大范围席状分布且厚度较稳定说明斜坡表面比较平坦，为非水道环境。至于该斜坡的绝对水深，目前尚缺乏资料进行确切推算，不过根据相邻组段沉积特征分析，水体不会很深，可能处于上部陆坡环境。

研究区广泛发育在潮坪环境中最常见的脉状、波状、透镜状复合层理，基本岩性为灰色细—极细粒砂岩、杂砂岩与深灰色、灰黑色泥岩近等厚互层。这些砂岩和泥岩薄互层在纵向上呈韵律性变化，即富砂岩段和富泥岩段交替出现且连续过渡，并组合而形成波状层理、透镜状层理及脉状层理。可称为脉状、波状、透镜状复合层理韵律性砂泥岩薄互层微相。

于潜组和堰口组中这种韵律性砂泥岩薄互层微相的沉积特征排除了属于浊流沉积的可能性。脉状、波状和透镜状复合层理指示床沙载荷与悬浮载荷的频繁交替，这是与潮汐作用有关的沉积的基本特征。而交错纹理的双向倾斜更是潮流双向流动的直接证据。两个方向交错纹理发育程度的显著差别与现今海洋潮流活动的不对称性一致。所以，在深水斜坡环境形成的这种颇具特征的岩相类型应为内潮汐沉积作用的产物。古斜坡自 SE 向 NW 方向倾斜，SE 向和 NW 向指向沉积构造表明内潮汐流的方向主要为沿斜坡向上和向下的交替流动。

这种韵律性砂泥岩薄互层微相与阿巴拉契亚山脉芬卡斯尔地区内波、内潮汐沉积的两种微相类型不完全相同，其主要区别在于该微相为砂岩频繁交替，并未形成较厚的砂岩，这可能取决于二者环境条件的差异。芬卡斯尔地区内波、内潮汐沉积形成于海底水道环境，潮流方向的转变很突然，相对静止期很短，泥级悬浮物难以集中沉积，故形成了较厚的砂岩段。而桐庐地区内波、内潮汐形成于开阔的斜坡上，潮流转向时具有较长的相对静止期（平潮期），泥级悬浮物得以沉积并可独立成层，因而形成砂岩和泥岩的互层。每个砂泥对偶层的形成可能为日潮或半日潮作用的结果。而这种砂、泥岩薄互层的韵律性，即对偶层双向递序序列的形成，则可能为小潮和大潮周期性变化的结果。在大潮期，所形成的砂岩单层厚度较大，所占比例较高；在小潮期，所形成的砂岩单层很薄，所占比例也小。由于大潮期与小潮期是逐渐变化的，故富砂岩段与贫砂岩段之间（即各对偶层之间）是逐渐过渡的。

2）单向交错层理和交错纹理砂岩—粉砂岩微相

单向交错层理和交错纹理砂岩—粉砂岩微相在芬卡斯尔地区中奥陶统、塔中地区中—上奥陶统碎屑段及江西修水中元古界中均有发现（Gao and Eriksson，1991；高振中等，2000；郭建秋等，2003）。在研究区该微相由中—细粒岩屑杂砂岩构成，以发育倾向水道上方的板状交错层和交错纹理、上攀交错纹理、束状前积纹层等为其特征，亦显示双向递变序列。从基本组成单元出现束状的特征，并可分叉，说明它们是由内波产生的

波痕迁移,并同时具有向上生长叠加而形成的内部构造。从其上叠的交错纹理之间见有泥岩薄层可知,它们可能是在内潮汐周期性流期间由黏土等细粒悬浮物沉积而成。交错纹理的前积层倾向以 NW 方向为主流向,与研究区斜坡走向近垂直。

3）双向交错纹理砂岩—粉砂岩微相

双向交错纹理砂岩—粉砂岩微相以芬卡斯尔地区奥陶纪内潮汐沉积为代表（Gao and Eriksson,1991）,其特征为普遍发育双向交错纹理（分别向水道上方和下方倾斜）。研究区该微相主要由极细粒岩屑杂砂岩组成,局部为粉砂岩。与其互层的是暗色页岩和薄层浊积岩,其分选明显比浊积岩好。以发育双向交错层理或羽状交错纹理为特征,其方向分别为 NW 和 SE 方向,但是这两组交错层理发育的程度不尽相同,NW 方向的一组交错层理为其主流向,是由较强水流能量形成的流向。该微相的层理最大特点是呈束状排列或羽状排列。羽状交错纹理是在周期性双向水流环境中形成的,在潮汐环境极为常见,因而它属于内潮汐沉积。该类沉积常呈双向递变（向上、向下均变细）或向上变细序列。这种类型的沉积是由内潮汐引起的沿水道上下交替流动的沉积产物,这种频繁交替的双向交错纹理代表了日潮或半日潮作用的结果；而粒度的纵向变化记录了最大流速的变化,可能反映了大潮和小潮的周期性变化。

4. 非水道环境中内波、内潮汐鉴别标志

研究表明,芬卡斯尔地区识别出的内波、内潮汐沉积为水道环境中的内波、内潮汐沉积（Gao and Eriksson,1991）,而研究区的内波、内潮汐沉积则是非水道的较开阔平坦的斜坡环境中的内波、内潮汐沉积。两者既有一些相同之处,又有一些区别。根据现有的认识,可将斜坡非水道环境中内波、内潮汐沉积特征归纳如下。

（1）一般由砂级、粉砂级和泥级沉积物构成,这是由其环境条件和沉积作用所决定的。

（2）具有双向交错纹理或其他指向沉积构造。这是因为内波、内潮汐作用通常总是引起双向往复流动,因而容易形成双向沉积构造。当然,在这种非水道的较开阔平坦的斜坡上,往复流动的路径不一定完全相同,这就导致双向指向沉积构造的方向不一定正好相差 180°,而可能有一定程度的偏离。

（3）具有特征性的对偶层双向递变序列或其他特征性的沉积序列。在非水道的斜坡环境中,内波、内潮汐作用引起的双向流动的流速通常较水道环境小,而水流倒向时的相对静止期较长。在这"平潮期"内,泥质悬浮物质可以沉积下来,与"涨潮"或"落潮"期形成的砂质沉积构成频繁互层。而由于更大周期的控制,这种频繁互层又会显示对偶层双向递变序列（图 1-38c）。当然,除了对偶层双向递变序列外,也不能排除出现其他类型沉积序列的可能性。

（4）具有特征性的脉状、波状和透镜状复合层理。这是由于这种环境中的床沙载荷与悬浮载荷的频繁交互沉积形成的,类似于潮坪环境中的潮汐层理,但是由于是深水还原环境,沉积物颜色和指相矿物与潮坪沉积完全不同,更无暴露成因标志。

（5）缺乏生物扰动构造。这可能是因为内波、内潮汐作用引起的海底流动为双向往复流动，不但流速变化大，而且水流反复倒向，并且近海底水流浑浊度高，不利于底栖生物的生存与活动。

三、宁夏中奥陶统香山群徐家圈组

鄂尔多斯盆地西缘中—晚奥陶世是深水沉积极为发育的时期（高振中等，1995），并且沉积类型丰富，包括块体搬运、碎屑流、浊流、等深流、内波和内潮汐沉积等，往往形成复杂的深水水动力环境（李华等，2018；李向东等，2019，2020c）。这些深水异地沉积目前已成为鄂尔多斯盆地重要的油气勘探接替领域之一（郭彦如等，2016；肖晖等，2017），引起众多学者的关注。宁夏香山群在鄂尔多斯盆地西缘的深水沉积体系中具有突出的地位，由于地质年代归属一直存在争议而成为宁夏区域地质研究的难点和热点，同时对北祁连洋的大地构造演化以及深水沉积过程研究均有着重要的意义（Zhang et al.，2015；许淑梅等，2016；Zhao et al.，2017）。香山群徐家圈组中的内波、内潮汐沉积发现于2004年（何幼斌等，2004b），此后进行了较为深入的研究（李向东等，2009a，2010，2011a；He et al.，2011；李向东和何幼斌，2019，2020），成为古代地层记录中内波、内潮汐沉积研究程度较高的实例。

1. 区域地质背景

香山群为一套遭受轻微区域变质的陆源碎屑岩，并夹有少量碳酸盐岩和硅质岩，主体属于深海浊流沉积（王振藩和郑昭昌，1998），主要分布于宁夏中卫、中宁、同心之间的香山、米钵山地区，中卫以北的马夫峡子及中宁西南的黑阴湾山等地区，并在中卫吕家新庄一带以磨盘井组与发育在甘肃省武威一带的大黄山组相接。在大地构造位置上，处于中朝板块的鄂尔多斯古陆、阿拉善古陆和秦岭—祁连造山系的构造连接部位（图1-39a），其早古生代构造活动与秦—祁—昆大洋演化和北祁连岛弧的形成密切相关（冯益民和何世平，1995；张进等，2004），近年来的研究表明，该地区在早古生代属于祁连洋的一部分，而不是陆内拗拉槽环境（张进等，2004，2012）。

研究区位于宁夏中南部中卫、中宁和同心之间的香山、米钵山地区，为香山群的命名地，区内地层出露良好（图1-39b）。香山群自下而上分为徐家圈组、狼嘴子组和磨盘井组，分组标志分别为徐家圈组顶部的薄层状石灰岩和狼嘴子组顶部的硅质岩（图1-40）。香山群底界与米钵山组呈整合接触或似整合接触（张抗，1993），所谓似整合接触，霍福臣（1989）引用李玉珍、郑昭昌的描述"从香山地区之寒武系、奥陶系和志留系在区域上的展布来看，寒武系香山群每每以'断层'关系出露在奥陶系天景山组或米钵山组之上，而实际上这些'断层'在野外实地难以确认，似有'整合'接触的趋势进行描述"。顶界则角度不整合于志留系照花井组—旱峡组和泥盆系石峡沟组—中宁组之下（李天斌，1997；王振藩和郑昭昌，1998；周志强和校培喜，2010）。

米钵山组下部为灰色—深灰色中—粗砾屑灰岩、硅质页岩、含砾页岩、泥晶灰岩以及少量细粒长石石英砂岩。砾屑灰岩在平面上呈透镜状展布，其中砾石成分以石灰岩为主，其次为硅质岩和页岩，砾径为1~20cm，以4~10cm居多，部分可达1m，砾石呈棱

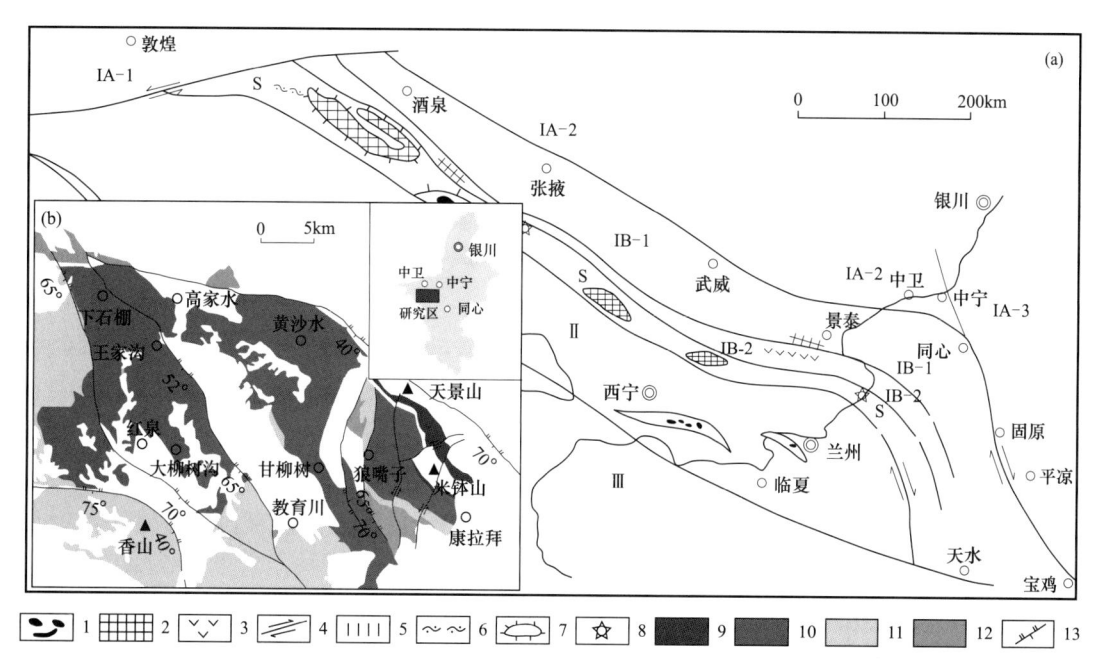

图 1-39 研究区区域地质背景图（据冯益民和何世平，1995；李向东等，2011b）

(a) 祁连山及其邻区大地构造略图；(b) 研究区米钵山组和香山群地层分布图；1—基性—超基性岩类；2—缝合线内的前震旦系；3—成熟岛弧；4—大型走滑断裂；5—扩张带；6—蓝片岩类；7—大型移置地体；8—初始裂谷中心；9—米钵山组；10—徐家圈组；11—狼嘴子组；12—磨盘井组；13—逆冲断层；Ⅰ—塔里木中朝板块，ⅠA—塔里木中朝克拉通，ⅠA-1—敦煌地块，ⅠA-2—阿拉善地块，ⅠA-3—鄂尔多斯地块，ⅠB—板块南缘早古生代早中期活动陆缘，ⅠB-1—走廊早古生代中期弧后盆地，ⅠB-2—走廊南山北缘早古生代中期岛弧；Ⅱ—柴达木板块；Ⅲ—西秦岭印支造山带；S—北祁连早古生代缝合带

角—次棱角状，杂乱排列，少数砾石出现破碎现象；含砾页岩中砾石成分以泥晶灰岩为主，可见泥质条带灰岩，砾石排列略显层状。上部为深灰色块状泥晶砾屑灰岩、泥晶灰岩、灰绿色页岩及含砾页岩。其中砾屑灰岩在页岩中多呈透镜体产出，砾石为泥晶灰岩，有的纹理发育，砾径为 0.5～12cm，以 3～5cm 居多，多呈长条形，磨圆较好，杂乱或略呈层状排列，部分砾石出现"颈缩"现象或垂直于层理的方解石脉，基质较少。

徐家圈组主要为灰绿色中—厚层细粒石英砂岩、含长石石英砂岩、粉砂岩和泥岩（板岩），其中砂岩发育鲍马序列及槽模，为典型的浊流沉积，并发育大量的原地沉积的灰绿色泥岩，从下到上泥岩逐渐增多，砂岩逐渐减少，徐家圈组可分为 3 段（李向东等，2011b；He et al.，2011）。第 1 段以块状—厚层细砂岩为主，常见正粒序，往往形成砂岩叠置层（砂岩层之间只有极薄层的泥岩相隔），发育单层砂岩厚度从下向上逐渐变薄序列，反映出浊流水下水道沉积特征。第 2 段下部为灰绿色中—厚层细粒长石石英砂岩夹薄层灰绿色泥岩岩组与灰绿色泥岩互层，上覆大段灰绿色泥岩，具有浊流水下天然堤沉积特征；上部为灰绿色长石石英细砂岩、粉砂岩夹泥岩，薄层钙质粉砂岩中常发育双向交错层理，具有深水斜坡内波、内潮汐沉积特征。第 3 段岩性为灰绿色泥岩与深灰色薄层状泥晶灰岩互层，夹少量灰绿色中层钙质长石石英细砂岩，即通常所说的徐家圈组顶部的薄层状石灰岩。

狼嘴子组也可细分为3段。第1段下部为灰绿色中—厚层长石石英细砂岩夹灰绿色泥岩，上部为灰绿色泥岩夹深灰色薄层泥晶灰岩，显示出低密度浊流沉积与深水原地沉积交替的特征。第2段为灰绿色中—厚层长石石英细砂岩与灰绿色泥岩互层，其上出现较厚的杂色页岩（泥岩），杂色页岩的上部发育薄—极薄的泥岩颜色韵律层，表现为低密度浊流沉积向深水原地沉积的演化，具有深海平原沉积特征；顶部发育顺层侵入的辉绿岩，呈岩床状分布。第3段（黄河井段）为浅灰、灰白、紫红色薄—中层硅质岩和浅灰色中层硅质白云岩与灰绿色泥岩互层。

磨盘井组主要是由黄绿、灰绿色厚层—块状长石石英杂砂岩与灰绿色泥岩组成的韵律层，磨盘井组上部砂岩占绝对优势，总体上显示单层砂岩向上粒度变粗和厚度变厚的垂向序列，反映了近物源水体变浅的特征（图1-40）。

香山群自1954年建群以来，其地质年代归属一直存在着争议。早期和祁连山地层进行对比，归为晚奥陶世—早志留世。随后，研究者相继在所夹的石灰岩"扁豆体"中采到了中寒武世徐庄组沉积期的三叶虫 *Metagraulos* sp. 和 *Inouyia* sp. 等，遂将香山群厘定为中寒武统。在长期的争议中逐步合并形成两种主要观点，一是置于中—晚寒武世，主要依据是徐家圈组石灰岩中所含三叶虫化石、徐家圈组顶部薄层石灰岩中的牙形石，以及香山群上部紧伏于泥盆系照花井组之下（霍福臣，1989；周志强和校培喜，2010）。二是置于中—晚奥陶世，主要依据如下：（1）香山群整合于米钵山组之上；（2）米钵山南麓发现香山群底部有一套灰色厚层粗—巨砾岩，砾石成分为奥陶系马家沟组、米钵山组或寒武系的微晶灰岩、鲕粒灰岩、砾屑灰岩及少量燧石岩和脉石英（张抗，1992）；（3）化石混杂，所含三叶虫大都是典型浅水碳酸盐岩台地环境的产物，并且体现不出寒武纪三叶虫演化迅速的特点；（4）在原第二亚群（徐家圈组）薄层石灰岩中采获牙形石 *Oistodiform element*，其年代为奥陶纪；（5）香山群内寒武纪化石产于似层状和块状外来体中，而且对这些外来体的形成、搬运机制及其与基质的关系已有初步的研究（张抗，1992）；（6）米钵山组是典型的碳酸盐重力流沉积沉积特征，是大陆斜坡沉积，香山群是陆源碎屑浊积岩夹碳酸盐重力流沉积，表现出大陆斜坡底部和深海盆地沉积特征，二者具有不可分割的成因关系，而中寒武统为浅海陆棚沉积（王振藩和郑昭昌，1998）。

近年来，依据对香山群碎屑锆石和岩浆侵入体的年代学工作，认为香山群极有可能是一套横跨寒武纪—奥陶纪的巨厚沉积地层（赵晓辰等，2017）。李向东等（2019）基于徐家圈组顶部的薄层状石灰岩具有区域扩散型热水沉积岩特征的事实，并考虑到相关因素，认为香山群徐家圈组顶部的薄层状石灰岩可能形成于大洋向岛弧的转换时期或弧后扩张时期，即中奥陶世达瑞威尔晚期至晚奥陶世艾家山早期，这些相关因素包括：（1）香山群沉积时间不早于寒武纪武陵世台江期（Zhang et al.，2015）；（2）在宏观上，香山群与米钵山组有"整合"接触的趋势（霍福臣，1989）；（3）香山群徐家圈组大地构造环境介于被动大陆边缘、活动大陆边缘和大陆岛弧之间，具有过渡性质（李向东等，2011c）；（4）香山群徐家圈组古水流方向来自NNE方向而非祁连方向（李向东等，2009b）；（5）香山群周边地区寒武纪碳酸盐岩台地及"混积型"局限台地沉积（由伟丰等，2011），这和香山群的深水浊流沉积，以及内波、内潮汐沉积并不匹配。

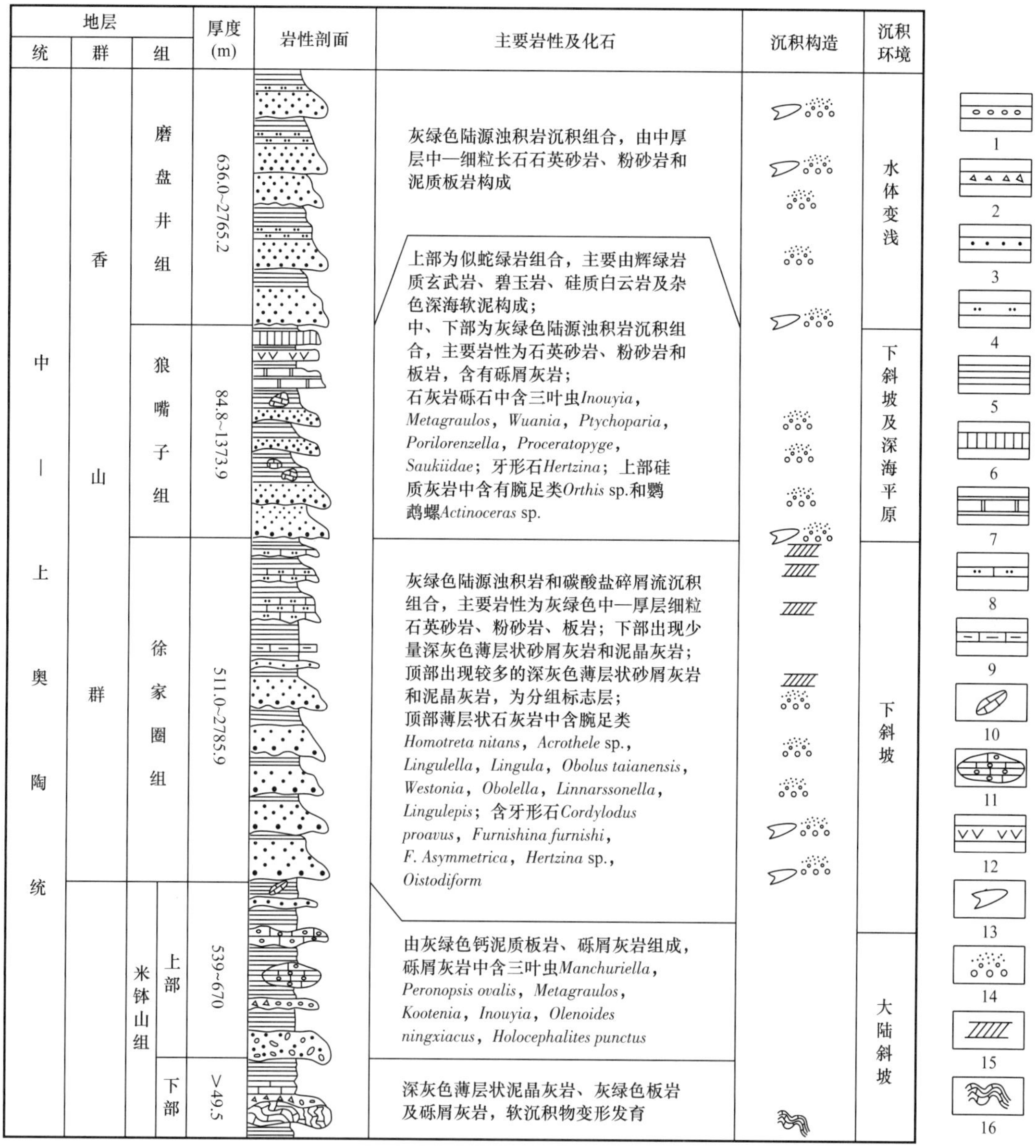

地层			厚度(m)	岩性剖面	主要岩性及化石	沉积构造	沉积环境
统	群	组					
中 — 上 奥 陶 统	香 山 群	磨盘井组	636.0~2765.2		灰绿色陆源浊积岩沉积组合，由中厚层中—细粒长石石英砂岩、粉砂岩和泥质板岩构成		水体变浅
		狼嘴子组	84.8~1373.9		上部为似蛇绿岩组合，主要由辉绿岩质玄武岩、碧玉岩、硅质白云岩及杂色深海软泥构成；中、下部为灰绿色陆源浊积岩沉积组合，主要岩性为石英砂岩、粉砂岩和板岩，含有砾屑灰岩。石灰岩砾石中含三叶虫 Inouyia, Metagraulos, Wuania, Ptychoparia, Porilorenzella, Proceratopyge, Saukiidae；牙形石 Hertzina；上部硅质灰岩中含有腕足类 Orthis sp.和鹦鹉螺 Actinoceras sp.		下斜坡及深海平原
		徐家圈组	511.0~2785.9		灰绿色陆源浊积岩和碳酸盐碎屑流沉积组合，主要岩性为灰绿色中—厚层细粒石英砂岩、粉砂岩、板岩；下部出现少量深灰色薄层状砂屑灰岩和泥晶灰岩；顶部出现较多的深灰色薄层状砂屑灰岩和泥晶灰岩，为分组标志层；顶部薄层状石灰岩中含腕足类 Homotreta nitans, Acrothele sp., Lingulella, Lingula, Obolus taianensis, Westonia, Obolella, Linnarssonella, Lingulepis；含牙形石 Cordylodus proavus, Furnishina furnishi, F. Asymmetrica, Hertzina sp., Oistodiform		下斜坡
		米钵山组 上部	539~670		由灰绿色钙泥质板岩、砾屑灰岩组成，砾屑灰岩中含三叶虫 Manchuriella, Peronopsis ovalis, Metagraulos, Kootenia, Inouyia, Olenoides ningxiacus, Holocephalites punctus		大陆斜坡
		米钵山组 下部	>49.5		深灰色薄层状泥晶灰岩、灰绿色板岩及砾屑灰岩，软沉积物变形发育		

图1-40 宁夏米钵山地区香山群地层综合柱状示意图

1—砾岩；2—角砾岩；3—砂岩；4—粉砂岩；5—泥岩（板岩）；6—硅质岩；7—硅质白云岩；8—含粉砂石灰岩；9—泥晶灰岩；10—泥晶灰岩透镜体；11—砾屑灰岩透镜体；12—辉绿岩；13—槽模；14—粒序层；15—交错层理；16—滑塌变形构造

2. 大地构造环境

宁夏香山群徐家圈组砂岩常量元素大地构造环境判别图如图1-41所示（李向东等，2011c），在判别图上出现了较为复杂的情况，可概括为三类：（1）在 SiO_2/Al_2O_3—K_2O/Na_2O 图解（图1-41a）、K_2O/Na_2O—SiO_2 图解（图1-41b）和 SiO_2/Al_2O_3—$K_2O/(Na_2O+CaO)$ 图解（图1-41c）中，依次出现了从被动大陆边缘到活动大陆边缘的过渡，在图1-41（a）中大部分点落在被动大陆边缘区，在图1-41（b）中落在被动大陆边缘和活动大陆边缘区域中的点大致相当，而在图1-41（c）中大部分点落在活动大陆边缘区（注意，由于CaO参与作图，落在大洋岛弧中的4个点为钙质含量高的4个样品点）；（2）在综合判别函数图解（图1-41d）中，大部分点落在了大陆岛弧区域内；（3）在TiO_2—Fe_2O_3+MgO图解（图1-41e）和Al_2O_3/SiO_2—Fe_2O_3+MgO图解（图1-41f）大部分点落在了典型的大地构造环境区域之外，其中图1-42（e）中个别点落在了被动大陆边缘区域内，而图1-41（f）中少数点落在了活动大陆边缘区域内。

宁夏香山群徐家圈组砂岩微量元素大地构造背景图解中（图1-42）情况较为简单（李向东等，2011c）。在Th—Co—Zr图解（图1-42a）中，落在大陆岛弧区域中的点较多，其余点则分落在被动大陆边缘区和典型大地构造背景之外；在Th—Sc—Zr图解（图1-42b）中，落在被动大陆边缘区的点较多，其他点则分落在大陆岛弧区、活动大陆边缘区和典型大地构造背景之外。

综合香山群徐家圈组砂岩常量元素和微量元素的判别结果，可以发现以下两个问题。（1）在用常量元素进行大地构造环境判别时虽然主体上表现出了以被动大陆边缘为主的趋势，但是同时也出现了诸多矛盾的地方，即不同的判别图版出现不同的差别结果，有的判别图版基本失效（大多数点落在了典型的大地构造环境区域之外），这也和其他学者的研究成果类似（徐黎明等，2006；赵晓辰等，2017）。结合测试数据，徐家圈组砂岩常量元素在平均含量上与地台区接近，但同时出现Fe_2O_3与FeO、CaO与MgO、K_2O与Na_2O的互为消长现象（李向东等，2011c），而这6个成分的异常，则导致了不同元素之间的大地构造环境判别图出现矛盾。（2）微量元素则表现出了亲上陆壳的倾向，同时在大地构造环境判别图上表现出了过渡性质，即在被动大陆边缘、活动大陆边缘和大陆岛弧之间。造成这种情况的可能是沉积岩（物）的多源性或其输运途径的复杂性（Dickinson，1988）。但是从判别方法上讲，一般微量元素优于常量元素，而且微量元素所显示的过渡性和主量元素所显示的矛盾性可能具有内在的关系，可能与不同物质在输运过程中丢失源区信息的程度有关。

宁夏香山地区整个早古生代构造活动与秦—祁—昆大洋演化和北祁连岛弧的形成密切相关（张进等，2004；徐黎明等，2006）。在大地构造区划上，在运用槽台学说研究时划为北祁连北坡冒地槽（左国朝和刘寄陈，1987），在运用板块理论进行研究时先划归为走廊过渡带（冯益民和吴汉泉，1992），后划为走廊早古生代中期弧后盆地（冯益民和何世平，1995），在对大陆动力学展开研究的背景下，依据北祁连造山带寒武系、奥陶系硅质岩地球化学特征，提出了多岛洋背景（杜远生等，2007）。此外还有被动大陆边缘（周立发，1992；张进等，2012；许淑梅等，2016）和大陆裂谷（冯益民，1997；葛肖虹和刘俊来，1999）两种观点。而对于奥陶纪的大地构造环境一般认识较为统一，认为是具有沟弧盆体系的大洋盆地（冯益民和吴汉泉，1992；周立发，1992；冯益民和何世平，1995；夏林圻等，2003）。因此，香山群徐家圈组沉积期大地构造环境可能不是简单的被动大陆边缘，其物源极有可能来自被动大陆边缘、活动大陆边缘和大陆岛弧之间带有过渡性质的物源区。

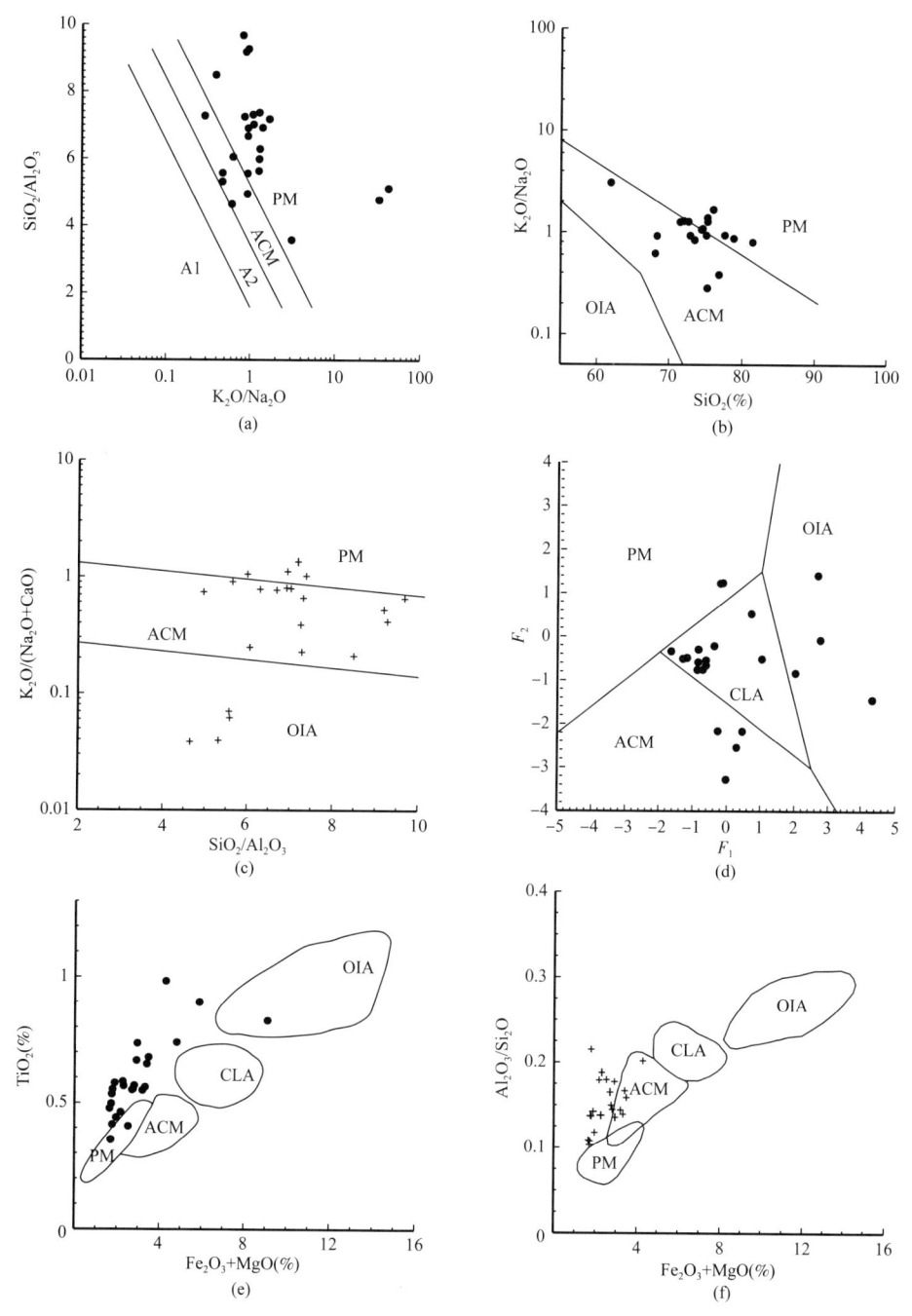

图 1-41 香山群徐家圈组砂岩常量元素大地构造背景图解（据李向东等，2011c）

（a）SiO_2/Al_2O_3—K_2O/Na_2O 图解，A1—岛弧环境，A2—成熟岛弧，PM—被动大陆边缘，ACM—活动大陆边缘；（b）K_2O/Na_2O—SiO_2 图解，OIA—大洋岛弧，其余的大地构造环境缩写同（a）；（c）$K_2O/(Na_2O+CaO)$—SiO_2/Al_2O_3 图解，大地构造环境缩写同前；（d）F_1 和 F_2 判别函数图，CLA—大陆岛弧，其中，$F_1=(-0.0447×SiO_2)+(-0.972×TiO_2)+(0.008×Al_2O_3)+(-0.267×Fe_2O_3)+(0.208×FeO)+(-3.082×MnO)+(0.140×MgO)+(0.195×CaO)+(0.719×Na_2O)+(-0.032×K_2O)+(7.510×P_2O_5)$，$F_2=(-0.421×SiO_2)+(1.988×TiO_2)+(-0.526×Al_2O_3)+(-0.551×Fe_2O_3)+(-1.610×FeO)+(2.720×MnO)+(0.881×MgO)+(-0.907×CaO)+(-0.177×Na_2O)+(-1.840×K_2O)+(7.244×P_2O_5)$；（e）$TiO_2$—$Fe_2O_3+MgO$ 图解；（f）Al_2O_3/SiO_2—Fe_2O_3+MgO 图解

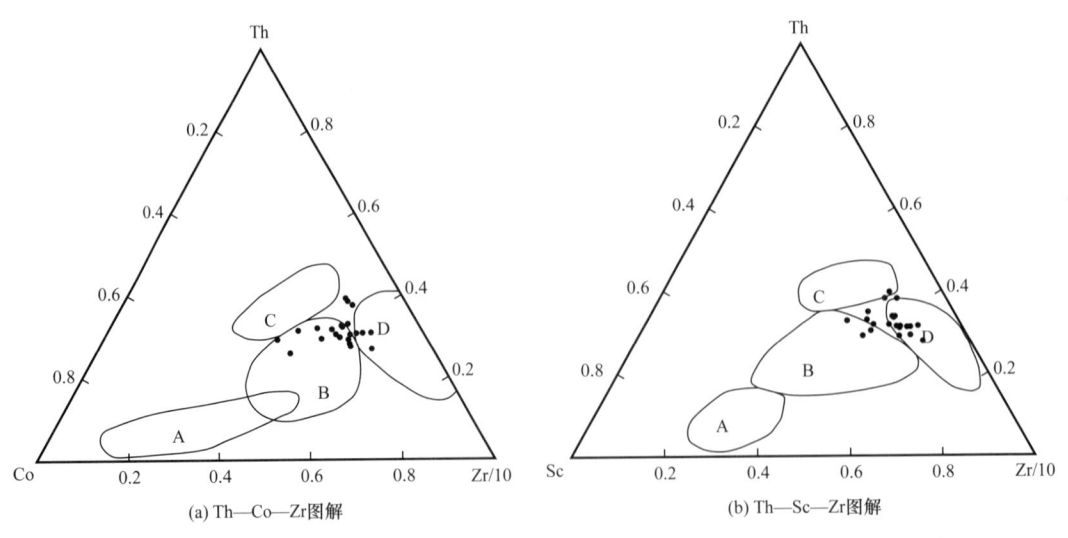

图 1-42　香山群徐家圈组砂岩微量元素大地构造背景图解（据李向东等，2011c）
A—大洋岛弧；B—大陆岛弧；C—活动大陆边缘；D—被动大陆边缘

3. 沉积环境

徐家圈组与下伏地层米钵山组和上覆地层狼嘴子组均呈整合接触。其下米钵山组虽然砾屑灰岩中部分砾石出现破裂、颈缩和垂直层理的方解石脉等现象，但这只是滑塌堆积的部分构造变形（张进等，2007）。米钵山组上部普遍发育原地悬浮沉积的深灰色黏土岩和泥晶灰岩，其中深灰色泥晶灰岩中有层间滑动（图 1-43a），说明其形成于斜坡环境，大小混杂的砾石则显示出碎屑流的沉积特征。泥晶灰岩中发现陆棚斜坡 Nileid 相三叶虫，页岩的地球化学研究结果显示，TiO_2/MnO 和 Al_2O_3/MnO 由下至上一致性减小，同时 Mn/Ti 值由 0.046 增至 0.129，指示陆源供给物逐渐减少，反映出大陆斜坡由近岸到远岸浊流沉积速率减慢，水体加深，故认为米钵山组形成于陆棚边缘斜坡（李天斌，1999）。

徐家圈组一段和二段，特别是二段上部，发育大量的原地悬浮沉积的灰绿色黏土岩和粉砂质黏土岩，细粒长石石英砂岩略呈等厚互层状夹于黏土岩和粉砂质黏土岩（图 1-43b）。徐家圈组顶部的薄层状石灰岩组合（若干个石灰岩与黏土岩对）之间被较厚的灰绿色黏土岩隔开（图 1-43c 中短箭头所示），在研究区由南向北变厚，整体上呈向北发散的"扫帚"状（图 1-43c 中长箭头所示）。在岩石组合中，石灰岩单层厚度以薄层（小于 10cm）为主，兼有少数薄的中层（小于 30cm）。石灰岩单层形态上多呈小型透镜状（图 1-43d 中箭头所示）或上、下界面不平整，具有瘤状灰岩特征，透镜体岩层可叠置在一起（图 1-43d），也可分散于黏土岩之中。这种薄层状石灰岩以其薄的单层厚度（一般小于 30cm）、高旋回性（米级旋回）和石灰岩—页（黏土）岩对区别于台地相的厚层—块状石灰岩，其沉积环境一般解释为斜坡—深水盆地（Hersi et al., 2016；李向东等，2017）。徐家圈组灰绿色黏土岩地球化学测试结果表明，TiO_2/MnO 值为 13.6，Al_2O_3/MnO 值为 262，而米钵山组的 TiO_2/MnO 平均值为 17.7，Al_2O_3/MnO 值为 344.3（李天斌，1999）。因此徐家圈组沉积时受陆源物质的影响相对较小，即沉积时水体较米钵山组的陆棚边缘斜坡（李天斌，1999）要深。依据薄层状石灰岩稀土元素中的 $(La/Nd)_N$ 值，估

图 1-43 宁夏香山群深水沉积特征

（a）下伏米钵山组上部泥晶灰岩中的层间滑动（箭头），其上、下未见滑动；（b）徐家圈组灰绿色粉砂质黏土岩夹薄—中层状灰绿色钙质砂岩及粉砂岩；（c）徐家圈组顶部薄层状石灰岩侧向上尖灭于泥岩之中，可见石灰岩层向北叠置增厚现象，长箭头所示为 NNW 方向，短箭头为石灰岩组间的泥岩，图中人身高 167cm；（d）徐家圈组顶部呈小型透镜体形态的薄层状石灰岩；（e）上覆狼嘴子组顶部杂色页岩夹硅质岩（突出部分）；（f）狼嘴子组灰绿色页岩与紫红色硅质页岩、硅质岩薄互层

算沉积时的水深为 271～714m，考虑到稀土元素受陆源（离岸）及热液的影响，综合推测沉积时水深为 400～500m（李向东和何幼斌，2020）。

徐家圈组上覆地层狼嘴子组发育的杂色页（黏土）岩（图 1-43e）、硅质岩和辉绿岩可作为深水沉积的直接证据。狼嘴子组顶部黏土岩常与紫红色硅质黏土岩及硅质岩共生，并可发育良好的薄互层韵律（图 1-43f）。而且辉绿岩地球化学研究结果表明（邓昆等，2007），常量元素具有高镁、铁，低钛的特点，多数数据显示与洋中脊玄武岩相近，个别数据与岛弧拉斑玄武岩相近；稀土元素球粒陨石标准化配分模式、微量元素特征均与洋中脊玄武岩（MORB）相似，显示出深海平原的沉积特征。

综上所述，米钵山组、徐家圈组和狼嘴子组的原地悬浮沉积反映了从米钵山组到狼嘴子组均为深水沉积，并且水深逐渐增大，米钵山组为陆棚边缘斜坡沉积，狼嘴子组显示出深海平原的沉积特征，徐家圈组沉积环境则在这两者之间。同时，徐家圈组中的异地沉积表现出低密度浊流远源沉积特征和从下到上陆源物质的供应逐渐减少的趋势，和原地悬浮沉积所反映的信息一致。因此，徐家圈组的沉积环境可能为深水下斜坡。

4. 沉积介质特征

1）沉积古环境分析

李向东和何幼斌（2019，2020）对徐家圈组顶部薄层石灰岩进行了稀土元素及相关微量元素的地球化学研究。薄层状石灰岩稀土元素总量（不含 Y 元素，下同）平均值为 31.63 μg/g，数值分布在 14.6~73.79μg/g 之间，尽管稀土元素总量普遍偏低，但分布范围较广，最大值是最小值的 5 倍以上，所有样品在 PAAS 标准化的稀土元素分布模式中，轻稀土元素相对亏损，轻重稀土元素比值在 6.23~8.41 之间，平均为 7.22，整个曲线呈现出不同形态的"帽型"（图 1-44）；具有明显的 La 异常，$(La/La^*)_N$ 值在 0.94~1.43 之间，平均为 1.21；具有明显的 Y 正异常，$(Y/Y^*)_N$ 值在 1.05~1.31 之间，平均为 1.18；而 Gd 无明显异常，$(Gd/Gd^*)_N$ 值在 0.80~1.14 之间，平均为 1.00。

(a) 稀土元素澳大利亚后太古宙页岩（PAAS）标准化分布模式

(b) 稀土元素平均值PAAS标准化分布模式

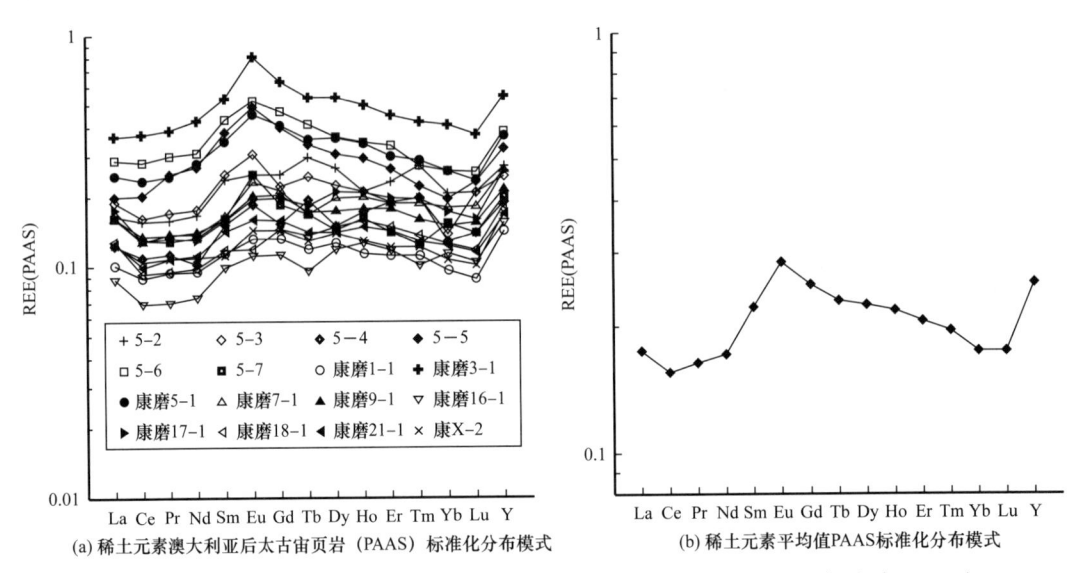

图 1-44 徐家圈组顶部薄层状石灰岩稀土元素分布模式（据李向东和何幼斌，2019）

Y 和 Ho 两个元素的化学性质、电价和离子半径相近，但是它们的配位性质不同；因此，水溶液中两者的行为有较大差异，使得 Ho 从海水中沉淀的速率是 Y 的 2 倍（Shields and Webb，2004）。现代河水或河口水体 Y/Ho 比值为 25~28，与球粒陨石的中 Y/Ho 比值 26~28 及上陆壳的中 Y/Ho 比值 27.5 相当，反映出陆源物质的特征，而现代海水的 Y/Ho 比值大于 45，远高于河水或河口水体（Nozaki et al.，1997）。徐家圈组顶部薄层状石灰岩Y/Ho比值最小值为29.54，最大值为35.88，平均为32.35，大于现代河水水体。

由于La在陆源物质中相对富集，因此在海洋浅水环境中，古海水具有相对较高的$(La/Yb)_N$与$(La/Sm)_N$值；相反，在较深水环境，陆地剥蚀形成的富La陆源碎屑物质含量较低，使得古海水具有相对较低的$(La/Yb)_N$与$(La/Sm)_N$值（Chen et al.，2011）。此外，研究表明热液流体的$(La/Yb)_N$值大于1（PAAS标准化），而海水和热液混合则会导致$(La/Yb)_N$值小于1（Sugitani，1992）。徐家圈组顶部薄层状石灰岩$(La/Yb)_N$最小值为0.78，最大值为1.36，平均为1.01；$(La/Sm)_N$最小值为0.52，最大值为1.11，平均为0.86。

在PAAS标准化下，海水REE分布模式具有如下特征：轻稀土元素亏损；存在明显的La异常；具有Gd正异常；存在Y正异常；较高的Y/Ho比值。经过研究，这些特征普遍存在于古代和现代海水中（Zhao et al.，2009）。徐家圈组顶部薄层状石灰岩的PAAS标准化稀土分布模式呈"帽型"，具有轻稀土元素亏损现象（图1-44），具有La正异常和Y无异常，Y/Ho比值大于现代河水或河口水体，反映出明显的海水性质。

在非生物成因的碳酸盐岩中，Ce的负异常代表还原环境（Garcia-Solsona et al.，2014；Ling et al.，2015），徐家圈组顶部薄层状石灰岩具有较明显的Ce负异常（图1-44b），并且La异常的影响与Ce异常的强弱没有必然联系（李向东和何幼斌，2019），说明沉积环境以弱还原环境为主，有时可呈弱氧化环境。该结果与氧化—还原敏感性元素U/Th比值的判断结果一致，U/Th平均比值为0.91，总体表现为弱还原环境，但又有7个样品落入氧化环境，说明氧化—还原环境并不稳定，具有波动性。Ni/Co比值总体上表现为还原环境，与Ce异常和U/Th值判断的结果略有差异，其原因可能与Ni在缺乏H_2S和锰氧化物的中等还原强度下，有机络合物中的Ni会释放并进入上覆海水或孔隙水（Algeo and Maynard，2004）的行为有关。因此，徐家圈组顶部薄层石灰岩沉积时水体基本处于弱还原环境，在底流（内波、内潮汐）的扰动下会出现弱氧化环境。

2）热水沉积成因分析

徐家圈组顶部薄层状石灰岩碳、氧同位素测温结果为52.4℃～61.7℃，平均为57.5℃，本身显示出热水沉积特征（李向东和何幼斌，2019）。在稀土元素PAAS标准化模式下，$(Eu/Eu^*)_N$最小值为0.91，最大值为1.44，平均为1.17，表现出较明显的Eu正异常（图1-44）。在16件样品中，显示明显Eu正异常的有15件，占93.75%，其中显示强Eu正异常的有8件，占样品总数的50.00%；显示相对较弱的Eu正异常的有7件，占样品总数的43.75%，显示Eu负异常的样品只有1件，占6.25%。其中显示相对较弱的Eu正异常及Eu负异常的样品（集中于康磨9-1至康X-2，发育在薄层状石灰岩上部）多具有较强的La正异常（图1-44）。与热水沉积相关的微量元素主要有U、Th、Ni、Co和Zn等（Qi et al.，2004；贺聪等，2017），在U—Th关系图中，几乎所有样品点均落入古热水喷溢沉积区域，只有一个样品在热水沉积区域边界附近，靠近正常远洋沉积（图1-45a）；在Zn—Ni—Co关系图中，所有样品均具有贫Co特征，远离水成沉积区，绝大部分样品点则直接落入热水沉积区，只有少数样品点由于Zn含量略高而落入热水沉积区附近（图1-45b）。因此，研究区样品基本上属于热水沉积，即沉积期受到了热液输入的影响。

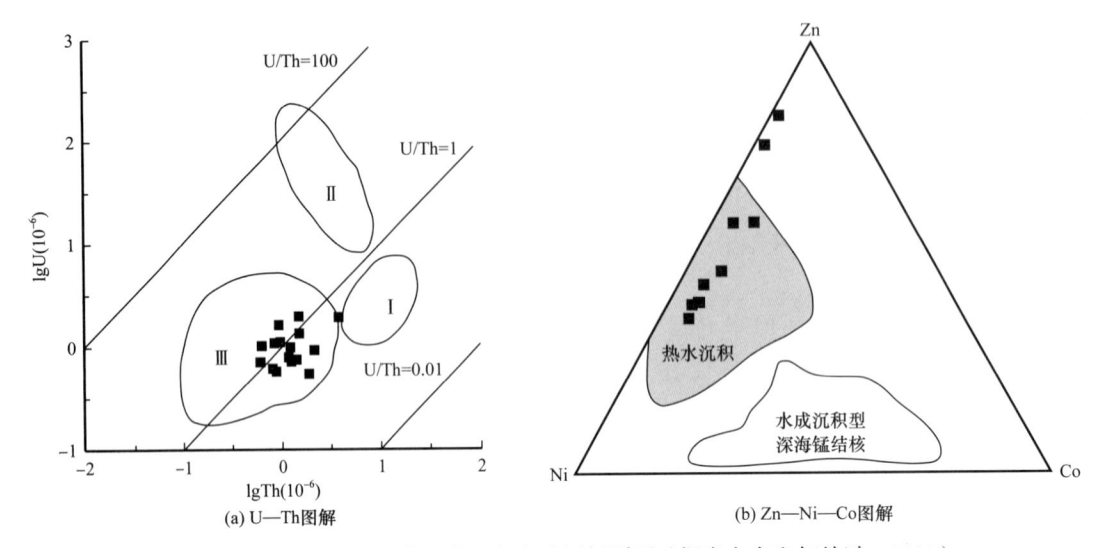

图1-45 徐家圈组顶部薄层状石灰岩成因判别图（据李向东和何幼斌，2019）
Ⅰ—正常远洋沉积；Ⅱ—太平洋隆起沉积物；Ⅲ—古热水喷溢沉积

在稀土元素中，Eu的正异常一般作为热液活动鉴别的可靠指标（Peter and Goodfellow，1996；Yu et al.，2016）。徐家圈组顶部薄层状石灰岩具有明显的Eu正异常（图1-44b），在所有16个样品中，只有一个样品表现为Eu的负异常（图1-44a），这说明石灰岩沉积时可能受热液影响，具有热水沉积特征。Ce异常和Eu异常不表现出线性关系（李向东和何幼斌，2019），则说明Eu异常不受氧化还原条件控制，同时，薄层状石灰岩沉积于弱还原—弱氧化环境，基本上可以排除Eu^{3+}离子在还原环境中被还原成Eu^{2+}而代替Ca^{2+}进入碳酸盐晶格中，导致碳酸盐岩中的Eu正异常这一现象（王中刚等，1989）；因此，这也从侧面说明了Eu的正异常源于海底热液。

从理论上讲，Eu只有在高温条件下（大于250℃）才能发生还原（Murray，1994；杨宗玉等，2017），因此，石灰岩中相对富集的Eu可能来自高温热液流体，表现出热液羽的沉积特征（Slack et al.，2007）。从岩性特征上讲，主要为薄层状石灰岩，上部夹有少量硅质结核，矿物组合为基本单一的碳酸盐矿物，与区域扩散型热水沉积岩相似。此外，石灰岩C、O同位素测温（平均为57.5℃）表现出低温热液特征；与热液有关的微量元素U—Th图解和Zn—Ni—Co图解（图1-45），均显示出热水沉积特征。综上所述，徐家圈组顶部的薄层状石灰岩具有区域扩散型热水沉积岩特征，其成因可能与远离热液喷溢区的热液羽有关，结合鄂尔多斯盆地西缘和北祁连地区早古生代大地构造特征（张进等，2004；2012），徐家圈组顶部薄层状石灰岩的形成可能与北祁连洋的扩张相关。

5. 内波、内潮汐沉积

宁夏香山群徐家圈组内波、内潮汐沉积发现于2004年（何幼斌等，2004b），随后进行了较为详细的研究，主要包括鉴别了徐家圈组内波及内潮汐沉积的存在（李向东等，

2009a；He et al.，2011）、发现了深水复合流沉积（李向东等，2010）、总结了徐家圈组内波及内潮汐的沉积类型（李向东等，2011a）和地层的基本沉积单元（李向东等，2011b），并进行了大地构造环境（李向东等，2011c；赵晓辰等，2017）和沉积介质特征的研究（李向东和何幼斌，2019，2020）。徐家圈组内波、内潮汐沉积主要发育在中、上部的灰绿色中—薄层钙质粉砂—细砂岩、细—粉砂质泥晶灰岩和粉砂质黏土岩中，总体数量较少，但个别层位丰富。与其他内波、内潮汐沉积研究实例相比，其沉积类型丰富，包括内潮汐沉积、短周期内波沉积和深水复合流沉积，此外，也有少量的叠加内波沉积，即长周期内波与内潮汐叠加引起的单向优势流形成的单向交错层理，详细内容可参阅本书第一章第二节（图1-13a、b）。

1）内潮汐沉积

内潮汐在深水斜坡与海底峡谷中往往引起双向交替流动，形成双向交错层理。徐家圈组双向交错层理一般由两个或多个层系构成，形态多样，其纹层既有呈平行状的，也有呈弯曲状的（图1-46）。图1-46（a）中的双向交错层理发育在中—薄层状钙质粉砂—细砂岩中，上、下均为粉砂质黏土岩，钙质粉砂—细砂岩呈夹层产出。从下到上可分辨出A、B、C、D、E五个层系。层系A、B纹层倾向相反，组成第一个透镜体，在透镜体内部，层系A纹层清晰，层系B纹层模糊，层系界面上未见侵蚀，说明形成层系B时水

图1-46 徐家圈组灰绿色细砂岩和粉砂岩中由内潮汐形成的双向交错层理
（a）灰绿色（风化为灰黄色）钙质粉砂—细砂岩；（b）浅灰色细粉砂质泥晶灰岩；（c）灰绿色粉砂质黏土岩；
（d）灰绿色钙质粉砂岩

动力相对弱些；层系C略呈波状，并且被严重侵蚀；层系D、E纹层倾向相反，组成第二个透镜体，在透镜体内部，两个层系纹层都很清晰，层系界面上侵蚀明显，说明形成层系时水动力较强。另外，从层系A、D凹形的底界和纹层呈凹弧形下超的接触关系来看，解释成具有反向水流的小凹坑充填沉积似乎更为合理。图1-46（b）中的双向交错层理发育在薄层状细粉砂质泥晶灰岩中，石灰岩之间夹有少量极薄层状黏土岩，从下到上共可分为A、B、C、D、E五个层系。层系A由于露头缘故无法判断是否具有侵蚀底面，层系B、D、E底部具有侵蚀界面，层系C整体上较为模糊，但在图中箭头所示的岩石表面剥落处却显示出了清晰的纹层，并且倾向与层系D相反，层系C不具有侵蚀底面。各层系纹层产状经吴氏网校正后表明，层系A倾向为351.5°～34°，倾角为7°～10.5°；层系B倾向为138°，倾角为11°；层系C倾向为132.5°～143°，倾角为17°～21°；层系D倾向为329°～336.5°，倾角为10°～19°；层系E倾向为283.5°～294.5°，倾角为12.5°～26°。层系B与层系C所示古流向基本一致，在132.5°～143°之间，两者之间的差别是层系B纹层倾角较缓，层系C纹层倾角较陡。层系A、D、E古流方向与层系B和C相反，为双向交错层理。

图1-46（c）中的双向交错层理发育在中层状粉砂质页岩的顶部，其左下方约40cm处的同一岩层内还有另一组类似的双向交错层理，上、下均为灰绿色厚层状含中粒粉砂质细砂岩，层位相当于徐家圈组一段。两组双向交错层理的纹层倾向正好相反，显示出完全相反的古水流方向（李向东等，2009a）。图1-46（d）中的双向交错层理发育在薄层状钙质粉砂岩中，相当于徐家圈组二段上部。从下到上共可分为A、B、C、D、E五个层系。层系A、B纹层略弯曲，倾向相反，层系界面呈波状起伏，组成一组双向交错层理，表现为较明显的羽状交错层理，两组古水流方向之间有较大的夹角（李向东等，2009a）；层系C为平行层理；层系D、E纹层倾向相反，组成一组双向交错层理。

在深水沉积环境中发育的双向交错层理，不应是等深流沉积或浊流沉积，因为浊流是向下方的单向流动，而等深流是平行海底等深线沿斜坡走向流动的。能在深水环境中形成这种交错层理，只有内波、内潮汐引起的交替流动最有可能（李向东等，2009b）。在深水斜坡环境中，由于双向水流受到的限制较小，则其水流方向不一定严格地呈现出相反方向，有可能出现有较大夹角的情况。

2）短周期内波沉积

短周期内波包括大振幅孤立内波（非线性）、小周期线性内波和高频随机内波（李向东，2013），可在底床上引起振荡流，形成浪成波纹层理与小型丘状（似丘状）交错层理。徐家圈组的浪成波纹层理主要包括具有波状纹层、束状纹层和交错纹层透镜体的交错层理，寄主岩石主要有两类：（1）灰白—黄绿色中—薄层状钙质粉砂岩，上下均为灰绿色黏土岩，黏土岩厚度可从几米到几十米；（2）浅灰色薄层状含粉砂灰岩或粉砂质灰岩，与深灰色泥晶灰岩共同组成薄板状石灰岩，底面凹凸不平，横向上呈长透镜状展布，上、下均为中层状灰绿色黏土岩（图1-47）。

具波状纹层的交错层理可分为波状纹层连续的和不连续的两类。纹层连续的一般波长较长，纹层波状明显，呈对称状，在波峰处变厚、波谷处变薄，与下伏层系可呈连续过渡；纹层不连续的一般波长较短，纹层起伏也较小，细层一致性较好；具束状纹层的交错层理，往往多个束状纹层叠加，独立或与其他纹层一起构成复杂交织结构（图1-47a），但也可以单独出现（图1-47c中箭头所示）；交错层理透镜体按透镜体的组合形式可分为单一透镜体（图1-47b中长箭头所示）和叠加束状透镜体（图1-47b中短箭头所示）。

图 1-47 徐家圈组灰绿色细砂岩和粉砂岩中由短周期内波形成的沉积构造

(a) 灰绿色钙质粉砂岩中由束状纹层构成的具有复杂交织结构的浪成波纹层理；(b) 灰绿色钙质粉砂岩中具有不均一结构的浪成波纹层理，纹层从右向左由上凹经平直变为上凸，其下为叠加束状透镜体；(c) 深灰色含粉砂灰岩中的束状纹层（箭头）交错层理，其上部为小型丘状交错层理（h）；(d) 极细钙质粉砂岩中的准平行层理（q）和小型不对称丘状交错层理（h）；A、B、C、D、E、F、G和H为不同的束状纹层，h为小型丘状（似丘状）交错层理，q为准平行层理

图 1-47（b）中长箭头所示的单一透镜体内部纹层从右向左由上凹变为上凸，右边纹层向层系底界面收敛，呈现出不一致的纹层结构，中间纹层间近于平直，呈现出近乎一致的纹层结构，左边纹层向层系顶界面收敛，也呈现出不一致的纹层结构；层系底界面清晰呈波状，但无明显的侵蚀现象，顶界右边侵蚀作用明显，而左边与上覆层系为连续过渡，而其上覆层系类似波状纹层。徐家圈组中小型丘状及似丘状交错层理可以与浪成波纹层理构成简单的垂向序列（图1-47c），也可与相关沉积构造形成较为复杂的垂向序列。图 1-47（d）中的钙质极细粉砂岩厚12cm，上、下的灰绿色页岩厚20～30cm；下部为准平行层理，其上为不对称丘状交错层理，共组成两个旋回，旋回之间存在明显的剥蚀面，并且顶部的丘状交错层理纹层向上变缓。

- 105 -

波状纹层交错层理是在振荡流强度较大（涡流消失）的情况下形成的，对应滚动颗粒波痕（Allen，1981）；束状纹层交错层理被认为是近岸环境下由波浪浅化引起的振荡流沉积的显著特征，其层系内常具有不一致的纹层结构（Raaf et al.，1977），其形成与波动半周期内背流面产生的涡流有关，对应涡动波痕；交错纹层透镜体则是在波浪的再作用时间足够长时，剥蚀已沉积的具有浪成波纹层理的砂层而形成（Raaf et al.，1977）。因此，波状纹层、束状纹层、交错纹层透镜体的交错层理及复杂交织结构和层系内部具有不一致的纹层结构，已被解释为近岸环境下由波浪引起的振荡流沉积的显著特征（Raaf et al.，1977；Cotter，2000）。徐家圈组发现的波状纹层、束状纹层和交错纹层透镜体，其特征与海岸或湖泊环境中由波浪形成的振荡流沉积构造基本相同，包括一些细部特征，如不一致的纹层结构等（图1-47b）。因此，徐家圈组发现的波状纹层、束状纹层和交错纹层透镜体应为波动引起的振荡流在波动底界面附近沉积而形成的。

小型丘状及似丘状交错层理的存在说明沉积时水流中发育漩涡（李向东，2020b），虽然单向流中也可以形成漩涡，但是香山群徐家圈组沉积于深水环境，沉积物粒度一般不超过细砂级，说明沉积水动力较弱，故徐家圈组中的小型丘状及似丘状交错层理可能为振荡流产生的漩涡形成，这也和伴生的浪成波纹层理相符。振荡流是波浪与底床相互作用而产生的，是海底床面附近的典型流动特征，它是非定常的、空间结构复杂的流动，包括流动边界层附近旋涡的产生、脱落、合并及旋涡强度的周期变化，并在一个周期内出现旋涡反向，即改变流动方向（林缅和袁志达，2005）。因此，香山群徐家圈组发现的具有波状纹层、束状纹层和交错纹层透镜体的交错层理以及小型丘状交错层理可能是周期与海岸波浪相当的内波或可产生类似沉积作用的内孤立波沉积所致，这两者可统一称为短周期内波。而小型似丘状交错层理则是短周期内波与低密度沖流交互作用产生。短周期内波的沉积机制与海面波浪引起的振荡流沉积机制类似，基本属于迎流面喷射沉积（李向东等，2011a），可形成各种类型的浪成波纹层理。

3）深水复合流沉积

宁夏香山群徐家圈组中与复合流有关的沉积构造主要有两类：（1）岩层内部的复合流层理、准平行层理和小型不对称丘状交错层理，存在于徐家圈组二段上部的灰白—灰绿色钙质粉砂岩夹层中，上下均为灰绿色黏土岩，钙质粉砂岩层厚为5~30cm，一般为10~20cm，钙质含量为26%~46%，个别样品为21%和62%，分别为含钙粉砂岩和粉砂质灰岩，碎屑颗粒以石英为主，含有少量长石及云母；（2）岩层顶面的不对称波痕及小型3D波痕（三维波痕），存在于徐家圈组中下部灰绿色厚层—块状中—细粒长石石英砂岩的顶面，含有波痕的砂岩层厚度一般为50~90cm，较其下300~800cm的砂岩层要薄得多，侧面有时有小型模糊的或大型类似板状的交错层理，底面或邻近岩层的底面具有槽模，其上一般为厚10~20cm的灰绿色黏土岩（图1-48）。

图1-48（a）中下部层理纹层上凸，顶部被剥蚀，为上覆波状层理的波谷充填；上覆波状层理波峰光滑，不对称明显，纹层向波谷变厚，向波顶变薄。该类沉积构造为典型的复合流层理（Nøttvedt and Kreisa，1987；Lamb et al.，2008）。图1-48（b）中波纹的前积层上凸非常明显，波纹底部有平直的纹层，可能为平行层理，该沉积构造与Lamb等

（2008）解释的发育在大型丘状交错层理上的复合流层理极为相似，并且其下的丘状交错层理向源方向变为平行层理（Lamb et al.，2008）。图1-48（c）中波痕波峰光滑、不对称，波脊略呈曲线形，显示出复合流的特征，波痕显示的流动方向为151°～160°，与该层底面上槽模所显示的浊流方向144°相近。图1-48（d）为典型的不对称2D波痕（二维波痕），波脊平直、连续，野外出露的波峰线长约110cm，波长为10～11cm，陡坡长为2.2～3.5cm，波高为0.5～0.6cm，显示的流动方向为107°～111°，与附近槽模所示浊流方向129°～175°夹角较小，类似的2D波痕在附近出露多处。

图1-48 徐家圈组灰绿色细砂岩和粉砂岩中由短周期内波形成的沉积构造
（a）灰绿色钙质粉砂岩中的复合流层理（短箭头），注意不对称的波峰（长箭头）；（b）灰绿色钙质粉砂岩中的复合流层理，注意发育良好的上凸纹层及类似板状的交错层理（箭头）；（c）灰绿色细砂岩中的复合流波痕，波峰光滑，波脊不连续；（d）灰绿色细砂岩中的不对称小型2D波痕（二维波痕）

对徐家圈组发现的少量波痕进行了野外测量，对于波长较小的由于会出现较大的误差，没有进行测量，对于波长、波高等参数变化较小的只进行了少量的测量，这样共得到了12组数据。对所测得的12组波长和波高分别做了波长累计概率分布图（图1-49a）和波长、波高对数图解（图1-49b）。尽管数据少，但仍然显示出了一定的规律性，在波长累计概率分布图上各点呈线性分布，说明波长的分布满足对数正态分布，与Banerjee（1996）对复合流波痕波长所做的统计分布结果一致；在波长与波高对数图解上，除2D波痕（图1-48d）上的三个点外，其余点也基本显示出了线性的变化趋势，与Banerjee（1996）所得出的除2D波痕外，在对波长—波高对数图解上，波长与波高表现为良好的线性相关性的结论一致，说明这些波痕由复合流形成。

– 107 –

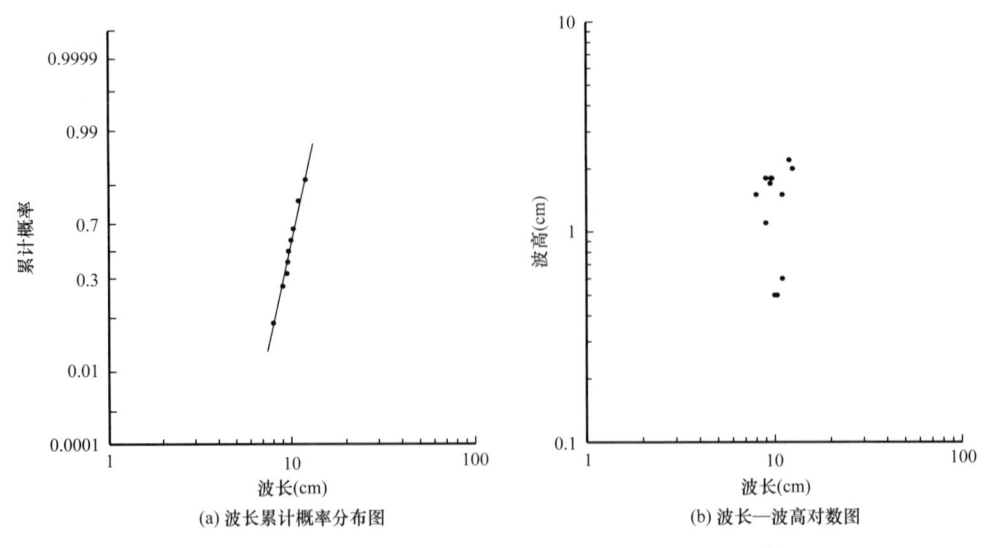

图 1-49 波长累计概率分布图和波长—波高对数图（据李向东等，2010）

能在深水中形成复合流的振荡流只有内波最有可能。内波的振幅、周期、传播速度及其存在深度的变化范围很大（Gao et al., 1998）。如内波的振幅大者可超过百米，小的仅为厘米级，并且通常在深水处振幅大，在浅水处振幅小。内波的周期变化范围从不足 1min 到长达数日或更长。其中短周期内波（含内孤立波）可在海底产生较强的振荡流，当这种振荡流遇到低密度浊流并发生交互作用时，便可形成深水环境中的复合流沉积。

6. 垂向沉积序列

通过详细的野外观察，并对 75 组沉积序列的各层厚度进行了测量和统计，李向东等（2011b）总结出了研究区香山群徐家圈组沉积序列理想模式（图 1-50）。该模式可分为三个部分，从下到上依次为密度流沉积层（Ⅰ）、牵引流沉积层（Ⅱ）和悬浮沉积层（Ⅲ）。

密度流沉积层（Ⅰ）：由细砂岩和粉砂—细砂岩组成，其中细砂岩包括中砂质细砂岩、含粉砂细砂岩和粉砂质细砂岩。厚度变化范围一般为 20~400cm，最薄为 7cm，最厚可达 800cm，平均厚度为 130cm（图 1-50，图 1-51a、b）。底面与下伏黏土岩呈突变接触，研究区北部下石棚至大柳树沟一带可见到槽模、沟模等底面构造，其中以下石棚和王家沟最为发育（图 1-39b）。顶部以渐变接触为主（图 1-51a、c），也可出现粒度突变（图 1-51b）。该层内部一般无沉积构造，偶尔可见正粒序层理，正粒序层理主要出现在研究区东南部康拉拜附近（图 1-39b）。

牵引流沉积层（Ⅱ）：由粉砂岩系列组成，在徐家圈一段和二段下部以泥质粉砂岩为主，在徐家圈组二段上部以钙质粉砂岩为主，在徐家圈组三段以粉砂质灰岩为主。厚度变化范围一般为 3~60cm，最厚为 90cm，平均厚度为 28cm（图 1-50、图 1-51）。上、下界面均可呈突变或渐变接触。相对而言，牵引流沉积层交错层理比较发育，总体上可分为两组。第一组是平行层理、准平行层理、复合流层理和小型丘状交错层理，该组虽然在研究区并不发育，但却是徐家圈组一段的主要交错层理类型。第二组是单向交错层理、双向交错层理和平行层理，主要发育在徐家圈组二段上部和徐家圈组三段，是徐家

沉积组合理想模式		描述	沉积过程	流体类型
(图示)	III	岩性为黏土岩或泥晶灰岩	垂直降落为主	半深海
	IIb	岩性为粉砂岩系列,其中钙质粉砂岩和粉屑灰岩中沉积构造发育;以双向交错层理和单向交错层理为主,偶见平行层理	细粒沉积物改造	内波、内潮汐
	IIa	主要由粉砂岩组成;沉积构造有小型丘状交错层理、准平行层理和复合流层理,该沉积单元很不发育	悬浮物质沉降速率较低,牵引流占主导并使得沉积物沉积再悬浮	复合流
	I	由细砂岩和粉砂—细砂岩组成,分选较好,以块状为主,顺流向下有少量正粒序;底面有时发育槽模、沟模,顶面偶见与复合流有关的波痕	悬浮物质高速率沉降	浊流底部的密度流

图1-50 徐家圈组垂向沉积序列理想模式图(据李向东等,2011b)

Ⅰ—密度流沉积层;Ⅱ—牵引流沉积层,Ⅱa—复合流作用阶段,Ⅱb—内波、内潮汐改造阶段;Ⅲ—悬浮沉积层;
1—块状或正粒序砂岩;2—复合流层理;3—交错层理;4—黏土岩

图1-51 徐家圈组垂向沉积序列

(a)灰绿色细砂岩、粉砂岩和黏土岩组成的完整沉积序列;(b)浅灰色(风化为灰黄色)粉砂质灰岩中的完整沉积序列;(c)由层Ⅰ和层Ⅱ组成的不完整沉积序列,注意底面的突变接触和顶面的渐变接触;(d)由层Ⅱ和层Ⅲ组成的不完整沉积序列,注意层Ⅱ上部的小型交错层理及顶面的波状起伏(箭头);层Ⅰ为密度流沉积层,层Ⅱ为牵引流沉积层,层Ⅲ为悬浮沉积层,注意各层的厚度变化圈组的主要交错层理类型。形成交错层理的岩石中，粗碎屑含量最多的是砂质粉砂岩，粗碎屑含量最少的是粉砂质灰岩。各类岩石中交错层理的数量从砂质粉砂岩到粉砂质灰岩依次增多，即砂质粉砂岩中仅存在个别交错层理，黏土质粉砂岩中较少，钙质粉砂岩中则普遍增多，粉砂质灰岩中交错层理的数量最多。

悬浮沉积层（Ⅲ）：由黏土岩或泥晶灰岩与黏土岩薄互层组成。泥晶灰岩具有不平整的底界，在侧向上呈现出长的透镜状。悬浮沉积层厚度变化范围一般为5～85cm，最薄为2cm，最厚为175cm，平均厚度为30cm（图1-50）。

在垂向沉积序列中，由层Ⅰ、层Ⅱ和层Ⅲ组成的完整序列占34%，由层Ⅰ和层Ⅱ组成的不完整序列占22.4%，由层Ⅰ和层Ⅲ组成的不完整序列占31.6%，由层Ⅱ和层Ⅲ组成的不完整序列占12%。其中前三种组合方式存在于整个研究区，而后一种组合方式仅在研究区南部出现。

层Ⅰ主要为厚层的细砂岩和粉砂—细砂岩，其次为中层和块状，薄层的很少，而且细砂岩和粉砂—细砂岩在不同的厚度之间无明显的分异。在沉积物（岩）中，垂向粒度变化反映流体底层剪切速度的变化历史，而与流体结构无关（Myrow and Southard，1991；Kneller and McCaffrey，2003）；因此，该层沉积时浊流底层剪切速度无明显变化（流体时变导数为0），即浊流底层处于稳定或准稳定状态，在这种状态下，沉积主要由在空间上不均一的衰减流（Depletive Flow）形成（Kneller and Branney，1995；Mulder and Alexander，2001）。块状砂岩（无粒序和沉积构造）一般是高密度浊流中的颗粒浓度超过流体负载时快速沉降而形成（Lowe，1982，1988；Stow and Johansson，2000），该理论不仅仅适用于不稳定的衰弱流（Waning Flow），而且也适用于不均一的衰减流（Kneller and Branney，1995；Kneller and McCaffrey，2003）。因此，徐家圈组沉积序列中的层Ⅰ可能为具有高悬浮载荷降落速率（Suspended-Fallout Rate）的高密度衰减流沉积形成。

层Ⅱ下部的平行层理、准平行层理、复合流层理和小型丘状交错层理可能是短周期内波在与浊流相互作用中形成的复合流沉积（李向东等，2010），上部的双向交错层理则根据其沉积背景、所指示的古水流方向等特征解释为内波、内潮汐沉积（李向东等，2009a）。因此，牵引流沉积层可能是在浊流作用后期首先由复合流沉积形成，继而又被内波、内潮汐改造，由于该层本身沉积较薄，并且内波、内潮汐的改造又比较强，从而使得复合流沉积很不发育。

层Ⅲ则可能以深海、半深海垂直降落沉积为主，泥晶灰岩具有不平整的底界说明沉积时具有一定剥蚀性的缓慢平流，而这种平流最有可能是由能量很弱的内波、内潮汐引起（Stow et al.，2001），因为内波流的振荡流特征易形成具有剥蚀性的底流，而等深流在低速时一般以层流为主，不具有剥蚀性。

7. 沉积作用模式

宁夏香山群徐家圈组沉积于深水下斜坡环境，以浊流沉积为主，同时发育内潮汐、短周期内波及深水复合流沉积，其顶部的薄层状石灰岩具有区域扩散型热水沉积岩特征，沉积时大地构造环境可能不是简单的被动大陆边缘，而是兼具被动大陆边缘、活动大陆边缘和大陆岛弧性质（李向东等，2009a，2010，2011c；He et al.，2011）。从地层分区上讲，宁夏中卫与同心地区隶属于秦—祁—昆地层区的祁连—北秦岭地层分区，为宁夏南部地层小区，或称为中宁—武威地层小区（宁夏回族自治区地质矿产局，1996）。就地层发育情况而言，研究区香山群之上为志留系照花井组—旱峡组或泥盆系石峡沟组—中宁组，它们之间呈角度不整合接触，其上为石炭系前黑山组和臭牛沟组，地层系统属于祁连造山带。近年对香山群狼嘴子组顶部的硅质岩进行地球化学研究的结果显示，其为含较低的陆源碎屑物质，同时受热液作用较为明显的深水相硅质岩，进而推测该地区在早古生代属于北祁连洋的一部分（赵晓辰等，2017），其中热液作用可能和甘肃景泰老虎山蛇绿岩所显示的470—450Ma发生的北祁连洋壳俯冲有关（李三忠等，2016b）。而北祁连洋则和其东部的宽坪洋、西部的北阿尔金洋一起构成原特提斯主大洋（Yu et al.，2015；李三忠等，2016b）。因此，香山群沉积时，其所处的环境可能同时具备拉张和挤压性质，可能为弧后环境靠近大陆一侧，具体位置则可能位于原特提洋北缘，阿拉善地块和华北西部地块南缘。依据香山群沉积时所处的大地构造位置和属性，徐家圈组顶部薄层状石灰岩沉积作用概念模式如图1-52所示。

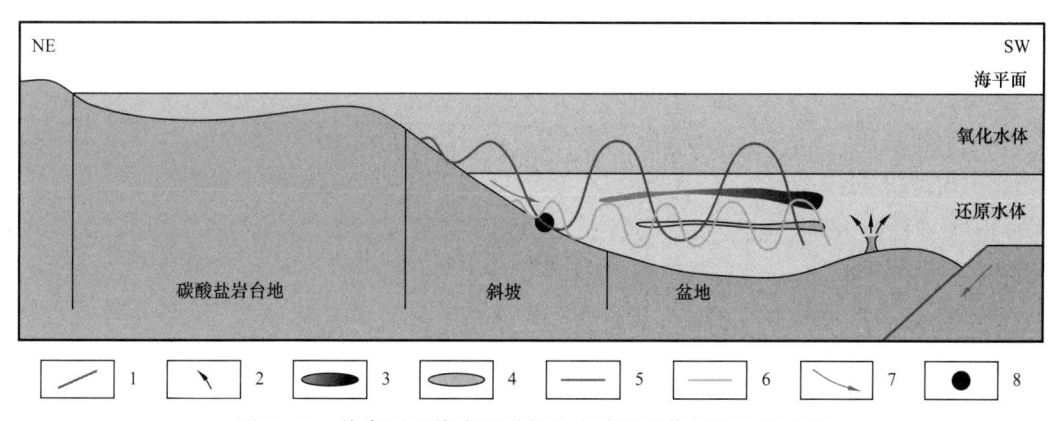

图1-52 徐家圈组热液羽引起的内波沉积作用概念模式图
1—海底俯冲带；2—海底热液喷流；3—强热液羽；4—弱热液羽；5—强热液羽引发的强内波、内潮汐；6—弱热液羽引发的弱内波、内潮汐；7—强内波、内潮汐引发的氧化水体净流量；8—研究区位置

依据北祁连造山带、研究区、阿拉善地块和鄂尔多斯盆地的地理位置，并考虑到在香山群中发现的浅水碳酸盐岩台地型寒武纪三叶虫和牙形石（周志强和校培喜，2010）以及原香山群第一亚群（康拉拜组）中含有大量的砾屑灰岩，香山群沉积时可能与鄂尔多斯碳酸盐岩台地关系较为密切，从NE至SW依次发育碳酸盐岩台地、斜坡和深水盆地（图1-52）。在徐家圈组薄层状石灰岩中，有关地球化学数据显示沉积时以弱还原环境为主，有时可呈弱氧化环境，由此推测薄层状石灰岩可能沉积于下部为还原水体、上部为氧化水体的氧化—还原分层海洋中（层化海洋），具体位置处于下部的还原水体中（图1-52）。

海洋热液一般和洋中脊或弧后盆地扩张相关（钟大康等，2015），在远离热液喷溢的地区则有可能形成热液羽（杨宗玉等，2017），依据香山群沉积时所处的大地构造位置和属性，徐家圈组的沉积（薄层状石灰岩）则可能和其SW方向的北祁连洋的扩张或弧后扩张相关（图1-52）。由于香山群徐家圈组广泛发育内波、内潮汐沉积，特别是顶部的薄层状石灰岩更是内波、内潮汐集中发育层段。因此，徐家圈组内波、内潮汐沉积可能受热液羽引起的温度变化以及盐度变化的双重控制。

在强热液羽作用时期，热液喷溢处强度较大，热液羽的垂向位置相对较高且强度大，强热液羽和海水温度差引起相对较强的内波、内潮汐作用，较大的振幅可使内波、内潮汐的作用达到上部的氧化水体。在内波、内潮汐触及海底时，会引起海水向与波动传播方向相反的方向流动（王青春等，2005），从而导致上部的氧化水体向盆地方向流动，在研究区出现氧化的沉积环境。同时，较强的内波、内潮汐也具有较强的搬运能力，较多的台地边缘物质被搬运至深水地区。在弱热液羽作用时期，热液喷溢处强度较小，热液羽的垂向位置相对较低且强度小，弱的热液羽和海水温度差引起相对较弱的内波、内潮汐作用，较低的位置和较小的振幅使得内波、内潮汐的作用局限于下部的还原水体中。此时尽管有内波、内潮汐的混合作用，但水体仍保持还原环境，同时台地边缘物质很少被搬运至深水地区。

第二章 等深流及等深流沉积

第一节 概 述

一、等深流的概念

自 20 世纪 60 年代 Heezen 等（1963）在深水区发现流水波痕进而提出"等深流沉积"术语以来，等深流及等深流沉积研究已有五十余年的历史。等深流是由于地球旋转而形成的温盐循环底流，即大致沿海底等深线水平流动的底流，也称等高流、水平流。等深流沉积分布广泛，在大西洋两岸、墨西哥湾及南海等地极为发育（Rebesco et al., 2014; 图 2-1）。

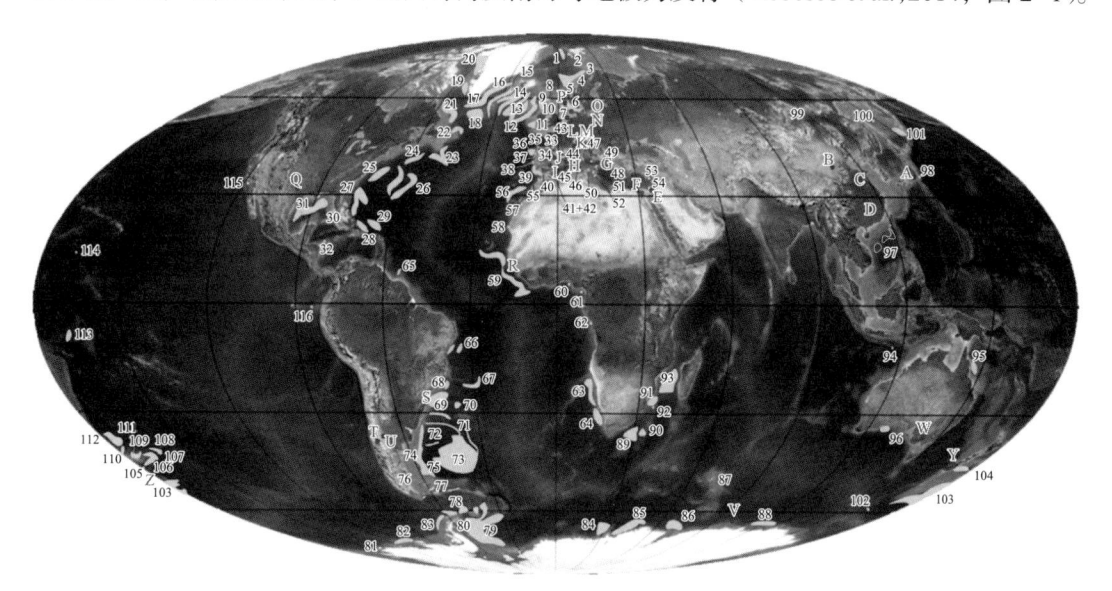

图 2-1 全球温盐环流及等深流沉积研究实例分布图（据 Rebesco et al., 2014）
阿拉伯数字表示现代沉积；英文字母表示古代沉积

目前，关于等深流相关术语相对比较多，如 Contour Current，Contour Current Deposit，Contourite 及 Bottom Current。需要指出的是，Bottom Current 在国际交流中出现较多，不同学者对其的理解应该有所不同。本书 Bottom Current 指等深流，即狭义的等深流。

二、等深流沉积研究历程

1. 研究阶段

1963 年，Heezen 等（1963）在国际物理海洋学协会（The International Association of Physical Oceanography）和国际大地测量与地球物理学联合会（IUGG）举办的第 13 届联合大会上，通过深海沉积物研究，认为深海存在"底流"，并于 1964 年在《Marine Geology》发表论文，提出了"底流"这一术语（Heezen and Hollister，1964），其为等深流的雏形。1966 年，Heezen 等（1966）在《Science》撰文，正式提出了"等深流"的概念。随后，等深流及等深流沉积开始为人所认识。等深流沉积研究大致可以分为三个阶段（图 2-2）。

初始阶段（1960—1989 年）：等深流及等深流沉积的提出，开创了一个崭新沉积学研究方向，具有里程碑的意义。Heezen 和 Hollister（1963）主要开展北大西洋的现代深海等深流沉积，包括深水照片及岩心等。Stow 和 Lovell（1979）对现代和古代等深流沉积的产状、结构、沉积构造、成分等方面进行了总结。Lovell 和 Stow（1981）总结了古代地层记录中砂质等深流沉积特征，即岩性多为粉砂岩、砂岩，泥质含量极少，生物扰动发育，无典型的垂向沉积序列，常见颗粒定向排列、重矿物富集等。同时，对比分析了浊流和等深流的时空关系及相互作用。

发展阶段（1990—2000 年）：随着等深流沉积研究不断深入，等深流沉积逐渐受到国际沉积学界的关注。1998 年，首次启动了国际地质对比计划 432 项目（IGCP432，1998—2001 年），该项目由 Stow 博士负责，针对等深流沉积进行了详细的研究，相继发表了一批重要的研究成果（Faugères et al.，1998；Viana et al.，1998；Stow et al.，2002）。2002 年，《Marine Geophysical Researches》第 22 卷出版了等深流及相关沉积专辑，介绍了等深流沉积最新进展，特别是利用地球物理（地震）研究手段的研究成果，包括等深流沉积类型、沉积特征及鉴别标志等。此外，北大西洋（Viana et al.，1998）、加的斯海湾（Faugères et al.，1998）、威德尔海（Gilbert et al.，1998）、巴西盆地南部（Massé et al.，1998）、中国西秦岭（晋慧娟和李育慈，1996）、湘西（刘宝珺等，1990）、鄂尔多斯盆地西南缘（高振中等，1995）等地都陆续见到相关报道，研究内容涉及类型、沉积特征、沉积模式及主控因素等。

综合阶段（2000 年至今）：2000 年以后，等深流沉积研究发展极为迅速，等深流沉积研究论文数量呈明显的上升趋势，在 2008 年和 2015 年呈现两个高峰期。同时，国际学术会议也增设了等深流沉积专题。2013 年，在英国曼彻斯特召开的第 30 届国际沉积学会（IAS），共筛选了 10 个口头报告、11 个展板进行了成果交流。另外，为及时了解、交流等深流沉积研究成果，加快等深流沉积研究步伐，第 1 届国际深水环流学术会议于 2010 年 6 月在西班牙成功召开（International Conference on Deep-Water Circulation: Processes and Products）。2014 年 9 月在比利时召开了第 2 届国际深水环流会议。第 3 届国际深水环流会议于 2017 年在中国地质大学（武汉）召开。同时，国际合作项目也在不断增多，包括 IODP339 与 IODP349 的顺利实施，为深入了解等深流及等深流沉积提供了丰富的一手资料。本阶段研究内容除了传统的特征、鉴别标志、沉积过程、模式及影响因素外，还扩展到了等深流相关沉积的形成过程及主控因素研究，如等深流与重力流交互作用沉积响应，以及沉积与构造相结合的交叉研究，突出沉积过程与盆地构造演化的耦合关系等。研究资料不断丰富，包括高分辨率地震资料、浅剖、浅钻、重力流活塞样及多波束等。

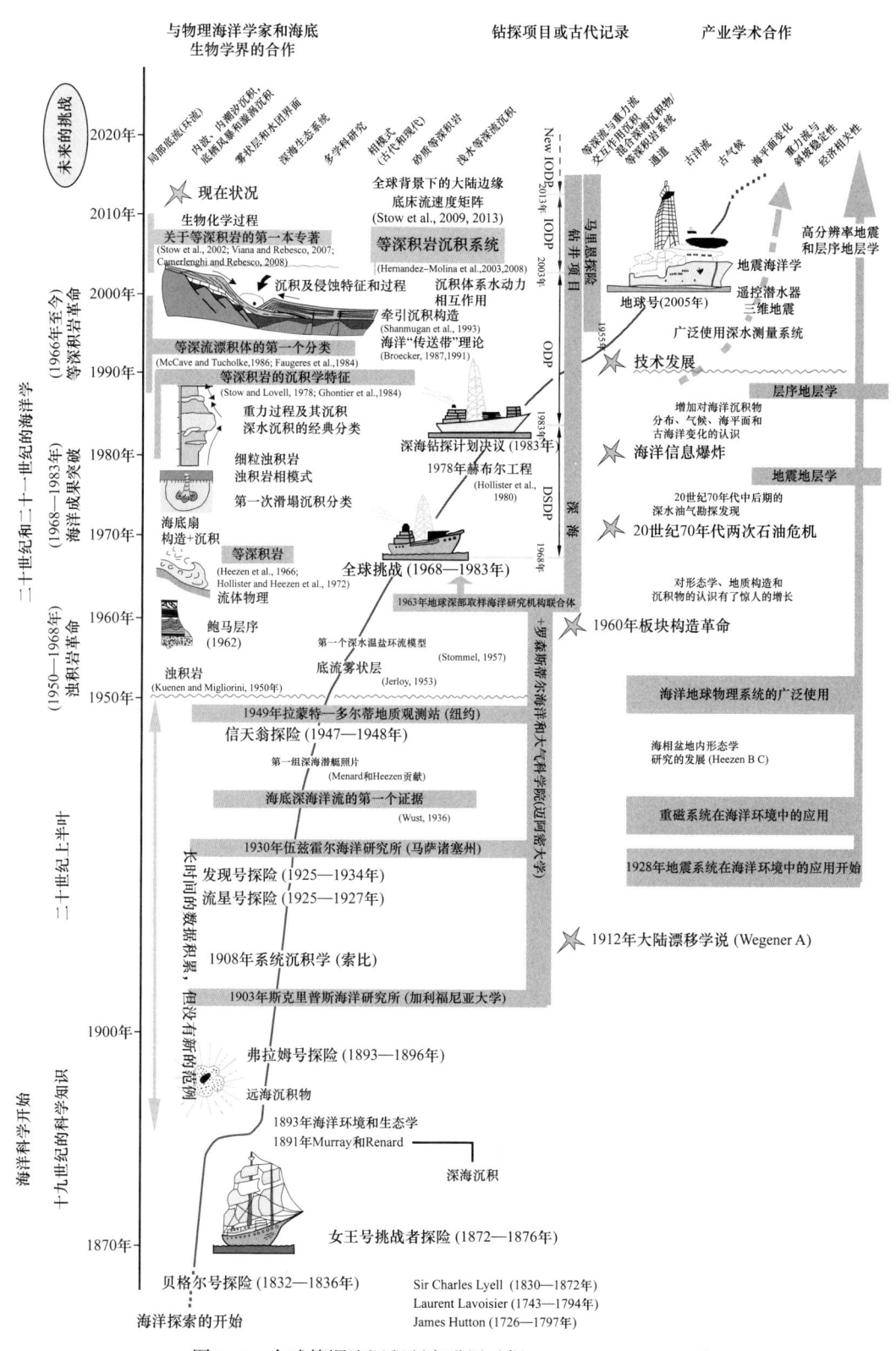

图 2-2 全球等深流沉积研究进展（据 Rebesco et al., 2014）

研究方法除了传统的地质与地球物理等定性描述研究，逐渐开始结合室内数值模拟手段，具有定性到半定量的趋势（Hernández-Molina et al.，2006；Stow et al.，2009；Chen et al.，2014）。

2. 国内等深流沉积研究

中国等深流沉积研究大致始于20世纪80年代。经过三十余年的努力研究，发现中国等深流沉积具有平面分布广、涉及层位多的特点。目前，分别在川西震旦系（文琼英等，1987），湘西—黔东、赣北及扬子地台周缘寒武系（吉磊，1994），湘北、贺兰山南麓、鄂尔多斯盆地西南缘及塔里木盆地奥陶系（李日辉，1994；屈红军等，2010），桂东南、皖中志留系（姜在兴等，1989；虞子冶等，1989），秦岭西部及南部泥盆系（晋慧娟和李育慈，1996），西秦岭、川西、湘南及闽西南三叠系（李培军等，1998），珠穆朗玛峰地区侏罗系（刘宝珺等，1982）以及南海北部珠江口盆地、琼东南盆地、台西南盆地中新统—第四系发现了等深流沉积（李华等，2013，2014；图2-3）。

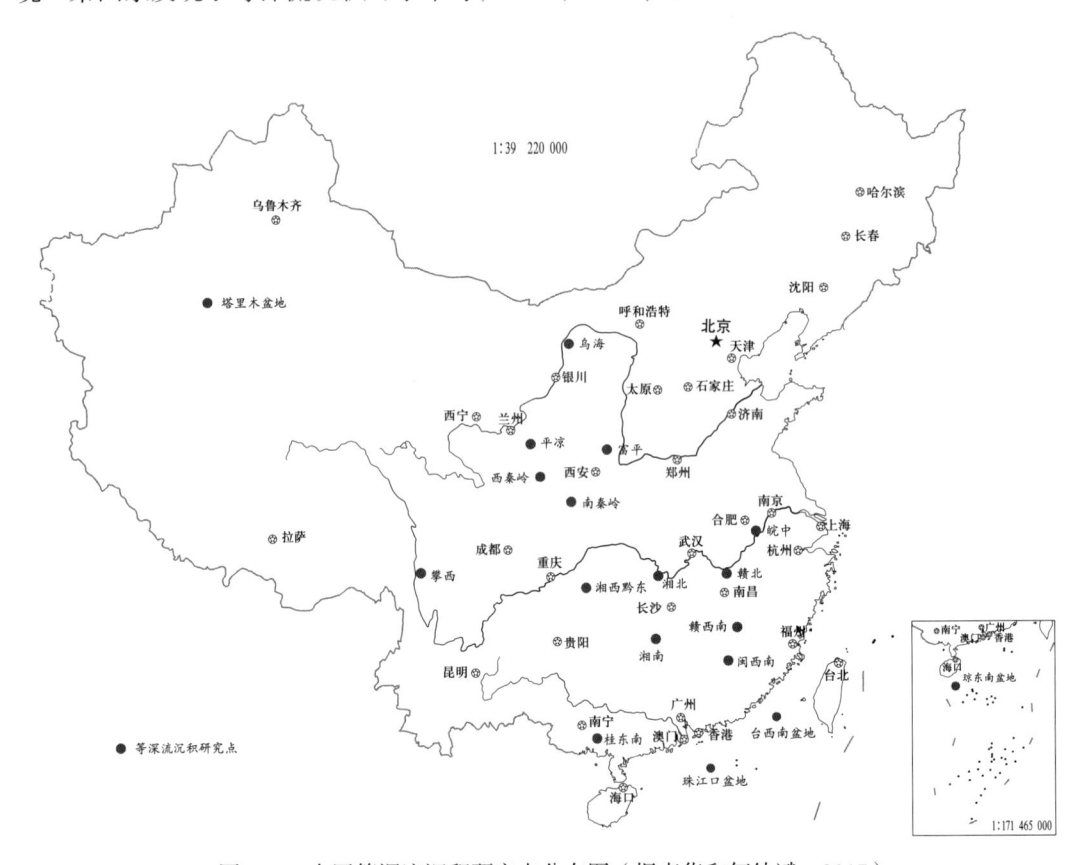

图2-3 中国等深流沉积研究点分布图（据李华和何幼斌，2017）

从研究历史及成果来看，中国等深流沉积研究时间比较短，研究成果相对较少，与国际等深流沉积研究水平还具有一定的差距。但是，中国等深流沉积研究仍然具有自己的优势，其主要体现在以下几个方面。

（1）中国古代地层记录中的等深流沉积研究相对较多。国际等深流沉积研究多以现代沉积为对象，而加强古代地层记录中等深流沉积的鉴别标志研究、沉积过程分析、沉积模式探讨及主控因素总结，有助于了解古气候、古环境及古构造。

（2）现代等深流沉积研究成果也在逐渐增多。近年来，随着研究技术和手段的不断提高，中国南海等深流沉积研究明显增多，包括琼东南盆地、珠江口盆地及台西南盆地。研究资料也日益丰富，如高分辨率地震资料、浅剖、浅钻、重力流活塞样及多波束等，研究内容除了传统的等深流沉积（等深流岩丘、漂积体），还涉及改造砂（等深流改造重力流沉积）以及重力流与等深流交互作用沉积等方面（表2-1）。

表2-1 等深流沉积国家自然基金项目统计表

序号	项目批准号	项目名称	项目负责人	依托单位	项目起止时间
1	42272113	鄂尔多斯盆地西南缘中—上奥陶统深水斜坡—海槽区等深流—重力流混合沉积形成机理	李华	长江大学	2023—2026年
2	42002125	南极陆缘等深流漂积体沉积特征、成因及演化模式——基于与加拿大陆缘的对比研究	周伟	成都理工大学	2021—2023年
3	91528304	南海深海沉积过程与机制	刘志飞	同济大学	2016—2018年
4	41502101	鄂尔多斯盆地西南缘中奥陶统重力流与等深流交互作用沉积研究	李华	长江大学	2016—2018年
5	41472096	鄂尔多斯盆地西南缘中奥陶统等深流沉积及其主控因素研究	何幼斌	长江大学	2015—2018年
6	41372115	深水单向迁移水道的成因机理及其内的浊流、内潮流与等深流交互作用研究	王英民	中国石油大学（北京）	2014—2017年
7	41172101	华北南缘与西缘早古生代等深流沉积特征类比及地质意义	屈红军	西北大学	2012—2015年
8	41172105	中扬子台地南侧下奥陶统等深岩丘形成机理研究	罗顺社	长江大学	2012—2015年
9	41072086	鄂尔多斯盆地西缘中奥陶统深水牵引流沉积研究	何幼斌	长江大学	2011—2013年
10	41106056	南海南部礼乐海区深水底流沉积特征研究	郑红波	中国科学院南海海洋研究所	2012—2014年
11	91028003	南海北部陆坡区深水沉积物牵引体的时空分布及形成机制	钟广法	同济大学	2011—2014年
12	40972077	深水重力流与底流交互作用的过程和响应——以台湾浅滩陆坡为例	王英民	中国石油大学（北京）	2010—2012年
13	49872050	下古生界深水牵引流沉积研究	高振中	长江大学	1999—2001年

（3）随着经济的增长，国家及国人海洋保护意识的加强，围绕"等深流及其沉积响应"为主题的科研项目资助力度明显加大。以国家自然科学基金资助为例，2000年以前，等深流沉积相关研究资助项目仅1项，而2010年之后，以"等深流沉积过程、形成机制

- 117 -

及主控因素"为主题的国家自然科学基金项目多达10项,重大研究项目1项("南海深海过程演变"),层位兼顾现代和古代,并且研究区都位于中国油气勘探主要区(鄂尔多斯盆地、扬子地区及南海)。

综上所述,尽管中国等深流沉积研究起步晚,但是在古代地层记录中的等深流沉积研究仍然具有较大的优势。同时,以南海现代等深流沉积研究为代表,随着技术的提高及资助力度的加强,相信在现代等深流沉积研究方面定也能获得一系列成果。

第二节 现代等深流特征

一、全球等深流运动特征

全球温盐环流是连接各大洋的重要纽带。按照水深可大致分为表层水、中层水、深层水与超深水。根据温度与盐度等可以分为温盐暖流、低盐冷流等。一般而言,特别是在半封闭洋盆中,各种流体在平面和垂向三维空间内形成封闭、动态环流系统。深层水在运动过程中可受到表层水的不断补充,该现象称为"对流传送",在极地海洋最为常见。全球环流的运动一直是物理海洋研究的主要内容。经过长期的研究,前人建立了全球环流的运动概念图(Broecker, 1991;图2-4)。在大西洋,表层暖流(表层水)向北运动,在北极拉布拉多海域与北欧海域由于温度和盐度变化,海流向下形成深水环流(深层水)并向南流动。在印度洋海域,表层暖流(表层水)由东向西运动,在南极地区下沉、倒转,形成深水环流及表层环流(南极洋流)。而在太平洋海域东岸,表层水由南向北,在赤道附近向西运动,经过澳大利亚北部进入印度洋。在南极海域形成深水环流。值得注意的是,北太平洋没有深水环流,其表层水可能更为清新。南部海域形成的深层环流密度比北大西洋大,导致深水环流运动深度更深。赤道附近上升环流以混合成因为主,而南极海域环流主要为风成最为常见,主要受盐度控制。

二、大西洋等深流

大西洋等深流主要为两极与赤道地区温度、盐度、风力和科氏力等共同作用而成(McCave et al., 1986;Faugères et al., 1993)。然而,等深流的能量、运移路径、深度等与海底地形密切相关。大西洋北部及南部地形差异明显,等深流运动路径特征具有明显不同。

北大西洋海底发育次级海盆。以洋中脊为基准,可将次盆分为东部及西部盆地,彼此不连通,仅通过洋中脊转换断层的狭窄通道相连。东部次盆主要为塞拉利昂、佛得角、加纳利、伊比利亚、罗科尔及冰岛等盆地,西部次盆包括圭亚那、北美纽芬兰、拉布拉多和埃尔明格盆地等。北大西洋等深流主要沿着洋中脊向北运动,西支在美国东岸北纬40°地区向南流动,与北大西洋深层水(NADW)混合,形成西边界流(WBUC)。东支向北运动至北欧海域,进而向西偏转,与西支等深流合并向南运动(图2-5)。本区深层等深流主要源于挪威海。

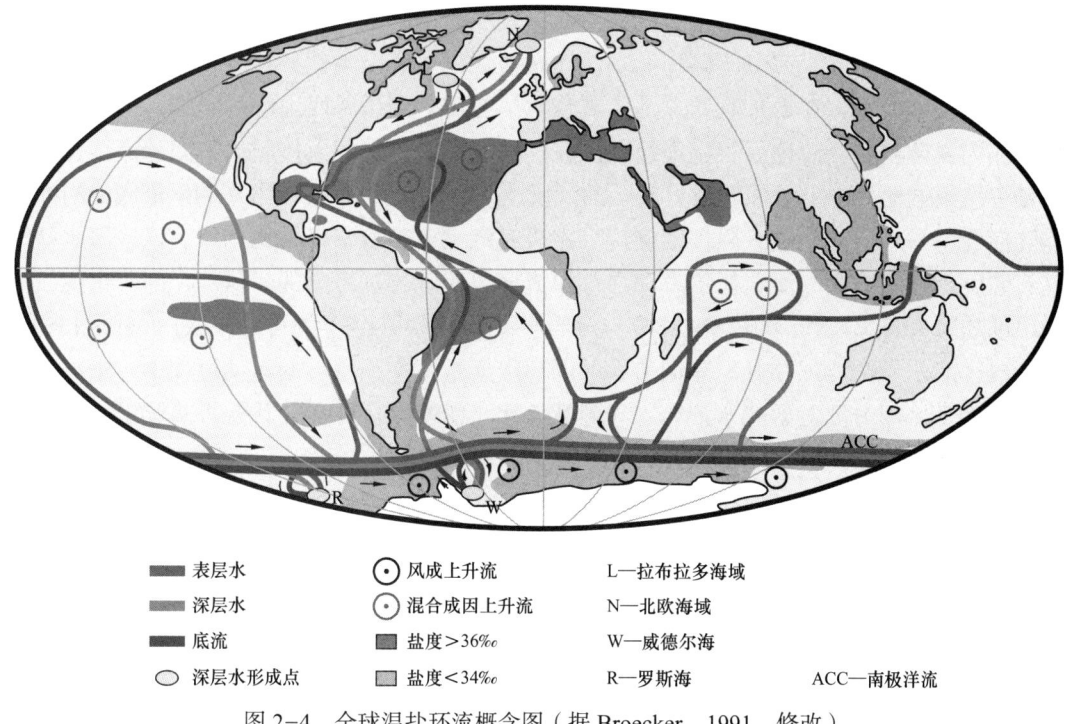

图例		
━ 表层水	⊙ 风成上升流	L—拉布拉多海域
━ 深层水	⊚ 混合成因上升流	N—北欧海域
━ 底流	▨ 盐度>36‰	W—威德尔海
○ 深层水形成点	▨ 盐度<34‰	R—罗斯海 ACC—南极洋流

图 2-4 全球温盐环流概念图（据 Broecker，1991，修改）

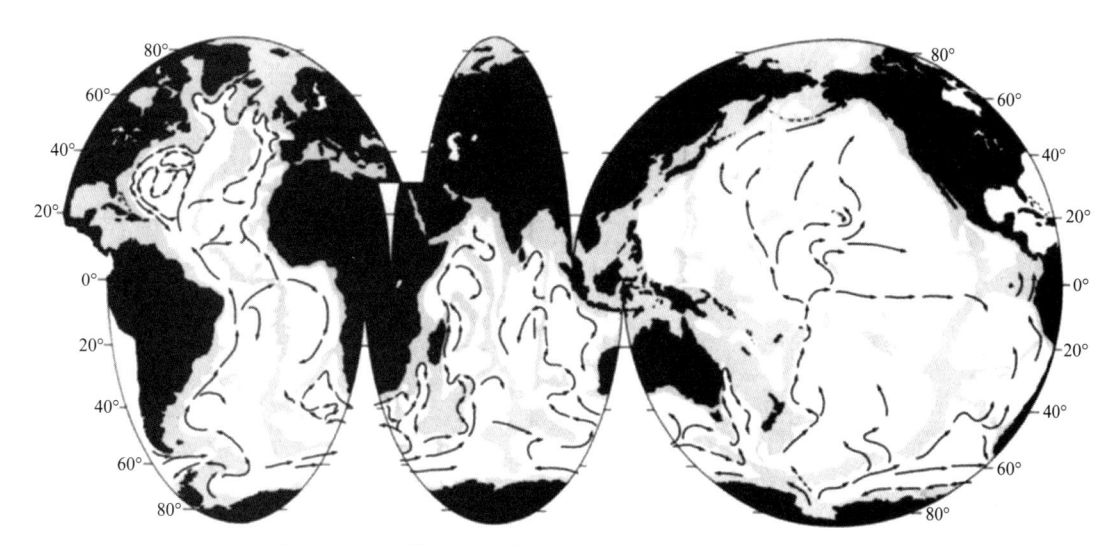

图 2-5 全球等深流运动特征图（据 McCave et al.，1986）

南大西洋洋盆与北大西洋盆地地形明显不同。洋中脊分割的次级海盆较为闭塞，洋底海山较为发育。洋中脊西侧巴西盆地被维多利亚—特林达迪山分为南、北两部分，里奥格兰德隆起将阿根廷盆地和南巴西盆地隔开，弗兰克海隆—北斯科舍海岭分开阿根廷盆地和斯科舍盆地，而南斯科舍海山将斯科舍盆地和威德尔海分开。洋中脊东侧与西侧类似。开普海隆分割了开普盆地和厄加勒斯盆地，沃尔维斯海岭隔开了开普盆地和安哥拉盆地，塞拉里昂海岭分割了安哥拉盆地和佛得角盆地。各个盆地仅通过少数深水峡谷连通，如弗兰克峡谷、韦马水道、凯恩峡谷等。南大西洋深层等深流为南极底流（Antarctic bottom water）

– 119 –

生成，其在南极分为东、西两支。西支沿南美大陆边缘由南向北活动，在阿根廷盆地呈旋涡状，部分继续向北，部分改向南运动。巴西盆地也表现出类似特征。东支向西运动，部分进入印度洋。部分在厄加勒斯盆地、开普盆地运动，由于海底地形的影响，等深流运移路径较为复杂多变。总体而言，南极底流在运动过程中，受地形控制，大部分流体被限制在各个次级盆地之中，呈顺时针方向运动，仅少部分流出盆地，约10%的南极底流沿弗兰克陡崖经韦马水道向北进入阿根廷盆地。南极底流主要来自南极威德尔海，该区海水盐度高、温度低且密度大。而威德尔海深层等深流形成于威德尔海南部及西部，部分密度较大的西部陆架水团（WSW）在陆架外缘与深部温暖水团（WDW）混合（Foster et al., 1987）。而形成于菲尔希纳冰川和龙尼冰架前缘的西部陆架水团在冰盖下的运动过程中，水温可能进一步降低，部分冰盖融化水混合，导致冰盖水（ISW）沿斜坡向下流动，与2000m之下的深层温暖水团混合，形成威德尔海底流（Gordon，1966）。

大西洋等深流研究以加的斯海湾的地中海外流（Mediterranean Outflow Water）研究成果最为丰富（图2-6、图2-7）。葡萄牙西陆架的加的斯海湾等深流循环系统主要为地中海外流经直布罗陀海峡与大西洋水团混合而成，该区海流极为复杂。地中海外流主要为高盐度暖流，其在经直布罗陀海峡向北西运动过程中，流体流速为$(0.67 \pm 0.28) \times 10^6 m^3/s$。水深400～1400m的中陆坡区域，其演化为中层等深流。直布罗陀海峡有助于高盐度温暖的地中海外流在300～1400m水深与大西洋底流混合。地中海外流的混合有利于北大西洋环流对流传送。如果没有地中海外流，大西洋环流（AMOC）可能锐减15%，而北大西洋表面温度可能降低1℃（Hernández-Molina et al., 2014）。

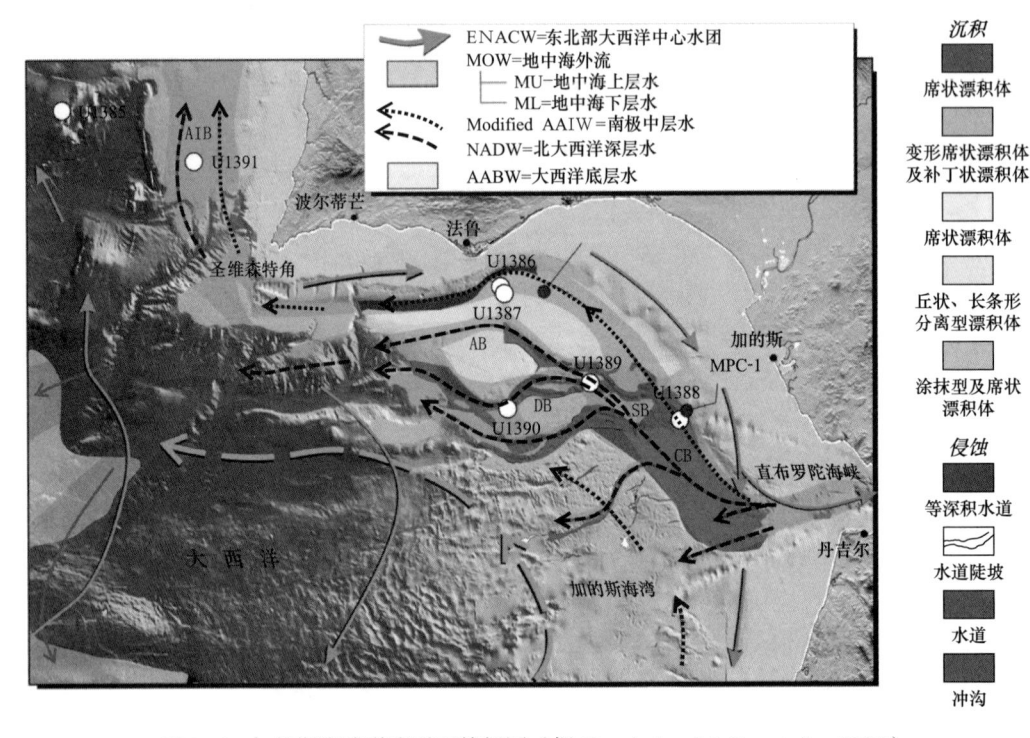

图2-6 加的斯海湾洋流平面特征图（据Hernández-Molina et al., 2015）
AB—阿尔加维盆地；CB—加的斯盆地；DB—多纳纳盆地；AIB—阿连特茹盆地

地中海外流起源于地中海盆地。地中海盆地为限制性盆地，气候干旱，水体温度为13℃，盐度约为36.5‰。其通过直布罗陀海峡速度最高达300cm/s，在大西洋进流（AIW）之下，北大西洋深层水（NADW）之上，向北西方向沿加的斯海湾中陆坡运动。北大西洋进流主要为北大西洋表层水（NASW，水深100m以浅）和东北部大西洋中心水团（ENACW）组成，温度为12～16℃，盐度为34.7‰～36.52‰，水体深度为100～700m。加的斯海湾混合南极中层水（AAIW）平均温度约10℃，盐度大致为35.62‰，溶解氧含量约4.16mL/L，多在地中海外流上层运动。北大西洋深层水主要从格陵兰流至挪威海，温度为3～8℃，盐度为34.95‰～35.2‰，水深大于1500m。地中海外流通过直布罗陀海峡时，由于科氏力作用向西偏转，在250～300m水深形成约10km宽的"环"。当其流出直布罗陀海峡向北西运动时，流速持续降低到60～100cm/s（图2-7；Hernández-Molina et al.，2014）。

三、印度洋等深流

印度洋等深流主要有南极底流、北大西洋深层水和极地深水环流（Circum Ploar Deep Water）。印度洋等深流运动与大西洋类似，与洋底地形密切相关。印度洋洋中脊呈"Y"形分布，将印度洋分为西部、东部及南部。西印度洋从南至北依次发育厄加勒斯盆地（Agulhas Basin）、厄加勒斯高原（Agulhas Plateau）、莫桑比克盆地（Mozambique Basin）、莫桑比克海脊（Mozambique Ridge）、马达加斯加海脊（Madagascar Ridge）、马达加斯加盆地（Madagascar Basin）、马斯克林盆地（Mascarene Basin）、马斯克林高原（Mascarene Plateau）及索马里盆地（Somali Basin）等。东印度洋从西至东依次发育阿拉伯盆地（Arabian Basin）、查戈斯—拉克代夫高原（Chagos Laccadive Plateau）、中印度盆地（Central Indian Basin）、东经90°海脊（Ninetyeast-Ridge）、沃顿盆地（Wharton Basin）及南澳大利亚盆地（South Australian Basin）。南印度洋发育大西洋—印度盆地（Atlantic-Indian Basin）、克洛泽盆地（Crozet Basin）、凯尔盖朗高原（Kerguelen Plateau）及南印度盆地（South Indian Basin）（图2-8）。

南极底流主要活跃于印度洋南部及西部，由南向北运动。来自大西洋—印度盆地的底流因印度洋洋中脊分为两支，分别进入厄加勒斯盆地和克洛泽盆地。一支在非洲陆缘及厄加勒斯平原进入深水区域，并以顺时针旋转返回厄加勒斯盆地。该底流在向北运动过程中由于不同比例的极地环流和深水底流混合导致水温逐渐升高，盐度增大。厄加勒斯盆地底流继续北进到达莫桑比克盆地。南极底流在莫桑比克盆地西侧向北运动至南纬25°地区开始倒转改向南沿盆地东侧运动。由于马达加斯加海脊的阻挡作用，很少有南极底流进入马达加斯加盆地。另一支底流向北进入克洛泽盆地，在盆地北部因洋中脊和马斯克林高原阻碍向西进入马达加斯加盆地和马斯克林盆地。南极底部冷流多局限在盆地西侧而表现出边界流的特征。随后，南极底流在水深3900～4200m范围向北进入索马里盆地。类似的，南极底流经水深3800～4000m的断裂转换带（洋中脊）北西向运动进入阿拉伯盆地。北大西洋深层水从北向南，大致沿非洲东部陆缘运动，在南部由于厄加勒斯高原阻挡作用表现出发散特征。

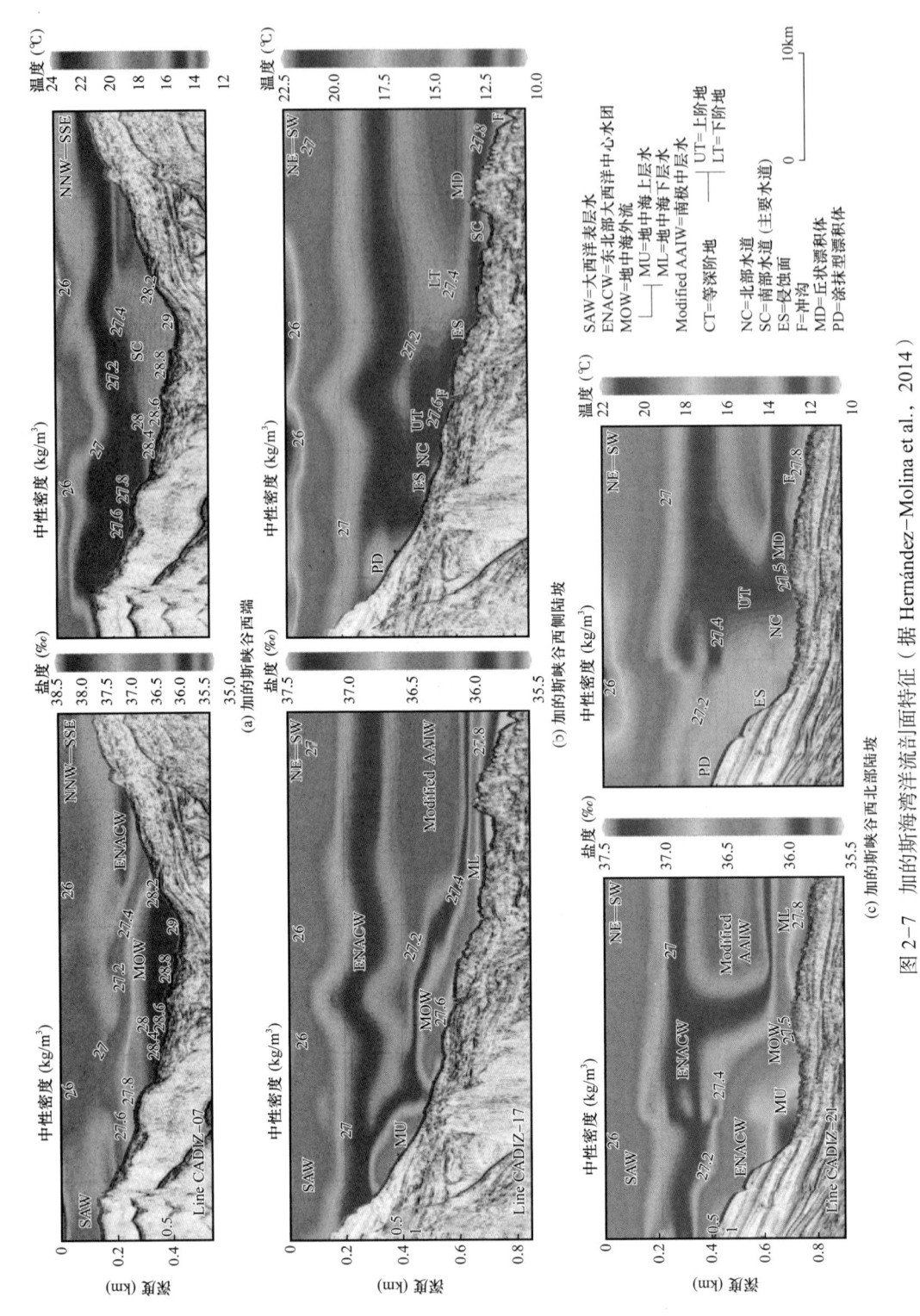

图 2-7 加的斯海湾洋流沉积剖面特征（据 Hernández-Molina et al., 2014）
左侧为盐度剖面；右侧为温度剖面

南极底流在印度洋南部向东运动,由大西洋—印度洋盆地进入南印度盆地。南极底流在南印度盆地中呈顺时针方向运动,部分底流在盆地北部向北进入南澳大利亚盆地,到达东印度洋。底流继续向西运动进入沃顿盆地,由于东经90°海脊影响,导致底流在沃顿盆地中运动方向整体向北。南极底流在中印度盆地的运动特征与沃顿盆地相似(Kolla et al., 1976;图 2-8)。

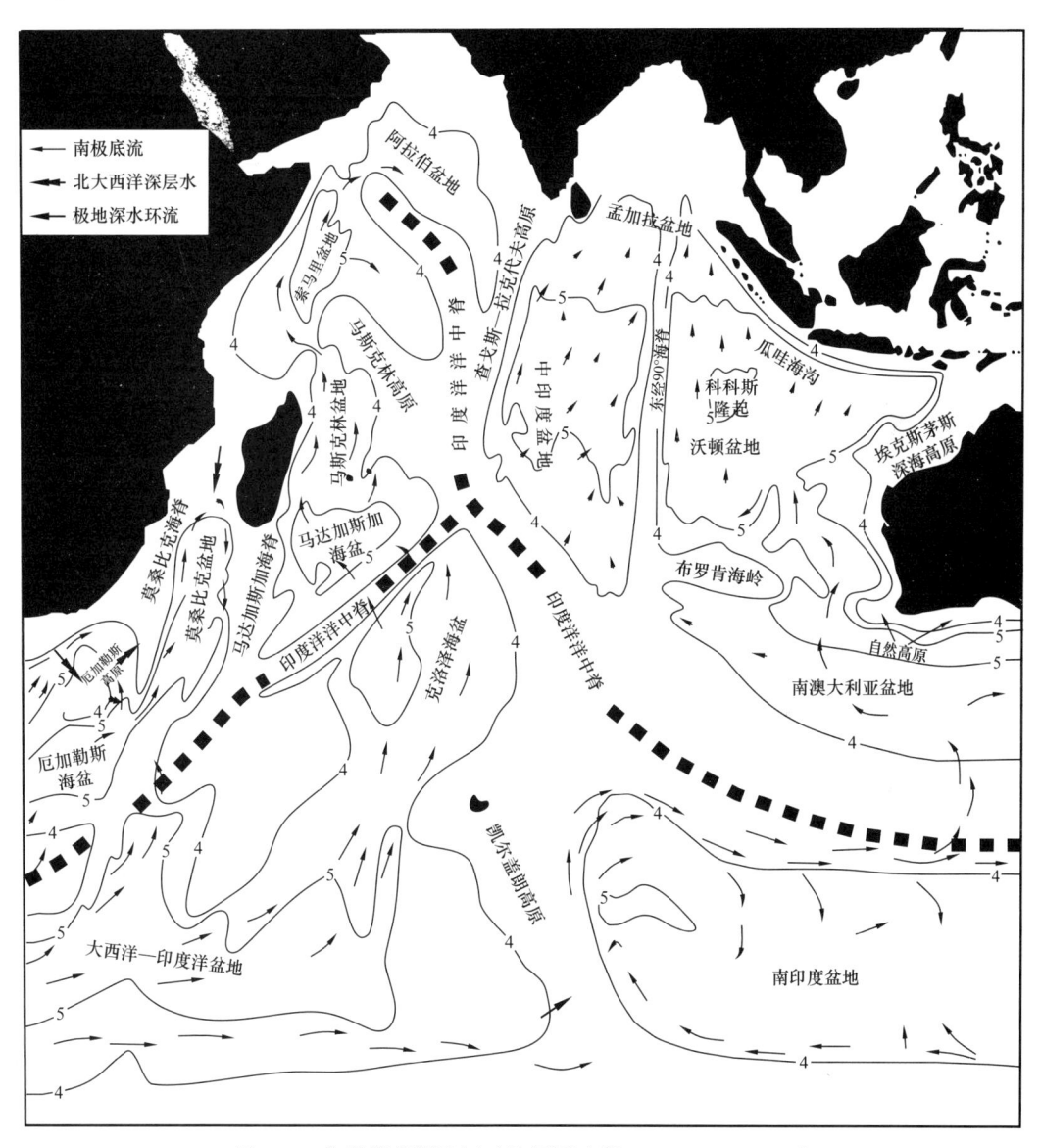

图 2-8 印度洋等深流运动特征图(据 Kolla et al., 1976)

四、太平洋等深流

太平洋深水主要来自南极底流,深水底流水深 2500m 以深整体为向北运动,而在 2500m 以浅运动方向相反向南回流。深水底流在向北运动过程中主要经历了四个海岭所分割而成的盆地，水深超过4000m的水团流动较为受限。萨摩亚水道为底流重要流经通道，其可使深水底流从南太平洋盆地进入中太平洋盆地，水道处底流流速为5~16cm/s（平均为9.3cm/s）。因海底火山作用，向北流动的南极底流分为两支，一支沿西部边界地区向北运动，一支经夏威夷南部莱恩岛链深水水道流向东北太平洋。

五、南海北部等深流

南海环流系统比较复杂，整个环流系统垂向呈"三明治"式（Yuan，2002），其可分为表层水、中层水及深层水（图2-9）。其中，南海中层水和深层水研究主要集中在台湾省西部和东沙群岛东部，吕宋海峡是南海与西太平洋的主要连接通道（Chen，2005；Lüdmann et al.，2005；谢玲玲，2009；Zhu et al.，2010；Huang，2011）。其中，Wyrtki（1961）将南海水团分为表层水（0~300m）、中层水（300~1000m）、深层水上层（1000~2500m）及深层水下层（>2500m）。Fang等（1998）将南海水团分为了表层水（0~58m）、次表层水（58~427m）、中深层水（427~2054m）及底层流（>2054m）。Chao等（1996）将其分为了表层水（<600m）、中层水（600~1200m）及深层水（>1200m）。Chen等（2005）将其分为了表层水（<350m）、中层水（350~1350m）及深层水（>1350m）。Li等（2013）同过对南海北部单向迁移水道和等深流漂积体的地震反射特征、平面分布及形成过程进行分析，推测中深层水分界约为1200m。上述分类方案中，表层水下限为300~600m，差异不大，但中层水和深层水的分界不一，相差悬殊。

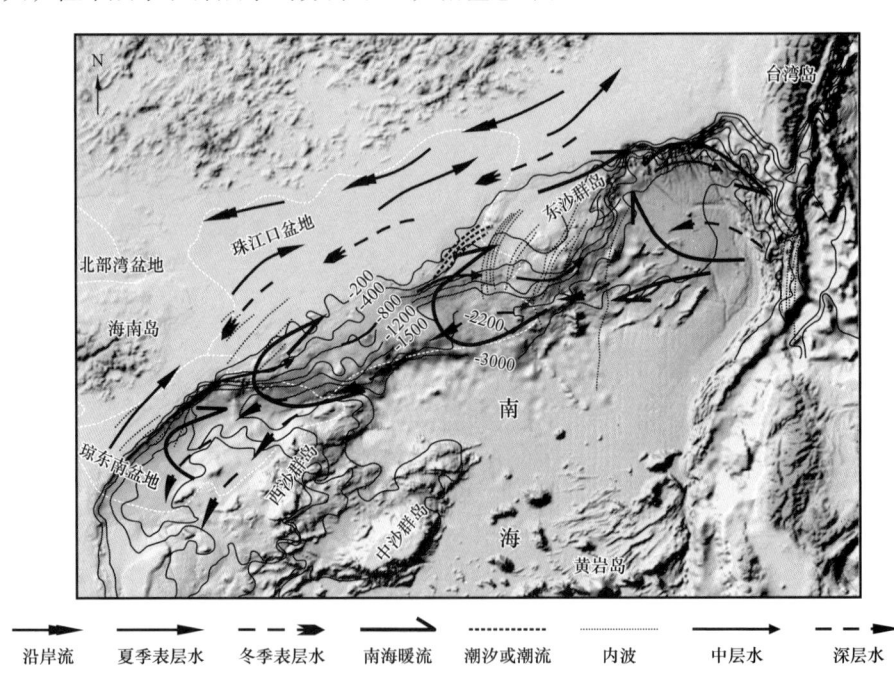

图2-9 南海北部环流特征图（据Yuan，2002；Lüdmann et al.，2005；Shao et al.，2007；谢玲玲，2009；Li et al.，2013）

南海表层水受季风的影响明显，在冬季其从北部流向爪哇海，总体呈逆时针方向；而在夏季时恰好相反，呈顺时针方向运动（Shaw and Chao，1994）。同时，其还可能受吕宋海峡进入的黑潮、沿岸流影响。黑潮是北太平洋中重要的西边界流之一，黑潮的最大影响深度为800m（郭忠信，1985），其通过吕宋海峡以顺时针方向进入南海（Xue et al.，2004），可进一步演变形成NE向的南海暖流。南海暖流主要沿南海陆架运动，为南海西边界流的主体（Zhu et al.，2010），其可通过吕宋海峡流入太平洋（刘增宏等，2011）。

南海中层水研究相对较少，一般认为其可通过吕宋海峡流入西太平洋，表现为顺时针运动特征（Fang et al.，1998；Chen，2005），可能与台湾省东部黑潮中层水最低盐度值相对较高有关（Nitani，1972），也可能与南海海盆中层的反气旋环流有联系（Yuan，2002）。谢玲玲（2009）首次在吕宋海峡水深500～900m发现反气旋涡，其将一部分中层水带向吕宋海峡南部，回流到南海；一部分从海峡北部流出，进入太平洋。尽管在水深约1000m反气旋涡消失，但是在水深1139.15m的水团仍然具有较强的逆时针运动特征（图2-9）。Li等（2013）通过对南海北部NE向迁移水道和等深流漂积体的展布及形成过程进行分析，推测南海北部中层水底界大致水深为1200m，并呈NE向运动特征，在东沙群岛东部出现分支。

深层水研究手段相对较为局限，主要依靠间接测量其盐度、温度等，随后有孔虫及地球化学分析不断被采用，另外还有学者通过深层水沉积体的识别及分布特征对深层水的存在及运动特征进行了研究（Yuan et al.，2002；谢玲玲，2009）。

南海深层水主要为北太平洋深层水经吕宋海峡进入南海海盆，沿陆架向西做逆时针运动，其流速为0.15～0.3m/s（Lüdmann et al.，2005；Shao et al.，2007；谢玲玲，2009；Li et al.，2013），形成了一系列等深流沉积（Lüdmann et al.，2005；Shao et al.，2007；Li et al.，2013）。

第三节　等深流沉积特征及鉴别标志

一、沉积特征

1. 流动速度与沉积底形

等深流具有规模大、持续时间长、较为稳定等特征，其在各大洋盆活动都较为活跃。随着研究技术和手段的提高，各地等深流速度资料逐渐丰富。早期通过已有资料统计发现，等深流速度一般较低，为5～20cm/s，局部可达50cm/s。但是，在局部地区，如地形突变、限制性环境变化等，等深流速度可局部提高达数百厘米每秒，如直布罗陀峡谷最大流速在180～300cm/s之间（高振中等，1996）。

随着等深流速度的变化，沉积物的粒度、搬运方式、沉积特征各有不同。Heezen和Hollister（1971）对等深流速度、沉积物粒度及沉积作用进行了研究。等深流沉积作用可分为侵蚀、搬运及沉积三类。其中，根据物质组分黏滞性，侵蚀作用又可分为黏滞性和非黏滞性两种。等深流速度较高时，黏土、粉砂、砂及砾级沉积物总体表现为侵蚀作用；

当等深流速度中等时,各粒径沉积物以搬运作用为主;而当等深流速度较低时,粉砂级以上沉积物以沉积作用为主(图 2-10)。

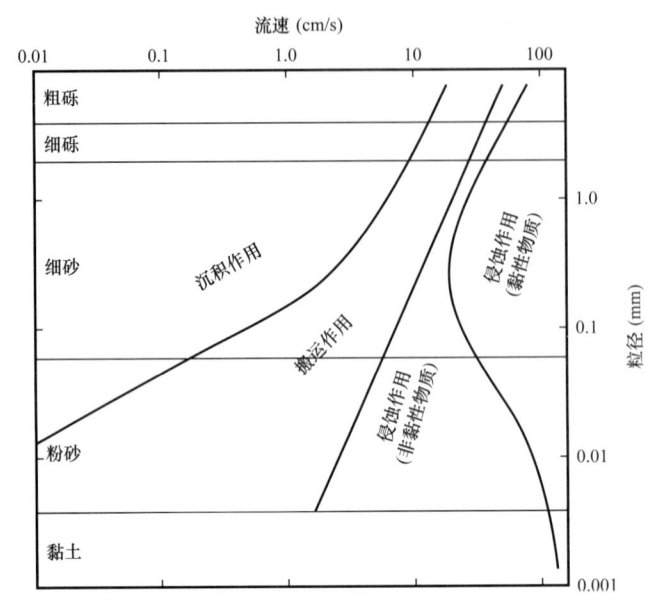

图 2-10 等深流速度—粒径—沉积作用关系(据 Heezen and Hollister,1971,修改)

Stow 等(2009)统计了 69 篇等深流研究成果,对等深流速度、位置、底形进行了系统的统计,建立了等深流速度—底形关系(表 2-2,图 2-11)。根据等深流速度、粒度及底形统计,将等深流沉积底形分为了侵蚀型(Erosion Bedforms)、沉积型(Depositional Bedforms)及光滑表面(Smooth Surface)三类。其中,侵蚀型底形包括泥质沟道(Mud Furrows)、砂质沟道(Sand Furrows)、砾质沟道(Gravel Furrows)及非对称冲刷痕(Irregular Scour)。沉积型底形有大型泥质波痕/沉积物波(Giant Mud Waves)、直线形波痕(Straight Ripples)、弯曲形波痕(Undulatory Ripples)、舌形波痕(Linguoid Ripples)、砂质波痕(Sand Waves)、新月形沙丘(Barchan Dunes)、砾质波痕(Gravel Waves)和砾质坝(Gravel Bars)。光滑表面底形主要为光滑沙席(Smooth Sand Sheet)、障碍痕(Obstacle and Scour)、砂质/砾质线理(Sand/Gravel Lineation)。等深流沉积主要有等深流漂积体(Contourite Drifts)、沙席沉积(Sand Sheets)和等深流水道沉积。

表 2-2 等深流速度与底形统计表(据 Stow et al.,2009)

底形	位置	基质	等深流速度(m/s)
光滑表面	各地区综合	泥	<0.2,0.05~0.15,0.1~0.2
	各地区综合	砂	<0.2,<0.4
线理(泥质或砂质基底,L=m,H=mm,S=cm—dm)	诺瓦斯科舍斜坡	泥	0.05~0.15,0.04~0.11
	加的斯海湾	泥	0.1~0.3,<0.2
	赫布里底群岛陆缘	泥	<0.2

续表

底形	位置	基质	等深流速度（m/s）
线理（泥质或砂质基底，L=m，H=mm，S=cm—dm）	加的斯海湾	砂	<0.3
	赫布里底群岛陆缘	砂	0.12～0.15，0.03～0.30（0.50）
	莫桑比克盆地	泥	0.08～0.10
	各地区综合	泥/砂	0.1～0.3
线理（砂/砾质沟脊，L=m，H=mm—cm，S=dm）	赫布里底群岛陆缘	砂	>0.3，0.2～0.5
	加的斯海湾	砂	0.3～0.4，0.3～0.5，0.3～0.4
	佛罗里达海峡	砂（含有孔虫）	0.1～0.4
沟脊（线形波纹，L=m，H=cm—dm，W=dm，S=dm—m）	诺瓦斯科舍斜坡	泥	0.24，0.16～0.37，0.28
	加的斯海湾	泥（含砂）	0.2～0.5
	布莱克—巴哈马盆地	泥（含有孔虫砂）	>0.4
陡崖和尾迹（丘状和遮挡沉积，尾迹 L=cm—dm，H=mm—cm）	诺瓦斯科舍斜坡	泥	0.11～0.21
	法罗—设得兰群岛水道	泥/砂	<0.3，<0.25
	赫布里底群岛陆缘	泥/砂	0.12～0.15
	苏鲁古，萨加米水道	泥/砂	<0.4
	法罗漂积体	泥	<0.2
	各地区综合	泥/砂	0.2～0.4
障碍痕和冲刷痕（L=dm—m）	法罗—设得兰群岛水道	砂/砾石	0.6～1（>1），0.5，0.6
	苏鲁古，萨加米水道	泥/砂	0.37～0.49
	赫布里底群岛陆缘	砂/砾石	0.6～1（>1）
	各地区综合	泥/砂	0.3～0.4（>0.4）
障碍痕和冲刷痕（L=10～100m）	北亚得里亚	泥/砂	0.7
	冰岛—费罗岭	砂/砾石	>0.5，0.9～1.0（>1.0）
	亚得里亚海西南部	泥/沙	<0.6
沙裙（L=5～50km，W=10～100m，H=m）	法罗—设得兰群岛水道	砂	0.75～1.5，0.9～1，0.9～1.0（>1.0）
	加的斯海湾	砂	<1，1.15～2.00，<1.5，>1，0.75～1.5
	格陵兰东南部	砂	1
	佛罗里达海峡	砂（含有孔虫）	>0.4
	各地区综合	砂/砾石	0.9～1.0

续表

底形	位置	基质	等深流速度（m/s）
沟道（泥质、砂质和砾质基底）：类型Ⅰ宽度小，深度小，L=1～10km，W=1～20m，D=1～5m，S=5～300m；类型Ⅱ宽度大，深度大，L=1～10km，W=10～150m，D=5～30m，S=20～300m	北亚得里亚	泥	0.7
	坎波斯斜坡	砂	0.6～1.2
	法罗—设得兰群岛水道	砂/砾石	＞1.0
	加的斯海湾	砂/砾石	1.15～2.00，＜1.5，0.7～1.5
	墨西哥湾西北部	泥/砂	＜1.0
	亚得里亚海西南部	泥/砂	0.17（0.6）
	布莱克外脊	泥	＞0.2
	百慕大	泥	0.2
	各地区综合	泥	＜0.3
		砾石	1.0～1.5（＞1.5）
侵蚀痕/滞留沉积	坎波斯斜坡	砂/砾石	0.6～1.2
	直布罗陀海峡	基岩	2～3，＜3，＞1
	加的斯水道	基岩/砾石	＞0.8
	加的斯海湾	基岩/砾石	（1），1～2.5，＞0.5，＞1
	法罗—设得兰群岛水道	基岩/砾石	1～2.5
	英国西北部斜坡	砂/砾石	0.6～1.0（＞1.0），＜1
	各地区综合	黏性沉积	＞0.4
直线形、曲线形、舌形波痕（W=0.01～1.0m，H=0.02～0.1m）	赫布里底斜坡	砂	0.15～0.25，0.03～0.30，0.48，＞0.3，0.25～0.30
	罗科尔边缘	砂	0.2～0.5
	加的斯海湾	砂	0.3～0.4，0.2～0.3，0.1～0.4，＜0.5，0.17～0.50
	史考特海	砂	0.4
	苏鲁古，萨加米槽	砂	0.20～0.49
	佛罗里达海峡	砂（含有孔虫）	＜0.6
	法罗—设得兰群岛水道	砂	0.6，0.25～0.50
	中太平洋海山	砂（含有孔虫）	＜0.3
	卡内基海脊	砂（含有孔虫）	0.17～0.50
	萨摩亚水道	砂	0.2～0.5
	各种地区综合	砂	0.1～0.6，0.20～0.35

续表

底形	位置	基质	等深流速度（m/s）
沙波（种类多，多为二维沙波，$W=5\sim500$m，$H=0.5\sim5.0$m）	赫布里底群岛陆缘	砂/砾石	>0.3
	坎波斯斜坡	砂	>0.6，0.4~0.7
	加的斯海湾	砂	0.40~0.75，<1，0.6~1.0，0.25~0.70，0.5~0.8，<0.75，0.7~1.0（>1.0），0.40~0.75
	佛罗里达海峡	砂（含有孔虫）	<0.6
	太平洋中部海山	砂（含有孔虫）	<0.3
	格陵兰东南部	砂	0.7~1.0
	综合	砂	0.9~1.0
沙丘（各种类型，主要是三维沙丘，$W=0.6\sim10$m，$H=0.1\sim1.0$m）	坎波斯坡	砂	0.9（1.2）
	加的斯海湾	砂	0.6~0.8，0.6~1.0
	法罗—设得兰群岛水道	砂	0.4~1.0，0.5~0.6（0.8），0.7~1.0
	冰岛—费罗岭	砂	0.5~0.7
	卡内基海脊	砂（含有孔虫）	>0.3，0.25~0.30
	墨西哥湾	砂	>0.3
	各地区综合	砂	0.40~0.75
大型沉积物波（$W=0.5\sim5$km，$H=10\sim80$m）	大安的列斯群岛外海脊	泥	0.02~0.17
	赫布里底群岛陆缘	泥	<0.2，0.15~0.25，<0.25
	科西嘉海峡	泥	0.08~0.17
	北韦德尔海	泥	0.02~0.16
	斯科舍海	泥	0.17~0.26
	加的斯海湾	泥	0.1~0.2，0.1~0.3，0.1~0.2
	萨皮奥拉漂积体	泥	0.15，0.1~0.2
	北亚得里亚海	泥	0.02~0.28
	莫桑比克盆地	泥	0.08~0.10
	各地区综合	泥	0.05~0.20，0.17~0.25，0.05~0.20，0.1~0.3，<0.2

注：L—长度；W—宽度；H—高度；D—深度；S—间距；km、m、dm、cm、mm 分别代表千米、米、分米、厘米及毫米；表中数值区间表示为平均速度（最大速度）。

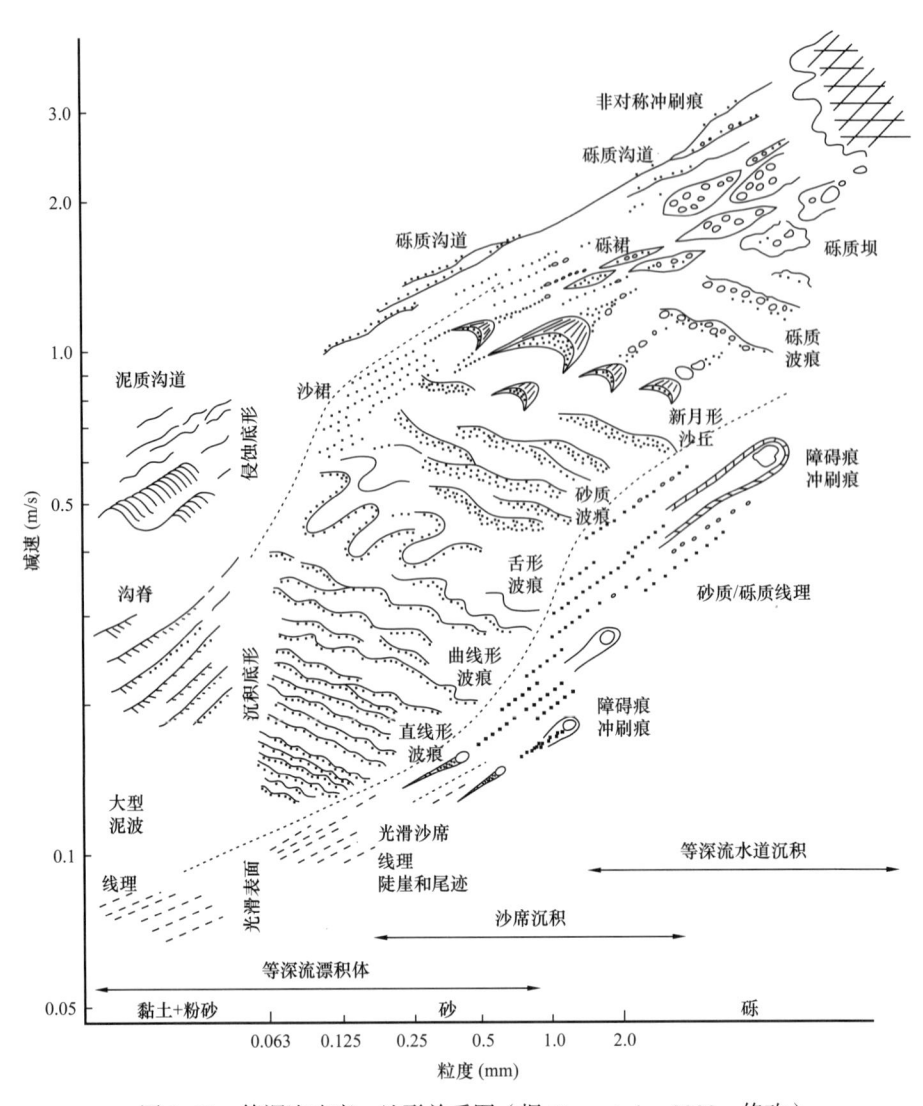

图 2-11 等深流速度—地形关系图（据 Stow et al., 2009，修改）

线理（Surface Lineation）多分布于沉积物表面，呈直线形，平行或大致平行于层面，相互分离或成群出现。该底形较为常见，规模与基底具有密切关系。泥质基底线理沉积为毫米级，等深流速度为 0.1~0.2m/s。砂质、砾质及复合基底中线理规模为厘米级。等深流速度为 0.3m/s 时，可形成砂质线理，而速度达到 0.5m/s 时可形成砾质线理。

沟脊是黏滞性泥质基底线形特征术语。沟道为明显的侵蚀作用而成，多分布在狭窄且具有明显脊线的凸起之间。凸起脊位于沟道之间，可能为残余沉积。沟道形态具有直线和曲线等多种形态，规模较小（厘米级），等深流速度为 0.15~0.30m/s，然而，等深流速度大于 0.4m/s 时可形成大型沟脊地形（1~5m）。

陡崖和尾迹为等深流经过陡崖或障碍物时形成的长条形丘状沉积。当等深流流速为 0.1~0.3m/s 时，陡崖和尾迹地形可发育在泥质或砂质基底上，并与线形表面地形伴生。当速度更高时（＜0.4m/s），其更为发育。

障碍痕和冲刷痕为等深流经过障碍物时，在下游方向形成的长条状痕迹。尽管其有可能包含沉积尾痕，但其多为侵蚀成因（等深流速度为0.4～1m/s），长度从几米到数百米变化。当等深流速度较低时，可形成小规模的障碍痕和部分冲刷痕（厘米级）。另外，无障碍物时，新月形侵蚀痕、不规则冲刷痕及工具痕也可发育。

沙裙（Sand Ribbon Mark）为长条形丘状砂/砾沉积，沙裙相互规律分布，脊线平直或呈低幅度弯曲底形，长轴方向大致与等深流运动方向平行，规模较大（宽度为10～100m，长度为5～50km），局部规模较小。当等深流速度为0.7～1.5m/s，砂质或砾质沉积物发生搬运、侵蚀等作用，沉积物的再搬运、沉积作用可形成长条形丘状沙裙。

沟道（Furrow）为早期侵蚀作用而成，呈长条形，规律或不规律分隔，相互平行或呈低幅度弯曲底形。沟道底形为侵蚀海底而成，与丘状沉积成因不同，规模较大（宽度为5～150m，长度为1～10km）。根据规模和形态可将沟道进一步细分。沟道内可见粗粒滞留沉积、波痕或沙丘。泥质沟道形成的等深流速度通常大于0.3m/s，砂质沟道形成流速为0.6～1.5m/s，砂质或砾质沟道形成流速通常大于0.75m/s。

等深流流动速度高于0.8m/s时还可形成其他类型底形，包括长条形到不规则形态的侵蚀冲刷痕、线理、砾质滞留沉积及基底暴露等。

等深流以0.1～0.6m/s速度经过细—中粒砂质基底时，可形成波长0.1～0.6m、波高0.02～0.10m的小型波痕。平面上看，波脊线呈直线（二维波痕）、曲线（弯曲波痕）及舌形（三维波痕）。在剖面上看，波脊线多为圆滑—不规则状，整体不对称。

沙丘（Dune）波长为0.6～10m，波高为0.1～1m，部分波长较小（0.3～1.0m）。等深流速度为0.4～0.7m/s时，可形成弯曲形沙丘；而等深流速度相对较高时（0.6～1.2m/s），可形成新月形沙丘。

砂质波痕波长为5～500m，波高为0.5～5m，波脊线常为曲线。等深流运动速度为0.3～0.75m/s时可形成此类底形。与浊流水道中砾质波痕及砂质/砾质坝研究成果相比，等深流形成的砾质波痕和砂质/砾质坝报道相对较少。比拟浊流体系研究成果认为，在等深流水道及海峡中，高能的等深流（速度大于1.5m/s）作用仍可形成粗粒的波痕、砂质/砾质坝、侵蚀疤及暴露基底。而等深流速度为0.6～0.8m/s时可形成砾级锰结核（10cm的锰结核密度相对较小）。大型沉积物波（Giant Sediment Wave）规模较大（波长为0.5～10km，波高为10～80m），多为粉砂及黏土，形态多样。等深流速度为0.05～0.25m/s时，可形成大规模的泥质沉积物波。

总体来看，诸多细粒等深流沉积具有光滑沉积表面及线理，其主要为粉砂及泥质通过雾状层（Nepheloid Layer）悬浮沉积而成。小规模、相互平行、螺旋流成因的线理相互伴生。在粉砂及砂质基底上发育的各类波痕表明等深流对细—中粒沉积物的搬运、沉积作用为牵引流性质。在等深流高速区域，等深流的牵引流性质可搬运粗粒沉积物形成砂质波痕、新月形沙丘、部分砾质波痕及砾质坝。而这些地形通常被小规模的波痕所覆盖，表明等深流能量不断变化。沟道等线形地形（线理）为高流速等深流在泥质、砂质及砾质基底表面形成，代表侵蚀条件下沉积物的搬运和沉积。沟脊为侵蚀和沉积共同作用而成。

2. 沉积速率

等深流沉积速率与流速、地形、路径、沉积物、气候及海平面等因素密切相关。现代等深流沉积速率直接测量的极少，主要根据地质历史时期内等深流沉积厚度计算平均值而得来。研究表明，等深流沉积具有沉积作用较为缓慢、沉积速率较低、变化较大和分布较广等特征（高振中等，1996）。在长期侵蚀和无沉积地区，等深流沉积速率为0，而席状等深流沉积速率一般为3~10cm/ka，丘状等深流沉积速率为5~30cm/ka，局部地区等深流沉积速率可达65cm/ka（Howe et al.，1994）。常与等深流沉积伴生的远洋沉积速率一般小于2cm/ka，半深海沉积速率为5~15cm/ka（Stow and Tabrez，1998）。布莱克外海脊现代及阿拉伯地块白垩系等深流沉积速率2~20cm/ka，北大西洋等深流漂积体沉积速率为1~15cm/ka，葡萄牙南缘法鲁等深流沉积速率为1~14.5cm/ka，布莱克—巴哈马外海脊沉积速率为2~13cm/ka，加的斯海湾陆坡等深流沉积速率为1~12cm/ka，湖南奥陶系等深流沉积速率约为3.8cm/ka（表2-3）。

表2-3 等深流沉积速率统计表（据Stow et al.，2008；高振中等，1996）

地区	沉积速率（cm/ka）	数据来源
北大西洋洋中脊	0.6~12	（Davies et al.，1972）
布莱克外脊	2~20	（Hollister et al.，1972）
布莱克—巴哈马外海脊	2~13	（Klasik et al.，1975）
赫布里底群岛斜坡	5	（Leslie，1993）
加的斯斜坡	1~12	（Nelson et al.，1993）
加的斯上陆坡	1~5	（Nelson et al.，1993）
北大西洋大型长条状漂积体	2~10	（Faugères et al.，1993）
南大西洋席状漂积体	2~3	
南大西洋水道相关漂积体	2~4	
北大西洋漂积体	1~15	（Stow et al.，1984）
西北大西洋哈特顿漂积体	0.6~4	（Stow et al.，1984）
葡萄牙南缘法鲁漂积体	1~14.5	（Stow et al.，1986）
中国湖南北部奥陶系漂积体	3.8	（Duan et al.，1993）
阿拉伯地块白垩系漂积体	2~20	（Bein and Weiler，1976）

沉积物在雾状层中搬运、沉积形成等深流沉积。尽管等深流雾状层中典型沉积物浓度相对较低（0.01~0.1μg/g 或 0.02~0.2mg/L），但沉积速率可因海底风暴侵蚀和再悬浮、搬运、沉积作用而增大数十倍（McCave，1981）。其他暂时性沉积物供给也可能增加沉积速率，如局部稀释型浊流补给。

雾状层提供物源供给的来源较多，包括：（1）风吹颗粒、河流羽状流（Plumes）、冰川悬浮及火山灰等；（2）有机物质、钙质和硅质生屑；（3）垂直降落的半深海沉积；

（4）低密度浊流及异重流；（5）生物扰动及等深流再悬浮；（6）等深流侵蚀海底及沉积物再悬浮（He et al., 2008）。

不同地区不同物源供给通量（Flux）有所不同。以大西洋西北部格陵兰岛埃里克（等深流）漂积体（Eirik Drift）为例。漂积体长300km，平均宽度为70km，厚度为0.7km。深层边界流（Deepwater Boundary Current）沉积物通量最大为 $6\times10^6 m^3/s$。如果等深流（雾状层）平均质量浓度为0.1mg/L，沉积物约 2×10^{10} kg。埃里克漂积体形成与沉积物通量关系如图2-12所示。根据漂积体形成及位置，可分为漂积体上游底流沉积物输入通量、漂积体形成通量及漂积体下游等深流流出通量。其中，漂积体上游底流沉积物供给包括底流侵蚀供给（200～300kg/s）、深海沉积（100～150kg/s）、斜坡溢流供给（50～150kg/s）及浊流供给（100～150kg/s）。漂积体形成区底流总体输入通量为600kg/s，漂积体沉积体上通量为500～600kg/s，局部底流侵蚀通量为30～50kg/s，浊流、深海沉积及斜坡溢流通量分别为30～50kg/s。而漂积体下游流体流出通量为200～250kg/s。

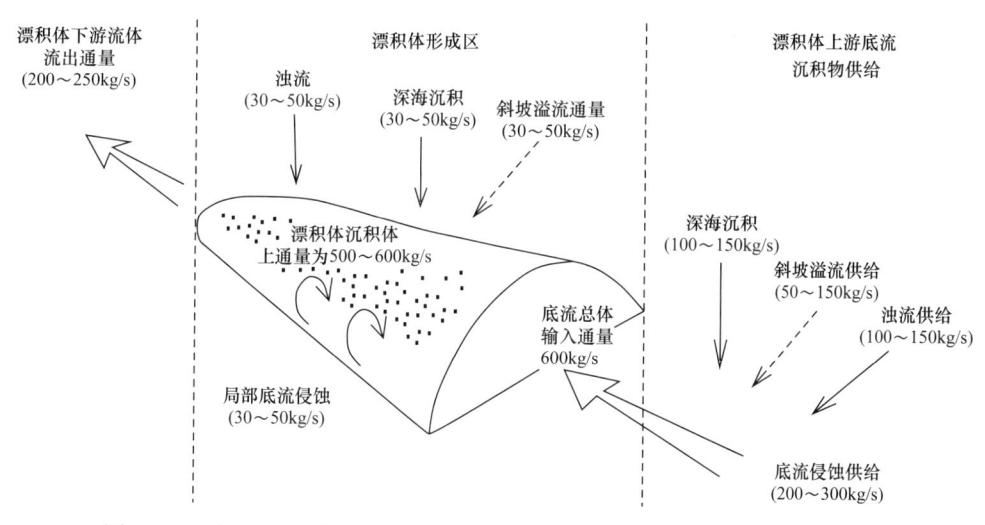

图2-12 埃里克漂积体形成与沉积物供给关系（据Stow et al., 2009, 修改）

3. 结构

1）成分

等深流沉积的物质成分包括陆源碎屑、生物碎屑、火山物质及盆地原地沉积物等。Stow等（1984）对北大西洋等深流沉积物进行了三角图解分类，三个端元分别为碎屑物质、生物碎屑及火山物质。福格尔和纳什维尔海山等深流沉积主要成分为火山物质，比约恩和格洛里亚等深流沉积成分为陆源碎屑和火山物质，法鲁和布莱克—巴哈马海脊等深流沉积以陆源碎屑物质为主，含少量生物碎屑，而费尼、斯诺里、哈顿等深流沉积主要成分为生物碎屑。

2）粒度

等深流沉积粒度与流速、物源供给紧密相关。根据已有成果发现，等深流速度和能量较为多变，可形成不同粒度、不同成分、不同类型及规模的底形。就粒度而言，等深流沉积粒度有泥级、粉砂级和砾级。但是，一般而言，因等深流运动速度较低，等深流沉积粒度通常为泥级—细砂级，仅在特殊地区可见砾级沉积。

泥级等深流沉积主要成分为粉砂岩及黏土，粒度ϕ值为3~11（0.5~125μm），一般为1.4~2.5。概率累计曲线呈一段式，以悬浮搬运为主。粉砂及黏土定向排列表明等深流具有水平流动趋势，这些特征与底流混合负载搬运、悬浮及沉积有关。细粒沉积物（粒径小于10μm）可以较大团块、絮状体、粪球粒等形式搬运，而后在粒度分析中溶解。除此之外，泥质等深流沉积中可见砂级生物碎屑（钙质或硅质），其可能为等深流搬运碎屑物质（悬浮搬运）或远洋沉积物而成。在高纬度地区，可见冰筏碎屑流沉积。砂质等深流沉积通常为细—中粒，较少有粗粒及砾级沉积物，粒度ϕ值为1~8，主要为2.5~5。概率累计曲线为典型的三段式，以跳跃和悬浮搬运为主，滚动搬运次之。生屑等深流沉积粒径及搬运方式差异较为明显（图2-13）。

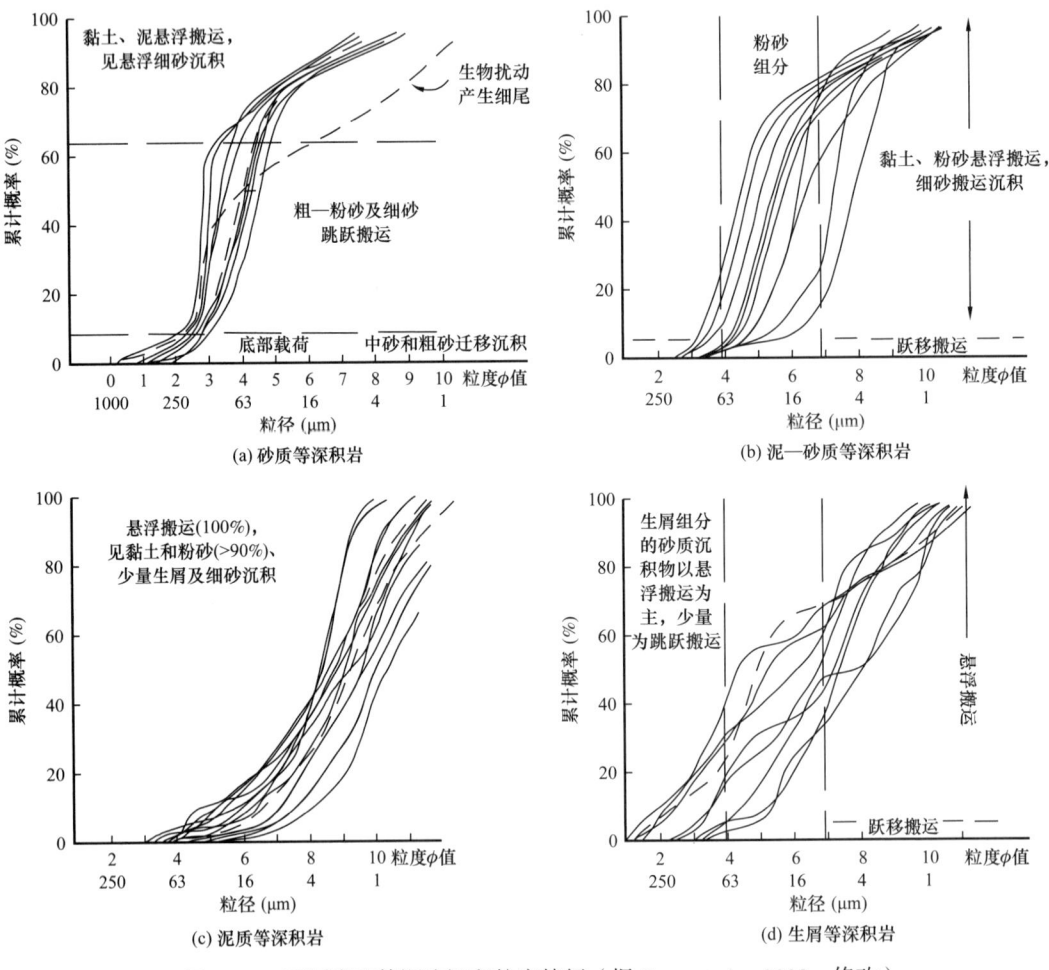

图2-13 不同类型等深流沉积粒度特征（据Stow et al., 2008，修改）

3）分选

等深流沉积物的分选与等深流流动速度、持续时间、物源等密切相关。一般而言，等深流流动速度较低、持续稳定时间长，因此，等深流沉积分选一般为中等—较好。

Yu 等（2020）对加的斯海湾 IODP 339 航次的 U1386、U1387、U1388 及 U1389 等岩心 350 个样品进行了分析。由分析结果可知，等深流沉积粒径变化较大，从黏土到粗砂都有（2~1200μm），分选极好到较差（标准偏差 σ 为 0.45~3.06），偏度很细—很粗，峰态很宽—很窄（峰度值为 0.5~2.6）。细砂—粗砂分析比黏土和粉砂对比分析好（图 2-14）。粒度参数整体具正弦曲线变化特征，从黏土—粗砂分选变差，粗粉砂—细砂分选变好，细砂—粗砂分选变差。其中，粗粒沉积物分选较为分散，粒度 ϕ 值为 4.5~6.2 的沉积物分选系数（标准偏差 σ）为 2.30~3.05（图 2-14a）。从平均粒度和偏度的关系来看，最小偏度区间对应的粒度 ϕ 值为 1.5~6.5（极负偏—负偏，偏度最小值为 -0.6），最大偏度对应的粒径 ϕ 值为 4（正偏，最大偏度值为 0.7）。大部分等深流沉积粒度 ϕ 值为 6~7.5（粗粉砂—细砂），偏度值为 0.1~0.2。粗粉砂—极细砂偏度最小，中—粗砂偏度最大，细—粗粉砂偏度值为 0 或较低值（图 2-14b）。平均粒度与峰度的正弦曲线特征相对较差，黏土—粗粉砂（粒度 ϕ 值为 4.5~5.5）峰态为正态—低峰态。粗粉砂—细砂（粒度 ϕ 值为 3.0~4.5）峰态变化幅度较大（低峰态—尖顶峰）。细砂—粗砂（粒度 ϕ 值为 0~3）多呈低峰态分布（图 2-14c）。粒度、偏度及峰态关系较为复杂（图 2-14d、e）。黏土—细粉砂分选较差—差（标准偏差 σ 为 1.5~2.5），偏度值为 0 至低值（-0.2~0.2），呈低峰态。中粉砂—细砂分选差—好（标准偏差 σ 为 0.50~2.75），偏度近对称—极负偏（偏度值为 -0.6~0）。中砂—粗砂分选较差—好（标准偏差 σ 为 0.5~1.5），偏度为近对称—极负偏（偏度值为 -0.7~0），呈低峰态—尖顶峰（峰度值为 0.6~2.5）。

4. 沉积构造

等深流持续时间较长且稳定，深水环境中可形成一系列的沉积构造，机械成因及生物扰动成因构造极为发育。当等深流能量较高时，以侵蚀构造为主，反之发育机械成因的原生沉积构造。沉积构造类型主要有侵蚀构造、波痕、交错层理、透镜状层理、平行层理、水平层理及生物扰动等（图 2-15；Martín-Chivelet et al.，2008）。

1）机械成因沉积构造

（1）侵蚀构造。

侵蚀构造是等深流沉积的重要特征，包括侵蚀面、刻蚀痕、底痕及截切面。侵蚀面在等深流沉积中常见。频繁的侵蚀面可反映等深流的脉动性，底痕指示等深流在短时间内速度突然加强。一般而言，等深流能量局部增强可能是环境及运移路径突然变化导致（Martín-Chivelet et al.，2008）。现今深海海底侵蚀表面多呈巨大的沟壑，等深流的运动速度一般大于 100cm/s（Flood，1983）。地层记录中的侵蚀构造多为中—小型（图 2-16）。

（2）波痕及交错纹层。

现代等深流成因的波痕及交错层理较为常见，特别是波痕。等深流运动速度在 0.1~1.0m/s 之间都可以形成不同规模的波痕（Stow et al.，2009）。波脊线形态多样，直线、曲线、舌形、分叉最为常见，沉积物粒度从泥级至砾级都有，以泥—砂级最为常见。波痕既有垂向叠加，又见迁移特征，波形对称—不对称。古代地层记录中等深流成因波痕报道也较多，波长一般为 5~30cm，波高为 1~4cm，波痕指数为 10~40（图 2-17）。

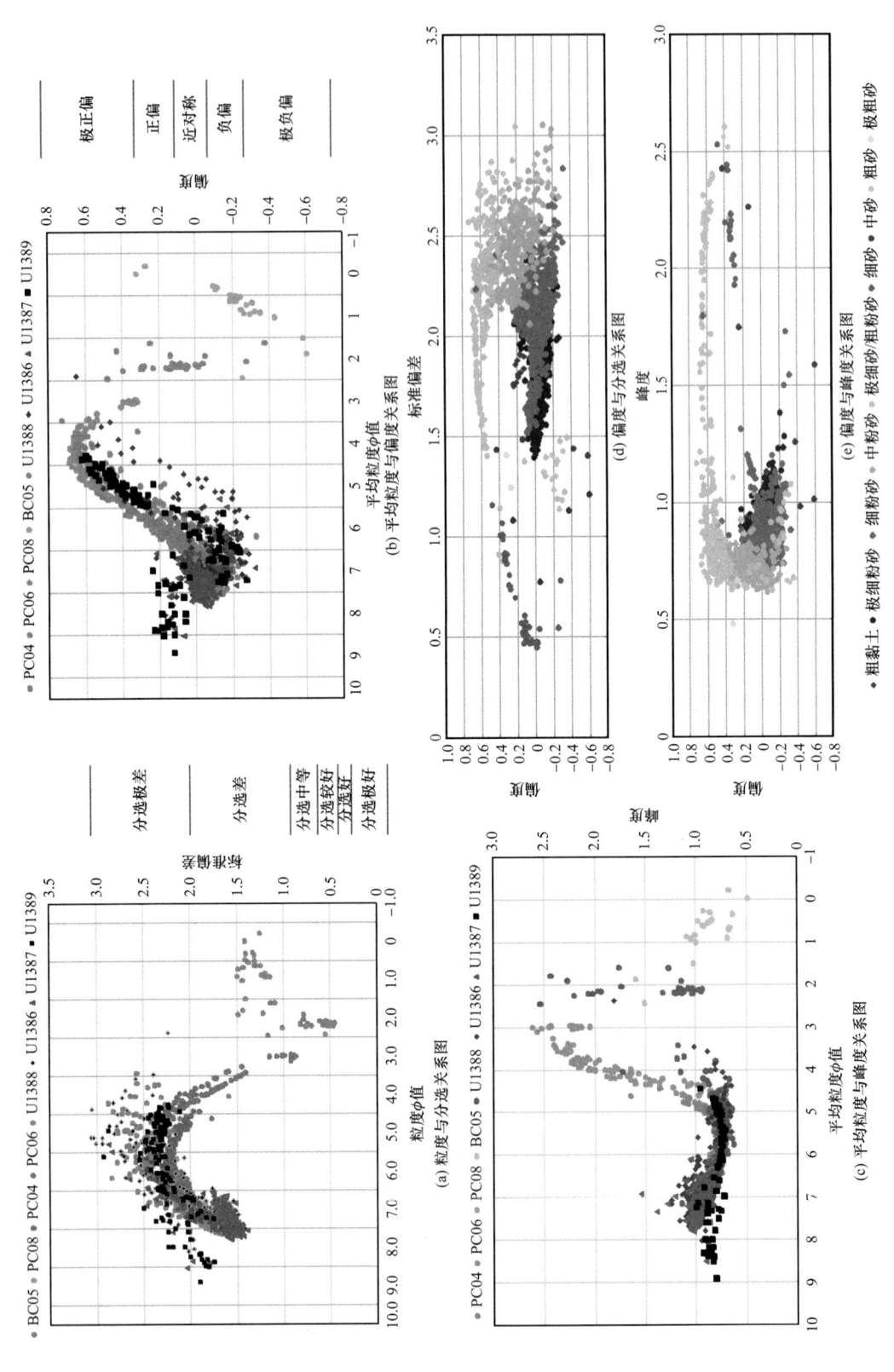

图 2-14 加的斯海湾等深流沉积粒度特征（据 Yu et al., 2020, 修改）

规模	示意图	沉积构造	主要颗粒大小	环境意义
1cm	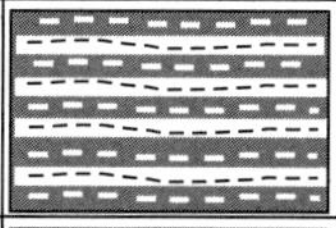	水平层理或波状纹层、剥离线理、细粒条带和束状层理	细砂、粉砂和泥	水流流动强度低，主要是悬浮沉积 √√√
1cm	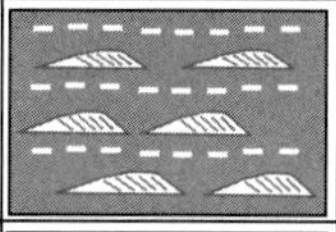	透镜状层理和饥饿波痕	细砂、粉砂和泥	交替流动条件下，水流流动强度低—中等簸选 √√√
1cm	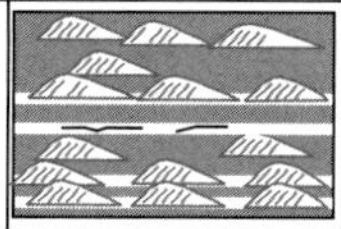	波状层理和白垩	细砂、粉砂和泥	交替流动条件下，水流流动强度低—中等 √√√
1~5cm	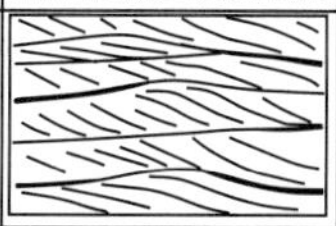	压扁层理和泥楔	极细砂—中砂	交替流动条件下，水流流速为0.1~0.4m/s √√√
1~5cm	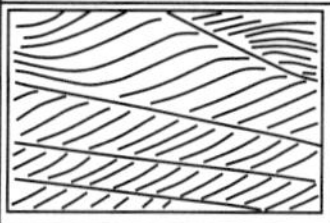	爬升波纹/痕（亚临界到超临界）	极细砂—中砂	水流流速为0.1~0.4m/s，高悬浮载荷 √√
10~50cm	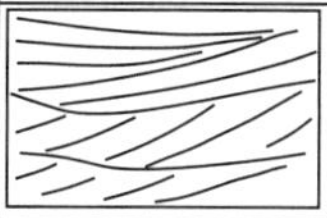	大型交错层理、沙丘和沙波	中砂	水流流速为0.4~2m/s，新月形沙丘流速通常为0.4~0.8m/s √√
1cm		平行纹理，原生线理发育	极细砂—中砂	水流流速为0.6~2m/s √
1cm	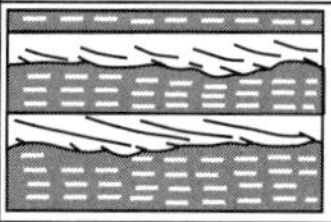	小型侵蚀面，可见泥砾，与上部地层呈突变接触	砂、粉砂和泥	交替流动条件下，水流流动强度低—中等 √√
1~5cm	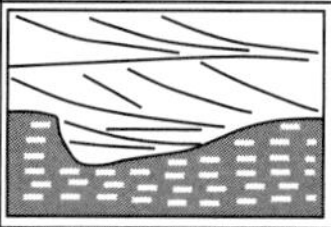	底痕、槽模、障碍痕、纵向冲刷痕和冲蚀构造	砂、粉砂和泥	流速达到最大 √
5cm		纵向波痕	粗砂质泥岩（砂质含量20%）	流速低（2~5cm/s），簸选 X
1~10cm	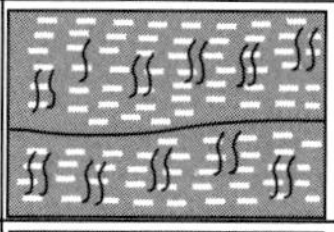	生物扰动（变化强烈）	砂、粉砂和泥	水流流速小，古生物控制作用强，沉积速率低—中等 √√√
3~20cm	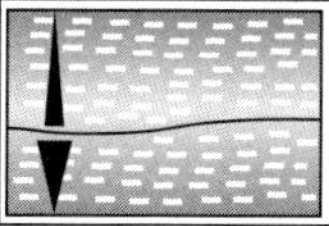	不同规模、类型沉积中发育的正、反递变层理	从粗砂到泥，主要为细砂、粉砂和泥	流速逐渐变化
0.1~2cm	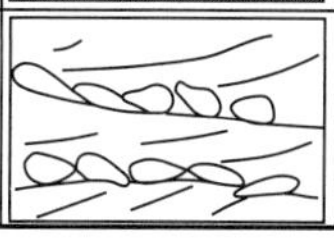	卵石滞留和沟道	粗砂、细砾	水流流速超过2m/s √

化石记录丰度：√√√ 很多　　√√ 较多　　√ 少　　X 未描述

图 2-15　等深流沉积构造（据 Martín-Chivelet et al., 2008，修改）

- 137 -

图 2-16 等深流沉积中的侵蚀构造（据 Martín-Chivelet et al., 2008）

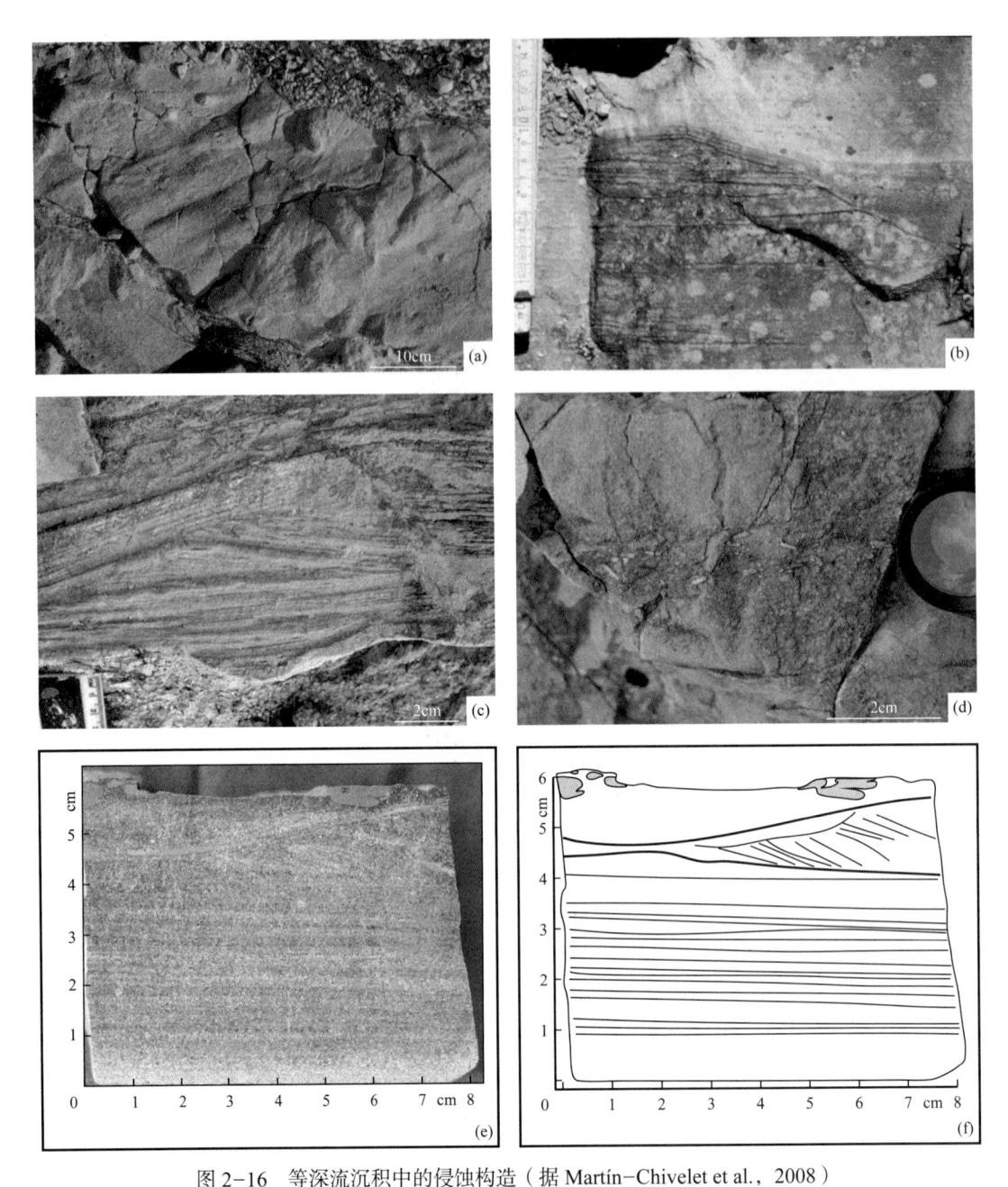

（a）冲刷痕，槽模，泥质沉积，西班牙；（b）和（c）小型侵蚀构造，砂质沉积，西班牙；（d）生屑再搬运沉积，上白垩统，西班牙；（e）和（f）小型侵蚀构造，上部侵蚀，下部为平行层理，奥陶系砂屑灰岩，鄂尔多斯盆地南缘

波痕在地层剖面上看，为一系列的爬升交错纹层组成（图 2-17b、c）。根据迎流面坡度与爬升角度的关系可将波痕分为两类（Allen，1984）。当坡度大于爬升角度时，处于亚临界环境，爬升纹层中纹层向上倾斜与突变的侵蚀边界分隔；相反，当坡度小于爬升角度时，处于超临界环境中，爬升纹层以迎流纹层为主。模拟实验认为爬升层理的形成受悬移和底床载荷的影响（Ashley et al.，1982）。超临界环境中沉积物以悬浮搬运为主，而亚临界环境中沉积物以底床载荷最为常见。

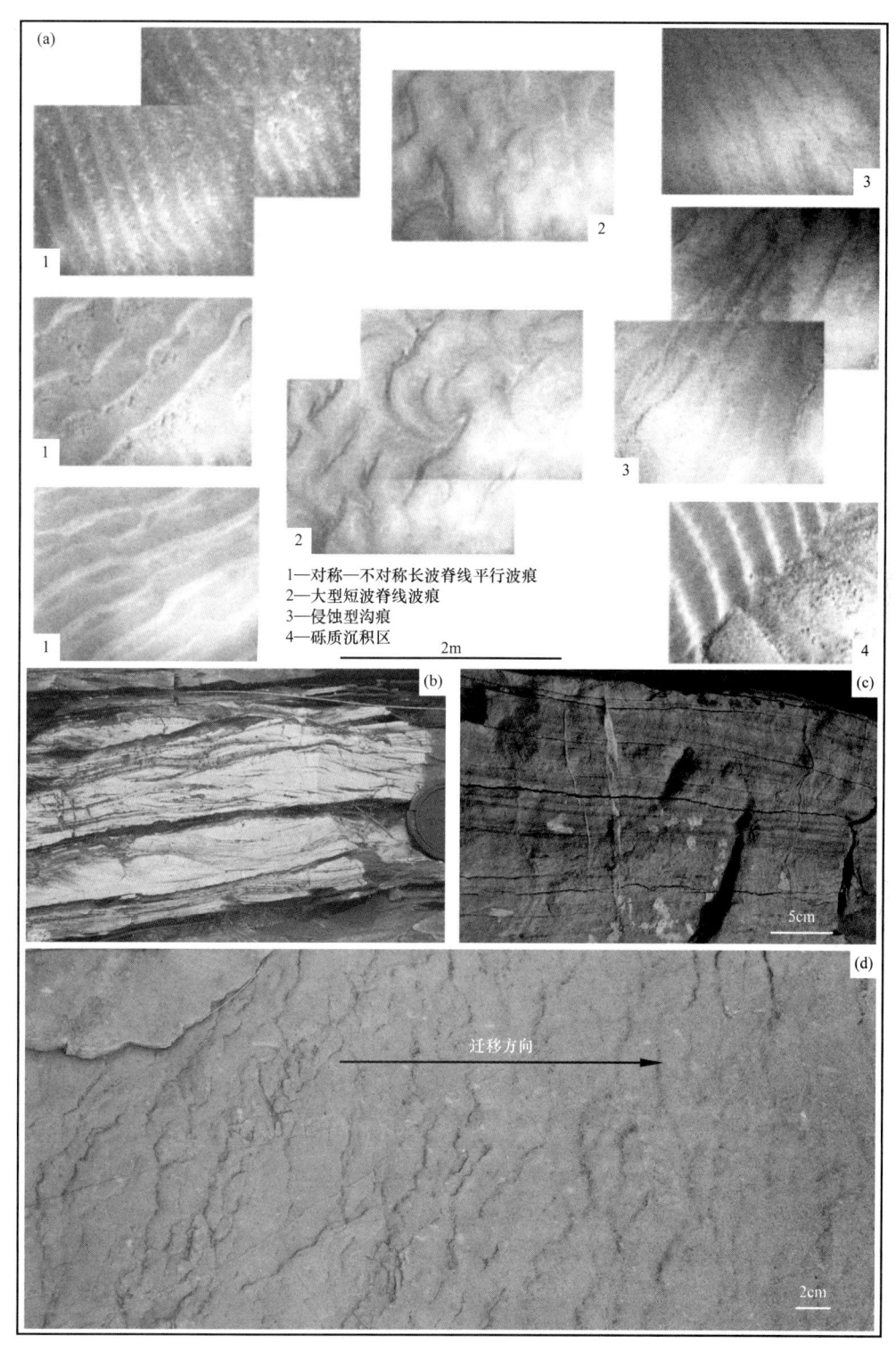

1—对称—不对称长波脊线平行波痕
2—大型短波脊线波痕
3—侵蚀型沟痕
4—砾质沉积区

图 2-17 等深流沉积中的波痕

（a）加的斯海湾不同砂质底形（Habgood et al., 2003）；（b）爬升波纹层理、压扁层理及侵蚀构造，奥陶系，澳大利亚东部（Jones et al., 1993）；（c）波纹层理，平行—波状层理，侏罗系，阿根廷（Martín-Chivelet et al., 2008）；（d）小型波痕，奥陶系，陕西富平赵老峪（李华等，2016）

（3）透镜状层理及压扁层理。

等深流能量的瞬时变化可导致沉积相变化。这些厘米级的砂、粉砂及泥互层形成透镜状及压扁层理（图 2-18）。透镜状层理一般为泥质沉积物包含砂质沉积，厚度一般小于 1cm。泥质含量较少，水体较为干净的等深流可形成饥饿波痕（Starved Ripple）。波状层理砂及粉砂含量相对较高。因此，小型的砂质及粉砂质透镜体较小，呈现波痕特征，并在泥质沉积物中相互连接和叠置出现。压扁层理中泥质沉积物相对透镜状层理较少，厚度一般为 1~2mm，纹层不连续，局部披覆呈波状。

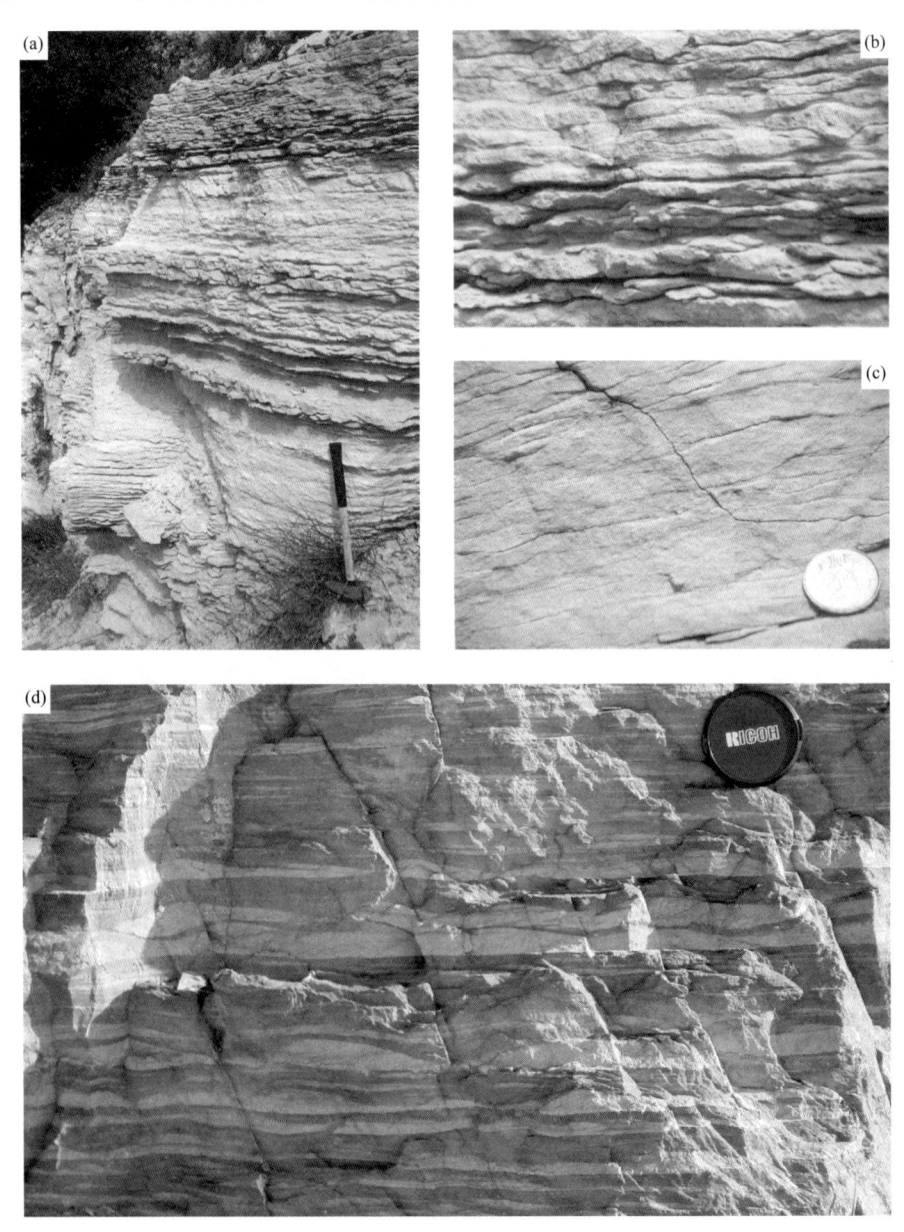

图 2-18　等深流沉积中的透镜状层理及压扁层理

（a）至（c）薄层，透镜状层理，渐新统粉屑—砂屑等深流沉积，塞浦路斯（Stow et al., 2002）；（b）和（c）分别为图（a）的局部特征，（b）宽20cm，（c）宽15cm；（d）透镜状层理及压扁层理，奥陶系粉砂等深流沉积，湘北

（4）水平层理、波状层理及平行层理。

几乎所有的生物扰动等深流沉积都发育水平层理、平行层理及波状层理，其可能为等深流弱—中等能量波动变化所致，常见的层理可分为四类：① 中砂—粉砂平行层理，相对高能环境沉积而成；② 悬浮及剪切力沉积形成的极细砂—泥质水平层理；③ 束状层理（粉砂及泥质之中的细砂—粉砂透镜体），受悬浮及较小牵引搬运交替作用沉积而成；④ 波状层理，受牵引搬运强度变化沉积而成。另外，与上述四种层理伴生的沉积构造也较为常见，如极细纹层、饥饿波痕及变形层理。尽管同沉积变形构造是浊流沉积的常见构造，但在等深流沉积中也发育（图2-19）。

图 2-19 等深流沉积中的水平层理、波状层理及平行层理
（a）平行层理，上白垩统砂屑等深流沉积，西班牙（Martín-Chivelet et al., 2008）；（b）和（c）波状层理，奥陶系粉屑—泥晶等深流沉积，陕西富平；（d）水平层理，奥陶系泥晶等深流沉积，陕西富平

（5）大型交错层。

等深流持续作用可形成大规模的砂及粉砂堆积，进而形成大规模的等深流沉积底形，如沙丘、沙波（Wynn and Masson，2008）。该类型沙波波长及波高变化较大，波高从厘米级到60m以上，波长数十米，少数波长达1500m。随着等深流的强度及砂的搬运能力变化，沙丘和沙波的外形也相应改变。沙波和沙丘的形态多样，包括波脊线顺直或弯曲波痕、新月形沙丘及沙裙（Wynn and Masson，2008）。

现代深海海底大型交错层（漂积体）发育较多，在古代地层记录中报道的相对较少，比较典型的有四处：① Villar（1991）报道了阿尔卑斯山脉上白垩统迁移型大型砂屑波痕（Martín-Chivelet et al.，2003）；② Stanley（1993）报道了维尔京群岛白垩系砂质等深流沉积中的交错层，层系厚度约30cm；③ Duan 等（1993）在研究湖南九溪奥陶系钙质等深流沉积时，发现80～180cm厚的层系内发育"S"形进积层及侵蚀面（图2-20a），其被解释为顺等深流运动方向迁移的泥质波痕，波高为10～20m，波长为1～2m，侵蚀沟深度为2～10m，宽度为0.25～3m；④ 新西兰渐新统为深海沉积，细粒砂屑灰岩组成大型沙丘，等深流沉积较为发育，为南极底流（ACC）和深层西边界流（DWBC）共同作用而成，大型交错层极为发育，层系厚达5m，长数十米（Carter et al., 2004）。同时，暂时性的南极底流及深层西边界流向东运动过程中被向北运动的风暴流所打断形成同沉积侵蚀水道（图2-20b 至 d）。

图 2-20 等深流沉积中的大型交错层
（a）大型交错层，奥陶系砂屑等深流沉积，湖南九溪（Duan et al., 1993）；（b）至（d）大型交错层，渐新统砂屑等深流沉积，新西兰（Carter et al., 2004）

2）生物成因沉积构造

现代等深流沉积具有特殊的地震外形及内部结构特征，较为容易识别。然而，对古代地层记录中的等深流沉积，特别是大型等深岩丘（丘状漂积体）缺乏重要的信息，如形态、古气候、古盐度等，很难在露头或岩心上识别出等深流沉积。另外，小型原生沉积构造因为成岩作用、生物扰动等因素保存难度较大。只有当沉积速率高于生物扰动速率，机械成因的原生沉积构造才可大规模的保存并被发现。等深流运动速度一般较低，并且沉积速率也较低，但等深流在运动过程中悬浮的有机质常附在泥质矿物上，进而为生物成长提供物源（Lavaleye et al., 2002）。生物钻孔发育，甚至可破坏原生沉积构造（图2-21）。现代岩心肉眼观察发现等深流沉积往往发育大量的生物扰动构造。因此，生物成因沉积构造的发现和研究有利于等深流沉积，特别是地层记录中等深流沉积的鉴别和研究。

图 2-21　等深流沉积中的遗迹化石及生物扰动

(a) 遗迹化石，*Rhyzocorallium*，中新统砂质等深流沉积，摩洛哥（Capella et al., 2017）；(b) 遗迹化石，*Protopaleodictyon*，奥陶系泥晶等深流沉积，陕西富平；(c) 生物扰动，奥陶系泥晶等深流沉积，陕西富平

　　静水条件下，水中营养物质含量随着水体深度增加而减少。但是，横向运动的流体（等深流）可为深水环境提供较为丰富的营养物质，为生物发育提供物质供给。在西班牙西北部陆坡上，等深流运动速度小于 10cm/s，但等深流相关雾状层带来 2~4g/m^3 的悬浮物质，其中包含 40~400mg/g 的有机物质（Thomsen et al., 2002）。因此，整个陆坡深水区生物数量不会随着水体深度的增加而明显减少。等深流的高有机质输入量和流体作用下的海底生物生长量是静水条件下的 6~8 倍。Aller（1997）根据等深流的速度，对不同能量环境中的生物群落进行了研究。等深流速度大于 25cm/s 时，可搬运沉积物、有机物及生屑等，细菌生物较少。当流速降低时，沉积速率增大，可形成厘米级沉积物，细菌和小型底栖生物由于营养丰富在几天至几周时间内大量生长（Hughes and Gage, 2004），此时期海底生物种群规模最大。当等深流速度为 5~15cm/s 时，有机质及生屑等沉积，微生物活动增强，底栖固着生物急剧减少，但是潜穴及管状建造增多。而当等深流速度小于 5cm/s 时，以沉积作用为主，生物个体较大，种群相对较多。Schäfer（1956）根据等深流沉积特征及遗迹化石的特点将等深流沉积遗迹化石分为了两大类：一类构造轮廓及形态不清晰，原有结构不明显，主要在软沉积物表面附近形成；另一类为具有特殊或明显形态的构造，可根据古生物学术语进行分类。等深流常见的遗迹化石如图 2-22 所示。

　　等深流活动强度变化与生物潜穴发育类型及程度密切相关。等深流横向搬运导致有机质再搬运、沉积，深水原地泥质沉积为生物发育及潜穴的形成提供物质供给。高营养环境有助于生物扰动进而提高潜穴形成效率。现代深海研究表明，大量的深水潜穴及痕迹主要为深水生物在洋底表面收集、觅食等形成。不同等深流环境中，侵蚀、过路及沉积作用不同，平均沉积速率、营养物质供给、供养方式都有所不同，生物扰动率高低不一（图 2-23）。

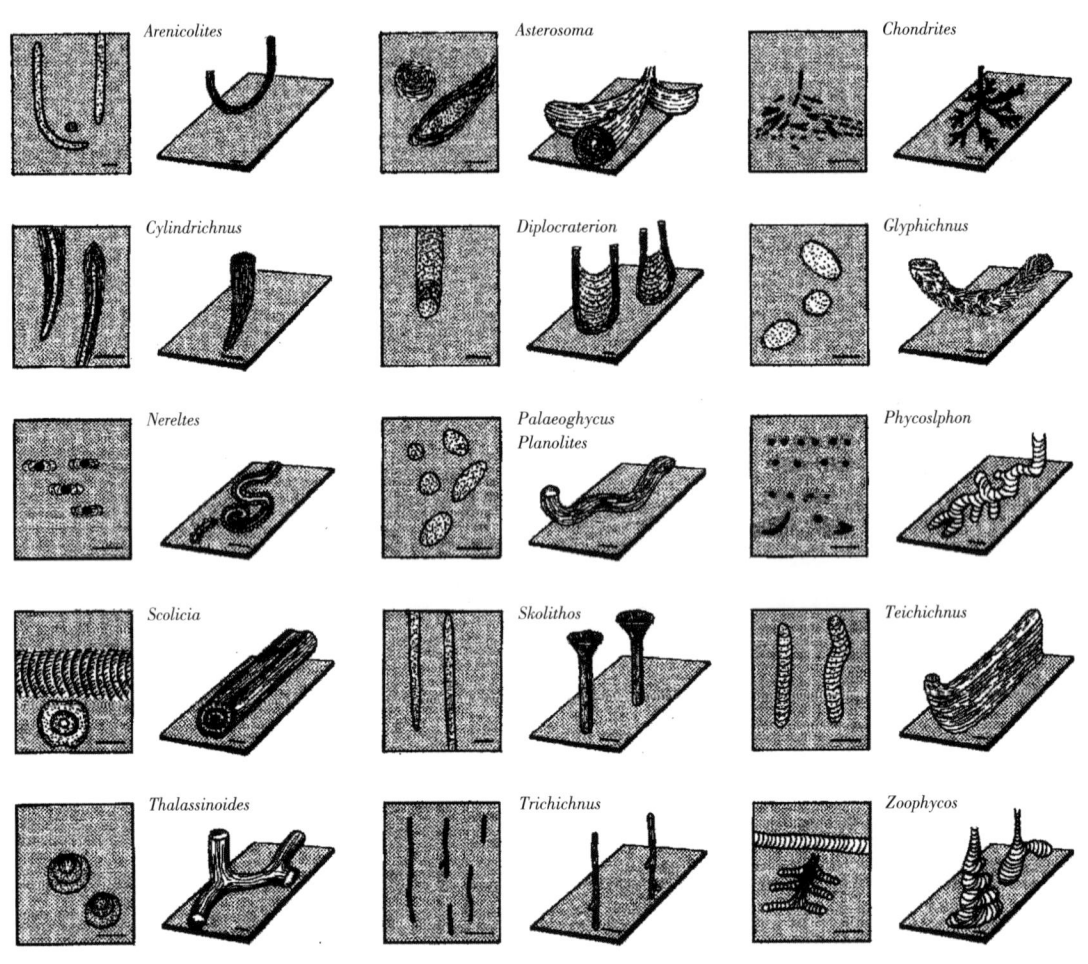

图 2-22 等深流沉积中常见的遗迹化石及生物扰动（据 Wetzel et al., 2008）

能量	高	中等	低
速度			
沉积作用	侵蚀	过路簸选	沉积
基底	间断	砂质	泥质
有机质横向搬运	悬浮		沉积
生物活动			
流体对有机质作用	筛选	供给	
营养供给模式	过滤式 界面式（沉积式）	过滤式 界面式 沉积式	暂时性的 界面式 沉积式

图 2-23 等深流对生物扰动的影响（据 Wetzel et al., 2008）

常见生物扰动速率大于沉积速率，导致岩性多样，潜穴发育；少见或局部可见沉积速率远大于生物扰动速率，导致高速流体沉积及搬运粗粒物质，形成多期改造，发育原生沉积构造

5. 沉积旋回

等深流沉积具有一定的垂向顺序，最为常见的是细—粗—细双向递变旋回。Faugères 和 Gonthier（1984）在研究北大西洋现代等深流沉积时，发现等深流沉积具有明显的细—粗—细双向递变层序，并总结了该区等深流完整垂向沉积层序（图 2-24）。该完整层序自下而上沉积特征大致为：

（1）泥质等深流沉积（岩）；
（2）斑块粉砂质/泥质等深流沉积（岩）；
（3）含粉砂层的斑块等深流沉积（岩）；
（4）粉砂质—砂质等深流沉积（岩）；
（5）含粉砂层的斑块等深流沉积（岩）；
（6）斑块粉砂质/泥质等深流沉积（岩）；
（7）泥质等深流沉积（岩）。

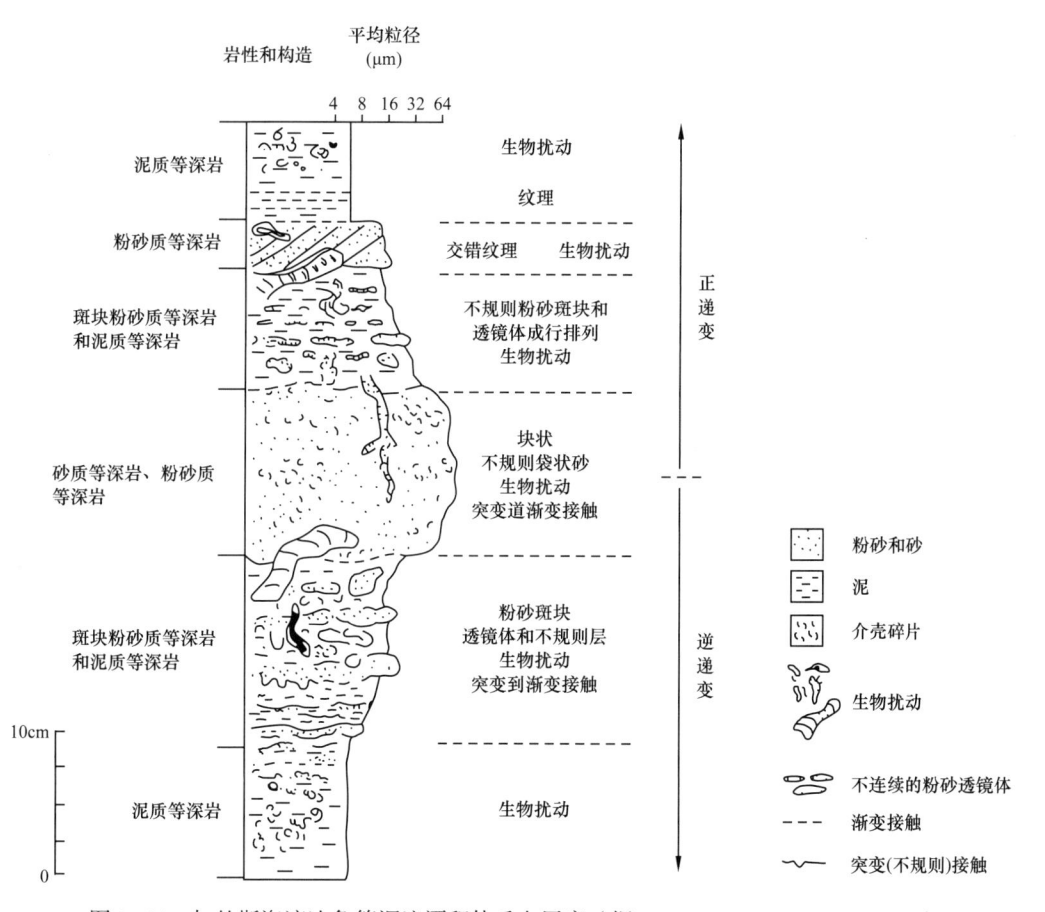

图 2-24 加的斯海湾法鲁等深流漂积体垂向层序（据 Faugères and Gonthier，1984）

本层序下部为向上变粗的递变段，上部为向上变细的递变段，层序厚度为 10～100cm。各层序段间的接触关系有过渡、突变和侵蚀。该层序的厚度及完整性变化较大。层序的粉砂质和砂质等深流沉积段常见缺失，整体可完全对称，也可不太对称（图 2-25）。

- 145 -

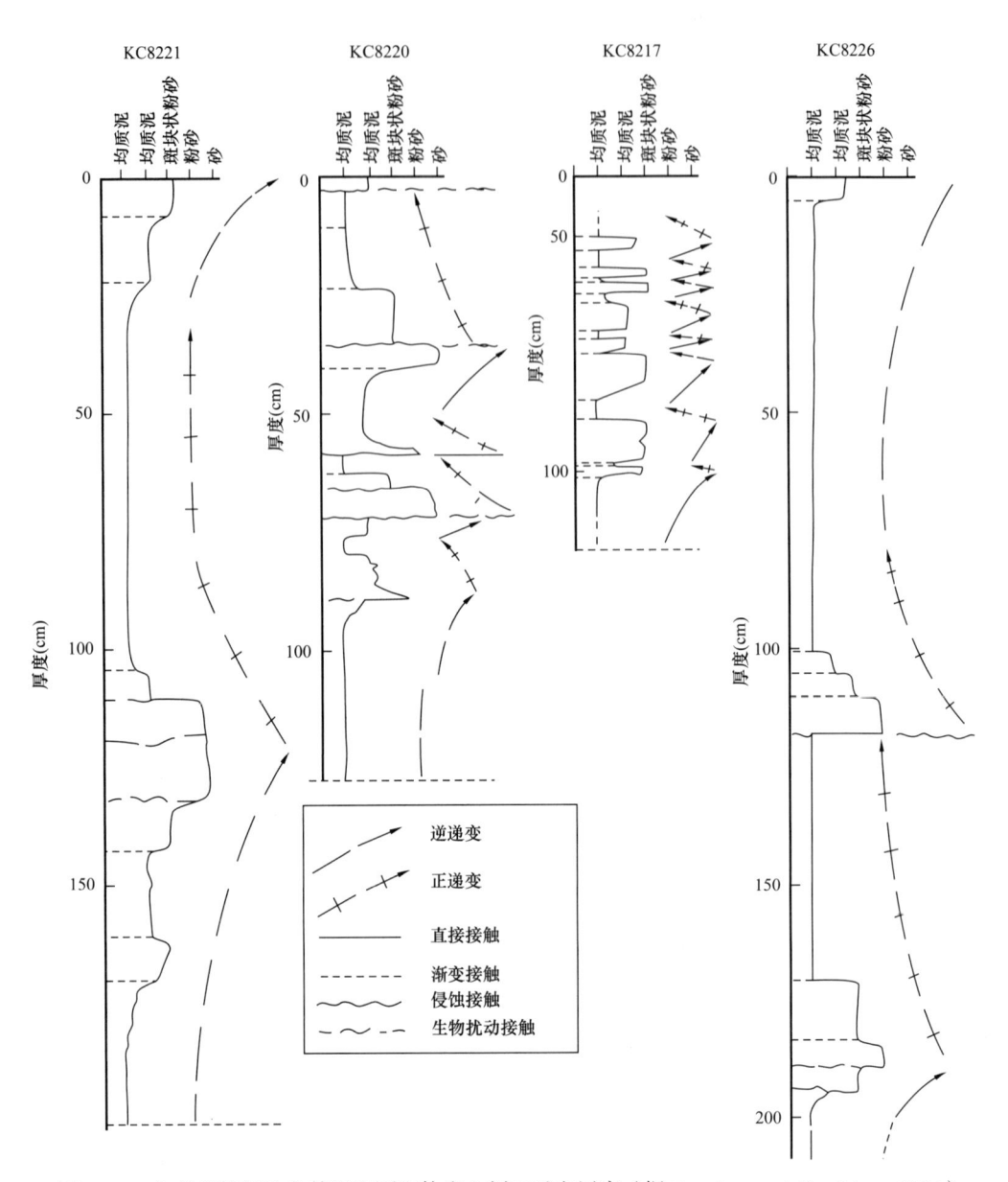

图 2-25 加的斯海湾法鲁等深流漂积体岩心剖面垂向层序（据 Faugères and Gonthier，1984）

Duan 等（1993）在研究湘北碳酸盐岩等深流沉积时，也发现了类似的沉积序列（图 2-26），该层序自下而上划分如下。

（1）灰泥等深流沉积（岩）：以生物钻孔发育为特征，完整生物潜穴比生物扰动更发育，粉屑或粉砂斑块、条带、纹带常见，不规则泥质条纹发育，常见小型冲刷面，灰泥中见零星颗粒。

（2）粉屑等深流沉积（岩）：由不规则条带、斑块状粉屑层与不规则灰泥组成，生物扰动、潜穴常见，发育少量生屑遮蔽孔，见沙纹层理。

（3）砂屑等深流沉积（岩）：本段粒度最粗，生屑含量最高；发育不规则水平层理，小型侵蚀面极为发育；较粗颗粒呈斑块、条带或薄层状集中分布，局部形成大遮蔽孔、亮晶胶结，从而使分选性、孔隙度、磨圆度等局部增高；不同成因的灰泥斑块常见；生物扰动比潜穴更为发育，可见杂乱的结构构造，颗粒长轴平行斜坡走向排列，垂向粒序变化较频繁。

（4）粉屑等深流沉积（岩）：与（2）特征类似。

（5）灰泥等深流沉积（岩）：与（1）特征类似。

该层序各段间呈渐变过渡、突变和侵蚀接触。层序厚度变化在10～200cm之间，以30～80cm最为常见。完整层序较为常见，也发育不完整层序。以缺失4段较为多见，其次为同时缺失2、4段，单独缺失2段的情况较少。

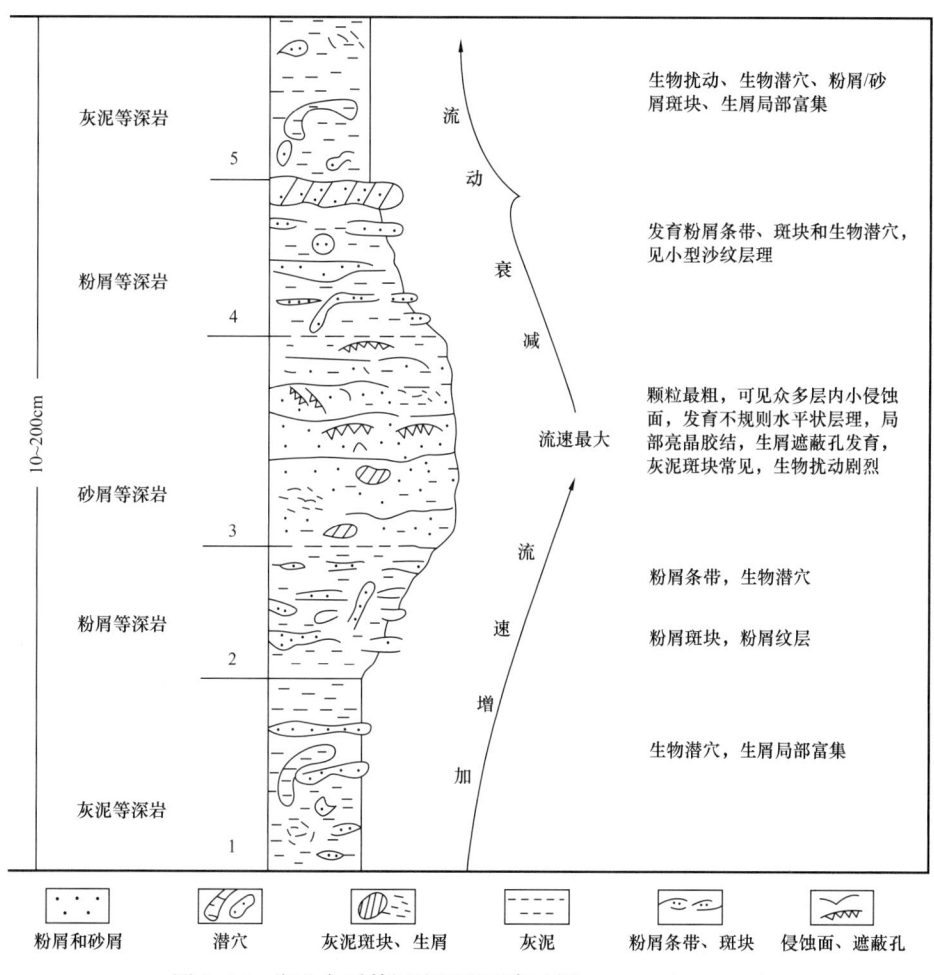

图2-26 湘北九溪等深流沉积层序（据 Duan et al., 1993）

此外，高振中等（1995）在研究鄂尔多斯盆地西缘中奥陶统平凉组等深流沉积时，也发现类似的细—粗—细双向递变层序。该区等深流沉积广泛发育完整序列或部分缺失的不完整序列（图2-27）。其中，完整的五段层序较少，厚度为35cm（图2-27a），自下而上划分如下。

（1）底部含颗粒泥晶灰岩，颗粒为砂屑、海百合、藻屑和三叶虫等，1、2段共厚11cm。

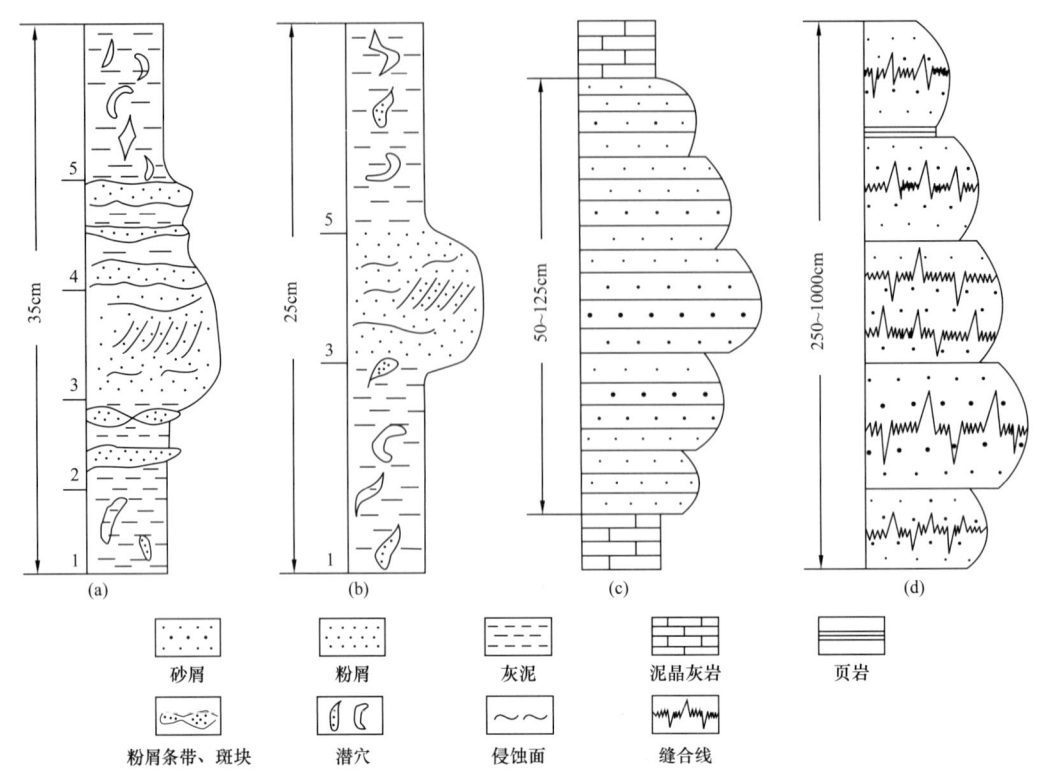

图 2-27 平凉组等深流沉积层序（据高振中等，1995）

（2）泥晶灰岩夹砂屑灰岩条带。

（3）亮晶含生屑砂屑灰岩，见交错层理，厚 7cm。

（4）粉屑质泥晶灰岩与含粉屑泥晶灰岩薄互层，厚 7cm。

（5）顶部生物扰动的泥晶灰岩，厚 10cm。

该层序中各段厚度横向变化较大，界面不规则，反映等深流活动由弱到强再变弱的周期变化。

不完整的层序中，缺失 2 或 4 段，或者同时缺失 2、4 段。如平凉官庄剖面 90 层主要为灰泥及砂屑等深流沉积，组成细—粗—细层序，砂屑等深流沉积本身亦呈细—粗—细特征，与灰泥等深流沉积之间直接过渡而缺失 2、4 段。上、下部灰泥等深流沉积，各厚 10cm，为粉屑质微晶灰岩，粉屑含量为 30%～40%，平行纹理发育。中部为亮晶含生屑砂屑灰岩，厚 5cm，具平行层理和沙纹层理。以上各段厚度横向不稳定（图 2-27b）。

除此之外，该地区还发育两种特殊的等深流沉积序列。一是由中层砂屑等深流沉积叠置组成的层序（图 2-27c），主要由单层厚 10～25cm 的亮晶含藻屑砂屑灰岩或泥晶藻屑灰岩组成。砂屑以细砂屑为主，含量为 33%～55%，分选和磨圆很好；生屑含量为 10%～30%，以藻屑为主，分少量三叶虫和腕足类；粉屑含量约 10%。亮晶胶结物和灰泥含量为 20%～35%，平行纹理发育。垂向上各单层砂屑灰岩均具细—粗—细粒度变化特征，而整个层序又呈现更大尺度的细—粗—细旋回。另一种为厚层砂屑等深流沉积叠置而成的层序（图2-27d），为厚层状亮晶砂屑等深流沉积垂向叠置构成。亮晶砂屑灰岩单层厚0.5~2m，垂向上具向上变粗再变细特征，但正递变段厚度大，逆递变段较薄。层内发育缝合线构造。层间局部夹薄层状泥晶灰岩、页岩，但一般无夹层出现，砂屑灰岩相互直接接触，总体仍呈细—粗—细层序。

总体而言，等深流沉积层序从下至上可以分为泥质段（C1），斑块粉砂质和泥质段（C2），砂质、粉砂质段（C3），斑块粉砂质和泥质段（C4）及泥质段（C5），总体呈现细—粗—细的旋回特征，具有细—粗—细双向递变序列，反映等深流能量弱—强—弱变化周期。然而，由于等深流能量波动变化、物源供给、气候及生物等作用，地层记录中很少能见到完整的沉积序列，常见不对称的细—粗—细沉积序列，以及缺乏某一段或几段的沉积序列，具有不完整性特征（图2-28；Stow and Faugères，2008）。值得注意的是，无论何种沉积序列，等深流沉积中生物扰动均较为发育。

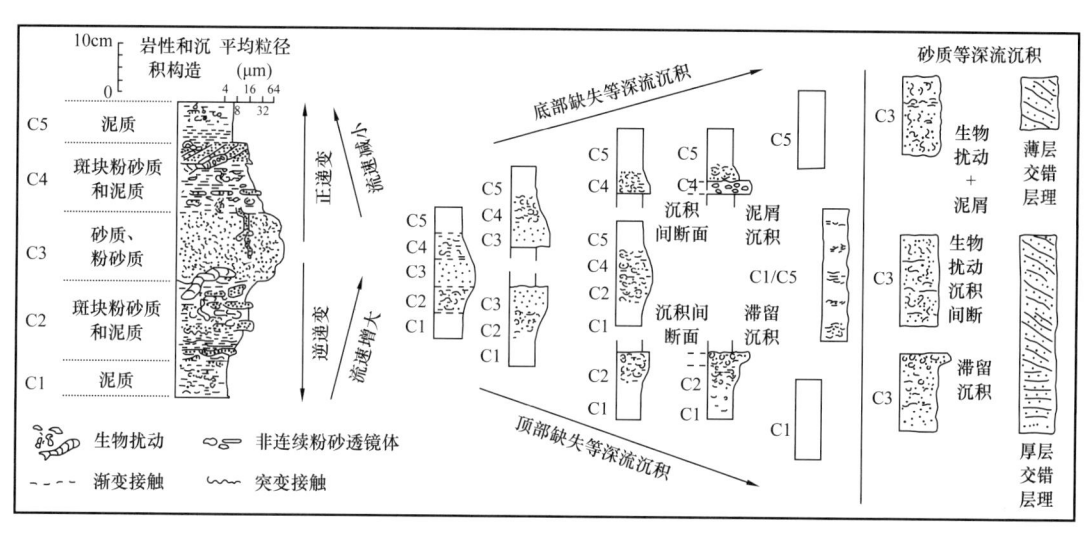

图2-28 等深流沉积层序（据Stow and Faugères，2008）

二、沉积类型

等深流能量的差异导致其沉积响应复杂多样，其沉积物粒度、沉积类型及沉积体形态各异。沉积物粒度从泥级到砾级都有，总体以泥级为主。底形类型丰富，如以侵蚀作用为主的水道、沟道、冲刷痕；以沉积作用为主的丘状、席状等深流沉积体及沉积物波等。在众多研究工作中，典型的等深流沉积体类型及特征是重要研究内容之一。前人基于研究实例和手段的不同，对典型等深流沉积体（漂积体）的类型和特征进行了分类及总结，本小节仅介绍较为典型的等深流沉积分类。

1. Rebesco等（2014）分类方案

Rebesco等（2014）在前人研究成果的基础上，将等深流沉积（漂积体）划分为了长条形丘状漂积体、席状漂积体、水道型漂积体、限制型漂积体、补丁型漂积体、填充型漂积体、断控型漂积体及复合型漂积体（图2-29）。

(a) 长条形丘状漂积体

(b) 席状漂积体

(c) 水道型漂积体

(d) 限制型漂积体

(e) 补丁型漂积体

(f) 填充型漂积体

(g) 断控型漂积体

(h) 复合型漂积体

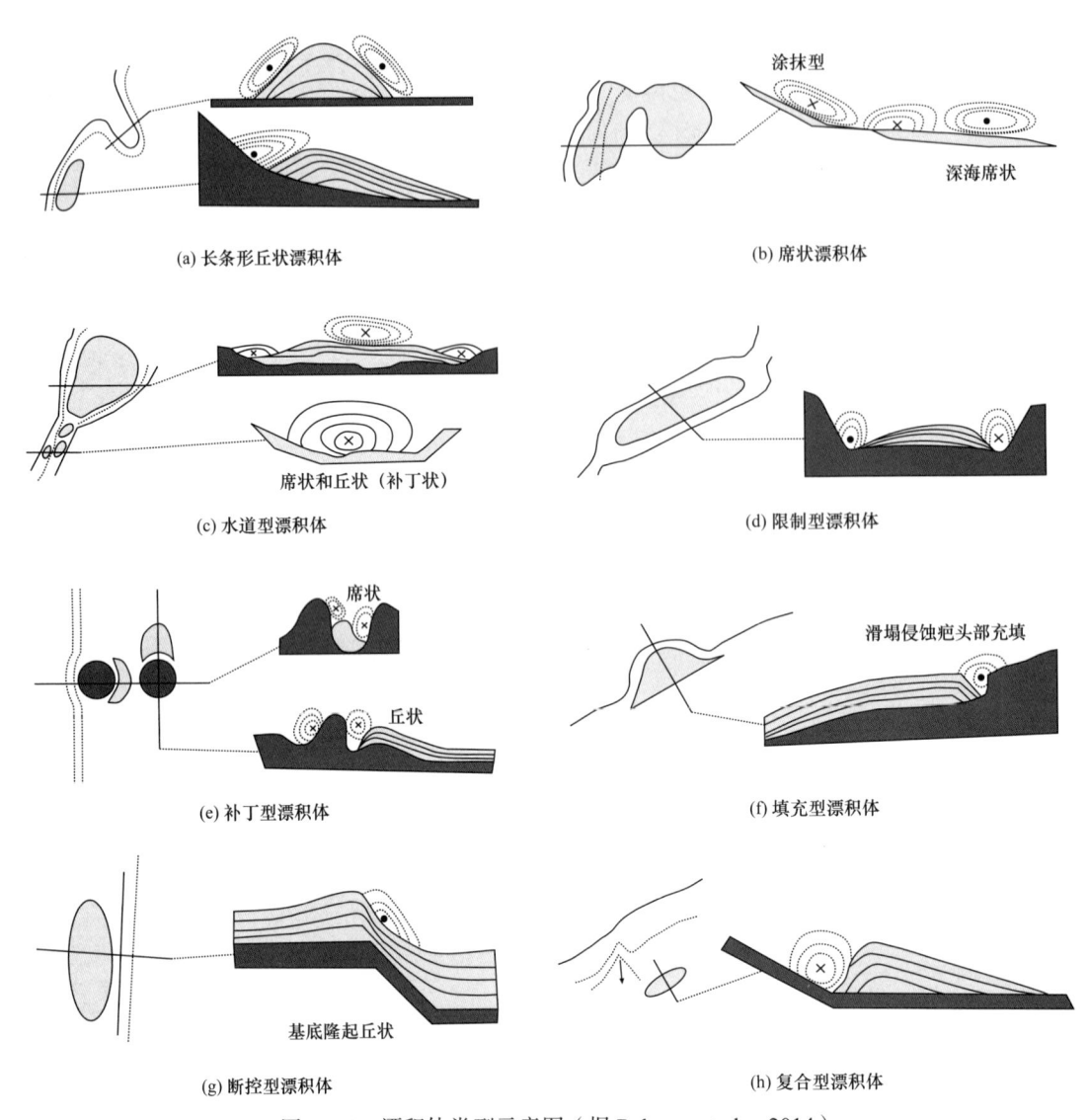

图 2-29　漂积体类型示意图（据 Rebesco et al., 2014）

1）长条形丘状漂积体

长条形丘状漂积体平面呈长条形，长轴大致平行斜坡，横断面（剖面）上为丘状，其常在下陆坡发育，可进一步划分为孤立型和分离型漂积体。而孤立型漂积体最初形态为向斜坡结合部偏离的长条形，其发育可能与陆坡走向变化有关（图 2-30a）。分离型漂积体发育多与陡坡有关，被侵蚀或过路不沉积的明显水道分隔（图 2-30b）。

2）席状漂积体

席状漂积体主要发育在深海平原地区，形态为丘状，向陆缘一侧略具减薄特征（图 2-31）。席状漂积体厚度变化不大，以垂向加积为主（图 2-31a）。涂抹型漂积体与大型长条形漂积体相比规模更小，但其发育位置比席状漂积体水深更浅（图 2-31b）。有时涂抹型漂积体与深海席状漂积体不能有效分开，此时根据外部形态统称为席状漂积体。

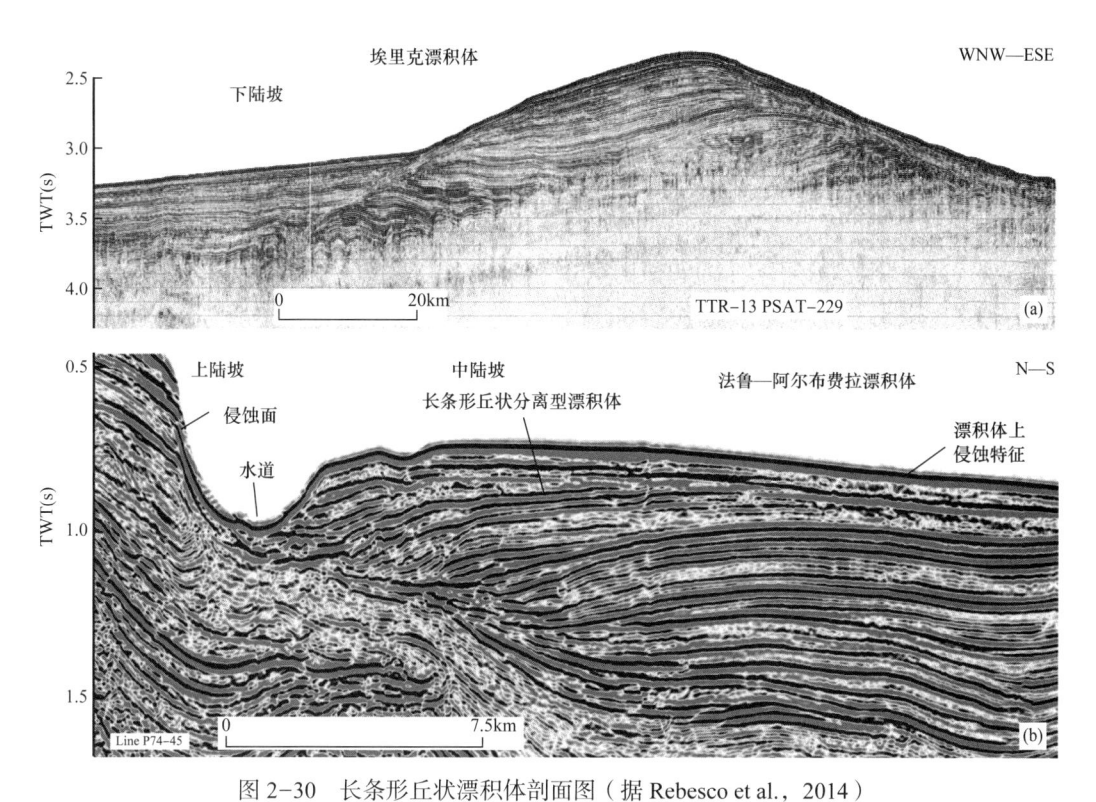

图 2-30 长条形丘状漂积体剖面图（据 Rebesco et al., 2014）
（a）孤立型漂积体，格陵兰陆缘埃里克漂积体，水道不发育；（b）长条形丘状分离型漂积体，加的斯海湾法鲁—阿尔布费拉漂积体，水道发育

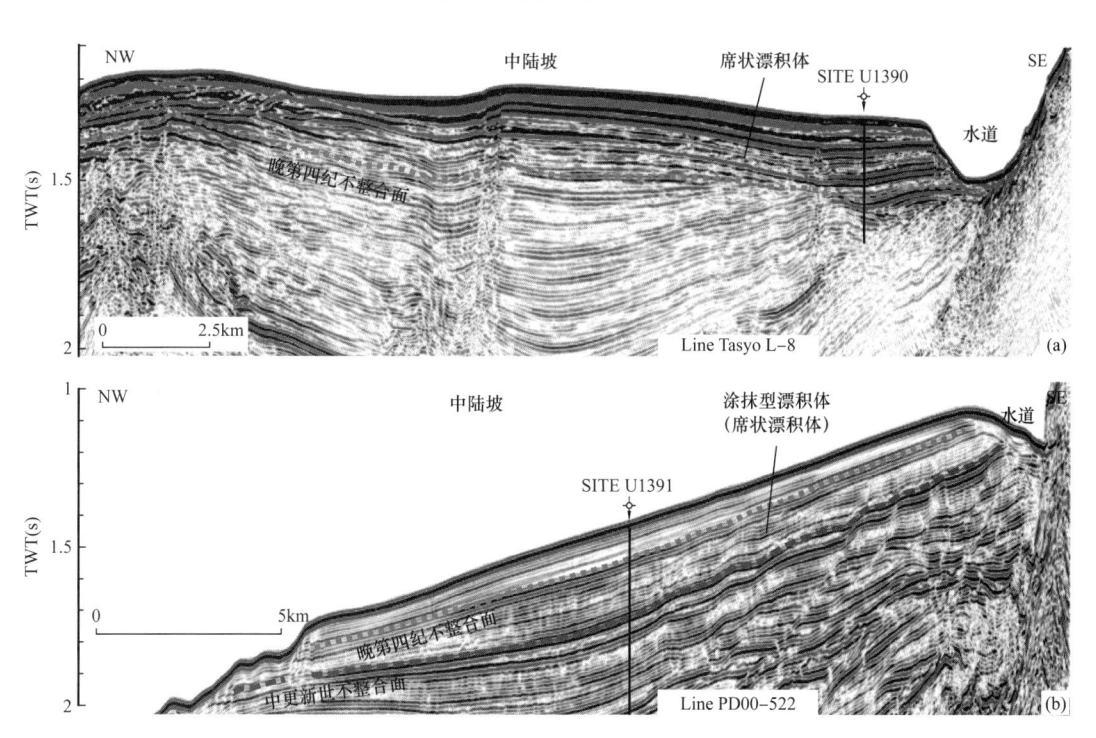

图 2-31 加的斯海湾席状漂积体剖面图（据 Hernández-Molina et al., 2015，修改）
（a）席状漂积体，平行—亚平行反射，厚度较稳定；（b）涂抹型漂积体，规模相对较小

3）水道型漂积体

水道型漂积体常发育在水道口，该区流体受限制性环境的影响，速度相对较高，如巴西维纳水道。高能的限制性环境具有较强的侵蚀及搬运作用，可在沉积底形上形成大规模的水道，并在水道内部或下游方向形成不规则的沉积体（图 2-32；Maldonado et al., 2005）。然而，水道型漂积体仅从剖面上识别难度较大，往往需要结合平面沉积体系展布规律综合识别。

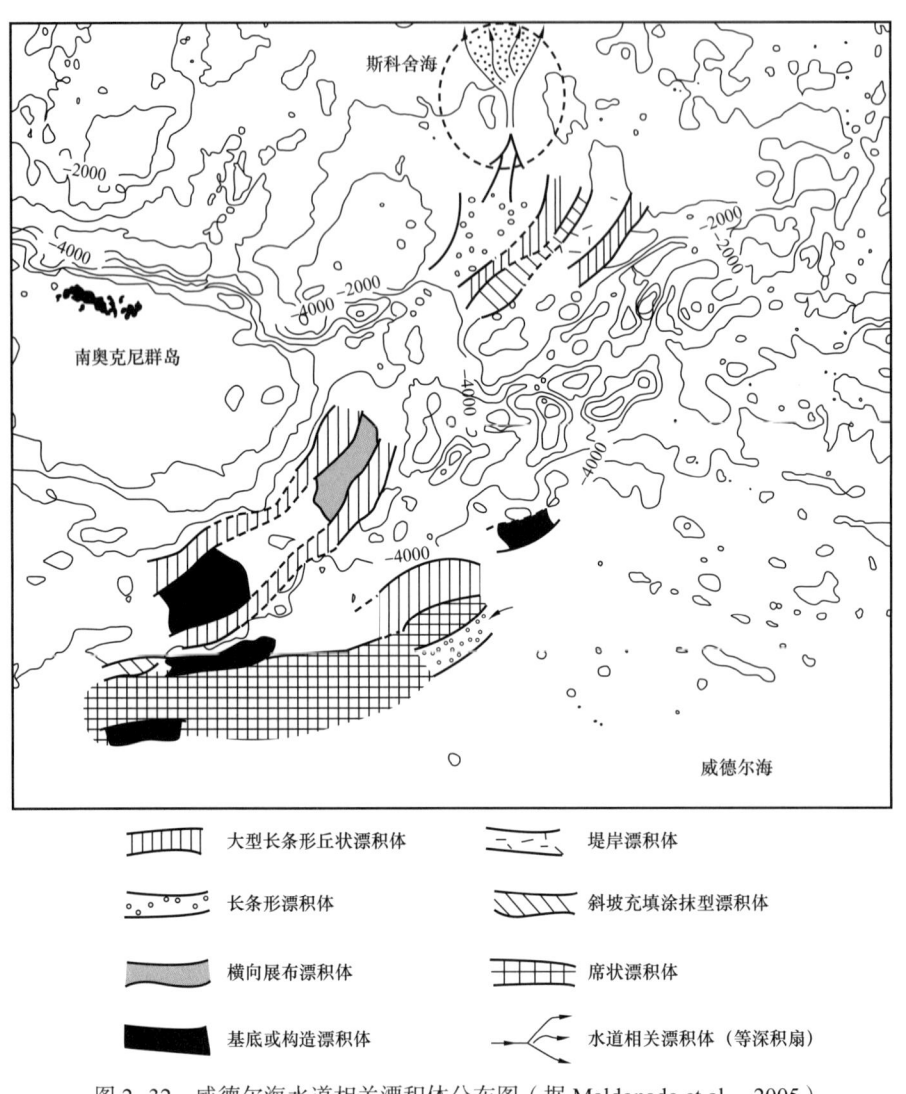

图 2-32 威德尔海水道相关漂积体分布图（据 Maldonado et al., 2005）

4）限制型漂积体

限制型漂积体外形为丘状，平面为长条形，长轴方向大致平行斜坡，漂积体的两翼（堤岸）发育水道（图 2-33）。限制型漂积体伴随两翼发育水道，反映等深流受两侧堤岸或盆地限制并且在局部形成次生环流。在地层记录中可能为透镜状，其形成可能与盆地的演化有关。

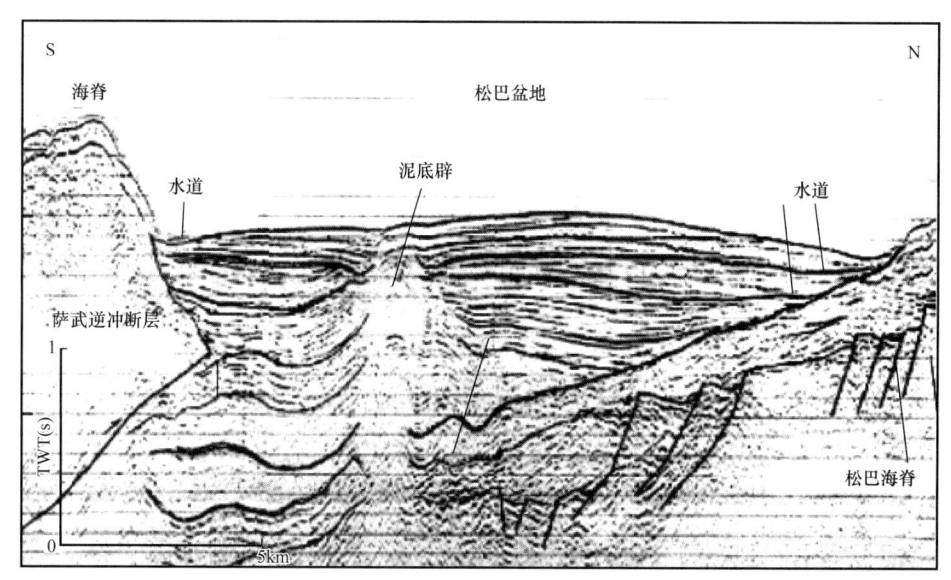

(a) 印度尼西亚松巴盆地

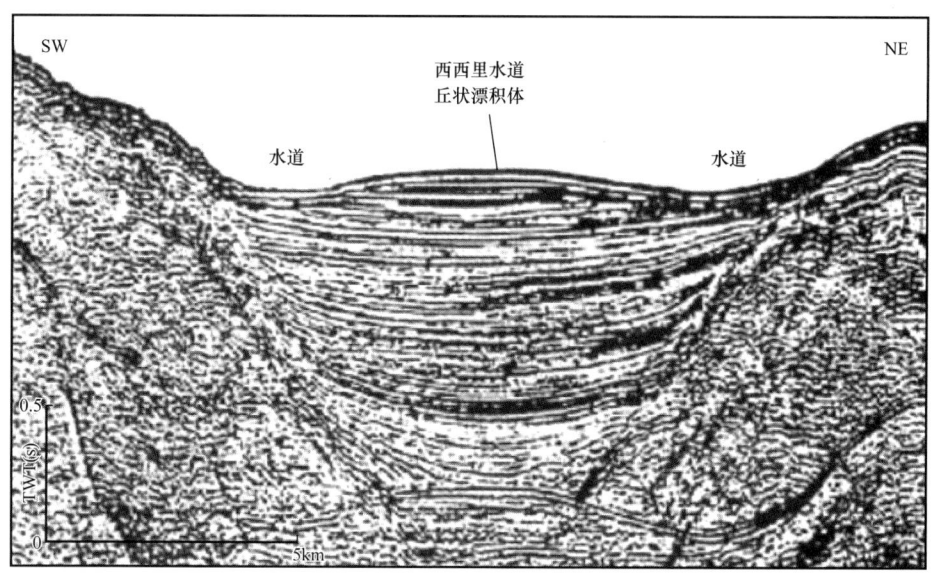

(b) 地中海西西里水道

图 2-33 限制型漂积体剖面图（据 Reeder et al., 2002）

5）补丁型漂积体

补丁型漂积体一般规模较小，形态多样，长条形—不规则形都有，主要受控于等深流及海底不规则底形共同作用。填充型漂积体主要发育在滑塌侵蚀疤的头部，具有轻微的起伏和延伸，在低洼地区整体呈丘状的渐变充填特征。断控型漂积体主要受控于断层的发育，既可发育在基底上，又可发育在断层造成的任何低洼区。

6）复合型漂积体

复合型漂积体是等深流与其他性质流体综合作用形成的类型，等深流沉积作用占主导地位。

2. Faugères 和 Stow（2008）分类方案

Faugères 和 Stow（2008）在团队及前人研究成果基础上，结合等深流沉积形态、发育位置和内部特征等，对等深流沉积，特别是漂积体类型进行了划分。该划分方案首先根据漂积体的形态将等深流沉积分为席状漂积体、丘状漂积体及复合型漂积体。

1）席状漂积体

席状漂积体形态在深海平原和下陆坡与浊积席状砂明显不同。该类沉积规模较大，丘状外形，分布面积广，从中部到侧缘厚度变化较小。典型地震相为连续性中等—弱反射，局部见空白反射。由于等深流的持续稳定作用，沉积单元厚度较为稳定，以加积为主，迁移特征不明显。内部或表面为大面积的沉积物波组成或覆盖。可进一步分为深海席状漂积体、斜坡席状漂积体及水道相关补丁状漂积体。

（1）深海席状漂积体。

深海席状漂积体主要发育在深海平原地区，为等深流在陆架边缘的限制作用下，形成复杂的环流所致。其主要特征为面积大，厚度可到数百米。南巴西盆地（Damuth, 1975）、莫桑比克盆地（Kolla et al., 1980）、伊尔明厄盆地（Egloff and Johnson, 1975）、阿根廷盆地（Flood and Shor, 1988）、北洛克尔海槽（Howe et al., 1994）及南海北部（Li et al., 2013）皆有发育。这些巨大的漂积体可能被拉长分叉。

（2）斜坡席状漂积体。

斜坡席状漂积体多发育在低坡度、光滑的陆坡区，该宽阔的底形不利于等深流聚集。在陆坡区等深流可形成向上或下沉的底流（上升流和沉降流）。斜坡席状漂积体在加的斯海湾（Hernández-Molina et al., 2016）、法罗群岛—设得兰群岛水道（Howe et al., 2002）、查塔姆隆起（Wood and Davy, 1994）及巴西陆缘均有发育（Viana et al., 1998）。

（3）水道相关补丁状漂积体。

水道相关补丁状漂积体与深水水道分布密切相关，与水道相关漂积体特征基本一致。

2）丘状漂积体

丘状漂积体具有明显的丘状外形，平面上为长条状。可进一步分为大型长条状漂积体、水道相关漂积体及限制型漂积体（图2-34）。

（1）大型长条状漂积体。

大型长条状漂积体规模巨大，大致平行或亚平行于等深流流动方向。大型长条状漂积体规模变化较大，长数十千米到超过1000km，长宽比为2~10，厚度可达数百米。漂积体延长和迁移方向取决于等深流强度、科氏力及陆缘或盆地形态。可进一步分为涂抹型、分离型及孤立型漂积体。其中，涂抹型漂积体主要发育在缓坡低速地区。分离型漂积体平行斜坡，多发育在坡度较陡的斜坡区，这里等深流受科氏力作用较为明显。长条形沉积体与陆缘被顺坡发育的水道隔开。水道轴部以侵蚀和过路不沉积作用为主，当等深流速度降低时可发育侧向沉积。陡坡可能为断层、滑塌侵蚀疤作用而成，大型长条状漂积体也称断控漂积体和填充型漂积体。而孤立型漂积体整体为长条形，与斜坡呈一定角度的偏离。

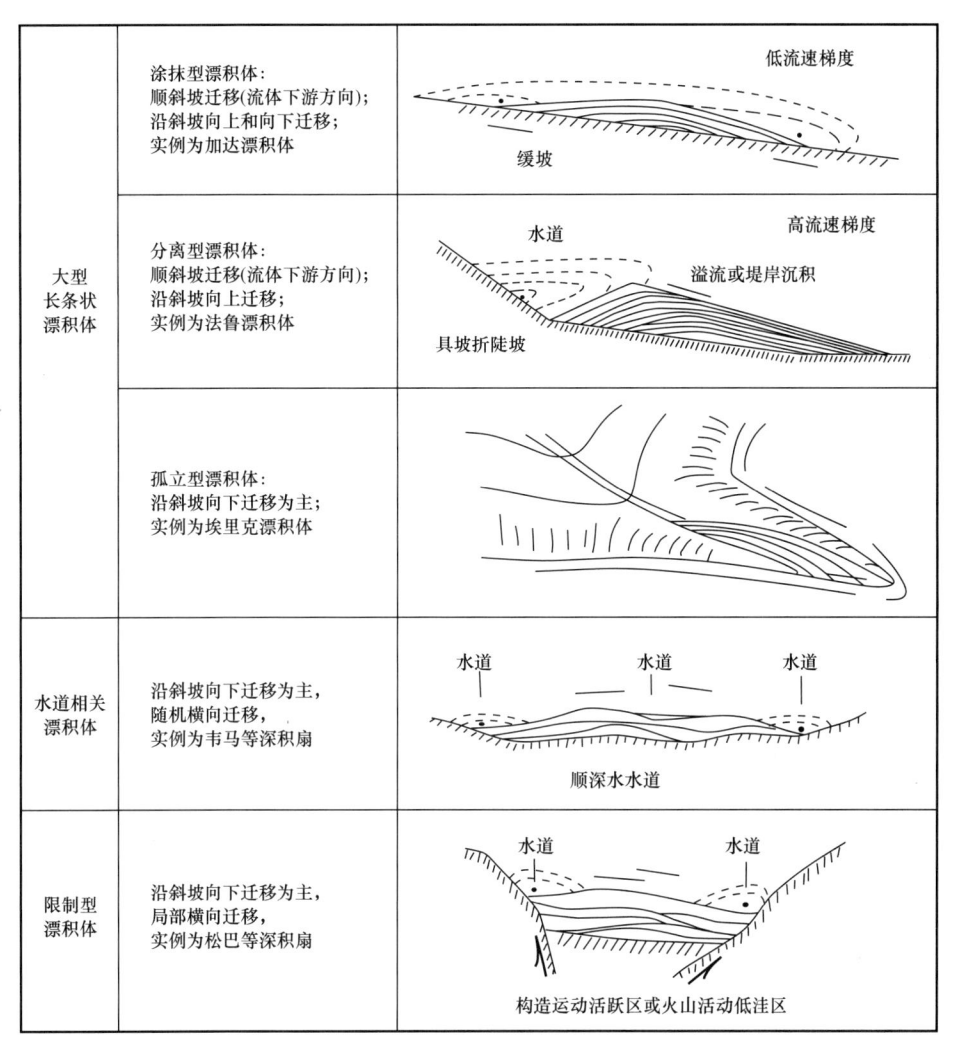

大型长条状漂积体	涂抹型漂积体：顺斜坡迁移(流体下游方向)；沿斜坡向上和向下迁移；实例为加达漂积体	低流速梯度／缓坡
	分离型漂积体：顺斜坡迁移(流体下游方向)；沿斜坡向上迁移；实例为法鲁漂积体	水道／高流速梯度／溢流或堤岸沉积／具坡折陡坡
	孤立型漂积体：沿斜坡向下迁移为主；实例为埃里克漂积体	
水道相关漂积体	沿斜坡向下迁移为主，随机横向迁移，实例为韦马等深积扇	水道　水道　水道／顺深水水道
限制型漂积体	沿斜坡向下迁移为主，局部横向迁移，实例为松巴等深积扇	水道　水道／构造运动活跃区或火山活动低洼区

图 2-34　丘状漂积体类型及特征示意图（据 Faugères and Stow，2008）

（2）水道相关漂积体。

水道相关漂积体多发育在深水水道、通道及等深流水道发育区域，这些区域环境较为限制，等深流受限，因限制性环境而流速有所提高。可进一步分为轴部/侧向水道补丁状漂积体和等深积扇。前者一般规模较小（面积近数十平方千米，厚 10~150m），多发育在水道底部和侧缘。后者规模一般较大，多发育在水道下游。南巴西盆地的韦马等深积扇宽度可达 100km，厚度约 300m。

（3）限制型漂积体。

限制型漂积体主要发育在相对小型的限制型盆地或环境。漂积体两侧发育顺溢流或堤岸沉积的水道，表明盆地内部存在环流。限制型漂积体除了受地形限制外，地震反射特征整体为长条形的丘状堆积，也可呈上凸的透镜状，其可能与盆地的沉降有关。

3）复合型漂积体

复合型漂积体主要为等深流与其他水动力共同作用而成。等深流沉积物供给多样，包括远洋或半深海物质、冰川物质及重力流沉积等。当物源供给以远洋或半深海物质为主时，等深流漂积体形态不太明显，呈席状，但无法与席状漂积体有效区分。

三、沉积相

等深流沉积是等深流作用或等深流占主导作用的沉积。然而，等深流沉积区域除了等深流，还有其他性质的水动力，如浊流、密度流、异重流等。这些流体可将细粒沉积物进行长距离搬运再沉积。当流体能量增加时，侵蚀冲刷作用增强，在沉积记录中出现间断沉积。因此，等深流沉积相类型极为丰富，前人对等深流沉积相类型进行了诸多研究（Stow and Lovell，1979；Stow and Faugères，2008；Gao et al，1998；Rebesco and Stow，2001；Wynn and Stow，2002；Viana and Rebesco，2007）。诸多分类方案中，Stow 和 Faugères（2008）的分类方案较为全面合理，本小节对该分类方案进行介绍（表 2-4）。

表 2-4　等深流沉积相划分方案（据 Stow and Faugères，2008）

碎屑等深流沉积	泥质等深流沉积
	粉砂质等深流沉积
	砂质等深流沉积
	砾质等深流沉积
火山碎屑等深流沉积	
泥砾—泥屑等深流沉积层	
碳酸盐岩等深流沉积	泥晶/屑等深流沉积
	粉屑等深流沉积
	砂屑等深流沉积
	砾屑等深流沉积
硅质生屑等深流沉积	
化学成因等深流沉积	锰质等深流沉积
	化学成因砾质滞留等深流沉积

1. 泥质等深流沉积

泥质等深流沉积成分较为均一，厚度变化不大，很少呈现层状，局部因颜色变化呈现厘米级—分米级的条带状（图 2-35）。成分主要为黏土—粉砂，粒度 ϕ 值为 5~11，分选差，以硅质胶结为主，偶见生屑，局部含远洋或长距离搬运物质。岩心和测井资料表明，其成分具有一定差异变化。泥质等深流沉积一般生物扰动极为发育（呈斑状），又称生物扰动等深流沉积，生物潜穴等遗迹化石常见。由于生物扰动破坏、分散，原生沉积较为少见，局部见颜色变化和不规则粗粒沉积。

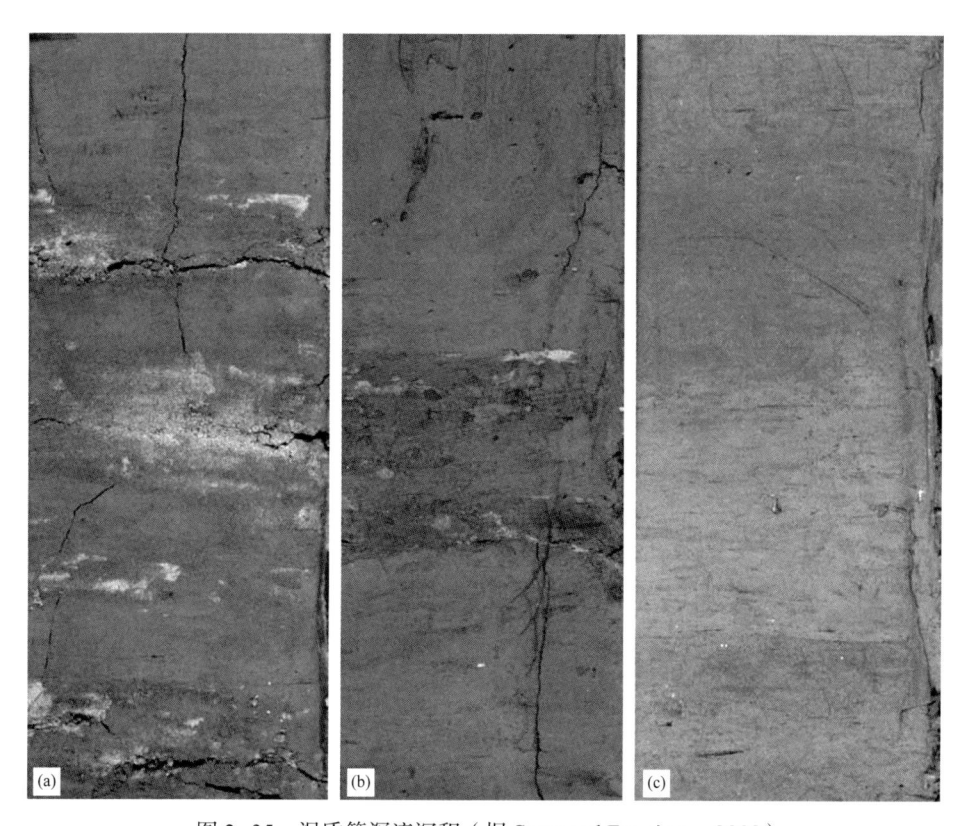

图 2-35 泥质等深流沉积（据 Stow and Faugères，2008）
（a）粉砂级泥互层；（b）均匀泥质中斑状粉砂层；（c）泥质层中生物扰动：洛克尔海槽，岩心宽度为 8cm

2. 粉砂质等深流沉积

粉砂质等深流沉积（斑状粉砂—泥质等深流沉积）成分主要为粉砂、泥，粒度 ϕ 值为 3～11，分选差，粒度 ϕ 值大于 2 的分选极差。粉砂质等深流沉积与泥质等深流沉积类似，但粉砂含量更多，局部见沉积构造，两种沉积类型通常在等深流沉积中互层出现。斑状生物扰动极为发育，潜穴常见。在突变或不规则薄层粗粒透镜体内部及表面常见明显的纹层间断（不连续），可能为生物扰动作用，进而导致小规模的沉积构造少见（图 2-36）。

3. 砂质等深流沉积

砂质等深流沉积一般为不规则薄层，但在相对粗粒沉积相中厚度较大，呈突变或渐变接触（图 2-37）。生物扰动大量发育（无沉积构造），潜穴常见。同时，尽管生物扰动可能破坏原生沉积构造，部分水平纹层和交错层理仍可保存，与不规则侵蚀面、粗粒沉积及滞留沉积伴生。沉积物粒度多为细砂（不含粗粒和滞留砾质沉积），分选差—中等，见正、反递变序列。

层状砂质等深流沉积生物扰动相对较少（发育大型垂直潜穴），其发育区等深流能量较高，可在洋底形成大型的底形（沙丘），但公开报道相对较少。砂质等深流沉积多为厚层，成层性好，层理广泛而分散，纹层因颜色变化而更为明显。沉积物为硅质碎屑、生屑，以中砂为主，磨圆中等。

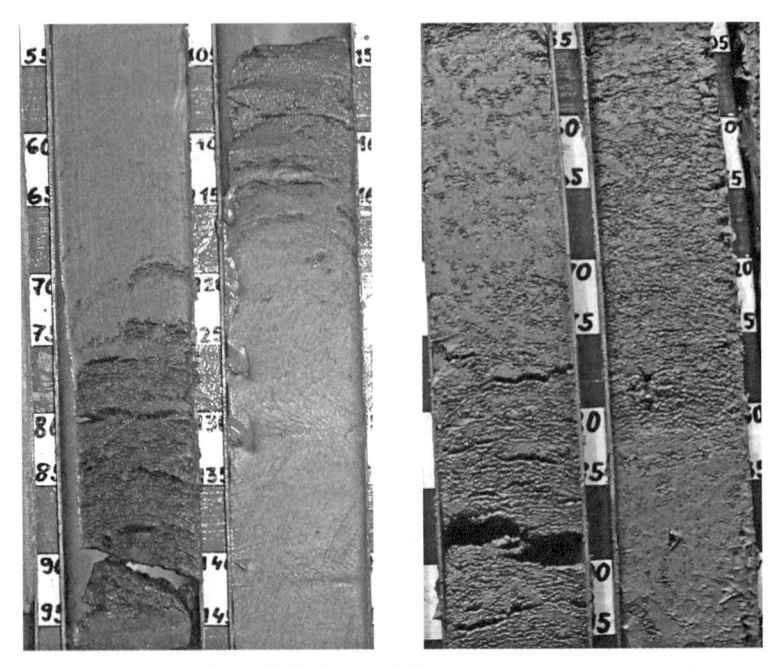

图 2-36　粉砂质等深流沉积（据 Stow and Faugères，2008）
远洋泥质，生物扰动，斑状粉砂，略具层状，岩心宽 8cm，加的斯海湾

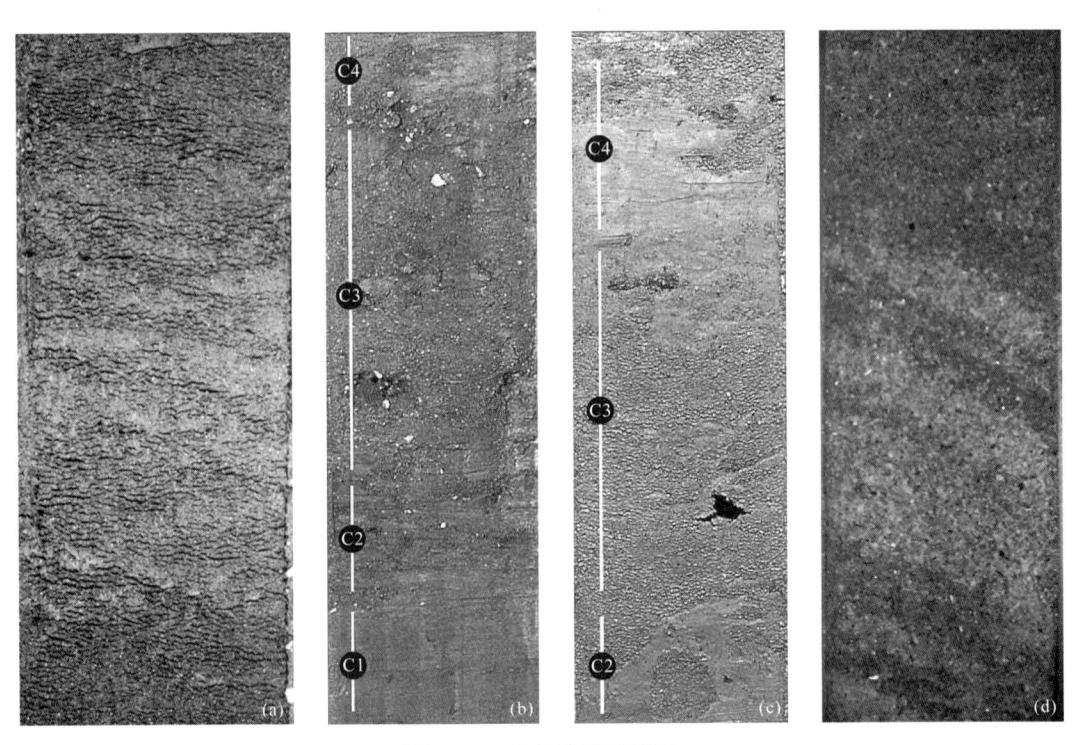

图 2-37　砂质等深流沉积
（a）生物扰动砂质等深流沉积，巴西坎波斯盆地，岩心宽度为 5cm（Viana et al.，2002）；（b）和（c）泥质、粉砂及砂质等深流沉积，加的斯海湾，岩心宽度为 8cm（Stow，2005）；（d）层状砂质等深流沉积，平行层理发育，可能为沙波迁移而成，加的斯海湾，岩心宽度为 10cm（Stow and Faugères，2008）；C1—泥质；C2—斑块状粉砂质泥；
C3—泥质砂；C4—斑块状粉砂质泥

4. 砾质等深流沉积

砾质等深流沉积常发育在高纬度地区，多与冰川活动有关（冰筏搬运沉积物）。在低流速条件下，砾石和粗粒沉积物经过冰筏的搬运进入泥质、粉砂或砂质等深流沉积之中，之后这些粗粒沉积很少能被等深流搬运、改造及再沉积。这种沉积相类型与冰川沉积区分难度较大。粗粒沉积（砂砾质滞留沉积）多为高速流体作用下大规模簸选而成，呈不规则层状和透镜状，分选差—较差。在水道、水下通道及沟道等狭窄地区，等深流速度较高，也可形成粗粒（砂）和砾质等深流沉积（图 2-38）。

图 2-38　砾质等深流沉积（据 Akhurst et al., 2002）
粗粒沉积不规则分布，沉积构造少见，法鲁—设得兰群岛水道，英国陆缘，岩心宽度为 10cm

5. 泥砾—泥屑等深流沉积层

泥砾或泥屑层可发育在泥质和砂质等深流沉积相中，但多在局部地区发育（图 2-39）。泥砾—泥屑等深流沉积层多为高能的等深流（或风暴）侵蚀基底而成。在高能环境中，高速流体可对半固结的泥质基底进行凿琢侵蚀，同时潜穴也有利于泥质层的破碎。泥屑/砾多为厘米级，长轴大致平行沉积层，并大致平行流体方向。

6. 火山碎屑等深流沉积

火山碎屑等深流沉积主要由火山物质组成，其他特征与上述碎屑等深流沉积类似，因此，本小节不再单独介绍其特征。

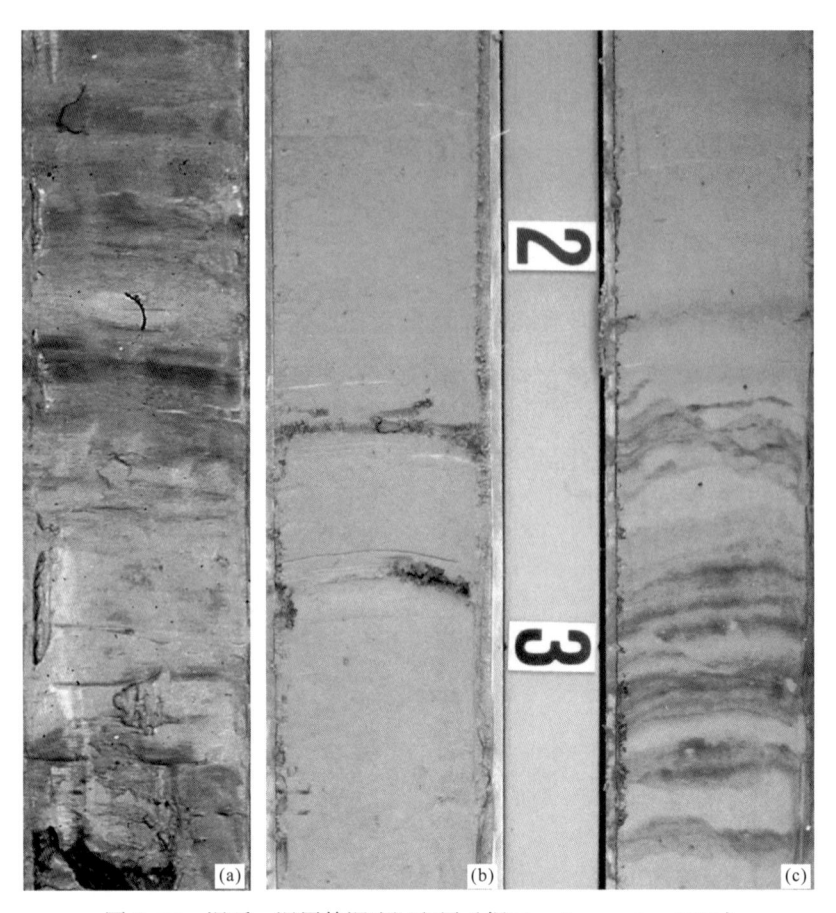

图 2-39　泥砾—泥屑等深流沉积层（据 Faugères et al., 2002）
（a）泥质等深流沉积，泥砾略具层状，磨圆极差，巴西盆地韦马水道，岩心宽度为 7cm；（b）和（c）生屑、化学成因及泥质等深流沉积，巴西盆地；（b）绿色泥质等深流沉积中发育薄层间断的泥屑；（c）黄色和黑色锰/钙质等深流沉积，黑色泥质条带间断不连续，可能为泥屑，岩心宽度为 7cm

7. 泥晶/屑等深流沉积

泥晶/屑、粉屑级砂屑等深流沉积常互层出现（图 2-40），含生物碎屑，包括开阔环境、上升及沉降流输入的生屑（碳酸盐岩陆棚）。多数情况下，层理不发育，但局部见垂向成分和粒度变化。由于生物扰动作用，原生沉积构造较为缺乏，但存在平行或亚平行层面的纹层。粒度多为粉屑和泥晶，分选差。成分主要为半深海—深海沉积，见远洋浮游生物和有孔虫。湖南九溪泥晶等深流沉积总体为泥晶灰岩或泥灰岩，常含有数量不等的陆源粉屑、碳酸盐岩粉屑或生屑，并经常夹有粉屑或粉砂的不规则条带或纹层。生物遗迹和生物扰动异常发育（Duan et al., 1993；高振中等，1996）。鄂尔多斯盆地西南缘奥陶系平凉组泥晶等深流沉积岩性上总体为泥晶灰岩，内部常见粉屑和生屑，局部泥质条带见白云岩化现象。其单层厚度通常较小，一般为几厘米，侧向延伸不稳定，底界有的清晰，有的则为过渡接触。生屑含量小于 10%，主要为三叶虫、海百合、介形虫、藻屑、海绵骨针及腕足类等，多顺层分布，较破碎，分选较好，部分生屑（三叶虫、海百合、腕足类等）呈现异地搬运特征（李华等，2016）。

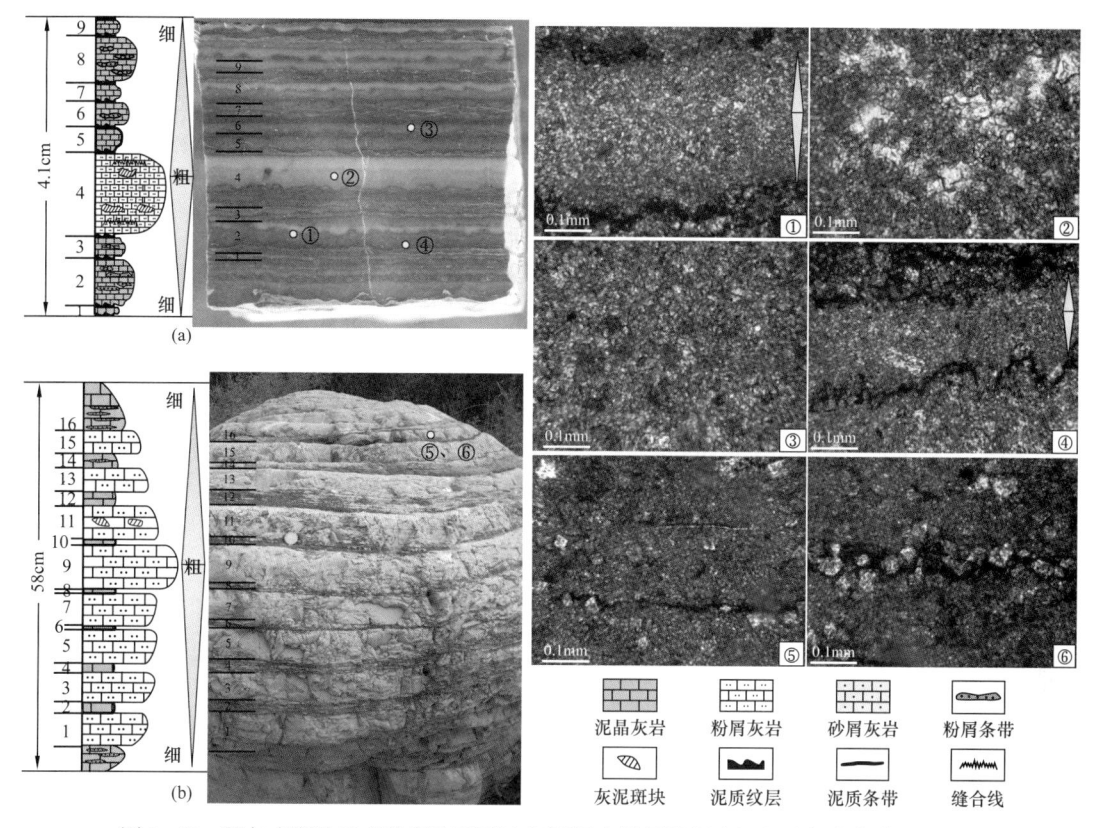

图 2-40 鄂尔多斯盆地南缘奥陶系平凉组泥屑和粉屑等深流沉积（据李华等，2016）
(a) 小尺度（几厘米）细—粗—细序列；(b) 大尺度（几十厘米）细—粗—细序列

8. 粉屑等深流沉积

粉屑等深流沉积多由粉屑灰岩与泥晶灰岩的厘米级交互层构成（图 2-40），在中国湘北下奥陶统、甘肃平凉中奥陶统、陕西富平中奥陶统等地区均有发现。粉屑等深流沉积平均组分为粉屑 40%～60%，生屑 2%～8%，灰泥 30%～55%，常呈极不规则的互层出现，彼此界面清楚至模糊都有，有时粉屑或灰泥呈不规则条带或斑状出现。灰泥或粉屑薄层侧向常不稳定，生物扰动发育，另见小型沙纹层理，细层倾向与斜坡走向大致相同（高振中等，1996）。鄂尔多斯盆地西南缘奥陶系平凉组粉屑等深流沉积单层厚度相对较小，一般不超过 15cm，主要为泥晶粉屑灰岩，粉屑含量为 45%～65%，见生屑。通常与灰泥等深流沉积互层，两者界线不规则，侧向厚度变化较大（李华等，2016）。

9. 砂屑等深流沉积

砂屑等深流沉积的特征与砂质等深流沉积类似，只是粒级有时稍微粗一些，可达中砂级。湘北下奥陶统砂屑等深流沉积较为典型，砂屑含量为 40%～60%，粉屑含量为 10%～30%，生屑含量为 3%～18%，灰泥含量为 20%～40%，亮晶方解石胶结物含量为 2%～13%。颗粒均有一定的磨圆，分选总体中等—较好，但常有分选特好的富颗粒小透镜体、不规则条带或薄层，其粒间填隙物几乎全为亮晶方解石，含生屑甚多，并且构成特征性的遮蔽构造。层内小侵蚀面发育，不规则平行层理发育，细层厚度为数毫米至 1cm，侧向延伸极不规则，层理界面大致平坦，但较模糊，生物潜穴和扰动现象也十分普遍，单层厚度为数厘米至数十厘米，少数达 2m，甚至更厚。砂屑等深流沉积分选比较好，Hollister 等（1972）认为砂屑等深流沉积标准偏差 σ_1 小于 0.75。

10. 砾屑等深流沉积

砾屑等深流沉积包括砾质滞留、泥砾、碎屑等基底侵蚀破坏物质，在现代沉积记录中报道较少。一般认为其为强大底流侵蚀和改造而成，多呈薄层，分布不规则，分选差，颗粒表层常具镁铁质包壳。湘北九溪奥陶系细砾屑等深流沉积中，砾屑为扁平状—浑圆状，磨圆较好—好，分选中等。层面上，颗粒长轴方向与斜坡走向基本一致，局部见叠瓦状构造。垂向上，颗粒略显粗粒变化，底部多为侵蚀面，起伏厚度达数厘米。砾屑长轴或透镜体延伸方向与古流向平行（高振中，1996）。

11. 硅质生屑等深流沉积

泥质、粉砂质及砂质生屑等深流沉积在现代沉积记录中报道较少。泥质和钙质（生屑）等深流沉积富含硅藻和放射虫，特别是在高纬度地区，但较少含硅质生屑。交错层理放射虫等深流沉积仅在古代地层记录中被发现。

12. 锰质等深流沉积

锰质等深流沉积常发育在含锰地层中，金属颗粒由极细分散的颗粒富集而成，并形成包壳。类似现象可在古代地层记录中的泥质、粉砂质、泥屑及粉屑等深积岩中发育，见过路不沉积、硬底及沉积间断面。生物扰动和潜穴较为常见，在沉积层表面发育遗迹化石。

13. 化学成因砾质滞留等深流沉积

等深流运动路径上存在深水化学成因（化学—生物沉积）的金属碳酸盐岩"烟囱"、隆起及硬壳等，在洋底，特别是等深流水道中可沉积或侵蚀上述化学沉积，经过长时间长距离的簸选，可形成化学成因的砾质滞留等深流沉积。

四、鉴别标志

等深流沉积指等深流占主要作用的沉积，包括现代和古代地层记录中的两种沉积，前者为等深流沉积，后者为等深岩或等深积岩，但在诸多国际研究成果中统称为"Contourite"。自 20 世纪 60 年代等深流及等深流沉积研究以来，不同学者基于不同手段，对不同地区的等深流沉积进行了研究，总结了等深流沉积特征，并与深水环境中其他水动力性质沉积进行了对比（浊流、半深海—深海原地沉积）。然而，如前文所述，尽管等深流沉积相关研究成果较多，但是其研究主要为现代沉积，古代地层记录中的等深积岩研究较为薄弱，主要原因之一就是等深积岩鉴别难度比较大；因此，有必要单列出等深流沉积鉴别标志，以便读者了解、掌握等深流沉积特征，进而开展地层记录中的等深积岩相关研究。本文重点介绍高振中等（1996）及 Stow 和 Faugères（2008）的总结性成果（表 2-5 至表 2-7），对各地区的特殊现象及成果认识不做详述。

表 2-5 等深积岩与浊积岩、半深海—深海原地沉积特征对比表（据高振中等，1993）

沉积特征		等深积岩	浊积岩	半深海—深海原地沉积
岩性		陆源碎屑岩 碳酸盐岩 火山碎屑岩	陆源碎屑岩 碳酸盐岩 火山碎屑岩	黏土岩 远洋碳酸盐岩
粒度		以泥级为主，粉砂级次之，少量砂级砾级	泥级—砂级，少量砾级	以泥级为主，少量粉砂级
颗粒分选		中等—好，局部极好	差—中等	差
粒度曲线		正态概率粒度曲线上有 2～3 个沉积总体，跳跃总体斜率大	正态概率粒度曲线上只有 1 个沉积总体，斜率小；在 C—M 图上呈平行 $C=M$ 基线图形	—
颗粒结构		颗粒具有特征优选方位	颗粒很少或无优选方位	无
杂基含量（％）		0～5	10～30	—
层序特征		基本对称的正、逆粒序组合	完整或不完整的鲍马序列	无
单层厚度		10～100cm，复合层序更大	5～30cm	—
顶底面接触方式		渐变或突变接触均有	底面突变接触，顶面渐变接触	渐变接触
原生沉积构造	粒序	正粒序和逆粒序	正粒序，底部接触清楚	无
	交错层理	普遍	普遍	无
	块状层理	无	常见	无
	水平纹层	整个层序中都有	仅在层序上部	无
微体化石		较少，磨损或破坏	较少，保存完好	完整
遗迹化石		整个层序中均可见	多见于层序顶部	多
生物扰动		发育	无或层序顶部发育	发育

（1）等深流沉积形成于深水环境。一般认为，只有在相对深水环境中，由稳定等深流沉积的或由稳定地转流进行过明显改造的沉积物才是狭义的等深流沉积。

（2）等深流沉积的成分丰富多样，主要取决于物源供给，包括硅质碎屑物质、碳酸盐岩物质、生物物质、火山物质等，进而形成不同类型的等深流沉积相。

（3）等深流沉积的粒度分布较广且多变，从泥级至砾级皆有。但总体而言，等深流沉积粒度一般较小，以泥级和粉砂级为主，砂级次之。当等深流速度较高时，也可发育粗粒沉积。

（4）等深流沉积分选一般中等—好，局部分选极好，标准偏差 σ_1 小于 0.8。在正态概率粒度曲线上，一般有 2～3 个沉积总体，其中跳跃总体斜率大，主要原因为等深流一般持续时间长且较为稳定。

表2–6 深水细粒沉积对比表（据 Stow and Faugères，2008）

沉积特征	浊积岩	厚层泥质浊积岩	厚层生物扰动泥质半深海—浊海沉积	等深积岩	半深海沉积	深海沉积（生物软泥）	深海沉积（深海红黏土）
层理	层理发育，呈连续规则的薄层状	层理发育，韵律性强，分布广泛，层厚大于1m，部分可超过25m	层理不发育	层理少见，不规则或缺失；薄层到厚层变化	层理较发育或缺失及中层状	层理不明显或缺失	层理发育较少或缺失
构造	常见透镜状平行层理，小型交错纹层理，低幅爬升层理，波痕和包卷层理等	无构造或底部有模糊的平行层理	原生构造缺乏，可能覆盖细粒层状浊积岩	在粉砂或细砂层中仅局部存在层理，主要为不规则波状或透镜状层理，交错纹理极少，不规则生物扰动常见	无原生结构，但缺氧环境下可沉积形成细小裂变纹层	无原生构造	无原生构造
	底部突变接触，顶部突变或渐变接触，见小型冲刷痕、负载及人侵入沉积构造	底部突变接触，顶部突变或渐变接触，无或少见冲刷痕	渐变接触和生物扰动	顶底突变或渐变接触，在相临突变面之间常见所变沉积，分布不规则，见侵蚀接触	渐变接触和生物扰动	渐变接触和生物扰动	渐变接触和生物扰动
	幕式生物扰动，多集中在顶部，有时缺失，基本不破坏原生沉积构造	上部发育生物扰动	生物扰动发育，贯穿所有层序；见典型的遗迹化石	生物扰动强烈，在所有层序发育，不同类型的沉积；潜穴发育不好；生沉积构造	生物扰动强烈，所有层序发育，常见潜穴，遗迹变化单一，可形成均质层理	生物扰动强烈	生物扰动常见，但比半深海沉积和深海软泥少，且常见斑状扰动和均质层理
结构	粒度从细粒到砂粒再到黏土级	粒度通常从粉砂到黏土级	粒度为非常细的粉砂黏土级	粒度从砂粒到黏土级	粒度由砂级至黏土级，超过40%的陆源沉积物为粉砂级，局部变粗	粒度从砂级到黏土级	粒度为黏土和细粉砂级

– 164 –

续表

沉积特征		浊积岩	厚层泥质浊积岩	厚层生物扰动泥质半深海—浊流沉积	等深积岩	半深海沉积	深海沉积（生物软泥）	深海沉积（深海红黏土）
结构		分选中等—好，牵引流沉积；粉砂和泥层分层明显；粉砂通常呈正偏态	分选差—中等	分选差—中等	分选差—中等，牵引流（粉砂和泥）沉积不规则混杂；粉砂通常呈正或负偏态	分选差—中等，牵引流沉积，粉砂和泥通常具低正或负偏态	分选差—中等，牵引流沉积特征	分选差—中等
		不规则的递变层理中形成略正递变层序	块状或略具正递变层序	递变层序不发育	递变层序不规则，包括正、反递变层序	无递变层序，但局部常见粒度波动变化	无递变层序	无递变层序
组构		颗粒（粉砂）排列平行于沿斜坡向下的水流方向	组构未研究，推测类似于薄层浊积岩	组构未研究	颗粒（粉砂）排列与斜坡方向平行，多与颗粒扰动相关	无颗粒定向排列	无颗粒定向排列	无颗粒定向排列
		泥质组构表现为随机指向的大颗粒团簇（絮凝体）	—	—	无生物扰动情况下，泥质组构表现为具水平指向的小颗粒团簇	泥质组构可表现为与层系平行的小颗粒团簇和单个颗粒	与层系平行的小颗粒团簇和孤立颗粒组构	与层系平行的小颗粒团簇和孤立颗粒组构
		磁组构与顺斜坡向下水流方向平行	—	—	磁组构表面为沿坡面水流方向平行	无磁组构	无磁组构	随机磁组构
		异地沉积，浊积岩与层层沉积物的组成明显不同	异地沉积	主要是异地沉积，如伴生浊积岩，外加半远洋沉积	漂积体或底缘沉积，但大部分来自远洋和浊积岩输入，以及底流再悬浮沉积	原地沉积，表层水、风等搬运	表层水带入的原地沉积	原地沉积
成分		由陆源、生物、火山成因或混合物质组成，常含有浅水物质，可能具有一定成分变化	由陆源、生物、火山成因或混合物质组成，可能具有一定成分变化	—	主要为陆源和生物成因（一种含量可以大于80%），也含有火山物质，也含冰川—海洋改造的生物物质常见，部分铁锰富集	陆源沉积（主要是远洋）、生物、表层水，也含火山碎屑或冰川—海洋物质，多成因	由钙质、硅质或混合物质组成，陆源和宇宙源物质少见，局部有铁锰结核	陆源和火山质黏土和细粉砂、尘埃，宇宙输入，可见微陨石、铁锰结核和结壳

- 165 -

续表

沉积特征		浊积岩	厚层泥质浊积岩	厚层生物扰动泥质半深海—浊流沉积	等深积岩	半深海沉积	深海沉积（生物软泥）	深海沉积（深海红黏土）
分布		垂向上常为正递变层序，单层厚度为2~20cm，局部见向上变粗或变细序列	常以孤立的厚层出现	常出现在远端浊积盆地—深海平原过渡区	垂向上常为正递变或负递变（厚10~100cm）的不规则序列	垂向上层序缺失或表现为富含或多或少生物成分的规律变化	垂向上层序缺失或表现为富含或多或少生物成分的规律变化	无垂向变化层序
		沉积特征（层厚、粒度、成分）沿浊流流路径变化（顺斜坡向下）	变化趋势少见或非常细微	变化趋势缺乏	沉积特征（粒度、成分）沿底流流路径变化（平行于坡缘）	变化趋势缺乏或见大面积发育特征	变化趋势缺乏或见大面积发育特征	无明显变化趋势
		流水证据（波痕、槽模和组构）显示出顺斜坡向下的趋势			流水证据（波痕、组构）显示出沿斜坡边缘	无底流迹象	无底流迹象	无底流迹象
		幕式浊流沉积，连续背景沉积，与粗粒浊积岩接触时出现间断	幕式沉积，通常比薄层浊积岩沉积频率低	偶发事件，但稳定期很长（0.5~1a）	半连续的沉积作用，有比不规则的间隔，当底流特别强烈时，间断时间延长	连续沉积，无间断	连续沉积，但在某些地方持续时间可能会缩短	连续沉积
沉积速率		沉积速率变化很大（0~1000cm/ka）			沉积速率多变（低—中等），一般小于2cm/ka，最高可达15cm/ka	沉积速率相对稳定，一般较低，小于10cm/ka；可随碳酸盐旋回而变化；局部沉积速率中等到高（>100cm/ka）	沉积速率非常低，通常小于1cm/ka，很少地方达到5cm/ka或10cm/ka	沉积速率极低，远小于1cm/ka；可能是小于0.1cm/ka

注：（1）重力流成因的厚层、无沉积构造的泥质，是分层良好盆地中分离浊流缓慢（半深海）沉降的结果（Stanley，1981）。
（2）厚层生物扰动泥质半深海—浊流沉积具有部分浊流沉积和半深海沉积特征，它们是由浊流通道远端形成的悬浮云向上浮力沉积而成（Stow and Wetzel，1990）。

表2-7 泥质、砂质及等深流改造浊流沉积特征对比表（据Stow and Faugères，2008）

沉积特征	泥质等深流沉积 （陆源或生物成因）	砂质等深流沉积 （陆源或生物成因）	改造砂沉积 （各种成分）
产状	深水环境厚层细粒沉积序列	薄—中层泥质等深流沉积层序，厚层和块状少见	底流活跃区，浊流较为发育的底流活跃区
产状	与浊流及其他陆缘作用沉积互层	与砂质浊流的顶部改造沉积互层	
产状		深海水道和峡谷粗粒滞留沉积	
构造	生物扰动常见	平行及交错层理较少（生物扰动破坏）	生物扰动或潜穴发育，顶部被改造，见逆粒序和不规则粗粒沉积
构造	生物潜穴常见（典型深水组合）	无类似浊流沉积的典型层序	双向交错层理，粉砂岩中可见小型交错纹层和生物扰动
构造	粗粒滞留沉积	顶部见逆粒序，突变/侵蚀接触常见	在浊流沉积序列中可见侵蚀突变
构造	原生粉砂/泥质纹层，局部可见非典型的浊流沉积序列，常见局部侵蚀突变接触	—	—
结构	主要为粉砂质泥	粉砂级到砂级，少见砾级	细粒沉积被搬运或不沉积
结构	陆源碎屑等深流沉积中砂质（生屑）含量较高（0～15%）	有时贫泥，分选好	与下伏浊积岩的结构差异显著（更干净、分选更好、逆粒序，滞留沉积，呈负偏态）
结构	分选差—中等，无粒序，无离岸沉积	偏态分布呈低或负偏	
结构	若搬运距离不同，可能会与互层浊积岩呈现明显的结构差异	无离岸沉积	
组构	泥质组构通常比浊积岩更平行于黏土排列，但在化石等深积岩中不明显	颗粒长轴方向平行于底流运动方向（沿斜坡走向）或因生物扰动有所变化	与浊流沉积互层，具双峰或复杂多变结构
组构	原生粉砂纹层或粗粒滞留沉积，长轴平行于流体运动方向（沿斜坡）	其他特征（沉积构造），只沿斜坡运动方向	
成分	生屑和陆源碎屑混合等深流沉积（可能与互层浊积岩不同）	生物或陆源混合，典型陆源碎屑取决于局部物源	浊积岩成分，部分细粒组分被淘洗、搬运
成分	近陆及陆架物源碎屑，伴生部分斜坡横向搬运沉积（无沿斜坡向下搬运）	远洋、底栖生物和再沉积生屑，破碎，含铁质	长期暴露和簸选可能产生化学沉淀（可能少见）
成分		总有机碳含量极低	总有机碳含量极低
层序	砂质等深流沉积的粒度或组分呈分米级旋回变化	泥质等深流沉积的粒度或成分呈厘米级旋回变化	典型的浊流沉积序列（顶部缺失或被改造），不存在等深流沉积旋回层序

（5）等深流沉积中牵引流构造较多，常见流水冲刷而成的侵蚀面，以及各种流水层理（交错层理、波痕和压扁层理等）和组构优选（长形颗粒定向排列）等，其可反映水流方向。

（6）等深流沉积中的指向沉积构造反映的古水流方向一般平行斜坡。

（7）等深流沉积具有独特的层序。等深流沉积层序较为独特，具有明显的细—粗—细的逆—正递变序列，其可能为等深流流动强度呈周期性变化的结果。

（8）等深流沉积中一般发育强烈的生物扰动构造。因此，原生沉积构造可能受到破坏而不能很好地保存下来。这主要是因为等深流的流速一般较低，沉积作用较为缓慢。在有不同水动力作用相互影响的地区（等深流与浊流相互作用的地区），原生沉积构造可能保存较好。

（9）地震资料是现代深水沉积研究的主要手段，等深流沉积研究也不例外。等深流沉积的地震反射特征可以分为大、中及小三个尺度（图2-41）。大尺度的等深流沉积（一级地震反射特征）外形为席状或丘状，大致平行斜坡展布，底部发育大型的侵蚀、过路不沉积界面或不整合面。内部常见低角度纹层下超于不整合面之上。常呈中等—较好连续性中等—弱振幅地震反射特征。中尺度的等深流沉积（二级地震反射特征）多为上凸透镜状，向下游迁移或加积，下超终止反射。小尺度的等深流沉积（三级地震反射特征）为连续平行—亚平行反射或波状结构（Nielsen and Kuijpers，2008）。

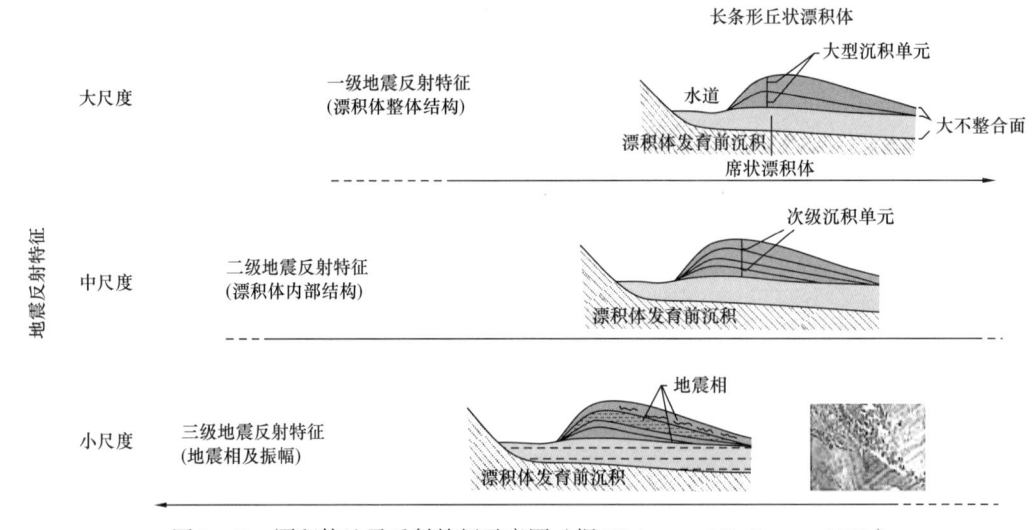

图2-41 漂积体地震反射特征示意图（据Nielsen and Kuijpers，2008）

尽管前人根据等深流沉积研究的已有成果对其沉积特征进行了总结，但随着研究手段的进步和深水沉积研究的不断深入，特别是重力流沉积，上述诸多"标志"多解性较强，特别是地层记录中等深积岩的露头本身限制（出露面积、沉积构造和后期破坏等），使得等深流沉积（岩）在地层记录中较难识别。为此，Stow等（1998）、Hüneke和Stow（2008）在已有等深流沉积典型特征及鉴别标志的基础上，进一步梳理和细化了等深流沉积（岩）的鉴别标志，认为地层记录中等深流沉积鉴别需要三步（三个尺度）（表2-8）。

(1)第一步(小尺度)。

产状及沉积相：厚层远洋—半远洋沉积中是否存在沉积间断、凝缩层段。

沉积构造及遗迹化石：强烈生物扰动后，原生沉积构造不清晰，砂屑等深岩可呈透镜状；薄层等深流沉积，生物扰动较弱，见深水潜穴，部分潜穴垂直层面。

结构和层序：成岩作用倾向于保持原颗粒粒度变化特征及沉积序列，层序厚度一般小于20cm，见完整及不完整序列。

微相及组分：少量生物颗粒（包括杂砂岩、颗粒岩和粒灰岩）

(2)第二步(中尺度)。

中尺度特征研究可有利于等深流沉积鉴别。在上述特征中，间断面、凝缩层序、厚度变化及形态特征的识别较为重要。等深流沉积主要发育在深水，深水原地沉积往往与其伴生，需要有效鉴别等深流沉积，特别是在古代地层记录中的等深积岩。

(3)第三步(大尺度)。

等深流沉积需要开展古海洋研究及大陆重建等工作，而大多数古海洋及大陆重建工作都较为粗浅，需要更多的资料及证据开展等深流沉积识别及形成机制等分析。同时，等深流沉积的研究也有利于古海洋、古气候和古构造恢复。

表 2-8　现代及古代等深流沉积鉴别标志（据 Stow et al., 1998; Hüneke and Stow, 2008）

第一步：小尺度 （野外露头、钻孔和实验室分析）	(1)沉积特征是否符合上述特征？ (2)是否有等深流及浊流沉积层序，能否基于沉积特征或古水流有效鉴别？ (3)是否有半深海—深海原地沉积与等深流沉积层序，能否有足够的证据说明等深流对这些细粒物质的沉积进行了影响？ (4)沉积旋回特征是否是由等深流速度变化导致而不是陆源碎屑供给变化或生物生产力变化引起？
第二步：中尺度	(1)沉积相的产状、古水流方向、结构、矿物及地球化学特征是否为等深流沉积？ (2)是否存在等深流活动的证据？如不整合面、凝缩层序、厚度局部变化，以及沉积体形态等； (3)能否恢复沉积体的形态和规模？沉积体的长轴方向及进积方向是否平行或垂直陆缘？ (4)伴生沉积相、古生物及沉积速率是否与等深流沉积类似？
第三步：大尺度	(1)上述两步的结论是否与其他独立的海洋学或古海洋学特征和大陆重建结论吻合？ (2)综合考虑古气候及盆地位置和形态等因素，能否恢复等深流系统特征？

五、沉积模式及主控因素

1. 沉积模式

前人做了很多关于等深流沉积模式建立的工作，提出了不同的模式（Lovell and Stow, 1981；Shanmugam et al., 1993；高振中等, 1995, 1996；Hernández-Molina and Stow, 2008；李向东和陈海燕, 2020）。尽管各种模式都有不同的特色和优势，综合大部分模式方案，笔者认为 Hernández-Molina 和 Stow（2008）的等深流沉积模式较为全面，其兼顾了流体及沉积底形的形成和分布，还涉及了等深流与重力流的交互作用（图2-42）。其将等深流沉积模式分为了三类。

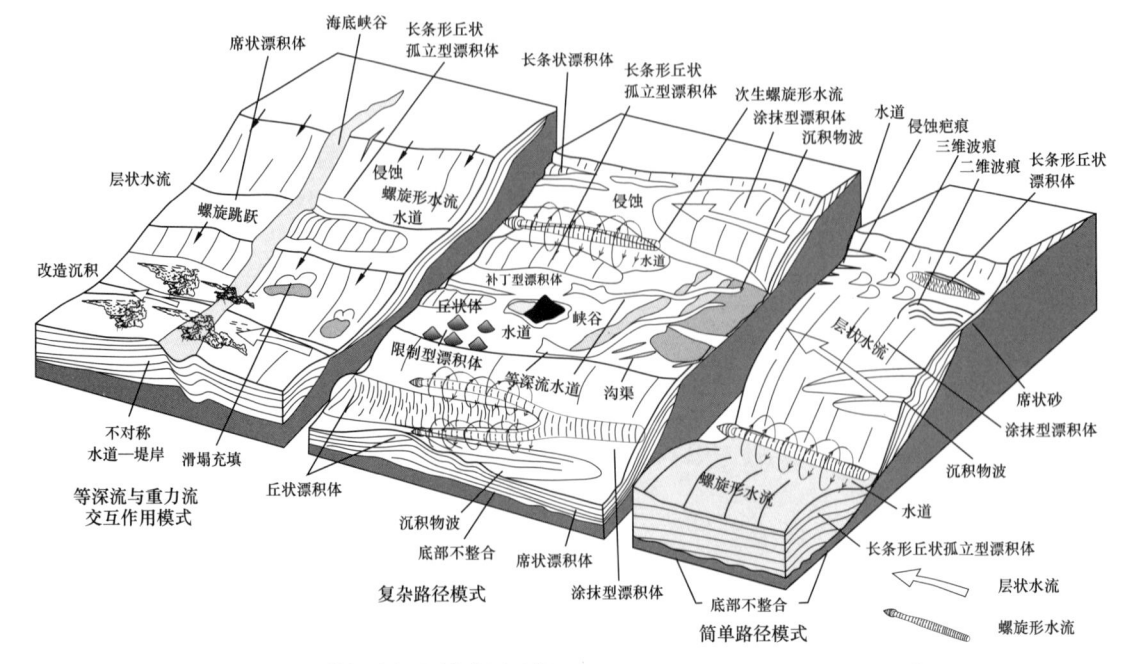

图 2-42 等深流沉积模式图（据 Hernández-Molina and Stow，2008）

（1）简单路径模式：简单路径模式等深流运移路径较为单一，底形差异较小，螺旋形水流可形成丘状漂积体，层状水流多形成席状漂积体和沉积物波。其多出现在构造活动较弱且底形较简单的地区，如巴西斜坡和欧洲北部大陆边缘。

（2）复杂路径模式：复杂路径模式底形差异较大，等深流主要为螺旋形，次生环流较为明显，可形成丰富的丘状漂积体和沉积物波，如大型长条状漂积体、限制型漂积体等，同时可见侵蚀底形（沟道、沟渠）。多出现在构造活动较强烈且地形较为复杂的地区，如主动大陆边缘、加的斯海湾。

（3）等深流与重力流交互作用模式：在重力流水道和滑塌区，重力流在沿斜坡向下运动过程中，等深流可对重力流沉积进行改造、搬运和再沉积。等深流可对水道迎流一侧的堤岸进行改造，在顺流一侧产生沉积，进而形成不对称的堤岸沉积。而在水道内侧积体发育，整体呈现出单向迁移的特征，迁移方向与等深流运动方向相同。等深流与重力交互作用模式在重力流活动活跃地区较为常见。

2. 主控因素

等深流沉积影响因素众多，主要有运移路径、运动速度、次生环流、物源供给、海平面升降、气候变化、构造运动、作用时间及其他性质水动力作用等（高振中等，1996；Faugères and Stow，2008）。

（1）运移路径：海底底形、大陆边缘的凹凸变化等可形成简单或复杂的运移路径，长时间的等深流作用可形成不同类型的沉积底形，进而产生丰富的沉积体（图 2-42）。

（2）运动速度及次生环流：等深流运动的速度直接影响其沉积底形，速度快、能量高，则以侵蚀型为主；速度低可能形成漂积体和沉积物波。同时，次生环流可形成不同形态的漂积体，螺旋形水流多形成丘状漂积体，而层状水流主要形成席状漂积体。

（3）物源供给：等深流沉积的类型和规模与沉积速率密切相关。物源供给的多少及有效性直接决定等深流沉积的类型与规模。而物源供给通常为构造运动、海平面升降及气候变化所影响。

（4）海平面升降：海平面升降主要是影响物源的供给，进而控制等深流沉积。低海平面时期，碎屑物质大量注入深水盆地，重力流占主导作用，多为重力流相关砂体沉积。高海平面时期，碎屑物质注入量相对减少，重力流逐渐减弱，等深流活动明显增强，发育等深流沉积。

（5）气候变化及构造运动：气候及构造作用的影响主要是间接影响物源供给，进而控制等深流沉积。气候可影响物源的成分和结构。构造运动可以控制地形的高差、盆地的性质等，其不仅可以控制等深流沉积的物源，还可以影响等深流沉积的发育位置。

（6）作用时间：等深流速度一般较低，因而沉积速率也极低，而要形成大规模的等深流沉积体需要持续的长时间作用。因此，长时间作用对等深流沉积极为重要，短时期之内很难形成大规模的等深流沉积体。

（7）其他性质水动力作用：深水区水动力极为复杂多样，常见等深流、重力流、内波和雾状层等，等深流在运动过程中，可能存在不同性质的水动力相互作用，其一方面可能对等深流沉积进行改造，另一方面可能与等深流共同作用而发生不同的沉积响应，如特殊的沉积体或沉积底形。

上述因素，在不同地区及时间内，其影响程度有所不同。一般而言，流速和物源供给是等深流沉积的直接影响因素。海平面升降、构造运动及气候变化可影响物源供给，间接控制等深流沉积；同时相对海平面的高低可以影响不同性质的水动力强度，低海平面时期，重力流较为常见，而高海平面时期等深流、内波等作用更为显著。某些特殊环境对等深流的运移路径、沉积底形、流速及次生环流影响显著，最终控制等深流沉积的类型及分布，如加的斯海湾的限制性环境（水道）、南海北部东沙群岛南缘的海底火山或底辟，以及东沙群岛向南突出地形（Li et al.，2013；Hernández-Molina et al.，2016）。

第四节　等深流沉积研究意义

等深流沉积在各大海洋及地层记录中都有较为广泛的发育。对其研究有利于深水油气勘探，以及古环境和海底地貌演化恢复。粗粒的等深流沉积可成为油气的储层，而细粒的等深流沉积可为油气成藏提供封堵。同时，等深流沉积蕴含了古水深、古环流、古气候及古构造等特征，对其研究有助于古环境的恢复。最后，等深流带来的大量沉积物可在海底形成不同类型及规模的等深流沉积（涂抹型漂积体），而高速等深流可侵蚀、破坏海底沉积；因此，等深流沉积研究有利于推进海底斜坡稳定性、地质灾害及海底地貌演化研究。

一、油气勘探

等深流作用可以影响油气系统的储层形态及质量、泥岩封堵层分布，以及烃源岩发育情况。同时，等深流沉积可在陆坡上进行侵蚀、沉积等，导致其可能改变海底地形，同时影响陆坡堆积方式（Vina and Rebesco，2007）。

1. 粗粒沉积可作为储层

等深流沉积作为储层需要具备沉积物粒度较粗，孔隙度和渗透率较高，侧向及垂向运移较容易，主要沉积地貌为等深积水道、沙席及沙裙等条件。上述沉积体发育的主控因素包括：（1）等深流活跃的强度及时间；（2）等深流作用活动时期沉积物（成分、粒度和总量等）；（3）海底地貌；（4）陆架结构。四个主控因素控制沉积盆地中的等深流沉积，特别是砂质沉积的发育位置、时间及过程。等深流有两种情况发育粗粒沉积，一是在富砂区域存在将砂质横向搬运的陆架流体（风暴流、潮汐、内潮汐、水团和风成海流等），这些区域包括密度流及洪水发育的低坡度陆坡和高盐度水团形成的沉降流活跃区；二是处于易变形和物质搬运活跃区（弹性回弹、热变形、盐作用及板块内构造应力等），这些区域有利于等深流对沉积前暴露的海底砂质沉积物进行簸选。

在巴西桑托斯盆地中新生代 E—W 向展布的上陆坡，NE 向运动的等深流极为活跃，在斜坡水道内发育等深流改造的粗粒沉积（多来源于陆架）及 ENE 向迁移的沙丘（新月形、舌形沙脊，富砂水道—堤岸体系大致平行斜坡）。沙丘在古新统—下始新统顶部发育，反映等深流活动较强，并可对重力流沉积物进行搬运及改造作用（图 2-43；Viana et al.，2007）。

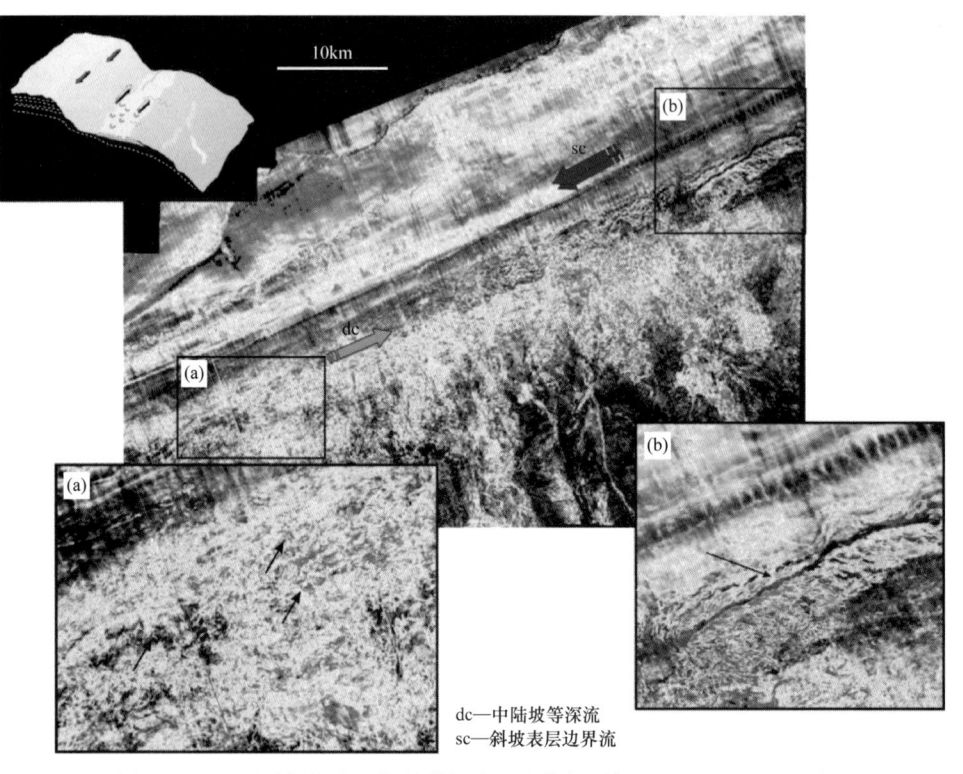

图 2-43 巴西桑托斯盆地粗粒等深流沉积特征（据 Viana et al.，2007）

dc—中陆坡等深流
sc—斜坡表层边界流

Yu等（2020）对加的斯海湾IODP339航次的取样岩心进行了分析（图2-44），研究发现结果如下。（1）U1386岩心420m以浅为等深流沉积，以深为等深流与浊流沉积，整体孔隙度为34%~58%，孔隙度从下至上从40%~45%逐渐增大到50%~60%。300m以深数据点较为分散，可能与胶结作用有关。泥质等深流沉积孔隙度在170 m内逐渐降低，而在170~270m之间先减小后明显增加。270m以深孔隙度变化不大，为40%~45%。400m以深砂质和粉砂质沉积孔隙度为40%~50%。（2）U1387岩心460m以浅为等深

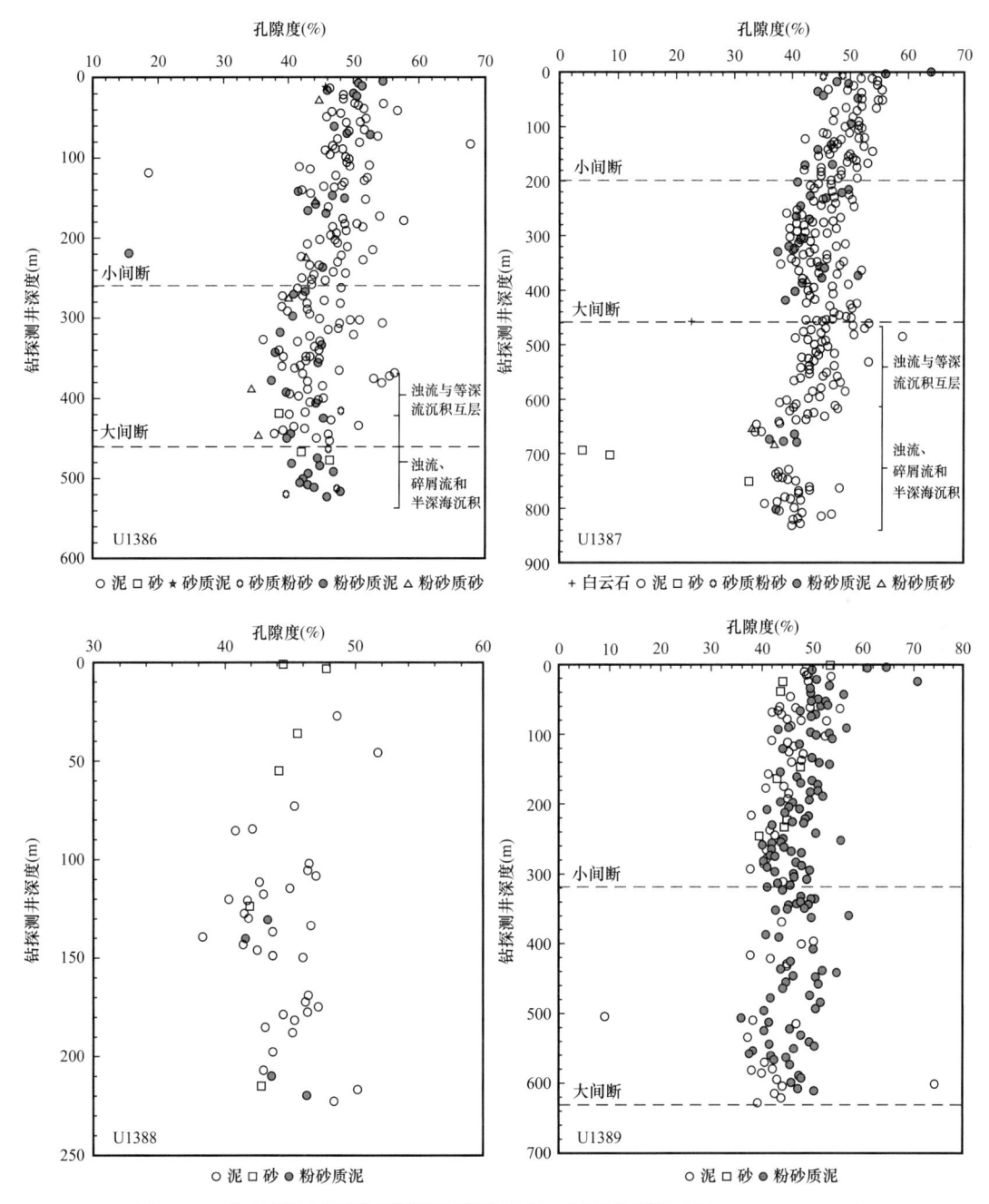

图2-44 加的斯海湾现代等深流沉积孔隙度—深度关系图（据Yu et al.，2020）

流沉积，以深为等深流与浊流相关沉积，整体孔隙度为37%～58%。从下至上孔隙度从40%～45%逐渐增加至50%～60%。泥质等深流沉积孔隙度在340m降至44%，随后深度每增加110m，孔隙度下降约4%。（3）U1388岩心主要为粗粒沉积，泥质等深流沉积孔隙度相对较低，为38%～52%，而砂质等深流沉积孔隙度为42%～48%。（4）U1389岩心整体孔隙度为35%～58%。样品孔隙度结果表明，等深流沉积顶部孔隙度为60%～70%，而向下数十米深度，孔隙度明显降低至45%～55%，在300m深度时孔隙度为35%～45%。

2. 细粒沉积作为盖层及烃源岩

高能的等深流一般较局限且持续时间较短，相反，陆坡环境的等深流速度整体中等—较弱，其能对细粒沉积物进行搬运。这些细粒沉积物可由密度流、异重流、浊流、河流、海底侵蚀、重力流及上升流等提供，而后被海洋环流（等深流）搬运、沉积。厚层的细粒（泥质、粉砂质）等深流沉积在所有洋盆都发育，可在油气系统中扮演封堵层及烃源岩角色。巴西桑托斯盆地新近系超过600m厚的漂积体为古近系含油砂岩提供了良好的封闭条件（Duarte and Viana，2007）。坎波斯盆地中—下中新统厚层泥质等深流楔状体超覆在上古新统及新近系之上，该层系已发现数个大型油田（Souza Cruz，1998）。楔状体是理想的封堵层。高能的等深流不利于有机质的沉积和保存，但是等深流沉积常与油气聚集相关。大西洋陆缘发育大规模的油气成藏圈闭（Kraemer et al.，2000）。

徐焕华等（2008）对贺兰山拗拉槽奥陶系等深流沉积进行了总有机碳含量和氯仿沥青"A"测试分析，研究结果表明克里摩里组泥晶灰岩总有机碳含量为0.1%～1.08%；总烃含量多大于60%，多数为腐泥型，可作为较好的烃源岩。泥质与粗粒的等深流沉积互层可以形成良好的生储盖组合，可能具备良好的油气勘探潜力。李向东和郇雅棋（2019）认为鄂尔多斯西缘桌子山地区奥陶系等深暖流沉积可发育自生自储等深流沉积型油气藏。

二、古气候及古海洋学

对等深流运动路径上发育的不同类型等深流沉积研究有利于分析研究海洋气候变化及地球演化。等深流漂积体及其不整合面是海底地形、沉积物供给与等深流共同作用形成。等深流可侵蚀、搬运、沉积细粒沉积物在局部形成丘状长条形漂积体。等深流沉积的主控因素较多，包括构造运动、环境、气候、海平面、等深流强度、盆地演化及盐度变化等，因此，等深流沉积研究对恢复古环境及古构造等有重要作用，是研究古地理的重要手段。同时，相比远洋垂直降落的原地沉积而言，等深流沉积速率高，是古海洋沉积研究的重要载体。古海洋研究具有广泛多变的时间尺度、构造演化及时间旋回等。

等深流沉积综合研究取决于技术手段、科研成本及科学发现基础。古海洋学研究中沉积过程、盆地演化及古海洋特征等是主要研究内容。因此，海洋地球物理学家和海洋沉积学家们倾向基于声波—地震建立三维沉积模型，而古气候学家则基于生物或地球化学恢复古水文特征。此外，数值模拟也是古海洋研究手段之一。等深流沉积可为海洋环流、古气候变化研究提供地球化学、沉积学及地球物理研究资料，特别是对地球系统的三个方面提供重要支撑，包括：（1）水道、构造及海洋环流；（2）温室气候中的海洋环流；（3）海洋—气候变化。

Hernández–Molina 等（2016）基于 IODP339 航次资料研究了等深流沉积与构造运动、沉积演化及古海洋变化之间的耦合关系，研究认为构造运动影响陆架边缘、重力流和等深流沉积体系的发育。根据构造演化及等深流沉积的特征，将等深流沉积形成分为了三个阶段：（1）初始阶段（5.33—3.2Ma），地中海外流（MOW）作用较弱；（2）过渡阶段（3.2—2Ma）；（3）生长阶段（2Ma 至今），地中海外流作用逐渐增强。李华等（2018）基于露头、薄片、地球化学等资料，对鄂尔多斯盆地西南缘奥陶系平凉组深水原地沉积、等深流沉积及重力流沉积与古环境的关系进行了较为详细的探讨，研究认为研究区相对海平面整体上升，可分为三个次级升降旋回；古盐度先升高后降低再升高，由三个次级高低旋回组成；古气候早期较为湿润，晚期相对干燥，可分为四个次级干燥—湿润旋回；沉积环境以厌氧—贫氧为主，还原作用向上逐渐增强。相对海平面上升或较高，古盐度变化明显，气候相对湿润及较强的还原作用有利于等深流沉积发育。而相对海平面下降或较低、干燥气候及构造活动活跃时期，碎屑流沉积较为明显，盐度及古氧相对其影响不明显。

第五节 研 究 实 例

一、中国南海北部等深流沉积

1. 概况

1）地质背景

南海位于亚洲大陆、中印半岛、加里曼丹岛、菲律宾群岛及台湾岛之间，为半封闭深水海盆，总体为 NE—SW 走向。其构造位置处于欧亚大陆的东南缘，邻近欧亚、太平洋、印度洋—澳大利亚三大板块的交会处，是西太平洋中最大的边缘海（李华等，2013）。

南海北部大陆边缘东起台湾岛，西部为越南，南部和南海深水平原相接，大致呈 NE 向展布，长约 1500km，宽约 600km，总面积约 $90 \times 10^4 km^2$，约占整个南海面积的 1/4（王宏斌，2003）。研究区主要位于东沙群岛周缘、西沙群岛周缘，水深 1200~3000m（图 2-45）。

2）南海水体特征

南海环流系统比较复杂，整体垂向呈"三明治"式（Yuan，2002），其大致可分为表层水、中层水及深层水（Huang et al.，2011）。中层水及深层水的分界大致为 1000m（Wyrtki，1961）。

南海表层水受季风的影响明显，其在冬季从北部流向爪哇海，总体呈逆时针方向运动，而在夏季时其运动方向呈顺时针方向（Shaw and Chao，1994）。另外，黑潮及沿岸流对表层水影响作用较为明显（Liang et al.，2003）。黑潮是北太平洋中重要的西边界流之一，其通过吕宋海峡以顺时针方向进入南海（Li and Wu，1989；Xue et al.，2004），可进一步演变形成 NE 向的南海暖流（图 2-46）。

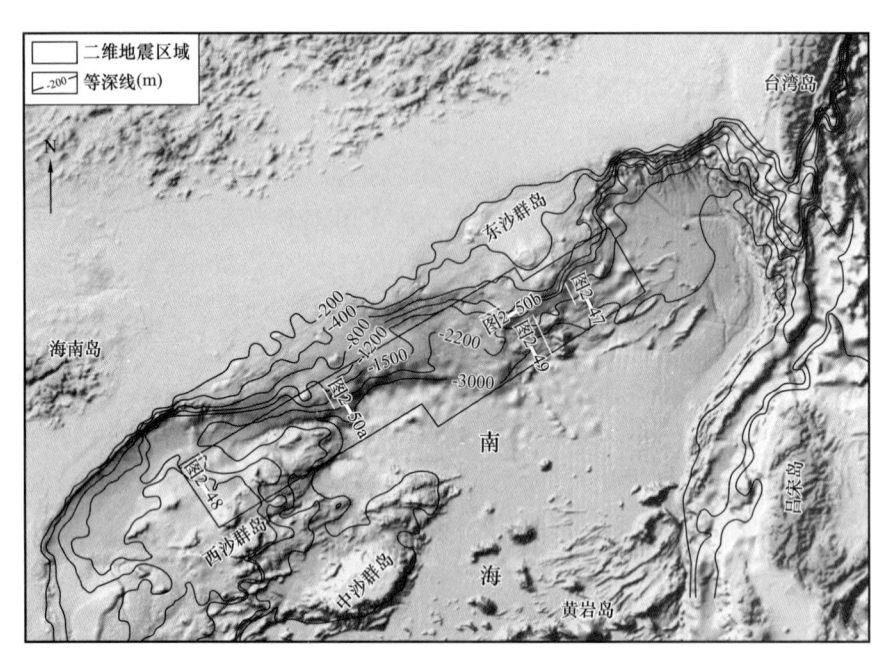

图 2-45　南海北部研究区位置图（据李华等，2013）

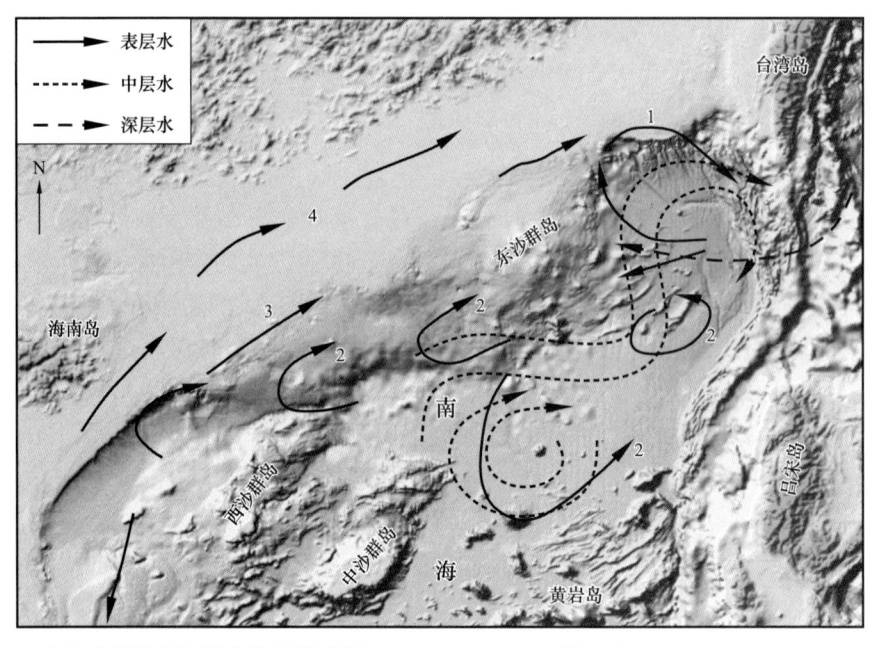

图 2-46　南海北部现今海洋学特征图（据 Fang et al.，1998；谢玲玲，2009；Lüdmann et al.，2005；Zhu et al.，2010；底图据 Wang et al.，2010，修改）
1—黑潮环流；2—南海暖流支流；3—南海暖流；4—广东沿岸流

南海中层水研究相对较少，一般认为其可通过吕宋海峡流入西太平洋，总体为顺时针运动特征（Fang et al.，1998；Yuan，2002；Chen，2005）。谢玲玲（2009）在吕宋海峡水深 500～1139.15m 发现水流具有顺时针运动特征。目前，多认为中层水的顺时针运动与反气旋涡相关（Yuan，2002）。

南海深层水主要为北太平洋深层水经吕宋海峡进入南海海盆,沿陆架向西做逆时针运动,其流速在0.15~0.3m/s之间(Yuan,2002;谢玲玲,2009;Lüdmann,2005;Shao et al.,2007;Zhu et al.,2010;Huang et al.,2011),并可形成一系列等深流沉积(Lüdmann,2005;Shao et al.,2007)。

2. 等深流沉积类型及特征

等深流沉积按水深可以分为三类,水深50~300m为浅水等深流沉积,300~2000m为中层等深流沉积,大于2000m为深层等深流沉积(Viana et al.,1998;Stow et al.,2008)。但是,南海中层水与深层水分界约1000m(Wyrtki,1961)。因此,本小节主要对水深大于1200m的深层等深流沉积进行研究。

1)丘状漂积体

(1)大型长条状漂积体。

大型长条状漂积体是典型的等深流沉积类型,其外形为丘状长条形,大致平行于陆坡分布,顶部上凸,多平滑。另外大型长条状漂积体水道发育,水道处侵蚀、收敛,上坡迁移特征明显,见削截、下超及上超特征,代表高能环境。漂积体底部沉积边界明显,可分为多个沉积单元,内部多为平行—亚平行反射中等—较弱振幅较差连续性地震反射特征,局部为杂乱或空白反射(图2-47)。大型长条状漂积体在挪威海北部(Laberg et al.,2001)、加的斯湾(Faugères et al.,1999)、北大西洋(McCave and Tucholke,1986;Laberg et al.,2001)均有发育。汪品先等(2000)首先报道了南海中沙群岛南部的大型长条状漂积体。随后,同济大学邵磊(2007)和德国学者Lüdmamn(2005)对南海北部丘状漂积体进行了研究。

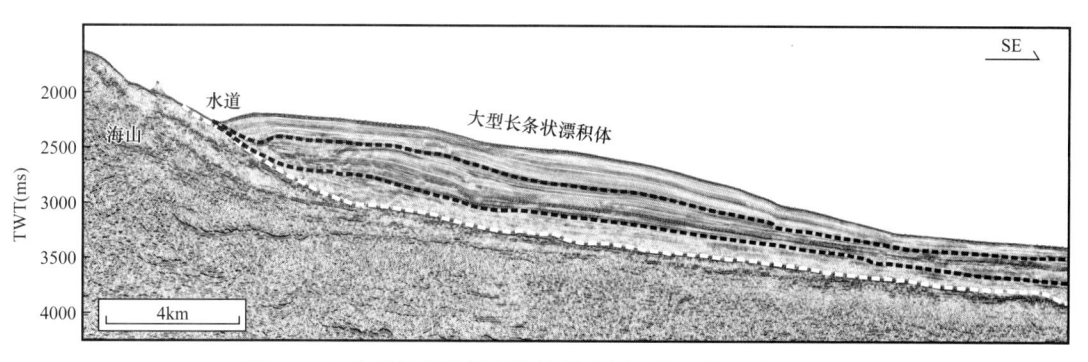

图2-47 大型长条状漂积体特征(剖面位置参见图2-45)

(2)限制型漂积体。

限制型漂积体多沉积于海山或地形隆起之间,顶部较为平坦、光滑,水道多发育在靠近地形突起一侧。限制型漂积体底部沉积边界清晰,内部沉积期次明显。多为平行或亚平行反射,中等—较弱振幅,中等—较好连续性,部分差连续性的地震反射特征,在水道处见收敛及侵蚀现象(图2-48),局部漂积体上发育沉积物波。

2)席状漂积体

陆坡席状漂积体外形为席状,顶部平坦、光滑。底部沉积边界清晰,内部沉积期次明显。少量漂积体发育水道，多为中等—较差连续性，中等—较弱振幅，部分为杂乱或空白的平行或亚平行地震反射特征（图2-49）。

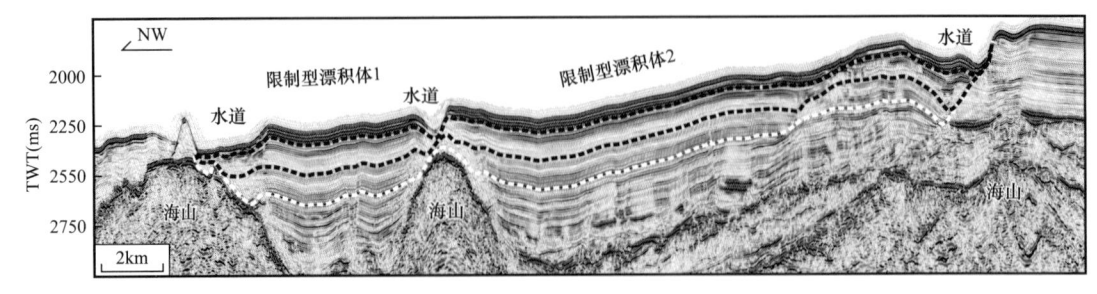

图2-48 限制型漂积体特征（剖面位置参见图2-45）

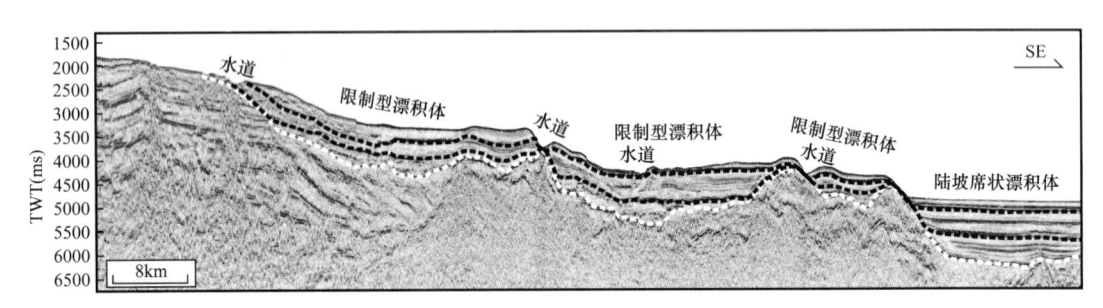

图2-49 陆坡席状漂积体特征（剖面位置参见图2-45）

3）沉积物波

南海北部陆坡发育大面积的沉积物波，波形不对称，部分具有上坡迁移特征，其内部为平行—亚平行反射、中等—弱振幅地震反射特征（图2-50）。沉积物波波长达数千米，波高为数十米，部分沉积物波与漂积体伴生。

3. 等深流沉积平面展布特征

通过典型地震相特征，对南海北部水深1200~3000m内等深流漂积体分布进行识别。南海北部第四系等深流沉积在西沙群岛周缘主要为大型长条状漂积体和小规模限制型漂积体。东沙群岛附近发育大型长条状漂积体、限制型漂积体、陆坡席状漂积体及沉积物波（图2-51）。

从南海北部第四系等深流分布特征可以看出（图2-51），大型长条状漂积体主要分布在地形变化相对较大的地区，多在中陆坡，如东沙群岛西南部及西沙群岛周缘；而限制型漂积体主要发育在中陆坡地势相对低洼处；陆坡席状漂积体则多在地势开阔及平坦区域发育，主要在下陆坡沉积。

4. 等深流沉积形成过程及模式

1）漂积体形成过程

目前，对于等深流沉积的研究主要体现在形态、内部结构、分布特征、等深流运移路径及模式方面（Viana et al.，1998；Rebesco and Stow，2001；Stow，2008；Faugères and Stow，2008），而关于等深流沉积的形成过程国内外研究较少。Faugères等（1999）讨论了水道型限制环境和非水道型非限制环境中漂积体的形成，但其仅强调了科氏力作用。Hernández-Molina 等（2008）在总结陆坡等深流沉积模式时，运用了"螺旋形"和"层状"水流概念，但是未对等深流漂积体的形成过程进行分析。

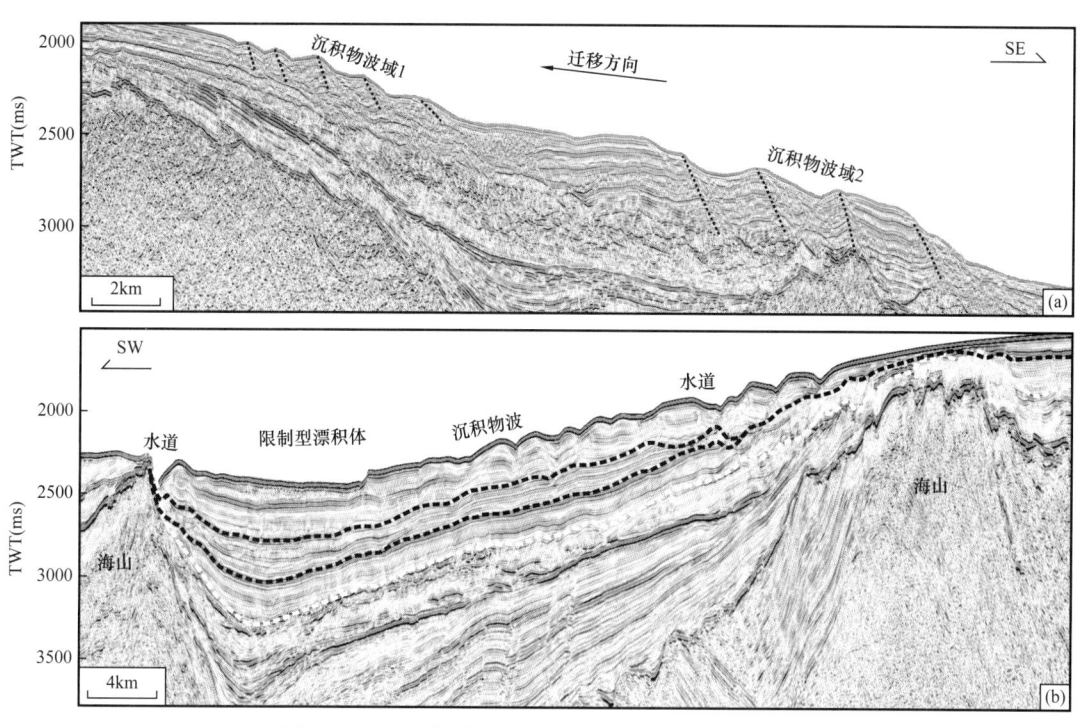

图 2-50 沉积物波特征图（剖面位置参见图 2-45）

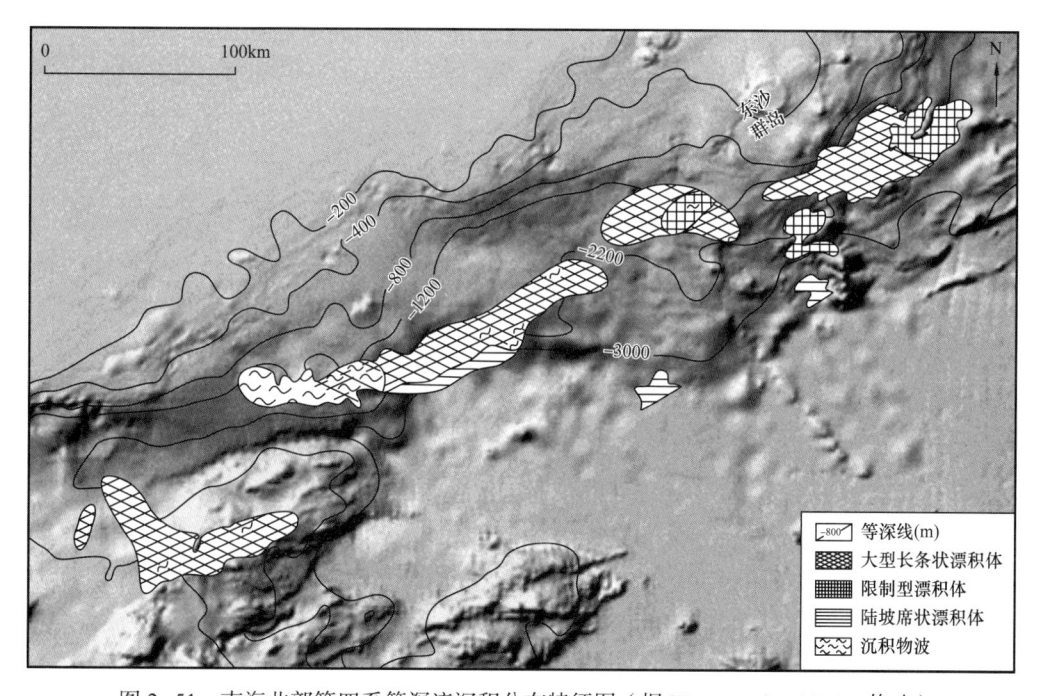

图 2-51 南海北部第四系等深流沉积分布特征图（据 Wang et al., 2010，修改）

在水力学中按流体质点本身有无旋转可分为有涡流和无涡流两类。有涡流指流体流动时质点存在绕自身轴的旋转运动，也称为涡流、有旋流及螺旋流等，反之则为无涡流或层流（李大美，2004）。螺旋流与层流取决于流体本身质点是否围绕自身轴旋转，与其运动轨迹无关（李大美，2004）。

等深流在运动过程中也可表现为螺旋流及层流两种方式。螺旋形等深流主要在地形变化较大的地方出现，主要有三方面的原因：（1）北半球运动的等深流受科氏力的影响具有向"右"运动的趋势；（2）当等深流在地形变化较大的位置（陡坡带）运动时，由于水体两侧流体所受摩擦力不同（靠陡坡一侧大于靠海盆一侧），而具有不同的剪切速度；（3）地形变化可使等深流运移路径发生弯曲，可形成类似曲流河弯曲部分的次生单向环流。上述三种因素共同作用可导致等深流具有螺旋流特征，进而形成次生环流。而层状等深流主要出现在地形相对宽缓地带，水体具有层状结构，流体在运动过程中次生环流少见。相对而言，等深流在运动过程中以层状水流为主，在局部地区表现为螺旋形水流。

南海北部陆坡水深1200～3000m范围内发育大型长条状漂积体、限制型漂积体、陆坡席状漂积体及沉积物波，说明深层等深流在该区域活跃。而对于南海北部深层等深流的运动特征，国内外学者已进行了长时间的研究，多认为其为太平洋深层水经巴士海峡进入南海，并沿南海北部陆架做逆时针方向运动（Lüdmann et al., 2005；Shao et al., 2007；Wang et al., 2010；Gong et al., 2012）。

南海北部深层等深流在从NE向SW运动过程中，受科氏力的影响，整体具有"右"偏的趋势；当深层等深流在沿陆架运动过程中，由于北部陆坡相对较陡，南部近海相对平缓，导致等深流北侧与南侧流体受摩擦力不同而具有不同的剪切速度；此外，南海北部地形向海盆突出、凹进程度不一，东沙群岛和西沙群岛向海盆突出明显，而东沙群岛西部地形相对向陆凹进，这可使等深流的运移路径发生弯曲变化。上述三种因素可能导致深层等深流在南海北部地形变化明显区域内形成螺旋形等深流，进而产生顺时针旋转的次生环流。次生环流在深层等深流运动过程中，侵蚀北部的陡坡，而在南部形成沉积，最终形成大型长条状漂积体（图2-52a、b）。次生环流作用明显处主要表现为侵蚀特征，多形成水道，而在水道一侧形成丘状漂积体。漂积体不同部位也具有明显不同的沉积速率（图2-52b，各部位沉积速率2＞3＞1）。因此，南海北部陆坡大型长条状漂积体主要发育在地形变化相对较大区域，水道与其伴生（图2-52）。

限制型漂积体的形成过程与大型长条状漂积体类似。当深层等深流在从NE向SW运动过程中，可形成螺旋形等深流，并形成具有顺时针旋转特征的次生环流。长时间的等深流作用可在地形突起之间的低洼处形成限制型漂积体。同时，由于环流的作用在漂积体一侧或两侧形成水道（图2-52c、d）。而在地势相对平坦或等深流能量降低时，等深流主要为层状水流特征，因不能或很少形成次生环流而使得等深流沉积总体为席状，水道不发育（图2-52e、f）。

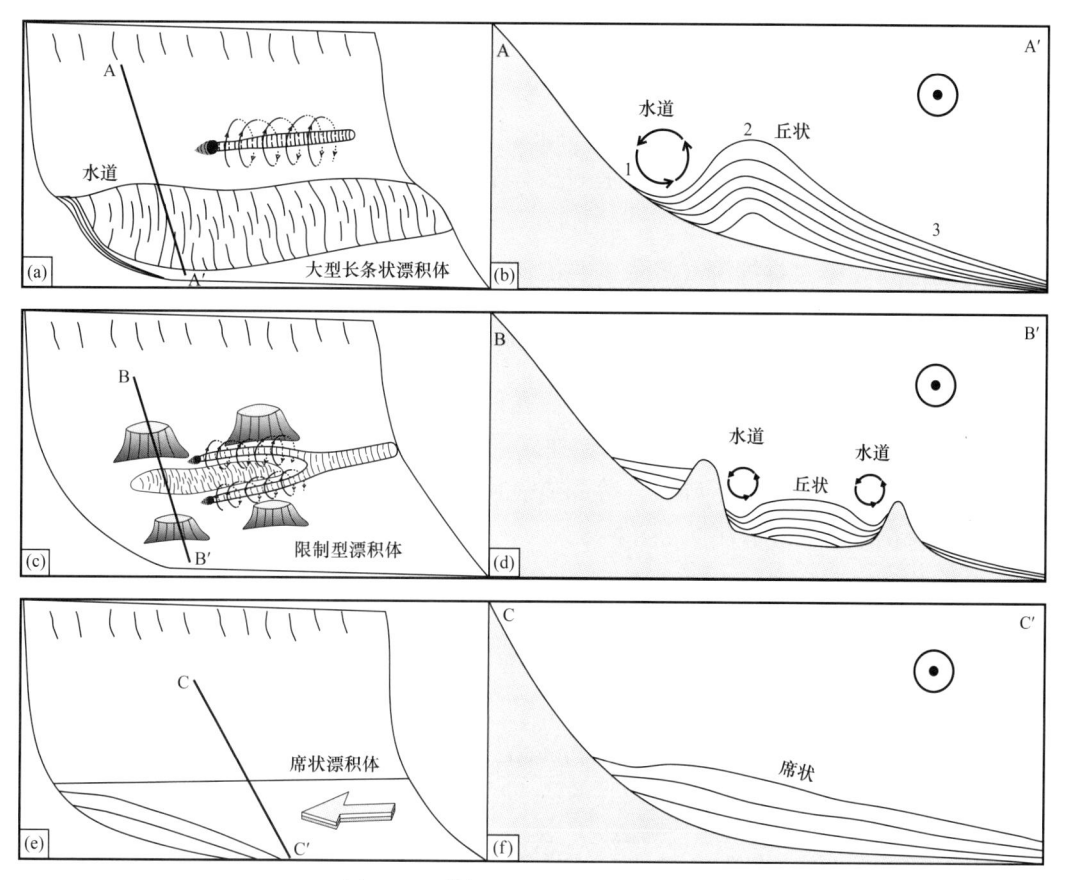

图 2-52 等深流沉积形成过程示意图

研究发现部分沉积物波具有上坡迁移特征（图 2-50a），并且少量沉积物波与等深流漂积体伴生（图 2-50b、图 2-51）。王海容等（2007）基于岩性、粒度、含砂率及地震反射特征认为研究区沉积物波为等深流成因。关于等深流形成沉积物波的过程有两种观点（Wynn and Stow，2002）。一种观点运用 Lee 波模式进行解释（Flood，1988），认为等深流在早期波状地形运动过程中，由于地形的影响，使得流体在迎流面和背流面具有不同的速度，进而导致沉积速率不同而形成迁移现象明显的沉积物波，沉积物波的迁移方向与等深流运动方向相反。Lee 波模式仅能解释波脊线与等深流方向垂直的情况，并不能很好解释上坡迁移的沉积物波。另一种观点认为等深流成因的沉积物波形成过程与浅水波痕类似，沉积物波的波脊线垂直于等深流运动方向，迁移方向与等深流运动方向大致相同（高振中等，1996；Wynn and Stow，2002；李华等，2007），其仍不能很好地解释上坡迁移型沉积物波。浊流形成的沉积物波迁移方向与浊流流动方向基本相同，多沿斜坡向下。滑塌作用是否能形成大规模、外形特征规则、平行—亚平行内部反射结构的沉积物波有待商榷。而内波作用可以形成大规模的上坡迁移型沉积物波。但是，关于内波成因的上坡迁移型沉积物波报道相对较少（高振中等，1996；李华等，2007，2010）。研究区的沉积物波与地中海西西里岛斜坡及切法卢盆地的沉积物波具有类似的外形、迁移特征、地震反射结构及地质背景（高振中等，1996），其可能也是等深流与内波共同作用形成。

但研究区内波及内波沉积研究工作开展很少,关于沉积物波的成因还需进一步的研究和证实。

2)沉积模式

基于南海北部等深流沉积特征、类型、分布及形成过程研究,建立了第四系深层等深流沉积综合模式。

南海北部陆坡第四系等深流沉积主要由逆时针方向运动的深层等深流作用而成。在中—上陆坡,由于地形相对较陡,坡度变化较大,局部形成螺旋形等深流,次生环流作用明显,形成大规模的大型长条状漂积体;其外形为丘状,水道在靠陆一侧发育。同时,受地形影响,螺旋形等深流可能出现分支,在地形凸起之间的相对低洼处形成限制型漂积体。限制型漂积体外形较为平坦,水道在靠近隆起的两侧或一侧发育,规模相对较小。而在地势相对开阔、平坦的下陆坡,等深流表现为层状水流特征,次生环流不明显,进而形成席状漂积体,水道不发育(图 2-53)。

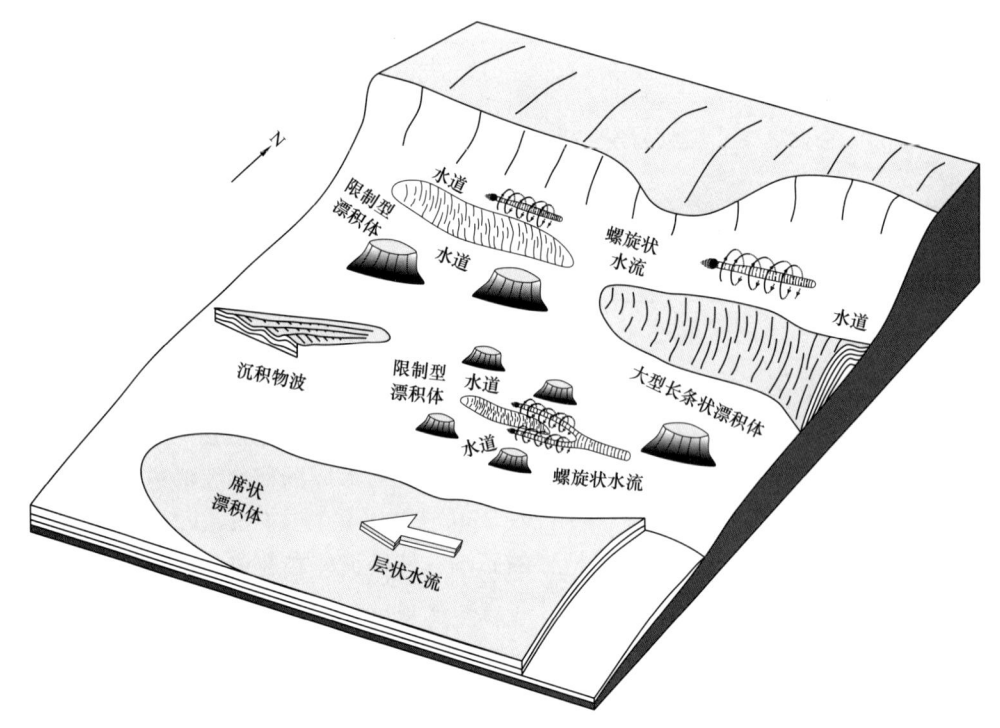

图 2-53 南海北部深层等深流沉积模式图

二、鄂尔多斯盆地西南缘奥陶系平凉组等深流沉积

1. 概况

1)地质背景

鄂尔多斯盆地位于中国西部华北克拉通,地理位置处于陕西、甘肃、宁夏及内蒙古部分地区,盆地面积约 $25 \times 10^4 \text{km}^2$,是典型的多旋回叠合含油气盆地(Li et al.,2020)。

鄂尔多斯盆地西南缘位于祁连山造山带、秦岭—大别山造山带与华北克拉通作用地区，南部为秦岭—大别造山带，西部为祁连地块、北祁连造山带及阿拉善地块（图2-54）。

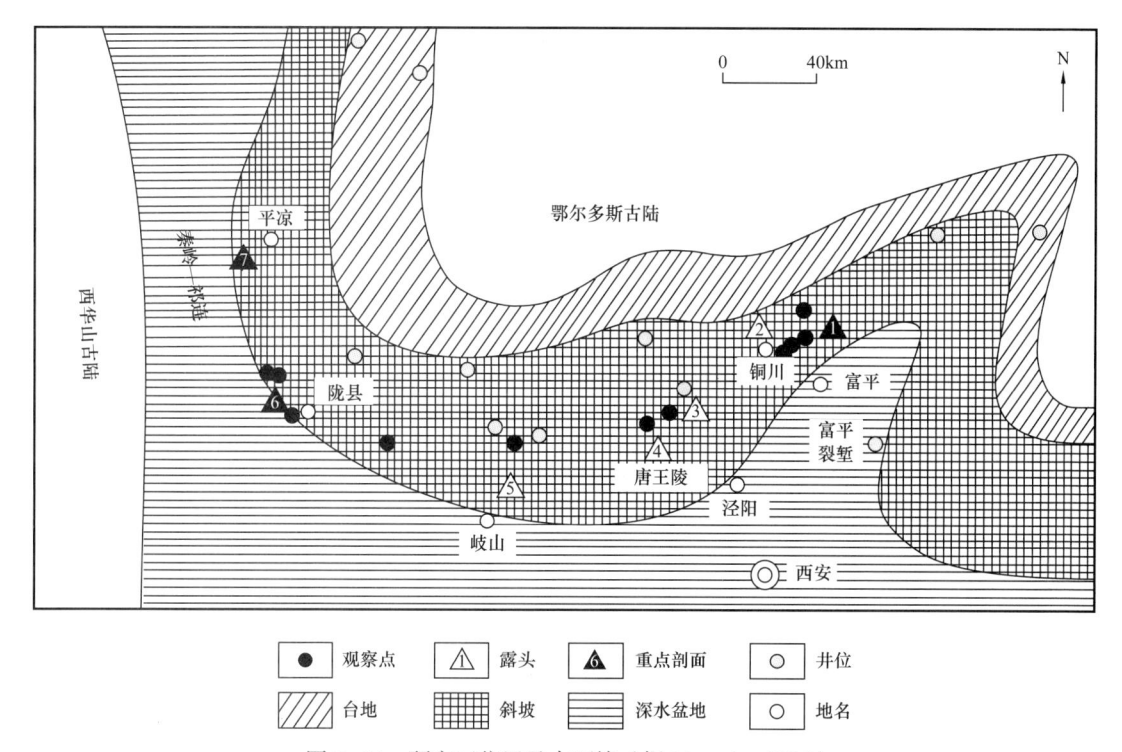

图2-54 研究区位置及古环境（据Li et al., 2020）

鄂尔多斯盆地西南缘在早奥陶世为秦岭—祁连洋的广海陆架，水体深度较小；中奥陶世盆地西南缘呈"L"形的边缘海，南缘为末端变陡的继承性碳酸盐岩缓坡（李文厚等，1991；王振涛，2015）。晚奥陶世，受加里东运动的影响，华北克拉通整体抬升，盆地遭受侵蚀（王振涛等，2015）。研究区位于鄂尔多斯盆地西南缘，东起陕西富平赵老峪地区，西至甘肃平凉地区，研究剖面分别为富平赵老峪、铜川桃曲坡水库、泾阳东陵沟、礼泉唐王陵、陇县石湾沟及平凉太统山，重点研究剖面为富平赵老峪、陇县石湾沟和平凉太统山（图2-54）。

2）地层

鄂尔多斯盆地覆盖区域较广，地层的缺少严重导致地层划分方案众多。盆地西缘奥陶系从下至上为三道坎组、桌子山组、克里摩里组、乌拉力克组、拉什仲组、公乌素组及蛇山组。盆地南缘奥陶系为麻川组、水泉岭组、三道沟组、平凉组及背锅山组。富平赵老峪地区的赵老峪组又可分为平凉组和背锅山组（图2-55）。本次研究目的层为上奥陶统平凉组，在富平地区相当于赵老峪组下部。

2. 岩相及成因

研究区平凉组在时间和空间上变化较大（图2-56），可以分为11种岩相，结合沉积特征，可划归为5种岩相组合。岩相组合A包括4种岩相，主要为细粒沉积，沉积构造

- 183 -

较少，以水平层理最为常见；岩相组合 B 发育小规模的不对称波痕及小型交错层理；岩相组合 C 由细—中粒沉积物组成，发育粒序层理、交错层理及槽模等；岩相组合 D 为块状粗粒沉积，分选差；岩相组合 E 的岩石结构与上述岩相明显不同，具有两个大角度斜交的古水流方向。各岩相组合特征及成因如下。

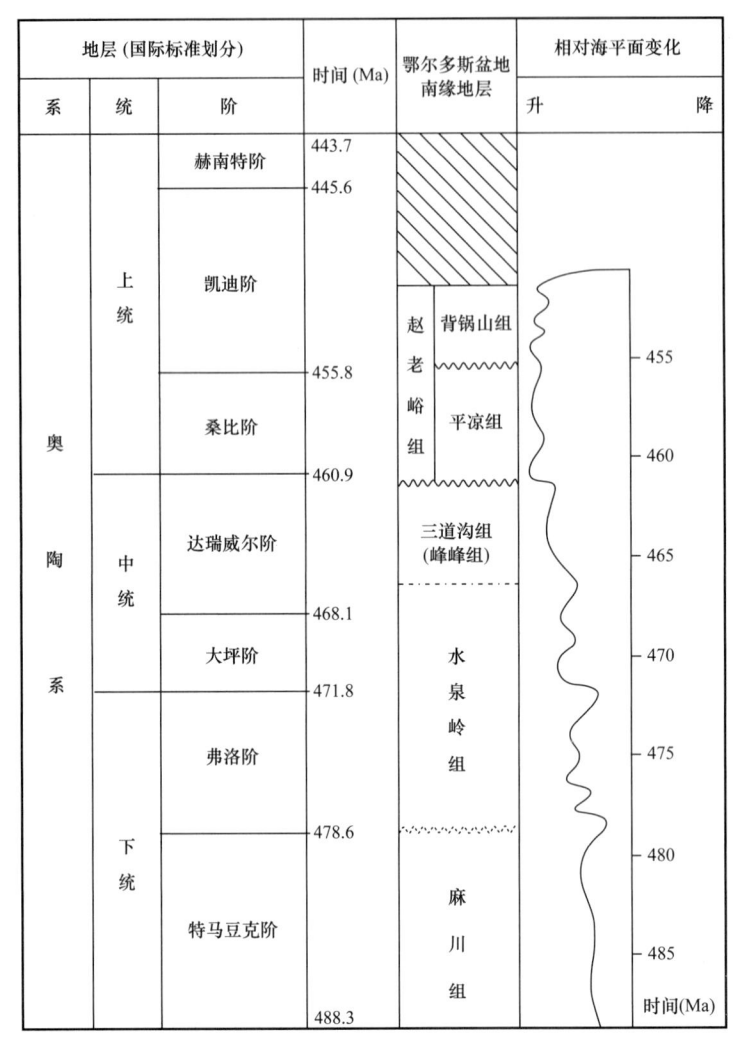

地层（国际标准划分）			时间(Ma)	鄂尔多斯盆地南缘地层	相对海平面变化 升 降
系	统	阶			
奥陶系	上统	赫南特阶	443.7 445.6		
		凯迪阶		赵老峪组 — 背锅山组	455
		桑比阶	455.8 460.9	平凉组	460
	中统	达瑞威尔阶	468.1	三道沟组（峰峰组）	465
		大坪阶	471.8	水泉岭组	470 475
	下统	弗洛阶	478.6		480
		特马豆克阶		麻川组	485
			488.3		时间(Ma)

～～～ 风化壳不整合面　　⌒⌒⌒ 海侵不整合面　　----- 沉积转换面

图 2-55　鄂尔多斯盆地西南缘地层、构造演化及相对海平面升降（据王振涛等，2015）

1）岩相组合 A

岩相组合 A 在富平地区厚约 62m，占整个剖面厚度的 55%（图 2-56），基于岩性（泥晶灰岩、泥岩、硅质岩及凝灰岩）不同，可细分为 4 类（图 2-57）。

（1）岩相 A-1。

岩相 A-1 仅在富平地区发育，并与岩相 A-2、A-3 和 A-4 互层。岩性主要为灰黑色薄层硅质岩，富含放射虫，局部见藻屑，单层厚度为 3～5cm，水平纹层发育（图 2-57a 至 c）。

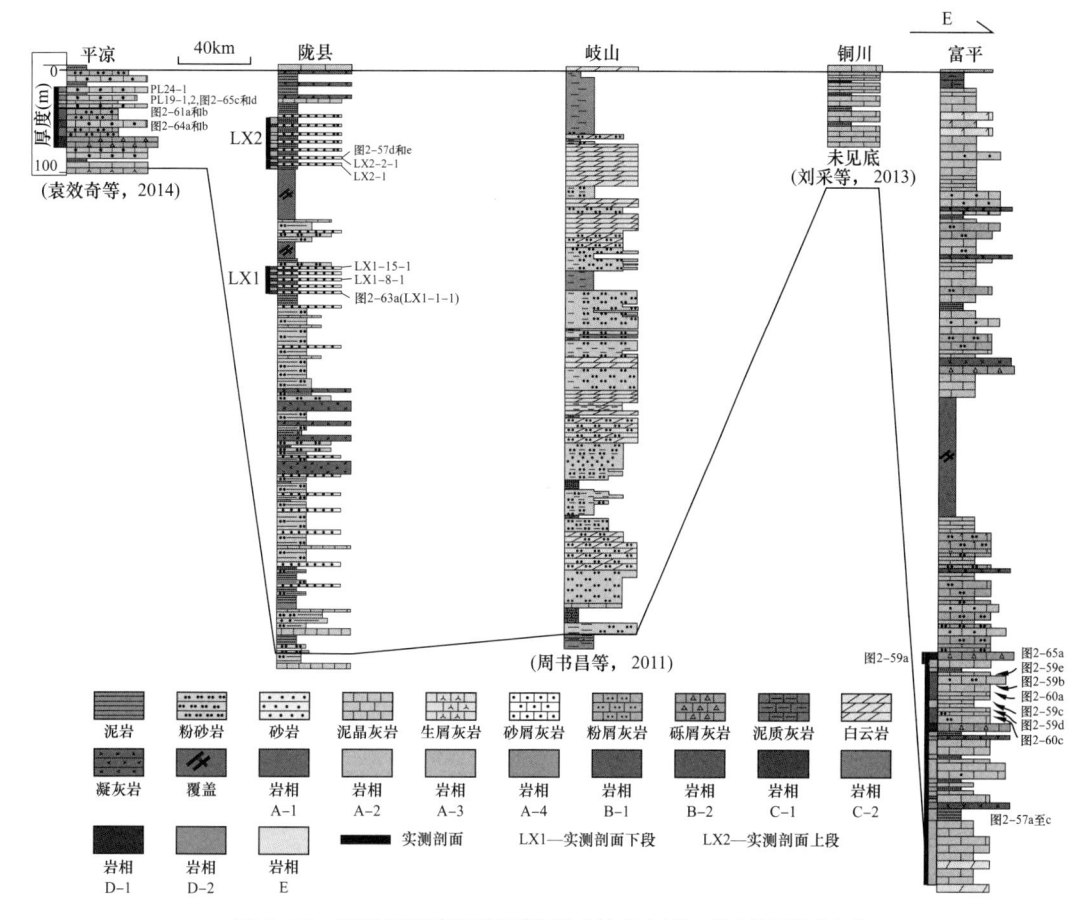

图 2-56 研究区平凉组剖面特征（从东向西，地层厚度减小）

（2）岩相 A-2。

岩相 A-2 主要为深灰色泥晶灰岩，在富平地区，特别是富平地区东部，泥晶灰岩与泥岩、硅质岩及凝灰岩互层（图 2-57a、c），深灰色薄层泥晶灰岩夹极薄层泥质灰岩或泥岩。岩相 A-2 单层厚度小，一般几厘米，最薄 0.5cm，呈薄板状，局部见水平层理。遗迹化石丰富，常见 *Chondrites*，*Helminthorhaphe*，*Paleodictyon*，*Squamodictyon*，*Paleochcrda* 和 *Helminthoida* 等（方国庆和毛曼君，2007）。

$\delta^{13}C$ 最大值为 1.9‰，最小值为 -6.7‰，平均值为 -0.955‰；$\delta^{18}O$ 最大值为 -3.9‰，最小值为 -7.9‰，平均值为 -5.673‰；V 和 B 含量最大值分别为 33.5μg/g 和 13.7μg/g，最小值为 10.9μg/g 和 1.64μg/g，平均值为 16.336μg/g 和 4.043μg/g；$^{87}Sr/^{86}Sr$ 最大值为 0.709，最小为 0.708，平均值为 0.708，比值差异较小；Sr/Ba、B/Ga、Sr/Cu、Rb/Sr、V/（V+Ni）、U/Th、Ce/La、Ni/Co 及 V/Cr 最大值分别为 204.176、17.895、1444.697、0.022、0.463、10.7、1.983、23.951、6.646，最小值分别为 5.353、3.448、36.725、0.001、0.273、1.118、1.393、11.638、3.077，平均值为 80.309、7.930、541.398、0.007、0.339、5.572、1.705、18.871、5.437。其在 $\delta^{13}C—\delta^{18}O$（左下侧）、Th—U（左上侧）、Ga—Cu（上部）、B—Cr（左侧）、B—Ga（左侧）、B—Sr（左侧）、Ni/Co—U/Th（左上侧）、B/Ga—U/

Th（左上侧）及 $^{87}Sr/^{86}Sr$—Sr/Ba（右侧）交会图上特征与岩相 B-1 及岩相 C-2 明显不同（图 2-58）。

图 2-57 岩相组合 A 沉积特征
（a）深灰色泥晶灰岩、硅岩和泥岩互层，局部夹不规则凝灰岩；（b）放射虫，硅岩，单偏光，富平地区；（c）介壳生物，泥晶灰岩，富平地区；（d）深灰色泥岩及砂岩互层，陇县；（e）遗迹化石，砂岩底部，陇县

（3）岩相 A-3。

岩相 A-3 在富平、岐山、陇县及平凉地区都有发育。在富平地区，岩相 A-3 主要为毫米级泥岩，沉积构造少见，与岩相 A-1、岩相 A-2 及岩相 A-4 互层（图 2-57a）。在岐山、陇县及平凉地区，岩相 A-3 为深灰色泥岩，水平层理较为发育，厚度可达 40cm，

含放射虫（何幼斌，2007）。遗迹化石（*Helminthoida*，*Paleodictyon*，*Squamodictyon* 等）在泥岩表面发育（图 2-57d、e），泥岩顶部见生屑。

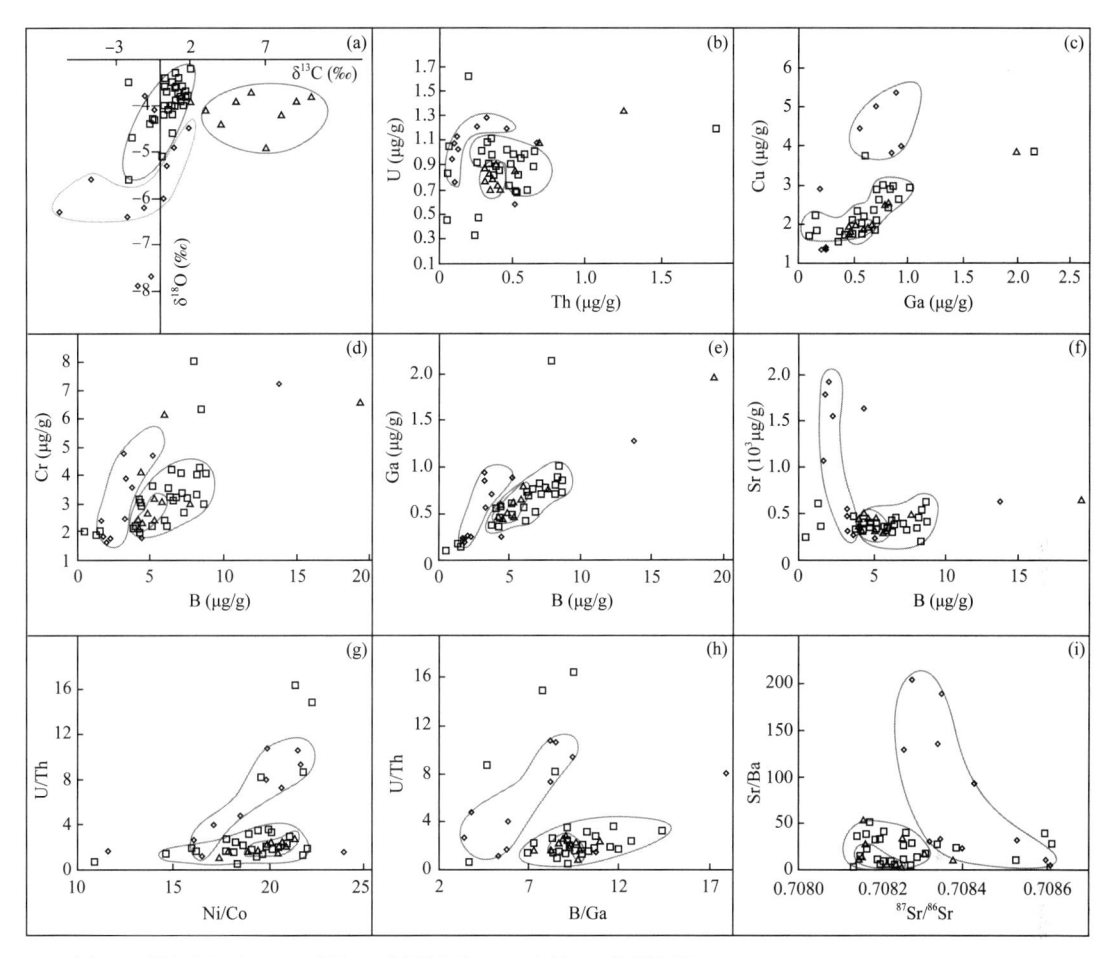

◇ 岩相 A-2（斜坡原地沉积）　　□ 岩相 B-1（等深流沉积）　　△ 岩相 D-1（碎屑流沉积）

图 2-58　富平地区典型岩相地球化学特征

（4）岩相 A-4。

岩相 A-4 以薄层凝灰岩为代表，在富平地区较为常见，与岩相 A-1、岩相 A-2 及岩相 A-3 互层。黄褐色凝灰岩单层厚度较小，一般为 0.5~4cm，在剖面中共有 5 层。泥岩厚度极薄，仅几毫米（图 2-57a）。

2）岩相组合 B

岩相组合 B 岩性以石灰岩为主，层面多为波状，呈薄—厚—薄的旋回，对应细—粗—细沉积序列。流水波痕和交错层理较为常见，并具有较为集中的古水流方向。岩相组合 B 与岩相组合 A 互层。根据岩性等特征，岩相组合 B 可进一步分为 2 种岩相，即岩相 B-1（泥晶灰岩）和岩相 B-2（砂屑灰岩）。其中，岩相 B-1 主要发育在富平地区，厚 31m，约占整个剖面厚度的 27%（图 2-56、图 2-59）；岩相 B-2 在平凉地区常见，厚 12.3m，占剖面厚度的 15.6%。

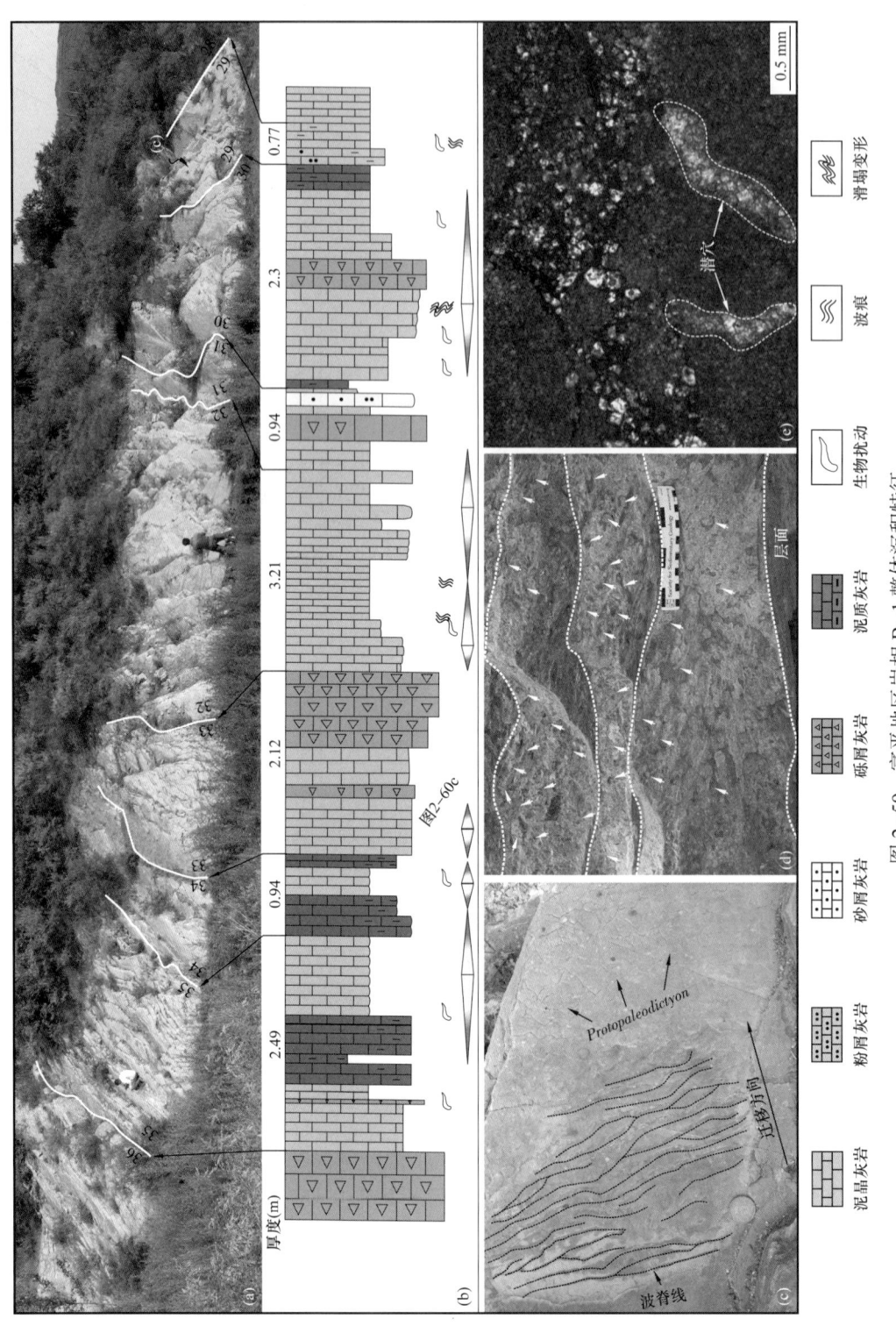

图 2-59 富平地区岩相 B-1 整体沉积特征

(a) 和 (b) 剖面露头特征; (c) 波痕和遗迹化石; (d) 生物扰动; (e) 生物潜穴

- 188 -

（1）岩相 B-1。

岩相 B-1 以细粒灰岩为主（泥晶/屑灰岩和粉屑灰岩），发育流水波痕和小型交错层理，与岩相组合 A 互层。在富平地区，岩相 B-1 以泥晶/屑灰岩为主，局部见粉屑灰岩。单层厚度较小，小于 15cm（图 2-59a、b）。波痕波长为 1~5cm，波高为 0.2~0.5cm。生物扰动极为发育，局部见垂直层面的潜穴（图 2-59c 至 e）。另见介形虫、海绵骨针、腕足类及海百合碎屑。在铜川地区，见岩相 B-1 与泥岩互层，局部发育石灰岩透镜体，表明水道发育。透镜状石灰岩底部界面平直或弯曲（图 2-60a 至 d）。石灰岩具有薄—厚—薄旋回特征，旋回厚度为 60~210cm，另发育厘米级和分米级旋回（图 2-60a 至 d）。85组古水流数据结果表明古水流方向为 NWW 向，大致平行斜坡（图 2-60e）。

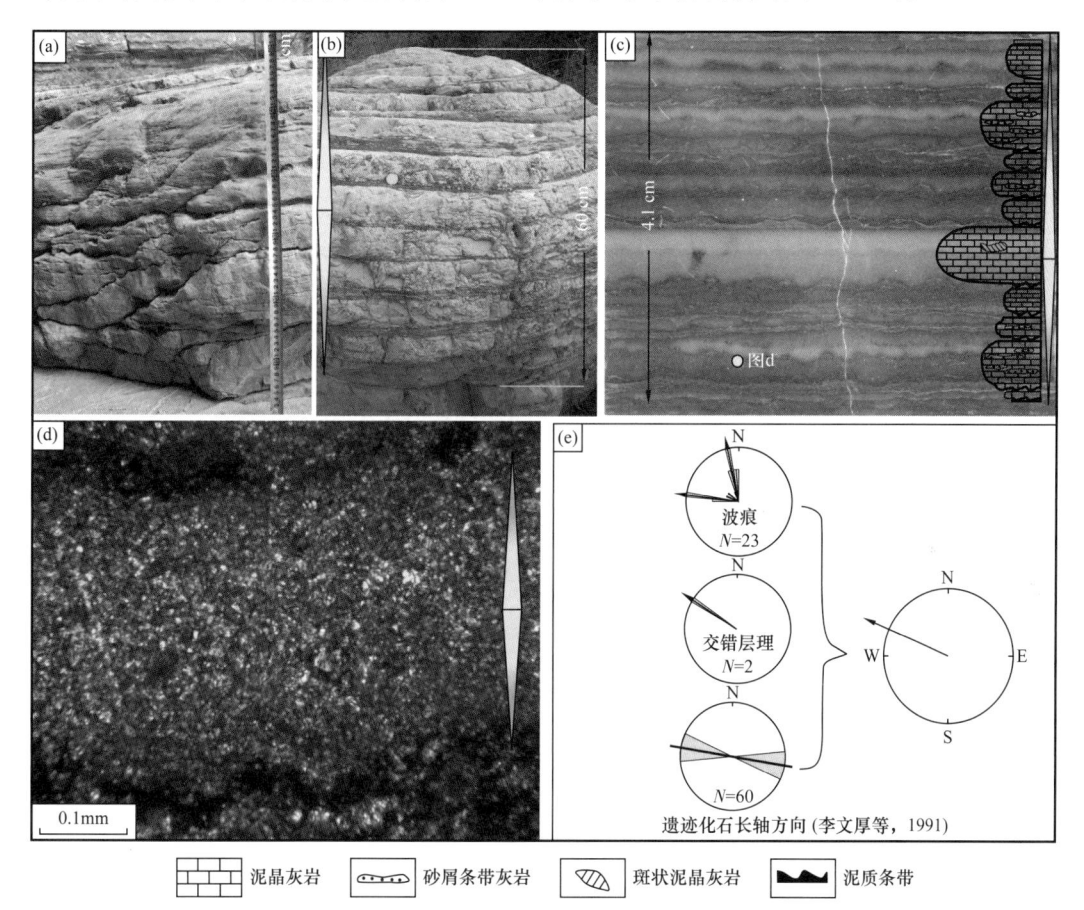

图 2-60 富平地区岩相 B-1 局部沉积特征

（a）透镜状泥晶及粉屑灰岩，底部界面为波状；（b）和（c）泥晶灰岩和粉屑灰岩，界面平直，可见细—粗—细旋回；（d）镜下见细—粗—细沉积序列，界面为波状；（e）古水流方向（NWW 向）

δ^{13}C 最大值为 2‰，最小值为 -2.1‰，平均值为 0.541‰；δ^{18}O 最大值为 -3.2‰，最小值为 -5.6‰，平均值为 -3.963‰；V 和 B 含量最大值分别为 23.2μg/g 和 8.7μg/g，最小值为 11.3μg/g 和 0.469μg/g，平均值为 15.103μg/g 和 5.904μg/g；^{87}Sr/^{86}Sr 最大值为 0.709，最小值为 0.706，平均值为 0.708，比值差异较小；Sr/Ba、B/Ga、Sr/Cu、Rb/Sr、V/(V+Ni)、U/Th、Ce/La、Ni/Co 及 V/Cr 最大值分别为 51.345、14.353、333.88、0.04、

— 189 —

0.568、16.406、2.201、22.26、8.995，最小值分别为2.886、3.706、77.652、0.001、0.269、0.48、1.579、10.919、2.409，平均值为21.269、9.341、174.024、0.012、0.328、3.232、1.931、19.044、5.087。其在$\delta^{13}C—\delta^{18}O$（左下部）、Th—U（右下侧）、Ga—Cu（左下部）、B—Cr（右侧）、B—Ga（右侧）、B—Sr（右下侧）、Ni/Co—U/Th（右下侧）、B/Ga—U/Th（右下侧）及$^{87}Sr/^{86}Sr$—Sr/Ba（左下侧）交会图上特征与岩相A-2明显不同（图2-58）。

（2）岩相B-2。

岩相B-2仅在平凉地区发育，厚度为2.3m，约占剖面整体厚度的15.6%（图2-56）。岩性为砂屑灰岩，多为透镜状，单层厚度为5~15cm，侧向变化明显（图2-61a至d），波状层理和平行层理较为发育，含介壳类、海百合和藻屑（图2-61e）。垂向上呈薄—厚—薄旋回，反映细—粗—细沉积序列特征，旋回厚度为90~250cm（图2-61c）。

颗粒粒度ϕ值为2.5~4.8，以2.89~3.46为主，标准偏差σ_1为0.45~0.51，分选好—中等（图2-62a、b）；偏度为-0.12~0.08（近对称）；峰度为0.9~1.08（中等）。概率累计曲线为两段式，粗粒以滚动搬运为主，中粒以跳跃搬运为主（图2-62c）。交错层理指示古水流方向为SE—NW（图2-61f）。

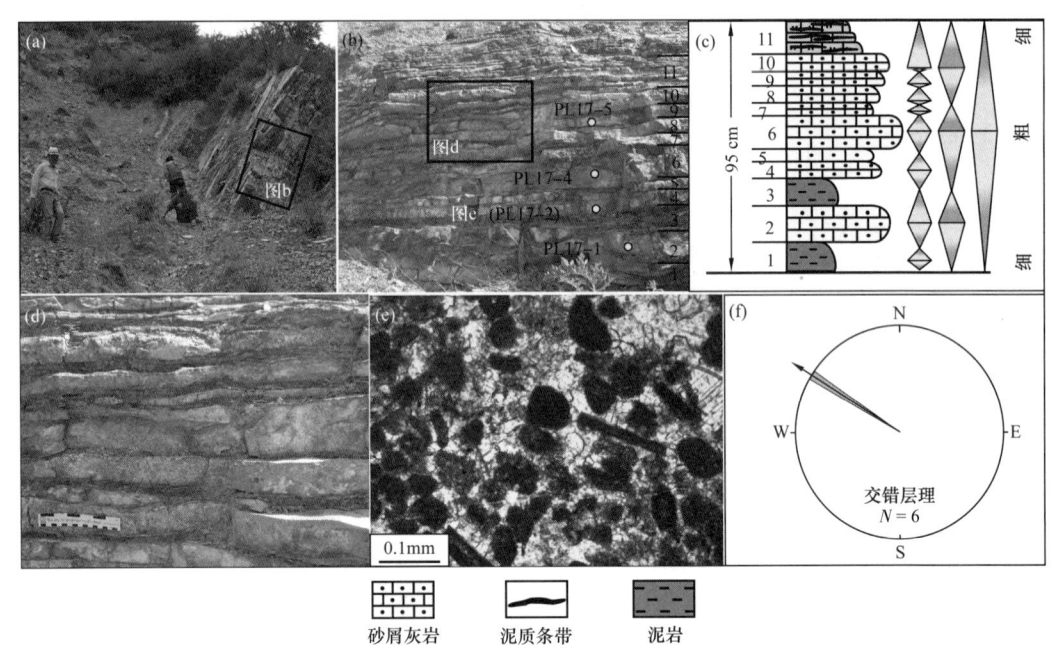

图2-61 岩相B-2沉积特征

（a）透镜状砂屑灰岩，发育交错层理；（b）和（d）局部沉积特征，透镜状，波状界面；（c）细—粗—细沉积序列；（e）生物碎屑；（f）古水流方向（NW向）

3）岩相组合C

岩相组合C沉积构造极为发育，常见粒序层理、交错层理和槽模等，常与岩相组合A或D伴生。根据岩性差异，可进一步分为2种岩相，即岩相C-1（以砂岩为主）和岩相C-2（砂屑灰岩）。

图 2-62 岩相粒度特征

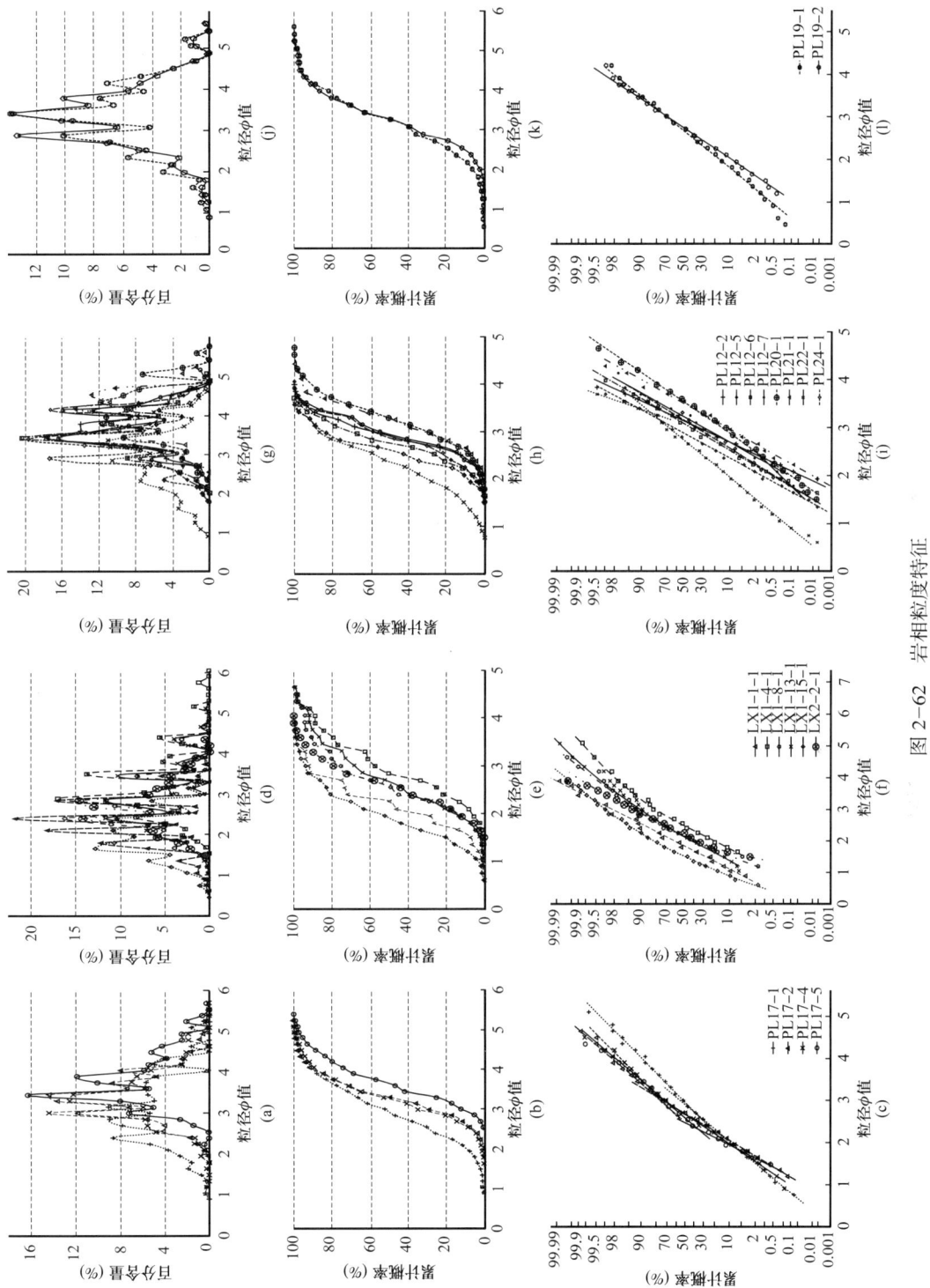

(a) 至 (c) 为岩相 B-2 粒度特征；(d) 至 (f) 为岩相 C-1 粒度特征；(g) 至 (i) 为岩相 C-2 粒度特征；(j) 至 (l) 为岩相 D-2 粒度特征

— 191 —

（1）岩相C-1。

岩相C-1主要发育在岐山和陇县地区。在陇县地区厚40.89m，占剖面整体厚度的57.5%（图2-56）。交错层理砂岩相单层厚度为11～40cm，颗粒以石英为主，见少量长石和岩屑，另见少量生屑，粒序层序、平行层理、变形构造及交错层理等发育，砂岩底部见槽模，构成不完整的鲍马序列（图2-63a）。部分砂岩底部见遗迹化石 *Helminthoida*，*Paleodictyon* 和 *Squamodictyon*（方国庆和毛曼君，2007）。

石英颗粒磨圆度为棱角—次棱角状（图2-63b），胶结物为钙质和硅质。粒径ϕ值为1.8～3.5，多集中在2.48～2.96之间（图2-62d、e），标准偏差σ_1为0.56～0.79（分选中等—较好），偏度为-0.06～0.03（近对称），峰度为0.95～1.07（中等）。概率累计曲线为一段式，沉积物以悬浮搬运为主（图2-62f）。70余组古水流资料反映陇县地区古水流方向为SEE向（图2-63c），而岐山地区古水流方向为SSW向（图2-63d）。

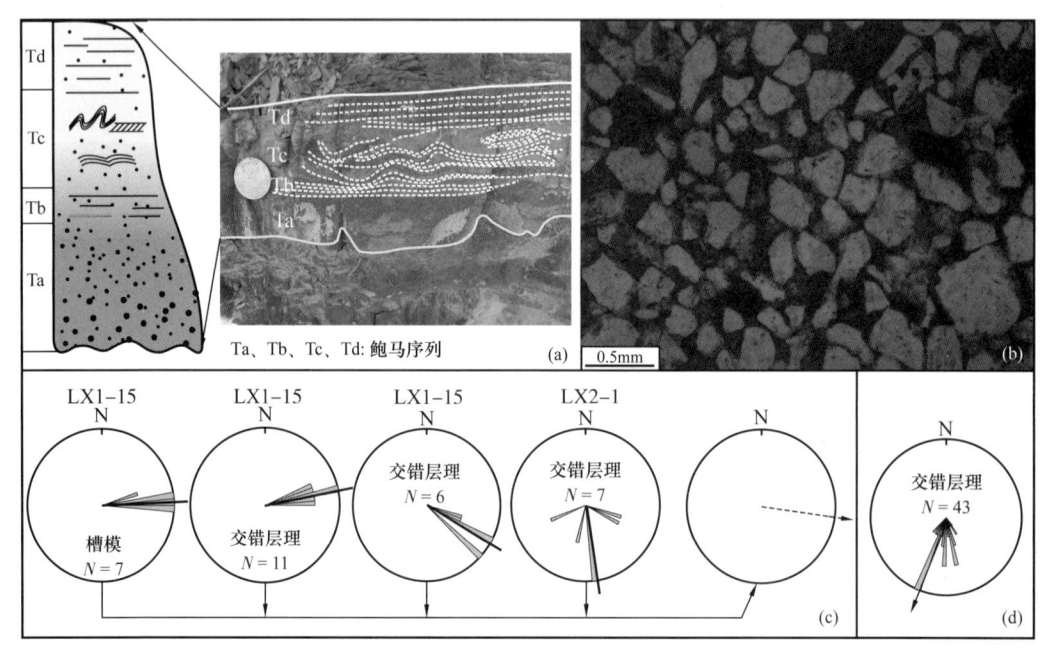

图2-63 岩相C-1沉积特征

（a）砂岩，不完整鲍马序列；（b）颗粒棱角—次棱角状；（c）古水流方向为SEE向，陇县地区；（d）古水流方向为SSW向，岐山地区

（2）岩相C-2。

岩相C-2仅在平凉地区发育，厚度为45.1m，占整个剖面的57.1%（图2-56）。岩性为砂屑灰岩，厚度为8～6dm。泥晶颗粒含量为30%～65%，分选中等—好，次圆状，以泥晶方解石胶结为主（图2-64）。沉积特征与岩相C-1类似，另见逆粒序层理，底部界面平直或弯曲，见槽模（图2-64a、b），含生屑（三叶虫、藻屑、介壳类及海绵骨针；图2-64c、d）。

颗粒粒径ϕ值为2.2～4.5，多为2.92～3.31（图2-62g、h），标准偏差σ_1为0.39～0.65（分选中等—较好），偏度为0～0.1（近对称），峰度为0.92～1.01（中等）。概率累计曲线为一段式，沉积物以悬浮搬运为主（图2-62i）。

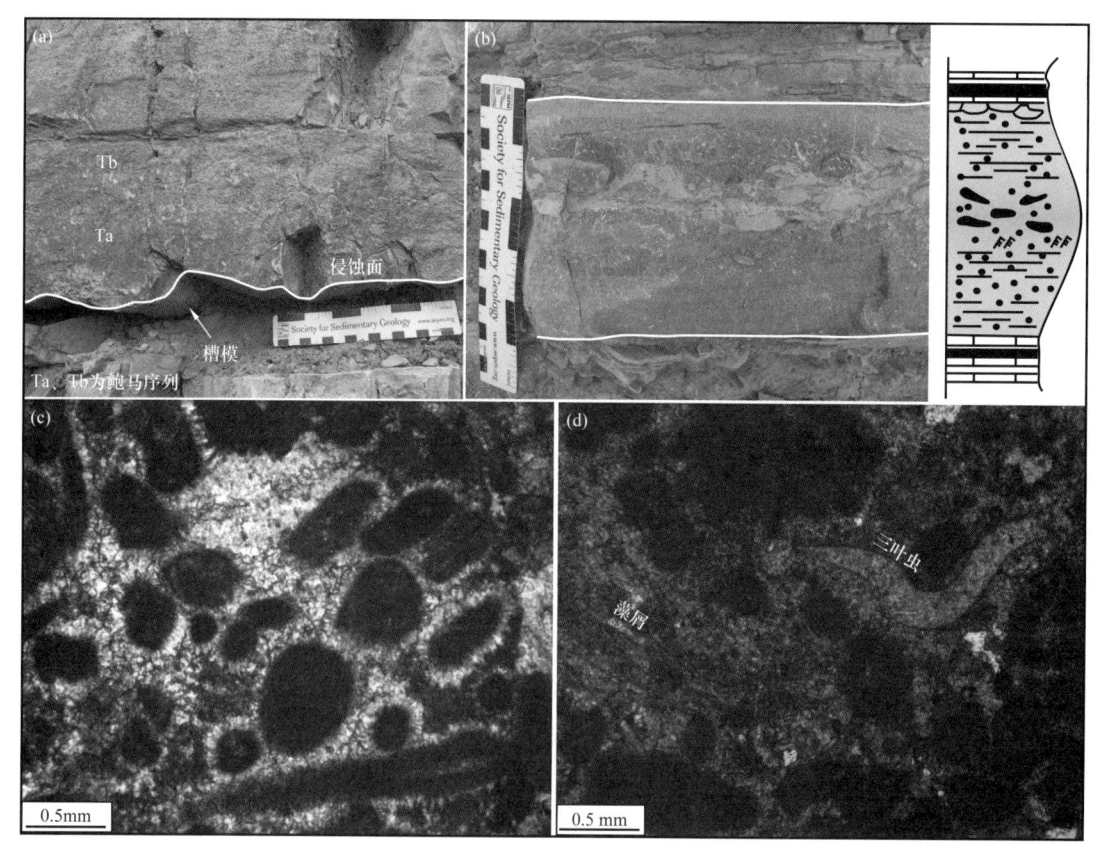

图 2-64 岩相 C-2 沉积特征

(a) 砂屑灰岩，底部侵蚀面，不完整鲍马序列；(b) 砂屑灰岩，中部砾屑，呈细—粗—细沉积序列，平行层理；
(c) 砂屑，次圆状，含藻屑；(d) 生屑，含三叶虫和藻屑等

4) 岩相组合 D

岩相组合 D 可分为块状砾屑灰岩相（D-1）和砂屑灰岩相（D-2），与岩相 A、岩相 C 及岩相 E 伴生（图 2-65）。

(1) 岩相 D-1。

富平地区岩相 D-1 厚度为 20.5m，占剖面厚度的 18%；而在平凉地区厚度为 7.1m（占剖面厚度的 8.9%）。灰色块状、层状或透镜状砾屑灰岩厚度从几厘米到 1.5m（图 2-65）。砾屑多为泥晶方解石，局部见叠瓦状构造（底部）和粒序层理（顶部），沉积构造极少（图 2-65a）。砾岩在研究区中部极为发育，特别是在唐王陵和东陵沟地区（图 2-65b）。砾屑粒径为 0.02~4.1cm，棱角状—次棱角状，分选差（图 2-65a）。

$\delta^{13}C$ 最大值为 1.7‰，最小值为 0.2‰，平均值为 1.009‰；$\delta^{18}O$ 最大值为 -3.7‰，最小值为 -4.9‰，平均值为 -4.118‰；V 和 B 含量最大值分别为 20.5μg/g 和 19.3μg/g，最小值为 12.2μg/g 和 4.2μg/g，平均值为 14.245μg/g 和 6.479μg/g；$^{87}Sr/^{86}Sr$ 值为 0.708，比值差异较小；Sr/Ba、B/Ga、Sr/Cu、Rb/Sr、V/(V+Ni)、U/Th、Ce/La、Ni/Co 及 V/Cr 最大值分别为 53.204、10.956、260.302、0.024、0.390、2.858、2.051、21.351、6.109，最小值分别为 1.319、7.258、119.922、0.006、0.287、1.080、1.691、17.446、2.692，平均

值为17.335、8.992、196.637、0.012、0.316、2.026、1.930、19.805、4.495。其在δ^{13}C—δ^{18}O（右上部）、Th—U（左下侧）、Ga—Cu（左下部）交会图上分布特征与岩相A-2和岩相B-1差异明显（图2-58a至c）。在B—Cr、B—Ga、B—Sr、Ni/Co—U/Th、B/Ga—U/Th及^{87}Sr/^{86}Sr—Sr/Ba等交会图上与岩相A-2差异明显，但与岩相B-1相差不大（图2-58d至i）。

唐王陵地区砾岩中砾石成分复杂，包括硅质、白云质、脉石英和砂屑等，棱角状—次棱角状，分选差（图2-65b）。粒径ϕ值为-4.18~-3.89，标准偏差σ_1为1.47~1.48，偏度为-0.21~0.1（负偏），峰度为0.96~0.97（中等）。概率累计曲线为一段式，以悬浮搬运为主（洪庆玉，1985）。

（2）岩相D-2。

岩相D-2仅在平凉地区发育，厚度为7.4m，占剖面厚度的9.4%，以亮晶砂屑灰岩为主，单层厚度为0.6~2m，呈块状，沉积构造缺乏，含鲕粒和生屑（介壳类和藻屑；图2-56，图2-65c、d）。砂屑含量为45%~55%，成分多为泥晶方解石，粒径ϕ值为2.6~3.4，以2.69~2.75最为集中（图2-62j、k），标准偏差σ_1为0.54~0.63（分选中等—较好），偏度为-0.004~-0.001（近对称），峰度在0.96~0.97之间（中等）。概率累计曲线为一段式，沉积物以悬浮搬运为主（图2-62l）。

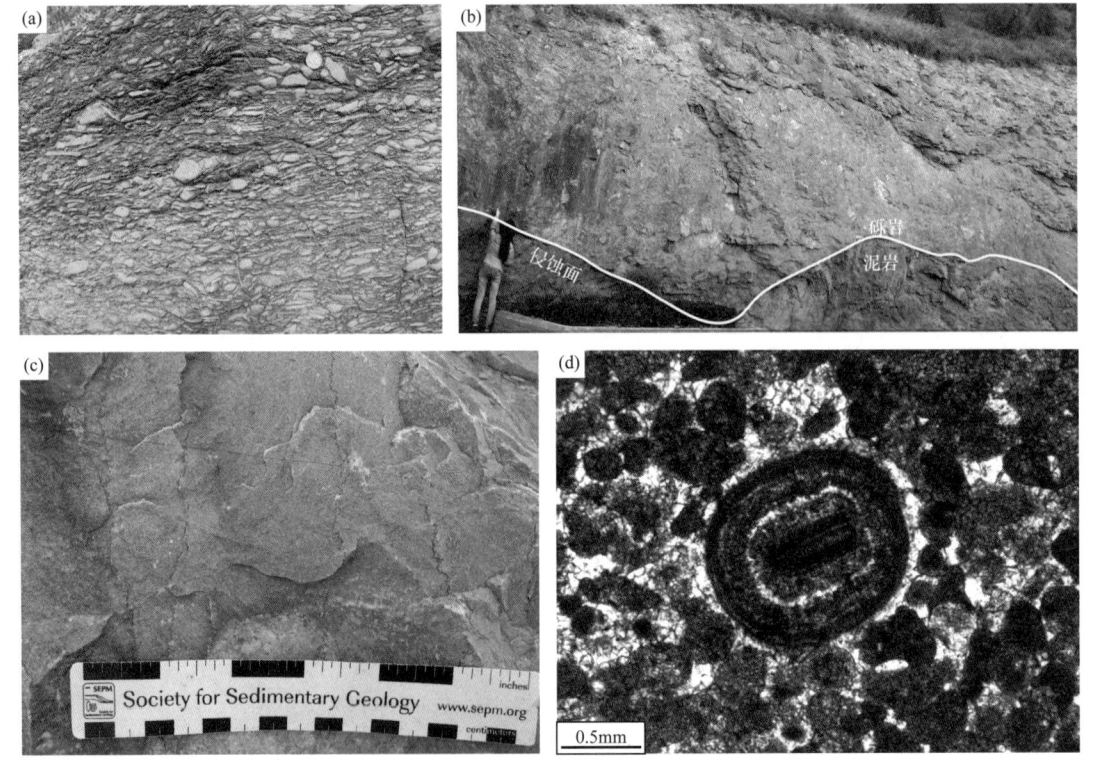

图2-65 岩相组合D沉积特征

（a）岩相D-1，砾屑灰岩，局部见叠瓦状构造，富平地区；（b）砾岩，底部见侵蚀面，唐王陵地区；（c）亮晶砂屑灰岩，缝合线常见，平凉地区；（d）亮晶胶结，含鲕粒，平凉地区

5）岩相组合 E

岩相组合 E 只有 1 种岩相，在陇县地区发育，为双向交错层理砂岩相，交错层理指示两个优势古水流方向，并且相互呈高角度斜交，成分和结构与其他岩相明显不同。厚度为 8.77m，占整个剖面厚度的 6%。其特征和成因见第四章研究实例。

3. 成因解释

1）岩相组合 A

深灰色薄层泥晶灰岩夹泥质薄层，特别是薄板状泥晶灰岩反映沉积环境能量较低，水体相对较深，为缺氧—还原环境，而大量笔石多保存于滞留还原环境。生物化石大致平行层面分布，反映其在沉积过程中，水体能量相对较低，较少受到影响。另外，遗迹化石 *Chondrites*，*Helminthorhaphe* 和 *Paleodictyon* 等多发育在深水沉积环境。因此，深灰色薄层泥晶灰岩为深水环境原地沉积。

薄层硅质岩为硅质持续溶解和沉积的产物，硅质沉积物可能来源于放射虫和火山物质等。其中，放射虫在深水沉积环境中大量富集，推测其可能为深水沉积产物。

薄层泥岩反映沉积时期水动力较弱，很少受高能水动力影响，多为安静水体环境沉积产物。凝灰岩为火山喷发时火山灰通过风在空气中搬运，最终由于能量降低沉积形成，其可沉积在陆地、海洋等地。

综合岩性、沉积构造及古生物等特征，分析认为岩相组合 A 为深水原地沉积。同时，由于在剖面邻区还发育大量的滑塌沉积，其沉积环境可能为深水斜坡，因此，岩相组合 A 为斜坡原地沉积。

2）岩相组合 B

岩相组合 B 可能为等深流作用而成，其依据主要有 10 个方面：（1）由岩相组合 A 可知研究区在奥陶纪平凉组沉积期为深水斜坡环境，而等深流在深水区较为活跃；（2）流水波痕、小型交错层理等牵引流沉积构造发育，指示古水流方向大致为 NW 向，大致平行斜坡运动。等深流是地球自转形成的温盐环流，大致平行等深线运动（Hernández-Molina and Stow，2008）；（3）等深流沉积层面多为波状或平直，其侧向厚度变化明显，呈透镜状或豆状（Stow et al.，2002）；（4）不同尺度的细—粗—细沉积序列为等深流沉积典型特征之一，反映在周期内等深流弱—强—弱的变化趋势（Duan et al.，1993；Stow et al.，2002）；（5）等深流沉积生物扰动较为发育，其沉积环境较为稳定，很少受事件沉积影响（Duan et al.，1993；Stow et al.，1998；Wetzel and Stow，2008）；（6）少见浊流沉积序列（鲍马序列）及块状层理；（7）颗粒分选中等—较好，磨圆度为次圆状，等深流沉积较为常见（Stow et al.，2002）；（8）概率累计曲线多为两段式，沉积物以滚动、跳跃及悬浮搬运为主（Gao et al.，1996；Stow and Faugères，2008）；（9）生屑较为常见，包括介形虫、海绵骨针和海百合等，其有可能为重力流或等深流从浅水区域搬运至深水环境；（10）地球化学特征与岩相 A-2 明显不同，其可能为异地沉积，而非深水原地沉积。

3）岩相组合 C

岩相组合 C 为浊流沉积，主要依据如下：（1）发育不完整的鲍马序列（Ta，Ta、Tb、

Tc，Ta、Tb、Td等)、槽模及沟模等；（2）浅水生屑（三叶虫和藻屑）等反映其可能来自北部碳酸盐岩台地；（3）陆缘碎屑沉积中，颗粒分选及磨圆较差，而碳酸盐岩中颗粒分选及磨圆相对较好；（4）概率累计曲线表现为一段式，反映沉积物以悬浮搬运为主，多为事件沉积；（5）古水流方向多顺斜坡向下；（6）与岩相组合A伴生，多发育在深水环境。

4）岩相组合D

岩相组合D可能为碎屑流沉积，主要依据如下：（1）砾屑灰岩中砾石大小各异，分选和磨圆极差，以块状层理为主，内部构造少见，反映沉积物为短距离搬运、快速堆积，多为事件沉积；（2）其与深水原地沉积和等深流沉积伴生；（3）砾屑或砾石在局部呈叠瓦状沉积，可能为事件沉积；（4）鲕粒和浅水环境生屑反映异地搬运；（5）沉积特征与岩相组合C类似，但沉积构造较为缺乏，单层厚度大。

5）岩相组合E

岩相组合E与其他岩相特征明显不同，可能为等深流与浊流共同作用而成。

4. 深水沉积展布及演化

1）平面展布

鄂尔多斯盆地西南缘奥陶系平凉组深水沉积类型多样，包括深水原地沉积、等深流沉积、浊流沉积及碎屑流沉积，在不同地区类型和规模明显不同（图2-66）。

（1）研究区东部发育泥晶、粉屑等深流沉积及砾屑碎屑沉积。等深流沉积以泥晶、粉屑为主，生物扰动发育，另见波痕层理和小型交错层理；碎屑流沉积以砾屑灰岩为主，单层厚度从几厘米至1.5m，见滑塌构造，局部发育叠瓦状构造，在顶部见粒序层理。

（2）中部碎屑流沉积极为发育，砾岩成分复杂，分选极差，呈棱角状—次棱角状，单层厚度大，沉积构造不发育。浊流沉积规模相对较小。岐山地区以砂岩和泥岩为主，浊流沉积发育，等深流沉积少见。西部陇县地区发育浊流和改造砂沉积，平凉地区发育砂屑等深流、浊流及碎屑流沉积。等深流和浊流沉积以砂屑为主，碎屑流沉积多为厚层—块状。

（3）东部地区等深流沉积呈长条状，长轴大致平行斜坡；碎屑流沉积沿斜坡向下，两者方向大致垂直，等深流沉积规模大于碎屑流沉积；中部地区重力流沉积发育，等深流沉积极少；西部陇县地区浊流和改造砂沉积发育，而平凉地区等深流沉积为长条状，大致平行斜坡，规模大于重力流沉积。

（4）等深流从东向西，大致平行斜坡运动。在东部富平地区，由于富平裂堑分为两支。一支为等深流主体，平行斜坡继续向西运动；另一支沿富平裂堑到达富平地区，能量相对较弱，进而形成细粒等深流沉积。本区重力流及等深流都较为活跃。中部地区重力流极为活跃，由于重力流规模大、能量高—侵蚀能量强，其既可侵蚀破坏等深流沉积，又可形成大规模的重力流沉积；因此，中部地区以重力流沉积为主，等深流沉积少见。西部地区因秦岭—祁连海槽的限制作用，等深流能量局部提高，在陇县地区（海槽口）等深流改造浊流沉积，发育改造砂沉积；而在平凉地区发育粗粒的等深流和重力流沉积，等深流和重力流都较活跃。

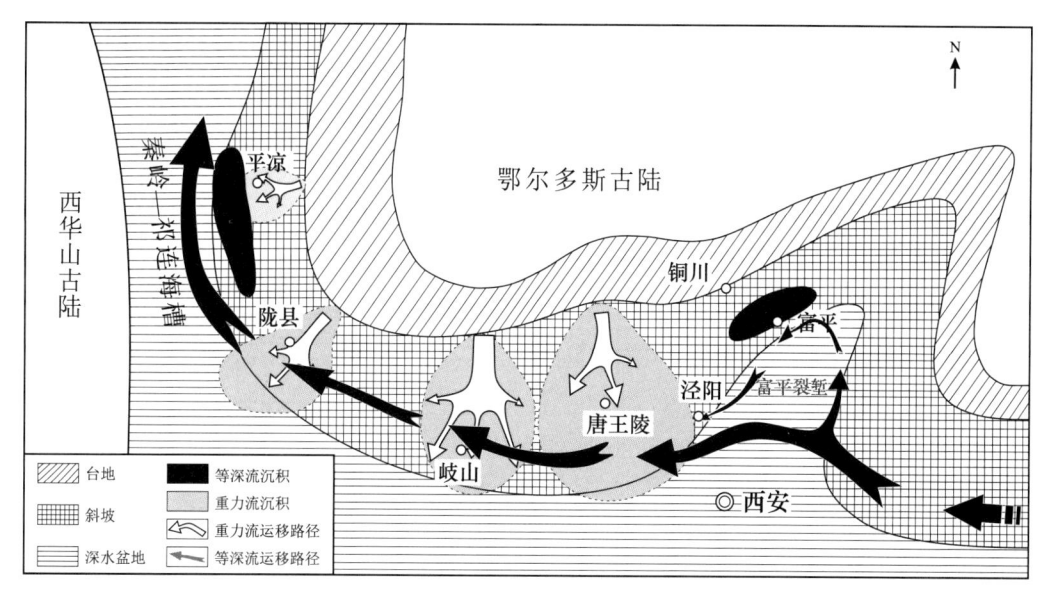

图 2-66　鄂尔多斯盆地西南缘奥陶系平凉组等深流和重力流沉积分布图

2）垂向演化

鄂尔多斯盆地西南缘奥陶系平凉组东部、中部及西部深水沉积类型明显不同。在不同地区，从下至上，深水沉积组合亦有所不同。以富平地区为例，分析沉积相垂向演化（图 2-67），主要内容如下。

富平赵老峪剖面主要有 3 种岩相，分别为斜坡原地沉积、等深流沉积及碎屑流沉积，其沉积类型及演化大致如图 2-67 所示。

下部（1—13 层）：发育深灰色泥晶灰岩夹含泥灰岩，局部见白云岩化及硅质交代现象，以岩相组合 A 为主。7—10 层发育白云岩，12 层发育薄层硅质岩。沉积构造较少，以生物扰动为主，斜坡原地沉积发育。

中部（14—26 层）：泥晶灰岩和砾屑灰岩最为发育，以岩相组合 B 及岩相组合 C 最为常见。部分泥晶灰岩呈细—粗—细沉积序列特征。砾屑灰岩多为层状，单层厚度为 1~3m。见滑塌变形构造及块状层理，发育碎屑流及等深流沉积，前者相对发育。

上部（27—35 层）：以深灰色薄层泥晶灰岩及中—厚层砾屑灰岩为主，发育岩相组合 B 及岩相组合 C。沉积构造丰富，以流水波痕、交错层理及块状层理为主，见少量叠瓦状构造。常见遗迹化石及生物扰动。泥晶灰岩常呈细—粗—细沉积序列特征，为等深流沉积。碎屑流沉积规模相对较小。

富平赵老峪平凉组下部以斜坡原地沉积为主，中部和上部发育碎屑流和等深流沉积。从下至上，斜坡原地沉积及碎屑流沉积规模逐渐减小，等深流沉积逐渐增加（图 2-67）。

5. 主控因素

等深流沉积影响因素较多，包括速度、地形、海平面和气候等，以富平地区深水沉积为例，基于地球化学资料，重点探讨相对海平面、古盐度、古气候、古氧相与等深流沉积的关系，进而揭示深水沉积与古地理的关系（图 2-68）。

图 2-67 富平地区奥陶系平凉组深水沉积演化

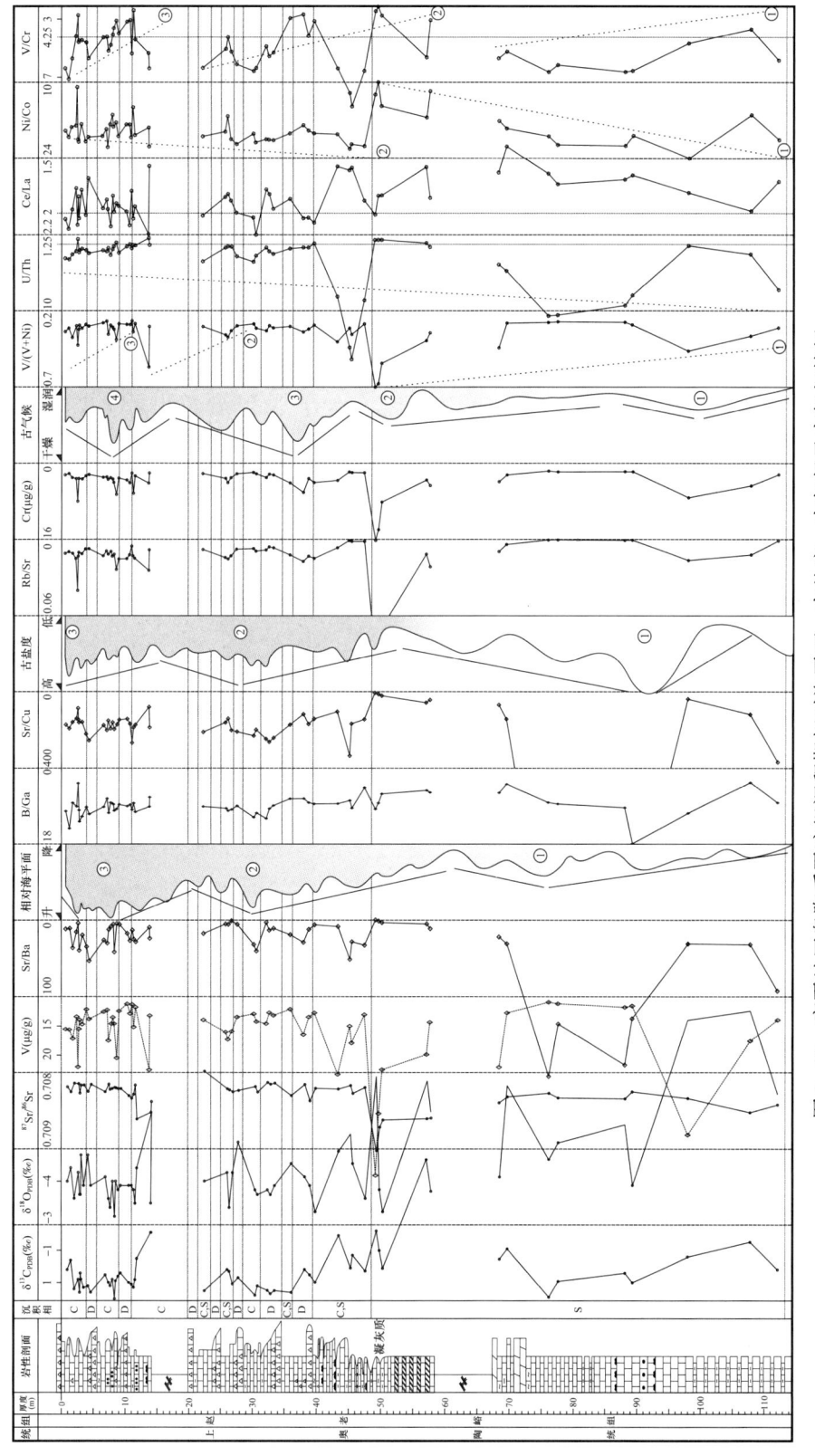

图 2-68 富平地区奥陶系平凉组沉积期沉积相相对海平面、古盐度、古气候及古氧相特征

C—等深流沉积；D—碎屑流沉积；S—深水原地沉积

1）相对海平面升降

$\delta^{13}C$、$\delta^{18}O$、Sr/Ba、$^{87}Sr/^{86}Sr$ 及 V 的含量可以较好反映相对海平面升降。其中，$\delta^{13}C$、Sr/Ba 及 V 的含量与相对海平面升降具有明显的正相关性，$^{87}Sr/^{86}Sr$ 与相对海平面升降负相关。$\delta^{13}C$ 从下至上总体呈正偏，进一步可分为 3 个旋回；剖面下部 Sr/Ba 较大，上部特征与 $\delta^{13}C$ 类似。$\delta^{18}O$ 从下至上逐渐增大，总体具正偏趋势。$^{87}Sr/^{86}Sr$ 自下而上逐渐减小，可分为 3 个从大至小次级旋回（图 2-68）。其中，样品 12、13 和 14 含凝灰质导致地球化学测试值较高（异常），研究过程中仅作为参考。

基于 $\delta^{13}C$、$\delta^{18}O$、V、Sr/Ba 及 $^{87}Sr/^{86}Sr$ 等地球化学指标变化特征，对相对海平面升降进行了分析。富平赵老峪平凉组剖面从下至上，相对海平面呈上升趋势，进一步可分为 3 个上升—下降旋回（图 2-68）。下部海平面相对较低，发育斜坡原地沉积。向上相对海平面持续上升，等深流和碎屑流沉积逐渐发育。其中，等深流沉积多发育在相对海平面上升或较高时期，而碎屑流沉积大致相反，多在相对海平面下降或较低时期。相对海平面升降可影响深水沉积的物源供给。相对海平面较低或下降时期，沉积物供给相对充分，其在陆架上搬运距离相对较远，沉积物容易从浅水搬运至深水斜坡区，进而为重力流提供物质基础。同时，由于重力流爆发时能量远高于等深流，并且侵蚀能力较强，使得重力流沉积具有规模较大且破坏作用较强的特征。一方面由于等深流能量相对重力流较弱，当二者同时存在时，等深流沉积相对不发育。另一方面，重力流的侵蚀作用可破坏早期等深流沉积。因此，相对海平面下降或较低时期，重力流沉积较为发育，而等深流沉积较少。相反，相对海平面上升或较高时，陆源物质较难搬运至斜坡区，重力流相对不发育，而等深流活动逐渐显著，进而导致在重力流沉积末期或间歇期，等深流沉积发育。

2）古盐度

Sr/Cu 和 B/Ga 可以较好反映古盐度的变化，其与盐度正相关（陈会军等，2009；倪善芹等，2010）。从图 2-68 可以看出，Sr/Cu 和 B/Ga 在垂向上变化特征明显，具有较好的规律性和相似性。下部比值先升高后降低，上部呈升高—降低—升高旋回特征，其可反映古盐度的变化。剖面自下而上，古盐度总体呈先升高再降低旋回特征，其可分为 2 个升高—降低旋回，以及半个升高旋回（图 2-68）。等深流是受地球自转的温盐环流，其活跃区域盐度变化明显（Heezen and Hollister，1964）。随着海洋物理研究的不断深入，发现海洋水体随着水深的不断增加，温度和盐度不断变化，等深流也不例外。加的斯海湾等深流沉积极为发育，其研究程度也较为深入。加的斯海湾等深流极为活跃，水体类型多样，包括地中海外流（上部和下部）、北大西洋表层水、北大西洋中心水团及北大西洋深层水等（Hernández-Molina et al.，2006）。Marchès 等（2007）在研究 Portimão 海底峡谷与等深流沉积形成关系时，发现 Portimão 和 Albufeira 等深流沉积体发育在水深 600m 附近区域内，流体盐度变化极为显著（图 2-69a）。而南海北部等深流也较为类似。南海北部环流复杂，在垂向上呈"三明治"结构，根据水深可分为表层水、中层水及深层水（Yuan，2002）。深层水研究相对较多，为北太平洋深层水经巴士海峡入侵形成，运动方向从东向西,其流速为0.15～0.3m/s,可形成大规模的等深流沉积(Lüdmann et al., 2005; Shao et al., 2007)。中层水运动方向与深层水相反,从西向东大致平行斜坡运动,等深流沉积、沉积物波及单向迁移水道发育。其中,中层水的水深范围为300～1000m(Wyrtki, 1961)。在中层和深层等深流作用范围,流体盐度变化明显,特别是水深300m和1000m处(中层水与表层水、深层水分界)盐度变化明显(图2-69b;谢玲玲,2009)。富平赵老峪平凉组沉积期,早期盐度相对较高,随后降低,最后再次升高。

而等深流沉积时期盐度高低变化极为显著(图2-68),与现代等深流活跃时期盐度变化特征极为类似。

(a) 加的斯海湾(Marchès et al., 2007)

(b) 南海北部(谢玲玲,2009)

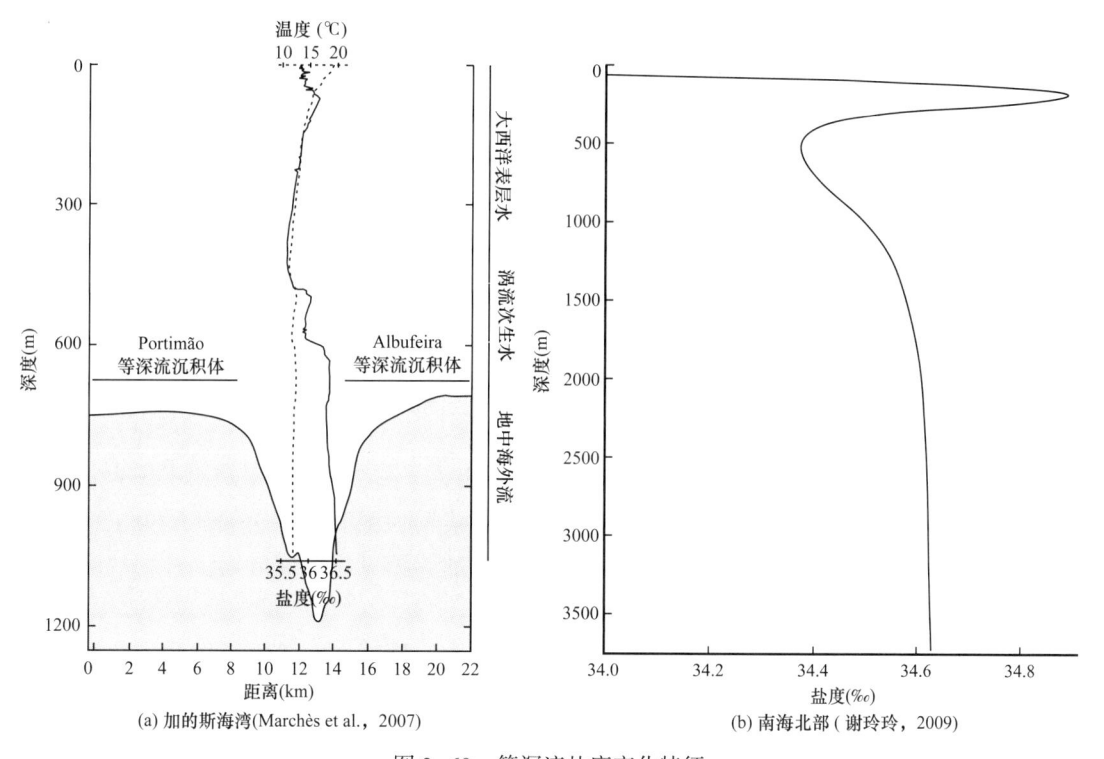

图2-69 等深流盐度变化特征

3) 古气候

Rb/Sr和Cr含量可以较好反映古气候(李华等,2016)。Rb/Sr和Cr含量在剖面上具有较好的一致性变化趋势。从下至上呈多个升高—降低旋回。根据其变化特征,可推出平凉组沉积期古气候变化特征。古气候从平凉组沉积早期开始逐渐干燥,可细分为4个干燥—湿润旋回(图2-68)。古气候可以影响深水沉积的成分和结构。赵老峪地区平凉组沉积期,相对海平面升降与古气候变化大致对应。古气候相对干燥时期,相对海平面下降或处于降低过程中,沉积物容易抵达斜坡,碎屑流沉积较为发育;而气候相对湿润时期,相对海平面上升或较高,重力流规模较小,甚至不发育,等深流较为活跃,进而形成大规模的等深流沉积(图2-68)。理论上来讲,气候变化会导致沉积物的成分和结构变化,但是研究区岩性较为单一,主要为石灰岩,其成分差异不明显。

4）古氧相

V/（V+Ni）、U/Th、Ce/La、Ni/Co 及 V/Cr 等指标可以较好地反映古氧相。其中，V/（V+Ni）与还原环境强度正相关，大于 0.7 为缺氧环境（Hatch and Leventhal，1992）。U/Th 与还原环境强度负相关，0.75～1.25 为缺氧环境，大于 1.25 为厌氧环境（Jones and Manning，1994）。Ce/La 大于 2.0 为厌氧环境，1.5～1.8 为贫氧环境（柏道远等，2007）。Ni/Co 与环境还原性呈反比，小于 2.5 为氧化环境，2.5～5 为缺氧环境（Jones and Manning，1994）。V/Cr 与还原环境强度正相关，大于 4.25 代表缺氧环境（Jones and Manning，1994）。V/（V+Ni）变化较为明显，但小于 0.7，垂向上具 3 个增大旋回，对应还原强度增加。U/Th 从下至上可分为多个高低变化旋回，总体呈减小趋势，沉积环境还原强度加强。下部斜坡原地沉积 U/Th 多大于 1.25，反映厌氧环境；中上部等深流和重力流沉积 U/Th 多大于 1.25，为厌氧环境，局部为 0.75～1.25，为缺氧环境。下部斜坡原地沉积 Ce/La 小于 2.0，多为厌氧环境，而向上明显增大，部分大于 2.0，沉积环境为厌氧—缺氧。Ni/Co 多大于 10，下部明显减小，上部整体呈减小趋势，在第 34 层达到最小为 10.919，对应两个还原强度增大旋回。V/Cr 多大于 4.25，反映以缺氧环境为主，从下至上具有 3 个上升旋回特征，反映 3 期还原强度增强过程（图 2-68）。因此，综合各项指标，认为沉积环境总体为厌氧—缺氧环境，从下至上还原强度增加，大致对应相对海平面上升，深水及还原环境有助于深水沉积的保存。

5）深水沉积与古地理关系

富平赵老峪平凉组深水沉积类型与古地理密切相关（图 2-68）。平凉组下部为斜坡原地沉积，相对海平面总体较低，盐度相对较高，气候较为湿润，以厌氧环境为主；而上部斜坡原地沉积减少，等深流和碎屑流沉积明显增加，相对海平面继续上升，盐度整体降低，气候逐渐干燥，还原强度进一步提高。

另外，等深流沉积和碎屑流沉积响应于不同的古地理特征。等深流沉积主要发育在相对海平面上升（较高）时期，盐度变化明显有助于等深流活动，相对潮湿的气候条件有利于等深流沉积的发育。而碎屑流沉积多发育在相对海平面下降（较低）时期，其盐度变化差异不大，气候相对干燥有利于碎屑流沉积发育（图 2-68）。

最后，构造运动（如地震、火山活动）也是碎屑流活动的主要因素。富平地区发育富平裂堑，并且在邻区发育大规模的滑塌变形构造（王振涛等，2015b），说明该区构造活动极为活跃。而活跃的构造运动对碎屑流作用的影响主要体现在三个方面：（1）提供丰富的物源；（2）增大地形高差，为碎屑流沉积提供物理条件；（3）触发碎屑流的发生。同时，由于岩相组合 A 中石灰岩含凝灰质，并且研究区还稳定分布凝灰岩（王振涛等，2015b）。火山喷发可形成大量的火山灰，其可通过空气搬运至深海区，进而在安静环境缓慢下沉，形成较纯的薄层凝灰岩，其可伴随岩相组合 A 出现。而凝灰岩或凝灰质的发育，说明研究区火山活动也较为活跃，也可为碎屑流发育提供物源供给和触发机制。

6. 沉积模式

鄂尔多斯盆地西南缘奥陶系平凉组发育深水原地沉积、等深流沉积及重力流沉积，在东部、中部及西部沉积类型有所不同（图2-70）。

（1）东部发育砾屑碎屑流沉积，单层厚度较小；中部发育碎屑流和浊流沉积，规模大，侵蚀作用强；西部浊流沉积和少量碎屑流沉积发育。

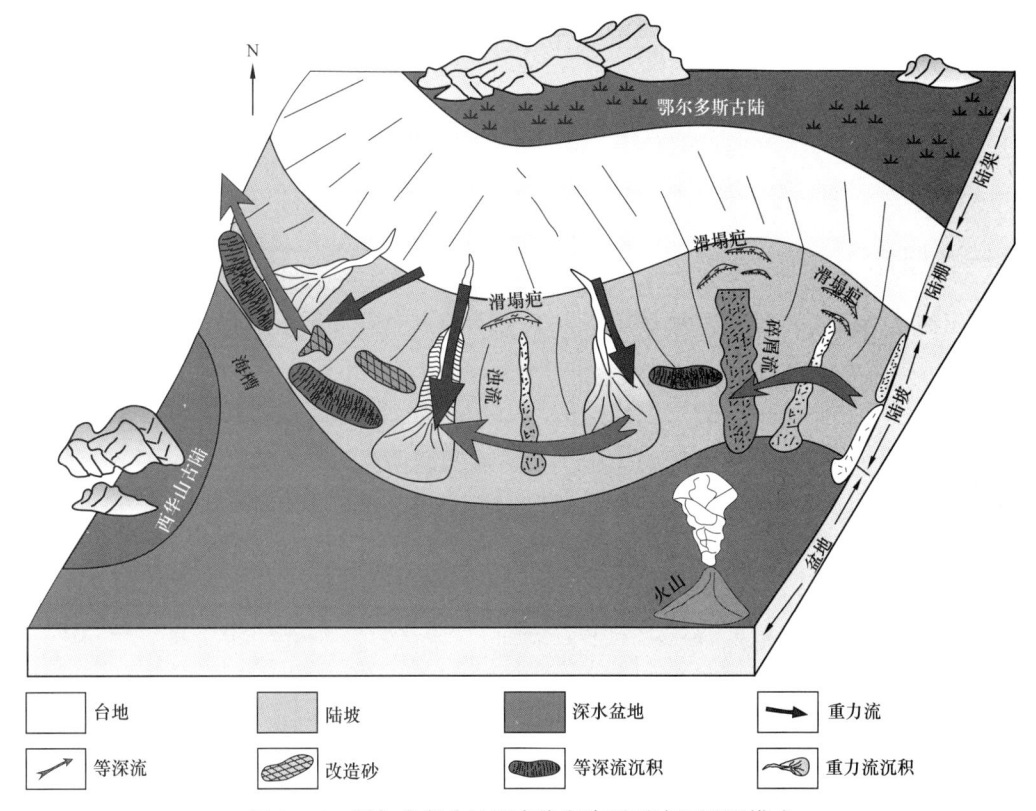

图2-70 鄂尔多斯盆地西南缘奥陶系平凉组沉积模式

（2）等深流沉积在东部发育长条形丘状等深积岩，以泥晶/屑和粉屑为主，长轴大致平行斜坡。中部等深流沉积不发育。西部陇县地区发育等深流改造浊流沉积，平凉地区则发育砂屑等深流沉积。

（3）重力流多沿斜坡向下运动。等深流从东向西，大致平行斜坡运动。在东部由于富平裂堑，可达富平地区，低能等深流作用可形成细粒等深流沉积；中部等深流较活跃；西部由于海槽（限制型环境）和"L"形拐点（等深流运动路径变化），等深流能量相对较高，发育粗粒等深流沉积和改造砂。而中部重力流能量远高于等深流，导致等深流沉积缺乏。

第三章 重力流及重力流沉积

第一节 概 述

一、概念

沉积物重力流是一种在重力作用下发生流动的弥散有大量沉积物的高密度流体，常被简称为沉积物流或重力流，也有称其为块体流。

重力流流动及驱使沉积物发生移动的动力是重力。重力流是流体和悬浮颗粒的高密度混合体，它的流动主要是由作用于高密度固态物质的重力所引起，因此，无论是在海洋还是在湖泊中，重力流的流动都是沿斜坡向下的，使得重力流沉积物大量分布于大陆斜坡边缘的盆地深处。

二、研究历程

重力流及重力流沉积研究时间较长，成果较为丰富。重力流沉积最早的术语为"flysch"，是瑞士地质学家 Bernhard Studer 在 1827 年引用，指深灰色泥岩与砂岩、角砾岩、砾岩及碳酸盐岩互层。浊流及重力流沉积研究是海洋学发展的重要里程碑（图 2-2）。重力流及重力流沉积大致可分为 3 个阶段（图 3-1）。

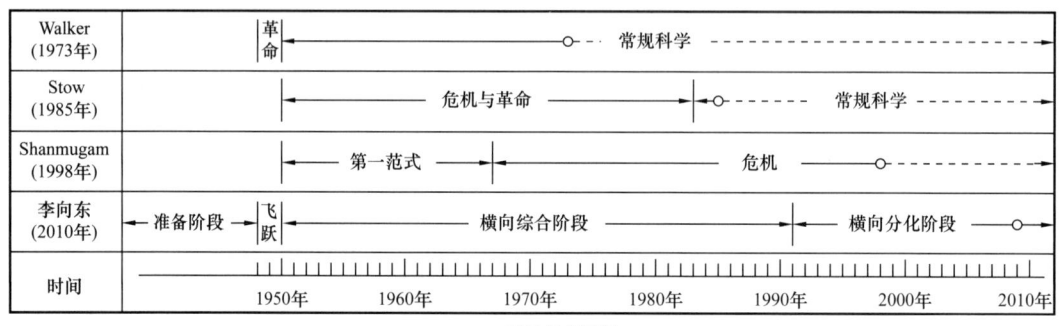

图 3-1 重力流研究主要历程（据李向东，2010）

1. 准备阶段

1827 年，前人用复理石来解释浊流沉积。1885 年，Forel 在研究罗纳河进入日内瓦湖时，提出了比重流的概念。1895 年，开始对复理石中的沉积构造，如重荷模、槽模及遗迹化石等进行研究。

20 世纪 30—40 年代，浊流研究发展较为迅速。其中，Daly（1936）引用了 Forel 的观测资料，探讨了海底的侵蚀作用，第一次强调了浊流是一种侵蚀作用很强的水下流。Kuenen 和 Bell（1937）支持了这一观点，并进行了一系列水槽实验；而 Johnson（1938）称这种性质的水流为浊流。总体而言，在 1940 年前，浊流研究只存在一个简单的概念，没有更多的认识及成果出现。

20 世纪 50 年代，对浊流的研究不断加深，1948 年 Kuenen 在"18th International Geological Congress"会议上对浊流形成机制进行了最初的探讨。从事海底流动观测的 Shepard 展示了海底峡谷的照片，而 Kuenen 则基于物理模拟实验讨论了高密度流体侵蚀海底峡谷的可能性。此后，Migliorini 和 Kuenen 开始了他们的合作研究，并于 1950 年发表了里程碑式的论文《递变层理由浊流形成》，自此开始了浊流沉积研究，同时也在沉积学界引发了一场革命。

2. 横向综合阶段

1962 年，Bouma 总结出了浊流的层序特征，即鲍马序列，认为浊流沉积物粒度较细（低密度浊流）。Stow 和 Piper 于 1978 年，Lower 于 1982 年分别提出高密度浊流沉积序列，并引进牵引流作用的名称和其所形成的牵引层理构造。1973 年和 1976 年，Middleton 和 Hampton 第一次提出了深水沉积体系，将其拓宽为"深水重力流沉积体"，随后重力流逐渐被认同。1978 年，Walker 对重力流的四种类型（碎屑流、颗粒流、液化沉积物流、浊流）的形成及转化机制进行了总结研究。1985 年，Heller 提出三角洲—扇模式。

在此阶段，野外露头的研究概括起来主要进行了三个方面的工作：（1）20 世纪 50 年代，主要探讨了阿尔卑斯山复理石的形成，详细地描述了底模等沉积构造，并进行了相关的古环境和古水流的研究，所有这些工作进一步验证了浊流理论的正确性，将 Migliorini 的"直觉"科学化；（2）自 20 世纪 60 年代起，围绕鲍马序列对浊积岩进行了广泛的研究，除发现了许多实例外，还对鲍马序列和浊积岩的沉积构造进行了水动力解释，并用古水流的资料进行物源分析，同时对浊积岩中古流向异常进行了研究；（3）进行浊积岩的野外综合研究，建立浊积岩岩相模式并对浊积岩沉积环境进行了探讨。

在深海调查方面，20 世纪 50 年代主要观测了海底峡谷顶部的块体滑动现象，详细描述了海底扇与斜坡群体系，总结了海底峡谷、斜坡和平原的沉积特征。20 世纪 60 年代以后，主要对现代海底扇的实例进行了大量的研究，提出了现代上部扇舌模式，区分出了活动大陆边缘和被动大陆边缘海底扇，先后应用了声呐技术和地层倾角测井技术，并对现代海底扇进行了精细的地震解剖，同时对海底滑塌现象也进行了详细的研究。

在沉积流体研究方面则比较薄弱，除了进行关于浊流动力学及其沉积的系列水槽实验外，主要对相关概念进行了探讨，其中包括后来被认为是颗粒流支撑机制的分散压力和牵引毯（Traction Carpet），同时也提出了超重流（Hypopycnal Flow）的概念，并对沉积物重力流进行了分类。

这一时期，在浊流沉积的三个研究领域内，只有沉积流体方面研究的较少，其他两个方面均进行了深入的研究，而且同时指向了沉积模式的研究，各自独立地建立了扇模式，并于1978年提出了海底扇模式。而海底扇模式从一开始就应用于石油、天然气的勘探，并产生了巨大的经济效益。此后的十几年时间里（20世纪80年代和90年代初），浊流沉积的研究基本围绕着海底扇模式进行研究。因此，这是野外露头研究和深海调查研究的横向结合，是建立海底扇模式的研究阶段。

3. 横向分化阶段

由于在深海调查中利用岩心资料对现代海底扇进行岩石学的研究极为有限，同时对"现代扇"与"古代扇"的差异研究得也较少，这便使得这一时期建立的海底扇模式缺乏坚实的理论基础。因此，海底扇模式从建立时起就引起争议，早在1980年Nilsen就担心将表现现代海底扇形态的"上叠扇"的概念用于古代扇，可能与古代扇中的岩相类型和"向上变粗或变细"的序列不配套。随着对现代扇和古代扇对比研究的深入和大量的深海岩心的获得，Nilsen所担心的问题被证实。这也是导致Normark（1991）和Walker（1992）先后放弃海底扇模式的主要原因。

随着对海底扇模式的否定和对浊流沉积的争议，长期被忽视的沉积流体研究逐渐引起了重视。特别是在1995年由"砂质碎屑流"引起的关于浊流概念的大讨论之后，在浊流研究领域内，沉积流体方面的研究得到了加强，形成了2000年以来浊流沉积研究的一大特色，目前的研究以浊流的流动特征为主，并兼顾流体结构和沉降机制。

目前浊流流动特征研究的主要成果之一是引入了流体力学的概念，将流体分为两组，一组为稳定流（包括准稳定流）和非稳定流，后者包括增强流（Waxing Flow）和衰减流（Waning Flow）；另一组为均一流和非均一流，后者又包括累积流（Accumulative Flow）和衰弱流（Depletive Flow），并在这两组流体的基础之上进行组合分类。在流体力学的分类基础之上，总结了脉冲浊流、似脉冲浊流和准稳定浊流的沉积特征、岩相和序列，并指出脉冲流也可形成逆粒序；用脉冲流的纵向叠加和衰弱流沉降机制对浊流沉积序列进行了重新解释。自2006年以来，流体的稳定性与脉冲性被广泛地应用于浊流沉积研究和现代火山碎屑流沉积研究之中。

浊流流动特征研究的主要成果之二是对浊流流动过程中的一些现象进行了详细的研究，其中研究较多的主要有两个：（1）浊流流动过程中的流态转化与水跃现象（Hydraulic Jump），研究涉及有关的理论探讨、水槽实验和对野外地质现象的解释；（2）浊流与海底地形的相互作用，主要包括两个方面，一是对浊流遇地形高处发生的"反射"现象进行探讨，二是对浊流遇地形低处发生的"捕获"现象进行了实验研究、理论探讨与数值模拟，并形成了近年来对大陆斜坡小型盆地中浊流沉积的研究与勘探热点。

在深海调查和野外露头研究方面则主要出现了以下两个特点：（1）以深海调查为基础，继续沿着沉积模式的道路进行探索，并在野外露头中寻找实例展开更为详细的研究，在这方面的主要成果包括建立了槽模式、水道—天然堤沉积体系，以及碳酸盐岩、碎屑岩混合沉积扇模式；（2）以野外露头为基础，参照陆上河流相的建筑结构的研究方法，对浊积岩展开了建筑结构研究，并通过三维地震资料及时将研究成果应用于深海调查和油气勘探之中。

第二节 重力流类型及特征

一、分类

重力流分类因标准不同而结果各异（表3-1），按成分可以分为硅质碎屑、碳酸盐及火山碎屑重力流；按形成环境可分为海洋、湖泊及陆地重力流；按粒度和支撑机理可分为低密度、砂质高密度及砾质高密度浊流；按支撑机理可分为碎屑流、颗粒流及液化（沉积物）流及浊流；按流变学可划分为颗粒流、浊流、砂质碎屑流及泥流；按物理性质、颗粒搬运机制、颗粒含量、支撑机理可分为超高密度流、高密度流及浊流。其中，沉积学领域运用较多的分类是按照支撑机理进行划分的方案，即碎屑流、颗粒流、液化流及浊流（图3-2）。

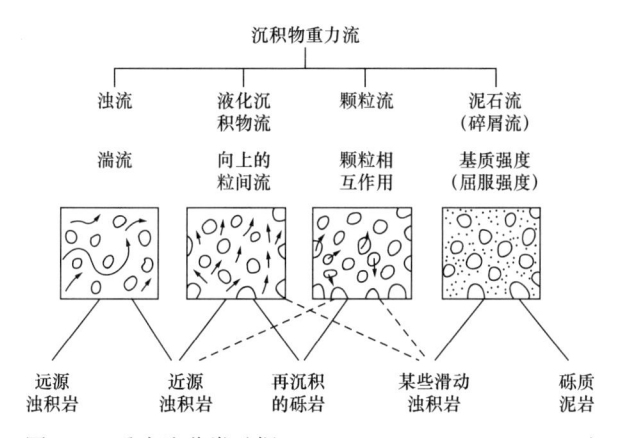

图 3-2 重力流分类（据 Middleton and Hampton，1973）

表 3-1 重力流主要分类

划分依据	划分结果
成分	硅质碎屑、碳酸盐及火山碎屑重力流
环境	海洋、湖泊及陆地重力流等
粒度和支撑机理（Lowe，1982）	低密度、砂质高密度及砾质高密度浊流
流变学（Shanmugam，1995）	颗粒流、浊流、砂质碎屑流及泥流
支撑机理（Middleton and Hampton，1973，1976）	碎屑流、颗粒流、液化（沉积物）流及浊流
物理性质、颗粒搬运机制、颗粒含量和支撑机理（Mulder and Alexander，2001）	超高密度流、高密度流及浊流

二、沉积特征

本节基于支撑机理对重力流的划分方案，并综合目前应用较为广泛的成因分类，将重力流沉积划分为岩崩沉积、滑动和滑塌沉积、重力流沉积（碎屑流、颗粒流、液化流及浊流沉积）三大类（表3-2）。本节将重点介绍重力流沉积特征。另外，结合当今沉积学领域研究较新成果，增加了异重流、砂质碎屑流、超临界流及临界流沉积特征。

表3-2 重力流沉积分类（据何幼斌等，2017）

岩崩沉积		塌积岩
^		孤立岩块
滑动和滑塌沉积		滑塌褶皱
^		滑塌角砾岩
重力流沉积	碎屑流沉积	富基质的
^	^	贫基质的
^	颗粒流沉积	
^	液化流沉积	
^	浊流沉积	经典的—低密度的
^	^	粗粒的—高密度的

1. 碎屑流沉积

碎屑流是一种砾、砂、泥和水混合的高密度流、块体流，主要依靠杂基浮力运动。根据颗粒大小可进一步分为砂流和泥流。泥和水混合组成杂基，砂和砾悬浮，通常呈块状，无分选、无粒序，顶部有时可显正粒序（图3-3）。

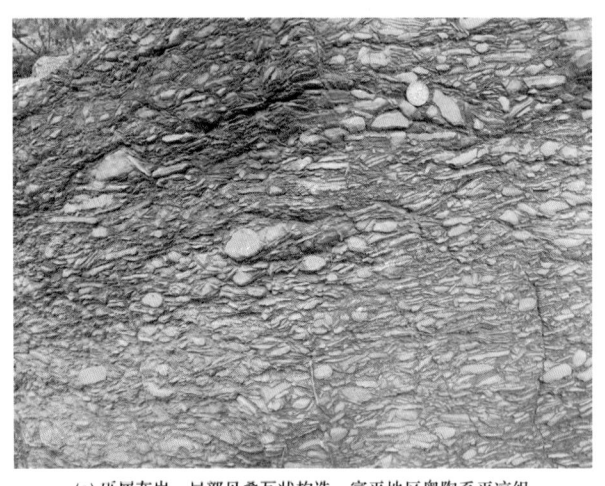

(a) 砾屑灰岩，局部见叠瓦状构造，富平地区奥陶系平凉组　　(b) 碎屑流沉积序列

图3-3 碎屑流沉积特征图

2. 颗粒流沉积

由于颗粒流的形成要求相当高的坡度，而这种条件在沉积盆地中并不常具备，故颗

粒流沉积不很常见。其规模通常不大，砂级颗粒流沉积的厚度通常仅数厘米，含砾的颗粒流沉积的厚度一般也仅数十厘米，粒间基质含量很少，发育逆粒序，但一般以层序中、下部为界限，层序顶部则仍常出现正粒序（图3-4）。

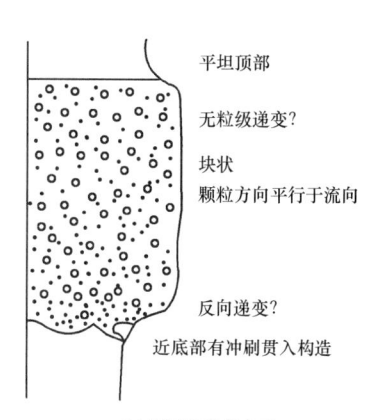

(a) 碳酸盐岩，见逆粒序及撕裂砾石，云南丽江阿冷初下泥盆统　　(b) 颗粒流沉积序列

图3-4　颗粒流沉积特征图

3. 液化（沉积物）流沉积

形成液化（沉积物）流沉积的关键条件是快速堆积和沉积物中饱含水，并多发生在沉积物较细的情况下。液化（沉积物）流沉积整层通常为块状，底部稍显正粒序，向上有不太发育的平行纹理，再向上为发育的盘碟构造段，有时可见泄水管构造。单元层顶底界面清楚，与上下层呈突变接触，但无明显的侵蚀面，底面可具沟模。以中—细砂岩为主，成分和结构成熟度均较低，单层厚约1m（图3-5）。

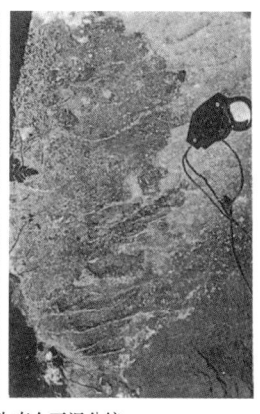

(a) 砂岩，云南牛克夕下泥盆统　　(b) 液化流沉积序列

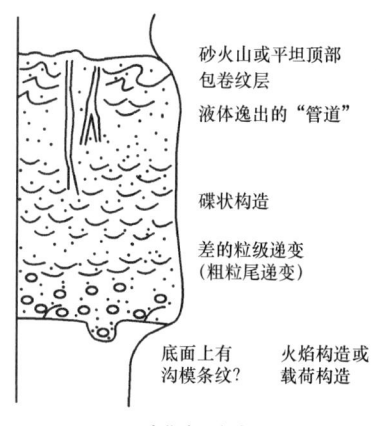

图3-5　液化（沉积物）流沉积特征图

4. 浊流沉积

浊流是靠液体的湍流来支撑碎屑颗粒，使之呈悬浮状态，在重力作用下发生流动。浊流沉积或浊积岩（Turbidite）是研究得最早的重力流沉积，也是研究得最为透彻的重力流沉积。按密度可分为低密度浊流沉积和高密度浊流沉积两种类型。

低密度浊流沉积称为经典浊积岩，主要鉴别标志为鲍马序列。鲍马序列从下至上由 A 段（递变层段）、B 段（下平行纹层段）、C 段（流水波纹层段）、D 段（上平行纹层段）和 E 段（泥岩段）构成（图 3-6）。

(a) 砂岩，鲍马序列 Ta、Tb、Tc、Td，陇县地区奥陶系平凉组

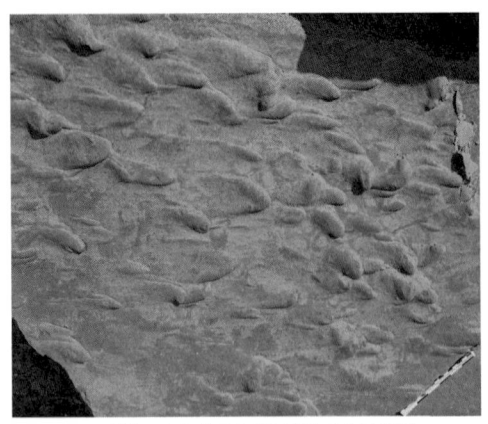

(b) 槽模，乌海桌子山地区奥陶系拉什仲组

(c) 沟模，阿拉善左旗

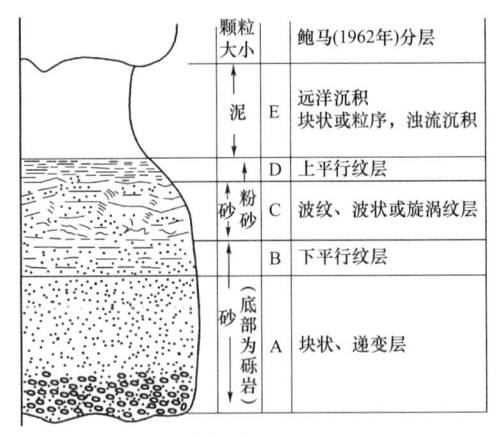

(d) 鲍马序列（据 Bouma，1962）

图 3-6　浊流沉积特征图

5. 异重流沉积

异重流（Hyperpycnal Flow）是一种由洪水期河口直接注入、因密度大于汇水盆地水体密度而沿水体底部分层流动的持续型浊流（Mulder et al.，2003；杨仁超等，2015；图 3-7）。Bates（1953）认为异重流为河口流出的比环境水体密度高的密度流。Mulder 等（1995）认为异重流为由于携带沉积物颗粒，导致流体密度大于稳定环境水体的密度，流体受浮力影响小，沿盆地底部流动的高密度流体。中文"异重流"最早出现在 1947 年的《异重流及水库减淤》一文中。随后，余斌（2002）、何启祥等（2010，2012）的相关报道逐渐引起中国沉积学界的关注。近年来，国内异重流沉积（异重岩）研究逐渐增多（谈明轩等，2015；杨仁超等，2015；杨田等，2015；唐武等，2016）。

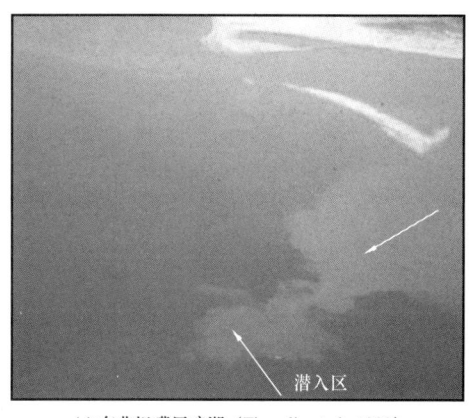

(a) 东非坦噶尼喀湖（Tiercelin et al., 1992）　　　　(b) 斯凯扎劳河（Mulder et al., 2003）

图 3-7　异重流示意图

严格意义上来说，异重流为一种特殊的重力流，多为洪水型浊流范畴；流体性质多为湍流支撑、紊乱流动状态（图 3-8）。异重流常呈现流量增强和衰减两个阶段，不同时期水动力变化较为明显，进而导致沉积特征各异（Mulder et al., 2001）。

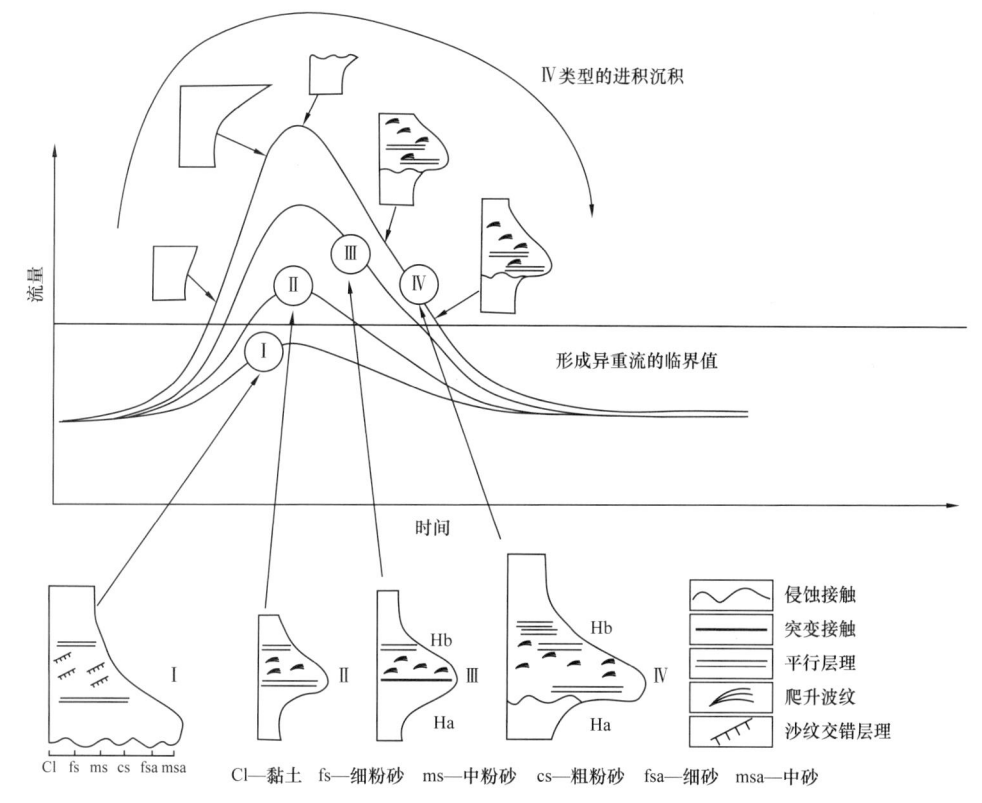

图 3-8　异重流沉积（据 Mulder et al., 2001）

与低密度浊流沉积相比，异重流沉积主要有以下特征：（1）粒度一般为中砂—粉砂；（2）沉积序列为细—粗—细逆正序列；（3）内部见侵蚀面；（4）常见植物碎片和碳质碎屑；（5）底模构造较为常见（表 3-3）。

- 211 -

表 3-3 异重流沉积特征（据 Mulder et al., 2001；唐武，2016；孙福宁等，2016）

类型	异重流	低密度浊流
流变学	牛顿流体	牛顿流体
流动状态	紊流	紊流
浓度门限	有	无
起始质量浓度（kg/m³）	5～200	<1500
流速（m/s）	<2	
流体结构	无单一的头部	头部、颈部、体部和尾部
流体方式	准稳定	不稳定
持续时间	几分钟至几周	几分钟至几小时
侵蚀能力	较强	强
顶部接触关系	渐变接触	渐变或突变接触
层内接触关系	侵蚀或突变接触	渐变接触
沉积构造	爬升波纹层理、波状层理、平行层理、水平层理	粒序层理、平行层理、交错层理等
沉积序列	细—粗—细，层内见微侵蚀面	鲍马序列，下粗上细
有机质类型	富含陆源有机质，如植物碎片和碳质碎屑	浮游生物和藻类

6. 砂质碎屑流沉积

碎屑流是一种塑性沉积物流，内部呈线性层流，沉积物整体停止流动，块状固结。碎屑流和块体流名称可互换，因为它们都代表塑性流动，以及块体中分布的纯剪切力（图 3-9）。在碎屑流中，颗粒间的相对运动占主导地位，纯剪切运动次之。碎屑流可以是富泥质的（即泥质碎屑流）、富砂质的（即砂质碎屑流）或两者混合类型（图 3-10）。砂质碎屑流的鉴别标志包括：（1）厚层块状砂岩叠置；（2）突变底部接触面；（3）逆粒序；（4）流动的碎屑颗粒；（5）流动的泥质颗粒和泥球；（6）碎屑颗粒呈水平或无序排列；（7）变形层；（8）砂质注入体；（9）突变或不规则的上接触面（Shanmugam，2013）。

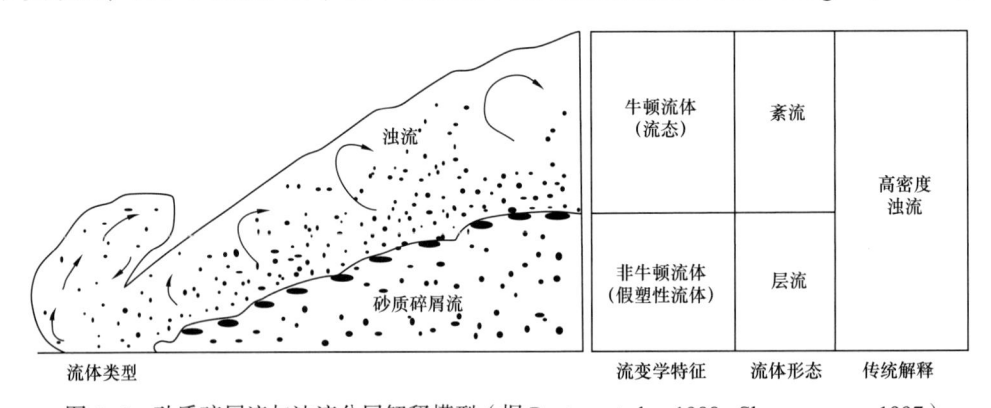

图 3-9 砂质碎屑流与浊流分层解释模型（据 Postma et al., 1988；Shanmugam，1997）

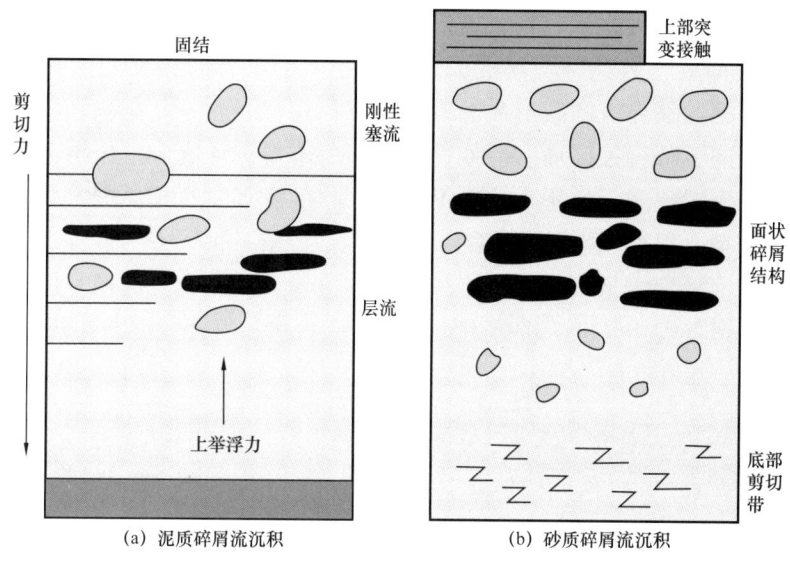

图 3-10　砂质碎屑流沉积序列（据 Shanmugam and Moiola，1995）

7. 超临界流及亚临界流沉积

根据弗劳德数（Fr）的定义，自然界流体可分为超临界流（$Fr>1$）、临界流（$Fr=1$）及亚临界流（$Fr<1$）。Parker 根据 $Fr=U/(RgCh)^{1/2}$ 将重力流划分为超临界、亚临界及临界流重力流三类。其中，$Fr=1$ 很难保持，重力流以超临界流和亚临界流最为常见（Parker et al.，1987；Kostic，2011）。

超临界流和亚临界流沉积是近年国际深水沉积研究领域的热点之一。当超临界流向亚临界流转化时，在两者接触面的流体明显抬升减速，进而发生水跃现象。水跃现象在深水重力流中广泛存在，其对分层结构的密度流形成过程研究提供了重要理论依据。随着 Fr 的不断增大，不同强度的水跃影响，可形成波痕、平坦床沙、沙丘、逆行沙丘、冲坑—流槽及周期性阶坎等沉积底形（图 3-11）。

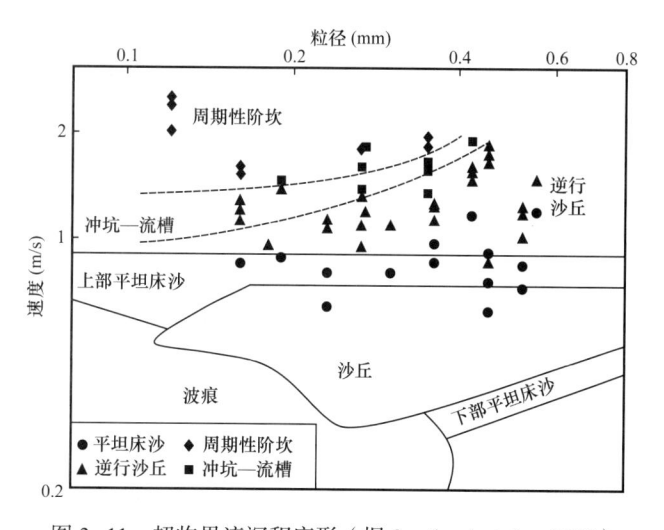

图 3-11　超临界流沉积底形（据 Southard et al.，1990）

目前，对周期性阶坎的研究相对较多，对冲坑—流槽形成过程的相关研究较少。周期性阶坎是在高弗劳德数条件下形成的、一系列向上游方向移动的大型阶梯状沉积底形，迎流面主要是亚临界流卸载形成的宽缓状沉积，背流面主要是超临界流作用下的水力跳跃作用形成的下降侵蚀陡坡。周期性阶坎多为不对称性底形，根据不对称样式可以进一步分为上游不对称和下游不对称周期性阶坎，前者多发育于低能沉积环境，后者发育于高能沉积环境。根据周期性阶坎的沉积和迁移特征，可以分为侵蚀型和沉积型。而冲坑—流槽是局部发育少量沉积、位于深水盆地边缘、规模大于流槽—凹坑的侵蚀负地貌底形。根据排列方式，可进一步分为线列式、孤立状和复合式。上述两种类型在陆地、浅水及深水环境中都可发育（图3-12）。

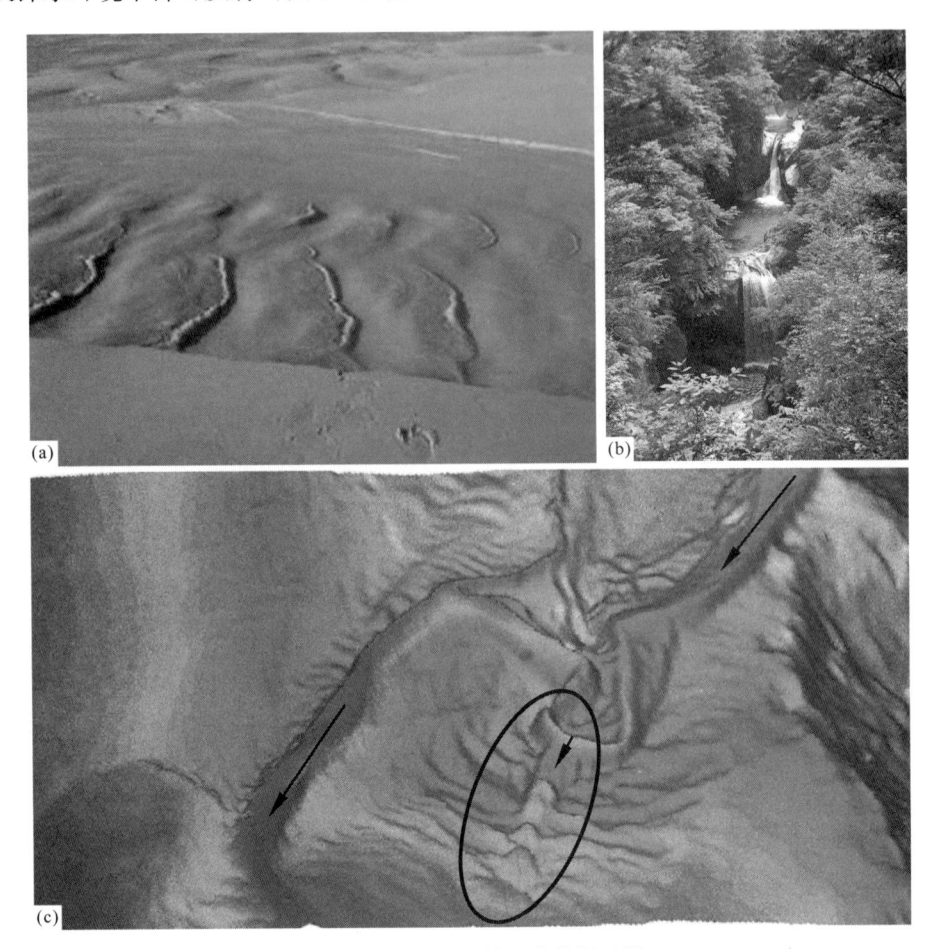

图3-12 周期性阶坎及冲坑—流槽地貌特征（据Parker，2008）
（a）陆地周期性阶坎；（b）陆地冲坑—流槽；（c）深水斜坡周期性阶坎及冲坑—流槽

超临界流沉积主要特征包括：（1）超临界重力流一般流速快，侵蚀能力强，在水跃作用下向亚临界流转化时，沉积物多以牵引毯的形式发生搬运和沉积，进而形成具有明显分层构造的粗碎屑沉积，在峡谷和水道上游，超临界流的泥沙浓度高、流速快、颗粒大，浊积岩相发育 Ta、Tb$_4$ 和 Tb$_2$ 等鲍马序列（图3-13）；（2）可见冲坑—流槽，流槽中的侵蚀充填构造较为发育，是超临界流沉积的有效鉴别标志；（3）超临界流在流动过程中常表现为向上迁移的沉积底形，进而形成各类交错层理，以后积层理最为典型，后积层理一般规模较大，纹层倾向与古水流方向相反；（4）由于超临界流具有周期性，因此沉积特征一般具有明显的旋回性，包括底形、岩相等；（5）超临界流近端沉积从下至上表现为砾质周期性阶坎、砾质冲坑—流槽、砂质逆行沙丘、砂质床沙、沙纹沉积及正常沉积序列。

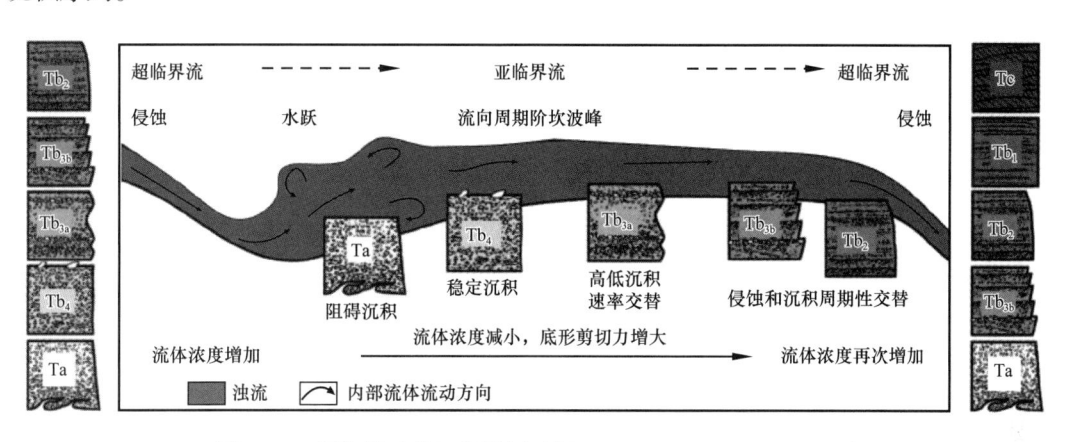

图 3-13　周期性阶坎沉积特征（据 Postma and Cartigny，2014）

第三节　重力流沉积单元及形成机理

一、沉积单元划分

重力流在运动过程中性质多样，并存在相互转化的现象。目前，对重力流的性质及沉积研究相对较多，对重力流沉积类型的分类也较为复杂多样。本书结合国内外研究成果及笔者在南海、西非、东非、巴西东部、鄂尔多斯盆地西南缘等地区的研究经验，认为尽管重力流类型多、形成过程复杂且主控因素较多，但从基础地质及石油地质研究而言，最终落脚点需要首先鉴别重力流沉积，在此基础上揭示优质储层，探讨储层分布规律。而且笔者认为，重力流在自然界可形成不同类型的沉积，但沉积单元主要为峡谷、水道、堤岸、朵叶体及块状搬运复合体（表 3-4）。

表 3-4　重力流沉积单元划分

	峡谷	
	水道	复合、垂向加积、迁移、分支
重力流沉积单元	堤岸	堤岸
	朵叶体	近端、远端朵叶体
	块状搬运复合体（MTD）	
	席状沉积	席状砂

- 215 -

1. 峡谷

峡谷是陆缘常见的负地形，是连接陆架与斜坡和盆地的重要通道，侵蚀能力一般较强，可侵蚀下部基岩、固结或半固结沉积物（Pickering and Hiscott，2015）。峡谷规模相对水道较大，深度为几十米到几百米，宽度为几十米至几万米，长度为几千米到几百千米，剖面形态各异，常见"U"形、"V"形、"W"形及复合形峡谷（图3-14）。

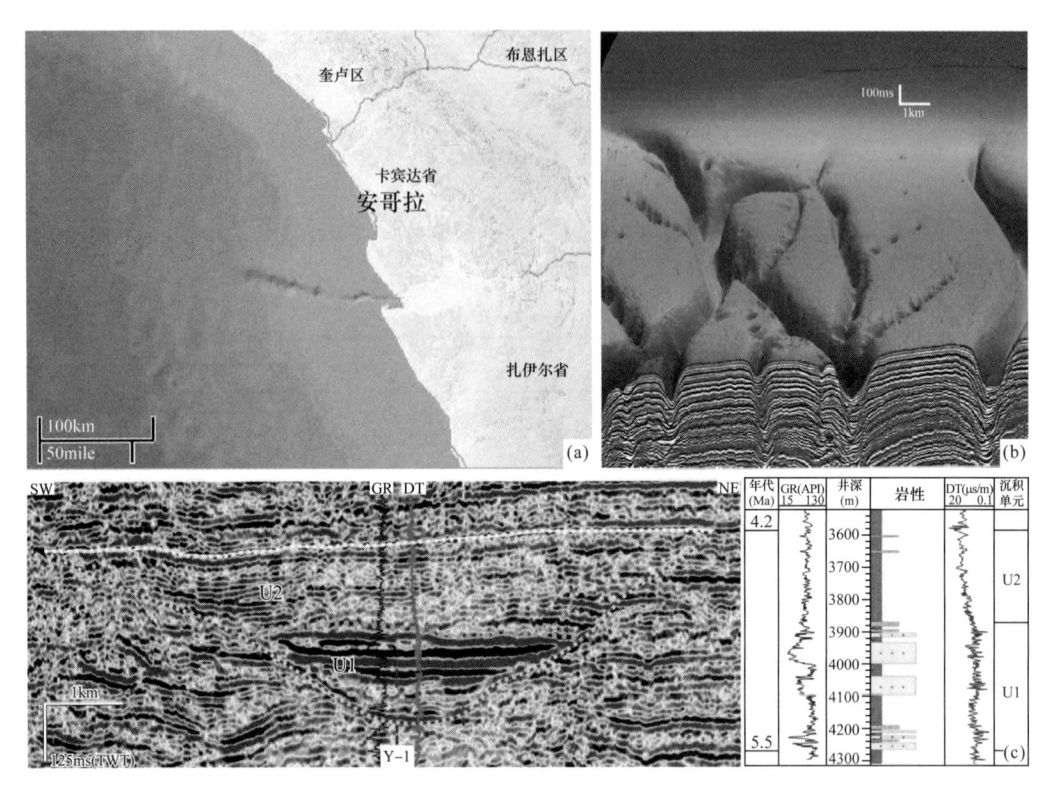

图3-14 峡谷特征示意图
（a）下刚果盆地现代峡谷（资料引自Bigemap GIS）；（b）赤道几内亚现代峡谷（Jobe et al., 2011）；（c）琼东南盆地中新统黄流组中央峡谷沉积特征

大多数峡谷具有6个方面的特征（Shepard，1977）：（1）弯曲或部分平直；（2）向海方向深度加深；（3）剖面形态与坡度密切相关；（4）平缓的陆坡区及深海盆地峡谷较少发育；（5）侵蚀能力较强，可侵蚀下部基岩、固结及半固结沉积；（6）源头的支流（水道）较为发育。

大型峡谷一般与大江大河有关。西非下刚果盆地的扎伊尔峡谷向陆侵蚀了30km，与刚果河口相连，下切陆架及陆坡，地势差达到了1.2km（图3-14a）。小型峡谷常下切陆架边缘。Redondo峡谷源头水深约15m，距海岸线约300m，向海延伸1km，宽度达1.6km，最大深度约395m。峡谷底界顺斜坡逐渐降低，源头坡度约15°，峡谷出口坡度小于2°（Yerkes et al.，1967）。

2. 水道

深水重力流水道在深海环境中极为常见，规模较大（表3-5），也是油气勘探重要研究对象。目前，深水重力流水道的分类方案主要有以下3种：（1）根据侵蚀—沉积作用分为侵蚀型、沉积型及侵蚀—沉积复合型（Normark，1970）；（2）按照弯曲度可分为顺直型、低弯度及高弯度水道（Wynn et al.，2007；Mayall et al.，2006）；（3）根据形态可将水道分为孤立型、迁移型及加积型（Clark and Pickering，1996）。

表3-5 现代深海水道规模统计表（Carter，1988；Clark and Pickering，1996；Pirmez and Flood，1995；Pickering et al.，1995）

	名称	深度（m）	宽度（km）
海底扇水道	Hudson扇	65~550	1~3.5
	Rhône扇	65~550	2~5
	Laurentian扇	80~410	7~22
	印度扇	70~410	1~11
	Wilmington扇	30~300	1~6.5
	亚马孙扇	70~200	2~4
	Monterey扇	50~175	1~4
	Astoria扇	30~165	2~3
深海水道	Bounty水道	150~650	5~7
	Surveyor水道	100~450	5~8
	Valencia水道	200~350	5~10
	Cascadia水道	40~320	4~7
	Maury水道	100~300	5~15
	Porcupine水道	120~250	0.75~15
	大西洋中央水道	100~200	6~16

在国内外研究成果的基础上，结合笔者在鄂尔多斯盆地西南缘，南海北部莺歌海盆地、琼东南盆地、珠江口盆地及台西南盆地，东非鲁伍马盆地、坦桑尼亚盆地及拉穆盆地、西非尼日尔三角洲盆地、里奥穆尼盆地、下刚果盆地及加蓬盆地，巴西坎波斯盆地，孟加拉扇和墨西哥湾等地区的相关研究，根据水道的规模、沉积单元及堆积方式等将重力流水道划分为复合型、垂向加积型、迁移型及分支小水道四种类型（表3-6）。值得注意的是，自然界还存在较多过渡型水道，其多为上述两种或多种水道组合而成。

1）复合型水道沉积

复合型水道在深水环境极为常见，其宽几百米至几十千米。外形一般为"U"或"V"形，水道底部见明显的侵蚀特征，整体迁移不明显，内部发育多类型、多规模的次级水道，水道之间相互侵蚀、切割，沉积物粒度较粗，多为碎屑流沉积充填，可发育浊流沉积（Mayall et al.，2006；Cross et al.，2009；Jobe et al.，2010；刘军等，2011；Khan and Arnott，2011；Celma et al.，2014；Li et al.，2018；李华等，2018；Casciano et al.，2019）。

表 3-6 重力流水道分类及沉积特征（据李华等，2020）

沉积特征	复合型水道	垂向加积型水道	迁移型水道	分支小水道
沉积单元	轴部沉积、水道、水道—堤岸、块状搬运复合体（MTD）	轴部沉积、水道	轴部沉积、水道、侧积体、溢流或堤岸	水道、溢流或堤岸
岩性	砾岩、砂岩、粉砂岩、泥岩	砂岩、含砾砂岩、粉砂岩	砂岩、粉砂岩	砂岩、粉砂岩
沉积构造	侵蚀面、槽模、平行层理、粒序层理、交错层理、滑塌构造	侵蚀面、平行层理、粒序层理	粒序层理、平行层理、交错层理、变形构造	平行层理、变形构造
沉积序列	无粒序，下粗上细	下粗上细	下粗上细	下粗上细
规模	大	较大	较大	小
重力流类型	碎屑流、浊流	浊流	浊流	浊流
形态	"U"形、"V"形及"U-V"复合形	"U"形、"V"形	"U"形、"V"形及海鸥翼状	"U"形
剖面示意图				

Janocko 等（2013）对复合型水道（小型峡谷）的特征进行了总结，特征包括：底部发育重力流下切的侵蚀面；见过路作用的轴部沉积；下部常见块状搬运沉积；堤岸相对不发育；整体向上粒度变细，砂质含量降低。

陕西唐王陵奥陶系复合水道沉积以砾岩、含砾砂岩、砂岩及粉砂岩为主，水道内部次级水道相互侵蚀、切割，发育侵蚀面、槽模及交错层理，可大致分为 15 期（图 3-15a）。南海西北部琼东南盆地中央峡谷（大型复合水道）宽约 15km，由下至上大致依次发育轴部沉积、水道、水道—堤岸及块状搬运复合体（图 3-15b）。

2）垂向加积型水道沉积

垂向加积型水道规模大小不一，水道以垂向加积为主（Kolla et al., 2007; Labourdette and Bez, 2010）。根据充填样式可细分为两种类型，一种为多期次水道垂向叠置而未发生迁移（Popescu et al., 2001; Schwenk et al., 2003），另一种为水道内部以层状充填为主，次级水道不发育。前者在自然界中相对较为发育，多出现在水道局部位置或水道末端（Kollar et al., 2007; Labourdette and Bez, 2010）。后者相对较少，发育规模一般较大（李华等，2018）。加积型水道两侧常见堤岸沉积，堤岸相对水道底部高。

内蒙古桌子山地区复合水道内部可分为 16 个下粗上细中砂岩和细砂岩旋回，平行层理和粒序层理较为常见（图 3-15c）。东非坦桑尼亚盆地垂向加积型水道宽约 15km，深度约750m，下部呈弱反射较差连续性地震反射特征，中部呈强反射较好连续性，平行—亚平行地震反射特征，上部呈中等强度反射中等连续性，平行—亚平行地震反射特征，次级水道不发育（图3-15d）。

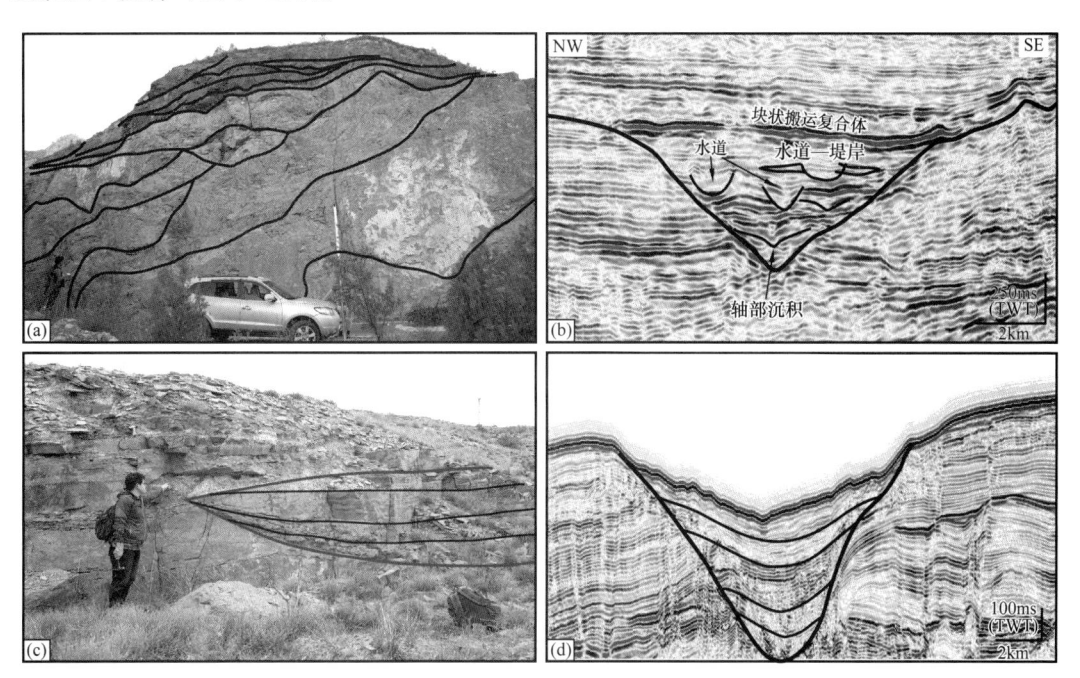

图3-15 复合型和垂向加积型水道沉积特征
（a）复合型水道，内部发育次级小水道，陕西唐王陵；（b）复合型水道，内部发育轴部沉积、水道—堤岸及块状搬运复合体，南海琼东南盆地；（c）垂向加积型水道，内部以层状砂岩沉积为主，内蒙古桌子山；（d）垂向加积型水道，以垂向加积为主，水道不发育，东非坦桑尼亚盆地

3）迁移型水道沉积

迁移型水道侧向迁移现象明显（图3-16），根据水道弯曲度及迁移位置可进一步分为弯曲型和顺直型迁移水道。

弯曲型迁移水道弯曲度较高，多在弯曲部位发育迁移，形成类似曲流河"点坝"沉积的侧积体。弯曲型迁移水道在西非尼日尔三角洲盆地、下刚果盆地、巴西坎波斯盆地、墨西哥湾及南海等12处深水区发育，并且具有良好的油气勘探潜力（Kolla et al.，2007；Abreu et al.，2003；Posamentier，2003；Schwenk et al.，2003；Saller et al.，2004，2012；Deptuck et al.，2007；Wynn et al.，2007；Li et al.，2010；李华等，2011；张文彪等，2015）。爱尔兰深水水道沉积迁移特征明显，发育典型的侧积体（图3-16a）。尼日尔三角洲盆地弯曲水道弯曲度为1.2～1.8，最高可达2.3。水道长几千米到数十千米，储集性能较好，是油气勘探的主要目的层。水道弯曲处侧积体极为发育（图3-16b、c；Li et al.，2011）。而顺直型迁移水道弯曲度较低，整体侧向迁移。在西非下刚果盆地及加蓬盆地、巴西坎波斯盆地、格陵兰伊尔明厄盆地、中国南海琼东南盆地及珠江口盆地（图3-16d、e）发育顺直型迁移水道（Biscara et al.，2010；Zhu et al.，2010；He et al.，2012；Li et al.，2013；李华等，2013b；Gong et al.，2018）。

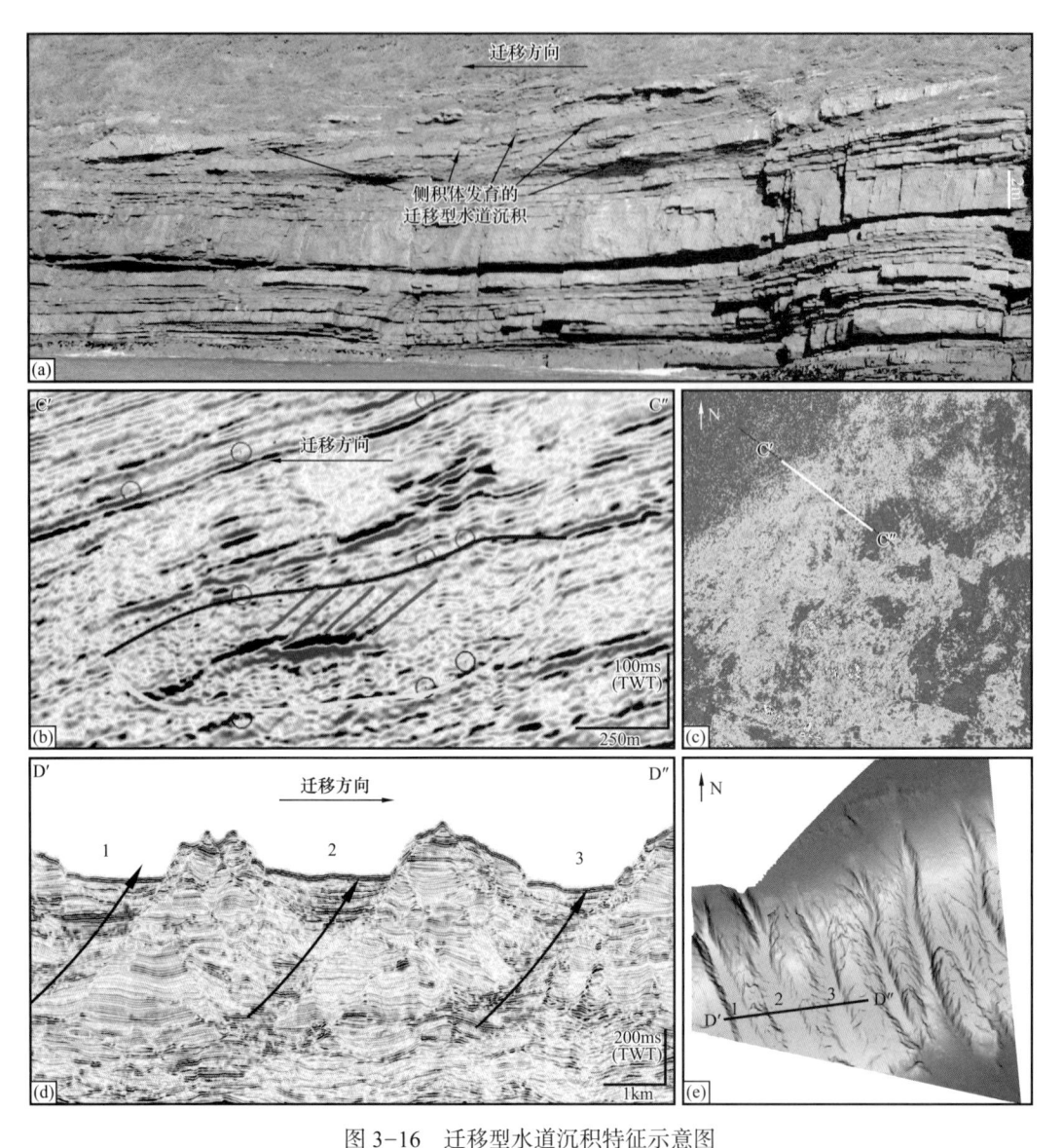

图 3-16 迁移型水道沉积特征示意图
（a）迁移型水道，侧积体发育，爱尔兰北部；（b）和（c）弯曲型迁移水道，NW 向迁移，尼日尔三角洲盆地；（d）和（e）顺直型迁移水道，NE 向迁移，南海北部珠江口盆地

4）分支小水道沉积

孤立型小水道规模一般较小，多发育在水道末端或朵叶体内部，在重力流沉积体系中较为常见（图 3-17；Posamentier and Walker，2006；Picot et al.，2016）。外形多为"U"形，呈透镜状，岩性主要为细砂岩、粉砂岩、石灰岩及泥灰岩等，发育槽模、变形构造、平行层理及水平层理等。内蒙古桌子山地区奥陶系拉什仲组发育一系列孤立型小水道，其宽度为 50~60cm，厚度为 15~25cm，以细砂和粉砂为主（图 3-17a；李华等，2018）。另外，在陕西耀州区桃曲坡奥陶系分支小水道岩性为石灰岩，内部见水平层理（图 3-17b）。分支小水道通常呈发散状或放射状分布于水道末端，平面组成朵状（图 3-17c）。

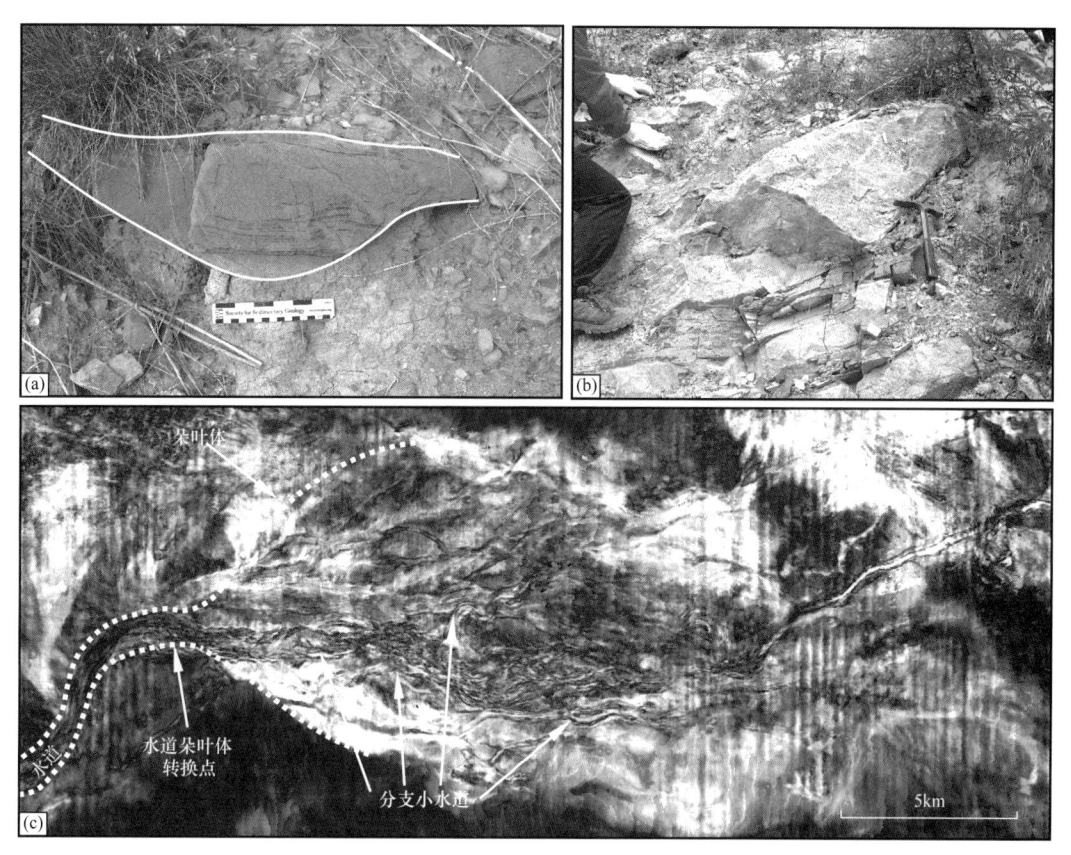

图 3-17 分支小水道沉积特征示意图

（a）分支小水道，砂岩、粉砂岩，平行层理和粒序层理发育，内蒙古桌子山；（b）分支小水道，石灰岩透镜体，陕西耀州区；（c）分支小水道，平面组成朵状，为朵叶体主要组成部分，墨西哥湾（Posamentier 和 Walker，2006）

3. 堤岸

深水水道两侧常见堤岸沉积，大致平行水道分布，岩性多为细砂、粉砂及泥，地震反射特征为平行—亚平行中等—强反射楔状（图3-18）。堤岸与水道常相互伴生而呈海鸥翼状（图3-17b）。堤岸沉积规模变化较大，宽度最大可达50km，高度超300m（亚马孙扇：Damuth et al.，1988）。总体而言，堤岸沉积越高，泥质含量越多。顺斜坡向下，堤岸高度降低，粉砂和泥质含量逐渐增加。

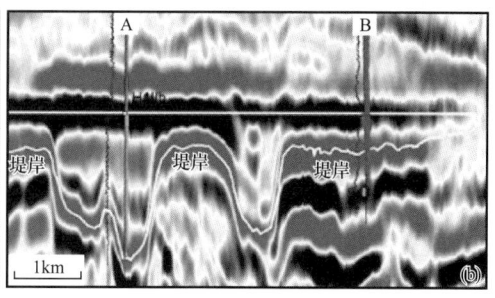

(a) 乌海奥陶系拉什仲组　　(b) 莺歌海盆地中新统黄流组

图 3-18 水道—堤岸沉积示意图

- 221 -

4. 朵叶体（近端和远端朵叶体）

朵叶体常发育在水道末端，又称为末端扇（Terminal Splay）。岩性以砂岩和粉砂岩为主（图 3-19），分选、磨圆相对较好，局部长条形颗粒具有顺层分布趋势，外形为朵状或舌状。朵叶体一般发育在小型低效率沉积的海底扇中扇部位，而对大型高效率沉积发育的海底扇而言，朵叶体可能相互叠置而导致朵状或舌状形态不明显。但是，朵叶体剖面形态一般为丘状。

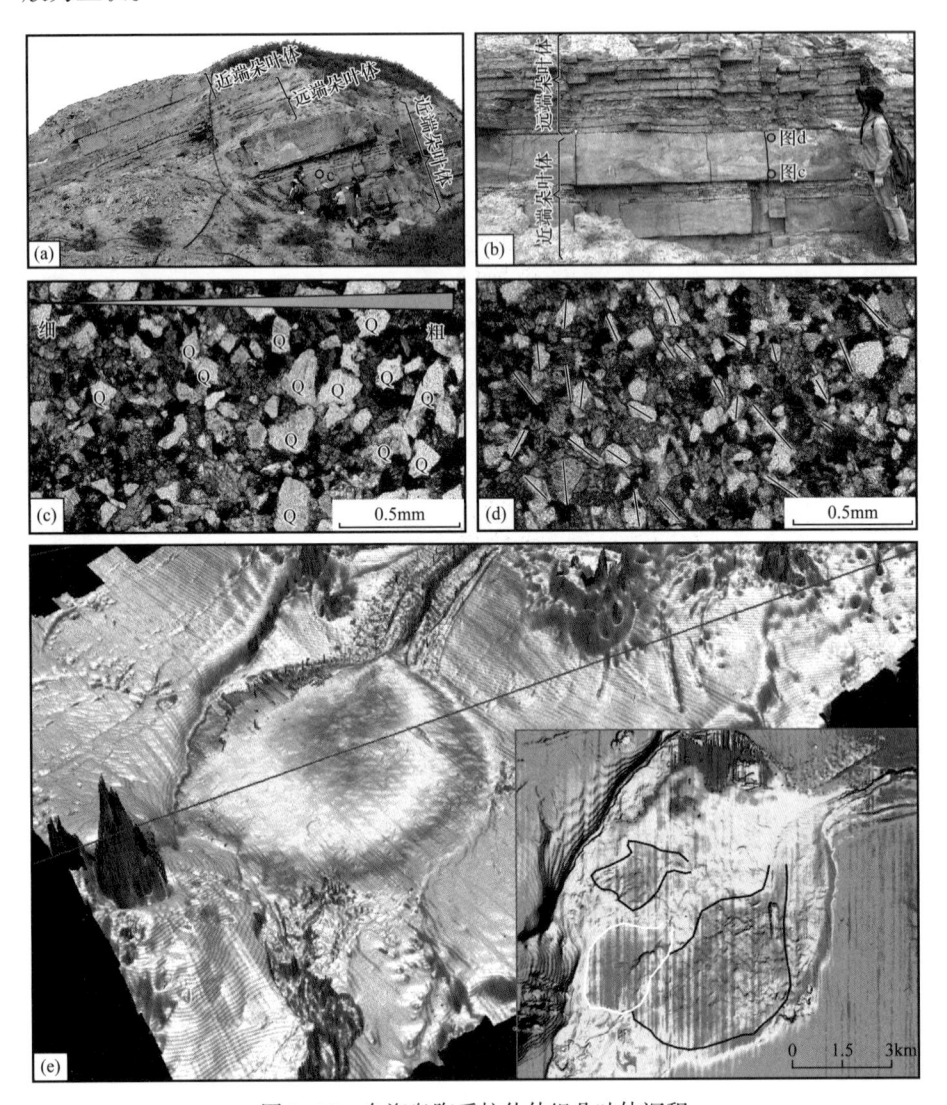

图 3-19 乌海奥陶系拉什仲组朵叶体沉积
（a）和（b）近端和远端朵叶体；（c）分选、磨圆较差，见粒序变化；（d）局部长轴颗粒略具定性展布；
（e）尼日利亚陆坡（Weimer and Slatt, 2007）

根据次级水道的发育程度，朵叶体可分为近端和远端朵叶体两类。其中，近端朵叶体水道化明显，小型水道极为常见，多呈发散状。远端朵叶体水道不发育，多为席状沉积，朵叶体边缘逐渐由砂过渡为粉砂和泥质沉积。Kenyon 等（2002）在研究科西嘉岛西部和撒丁岛海域的朵叶体时发现，上扇水道为分流水道，水道数量多，但仅有一条次级水道活跃，可作为沉积物的搬运通道。中扇水道堤岸不发育，深度仅几米，宽度为几百米。朵叶体上的次级水道以加积为主，少见进积沉积（Normark et al., 1979, 1998）。

5. 块状搬运复合体

块状搬运复合体在深水沉积环境中较为常见，主要为一期或多期滑塌、滑动等作用形成的块状、不规则、混杂堆积。基于物质来源不同，其岩性变化差异较大，分选、磨圆一般较差，见不同规模的变形构造（图3-20a），地震反射特征多为弱—空白反射（图3-20b），可见类似叠瓦状沉积（图3-20c）。

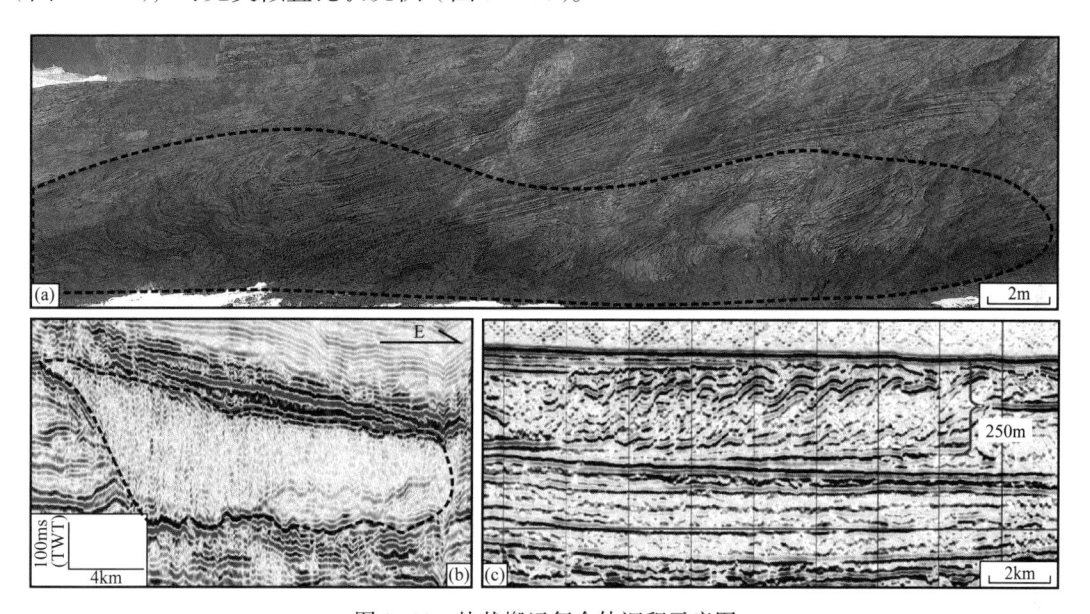

图3-20 块状搬运复合体沉积示意图
（a）爱尔兰石炭系Ross组；（b）东非坦桑尼亚盆地古近系；（c）特立尼达岛外海（Brami et al., 2000）

6. 席状沉积

席状沉积一般面积较大，可以追踪数十千米而厚度无明显变化。海底扇沉积仅在小型低效率沉积的下扇区域，以及大型高效率沉积海底扇堤岸之间的下扇区域较为常见。另外，深海平原、海槽及前陆盆地中也可发育席状沉积。席状沉积岩性变化较为丰富，从砂到泥都有，地震反射特征多为席状平行—亚平行、连续性中等—好的强反射。因此，在诸多公开资料中常称为强振幅反射波状（HARPS）。席状砂常发育在堤岸沉积下部，含砂率较高，厚几十米，侧向延伸几十至几百千米；可能与水道—堤岸决口、水道末端发散沉积有关。

二、形成机理

1. 峡谷

峡谷的成因主要有以下几种观点：（1）峡谷是早期陆表侵蚀河谷，后期海平面升高淹没而成;(2)现今海平面之下的冰蚀谷;(3)浊流下蚀作用而成;(4)地下水循环溶蚀成因;(5)海啸等下切形成的洼地;(6)构造相关(断层、盐拱)的侵蚀成因。尽管峡谷的成因复杂,但是本书认为大部分深海峡谷与重力流的形成和发育密切相关(Pickering and Hiscott, 2015)。

2. 水道

1)复合型水道

复合型水道的形成、发育及衰亡与重力流的发生、发展及消亡密切相关(Mayall et al., 2006; Leeuw et al., 2016; Li et al., 2018; 李华等, 2018)。重力流爆发初期,其能量高、规模大且侵蚀能量强,在运动过程中,以侵蚀作用为主,形成"U"形或"V"形地貌,水道雏形形成,随后水道规模逐渐增大。复合型水道内部由于重力流能量高,以侵蚀过路作用为主,沉积作用极少,仅在水道底部形成砾质轴部沉积,水道两侧溢流或堤岸沉积不发育。随着重力流能量的逐渐减弱,在水道内形成一系列较小规模的弯曲水道,相互侵蚀—切割—充填,发育砂质沉积。当重力流能量进一步减弱,砂/泥比降低,沉积物浓度较低,复合型水道内部发育高弯曲的水道,弯曲水道具有一定的迁移特征,溢流或堤岸沉积发育。当重力流消亡时,水道以半深水—深水泥质沉积为主(图3-21)。值得注意的是,不同地区复合型水道各异,尽管水道发育过程较为类似,但是主控因素、重力流流态变化及沉积过程都会有所不同,需要结合传统地质研究、数字及物理模式,以及现代深海观察等手段综合研究。

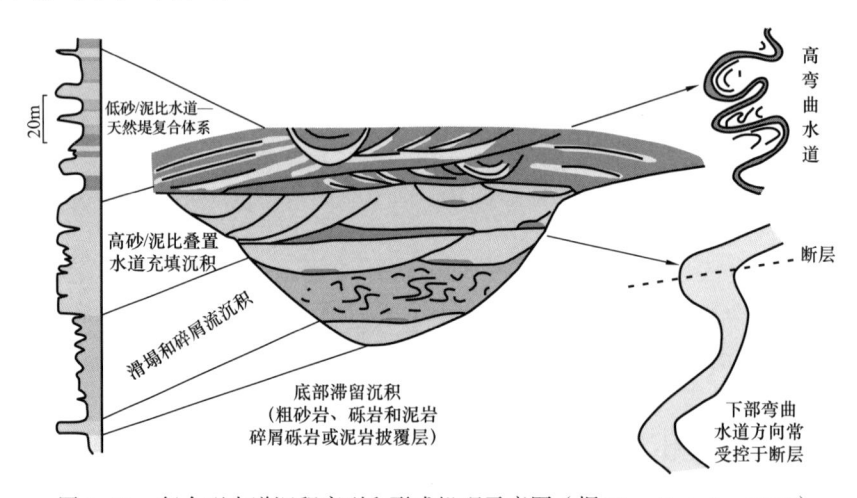

图3-21 复合型水道沉积序列和形成机理示意图(据Mayall et al., 2006)

2)垂向加积型水道沉积

垂向加积型水道较为特殊,在自然界中较为少见,对其形成机理的研究相对较少。结合前人和笔者的研究成果,推测垂向加积型水道与复合型水道形成机理大致相同,但条件更为特殊。

(1)规模相对较大,水道底部发育呈空白或弱地震反射的轴部沉积,顶部为连续性好、平行—亚平行地震反射的泥岩沉积(图3-15c),其沉积特征、演化过程与复合型水道类似，都需要大规模、高能量且侵蚀能力较强的重力流。

（2）不同的是，垂向加积型水道内部成层性特征较为明显，无或少见小规模的重力流水道；水道以垂向加积为主，无迁移和相互侵蚀—切割特征；水道两侧发育小规模的溢流或堤岸沉积；水道内部以砂岩、粉砂岩沉积为主，仅在水道底部见少量含砾砂岩（图3-15c）。因此，推测垂向加积型水道内部重力流规模可能相对复合型水道小，水道内部重力流流态相对较为稳定，沉积物浓度较低，既可形成较细的砂岩沉积，又可能发育稀释性浊流或溢流，在水道两侧发育少量的堤岸或溢流沉积。但垂向加积型水道形成机理还需进一步的研究。

3）迁移型水道沉积

迁移型水道是深水水道的特殊类型之一，根据其弯曲度可分为顺直迁移型和弯曲迁移型两种（图3-22）。前人对其成因进行了较为深入的研究（Rasmussen et al.，2003；Séranne 和 Abeigne，1999；Keevil et al.，2006；Labourdette，2007；Parsons et al.，2010；Zhu et al.，2010；李华等，2011，2013b；He et al.，2012；Li et al.，2013；Gong et al.，2018）。目前，对于其成因主要有四种观点，即海平面升降（Rasmussen，1994）、上升流受科氏力作用（Séranne 和 Abeigne，1999）、重力流自生环流（Keevil et al.，2006；Labourdette，2007；Parsons et al.，2010），以及重力流与等深流交互作用（Rasmussen et al.，2003；Hernández-Molina et al.，2008；Zhu et al.，2010；He et al.，2012；Li et al.，2013；Gong et al.，2018）。其中，重力流自生环流主要用于解释弯曲度较大的深水弯曲迁移型水道；而低弯度（顺直）迁移水道则认为是等深流与重力流交互作用而成。

弯曲迁移型水道在西非尼日尔三角洲盆地、下刚果盆地、里奥穆尼盆地、巴西坎波斯盆地、东非鲁伍马盆地，墨西哥湾及南海北部较为发育。弯曲迁移型水道弯曲度较大，形态与曲流河类似，并多在弯曲部分发生迁移，形成侧积体沉积。前人通过现代深海观测、地震、露头、物理及数值模拟等资料对其成因进行了较为系统的研究（Keevil et al.，2006；Labourdette，2007；Parsons et al.，2010）。重力流在弯曲水道内运动过程中，特别是在水道弯曲部位，会产生螺旋形的次生环流，该环流与曲流河类似，在凹岸以侵蚀沉积为主，而在凸岸发生沉积作用，形成侧积体，导致水道弯曲度逐渐增大（图3-22c）。尽管深水弯曲迁移型水道与曲流河存在诸多相似之处，但其沉积环境差异巨大，最明显的区别在于次生环流方向相反（Keevil et al.，2006；Amos et al.，2010；黄璐等，2013）。

4）分支小水道

重力流水道在沿斜坡向下延伸过程中，由于外部环境及自身流体发生变化，具有分叉的趋势，形成规模较小、数量众多的分支小水道，其在平面上多呈发散状、朵状，剖面上为丘状，这些分支小水道是朵叶体或前端扇的主体。分支小水道形成主要有两个方面的原因，一方面是峡谷、堤岸发育的水道具有明显的限制作用，当水道在延伸过程中，随着峡谷规模减小及堤岸逐渐消失，限制环境消失，重力流携带的大量沉积物将被卸载于水道末端，其内部发育发散状的分支小水道；另一方面是水道在延伸过程中具有分叉的趋势（李华等，2011）。

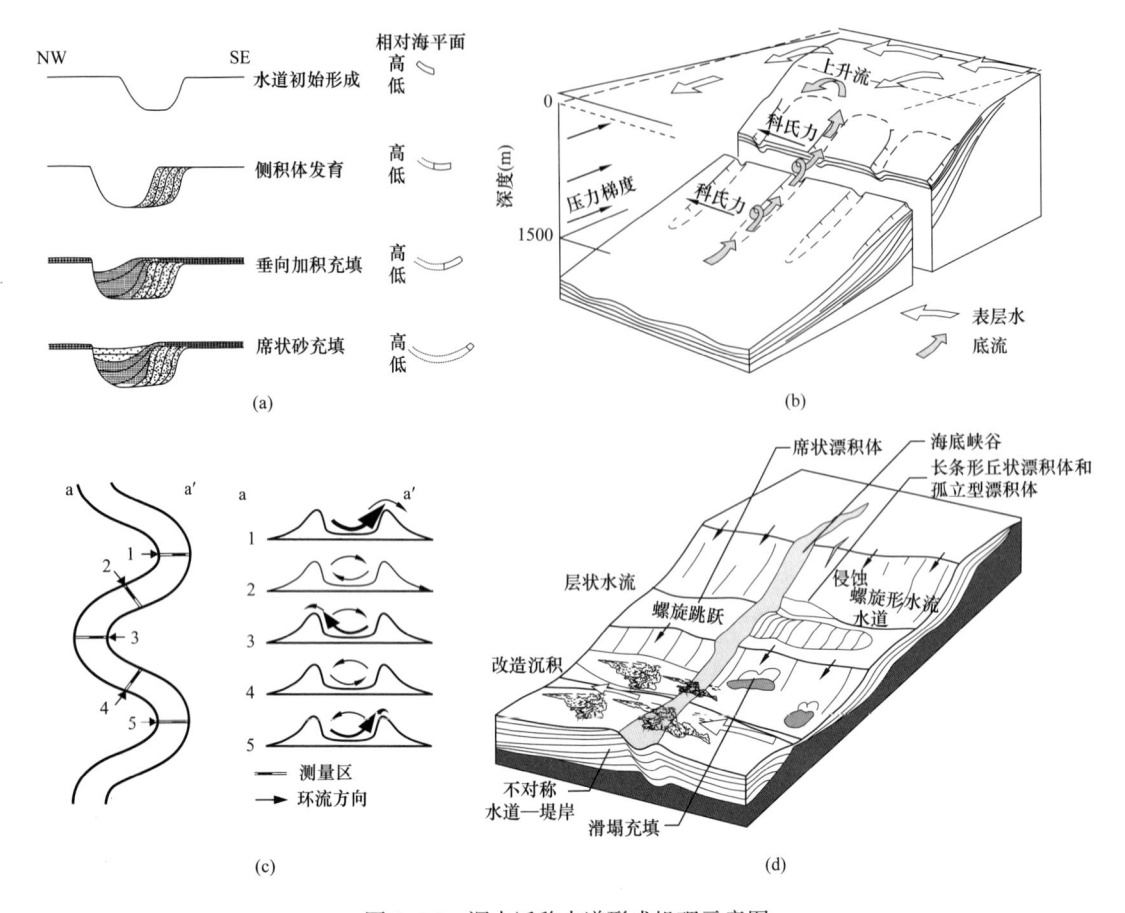

图 3-22 深水迁移水道形成机理示意图

（a）海平面升降（Rasmussen，1994）；（b）上升流成因（Séranne 和 Abeigne，1999）；（c）重力流次生环流（Keevil et al.，2006；Labourdette，2007；Parsons et al.，2010）；d）重力流与等深流交互作用成因（Hernández-Molina et al.，2008）

3. 堤岸

Menard 等（1955）提出堤岸沉积是由于重力流在水道内运动过程中受科里奥利力（简称科氏力）作用溢出水道沉积而成。重力流在北半球有向右偏转趋势而导致水道右侧的堤岸比左侧更为发育，南半球则相反。科氏力效应受浊流类型影响，低速的、薄层的、富泥的流体作用更为明显（Normark and Piper，1991）。Hiscott 等（1997）在研究亚马孙水道的堤岸沉积时，认为堤岸为携带粉砂和泥质的浊流漫溢而成，岩性为薄层粉砂岩—泥岩互层。当浊流顶面位于 Heloholtz 面波波峰时，低密度浊流可能会增加漫溢量，而当 Heloholtz 面波波谷通过水道时，粉砂质浊流可能不发生漫溢。当水道开始形成，堤岸不断向前推进时，浊流漫溢形成薄层粉砂、粉砂质砂岩和泥岩互层，构成堤岸底部强反射波状（席状沉积）。亚马孙水道的堤岸在发育期间平均沉积速率为 1~2cm/a，表明更新世每几年会重复发生浊流漫溢。当堤岸形成之后，浊流在水道中运动会受到限制，溢出的沉积物粒度逐渐变细，直至形成更高的泥质堤岸。总之，堤岸沉积主要为浊流在水道内运动过程中漫溢作用而成，科氏力效应不是在所有地区都明显。另外，本书认为堤岸沉积也夹杂部分片流沉积。

4. 朵叶体

朵叶体主要是浊流在水道末端流出之后，由于水道（限制性环境）到朵叶体（非限制性环境）的变化，使得浊流流体分散、减薄、减速而形成的进积沉积。在水道末端与朵叶体之间的过渡区，由于沉积环境的变化，重力流能量较强，会发生水跃现象，从而形成周期性阶坎、大型沉积物波（波长几十米至几百米），主要沉积粗粒的砂、砾。

5. 块状搬运复合体

块状搬运复合体主要是由滑塌作用而形成的规模不一、形态各异的堆积体。只要具备滑塌的条件，包括坡度、构造运动、海啸、重力流和火山活动等，该沉积可以发生在深水环境任何地区，如陆坡、陡坎、堤岸、水道壁和洼地等。Weimer 和 Slatt（2007）总结了形成块状搬运复合体的有利因素，包括：（1）沉积速率较高，包括三角洲前端的峡谷及海底扇等；（2）海底峡谷地形；（3）天然气水合物的减压及升华作用；（4）地震活动；（5）高能的深海洋流发育侵蚀；（6）陨石、火山等事件活动。

6. 席状沉积

前人在研究亚马孙海底扇、印度扇和孟加拉扇等地区时，发现堤岸下部常见中—粗粒、似席状的富砂沉积，地震反射对应强振幅反射波组，外形多为席状，内部见微透镜状。研究表明，席状沉积与决口密切相关。亚马孙地区最年轻的水道—堤岸体系是由上部堤岸决口形成。在晚更新世低位体系域发育时期，3000～10000a 发生一次决口（Flood and Piper, 1997）。决口后，沿着新的流经方向首先形成富砂席状沉积（强振幅反射波组）。席状沉积厚 5～25m，岩性为厚层—块状砂岩，上覆于水道—堤岸体系底界的角度—侵蚀不整合面之上，下伏薄层状、生物扰动发育的粉砂质泥岩。最后，笔者认为，席状沉积在深水环境中较为常见，可作为油气主要储层，其成因除了上述的堤岸决口形成，剖面形态不明显的朵叶体及堤岸也有可能，而在成因上可能属于片流沉积（层状流）在非限制环境中形成，大型峡谷、洼地等限制环境中也可发育部分席状沉积。

7. 水道与坡度的关系

水道剖面形态和叠置样式往往与平面形态相关。根据弯曲度可分为顺直型（弯曲度小于 1.1）、低弯度（弯曲度为 1.1～1.5）、高弯度（弯曲度大于 1.5）及辫状水道。其中，前文提到的复合型水道一般弯曲度较低，多为顺直型；垂向加积的大型水道、迁移型水道弯曲度较高，为低弯度和高弯度水道（尼日尔三角洲盆地中新统水道弯曲度可达 3.4）；而分支小水道可能为辫状水道。

水道弯曲度与坡度具有密切的联系。Clark 等（1992）通过全球水道与坡度关系研究发现，水道顺斜坡向下延伸过程中，随着坡度的逐渐降低，弯曲度先增加后减小。在中—上陆坡弯曲度较低，中—下陆坡弯曲度较高，下陆坡—深海平原弯曲度较低。这可能与重力流沿斜坡向下运动过程中的能量变化有关（图 3-23）。

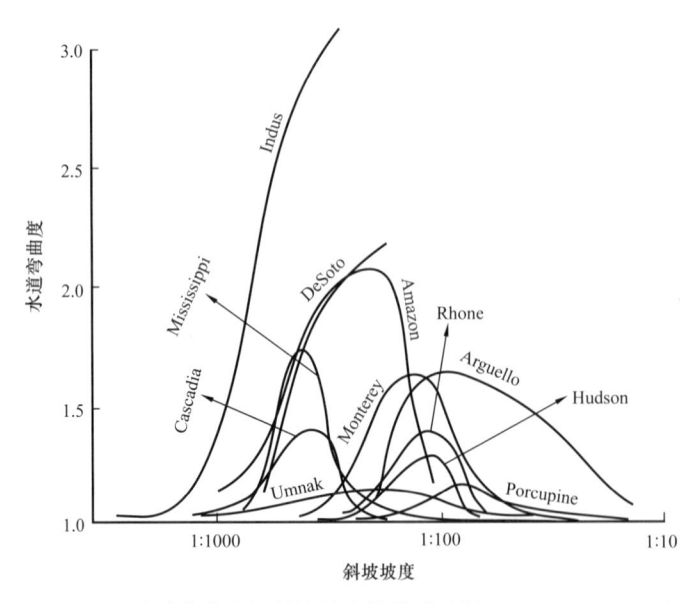

图 3-23 水道弯曲度与斜坡坡度的关系（据 Clark et al., 1992）

8. 水道与朵叶体的关系

Posamentier 和 Kollar（2003）通过印度尼西亚陆缘、尼日利亚及墨西哥湾海底扇综合研究后发现，水道、堤化水道（水道—堤岸或堤岸发育的水道）和朵叶体发育情况与地貌形态、砂/泥比、相对海平面升降等密切相关。随着陆坡形态弯曲程度增加，堤化水道规模相应减小，朵叶体逐渐发育。同时，砂/泥比增大时，朵叶体逐渐占主导，而水道相对不发育（图3-24a）。当相对海平面突然下降时（低位体系域早期），砂/泥比较高，朵叶体沉积发育。局部因上陆坡失稳，发育碎屑流沉积。当相对海平面上升时期（低位体系域晚期），砂/泥比相对较低，堤化水道（水道—堤岸体系）逐渐占主导，局部可见碎屑流沉积。相对海平面上升（海侵和高位体系域）时，重力流相对不发育，凝缩层段等以泥质沉积为主（图3-24b）。

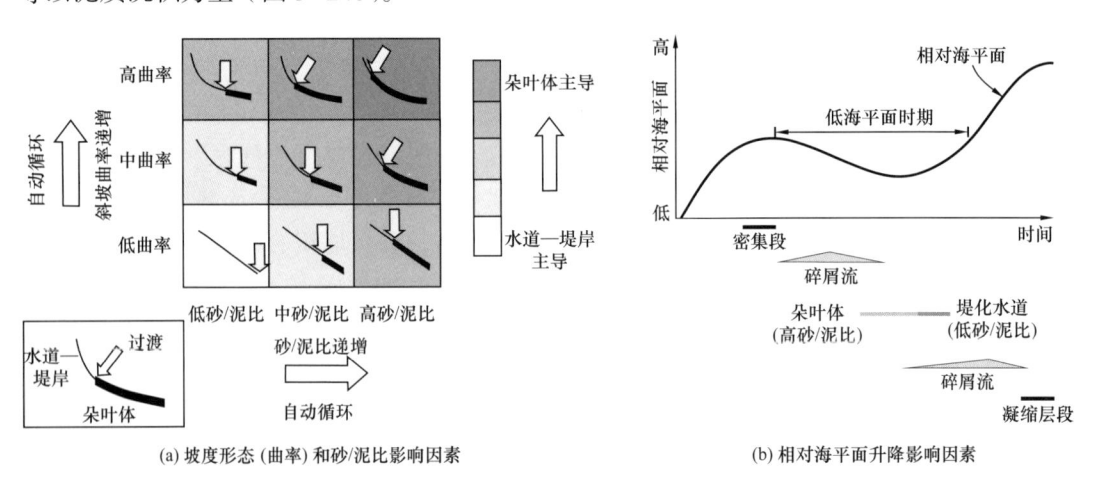

(a) 坡度形态(曲率)和砂/泥比影响因素　　(b) 相对海平面升降影响因素

图 3-24 水道与朵叶体关系（据 Posamentier and Kollar，2003）

9. 沉积模式

自重力流沉积研究开始以来，对深水扇沉积模式也在不断深入研究。由于研究手段、方法及对象不同，重力流沉积模式多样（表3-7）。尽管重力流沉积模式众多，但是总体可分为扇模式、槽模式、坡脚楔状体模式及水道—堤岸模式。因众多模式中扇模式最多，并且槽模式、坡脚楔状体模式及水道—堤岸模式在公开文献和教材中都已多次出现，本节重点介绍笔者认为较为全面的扇模式。

表3-7 重力流沉积模式统计表

序号	时间	代表学者	沉积模式类型及特征
1	1978年	Normark	基于现代沉积提出扇模式，引进峡谷、沉积朵叶体、水道、叠置扇、上扇、中扇及下扇等术语
2	1972年、1975年	Mutti 和 Lucchi	基于露头研究，结合沉积序列，提出扇模式，运用水道、朵叶体、水道间、堤岸及外扇等术语
3	1978年	Walker	基于现代扇—峡谷体系沉积研究，提出扇模式，从形态、类型等方面对其开展研究
4	1985年	Heller 和 Dickinson	基于缓坡三角洲供给条件下的露头研究，提出三角洲—扇模式，认为三角洲前缘的重力流沉积不一定是呈一个大型的扇体，而是围绕三角洲分布，呈多个小扇体沉积
5	1988年	姜在兴等	基于岩心资料，从结构、构造及岩相等方面，提出了槽模式，将其归纳为水道和漫溢亚相，以及水道轴、点坝、近水道漫溢和远水道漫溢微相，物源方向与水道轴向垂直
6	1990年	高振中和段太忠	基于岩相古地理研究，对碳酸盐岩斜坡脚重力流沉积进行了归纳，提出了陡坡型、中等坡型及缓坡型沉积模式
7	1994年	Reading 和 Richards	结合前人研究成果及实际研究，提出扇模式分类，首先基于物源的粒度，分为富砾、富砂、砂泥、富泥四类；再进一步按沉积物供给方式（点源、多源及线源），将各亚类分为3种，共12种模式
8	2000年	Stow 和 Mayall	基于资料调研及实际研究，以物源的供给方式和组分为基础，将海底扇沉积划分为9种亚类
9	2000年	Bouma	基于砂/泥比、坡度、气候及相对海平面等因素，提出了粗粒和细粒浊流沉积体系的扇模式
10	2002年	Camacho 等	基于加利福尼亚中新统浊流沉积研究，提出槽模式，该模式水道单一，处于限制性环境，重力流在水道中运动、沉积，整体为条带状，物源方向与水道轴向平行
11	2003年	Shanmugam	基于资料调研及实际研究总结出了水道型和非水道型重力流沉积模式，其中，水道型海底扇沉积与经典海底扇模式类似；非水道型重力流沉积水道不发育，主要发育滑塌及块状搬运复合体沉积
12	2003年	Deptuck 等	基于尼日尔三角洲陆坡水道研究和全球深水水道研究调研，提出水道—堤岸沉积体系沉积模式示意图
13	2003年	Posamentier 和 Kolla	对深水沉积环境中所有的地貌单元进行了总结，运用了峡谷、斜坡水道、堤岸、沉积物波、水道前端扇、决口扇、废弃水道、滑塌疤及块状搬运复合体等
14	2011年	李华等	基于资料调研及实际研究，提出深水高弯度水道—堤岸沉积体系，该沉积体系整体呈条带状，水道分支少，弯曲度大

扇模式的提出时间较早，早在 1970 年，Normark 就提出了由峡谷、朵叶体、水道等组成的扇模式。最广为人知，用得最多的是 Walker（1978）建立的扇模式。然而，随着重力流研究的不断深入，发现该模式不能解释所有的重力流沉积。为此，沉积学家又不断丰富和完善了沉积模式。笔者觉得后续扇模式中，Reading 和 Richards（1994）、Stow 和 Mayall（2000）构建的扇模式较为全面。

Reading 和 Richards（1994）基于物源的粒度提出扇模式分类，分为富砾、富砂、砂泥、富泥四类；再进一步按沉积物供给方式（点源、多源及线源），将各亚类分为海底扇（submarine fan）、缓坡（ramp）及裙（apron）3 种，共 12 种模式（图 3-25）。富砾的重力流沉积体面积相对较小，但是厚度较大。随着粒度的逐渐变细，扇、坡及裙延伸距离加大，而厚度减小。特别是点源供给的扇模式中，粗粒的海底扇朵叶体发育，整体呈朵状，发育指状的朵叶体。相反，沉积物供给粒度减小过程中，水道逐渐发育，朵叶体规模逐渐降低。

Stow 和 Mayall（2000）基于沉积物的粒度（富泥、富砂、富砾）及物源供给（点源、多源、线源）将海底扇分为了 9 类（图 3-26）。各类特征与 Reading 和 Richards（1994）划分方案较为类似，在此不再赘述。

笔者通过鄂尔多斯盆地，南海北部珠江口盆地、琼东南盆地及莺歌海盆地，巴西坎波斯盆地、西非尼日尔三角洲盆地、赤道几内亚里奥穆尼盆地、下刚果盆地，东非鲁伍马盆地、坦桑尼亚盆地及孟加拉扇等地区的研究，在前人研究基础上，建立了一个深水重力流沉积模式（图 3-27）。

（1）根据供源性质及重力流沉积形态，将其分为滑塌沉积体系及峡谷—水道—朵叶体沉积体系。前者多为沉积失衡，形态不规则，后者有丰富的物源供给。

（2）滑塌沉积体系根据搬运距离及重力流性质变化，可形成滑塌疤、陡崖、滑塌、碎屑流及浊流沉积。

（3）峡谷—水道—朵叶体沉积体系根据坡度、相对海平面升降及物源供给（砂/泥比）等可进一步分为两大类。当砂/泥比高、坡度大且相对海平面较低时，峡谷—朵叶体沉积体系较为发育，即传统的海底扇模式，海底扇呈扇形或朵状，厚度较大，面积较小，水道、水道—堤岸体系不发育，在海底扇上可见次级水道。当砂/泥比较低、坡度较小且相对海平面较高时，峡谷—水道—朵叶体沉积体系发育，整体呈条带状而非扇形。水道末端朵叶体比第一种海底扇小。水道可进一步分为顺直型、弯曲型及分支型。其中，上部水道弯曲度较低，剖面为复合型水道，侵蚀作用较强。中部水道弯曲度较高，为迁移型和加积型水道，重力流能量相对较弱，以侵蚀—沉积作用为主，水道两侧堤岸发育。在水道弯曲处堤岸可能发生决口而形成决口扇。下部水道弯曲度较低且规模小，堤岸规模减小，重力流能量低，以沉积作用为主。水道末端分支型小水道呈发散状，构成朵叶体的主体。

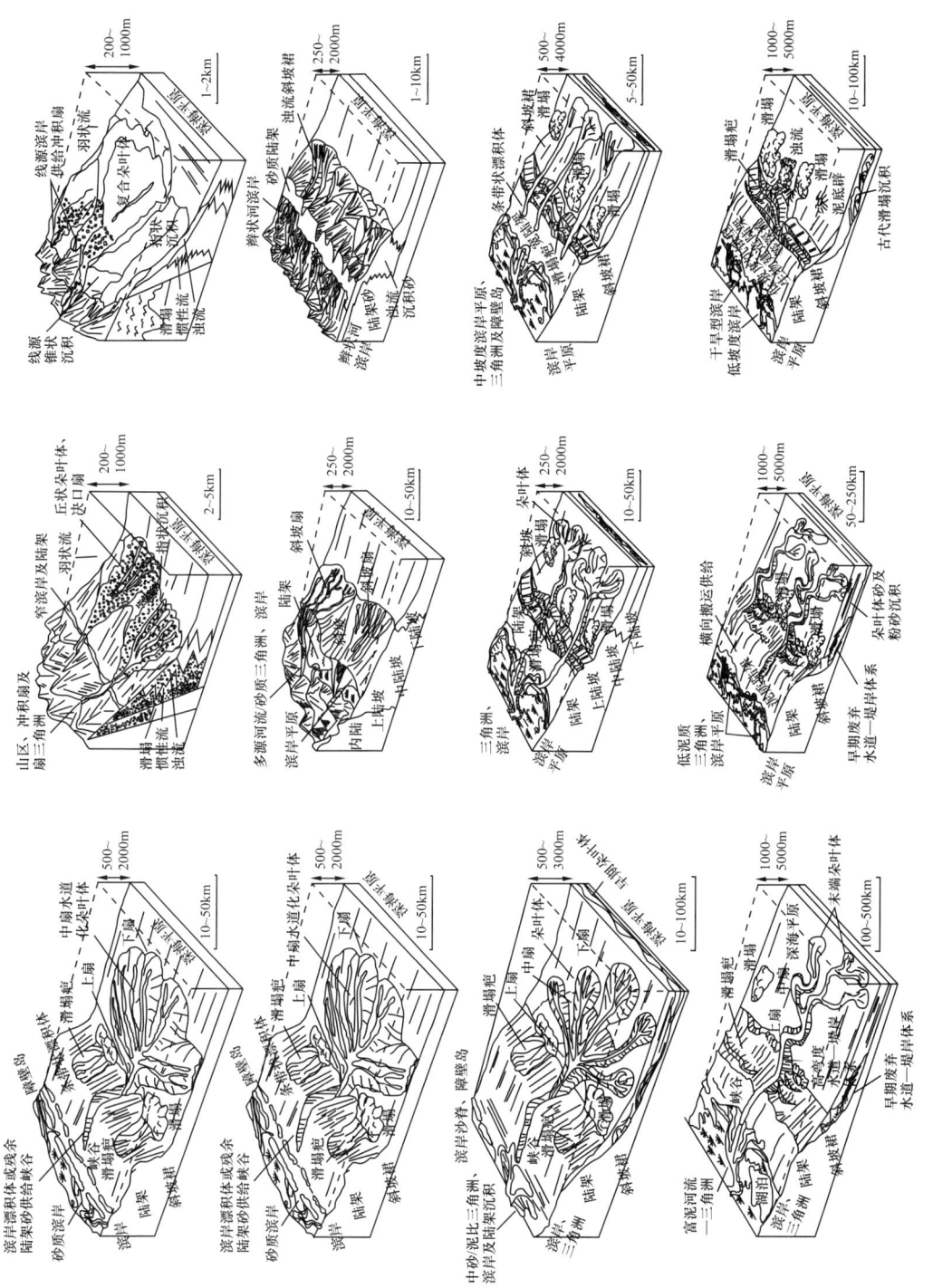

图 3-25 海底扇综合模式（据 Reading and Richards，1994）

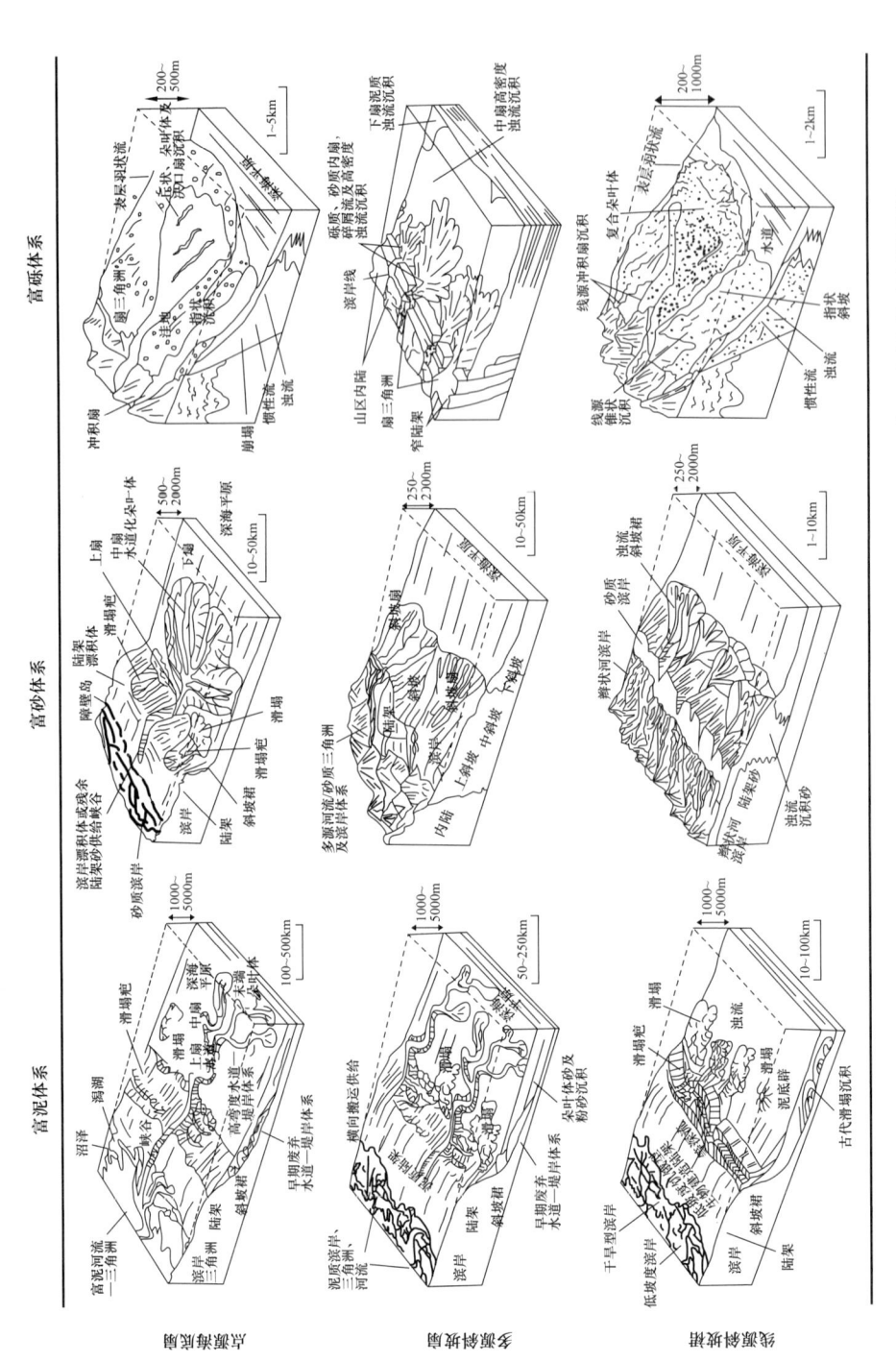

图 3-26 海底扇模式（据 Stow and Mayall，2000）

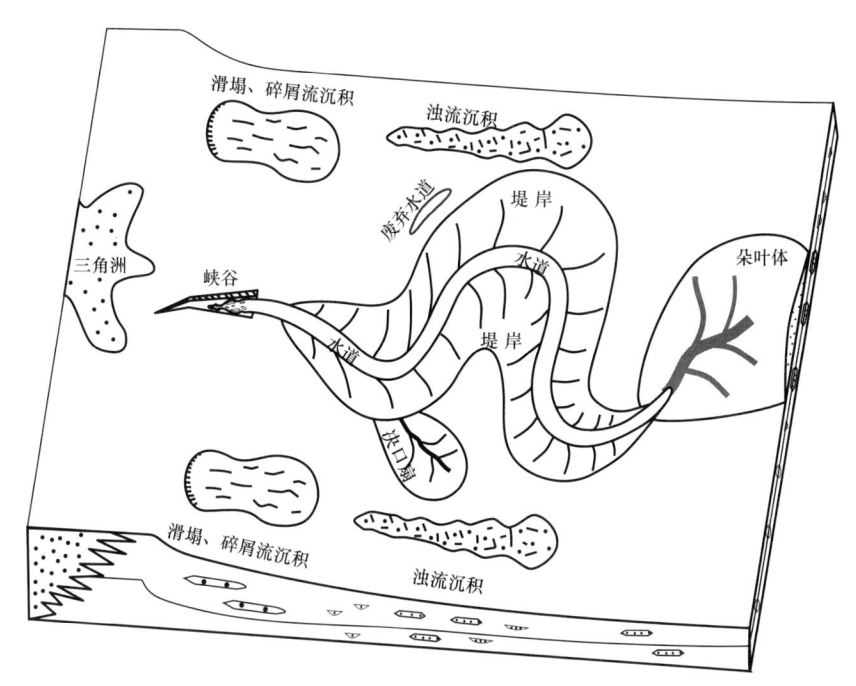

图 3-27 深水水道—堤岸体系沉积模式（据李华，2011）

第四节 重力流沉积研究意义

一、油气勘探

1. 优质储层

重力流沉积是深水油气勘探的重要对象，可作为良好的储层。目前，在南海北部珠江口盆地、琼东南盆地、莺歌海盆地、西非尼日尔三角洲盆地、下刚果盆地、加蓬盆地、巴西坎波斯盆地及桑托斯盆地，东非坦桑尼亚盆地，墨西哥湾及澳大利亚西北陆坡等深水油气勘探突破区，重力流沉积是油气的重要富集区（表3-8）。

2. 非常规油气

深水扇的下扇、重力流晚期及末期，以及泥质物源供给等都可形成泥质等细粒沉积。该类型沉积有利于形成非常规油气富集区。近年来，湖相重力流沉积研究较为迅速，湖盆异重流、混合事件层沉积等可形成理想的非常规油气潜在区。

鄂尔多斯盆地南部三叠系延长组发育砂质、泥质及混合重力流。其中，浊积岩和异重岩发育在三角洲斜坡至盆地。重力流沉积细粒物质对烃源岩的原始积累具有重要作用。长7油层组岩性以灰黑色、黑色纹层状泥岩、粉砂质泥岩为主，大部分为重力流成因。TOC含量为0.51%~22.6%，平均为2.56%；干酪根为腐殖—腐泥型。浊流及异重流产生的薄层粉砂岩、泥岩是页岩油气的主要储集体。长7油层组石英体积分数为15%~56%，平均为31.1%；延长探区长7油层组中脆性矿物含量平均达35%，黏土矿物体积分数为20%~77%，平均为44.5%。综上所述，泥质重力流对页岩中的碎屑物质、黏土矿物及有机质的搬运和沉积具有重要作用，对页岩油气的生烃、储集性能及压裂工艺研究具有重要意义（杨仁超等，2017）。

表3-8 全球重要深水油气勘探盆地特征

盆地	烃源岩	储层	圈闭
珠江口盆地	始新统—渐新统湖相烃源岩和渐新统半封闭浅海相烃源岩	始新统—上渐新统河流、三角洲相砂岩储层，上渐新统—中新统扇三角洲、滨浅海相砂岩和台地碳酸盐岩储层，以及中新统半深海—海相浊积岩储层	断裂活动较强烈，沿断裂带形成了一系列背斜、断鼻、断块构造及岩性圈闭
墨西哥湾	三叠系、上侏罗统、下白垩统和始新统，以上侏罗统和下白垩统为主	浅水区以新生界为主，深水区以上新统—更新统浊积岩为主	盐构造活动对圈闭形成起主导作用
巴西坎波斯盆地	以下白垩统暗色页岩为主	下白垩统—中新统富砂浊积岩，以渐新统为主	构造圈闭包括背斜和断层等，盐运动形成的同生断裂为主要运移通道
澳大利亚西北海外Caenarvon盆地	三叠系海相页岩及煤，中—下侏罗统海相泥岩	三叠系—新近系砂岩及石灰岩，以三叠系和侏罗系—下白垩统河海相砂岩及浊积岩为主	背斜、断层及盆地扇
加蓬盆地	下白垩统湖相页岩	深水区以中新统浊积岩为主，浅水区以盐下及盐上侏罗系—白垩系碎屑岩及碳酸盐岩为主	以非刺穿盐丘或龟背斜等盐构造为主，其次为盐前背斜
尼日尔三角洲盆地	页岩	Agbada组砂岩及中新统浊积岩	生长断层、泥底辟
赤道几内亚里奥穆尼盆地	阿普特阶湖相页岩，上阿普特阶—阿尔布阶及塞诺曼阶—土伦阶海相泥岩	深水浊积岩	盐底辟
下刚果盆地	下白垩统湖相页岩	深水区以中新统浊积岩为主，浅水区以盐下和盐上侏罗系—白垩系碎屑岩和碳酸盐岩为主	断层、盐体刺穿及背斜等

二、古地理

构造活动、相对海平面升降、物源供给、火山、地震及海啸等是重力流的重要触发机制，因此，重力流沉积是古环境研究的重要载体之一。鄂尔多斯盆地西缘及南缘奥陶纪重力流沉积是秦岭—祁连俯冲造山作用、火山喷发及断裂活动等综合控制的体现（王振涛等，2015；李华等，2017）。鄂尔多斯盆地南缘东部富平地区地形为"台堑型"，发育富平裂堑,其走向大致为 NE 向,东侧向 NW 倾斜,西侧向 SE 倾斜,富平裂堑从中奥陶世至晚奥陶世一直存在(吴胜和等,1994)。首先,富平裂堑可形成坡度较陡的斜坡地形;其次,裂堑的形成代表研究区构造活动较为强烈,如地震和火山(Song et al.,2013);最后,东部地区受河流、三角洲等影响较弱,碎屑物质较少,总体以碳酸盐岩沉积为主,北部碳酸盐岩台地可为重力流提供物源。因此,东部地区构造活动强烈,地形高差大;北部碳酸盐台地近距离提供物源,导致大规模的块状搬运复合体发育。部分块状搬运复合体在运动过程中可转化为层状的碎屑流沉积。除此之外,在铜川地区还可见到小规模的水道。

鄂尔多斯盆地南缘中部地区地形主要为"台坡型",其地形坡度相对东部较缓。在陇县和岐山地区由同生断裂向南过渡为斜坡带(吴胜和等,1994)。其北部为碳酸盐岩台地,但是受河流、三角洲等影响,当碎屑物质供应充足时,重力流沉积以碎屑岩为主;相反,则发育碳酸盐岩。唐王陵地区砾岩中局部有碳酸盐岩(砾石级石灰岩),可能受构造运动影响,导致中部从早期的碳酸盐岩沉积逐渐变化为后期的碎屑岩沉积。从北向南至岐山曹家沟,沉积粒度逐渐变小。向西陇县地区沉积物分选及磨圆相对较好,反映较长距离搬运,可能为北部物质长距离搬运所致。

鄂尔多斯盆地南缘西部平凉地区地形为"裂坡型",地层厚度向西急剧增大,导致地形差异明显(吴胜和等,1994)。东北部为碳酸盐岩台地,河流、三角洲等作用弱,以碳酸盐岩沉积为主。平凉地区重力流沉积以砂屑灰岩为主,见砾屑灰岩。砂屑分选及磨圆相对较好。物源可能来自为东北部碳酸盐岩台地,经过较长距离搬运,最终形成浊流沉积及少量的碎屑流沉积。

三、地质灾害

海底滑坡是重力流的重要类型之一,不仅是沉积物从浅水区向深水区搬运的重要方式,还是严重的地质灾害。海底滑坡可造成海底设施(油气管线、电缆、光缆、钻井平台及港口码头等)损坏,威胁人民的生命及财产安全。随着沿海地区人口及经济的增长,海底滑坡、海啸及相关地质灾害已成为当今地球科学领域的热点之一(孙启良等,2021)。

南海北部珠江口盆地荔湾 3-1 气田管道区的海底扇峡谷、滑坡及滑塌、古珊瑚礁、海底沙波及大型波痕、陡坎、陡坡及断崖、碎屑流和浊流沉积极为常见,其威胁海底管道的铺设和运行安全(孙运宝等,2008;周庆杰等,2017;孙启良等,2021)。通过高分辨率地震及多波束等勘探资料,南海北部珠江口盆地、琼东南盆地及邻区的海底滑坡(MTD)研究成果较多,总体可划分为 8 个区域。其中,珠江口盆地中部白云地区古滑坡规模巨大,相对稳定;而海底峡谷区滑坡规模较小,但频率较高;白云滑坡东西两侧发育蠕动变形,再次发生滑坡概率较高,直接危害较大。珠江口盆地与琼东南盆地结合部因陆坡陡,滑坡风险高。琼东南盆地中东部古滑坡多,规模大,发生频率高,未来海底滑坡概率极高,可能带来较严重的地质灾害;琼东南盆地西部古滑坡数量相对较少,但是规模更大,未来滑坡风险仍较高,潜在地质灾害高。西沙群岛海底滑坡较为频繁,以中小型为主,未来直接风险概率高(孙启良等,2021)。

第五节 研究实例

一、鄂尔多斯盆地西缘乌海地区奥陶系重力流沉积

1. 地质概况

研究区位于内蒙古乌海南区桌子山西南部，南距石嘴山市66km，紧邻G109连接线，交通便利。构造位置为贺兰山构造带与秦岭、北祁连海槽组成的三叉裂谷系，东部为鄂尔多斯剥蚀区，东北为伊盟古陆，西北为阿拉善古陆（吴兴宁等，2015）。从北向南依次发育古陆—斜坡—盆地。露头出露良好，地层发育齐全。奥陶系从下至上发育乌拉力克组、拉什仲组、公乌素组及蛇山组（李华等，2018，2022）。拉什仲组岩性主要为灰绿色砂岩、粉砂岩及页岩，局部见砾屑灰岩，页岩中见笔石、槽模、交错层理及变形构造等极为发育，整体为一套重力流沉积（肖彬等，2014）。根据岩性组合可将拉什仲组划分为3段，第一段为灰绿色砂岩、粉砂岩及页岩互层，透镜状砂岩较为常见；第二段为灰绿色页岩，夹灰绿色薄—中层细砂—粉砂岩；第三段为灰绿色砂岩、粉砂岩及页岩不等厚互层，透镜状及层状砂岩发育。总体而言，沉积环境从早期的斜坡中部—上部演化为斜坡下部—盆地，最后过渡到斜坡中部—下部（图3-28）。

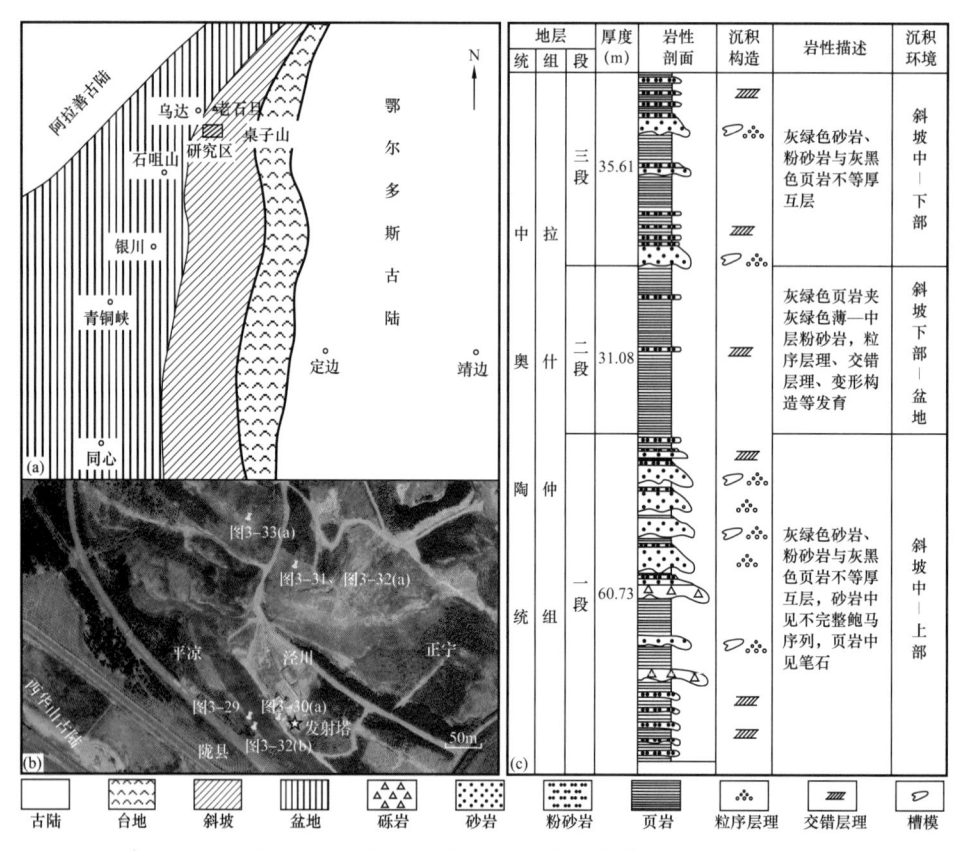

图3-28 研究区地质概况图（据李华等，2018）

2. 重力流岩相

根据岩性、沉积构造、砂体形态及叠置关系等，研究区共划分为8种岩相，其特征大致如下（表3-9）。

表3-9 研究区岩相特征

序号	岩相	沉积构造	古生物	鲍马序列	沉积单元解释
1	笔石页岩相	水平层理	笔石、腕足类、海百合、三叶虫等	—	原地沉积
2	透镜状块状层理砾屑灰岩相	块状层理、侵蚀面	腹足类、腕足类、海百合等	Ta	复合水道
3	透镜状粒序层理砂岩相	粒序层理、平行层理、侵蚀面、槽模	介壳类	Ta、Tb，Ta、Tb、Tc	
4	透镜状平行层理砂岩相	平行层理、侵蚀面	介壳类	Ta、Tb、Tc，Tb、Tc、Td	迁移水道
5	透镜状平行层理砂岩—粉砂岩相	平行层理、侵蚀面、见槽模	介壳类、三叶虫等	Ta、Tb	垂向加积水道
6	透镜状交错层理砂岩—粉砂岩相	交错层理、侵蚀面、槽模	介壳类	Ta、Tb，Ta、Tc，Tb、Tc	分流水道
7	楔状小型交错层理粉砂岩相	小型交错层理、平行层理	介壳类	Ta、Tb，Ta、Tc，Tb、Tc	堤岸
8	层状粒序层理砂岩相	粒序层理、平行层理	介壳类	Ta、Tb，Ta、Tb、Tc	近端朵叶体

1）笔石页岩相

笔石页岩相在拉什仲组广泛发育，岩性为灰绿色页岩，水平层理常见，含丰富的笔石，常见腕足类、腹足类及海百合等。生物扰动较为发育，主要有 *Helminthoida*，*Helminthopsis*，*Paleodictyon*，*Zoophycos* 及 *Palaeophycustubularis* 等（肖彬等，2014），整体反映沉积环境能量低，水体深度较大，综合地质背景，推测为深水原地沉积。

2）透镜状块状层理砾屑灰岩相

主要发育在拉什仲组一段及三段底部，外形为"U"形，单层厚度为41cm，宽度为72cm。岩性为砾屑灰岩，块状层理发育，见腕足类、三叶虫、海百合、腹足类等化石（图3-29）。砾屑最大8cm，最小3mm，一般为2～4cm，次棱角状—次圆状；块状层理发育，局部见正粒序层理（图3-29c）。

3）透镜状粒序层理砂岩相

透镜状粒序层理砂岩相发育在拉什仲组一段下部，单层厚度为17～112cm，宽度为2.4～21m。岩性为砂岩，向两侧逐渐过渡为粉砂岩，形态为"U"形。以粒序层理最为常见，构成不完整的鲍马序列（Ta，Ta、Tb，Ta、Tb、Tc）。颗粒以石英为主，含少量长石及岩屑，磨圆为棱角—次棱角状，平均粒径 ϕ 值为2.64～4.98，标准偏差为0.65～1.14（一般为0.65～0.95），分选较好—中等，偏度为-0.13～0.04，峰度为0.78～2.66，概率累计曲线为一段式或二段式，以一段式为主（图3-29f至h）。

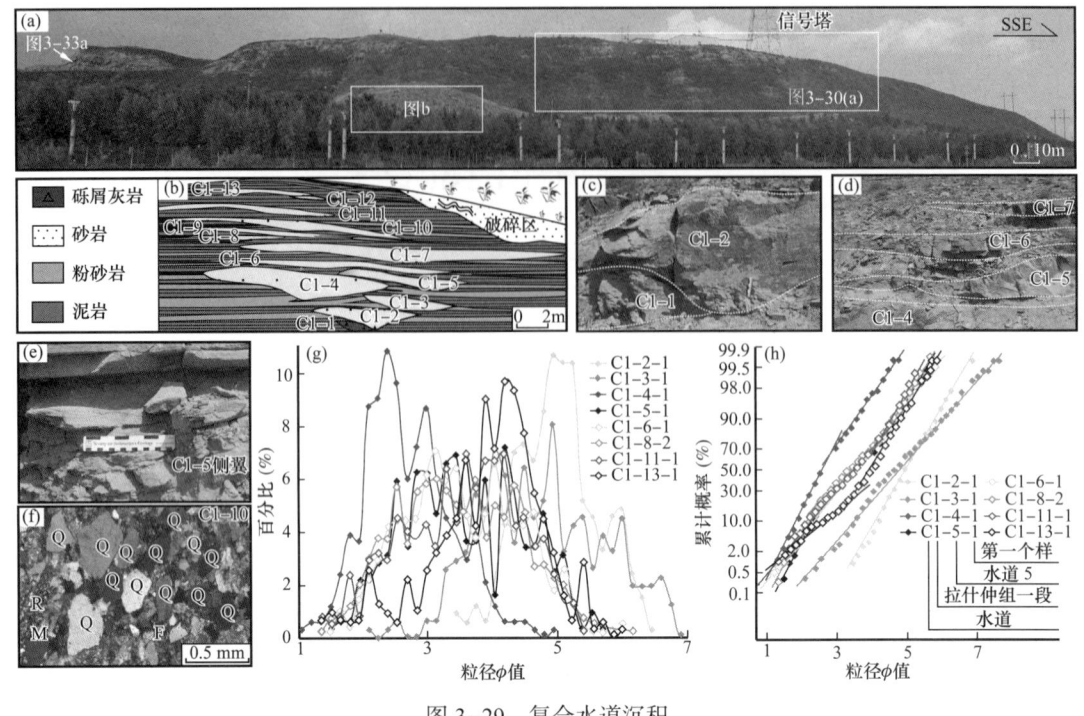

图 3-29 复合水道沉积
F—长石；M—云母；Q—石英；R—岩屑

4) 透镜状平行层理砂岩相

主要发育在拉什仲组一段中上部，单层厚度为 60~162cm。以平行层理最为发育，局部水道底部见槽模，中上部见变形层理，岩性为砂岩，呈透镜状，发育槽模、平行层理、交错层理及变形层理，底部见侵蚀面，组成鲍马序列 Ta、Tb、Tc 和 Tb、Tc、Td（图 3-30）。颗粒以石英为主，棱角—次棱角状，镜下常见由粗变细的正粒序，水道的中上部见介壳碎屑，略具顺层分布特征（图 3-30c）。平均粒径 ϕ 值为 3.23~4.48，标准偏差为 0.67~0.96（分选中等—较好），偏度为 -0.03~0.13，峰度处于 0.86~1.39 之间，概率累计曲线为一段式（图 3-30d、e）。

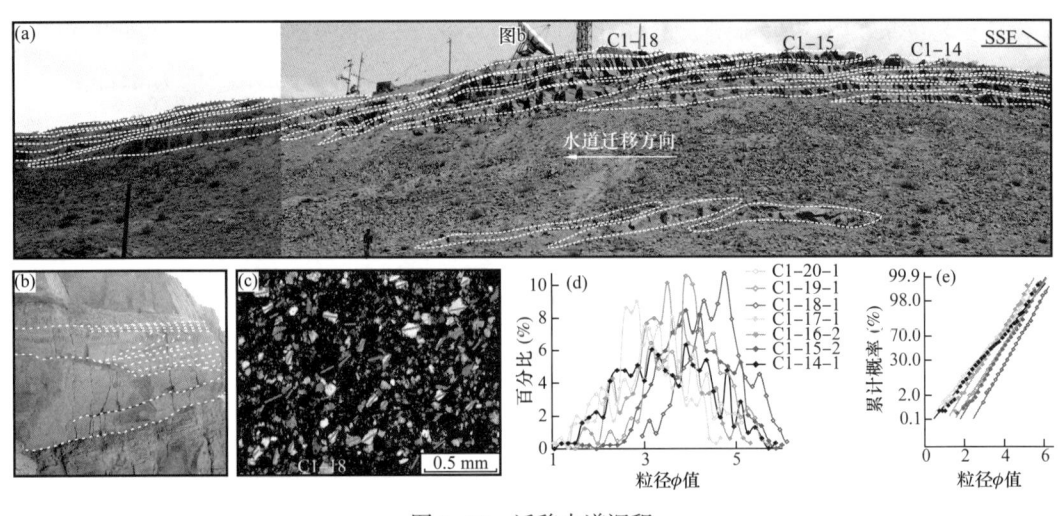

图 3-30 迁移水道沉积

5）透镜状平行层理砂岩—粉砂岩相

发育在拉什仲组三段下部，外形为"U"形（图3-31），厚度为90cm，宽度为130cm。岩性为砂岩及粉砂岩，平行层理发育，中下部见槽模，以鲍马序列Ta、Tb最为常见（图3-31b）。颗粒以石英为主，见少量的长石、岩屑及生屑，棱角—次棱角状，平均粒径ϕ值为3.70～4.29，标准偏差为0.62～0.74（分选较好），偏度为-0.02～0，峰度为0.1～1.08，概率累计曲线以一段式为主（图3-31c至f）。

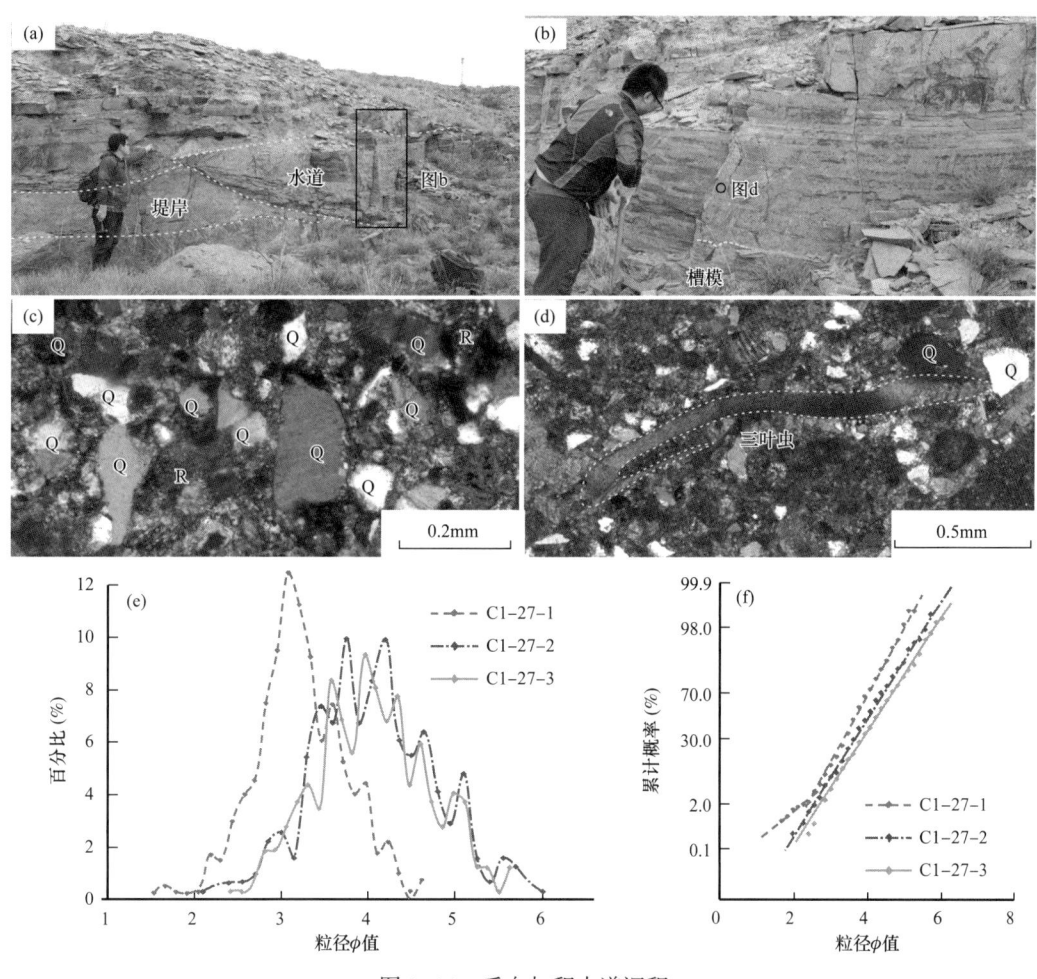

图3-31 垂向加积水道沉积

6）透镜状交错层理砂岩—粉砂岩相

透镜状交错层理砂岩—粉砂岩相在拉什仲组三段中上部发育，外形为"U"形，单层厚度为23～73cm，宽度为6.9～12.3m，岩性为砂岩及粉砂岩，槽模、交错层理及平行层理常见，构成鲍马序列Ta、Tb，Ta、Tb、Tc及Tb、Tc（图3-32）。颗粒以石英为主，棱角—次棱角状，平均粒径ϕ值为3.77～4.36（图3-32c），标准偏差为0.64～0.84（分选中等—较好），偏度为0.01～0.18，峰度在0.94～1.52之间，概率累计曲线一段式最为常见，见少量两段式（图3-32d、e）。

图 3-32 分流水道沉积

7）楔状小型交错层理粉砂岩相

岩性以粉砂岩为主，主要分布在透镜状砂体两侧，与岩相 3—6 伴生，外形为楔状，发育小型交错层理、平行层理及变形构造，常见鲍马序列 Ta、Tb，Ta、Tb、Tc 及 Tb、Tc（图 3-29e、图 3-31a）。

8）层状粒序层理砂岩相

在拉什仲组一段及三段顶部发育，单层厚度为 24～100cm。岩性为砂岩夹薄层泥岩及粉砂岩，局部见小水道，整体为层状。粒序层理、平行层理及交错层理较为常见，构成不完整的鲍马序列 Ta、Tb 以及 Ta、Tb、Tc（图 3-19、图 3-33）。颗粒以石英为主，局部见由粗变细的正递变，长条形颗粒略具顺层分布特征，棱角—次棱角状（见图 3-19c、d），平均粒径 ϕ

值为 3.36～4.35，标准偏差在 0.56～0.86 之间（分选中等—较好），偏度为 -0.01～0.25，峰度为 0.84～1.1，概率累计曲线以一段式为主，见少量两段及三段式（图 3-33）。

总体而言，岩相 2—岩相 8 含浅水生屑，沉积环境为深水（岩相 1），不完整鲍马序列常见，概率累计曲线多为一段式，反映快速搬运及堆积，为重力流沉积而成。其中，岩相 2 为碎屑流沉积，岩相 3—岩相 8 以浊流沉积为主。

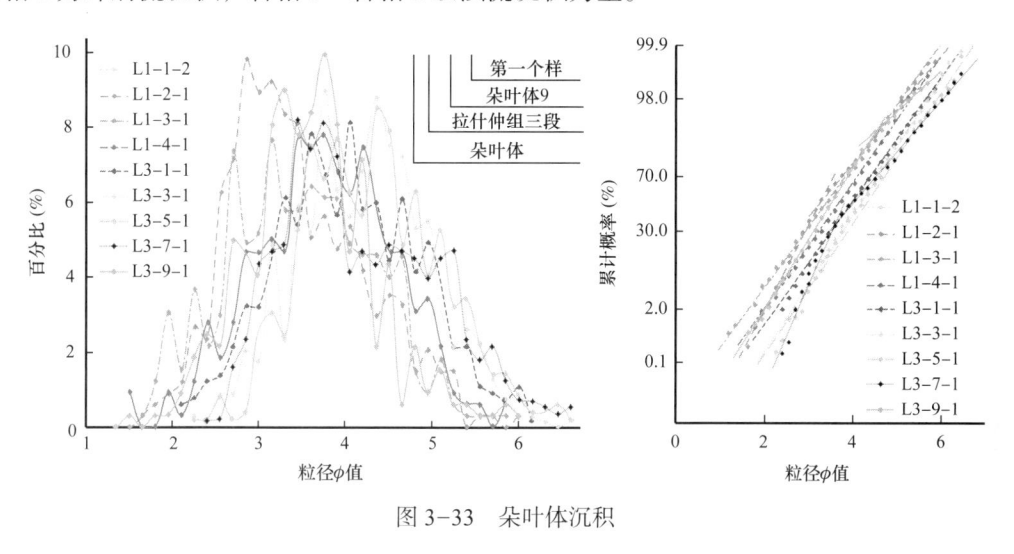

图 3-33 朵叶体沉积

3. 重力流沉积单元及特征

1）复合水道

复合水道在拉什仲组一段中下部，由 13 条水道构成，总厚度为 7.54m，整体为"U"形，底部发育岩相 2，向上为岩相 3（图 3-29）。复合水道内部见多个水道透镜体，水道相互迁移叠置，但主要在水道内部，迁移幅度较小，水道外部以层状的粉砂岩及泥岩为主，堤岸沉积不发育。岩相 2（水道 C1-1）厚度为 41cm，宽 72cm（图 3-29c）。岩相 3（C1-2 至 C1-13）为复合水道主体，底部发育侵蚀面，厚度为 17～112cm，宽度为 2.4～121m。岩性为砂岩，向两侧逐渐过渡为粉砂岩，含砂率为 15%～95.7%（图 3-29a 至 e）。

2）迁移水道

迁移水道主要发育在拉什仲组一段中上部，岩相 4 发育。水道 C1-14 至 C1-20 构成迁移水道侧积体，整体具有向 NNW 迁移的特征（图 3-30），厚度为 60～167cm，含砂率为 58.3%～90.9%。砂岩多呈透镜状，向两侧逐渐过渡为平行层理及小型交错层理细砂及粉砂岩，局部见次级水道（图 3-30b）。

3）垂向加积水道

垂向加积水道发育在拉什仲组三段中下部，外形为"U"形，两侧发育楔状的堤岸沉积，以岩相 5 为主，内部由 16 个砂岩及粉砂岩组成的正递变旋回，以层状充填为主，厚度为 90cm，宽度为 1.3m，含砂率为 90%（图 3-31a、b）。下伏为两期复合水道（岩相 2），生屑丰富,以海百合、腕足类、三叶虫等为主(图 3-31c 至 f)。

4)分流水道

重力流分流水道在拉什仲组三段中部发育,多为"U"形,水道切割—叠置频繁,无明显的规律,岩相 6 极为发育,两侧堤岸发育(岩相 7),厚度为 23～73cm,宽度为 9.3～12.3m,含砂率为 65.5%～90%(图 3-32a)。另外,在拉什仲组一段中部泥岩段中还见少量的小型水道,厚度为 15～25cm,宽度为 50～60cm,可能为孤立的小水道,因其规模小,本次对其不做详细研究(图 3-32b)。

5)朵叶体

朵叶体主要发育在拉什仲组一段及三段上部,整体呈砂泥互层,以层状分布为主,厚度稳定,界面多平直,多由岩相 8 构成。根据砂岩厚度及砂泥互层程度可进一步划分为远端和近端朵叶体(图 3-33a、b)。其中,近端朵叶体以砂岩夹薄层泥岩及粉砂岩为主,局部见小水道,砂岩单层厚度为 24～170cm,一般为 50～100cm,含砂率为 52.6%～80.6%。远端朵叶体为薄层砂岩及泥岩互层,砂岩单层厚度为 1～6cm,含砂率为 10%～62%。因远端朵叶体砂岩厚度小,含砂率相对较低本次不做重点分析。

4. 沉积演化及模式

1)复合水道形成演化

复合水道主要发育在拉什仲组一段中部及三段底部,以拉什仲组一段最为典型(C1-1 至 C1-13)。从下至上,水道砂岩厚度、平均粒径及标准偏差整体呈现 3 个粗细旋回(图 3-34),主要有以下几个方面特征。复合水道总体呈现 3 个下粗上细旋回,水道 C1-1 至 C1-3 构成第一个旋回,以底部砾屑灰岩为特征;水道 C1-4 至 C1-8 构成第二个旋回,水道规模在本旋回中规模最大,水道砂最为发育,C1-4 最厚(112cm);水道 C1-9 至 C1-13 构成第三个旋回,水道规模逐渐减小,泥岩含量逐渐增加。第一个和第二个旋回概率累计曲线总体呈现一段式,向上逐渐出现二段式。中上部水道底部概率累计曲线以一段式为主,上部见两段式。

综上所述,研究区复合水道的形成过程与重力流的发育及演化密切相关。复合水道总体可以划分为 3 个阶段,即青年期、壮年期及衰亡期。重力流爆发初期,能量高、侵蚀作用强,形成水道雏形(C1-1 至 C1-3),碎屑流沉积构成水道轴部沉积;随后,重力流能量持续加强,复合水道内部次级水道(水道—堤岸)发育(C1-4 至 C1-10),规模大,以砂质沉积为主,浊流活跃,向两侧逐渐变细,水道两侧发育溢流沉积的堤岸;当浊流能量逐渐减弱时,水道规模逐渐减小,含砂率减小,以薄层砂泥互层及泥岩夹砂岩为主,整体进入衰亡期(C1-11 至 C1-13)。当重力流末期及间歇期时,随着水道充满或废弃,总体呈现 6m 厚的泥岩,中部夹薄层的细砂—粉砂岩透镜体(图 3-30a 下部)。

2)水道—朵叶体系演化

研究区重力流沉积单元与重力流性质和能量密切相关。早期重力流能量高,侵蚀能力强，以碎屑流及浊流为主，发育复合水道；随着重力流能量降低，浊流活跃，依次发育迁移水道、垂向加积水道、分流水道及朵叶体，主要依据如下。

（1）拉什仲组一段和三段重力流沉积单元的演化规律具有相似性。底部发育水道轴部沉积（砾屑灰岩），向上发育不同类型的水道，顶部为朵叶体。但是，从岩性组合及含量特征来看，沉积环境从中—上斜坡（拉什仲组一段）、斜坡下部—深海盆地（拉什仲组二段）向中—下斜坡（拉什仲组三段）演化。拉什仲组一段的粗粒沉积含量最大，三段次之，二段最低。可以推测拉什仲组一段复合水道发育的重力流能量及规模明显高于迁移水道，朵叶体最低；拉什仲组三段中复合水道重力流能量最高，垂向加积水道次之，分流水道第三，朵叶体最低（图 3-28）。

（2）不同类型水道及朵叶体的规模及沉积组合具有明显差异性。复合水道总体为"U"形、"V"形，规模大，底部发育明显的大型侵蚀面，水道两侧堤岸不发育，仅在水道内部次级水道两侧发育细砂—粉砂质堤岸沉积，表明碎屑流及浊流能量最高。迁移水道为"U"形，透镜体构成侧积体，以砂岩为主，两侧发育细砂质（粉砂较少）堤岸，堤岸规模大，与复合水道相比粒度相对细，分选较好，表明浊流能量相对较高，但低于复合水道。垂向加积水道以"U"形为主，内部以层状细砂—粉砂充填为主，两翼砂质堤岸发育，但粒度、厚度及规模低于迁移水道，而分选相对好于迁移水道，反映重力流能量侵蚀—沉积作用较弱（低于迁移水道）。分流水道两侧细砂—粉砂质堤岸极为发育，但是水道厚度、粒径、含砂率及堤岸规模明显低于垂向加积水道。综合认为分流水道浊流能量弱于垂向加积水道（图 3-34）。

（3）水道—朵叶体沉积特征具有特殊性。拉什仲组一段顶部近端朵叶体以层状砂岩夹薄层粉砂及泥岩为主，砂岩单层厚度及含砂率等低于下伏的迁移水道，其形成的浊流能量低于迁移水道。拉什仲组三段近端朵叶体发育在分流水道上部，与分流水道相比含砂率较高，粒径略细，分选略好，推测近端朵叶体形成的浊流能量相对弱于分流水道。然而，拉什仲组三段近端朵叶体的砂岩单层厚度、累计厚度等都高于下伏分流水道，主要原因为：① 未将远端朵叶体纳入计算；② 分流水道与朵叶体形成机理不同。分流水道总体为非限制—半限制型无序迁移，为低能浊流多期侵蚀—充填而成。近端朵叶体内部次级水道规模远小于分流水道，以片流多期持续作用沉积为主（图 3-34）。

3）沉积模式

研究区重力流沉积整体以水道—朵叶体系为主，重力流沉积单元、充填特征与重力流的性质及能量密切相关。纵向上，早期碎屑流及浊流活跃，复合水道开始发育。随后浊流占主导，迁移水道逐渐形成。当浊流继续衰减时，垂向加积水道、分流水道及朵叶体依次发育。从平面上看，随着重力流沿斜坡向下搬运过程中，中—上斜坡以碎屑流及浊流为主，侵蚀作用强，沉积作用较弱，发育复合水道，中—下陆坡开始，浊流更为活跃，侵蚀能力减弱，沉积作用逐渐加强，迁移水道、垂向加积水道、分流水道及朵叶体依次发育（图 3-35）。值得注意的是，受地形、物源供给等影响，同一地区可能不会发育上述全部沉积单元，但可能出现多期的不同类型水道—朵叶体演化旋回。

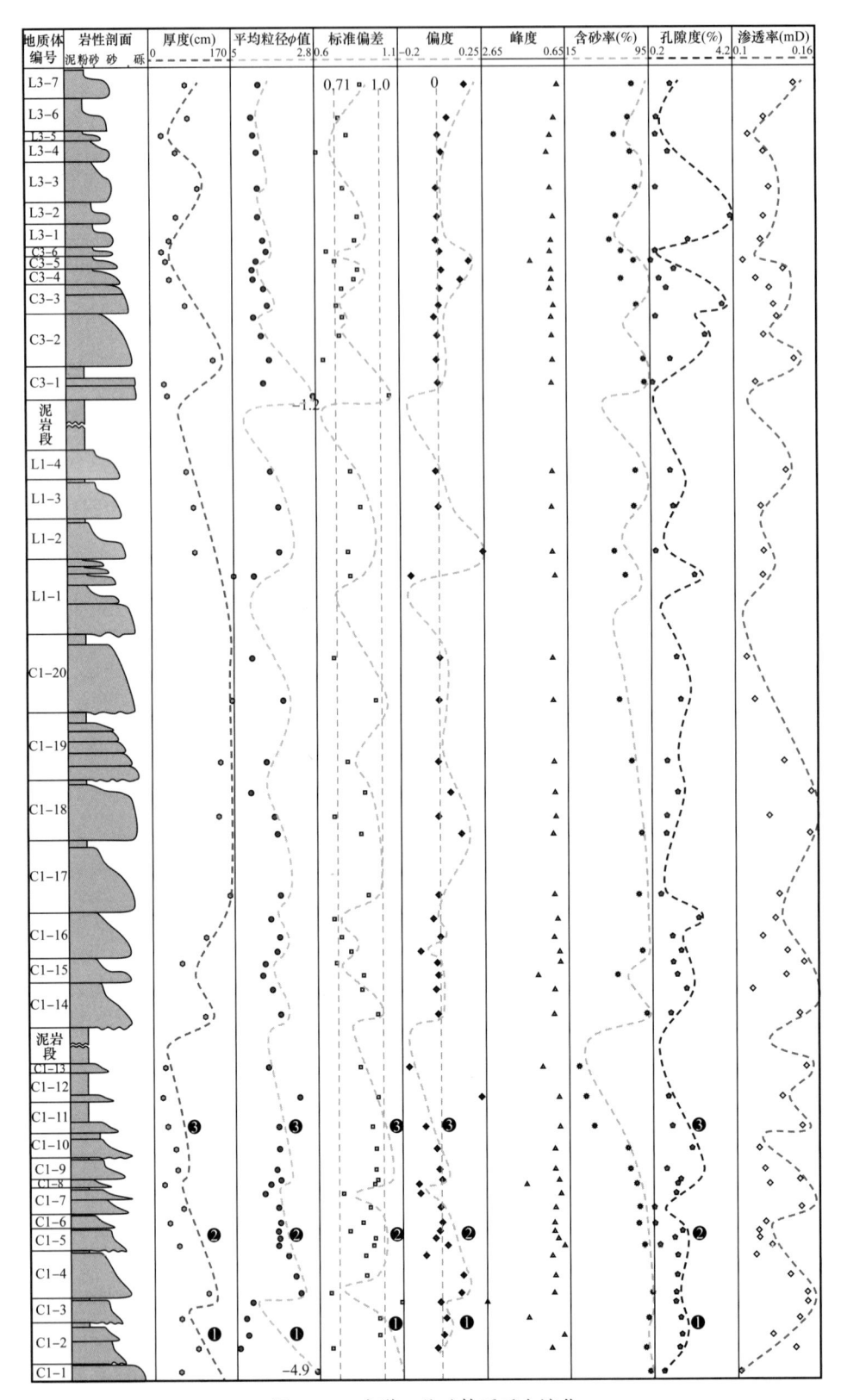

图 3-34 水道—朵叶体系垂向演化

-244-

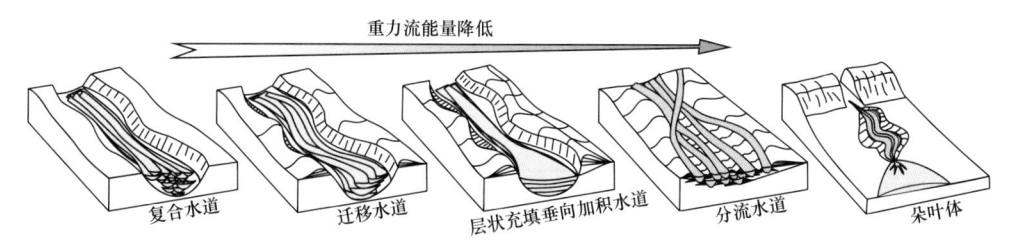

图 3-35　沉积模式示意图

5. 储层特征

复合水道青年期、壮年期及衰亡期储层差异明显不同，青年期水道孔隙度最低（1.1%），壮年期水道孔隙度最好（0.9%~2.1%），衰亡期孔隙度较低（0.4%~0.8%）。综合砂体厚度、含砂率、孔隙度及渗透率分布特征，认为复合水道壮年期储集性能最好。因水道向两侧逐渐过渡为粉砂岩，厚度相应减薄，推测水道内中部储层潜力优于水道两侧。

迁移水道侧积体以砂岩夹薄层泥岩及粉砂岩为主，单层砂岩厚度较大（60~167cm），含砂率较高（58.3%~90.9%），孔隙度为0.9%~2.4%，储层潜力较好。垂向加积水道以砂岩夹薄层粉砂岩为主，孔隙度（1.1%~2.8%）及渗透率（0.11~0.13mD）高于迁移水道，综合考虑其规模及砂岩累计厚度等，垂向加积水道储层较好，但弱于迁移水道。分流水道储层质量中等（孔隙度为0.7%~3.7%），水道中部储层优于两端。近端朵叶体储层质量较好，孔隙度为0.5%~4.1%（图3-34）。

就孔隙度及渗透率而言，复合水道高于迁移水道，垂向加积水道最低。拉什仲组三段分流水道及朵叶体孔隙度和渗透率多变，可能与其规模有关，分流水道孔隙度及渗透率略低于朵叶体（图3-34）。最后，重力流水道—朵叶体沉积勘探潜力还需要综合规模、物质组分及成岩作用等因素综合考虑。

二、莺歌海盆地浅水多级海底扇

1. 地质概况

莺歌海盆地位于海南岛与印支半岛之间，是南海北部大陆架发育的一个新生代转换—伸展型含油气盆地（杨朝强等，2022）。莺歌海盆地东北侧与北部湾盆地接壤，西侧与昆嵩隆起相接，延伸至河内坳陷，盆地长约750km，宽约200km，面积约$11.3 \times 10^4 km^2$（谢玉洪和范彩伟，2010）。莺歌海盆地可划分为莺东斜坡带、中央坳陷带、莺西斜坡带等一级构造单元（图3-36a）。莺歌海盆地东部以1号断裂带为界，西部为红河断裂带分支（谢玉洪和范彩伟，2010）。中新世中—晚期，红河断裂带右行走滑期及盆地的裂后期，导致北部抬升（谢玉洪和范彩伟，2010），盆地西侧广阔的昆嵩隆起及蓝江三角洲提供了充足的物源（王华等，2015），陆架坡折向北迁移。研究区位于莺歌海盆地中央坳陷的中北部（图3-36a），面积约280km²。

莺歌海盆地从下至上发育中新统三亚组、梅山组和黄流组，上新统莺歌海组（图3-36b；王华等，2015）。黄流组进一步划分为下部的黄流组二段和上部的黄流组一段。其中，黄流组一段中部（S302 与 S301）为主要产气层之一，沉积环境总体为浅水陆内凹陷的海底扇沉积（王华等，2015；Huang et al.，2019），研究区东南部发育泥底辟（图 3-36a、c）。

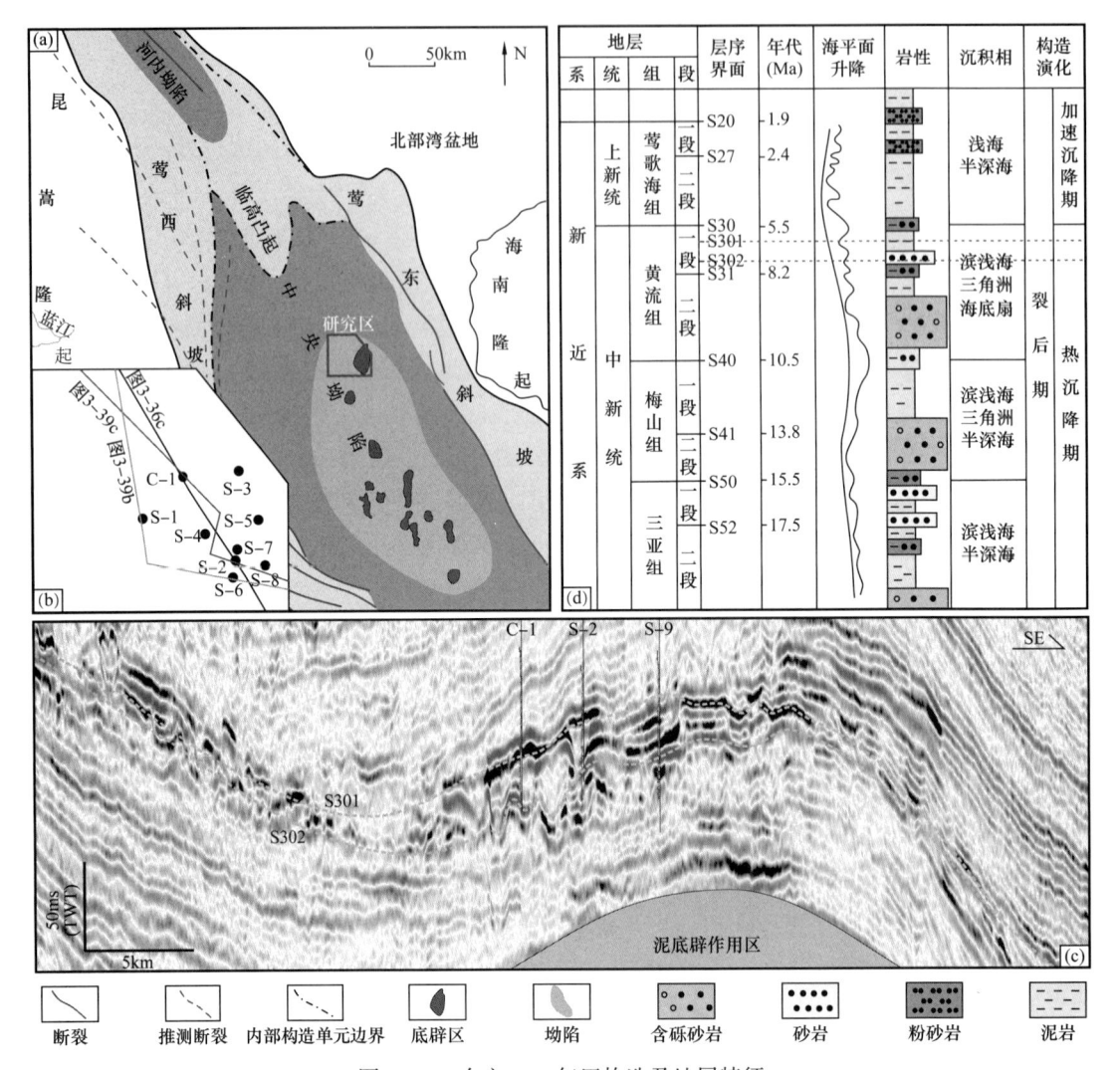

图 3-36 东方 1-1 气田构造及地层特征

（a）和（b）研究区位置及构造特征（据杨朝强等，2022）；（c）构造演化及地层特征（据 Huang et al.，2019）；（d）地震剖面特征

2. 沉积类型及特征

1）沉积类型

（1）水道。

水道多为透镜状强反射地震特征，内部呈层状充填（图 3-37a、b）。测井曲线为箱型、钟型及复合型（图 3-37c）。岩性以中—细砂岩为主，石英含量为 59.5%~66%（平均为 62.8%），长石含量为 0.5%~7.5%（平均为 6.4%），岩屑含量为 0.5%~10%（平均

- 246 -

为6.7%）。粒径ϕ值为2.7～4.5，标准偏差为1.52～1.74（分选较差），概率累计曲线以一段式或两段式为主（图3-37d）。地震最小振幅属性值为6～9，波阻抗值为7900～8100 [（g/cm^3）·（m/s）]（图3-37b、k），厚度大于20ms（未进行厚度转换），砂岩厚度大于35m（表3-10）。

（2）席状砂。

席状砂主要发育在水道两侧及水道末端，地震反射特征为楔状或板状，连续性中等—好（图3-37e、f）。其中，堤岸多发育在水道两侧，具明显的楔状特征，如无明显楔状外形则统称为席状砂沉积。可见箱型、指状及漏斗型测井特征（图3-37g）。岩性以中—细砂岩及粉砂岩为主，平行层理发育（图3-37g）。石英含量为47%～68%（平均为58%），长石含量为3.5%～7%（平均为6.1%），岩屑含量为0.5%～12%（平均为5.8%）。粒径ϕ值为4.23～6.18，标准偏差为1.565～2.73（分选较差—差），概率累计曲线以两段式为主（图3-37h）。地震最小振幅属性值为4～10，波阻抗值小于7900 [（g/cm^3）·（m/s）]（图3-37f、k），厚度为10～20ms（未进行厚度转换），砂岩厚度为16～35m（表3-10）。

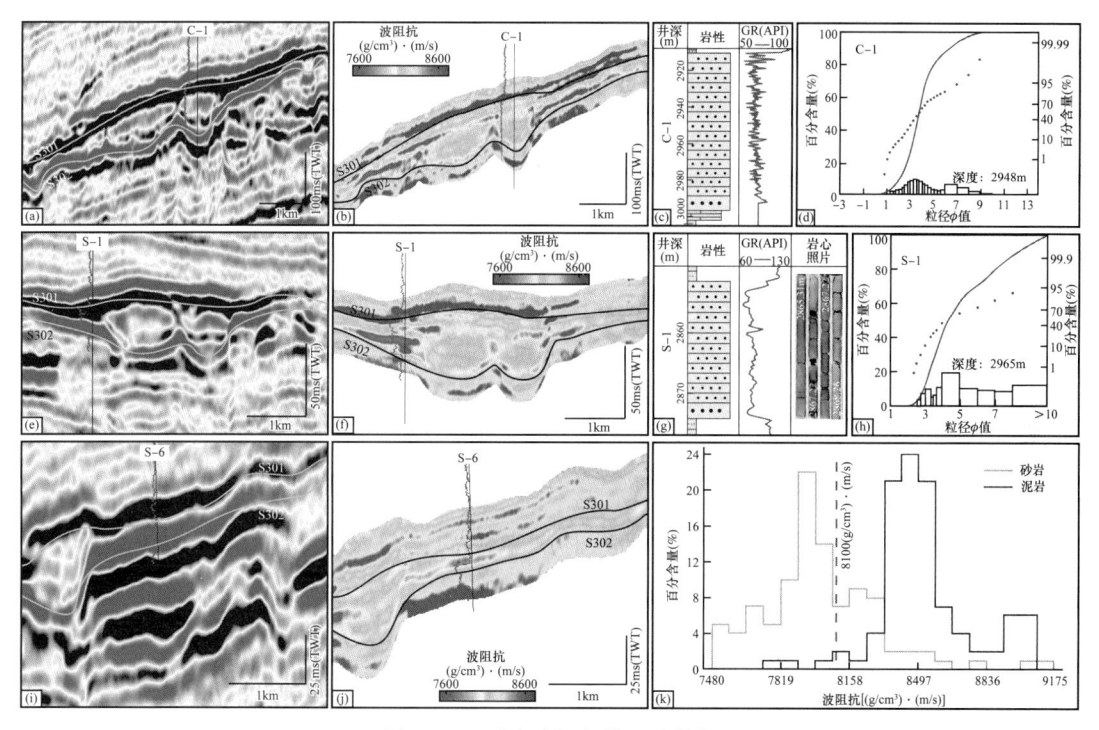

图3-37 重力流沉积类型及特征

（a）至（d）水道沉积特征；（e）至（h）席状砂沉积特征；（i）和（j）扇缘砂沉积特征；（k）波阻抗与岩性关系；（a）、（e）和（i）地震特征；（b）、（f）和（j）地震反演剖面

（3）扇缘砂。

扇缘砂发育在海底扇边缘，岩性为粉砂岩及泥岩，地震特征为板状，连续性中等—差（图3-37i、j）。地震最小振幅属性值小于3，波阻抗值大于8100 [（g/cm^3）·（m/s）]（图3-37k），地层厚度小于20ms，砂岩厚度小于16m（表3-10，图3-37c）。

表 3-10 重力流沉积类型及主要特征

沉积类型	岩性	分选	地震相	测井相	厚度（ms）	最小振幅属性	砂岩厚度（m）	波阻抗（g/cm³·m/s）
水道	中—细砂	差	透镜状强反射，内部层状充填	箱型、钟型及复合型	>20	6~9	>35	7900~8100
席状砂	细砂、粉砂	中等—差	席状或楔状，强反射，连续性中等—好	箱型、指型及漏斗型	10~20	4~10	16~35	<7900
扇缘砂	粉砂	—	板状，弱反射，连续性弱—中等	指型、低幅微齿	<20	<3	<16	>8100

注：厚度未进行转换。

2）平面特征

研究区北部、中部及东南部厚度较大，最厚可达60ms（C-1井西），西部、东部及东南部地层厚度较薄，地层较厚地区多呈条带状（图3-38a）。砂岩厚度中部最厚（82m），东南部次之（50~60m），外形呈条带状及席状，研究区边缘最小（图3-38b）。地震最小振幅属性在北部、中部（S-1井）及东部（S-3井西）高，高值区多为席状；中部（C-1井）及东南部（S-2井西）地区中等，高值区整体呈条带状（图3-38c）。东北部、中部及东南部波阻抗值较低，常见条带状及席状分布，边缘地区波阻抗值较高（图3-38d）。

结合微相特征（表3-10）及各单因素成果（图3-38），认为研究区发育水道、席状砂及扇缘砂。西北部、中部及东南部发育水道。中部水道规模最大，东南部次之，西北部最小，整体呈NW—SE向展布。水道两侧发及末端发育席状砂。海底扇边缘发育扇缘砂（图3-39a）。其中，水道呈条带状，由一系列串珠状冲坑—流槽断续相连，可分为3级区域（图3-39a）。西北部发育2条水道，中部水道规模最大，东南部发育3条水道，规模相对较小。水道形态不对称，迎流面较陡，背流面较缓（图3-39b、c）。

3. 储层特征

1）孔隙类型

研究区孔隙类型多样，包括粒间孔、长石溶孔、粒间溶孔、杂基溶孔及岩屑溶孔等，压实作用中等，颗粒以点—短线接触为主，胶结物多为（铁）方解石及黏土矿物（图3-40a至c）。其中，水道沉积（C-1井）粒间孔占50%，长石粒内孔及粒间溶孔占10%（图3-40d）。席状砂（S-1井）发育粒间孔（占57%），见石英（Q）、铁白云石（Ak）、钠长石（Ab）、菱铁矿（Ic）、片状伊/蒙混层（I/S）等充填（图3-40b、e）。S-2井（席状砂）发育粒间孔（占67%）、长石粒内溶孔（占12%）、粒间溶孔（占9%）及铸模孔（占3%）等（图3-40c、f）。整体而言，研究区孔隙以粒间孔为主。

2）物性特征

中部水道C-1井岩性为细砂岩，含砂率为100%，孔隙度为16.7%~18.3%，渗透

(a) 地层厚度　　(b) 砂岩厚度

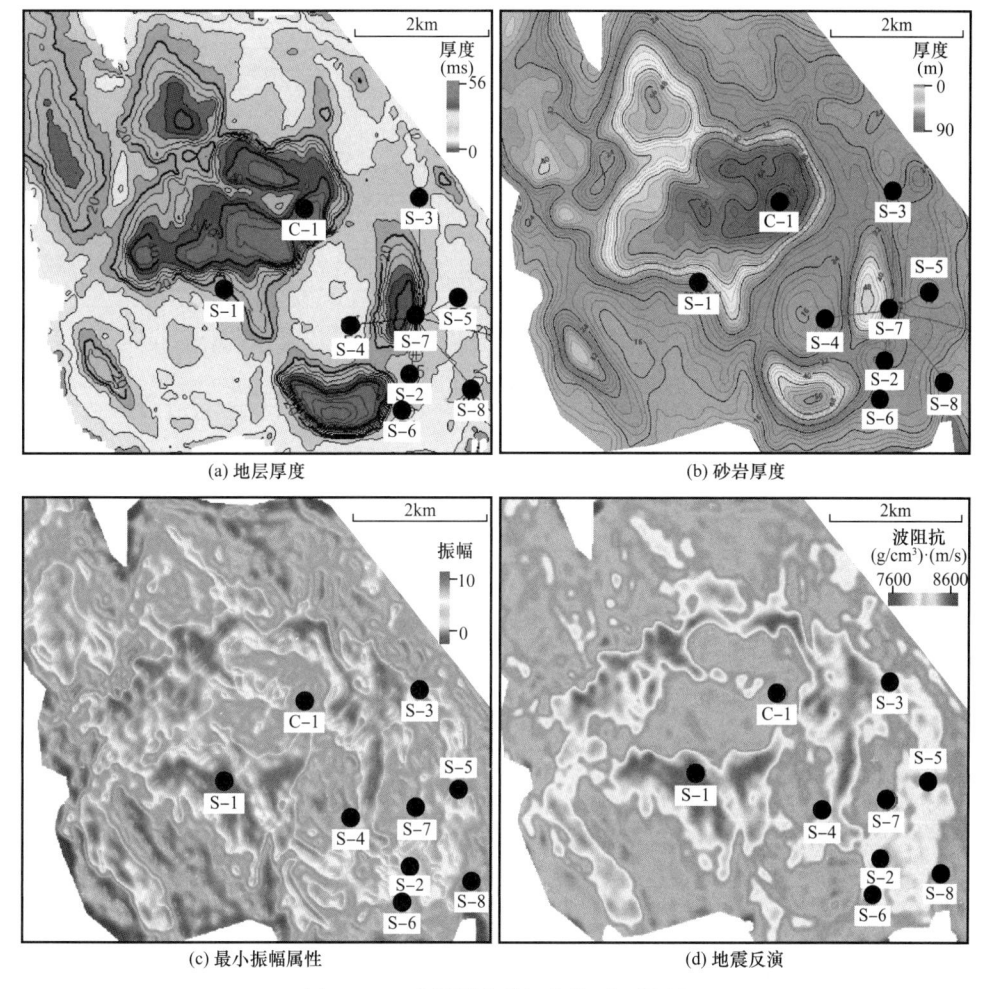

(c) 最小振幅属性　　(d) 地震反演

图 3-38　地层厚度及沉积体平面特征

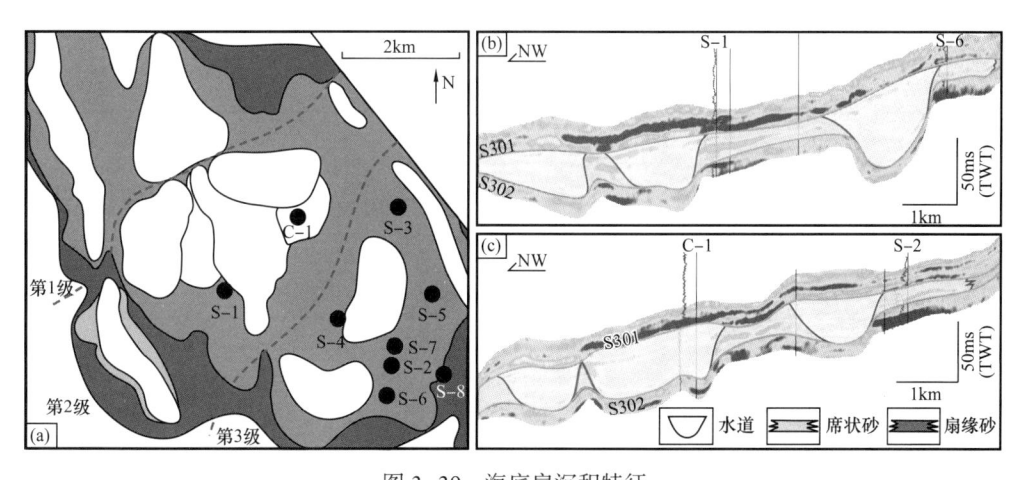

图 3-39　海底扇沉积特征

（a）沉积相平面展布特征；（b）过 S-1 井—S-6 井剖面沉积相；（c）过 C-1 井—S-2 井剖面沉积相；剖面位置参见图 3-36（b）

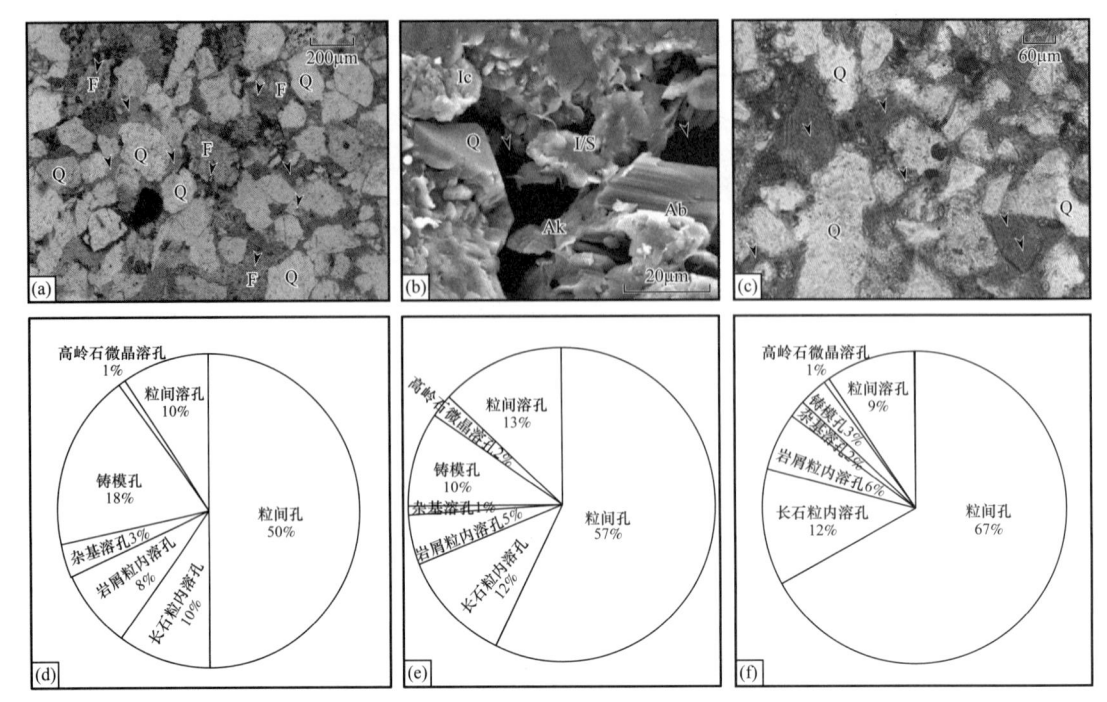

图 3-40 孔隙类型及特征

（a）粒间孔，C-1 井，2914m；（b）粒间孔，S-1 井，2972m；（c）粒间孔，铸模孔，S-2 井，2864m；Ab—钠长石；Ak—铁白云石；F—长石；Ic—菱铁矿；I/S—片状伊蒙混层；Q—石英

率为 5.4~9mD。S-1 井及 S-2 井为席状砂沉积，岩性以细砂及粉砂岩为主，含砂率分别为 97.2%~100% 及 61%~100%，孔隙度为 18.3%~19.3% 和 18.3%~18.4%，渗透率为 13.9~14.2mD（S-1 井无资料）。水道沉积岩性相对较粗，含砂率大，孔隙度及渗透率较高，席状砂岩性相对较细，含砂率较低，但孔隙度及渗透率相对水道沉积较好。总之，席状砂及水道沉积都可作为有利储层，并且席状砂孔隙度及渗透率略好于水道（表 3-11）。

表 3-11 沉积类型及储层特征

典型井	岩性	沉积类型	含砂率（%）	孔隙度（%）	渗透率（mD）
C-1	细砂	水道	100	16.7~18.3	5.4~9
S-1	细砂、粉砂	席状砂	97.2~100	18.3~19.3	—
S-2	细砂、粉砂	席状砂	61~100	18.3~18.4	13.9~14.2

3）有利储层分布

研究区砂体连通性主要体现在水道与席状砂，席状砂内部有两种类型（图 3-41a）。其中，水道沉积砂体与水道两翼及尾部席状砂断开不连通，主要依据为：（1）水道规模较大，内部以层状充填为主，与鄂尔多斯盆地西缘奥陶系水道体系较为类似，水道内部砂体沉积与水道外席状砂断开；（2）C-1 井（水道）下部为水层，中部为气水同层，上部为干层及气层。而 S-1 井（席状砂）从下至上为水层、气水同层、干层及气层。两口相邻井在小层中具有不同的气水组合关系（图3-41b）。而席状砂（S-4井，15号砂体）与席状砂（S-3井，3号砂体）不连通（图3-41a），主要原因为：（1）地震反演剖面可以看出，两套席状砂之间存在波阻抗变化高、断续的特征（图3-41c）；（2）S-4井位于高部位为水层，S-3井位于低部位，为气层（图3-41c）。基于类似研究，将研究区储层细分为16个砂体（图3-41a）。

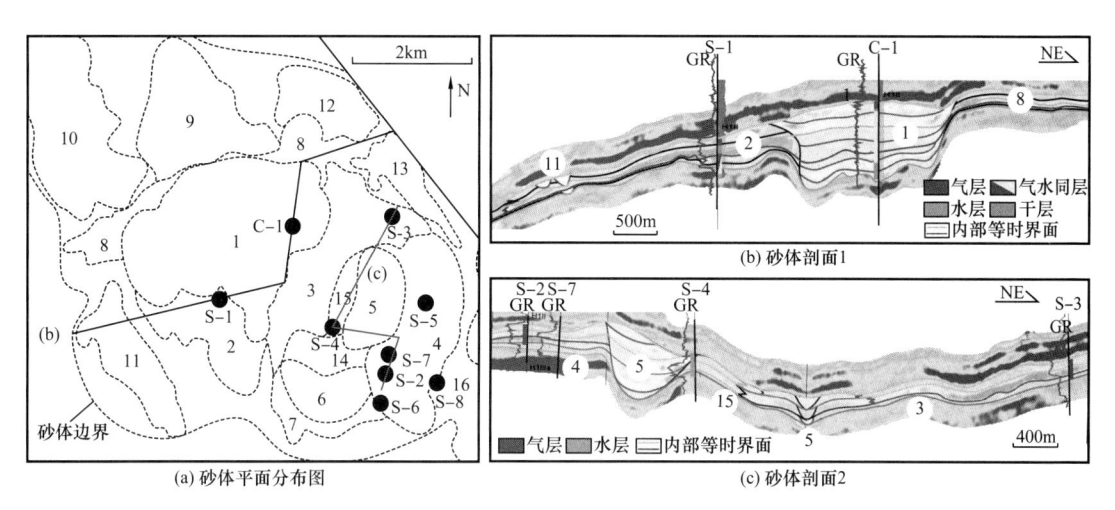

图3-41 砂体分布及连通性
1至16表示砂体编号；图b和图c剖面位置参见图a

4）优质储层分布

综合沉积微相刻画、地震储层反演及储层质量研究等成果，认为有利储层具有以下特征：

（1）席状砂具有分布面积广、厚度较大、含砂率较高，以及物性好等特征，为优质储层。

（2）水道砂一般厚度大，面积相对席状砂较小，但水道带面积较大，含砂率最高，物性较高，也是有利储层。但储集性能相对席状砂较弱。

（3）水道砂与席状砂常断开不连通，易形成岩性及地层圈闭。

4. 形成机理

1）多级水道形成过程

研究区重力流演化与多级水道密切相关。重力流沿斜坡向下运动过程中，能量逐渐降低，侵蚀作用逐渐减弱，沉积作用增强。从地貌及规模来看，研究区浅海海底扇水道规模大，由一系列串珠状冲坑—流槽组成（图3-42）。当重力流能量较强或爆发初期时，$Fr>1$时，超临界流占主导（Park et al., 1987; Cartigny et al., 2014）。超临界流的搬运及沉积作用与Fr密切相关（操应长等，2017）。随着Fr不断增加，超临界流的水跃作用可先后形成波痕、平坦床沙、沙丘、冲坑—流槽、逆行沙丘及周期性阶坎（图3-42a）；（Cartigny et al., 2014）。高Fr的超临界流具有极强的侵蚀能力，可形成大规模的冲坑—

流槽（Southard et al., 1990; Cartigny et al., 2014; Postma and Cartigny, 2014）。冲坑—流槽中的侵蚀充填构造是超临界流沉积的有效鉴别标志（操应长等, 2017）。Cartigny等（2014）通过物理模拟实验认为超临界流在形成冲坑—流槽时，可分为超临界流发育期、迎流迁移增加、水跃中迁移增加稳定、超临界流恢复（下一期超临界流）4个阶段。超临界流以侵蚀作用为主，形成冲坑—流槽（可构成水道），而亚临界流侵蚀作用相对较弱，沉积作用较强，可在冲坑—流槽（水道）尾部及周缘形成席状砂沉积（图3-42b）。

研究区水道由3级（区域）冲坑—流槽构成（图3-42c）。从平面上来看，第1级（区域）水道形成地区重力流能量较强，重力流以侵蚀作用为主，侵蚀面积较大；第2级（区域）水道规模最大，岩性为中—细砂岩，粒度为2.7～4.5，以悬浮搬运沉积为主（图3-37d），分选较差；第3级（区域）水道规模相对第2级小。同时，第2级和第3级水道间席状砂（S-1井）岩性为细砂岩，局部夹粉砂岩，粒度为4.23～6.18，分选较差—差，以跳跃及悬浮搬运为主（图3-37h）。第3级（区域）水道末端席状砂岩性变细，粉砂岩含量增多（图3-42d）。整体来看，研究区从NW向SE沉积物粒度逐渐变细，与重力流性质（超临界流、亚临界流）以及能量逐渐衰减密切相关。

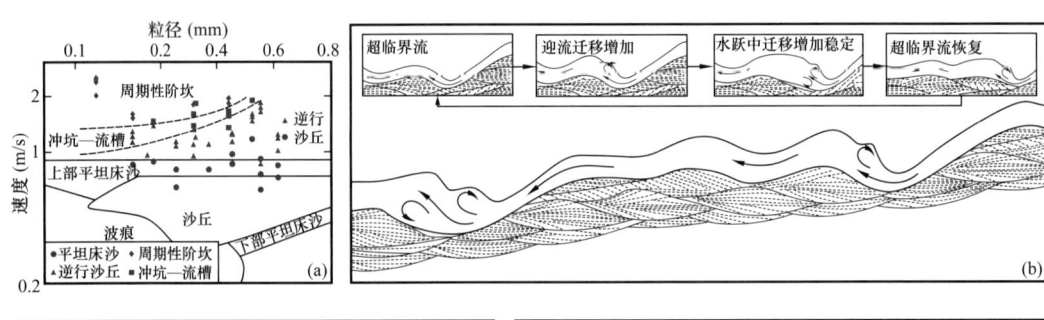

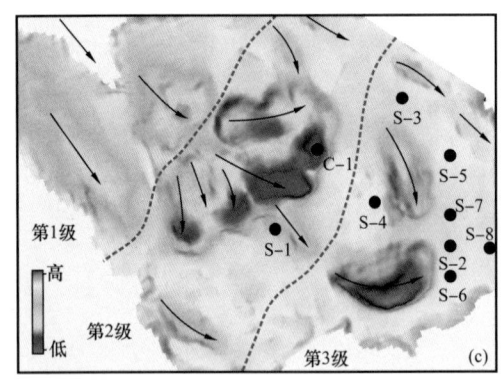

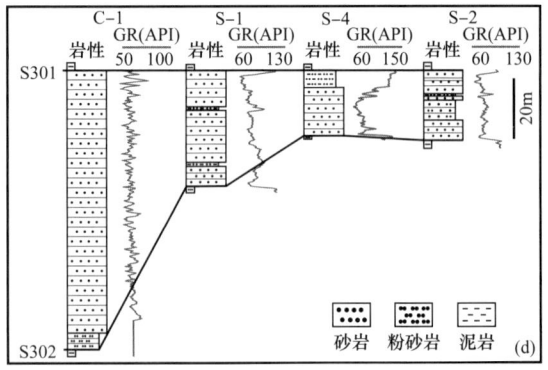

图3-42　水道形成过程

（a）超临界流沉积主要底形（Southard et al., 1990; Cartigny et al., 2014）；（b）超临界流形成冲坑—流槽过程示意图（Cartigny et al., 2014）；（c）研究区古地貌；（d）岩性剖面特征

2）海底扇模式

研究区多级海底扇发育水道、席状砂及扇缘砂，整体呈NW—SE向展布（图3-43），其形成与重力流的演化密切相关，可进一步分为两个阶段。第一阶段为超临界流与亚临界流演化形成冲坑—流槽（水道）及平坦床沙（席状砂雏形）阶段。研究区黄流组一段

沉积初期，相对海平面较低（图3-36c），重力流在陆内斜坡运动过程中，能量高，超临界流（$Fr>1$）占主导，进而形成大规模的串珠状冲坑—流槽（水道）。当$Fr<1$时，以亚临界流为主，发育席状砂沉积。第二阶段为充填—漫溢沉积阶段，随着相对海平面上升（图3-36c），重力流能量减弱，超临界流相对减弱，临界流逐渐增强。当重力流充满水道时，一部分发生层状充填，另一部分可发生漫溢，进而在水道末端及两翼形成席状砂沉积。当重力流能量足够继续向前运动时，可到达下一级（区域）水道，并发生层状充填及漫溢作用，进而形成新一期的席状砂沉积。

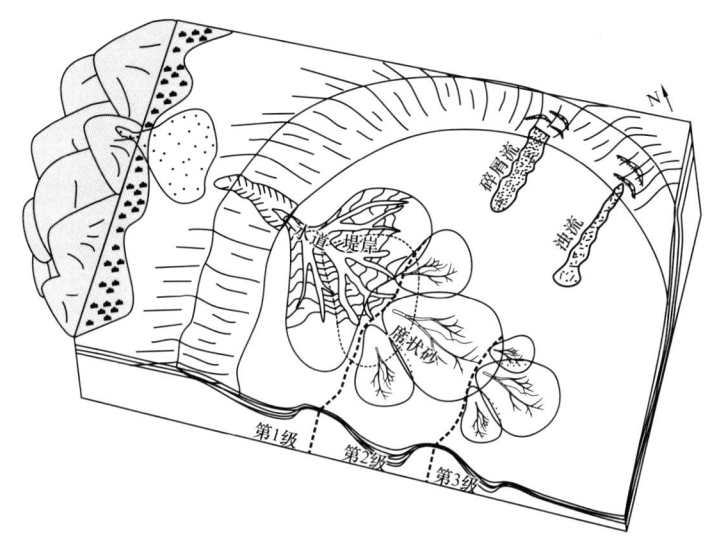

图3-43 多级海底扇模式

三、东非海岸渐新世构造事件—沉积体系耦合关系

1. 地质概况

非洲东海岸位于非洲东部，地处东非被动大陆边缘地区，北至红海、亚丁湾，东邻印度洋，涉及埃塞俄比亚、索马里、肯尼亚、坦桑尼亚、莫桑比克和马达加斯加等国家，包括多个重点含油气盆地，由北到南分别为索马里盆地、拉穆盆地、坦桑尼亚盆地、鲁伍马盆地、莫桑比克盆地、穆龙达瓦盆地和马任加盆地（图3-44a；Mahanjane，2014；童晓光，2015；李华等，2022）。鲁伍马盆地沿东非海岸由坦桑尼亚东南部向北延伸至莫桑比克东北部，西连莫桑比克褶皱带，东接凯瑞巴斯盆地，总面积约$14.4\times10^4\mathrm{km}^2$；其中，陆上面积为$3.46\times10^4\mathrm{km}^2$，海上面积为$10.94\times10^4\mathrm{km}^2$。坦桑尼亚盆地北邻拉穆盆地，南连鲁伍马盆地，向西与坦噶尼喀地盾接壤，西南为出露前寒武系基底的莫桑比克褶皱带，总面积达$18.80\times10^4\mathrm{km}^2$，其中，陆上面积为$5.70\times10^4\mathrm{km}^2$，海上面积为$13.10\times10^4\mathrm{km}^2$（图3-44a、b；童晓光，2015）研究区位于东非海岸鲁伍马盆地北部、坦桑尼亚盆地及拉穆盆地海上区域，多位于陆坡区。

东非海岸重点盆地地层自下而上依次发育三叠系、侏罗系、白垩系、古近系及新近系等，整体呈现"西薄东厚、西老东新"特征。其中，西部陆上地层厚度为

2500～9000m，以Karoo群为主，后期地层减薄或遭受剥蚀；东部海域地层整体呈"西厚东薄"的展布趋势，平均地层厚度超过11000m，以中上侏罗统—新近系为主，二叠系—三叠系厚度相对较薄（图3-44c）。

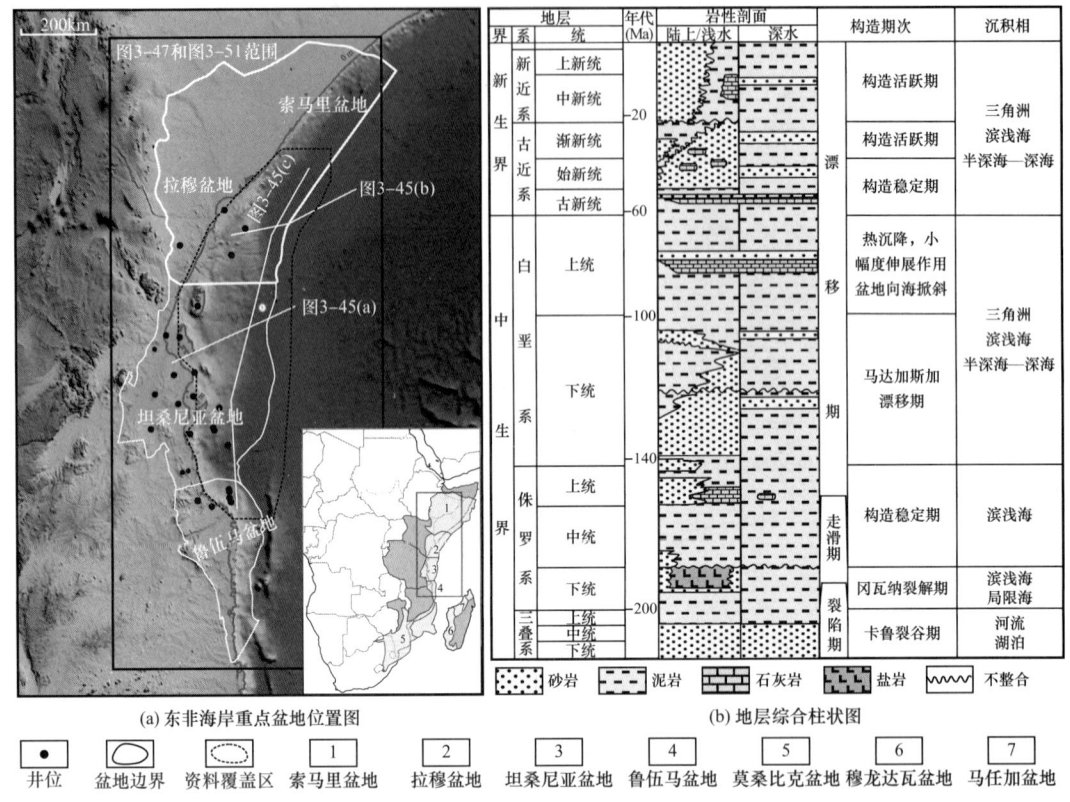

图3-44 东非海岸重点盆地位置及地层综合柱状图（据Mahanjane，2014；童晓光，2015）

2. 构造单元特征

1）断层特征

研究区断层较为发育。在二叠纪—三叠纪，拉穆盆地、坦桑尼亚盆地和鲁伍马盆地处于裂陷期，区域上以伸展为主，正断层发育，控制着局部凹陷的发育。断层断距一般较大，超过300m（200ms）；错断地层一般包括二叠系、三叠系和下侏罗统；倾向向E或向W（图3-45a至c）。

中晚侏罗世—早白垩世，受马达加斯加板块向南漂移的影响，走滑作用明显，发育走滑及其派生断层，区内主要发育3条走滑性质的大型断层，即Seagap走滑断层、Davie西走滑断层和Davie东转换断层。Seagap走滑断层呈SN走向，贯穿坦桑尼亚盆地。断层在地震剖面上呈花状构造，较直立，具有明显的走滑特征，断距变化较大（0～500m）；断层自中—晚侏罗世以来持续活动，断层错断二叠系—新生界全部地层，部分地震剖面可见其断至海底（图3-45a）。Davie西走滑断层在剖面上较直立，微向西倾，部分地区可见断层在侏罗纪之前控制着局部凹陷的发育，断距可达1000m（图3-45a）。Davie东转换断层位于 Davie 西走滑断层以东约 40km，为洋壳、陆壳分界，断层断距一般较小，较直立，微向西倾（图 3-45a）。

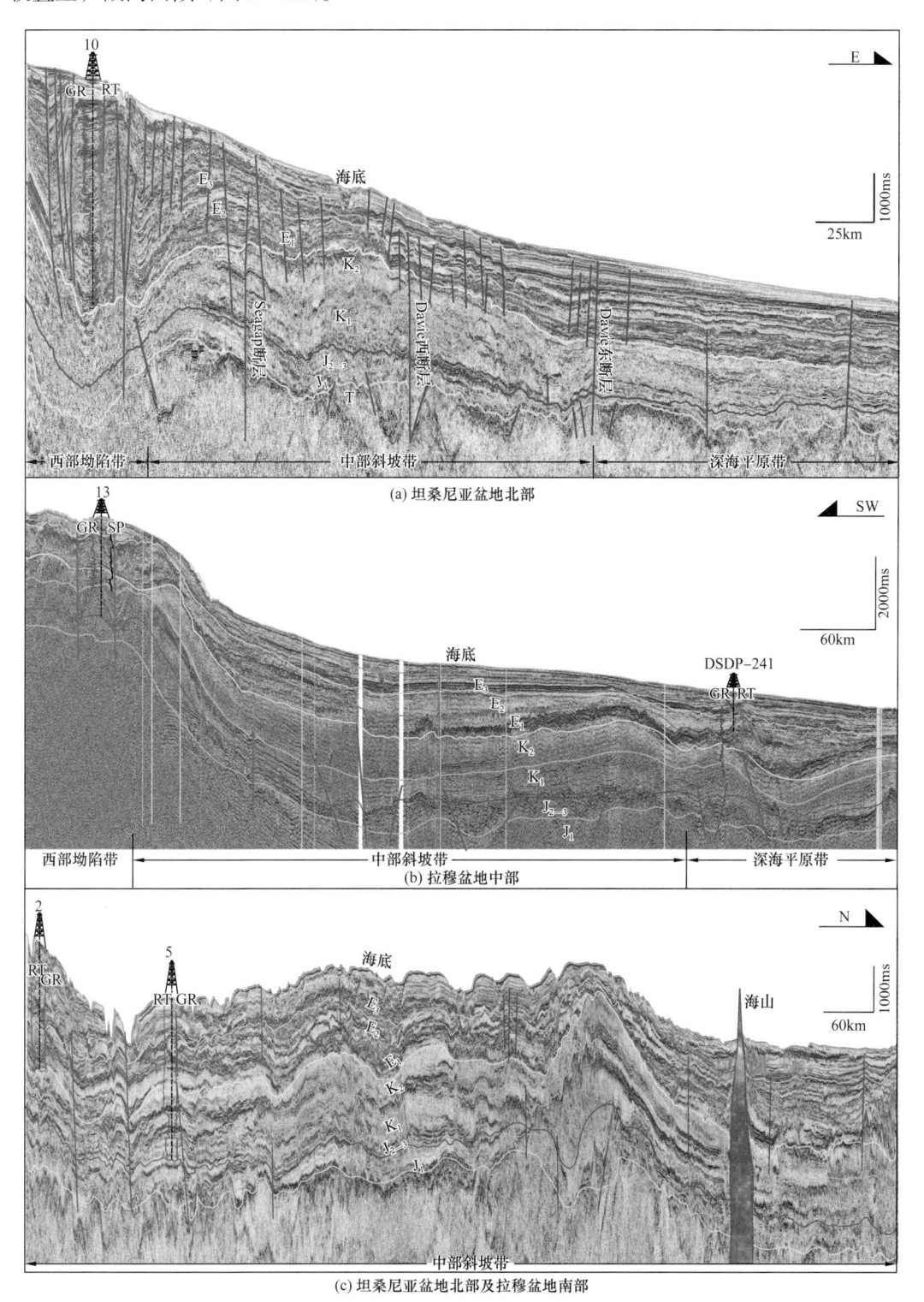

图 3-45 东非海岸重点盆地地层及断层特征（剖面位置参见图 3-44）

晚白垩世—新生代，坦桑尼亚盆地在新生代（特别是新近纪之后）受伸展控制，主要发育正断层。断层断距一般较小（<100m）；错断地层一般为新生界，倾向向E或向W，平面延伸长度一般小于40km（图3-45）。

通过断层生长指数研究发现，研究区内三条断层活跃时期及强度各有不同（图3-46）。其中，Davie东断层及Davie西断层组成Davie构造带（脊），具有明显的继承性；Seagap断层的主要活动时期为晚白垩世和古新世，晚白垩世活动范围为坦桑尼亚盆地南部，古新世在坦桑尼亚盆地南部和北部较为活跃（图3-47a）。

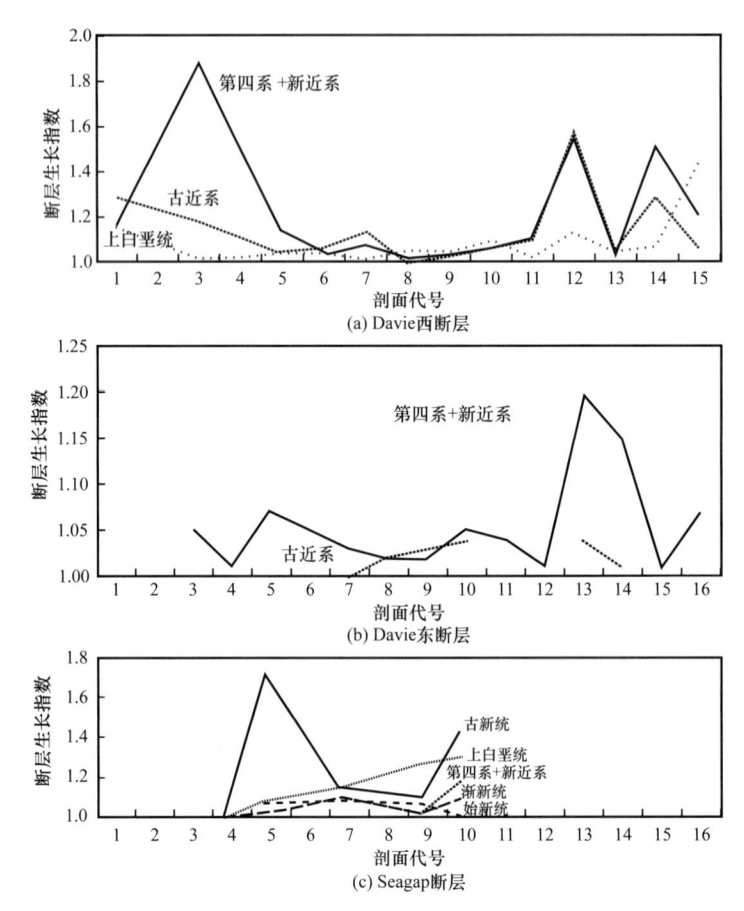

图3-46 东非海岸重点盆地主要断层生长指数

研究区除上述三条大断层之外，还发育一系列次级断层（图3-47a）。其中，鲁伍马盆地发育SW—NE向断层，向海方向以近S—N向断层为主；坦桑尼亚盆地靠陆一侧发育SW—NE向断层，局部发育NW—SE向断层；而拉穆盆地以NW—SE向断层最为常见（图3-47a）。

2）构造单元及古地貌特征

基于区域构造演化、断层活动及展布特征等，研究区从西向东（由陆向海）可分为西部坳陷带、中部斜坡带及深海平原带，进一步识别出9个凸起、2个斜坡、2个构造带和6个凹陷（图3-47b）。

从剖面上看，西部坳陷带的构造格局表现为一个向斜，同时由于晚期挤压作用表现出中部褶皱、两翼冲断的构造特征（图3-47b）。在西部坳陷带中发育一系列凸起和凹陷。中部斜坡带整体为宽缓斜坡，西高东低。北部斜坡为拉穆盆地深水褶皱冲断带，是典型的重力滑脱构造样式。Davie构造带可以分为东、西两支，西支为Walu—Davie反转带，有反转构造特征，东支北部较平缓，向南受挤压抬升与走滑张裂双重应力作用影响，表现为由断层切割形成一系列断块组合特征。Kerimbas凹陷受到晚期张裂作用影响，晚期断层活化，使地层沿断层裂陷，形成该区域的堑垒构造组合样式。深海平原带构造较为平缓，整体表现为一个向海延伸的构造缓坡，其中发育一些小型褶皱（图3-47b）。

构造运动形成不同级次的隆起及坳陷地貌，为沉积物搬运、分散及堆积提供了重要条件。因研究区海上钻井数量较少，并且厚度恢复中井控制数据较少，本次地层厚度仅利用地震解释成果定性推测地层分布，未做深度、压实及剥蚀量恢复等工作（地震双程旅行时单位为ms）。研究结果表明，渐新统厚度整体呈西厚东薄特征。西部坳陷带地层沉积厚度较大，以坦桑尼亚盆地最厚；中部斜坡带厚度相对较薄，局部次洼较厚；东部深海平原带沉积厚度最薄，特别是Davie构造带地区（图3-47c）。

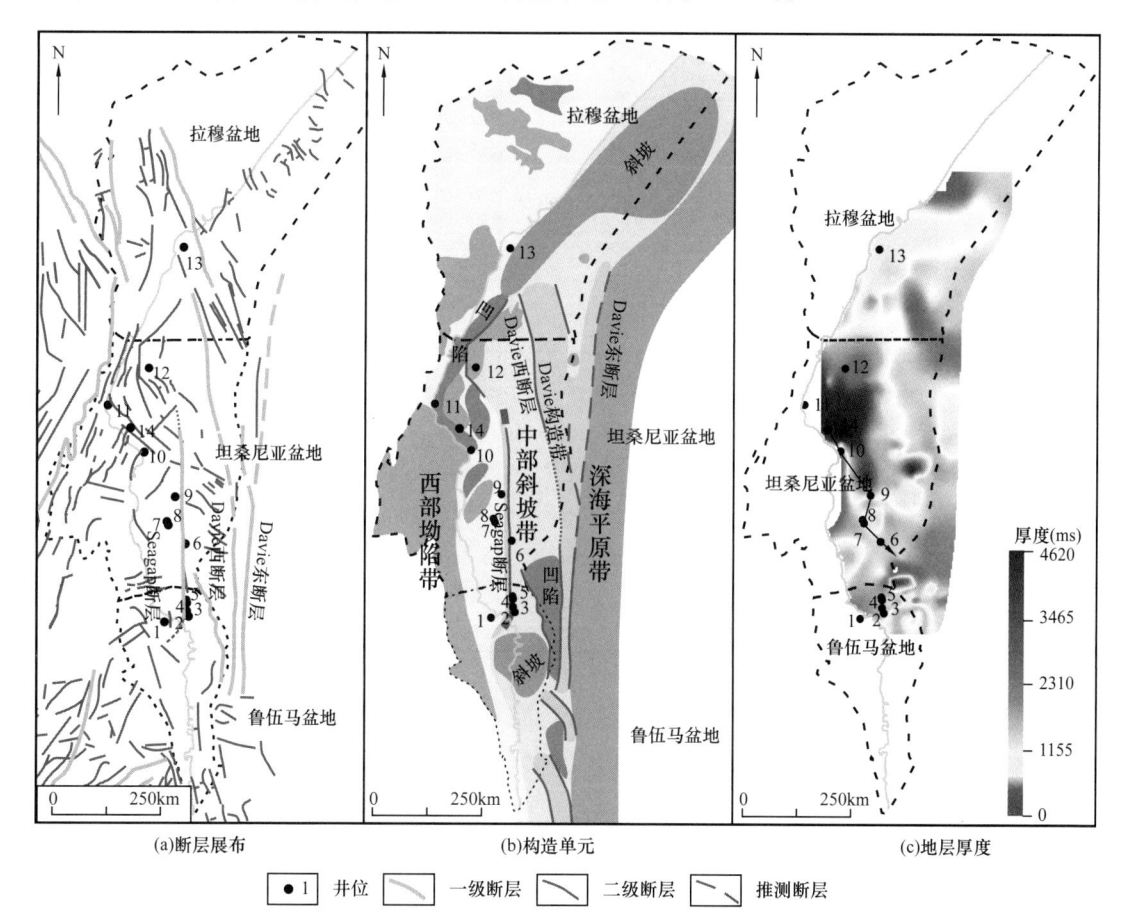

图3-47 东非海岸重点盆地渐新世断层展布、构造单元及地层厚度特征图

3. 沉积体系

1）沉积类型及特征

根据岩性、测井及地震反射等特征，综合前人研究成果，将研究区沉积相主要划分为三角洲、海底扇（水道、朵叶体）及块状搬运复合体（图3-48）。其中，水道、朵叶体为研究区常见沉积类型。水道岩性为砂岩和泥岩，测井曲线呈箱型、钟型及箱钟复合型，"U"形或"V"形中—强振幅地震反射特征；朵叶体多为砂岩、粉砂岩及泥岩，测井曲线以漏斗型及齿化箱型为主，丘状中—强振幅平行—亚平行地震反射特征。

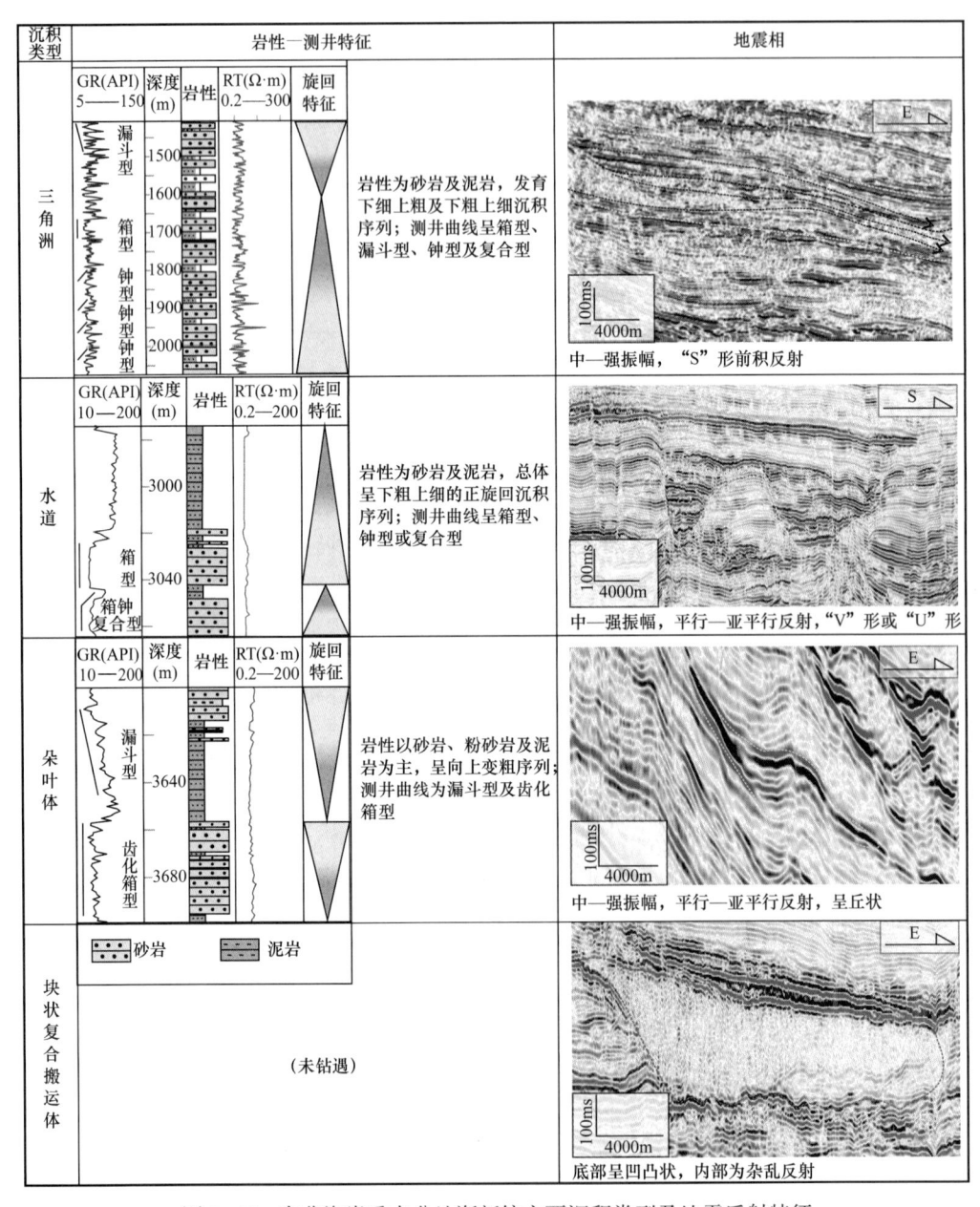

图3-48 东非海岸重点盆地渐新统主要沉积类型及地震反射特征

2）沉积特征

研究区西部发育三角洲，中部斜坡带重力流水道发育，向海一侧逐渐过渡为朵叶体沉积。渐新统总体可分为三期（图 3-49），三角洲整体呈进积特征；向东发育重力流水道，水道迁移较为频繁，相互切割，常见侧积及垂向加积特征（9 井及 7 井）；东部丘状朵叶体较为发育（6 井）。各期三角洲—水道—朵叶体具有紧密的联系（图 3-49）。

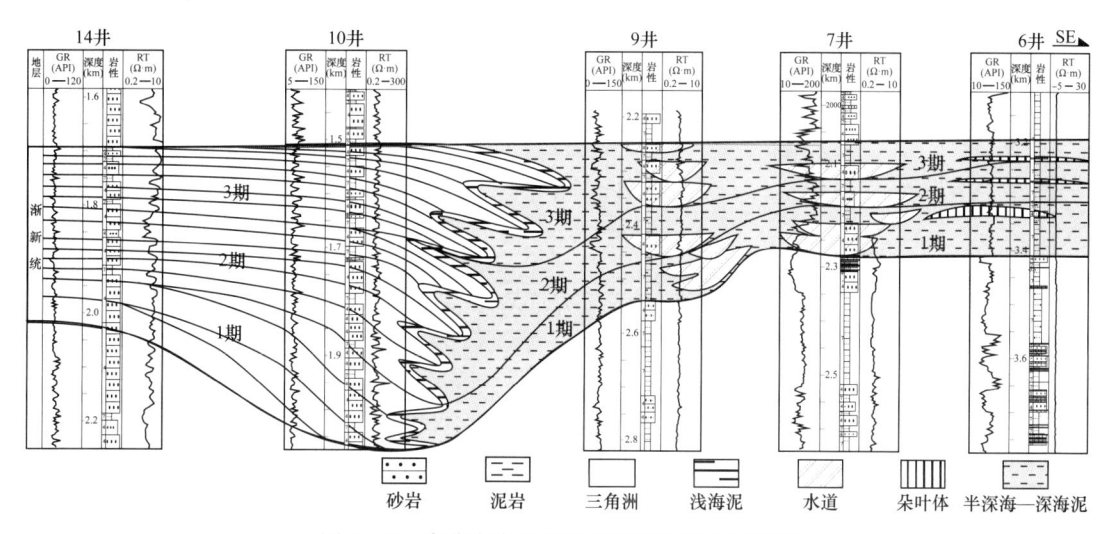

图 3-49　东非海岸重点盆地渐新统连井沉积相

从地震剖面上看，渐新世西部陆架及坳陷带西部以三角洲及浅海沉积为主，中部斜坡带发育一系列的重力流水道，斜坡脚—深海平原发育朵叶体及半深海—深海泥质沉积（图 3-50）。富砂沉积体多堆积在相对低洼地区，包括坳陷带及次洼。其中，西部坳陷带地层厚度大，沉积体系发育，三角洲及浅海沉积最为常见，三角洲向海进积趋势明显。中部斜坡带以重力流沉积（水道、朵叶体）及半深海—深海泥为主。中—上陆坡发育水道，规模大，多为透镜状；中—下陆坡朵叶体常见。深海平原带以半深海—深海泥最为发育。

研究区自渐新世以来，西部鲁伍马河、鲁菲吉河、塔纳河及潘加尼河开始发育（郭笑等，2019）。由于东非渐新世河流沉积研究成果相对较少，基于鲁伍马河、鲁菲吉河及潘加尼河自渐新世开始至今一直发育且规模较大（郭笑等，2019），与现代沉积较为类似，本次采用类比方法，以现代河流规模定性分析渐新世河流供源体系，河流规模参考前人及现代资料，三角洲规模综合前人及本书成果，海底扇规模为本书的成果。研究区河流—三角洲—海底扇（水道—朵叶体系）沉积体系较为发育，可分为鲁伍马河、鲁菲吉河、潘加尼河及加拉纳河—塔纳河四大河流—三角洲—海底扇体系，大致呈 W—E 向展布。鲁伍马河—三角洲—海底扇沉积体系规模最大，鲁菲吉河—三角洲—海底扇次之，加拉纳河—塔纳河—三角洲—海底扇沉积体系规模第三，潘加尼河—三角洲—海底扇沉积体系规模最小。其中，鲁伍马盆地北部水道及朵叶体（海底扇）具有北偏特征；坦桑尼亚盆地中部海底扇呈南偏趋势，而潘加尼河供源的海底扇为 W—E 向展布；北部拉穆盆地海底扇整体呈 NWW—SEE 向展布。总体而言，西部坳陷带发育三角洲，中部斜坡带以水道及朵叶体最为常见，东部深海平原带发育朵叶体及半深海—深海泥，沉积体多分布在 Davie 构造带以西（图 3-47、图 3-50、图 3-51）。

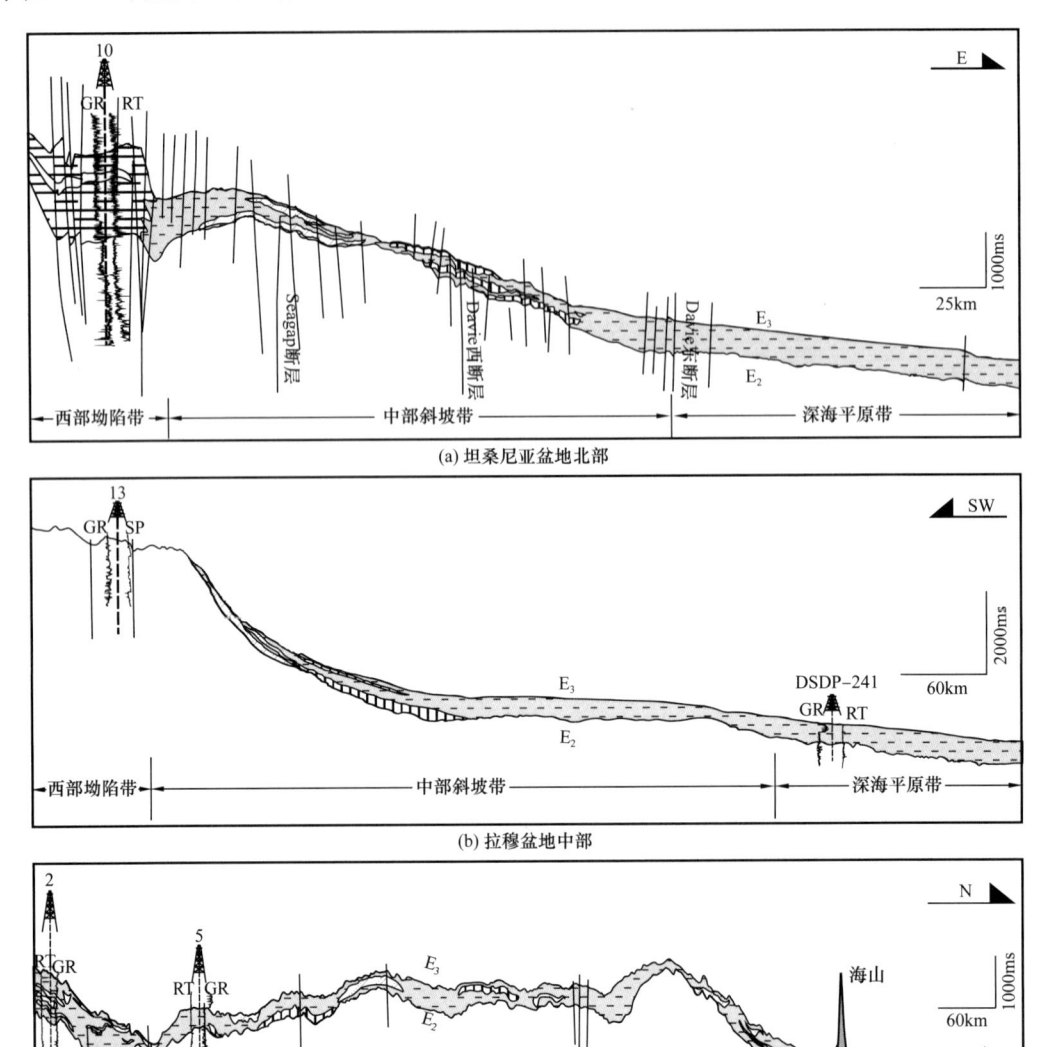

图 3-50　东非海岸重点盆地渐新统地震剖面沉积相
地震剖面位置同图 3-45；图例参见图 3-49

4. 构造事件—沉积体系耦合关系

1）构造事件—沉积环境

研究区构造事件类型较为复杂多样，包括洋中脊扩展、地幔热柱及断层活动等，其与沉积体系的沉积环境，以及沉积物供给、搬运、堆积密切相关。

板块活动控制沉积体系的类型及宏观分布。晚二叠世—三叠纪，卡鲁地幔柱导致东非海岸呈伸展状态，陆相沉积较为发育。早—中侏罗世，随着冈瓦纳大陆内部坳陷的发育，伴随全球海平面上升，海水率先从 NE 方向侵入裂陷盆地，形成了湾状浅海（张光亚等，2015），北部索马里盆地受海水入侵影响较为显著，沉积环境为浅海。早白垩世以来，随着马达加斯加板块动停止，印度—塞舌尔板块开始向 NE 方向移动，印度洋逐渐扩张，东非海岸从东向西水体逐渐加深，河流—三角洲—海底扇沉积格局逐渐形成。渐新世，研究区自西向东河流—三角洲—海底扇沉积体系持续发育，规模增大（图 3-51）。

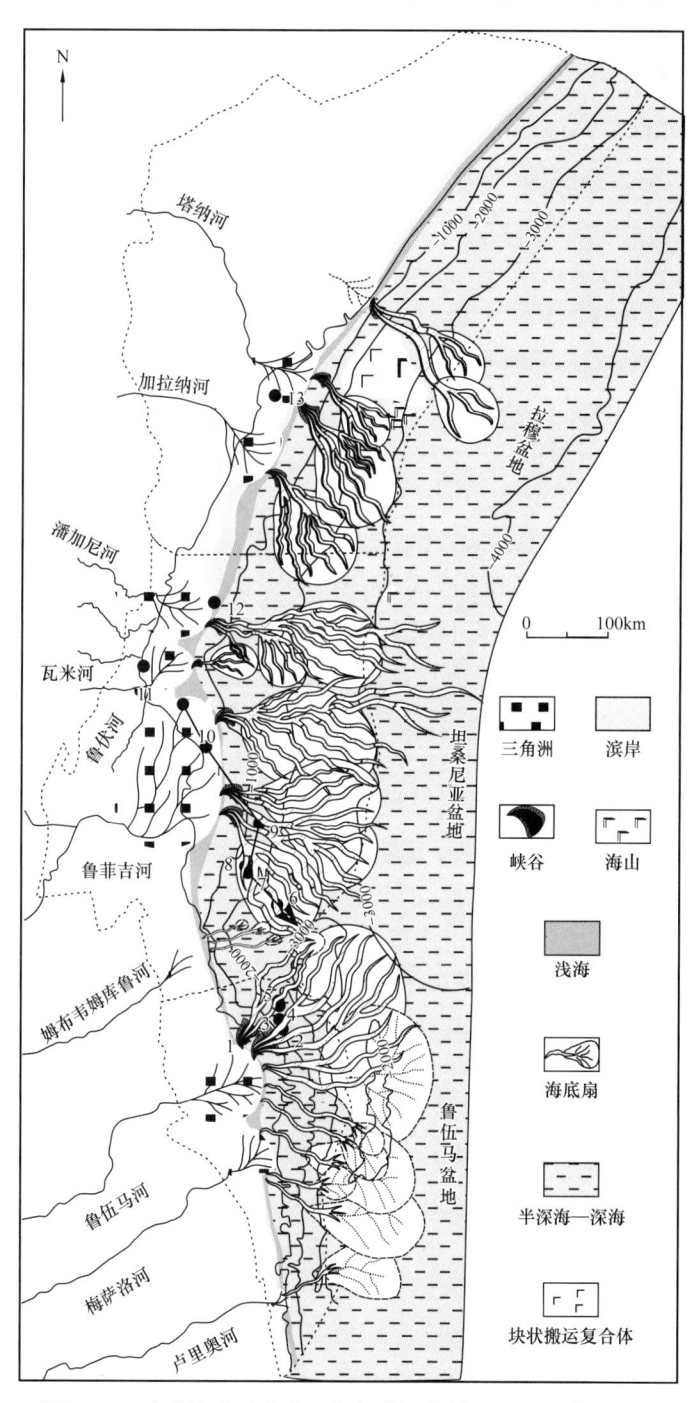

图 3-51 东非海岸重点盆地渐新世沉积体系平面展布特征图

2）构造事件—物源供给

构造事件（大陆的裂解、洋盆闭合及板块碰撞等）可造成山、盆等大型隆坳格局，进而影响古环境。盆地的构造格局及其演化决定盆地地貌的总体演化。研究区陆上构造事件可引起物源区的抬升及下降，进而控制物源供给及河流流域展布，最终影响物源供给。渐新世初期，由于 Afar 地幔柱作用，在东非陆上形成较为显著的裂谷作用及地热异常，其向南影响到拉穆盆地、坦桑尼亚盆地及鲁伍马盆地，造成盆地边缘发生次级构造抬升，使得陆上局部地区隆起达 2000～3000m（Chorowicz，2005；Mcdonough et al.，2013；Said et al.，2015），强烈的剥蚀，伴随全球海平面下降（Salman and Sbdula，1995），为大型河流—三角洲—海底扇沉积体系的发育提供了丰富的物质基础。

3）构造事件—古地貌演化

较强的构造事件可在盆内形成规模较大的次级（古）隆起或（古）隆起带，是沉积盆地中重要的构造地貌之一。水下隆起初始形成时期，整体呈上覆地层变薄趋势，后期隆起出露水面，遭受剥蚀，为周缘凹陷沉积体系提供局部物源。而坳陷（凹陷）在沉积盆地内往往会成为沉积体系的沉积中心（图 3-47c）。研究区沉积盆地内构造运动主要有洋中脊扩张及断层活动两大类型。

晚白垩世开始，坦桑尼亚盆地中部及南部边界的洋中脊扩张停止，并发生塌陷，其早期的伸展作用与后期重力作用导致被动陆缘深水区形成热沉降带（金宠等，2012；Mcdonough et al.，2013），洋底出现西部坳陷带、中部斜坡带及东部深海平原带的隆坳格局（图 3-47b）。因鲁伍马盆地北部和坦桑尼亚盆地南部位于沉降带 SW 方向，坦桑尼亚盆地中部及北部则位于沉降带 NW 方向，导致鲁伍马盆地北部和坦桑尼亚盆地南部的水道—朵叶体沉积呈近 SW—NE 向展布，而坦桑尼亚盆地中部及北部的水道—朵叶体沉积整体呈 NW—SE 向展布（图 3-51）。

同时，不同级次断层在盆地内部形成不同规模的隆坳地貌。一级及二级断层活动，如 Seagap 断层、Davie 西断层及 Davie 东断层，可形成盆地内部一级及二级构造单元，从西向东发育坳陷带、中部斜坡带、Davie 构造带（脊）及深海平原带，以及一系列次级凹陷及凸起，其控制沉积体系的沉积和分布（图 3-47a、b）。主要体现在三个方面，首先，沉积体系主要发育在凹陷地区（图 3-47、图 3-50、图 3-51）；鲁伍马盆地北部及坦桑尼亚盆地南部发育 SW—NE 向次注，导致鲁伍马盆地沉积体系北偏；坦桑尼亚盆地中北部及拉穆盆地，从北向南发育 NW—SE 向次注，沉积体系南偏。其次，由于 Davie 构造带的限制作用，沉积体系主要发育在 Davie 构造带西部。南部鲁伍马盆地海底扇在斜坡带主要发育在 Kerimbas 凹陷中（图 3-47b、图 3-51）。最后，三级断层可形成一系列的断槽，可作为沉积物搬运通道。渐新世坦桑尼亚盆地南部海底扇南偏，鲁伍马盆地海底扇北偏，除了洋中脊停止扩张外，可能还受到 NW—SE 及 SW—NE 向断层的影响（图 3-47a、图 3-51）。

4）构造事件—沉积响应

综合上述分析，研究区构造事件、古地貌演化及沉积体系内在联系极为紧密，具体表现在沉积环境、古地貌及物源等三个方面（图 3-49 至图 3-51）。非洲、印度—塞舌尔板块扩张等构造运动控制沉积体系发育类型。漂移期，伴随印度—塞舌尔板块漂移，并与非洲板块分离，印度洋逐渐扩张，海水南侵，河流—三角洲—海底扇沉积体系继承性发育，规模逐渐增大。构造事件形成了西部坳陷带、中部斜坡带及深海平原带隆坳格局，沉积体系在坳陷带及次洼较为发育。同时，因 Davie 构造带的限制作用，沉积体系多发育在 Davie 构造带西侧，深海平原带海底扇发育较少。构造事件可引起沉积盆地外地形及剥蚀区的形成，同时控制河流等沉积物搬运及供给体系（图 3-52；郭笑等，2019）。

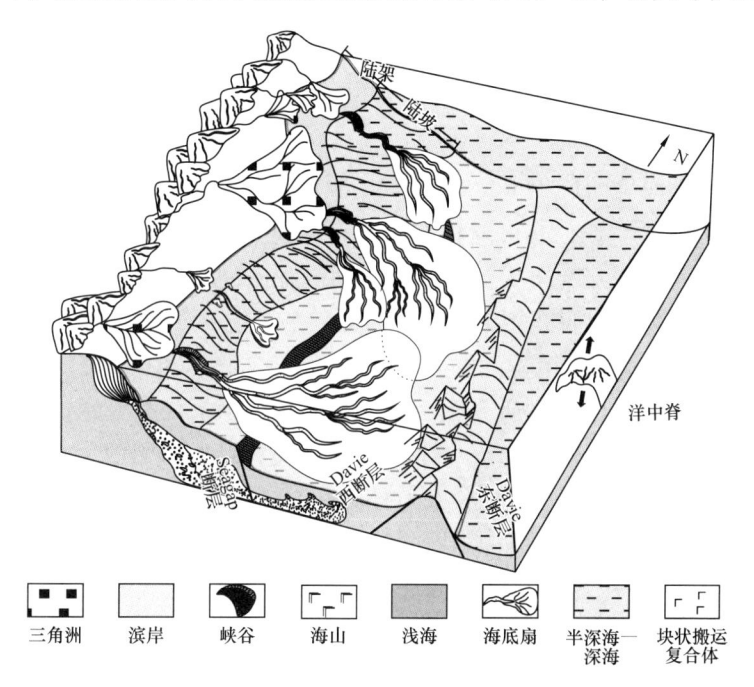

图 3-52 东非海岸重点盆地渐新世沉积模式

第四章 深水交互作用沉积

深水沉积环境中沉积动力机制复杂多样，存在不同性质的流体类型，包括重力流、等深流及内波、内潮汐等。在同一环境，不同性质的水动力可能相互影响而形成不同类型的沉积，即交互作用沉积（复合流沉积）。狭义的深水交互作用沉积指深水环境内两种或多种不同性质水动力同时同地相互作用产生的沉积（Mulder et al., 2008）。广义的深水交互作用沉积指深水环境中同一地区在某段地质历史时期内（同地不同时）两种或多种性质水动力相互作用产生的沉积（吴嘉鹏等，2012）。内波、内潮汐、等深流及重力流是深水环境中常见的流体类型，其可能相互影响而形成交互作用沉积。目前，对内波、内潮汐与重力流，以及等深流与重力流的交互作用沉积研究较多，其他性质水动力相互作用及沉积响应也有发育，但研究相对较少。因此，本章主要介绍内波、内潮汐与重力流，以及等深流与重力流交互作用沉积两大类型。

内波与重力流交互作用沉积研究相对较少，并且在本书已有一定的介绍（见本书第一章第二节），在此仅做简单的总结。本章重点介绍等深流与重力流交互作用沉积。关于内波与重力流交互作用沉积主要认识及成果有以下几个方面：

（1）内波属于振荡流，重力流为单向流；

（2）内波与重力流交互作用沉积在地层记录中可有效鉴别；

（3）复合流层理、准平行层理、波痕、丘状/似丘状交错层理是重要的鉴别标志；

（4）内波与重力流相互作用的直接因素为两者相对能量的大小。一般而言，内波与高能重力流共同作用时，重力流占主导；内波与低能（低密度）重力流作用时可形成复合流沉积；当重力流能量较低时，内波可以改造早期的重力流沉积，如改造程度较高，可形成内波沉积。

第一节 等深流与重力流交互作用沉积

一、概述

近20余年，等深流与重力流沉积研究实例逐渐增多，研究手段和方法也不断多样化。现代沉积研究主要基于地球物理、钻孔、地球化学测试等资料。研究实例涉及加的斯海湾（Mencaroni et al., 2021）、巴西东部（Pandolpho et al., 2021）、爱尔兰西北洛克尔海槽（Georgiopoulou et al., 2021）、南海北部（Li et al., 2013）、墨西哥湾（Kenyon et al., 2002）、南极洲（Lobo et al., 2021）、东非莫桑比克（Miramontes et al., 2021）及加拿大东部（Normandeau et al., 2019）等地（图4-1）。上述研究中，以加的斯海湾地中海外流相关研究最为系统，成果最为丰富。

古代地层记录中相关研究包括北大西洋东侧地中海及邻区志留系—更新统（Castro et al.，2020）、东非莫桑比克盆地白垩系—古近系（Chen et al.，2020）、南海北部中新统（Zhu et al.，2010）、墨西哥湾上新统—更新统（Shanmugam et al.，1993）、格陵兰岛东部上白垩统（Hovikoski et al.，2020）、阿根廷陆缘上白垩统（Rodrigues et al.，2021）、加勒比海上白垩统（Stanley，1993）、加津佐盆地上新统—更新统（Ito，1996）及鄂尔多斯盆地西南缘奥陶系（Wang et al.，2021）。上述研究实例中，仅威尔士、格陵兰岛及鄂尔多斯盆地西南缘等9例为露头研究，并且格陵兰岛东部、阿根廷陆缘、阿拉伯克拉通等5例聚焦等深流沉积，尚未对等深流—重力流混合沉积形成机理进行研究（图4-1）。

图 4-1 深水等深流与重力流交互作用研究实例分布图

二、研究历程

20世纪70年代就有学者注意到深水区存在重力流与等深流交互作用沉积，并展开了一些开拓性的研究。随着研究手段的提高，深水沉积认识不断加深，重力流与等深流交互作用沉积越来越受到重视，其研究历程可大致分为3个阶段。

1990年以前，重力流与等深流交互作用沉积研究很少，主要是等深流改造重力流沉积（改造砂），代表性论文主要有两篇（Stow and Lovell，1979；Lovell and Stow，1981）。Stow和Lovell在探讨现代及古代等深流沉积特征时，认为砂质等深流沉积是高能的等深流改造、搬运及筛选重力流（浊流）沉积而成（Stow and Lovell，1979）。1981年，Lovell和Stow在前期工作的基础上对古代砂质等深流沉积的鉴别标志进行了综合研究，如薄层砂夹于厚层泥岩中、生物扰动发育，以及顶部见改造的浊积岩沉积序列等。同时，总结了7种重力流（浊流）与等深流交互作用沉积模式，包括陆隆地区、同时同地、海山或海岛环境、限制性环境（水道）互层等（Lovell and Stow，1981）。

1990—2000年，重力流与等深流交互作用沉积逐渐受到重视，研究成果大量涌现，研究内容涉及重力流与等深流沉积互层、改造砂及同时同地交互作用沉积（狭义交互作用沉积）等，研究对象从古代至现代均有（Kuvaas and Leitchenkov，1992；Faugères and Stow，1993；Shanmugam，1993；Stanley，1993；Rasmussen，1994；Ito，1996；Kähler and Stow，1998；Massé et al.，1998；Stow et al.，1998；Viana et al.，1998）。在现代沉积研究方面，Kuvass 和 Leitchenkov（1992）在利用地震剖面资料研究水道化的重力流沉积和等深流沉积（漂积体）时，认为南极洲普里兹海湾重力流与等深流沉积互层为两种流体交互作用而成，等深流可对水道—堤岸沉积体系的溢流沉积进行改造。根据丰富的地震剖面、多波束、水文测试及岩性等资料，前人对现代重力流与等深流交互作用沉积特征、发育位置及主控因素进行了初步的总结。重力流沉积顶部通常被侵蚀，并伴有丰富的生物扰动现象。中—上陆坡重力流沉积发育，中—下陆坡等深流沉积发育，中间过渡区为重力流和等深流交互作用区域。两者在不同的地质历史时期内，主导作用不一，其与地形、海平面及气候等有密切联系（Kähler and Stow，1998；Massé et al.，1998）。古代地层记录中的等深流改造重力流沉积研究方面也有较大突破。Shanmugam 等（1993）对等深流改造重力流沉积（改造砂）的特征进行了总结，如以细砂、粉砂为主，多为薄层，分选好，发育平行层理、交错层理、透镜状层理、压扁层理及逆粒序层理等，底部突变—渐变接触，顶部多为突变接触，内部见侵蚀面，并发育 8 种沉积序列。Stanley（1993）在研究重力流与等深流交互作用沉积模式时考虑不同的斜坡类型，建立了 4 种沉积模式，并根据等深流对重力流沉积改造的程度不同，总结了 10 种沉积序列。

2000 年之后，重力流与等深流交互作用沉积已经广泛为人所接受，越来越多的专家对其进行了系统的研究（Bulat and Long，2001；Damuth and Olson，2001；Michels et al.，2001；Hernández-Molina et al.，2009；Scheuer et al.，2006；Marchès et al.，2010；Rooij et al，2010；Salles et al.，2010；吴嘉鹏等，2012）。国际地质科学联合会（IUGS）和欧洲地球科学联合会（EGU）等国际组织围绕重力流与等深流交互作用沉积进行了综合研究，召开了多次专题会议，并出版了一系列著作（Viana，2002；Rebesco and Camerlenghi，2008）。本阶段研究内容涉及重力流与等深流交互作用沉积特征、主控因素及沉积模式，并取得了一系列成果，特别是沉积模式研究。基于不同的资料和重点，其沉积分类及模式有所不同（Shanmugam，2003；Hernández-Molina et al.，2008；Mulder et al.，2008；吴嘉鹏等，2012）。Mulder 等（2008）将其分为低频等深流和重力流沉积变化（地形继承）、高频等深流和重力流沉积变化、等深流改造重力流沉积，以及等深流与重力流同时作用沉积等 4 类。吴嘉鹏等（2012）则将其划分为等深流对前期重力流沉积改造、重力流对前期等深流沉积改造、重力流与等深流交互主导同一地区的沉积，以及等深流与重力流共同作用沉积等 4 种情形。

三、鉴别标志及沉积特征

1. 沉积类型

等深流一般流速较低，持续稳定时间长（Stow and Smillie，2020），而重力流多具瞬时性，能量往往高于等深流，两者相互作用因相对能量、持续时间、海底地貌等而形成不同类型的沉积。基于研究资料及对象的不同，等深流及重力流交互作用沉积划分方案较多（Mulder et al.，2008；吴嘉鹏等，2012；Ercilla et al.，2019）。根据陆缘位置、峡谷水道及水流方向等特征，Lovell 和 Stow（1981）划分了陆隆、斜坡脚、峡谷水道、偏转型等 7 种类型。Mulder 等（2008）结合地球物理、岩性等资料，划分了等深流与浊流沉积互层、等深流改造浊流沉积及等深流与浊流同时作用沉积等 3 种情况。Stow 和 Smillie（2020）将等深流与浊流沉积划分为了 3 种，包括：等深流短距离搬运浊流沉积（可以形成不对称堤岸），总体为浊流沉积特征；等深流长距离搬运改造浊流顶部或尾部沉积，成分特征为浊流沉积，而沉积特征多呈等深流沉积（复合漂积体）；高能等深流改造顶部浊流沉积，可发育成熟度较高的浊流沉积，以及顶部侵蚀的浊流与生物扰动较发育的泥质及砂质等深流沉积。基于上述方案的划分依据、优点及不足对比（表 4-1），结合笔者所在团队对南海北部、东非、西非、巴西东部及鄂尔多斯盆地西南缘深水沉积的研究成果，认为 Mulder 等（2008）提出的划分方案以沉积类型的物质体现（包括岩性、产状等特征）为基础，野外及室内研究便于掌握，并且分类较全，实际研究中可能更为实用。

表 4-1 主要等深流与重力流交互作用沉积类型划分方案对比表

代表方案	划分依据	划分结果	优势	不足
Lovell 和 Stow（1981 年）	聚焦砂质等深流沉积形成机理，提出了等深流与重力流相互作用的概念模式	陆隆、斜坡脚、峡谷水道、偏转型及其他	最早较为系统对交互作用分类进行划分	仅提出概念模式，类似地区交互作用形成机理可能明显不同，按地区划分不能满足形成机理研究
Mulder 等（2008 年）	以沉积响应（地质体）的形态及沉积组合为依据	等深流与浊流沉积互层、等深流改造浊流沉积及等深流与浊流同时作用沉积	从产出形式出发，便于开展野外露头及地球物理（岩心）综合研究	未全部体现形成机理差异
吴嘉鹏等（2012 年）	以等深流及重力流活动时间和能量相对大小变化的沉积响应为依据	等深流对前期重力流沉积改造、重力流对前期等深流沉积改造、重力流与等深流交互主导同一地区的沉积及等深流与重力流共同作用沉积	体现了重力流的能量变化、等深流的持续型，以及地质时期内两者主导作用的变化及沉积响应	（1）重力流与等深流交互作用主导同一地区与等深流与重力流共同作用有交差；（2）重力流侵蚀能力一般较强，对早期的等深流沉积进行侵蚀可导致地层记录中重力流改造等深流沉积类型不发育
Stow 和 Smillie（2020 年）	聚焦等深流沉积的形成机理	等深流短距离搬运浊流沉积、等深流长距离搬运改造浊流顶部或尾部沉积、高能等深流改造顶部浊流沉积	较系统地反映了等深流对浊流改造的沉积特征、过程及形成机理	未能较全覆盖等深流与重力流交互作用沉积类型，并且实际研究操作难度较大

2.沉积特征

本书主要采用 Mulder 等（2008）划分方案，认为等深流与重力流交互作用沉积类型主要有三种，其特征分别如下。

1）等深流与重力流沉积互层

此类沉积研究基础是重力流及等深流沉积的有效识别。其中，重力流沉积划分方案较为成熟，研究成果较为丰富，目前用得较多的方案是根据流体支撑性质划分的碎屑流、颗粒流、液化流及浊流，各流体的沉积特征及鉴别标志国内外形成了普遍认识，如浊流沉积的鲍马序列、碎屑流沉积的泥砾（漂砾）、液化流沉积的变形构造等，在此不再赘述（Middle and Hampton，1973；何幼斌和王文广，2017）。等深流沉积的特征在第二章已进行了较为详细的阐述，也不再赘述。

2）等深流改造重力流沉积（改造砂）

等深流改造重力流沉积在深水中较为常见，沉积现象较为丰富。Stow 和 Faugères（2008）认为改造砂主要特征包括：（1）发育在等深流与重力流活跃区；（2）生物扰动或潜穴发育，顶部被改造，见逆粒序及不规则粗粒沉积；（3）双向交错层理，粉砂岩中可见小型交错层理及生物扰动；（4）在浊流沉积序列中可见侵蚀突变；（5）细粒沉积被搬运或不沉积；（6）与下伏浊积岩的结构差异显著（更干净、分选更好、逆粒序、粒度曲线呈负偏等）；（7）与浊流沉积互层，双峰或复杂多变结构；（8）浊积岩中部分细粒组分被淘洗、搬运；（9）总有机碳含量极低；（10）典型的浊流沉积序列（顶部缺失或被改造），不存在等深流沉积旋回层序。

Shanmugam（2003）及 Gong 等（2016）认为改造砂通常成熟度较高，分选及磨圆较好，泥质较少，不同规模的逆粒序层理、交错层理、透镜状层理、脉状层理、"S"形交错层理、双黏土层等典型牵引流沉积构造发育，向上突变（无侵蚀）接触，底部突变到渐变接触或存在内部侵蚀冲刷面，可见厚度通常小于 5cm 的薄层—纹层状的砂，以及韵律性砂泥互层或发育大量的砂层，粒度概率累计曲线呈两段式或三段式（图 4-2）。

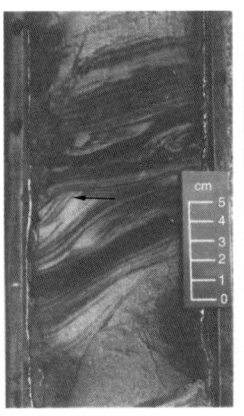

(a) 砂泥互层(逆粒序)　　(b) 交错层理　　(c) "S"形交错层理　　(d) 双黏土层

图 4-2　等深流改造重力流沉积特征（据 Shanmugam，2003）

由于沉积构造的多解性（Stow and Smillie，2020），如平行层理、交错层理、复合层理等由牵引流及浊流都可形成，双黏土层及"S"形交错层理可能有内潮汐参与。因此，笔者认为等深流改造重力流（浊流）沉积的典型特征主要有以下几个方面：（1）重力流与牵引流沉积构造都可能发育，其中双向交错层理最为典型；（2）足够沉积构造（交错层理、双向交错层理、槽模）重塑的古水流系统具有两个古水流方向，一个顺斜坡向下，一个大致平行斜坡，两者垂直或大角度斜交；（3）没有典型的等深流沉积特征，与重力流沉积特征也有所不同，与重力流沉积相比，成熟度相对较高，分选及磨圆较好；（4）单一沉积旋回内（厚1m以下），呈下粗上细沉积特征，顶部侵蚀特征明显，内部常见小型的波状侵蚀；（5）单个沉积旋回（单元）中，粒度概率累计曲线呈一段式至三段式，下部以一段式为主，向上出现两段式和三段式。

3）等深流与重力流同时作用沉积

由于等深流能量一般弱于重力流，重力流沉积规模远高于等深流沉积，并且重力流容易侵蚀破坏等深流沉积，导致沉积记录识别难度较大。目前，对该类型沉积的研究主要有两种方法。一是基于现代水文测试、浅钻（岩心）资料及地球物理资料综合分析。二是基于地球物理资料和少量岩心，根据特殊地质体进行综合研究。对于该类沉积，主要以三类特殊的沉积体系为载体（单向迁移水道、水道—堤岸体系、不对称朵叶体），通过内部构型剖析，分析沉积过程。

单向迁移水道是深水沉积环境中较为常见的地貌，内部可发育等深流漂积体，等深流改造浊流沉积（Zhu et al.，2010；李华等，2014；Campbell and Mosher，2015；Zhou et al.，2015；Gong et al.，2018）。目前研究发现，存在水道迁移方向与等深流运动方向相同及相反两种现象（Zhu et al.，2010；Gong et al.，2018；Fonnesu et al.，2020；Fuhrmann et al.，2020）。水道—堤岸体系中水道可见单向迁移特征，水道两侧堤岸发育，部分堤岸上发育等深流沉积及沉积物波（Luan et al.，2021；Miramontes et al.，2021；周伟，2021）。水道顺等深流运动方向一侧堤岸发育，而迎流一侧堤岸发育程度相对较低。水道末端发育不对称朵叶体，具有顺等深流方向偏转特征（Mulder et al.，2008；Luan et al.，2021）。总体而言，由于深水单向迁移水道研究实例较少（周伟，2021），对其沉积特征因研究实例及资料不同而有所差异，并且等深流与重力流同时沉积在地层记录中还未有统一、有效的鉴别标志，其典型特征需要后期结合更多实例进行总结（图4-3）。

综上所述，深水等深流、重力流、等深流改造重力流及原地沉积在岩性、结构、沉积构造、生物化石、沉积序列、古水流及产状等方面具有一定的差异性（表4-2），在地层记录中对上述沉积的有效鉴别是等深流与重力流交互作用沉积形成机理研究的前提。

四、形成机理

前人利用地球物理、岩心、分析测试及室内物理模拟等手段，主要对现代及古代地层记录中的等深流与重力流交互作用沉积形成机理进行了半定量—定量研究。而对古代地层记录中的交互作用沉积机理研究精度相对较低，多为定性分析，物理模拟研究开展极少。上述3种研究成果见表4-3。由于篇幅所限，仅介绍5个较为典型的实例。

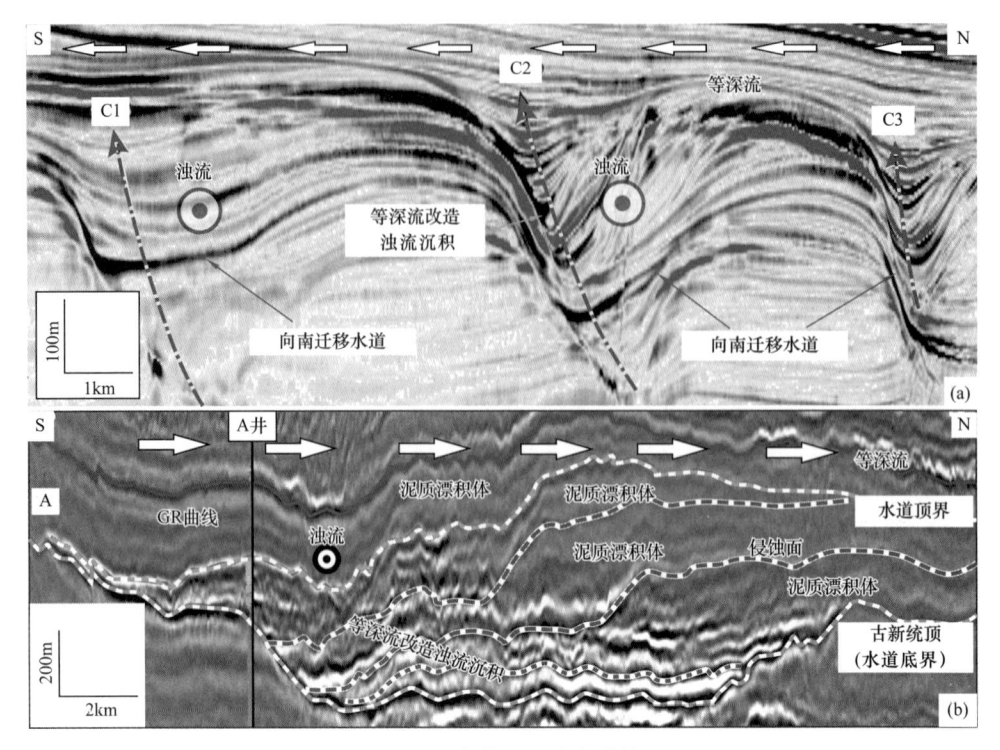

图 4-3 深水单向迁移水道特征

（a）西非下刚果盆地，水道迁移方向与等深流运动方向相同（Gong et al.,2018）；（b）东非莫桑比克，水道迁移方向与等深流运动方向相反（Luan et al.,2021）

Miramontes 等（2021）开展了等深流与浊流的室内物理模拟研究。模拟条件下，浊流流量为 30m³/h，等深流速度为 10cm/s、14cm/s、19cm/s，水道宽 80cm，深度为 3cm，含砂率为 17%，粒径为 133μm，坡度为 11°。研究表明，浊流运动过程中，水道迎等深流一侧形成了锋面，进而阻止浊流的漫溢。随着等深流速度的不断增加，水道顺等深流一侧堤岸较为发育，迎流侧相对不发育，水道迁移方向与等深流运动方向相反（图 4-4a 至 c）。

Mencaroni 等（2021）综合地球物理、岩心、粒度、海洋学资料对加的斯海湾现代浊流—等深流沉积体系形成进行了较为深入的研究。研究区峡谷、等深流沉积、块状搬运复合体、沉积物波发育及分布各有不同。峡谷顺地中海外流一侧等深流漂积体、浊流沉积更为发育，迎流侧则相反。等深流与内波、浊流等形成的雾浊层控制沉积物的搬运和沉积。通过研究认为，高能的地中海外流深层水（等深流）在流动过程中，可以与浊流、内波共同作用。其中，等深流可对浊流等形成的雾浊层及浊流沉积物进行搬运，导致峡谷、水道迎流侧遭受一定的侵蚀、搬运作用，沉积速率较低，而顺流一侧，等深流漂积体、沉积物波及浊流沉积等更为发育。内波可对峡谷、水道内部浊流沉积进行改造、搬运及再沉积。

Campbell 和 Mosher（2015）认为等深流运动经过重力流水道时，水道内部顺流一侧等深流速度较高，沉积速率较低，而迎流一侧等深流速度降低，沉积速率增大，同时水道内部浊流受科氏力作用顺等深流运动方向偏转，两者共同作用可在水道内部形成不对称的水道充填（图 4-4d）。Gong 等（2018）在研究西非下刚果盆地单向迁移水道形成机理时,引入了开尔文—亥姆霍兹旋涡现象,认为当水道中浊流(超临界流)速度为 1.72~2.59m/s,Fr 为 1.11~1.38,与等深流(速度为 0.1~0.3m/s)共同作用可形成 7.07m 厚的密度跃层。当开尔文—亥姆霍兹旋涡以 0.87~1.48m/s,4.0°~19.2° 经过水道时,可在水道顺流一侧发生侵蚀,迎流一侧以沉积为主,最终在水道内部形成不对称充填结构,并呈现出单向迁移的特征(图 4-4e)。

表 4-2 等深流、重力流、等深流改造重力流及深水原地沉积典型特征对比表

沉积特征	等深流沉积	重力流沉积	等深流改造重力流沉积	深水原地沉积
岩性	陆缘碎屑、碳酸盐岩、火山碎屑岩	陆缘碎屑、碳酸盐岩、火山碎屑岩	陆缘碎屑、碳酸盐岩、火山碎屑岩	陆缘碎屑、碳酸盐岩、火山碎屑岩
结构	粒度一般较细(泥、粉砂、细砂),分选中等—好	粒度分布范围广(泥—砾),分选较差—中等	粒度较粗(粉砂—砂),分选中等,杂基含量较低	以细粒沉积为主
沉积构造	波痕、交错层理、水平层理等牵引流沉积构造	槽模、平行层理、交错层理、变形构造等	双向交错层理、平行层理、交错层理等	水平层理、小型交错层理
生物化石	较少,磨损或破坏	深水生物少,见浅水沉积物(生屑、鲕粒等异地搬运)	少,多破碎,见浅水沉积物异地搬运沉积	较多,保存较完整
沉积序列	细—粗—细	鲍马序列常见(浊流沉积)	下粗上细,鲍马序列顶部缺失	块状
生物扰动	发育,各层都有	较多,位于顶部	较多,位于顶部	发育
古水流	平行斜坡	顺斜坡向下	两个方向,平行斜坡及顺斜坡向下,两者大致垂直	无
粒度概率累计曲线	两段式和三段式	一段式和两段式,以一段式为主	一段式至三段式皆有,下部多为一段式,向上逐渐为两段式和三段式	无
产状	透镜状,波状界面,侧向连续性较差,单层厚度为 10~100cm	层状(朵叶体)、透镜状(水道),单层厚度变化较大	层状、透镜状,单层厚度相对重力流沉积较薄	层状

Castro 等(2020)基于地震、岩心资料,通过地震相、岩相、沉积物结构、构造、粒度、沉积序列、遗迹化石组合、微量元素含量及比值等特征完成了加的斯海湾古代地层记录中等深流沉积及等深流改造重力流沉积研究。结果表明,研究区重力流峡谷或水道与等深流水道、漂积体发育。等深流改造重力流沉积多贫杂基砂,向上逐渐过渡为波纹层理细砂,生物扰动较常见。高能的等深流可改造低密度浊流沉积,内部可见侵蚀、改造、凝缩段及沉积间断等。从短周期来看,等深流改造重力流沉积具有多期性;而从长周期来看,等深流与重力流交互作用过程与沉积物供给和等深流速度相关。

表 4-3 等深流与重力流交互作用沉积形成机理研究对比表

研究对象	研究手段	主要认识	典型地区及代表文献	优点	不足
现代沉积	地球物理、岩心、浅钻、物理海洋	（1）不同水深的环流（等深流）等可对峡谷或水道中的重力流沉积物进行横向搬运，由于地形、速度差异形成不同类型的等深流沉积，峡谷或水道两侧等深流沉积类型、规模有所不同；（2）内波、内潮汐可对峡谷或水道中重力流沉积进行顺斜坡向上、向下改造，对重力流沉积进行淘洗、搬运及再沉积；（3）峡谷或水道内部可能具有不对称沉积充填，水道两侧堤岸沉积规模不同	加的斯海湾、巴西东部、南海北部、墨西哥湾、南极洲、东非、加拿大东部	（1）定性—半定量研究，精度较高；（2）等深流与重力流沉积响应过程较为清晰	（1）物理海洋、深海观测等资料较少，等深流—重力流系统运动路径及速度变化研究薄弱；（2）沉积过程及主控因素的定量研究较少
古代沉积	野外露头、地震、测井、岩心及分析测试	（1）等深流可对重力流沉积物进行搬运，进而形成等深流沉积；（2）根据等深流及重力流相对能量的高低而改造程度有所不同，进而形成等深流沉积、等深流改造重力流沉积、重力流沉积及不同形态的沉积体	加的斯海湾、鄂尔多斯盆地西南缘、东非、珠江口盆地、塞浦路斯、摩洛哥南部	（1）能基本阐明不同沉积类型的特征；（2）宏观规律较清楚	（1）定性分析，精度低，实例少；（2）主控因素及古环境恢复较少；（3）形成机理尚需进一步研究
物理模拟	室内模拟等深流—浊流沉积	（1）揭示等深流—浊流共同作用下水道—堤岸形成过程；（2）水道中浊流可受等深流影响形成不对称的堤岸沉积；（3）水道表现出迁移特征	Miramontes 等（2021年）	（1）定量研究，精度高；（2）沉积物的搬运及沉积过程清楚	（1）条件单一，不能完全满足自然界实际条件；（2）其他情况尚未开展模拟，如不同速度的等深流、不同类型重力流、不同坡度下的水道—朵叶体系等

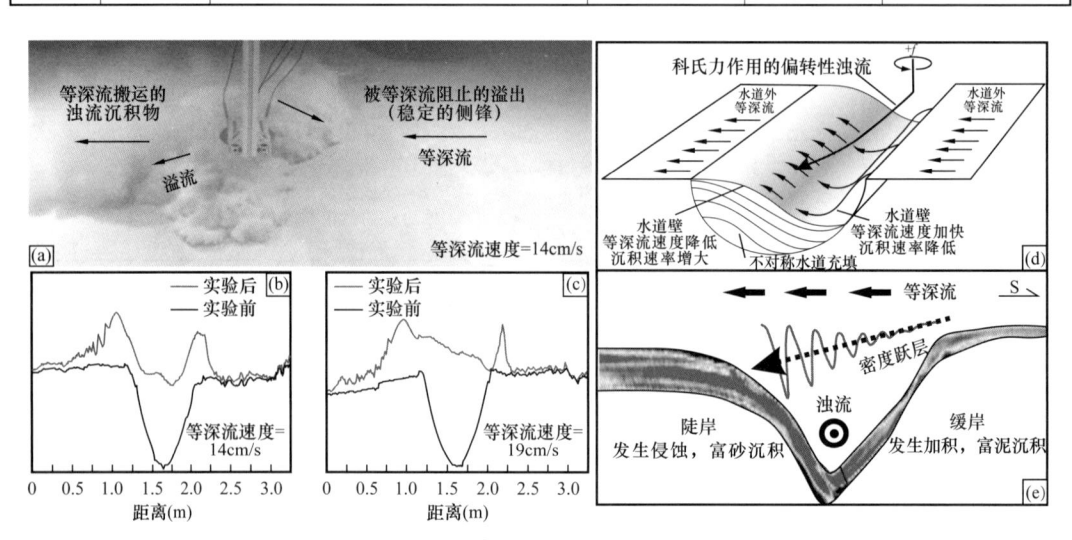

图 4-4 等深流与重力流交互作用形成过程

（a）至（c）物理模拟（Mencaroni et al.，2021）；（d）和（e）现代沉积研究（Campbell and Mosher，2015；Gong et al.，2018）

上述研究实例和其他研究实例都有一个相近点，即综合利用地球物理、野外露头、室内分析及沉积模拟等手段对等深流与重力流相互作用形成过程进行了较多研究，沉积模式主要为等深流与重力流沉积互层、等深流改造重力流沉积，以及等深流与重力流同时作用沉积三种（图4-5；Fonnesu et al.，2020）。

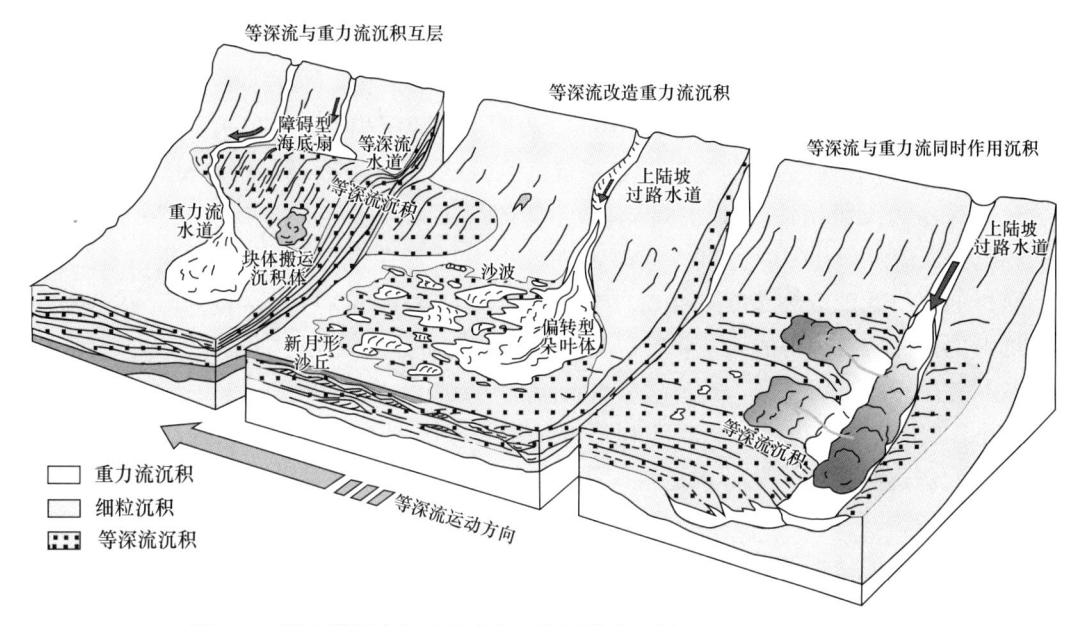

图4-5 深水等深流与重力流交互作用模式（据Fonnesu et al.，2020）

等深流与重力流沉积互层在地层记录中较为常见，代表等深流与重力流交替主导。重力流活跃时期，沉积物可通过峡谷、水道向下搬运，发育水道—堤岸及朵叶体。重力流末期及间歇期，等深流持续作用，可对深水原地沉积物、早期浊流沉积等进行搬运，最终形成等深流沉积。随后，新一期重力流爆发时，一方面因重力流能量较高，可一定程度破坏早期的等深流沉积；另一方面，早期的等深流沉积，特别是丘状漂积体等凸起地貌，可影响重力流的运动及沉积，进而改变水道路径，发育盆底扇及陆坡扇。

持续高能的等深流可改造早期的重力流沉积，也可对重力流顶部的低密度浊流进行影响，使得重力流沉积物顺等深流运动方向搬运，形成顺等深流方向偏转的不对称海底扇或朵叶体。在顺流一侧，根据改造程度不同可形成沙丘、沉积物波、席状砂等。沉积物成熟度相对较高。

等深流与重力流同时作用沉积主要发生在重力流能量较低，等深流能量较高时。这类沉积在现代沉积实例中报道较多（Li et al.，2013；李华等，2014；Campbell and Mosher，2015；Gong et al.，2018；Fonnesu et al.，2020）。当等深流经过重力流水道时，可以对低密度浊流进行顺等深流运动方向搬运，同时可对水道迎流一侧堤岸沉积进行改造，导致水道顺流一侧堤岸更为发育，水道内部形成不对称的充填，长时间作用形成不对称的水道—堤岸体系，水道整体表现迁移特征，迁移方向与等深流运动方向相同或相反（Mulder et al.，2008；Fuhrmann et al.，2020）。

第二节 深水交互作用沉积研究意义

一、油气勘探

目前,在西非、巴西、墨西哥湾、南海北部及圭亚那盆地等地区的重力流沉积中获得了大量油气勘探突破(张功成等,2017),表明重力流沉积(海底扇)具有重要的油气勘探潜力。此外,粗粒的等深流沉积也可成为良好的油气储层(Viana et al., 2007),阿拉伯地块等深流沉积相关油气勘探已有数十年的历史(Bein and Weiler, 1976),加的斯海湾粗粒等深流沉积孔隙度达50%(Yu et al., 2020),墨西哥湾等深流改造重力流沉积含砂率接近80%,孔隙度为25%~40%,渗透率为100~1800mD(Shanmugam, 1993)。同时,细粒的等深流沉积可成为"粗粒"储层(重力流、等深流及等深流改造重力流沉积)的有效封盖层(Bailey et al., 2021)。Fonnesu等(2020)在研究东非莫桑比克北部Coral及Mamba气田等深流与浊流同时沉积形成过程时,认为不对称水道从轴部到堤岸地震振幅从强到弱逐渐发生变化。水道顺等深流方向一侧发育偏转型朵叶体、沉积物波及水道相关漂积体。砂岩成熟度高,杂基含量少。远离海底扇轴部发育薄层细砂,发育波痕、平行层理砂岩,泥质披覆、泥砾见双向纹层。晚期的次级水道砂/地比高,为优质储层;孤立水道砂/地比中等,为有利储层;水道顺等深流方向发育偏转型朵叶体及等深流漂积体,砂/地比较低,为潜在储层(图4-6)。

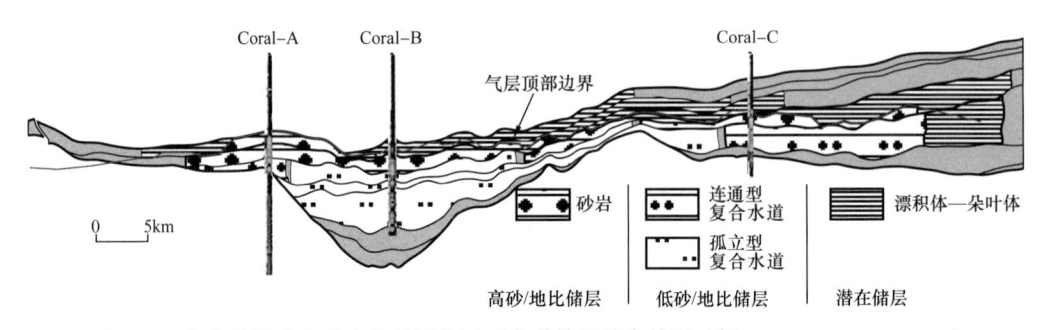

图4-6 东非等深流与重力流共同作用下水道储层分布特征(据Fonnesu et al., 2020)

二、岩相古地理

等深流与重力流交互作用沉积蕴含丰富的古环境信息。地层记录中等深流沉积的类型、规模及演化反映小周期速度、温度、盐度及地形等变化,以及长周期的冰期—间冰期、古构造、古海洋及古气候的变化(Hernández-Molina et al., 2016;李华等,2017,2018)。然而,目前对等深流与重力流交互作用沉积与古环境的内在联系研究极少,相关研究聚焦沉积特征及过程研究,而且对古环境研究多基于区域构造运动、全球相对海平面升降及古气候等研究成果,对等深流与重力流沉积层段的古环境恢复研究较为薄弱,研究精度较低。同时,在等深流和重力流活动与古环境变化关系研究中,对等深流、重力流沉积与古环境关系的研究较多，等深流与重力流混合沉积与古环境关系整体研究较少，本节选取地球物理及野外露头资料和研究成果较为系统的两个实例进行阐述。其中，鄂尔多斯盆地野外露头研究对古环境进行了较为系统的恢复，精度较高，但是典型剖面少。阿根廷东部等深流—浊流沉积展布规律研究比较系统，但是古环境恢复研究精度低。

通过岩相、微量元素及同位素等对鄂尔多斯盆地南缘奥陶系平凉组深水沉积研究发现：（1）该区等深流、浊流、碎屑流及等深流改造浊流沉积较为发育；（2）等深流、重力流、等深流改造重力流、原地沉积的岩相及地球化学特征明显不同；（3）从下至上，相对海平面、古盐度及古气候可大致分为3个变化旋回；（4）等深流在相对海平面上升、古盐度突变及气候湿润时较为活跃，有利于等深流沉积的发育。相反，重力流主要发育在相对海平面下降、气候干燥及构造活动较为活跃时期（李华等，2018）。

基于地球物理资料及前人成果调研，阿根廷东部陆坡白垩系等深流—浊流沉积类型、规模及演化与区域构造事件、全球相对海平面升降、缺氧事件和古环流关系研究发现，交互作用沉积规模超过$28×10^4km^2$，其主要受控于冈瓦纳大陆分裂（125Ma）及南大西洋打开。等深流—浊流沉积发育可分为四个阶段，包括：（1）初始阶段（125—89.8Ma，阿普特期—康尼亚克期），陆缘热沉降，浊流沉积开始发育；（2）开始阶段（89.9—81Ma，康尼亚克期—坎潘期），SE向运动的浊流及SW向运动的"低能"等深流开始活动；（3）成长阶段（81—66Ma；坎潘期—马斯特里赫特期），浊流与等深流最为活跃；（4）埋藏阶段（约66Ma，古新世），等深流持续活跃至今，等深流沉积一直发育。四个阶段与研究区的古海洋变化，特别是南大西洋深水环流的运动密切相关。另外，等深流—浊流沉积体系还受地形地貌、构造事件、环流系统及周期性浊流影响（Rodrigues et al., 2021）。

三、地质灾害

海底滑坡、碎屑流、浊流等重力流及相关沉积在深水环境中较为常见，可形成峡谷、水道、阶坎、沙波、麻坑、陡坡等复杂地貌，可造成海底设施，如海底管线、电缆、光缆、钻井平台等损坏，也可给海岸地区人民的生命及财产安全带来巨大损失（Miramontes et al., 2018；孙启良等，2021），因此，重力流相关的地质灾害研究与预防极为重要。

相对而言，等深流沉积相关地质灾害研究较少。实际上，等深流沉积发育位置及规模可控制海底地貌形态及堆积样式，进而可能带来地质滑坡等地质灾害。Miramontes等（2018）研究了地中海北部等深流漂积体、半深海沉积、浊流沉积对斜坡稳定性的影响（图4-7），研究发现：（1）研究区东部发育块状搬运复合体、丘状漂积体、涂抹型漂积体，西部发育峡谷、半深海沉积及涂抹型漂积体；（2）半深海沉积坡度一般小于5°，安全系数较高，涂抹型漂积体坡度达11°，安全系数较低；（3）等深流漂积体的地貌形态（陡坡、丘状）控制斜坡的稳定性，涂抹型漂积体下部坡度较高，容易发生滑塌；（4）陡坡及高能的等深流侵蚀可诱发海底滑坡。

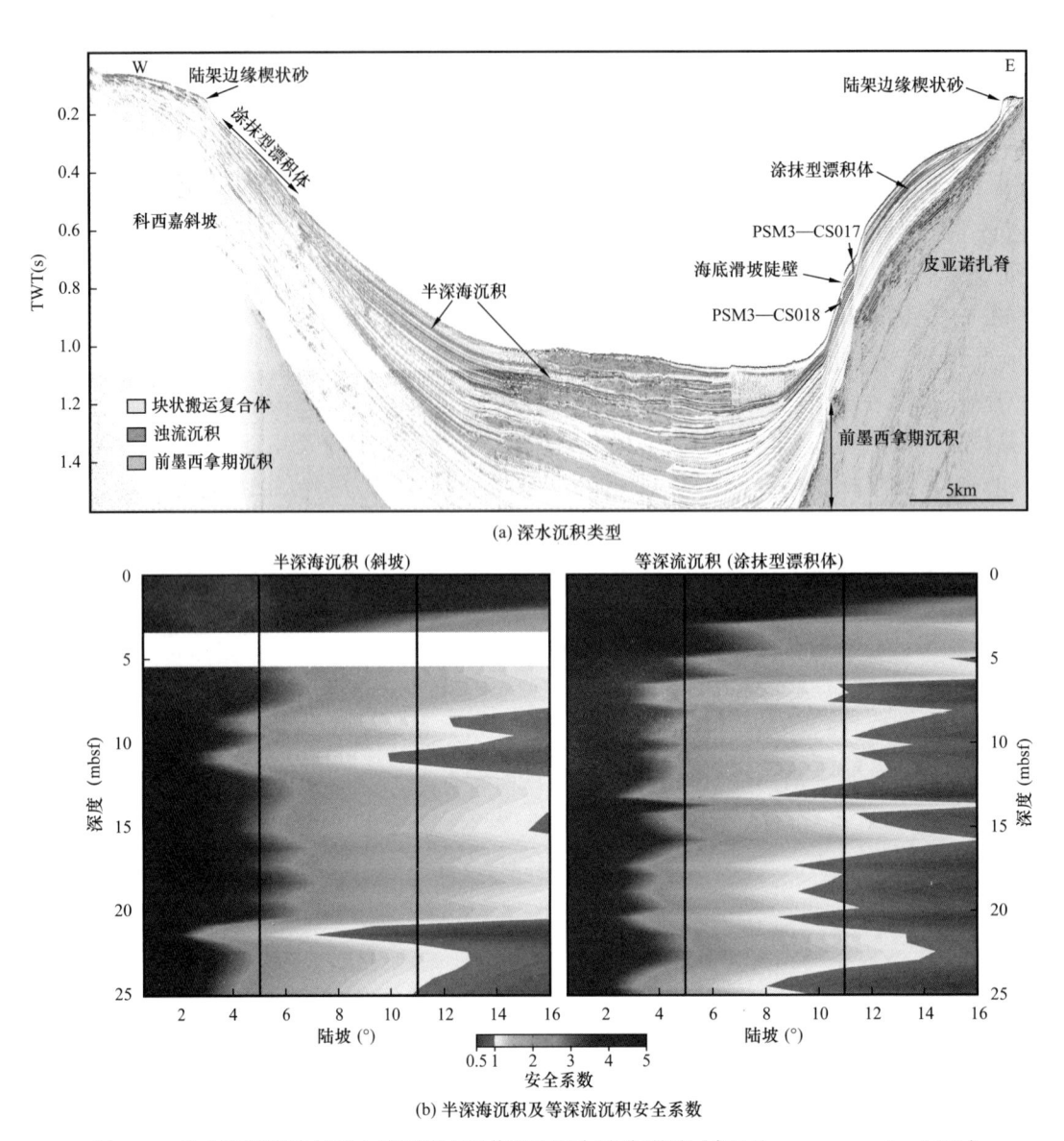

图 4-7 地中海等深流与重力流沉积交互作用沉积与海底滑坡（据 Miramontes et al.，2018）
图中深度单位 mbsf 指海底以下的深度，以米为单位

第三节 研究实例

一、南海北部重力流与等深流交互作用沉积

1. 概况

南海位于亚洲大陆、中印半岛、加里曼丹岛、菲律宾群岛及台湾岛之中，为半封闭深水海盆，其总面积约 $3.5\times10^6 km^2$，水深超过 5000m，总体为 NE 走向。吕宋海峡是南海与太平洋连通的主要通道，宽 300km，海槛深度约 2500m（Zhu et al.，2010）。从大地

构造而言，南海处于欧亚大陆的东南缘，邻近欧亚、太平洋、印度洋—澳大利亚三大板块的交会处，是西太平洋中最大的边缘海（王宏斌等，2003）。

南海北部大陆边缘东起台湾岛，西部为越南，南部和南海深水平原相接，大致呈NE向展布，长约1500km，宽约600km，总面积约90×10^{4}km^2，约占整个南海总面积的1/4（Luan et al.，2011）。研究区主要为珠江口盆地及东沙群岛周缘，水深200~3000m（图4-8）。

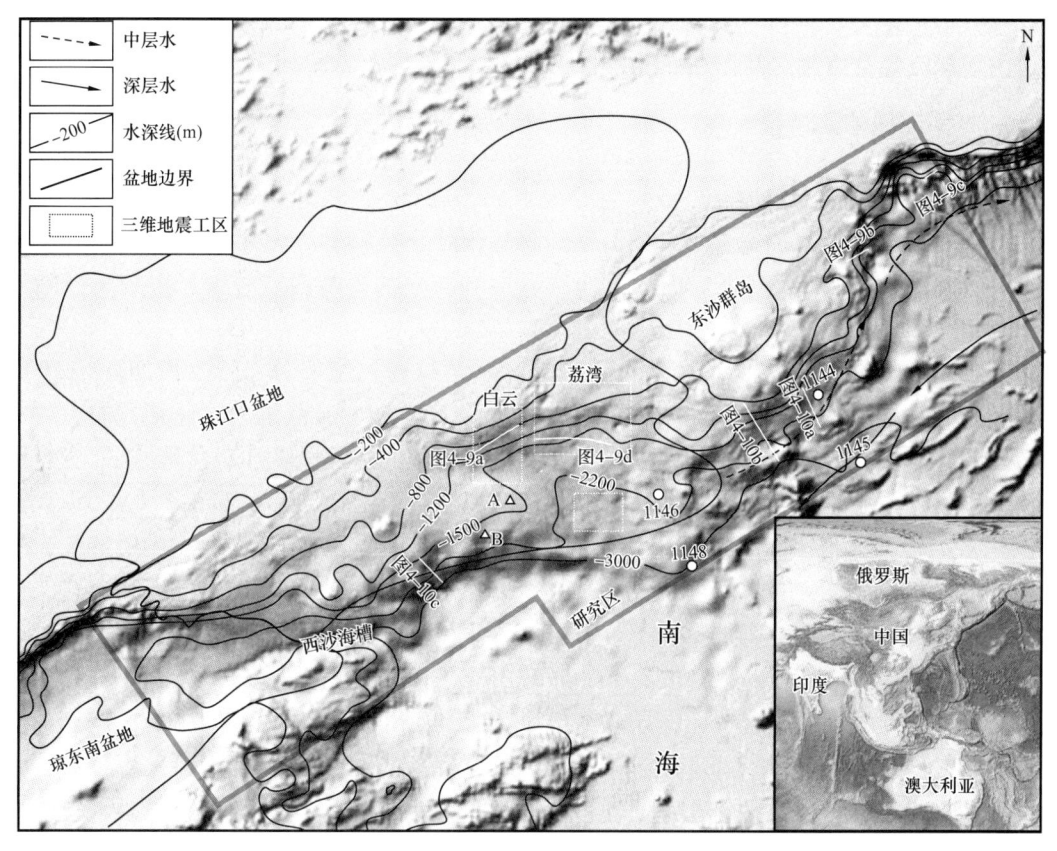

图4-8 南海北部地形及中深层水团运动特征图（据王海荣等，2007）

南海表层水受季风的影响明显，在冬季从北部流向爪哇海，总体呈逆时针方向；而在夏季时恰好相反，呈顺时针方向运动。同时，其还可能受吕宋海峡进入的黑潮、沿岸流影响（Liang et al.，2003）。黑潮是在北太平洋中重要的西边界流之一，其通过吕宋海峡以顺时针方向进入南海，可进一步演变形成NE向的南海暖流。南海暖流主要沿南海陆架运动，为南海西边界流的主体（Zhu et al.，2010），其可通过吕宋海峡流入太平洋（Chen et al.，1996）。

南海中层水研究相对较少，一般认为其可通过吕宋海峡流入西太平洋，可能与台湾东部黑潮中层水最低盐度值相对较高有关，也可能与南海海盆中层的反气旋环流有联系（Yuan，2002）。谢玲玲（2009）在吕宋海峡中层500~900m水深发现反气旋涡，该反气旋涡将一部分中层水带向吕宋海峡南部，回到南海；一部分从海峡北部流出，进入太平洋。尽管在水深约1000m反气旋涡消失，但是在水深1139.15m的水团仍然具有顺时针运动特征（图4-8）。

南海深层水主要为北太平洋深层水经吕宋海峡进入南海海盆，沿陆架向西做逆时针运动，其流速为0.15～0.3m/s，呈由东向西的逆时针运动（Yuan，2002；谢玲玲，2009；Li et al.，2013），并形成了一系列等深流沉积（Li et al.，2013）。

Li等（2013）通过南海北部NE及SWW向迁移水道、漂积体及沉积物波等在不同水深范围内的分布，推断南海北部中层及深层等深流分界大致为1200m，中层等深流为SW—NE方向顺时针运动，而深层等深流表现为SW向的逆时针运动。其中，单向迁移水道为等深流与重力流交互作用而成，其迁移方向与等深流方向相同。

2. 典型沉积单元特征

1）峡谷及水道特征

珠江口盆地陆坡北部发育珠江峡谷，根据二维地震资料刻画，其宽度12.8～39.6km，SN向展布，大致顺陆坡向下，中部弯曲度有所增加。西部为西沙海槽，大致平行陆坡分布。

另外，南海北部陆坡还发育两种单向迁移水道，一种主要分布于水深200～1200m内，迁移方向大致为NE向；另一种多发育在水深大于1200m范围内，迁移方向大致为SWW向。其中，北东向迁移水道主要分布于琼东南盆地东部，珠江口盆地北部的白云、荔湾深水区，以及东沙群岛东部。水道整体迁移特征明显，多为"U"形或"V"形，轴部沉积多为强反射地震特征，迁移特征明显。水道西侧的侧积体为弱地震反射特征，具有明显的期次性（图4-9a）。其中，白云及荔湾深水区共发育17条北东向迁移水道，侵蚀特征明显，水道内呈连续性较差、上平下凹的透镜状强反射地震特征，水道之间大致平行，总体呈SN向展布，顺陆坡向下。局部水道还见堤岸沉积，其外形为"楔状"，呈中等—好连续性弱反射地震特征，局部见丘状等深流沉积（漂积体；图4-9b）。南西西向迁移水道见于东沙群岛东北部的台西南盆地，水深大致为1500m，侧积体发育，可大致分为3期。水道迁移特征相对北东向迁移水道较弱，外形多为"U"形，连续性较差，呈上平下凹透镜状中等地震反射特征（图4-9c）。

2）朵叶体特征

白云及荔湾深水区迁移水道顺陆坡向下，水道规模逐渐减小，数量增加，水道之间大致平行。水道为平行—亚平行强地震反射特征，地层厚度变化趋势不大，为多个似丘状沉积。丘状沉积体可能为水道末端的朵叶体，因该区水道数量多（17条），水道相互平行，间距较小；因此，其末端朵叶体相互叠置堆积，而使得典型的丘状外形不明显（图4-9d）。

3）漂积体特征

本节以地震资料为手段，仅对地震反射特征明显的等深流沉积进行刻画，包括丘状漂积体及席状漂积体两大类，可细分为大型长条状漂积体、限制型漂积体及陆坡席状漂积体（图4-9、图4-10），其特征详见第二章第五节中国南海北部等深流沉积。

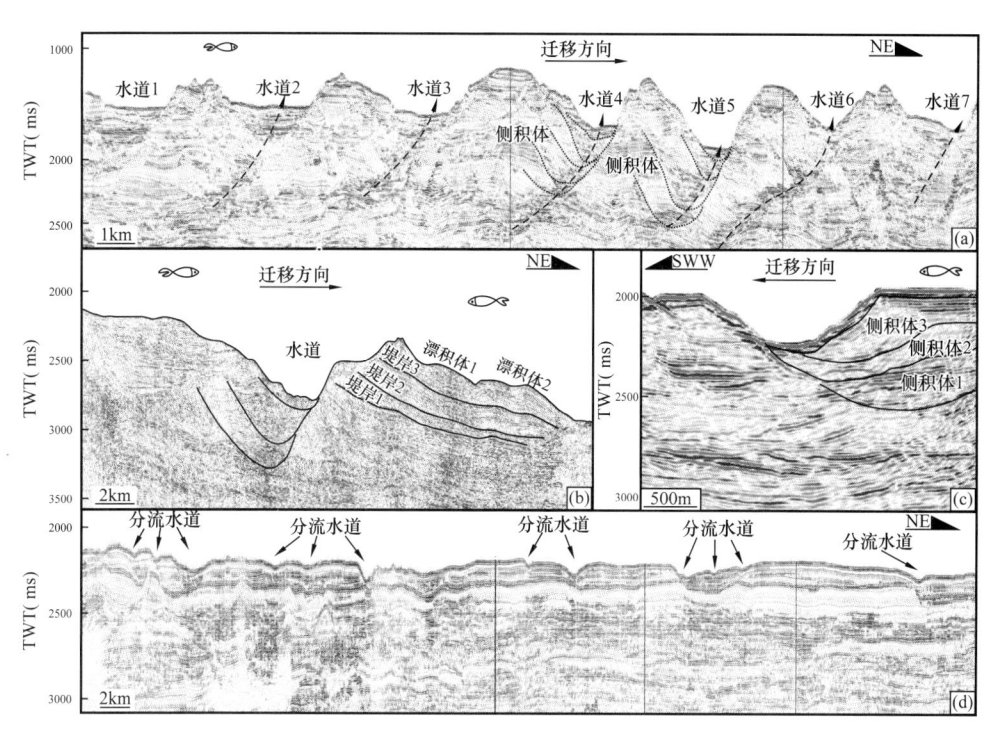

图 4-9 南海北部重力流沉积特征（剖面位置参见图 4-8）

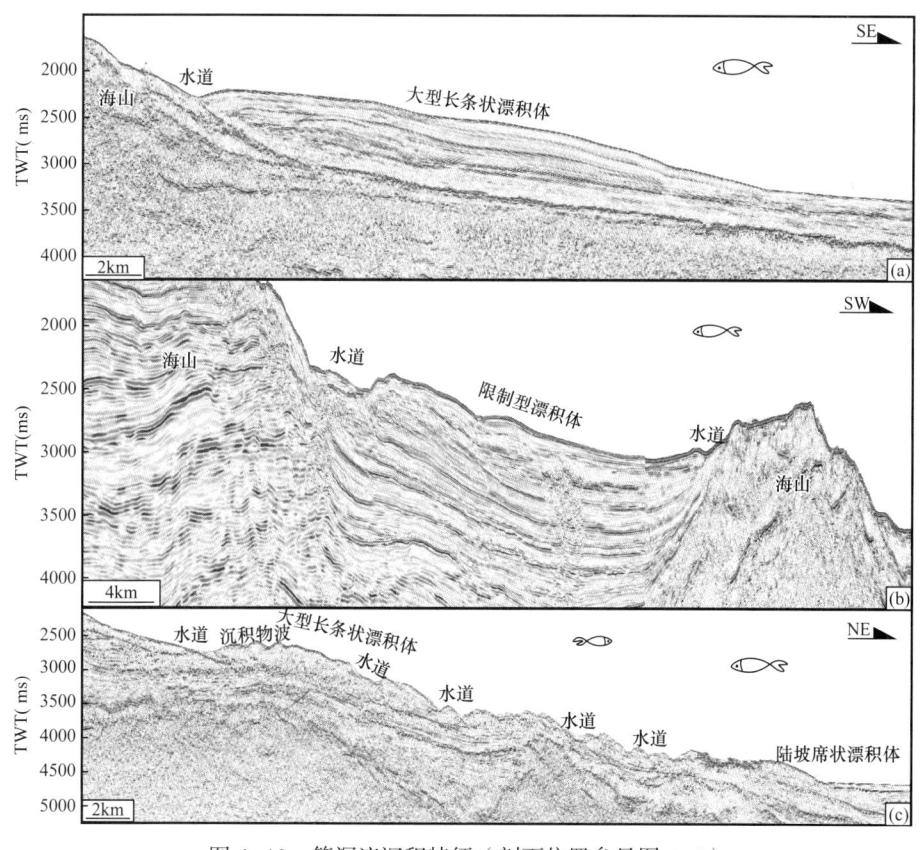

图 4-10 等深流沉积特征（剖面位置参见图 4-8）

3. 典型沉积单元分布特征

水道、朵叶体及漂积体等在不同水深区域有所不同。水深200～1200m范围内发育大规模的北东向迁移水道、大型长条状漂积体及小规模的限制型漂积体。而水深大于1200m范围内大量发育朵叶体、大型长条状漂积体、限制型漂积体及陆坡席状漂积体，另见少量的南西西向迁移水道（图4-11）。

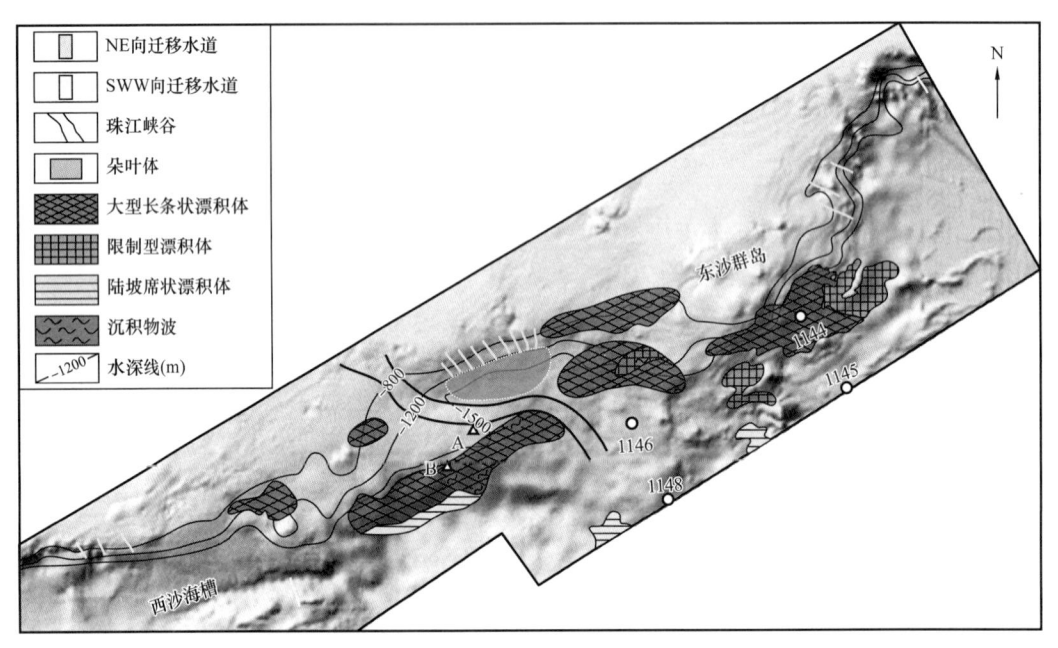

图4-11 南海北部峡谷、单向迁移水道及等深流沉积平面分布图

漂积体规模在不同水深发育规模及位置有所不同（图4-11）。水深200～1200m范围内漂积体规模较小，主要发育在东沙群岛的西部；而水深1200～3000m范围内漂积体发育面积大，分布广。大型长条状漂积体分布广泛，限制型漂积体在东沙群岛南部及西部发育，而陆坡席状漂积体则发育在斜坡脚。

峡谷、水道与等深流漂积体在平面分布上具有明显的相关性。水深200～1200m范围内，漂积体主要发育在珠江峡谷及单向迁移水道的东侧；而水深大于1200m区域内，漂积体多分布于单向迁移水道的末端、珠江峡谷的西侧及西沙海槽的尾部（图4-11）。

4. 岩性特征

在南海北部珠江口盆地有两个重力流活塞样A和B。A含砂率为0.48%～6.37%，平均为2.18%；粒径ϕ值为7.08～7.84，平均为7.41；$CaCO_3$含量为13.42%～30.97%，平均为22.89%。B含砂率为0.91%～19.64%，平均为4.97%；粒径ϕ值为6.22～7.91，平均为7.28；$CaCO_3$含量为13.25%～31.67%，平均为20.58%（图4-12；王海荣等，2007）。

同时，从ODP1144、ODP1145、ODP1146、ODP1148钻孔资料来看，岩性主要为黏土及粉砂质黏土，生物扰动明显，化石含量较多，主要有有孔虫、放射虫、海绵骨针及介壳生物等。

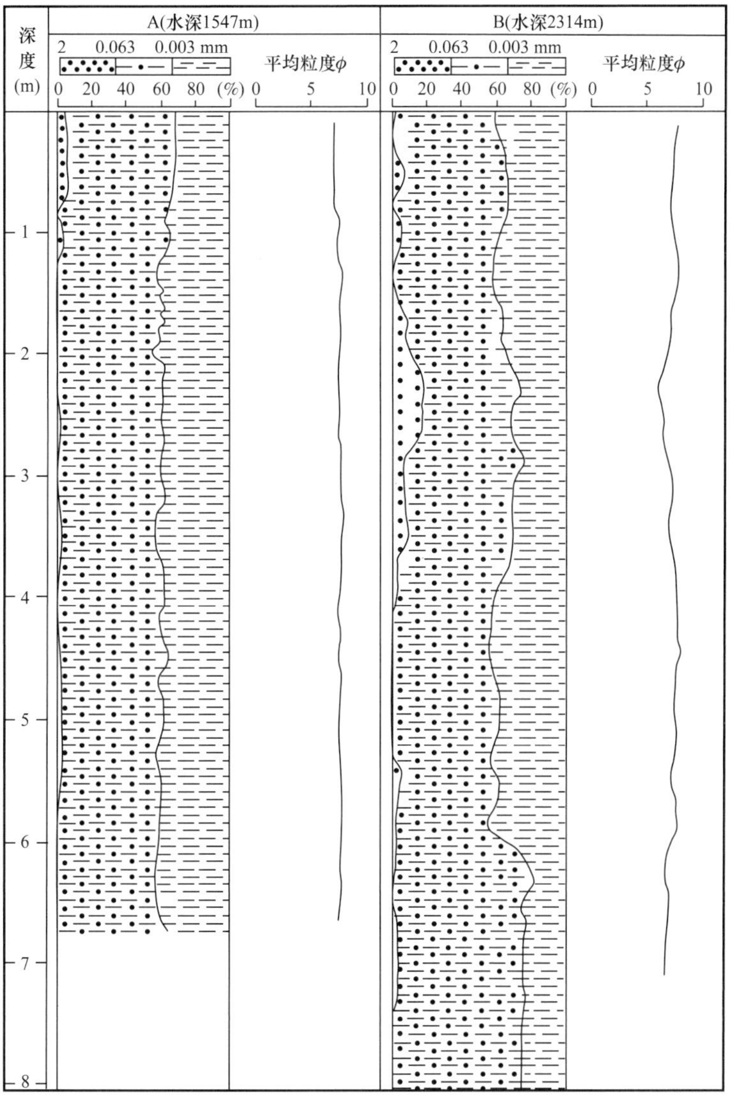

图 4-12 南海北部陆坡岩性特征（据王海荣等，2007；位置参见图 4-11）

从钻孔及活塞样样品可反映研究区岩性主要为黏土、粉砂质黏土及泥质粉砂。因此，可推测南海北部珠江口盆地等深流沉积主要为细粒沉积。

5. 峡谷、水道及朵叶体形成过程

峡谷、水道是连接陆架与深水区的重要通道，在为重力流沉积提供物源的过程中扮演着重要角色，其发育位置广泛，不同环境的峡谷，形态、特征、沉积过程各不相同。典型的峡谷、水道具有"U"形或"V"形的外形特征（图 4-9a 至 c），并伴随轴部沉积、水道沉积及滑塌沉积，其影响因素包括物源、地形、坡度、构造运动等（Jobe et al., 2011）。就其成因而言，多认为其与浊流及碎屑流的侵蚀、沉积过程有关（Shepard, 1981）。朵叶体多分布于峡谷、水道末端，为海底扇典型沉积单元（图 4-9d），其形成主要有两个方面的因素：（1）在限制作用较强的峡谷及水道末端，因限制性环境消失，可能导致大量沉积物被卸载于峡谷口或水道口形成朵叶体；（2）水道在不断延伸过程中，随着能量的不断减小，自身有分支的趋势，最后在水道末端形成朵叶体（李华等，2011）。

6. 漂积体形成过程

漂积体是等深流沉积的典型沉积体（Faugères et al., 2008），而等深流沉积主要包含三个方面：一是垂直降落的原地沉积，主要为悬浮型泥质及粉砂质沉积；二是重力流沉积经等深流改造堆积而成；三是早期等深流沉积、火山碎屑等在后期经等深流改造而成。一般而言，深水区垂直降落的原地沉积厚度相对小，因此，改造、搬运洋底沉积物为等深流沉积的主要途径。南海北部陆坡重力流沉积丰富，可为等深流沉积提供物质基础。

ODP钻孔及重力流活塞样A、B的岩性表现为黏土、泥质粉砂，因其粒度细，而南海北部深层等深流速度平均为2～5cm/s，这使得等深流搬运细粒沉积物成为可能。

北东向迁移水道两侧堤岸发育不对称，水道北东侧堤岸相对南西侧更为发育，并且北东侧堤岸发育多期大型长条状漂积体（图4-9b），其说明水道南西侧（迎等深流一侧）堤岸受中层等深流破坏、改造而规模相对较小，而顺流一侧堤岸较为发育，并且发育漂积体。

西沙海槽、珠江峡谷、重力流水道与等深流沉积平面分布具有密切联系（图4-11）。水深200～1200m范围内，琼东南盆地西部及珠江口盆地白云和荔湾深水区北东向迁移水道的东部发育大规模的漂积体。重力流水道在北东向运动的中层水作用下，堤岸沉积和稀释性浊流被改造、搬运，进而在水道东部发育等深流沉积，特别是因东沙群岛的阻碍作用导致中层水运动路径发生变化，能量减弱，使得其发生卸载，最终在东沙群岛西部发育大量的等深流漂积体。

水深大于1200m的范围内，西沙海槽、白云和荔湾深水区的单向迁移水道末端、珠江峡谷的西侧及东沙群岛南部漂积体发育。该水深区域中，由北东向南西运动的深层水占主导作用，白云、荔湾深水区朵叶体及珠江峡谷具有丰富的重力流沉积物，其经深层水改造、搬运，进而在水道、峡谷及朵叶体西部形成大量的漂积体。另外，西沙海槽受北部海南岛及北西向红河物源供给作用，发育大规模的重力流沉积（Yuan et al., 2009; Zhu et al., 2012），其也可能为珠江口盆地西部的深层等深流沉积提供一定的物质基础。

前人通过ODP1144等钻孔资料分析认为，东沙群岛南部的大型长条状漂积体与台湾西南部的物质具有密切的亲缘关系，从而推测南海北部深层等深流沉积可能来自台湾的河流沉积经澎湖水道搬运至深水区，进而受深层水作用向西搬运而成（Shao et al., 2007）。但是，东沙群岛仍发育小规模的重力流水道，其仍可能为深层等深流沉积提供物源。

7. 深水单向迁移水道形成过程

重力流爆发初期，能量高，以侵蚀作用为主，形成水道雏形。因重力流能量远大于等深流能量，等深流沉积不明显，侧积体基本不发育，水道以垂向加积为主。随后，重力流能量相对减弱，在水道中表现为侵蚀及沉积特征。此时，等深流可将一部分沉积物搬运至水道中沉积并保存下来,侧积体开始发育。重力流末期或间歇期,能量微弱,在水道中以沉积为主。等深流占主导作用,其可搬运大量沉积物至水道中沉积,并得以保存,此阶段侧积体大量发育(Zhu et al.,2010)。因此,当一期重力流沉积作用完成后水道中将发育侧积体。而重力流再次爆发时,因侧积体的充填作用,可能导致重力流在前期水道中被迫迁移,从而使得水道改道。如此多期的重力流及等深流共同作用最终形成单向迁移水道,迁移方向与等深流方向大致相同。

南海北部北东向迁移水道极其发育,并且部分地方还发育南西西向迁移水道,同一地区上升流作用仅能形成同一方向迁移的水道,并且南海北部陆坡区整体是否发育上升流还有待研究。因此,结合单向迁移水道的形成机制及研究区实际资料分析,南海北部北东向迁移水道主要为重力流和中层等深流交互作用而成,而南西西向迁移水道为重力流与深层等深流交互作用成因。

8. 等深流与重力流交互作用沉积模式

南海北部中上陆坡发育北东向迁移水道及等深流漂积体,存在重力流及中层等深流交互作用机制,但峡谷及水道中重力流以侵蚀作用为主,堤岸相对不发育。等深流对重力流沉积的改造作用主要体现在 3 个方面。首先,等深流可对水道及峡谷两侧堤岸沉积物进行改造、再搬用,进而导致顺流侧的堤岸较为发育,并发育等深流沉积。其次,重力流在水道内运动过程中,其能量不断减小、沉积物不断稀释,其顶部的稀释性浊流及溢流沉积在悬浮状态下因等深流作用而改变方向,最终在顺等深流方向形成等深流沉积。最后,等深流运动经过水道时,因地形影响导致部分支流进入水道,对水道内的重力流沉积进行淘洗进而改造其结构及组分,有利于储集性能的提高(图 4-13)。

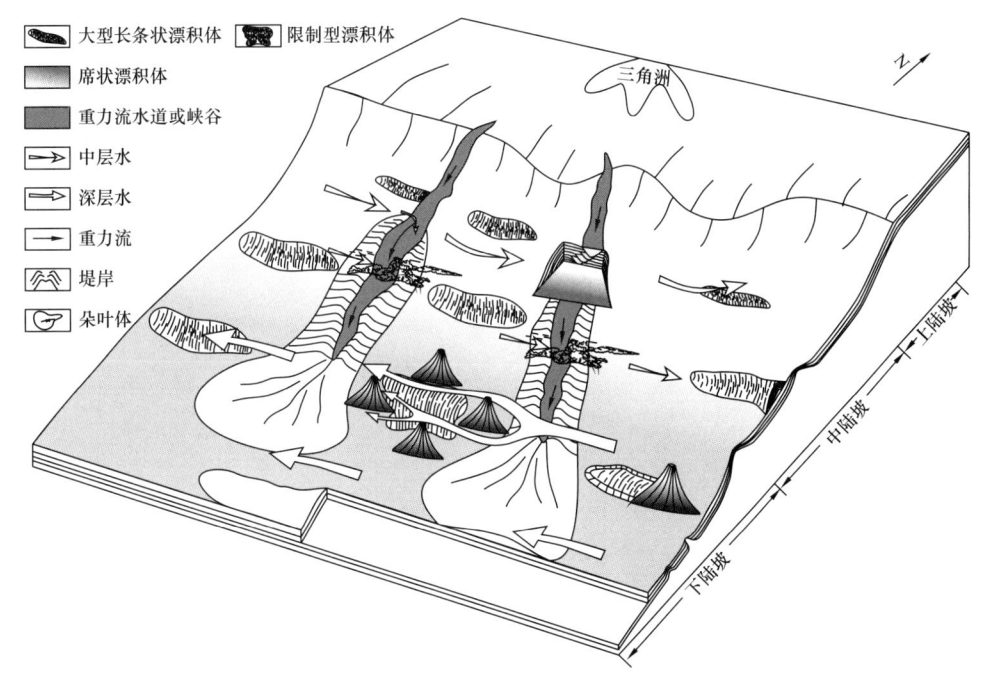

图 4-13 南海北部重力流与等深流交互作用模式图

中—下陆坡以小型水道及朵叶体沉积为主,该范围中存在重力流及深层等深流交互作用机制。深层水在运动过程中受海山等地形的影响出现分支,并对水道和朵叶体进行改造,进而在地形突变处形成大型长条状漂积体,海山区发育限制型漂积体,陆坡脚则发育席状漂积体(图4-13)。

因中—上陆坡重力流在水道中以侵蚀作用为主,水道堤岸相对不发育,稀释型重力流相对较少,进而使得中—上陆坡(中层水作用区域)以单向迁移水道为主,发育小规模的漂积体。而中—下陆坡小型重力流水道和朵叶体发育,沉积物在沿陆坡向下运动过程中,粒度变细,溢流及稀释型浊流增多,深层水可以对细粒沉积物进行高程度的改造、搬运,进而发育大规模的漂积体(图4-13)。

二、鄂尔多斯盆地西南缘中—晚奥陶世重力流与等深流交互作用(改造砂)沉积

1. 概况

鄂尔多斯盆地面积较大,经历了多次大构造事件。盆地南缘奥陶系从下至上可分为麻川组、水泉岭组、三道沟组、平凉组及背锅山组(郭彦如等,2014)。奥陶纪相对海平面整体上升(郭彦如等,2014)。陇县地区位于秦岭—祁连海槽东北部,并且在"L"形拐点处(图4-14)。陇县地区平凉组厚度约500m,整体为深灰—灰黑色泥岩夹薄层粉砂岩、砂岩、石灰岩及凝灰岩。根据岩性及沉积构造可大致划分为三段(表4-4;何幼斌等,2007)。本节以陇县地区平凉组三段为研究对象,并对其部分露头进行了详细测量。下部(LX1)厚22.4m,多为深灰色泥岩与砂岩互层。从下至上,砂岩含量减少,泥岩含量增加。沉积构造发育,常见波痕、交错层理和槽模,另见*Helminthorhaphe*(蠕形迹)等生物扰动构造。中部被覆盖,厚约20m。上部(LX2)厚48.7m,岩性主要为深灰色泥岩及砂岩,发育板状、波状及透镜状层理,平行层理及双向交错层理,生物扰动构造发育(图4-15;李华等,2018;Li et al.,2019)。

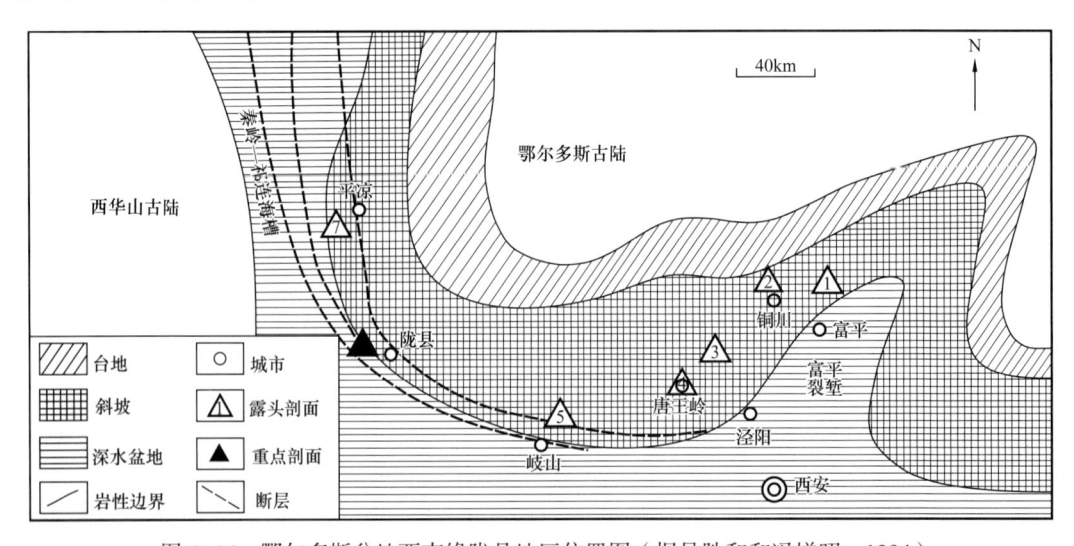

图4-14 鄂尔多斯盆地西南缘陇县地区位置图(据吴胜和和冯增昭,1994)

表 4-4 陇县地区奥陶系平凉组地层简表（据何幼斌等，2007）

系	组	段	厚度（m）	主要岩性特征
奥陶系	背锅山组		439.49	浅灰色和灰白色块状泥—粉晶灰岩、藻灰岩、砾屑灰岩、生屑灰岩，夹页岩及角砾岩
	平凉组	三段	200.2	以灰绿色、深灰色及灰黑色砂质、粉砂质页岩和泥页岩为主，夹深灰色薄层砾屑骨屑团粒灰岩、粉—细晶灰岩、砂岩及粉砂岩薄层，上部夹青灰色灰化晶屑凝灰岩，中部部分被掩盖，页岩中含笔石化石和水平遗迹化石，可见黄铁矿晶体，发育水平层理，砂岩、粉砂岩及部分颗粒灰岩中发育交错层理、平行层理及波状层理等
		二段	131.88	深灰色、灰绿色及灰色砂质/粉砂质页岩夹石灰岩、粉细晶砾屑骨针团粒灰岩和泥质粉砂岩，与灰绿色、浅灰绿色晶屑玻屑灰化层凝灰岩互层，下部页岩含笔石
		一段	162.18	灰绿色和灰色页岩、含粉砂质页岩及砂质页岩，中部夹浅灰色、灰色厚层粉—中晶砾屑灰岩，具微波状层理，含笔石
	峰峰组			浅灰色、灰色及深灰色厚层泥晶灰岩、泥晶颗粒灰岩、亮晶颗粒灰岩、白云质灰岩及白云岩

奥陶纪，北祁连造山带、秦岭—大别造山带与华北板块会聚，形成板块边缘的沟—弧—盆体系，期间发育了三次大的海侵海退，整体呈海平面上升特征（郭彦如等，2014）。鄂尔多斯盆地西南缘由被动大陆边缘转化为主动大陆边缘，发育沟、弧及弧后构造体系，火山活动和地震活跃（陈小烩等，2014）。早奥陶世，鄂尔多斯盆地西南缘为水体深度较浅的广海陆架沉积环境。中奥陶世，鄂尔多斯盆地西南缘呈"L"形的边缘海，南部为末端变陡的继承性碳酸盐岩缓坡（王振涛等，2015）。从北向南大致为古陆、斜坡及深水海槽或盆地。晚奥陶世，加里东运动开始，构造活动强度增大，火山及地震等事件加剧，华北地块整体抬升，导致鄂尔多斯盆地部分地层缺失（陈小烩等，2014）。

2. 沉积类型及组合特征

1）水平层理泥岩相（岩相 1）

深灰色泥岩厚度最薄为几毫米，最厚可达 30cm，一般为几厘米至十几厘米。侧向延伸稳定（图 4-16a、b），含丰富的笔石（何幼斌等，2007）。沉积构造以水平层理为主，生物扰动常见（图 4-16c、d），如蠕形迹（图 4-16c）。另见少量的黄铁矿（何幼斌等，2007）。

岩相 1 在剖面上部及下部都极为发育。11 个泥岩样品地球化学测试结果表明，B、V、Cr、Ni、Cu、Ga、Sr、Th 及 U 含量最大值分别为 143μg/g、91.3μg/g、99.6μg/g、40.7μg/g、57.9μg/g、24.6μg/g、436μg/g、22.9μg/g 及 4.25μg/g，最小值为 9.7μg/g、6.96μg/g、8.56μg/g、6.38μg/g、6.92μg/g、2.44μg/g、64.9μg/g、3.66μg/g 及 0.865μg/g，平均值为 97.3μg/g、60.8μg/g、

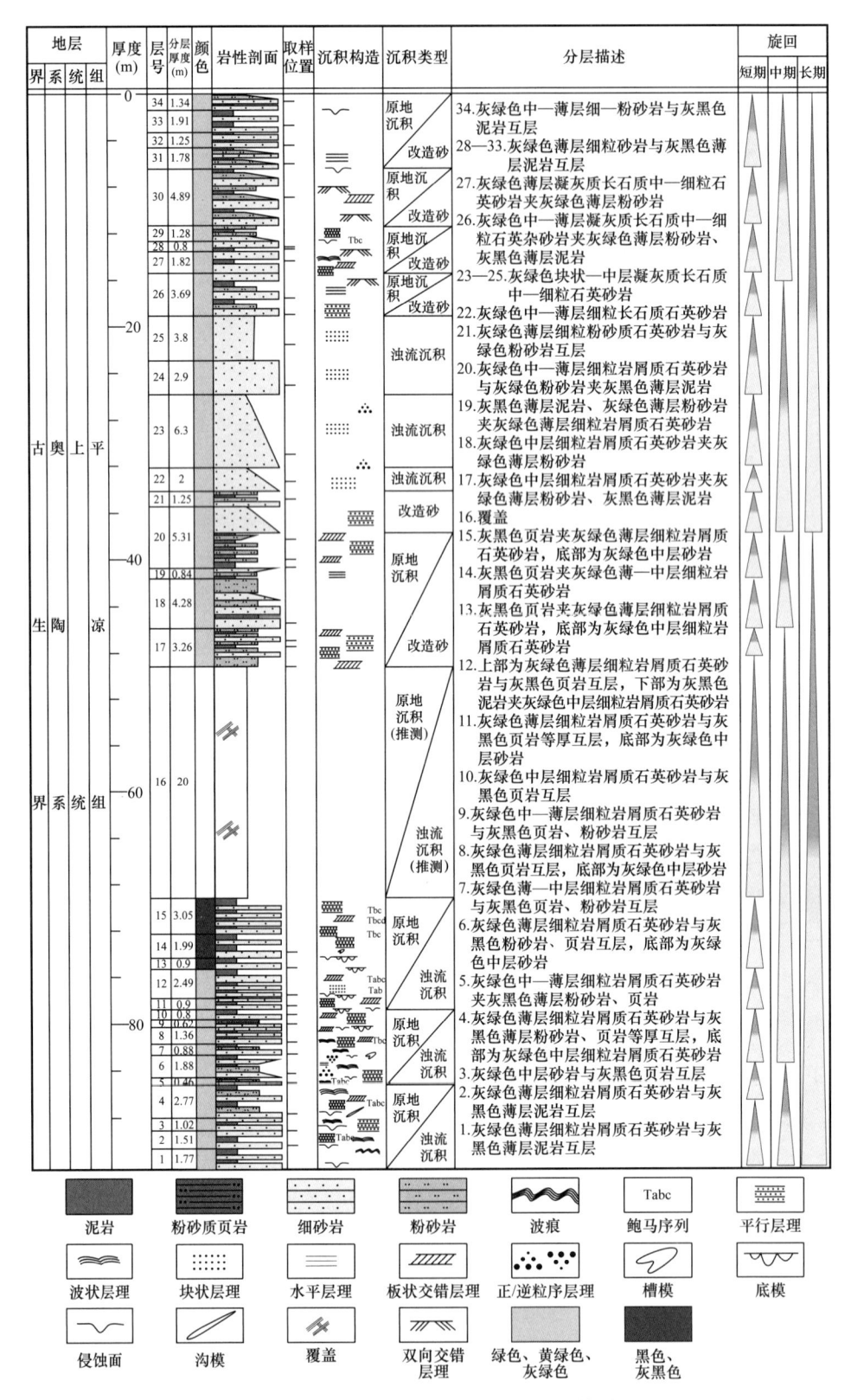

图 4-15 陇县地区平凉组三段岩性柱状图

65.6μg/g、30.4μg/g、38.9μg/g、17.8μg/g、148μg/g、17.1μg/g 及 2.965μg/g。Sr/Cu、V/（V+Ni）、Ce/La 及 Rb/Sr 最大值分别为 33.67、0.7712、2.5847 及 3.109，最小值为 1.341、0.3791、1.6268 及 0.042，平均值为 7.187、0.6464、1.8601 及 1.645。在 B—V、B—Cr、B—Ga、B—Sr、Ga—Cu、V—Ni、U—Th、Sr/Cu—Ce/La 及 V/（V+Ni）—Rb/Sr 等交会图上具有明显的规律，与岩相 2 和岩相 3 明显不同（图 4-17）。

图 4-16 陇县地区岩相 1 沉积特征
（a）深灰色泥岩与砂岩互层，砂岩底部见遗迹化石及生物扰动；（b）深灰色泥岩夹砂岩；
（c）遗迹化石，砂岩底部；（d）生物扰动，砂岩底部

综合颜色、古生物、沉积构造及地球化学等特征推测岩相 1 为深水原地沉积，主要原因如下：（1）深灰色代表沉积环境多为还原环境；（2）大量笔石反映滞留还原环境（何幼斌等，2007）；（3）遗迹化石 *Helminthorhaphe* 等多发育在深水沉积环境；（4）水平层理发育代表沉积环境水动力较弱；（5）泥质沉积物以垂直降落为主；（6）由于泥岩具有较强的吸附性，其在深水安静环境中可吸附 B、V、Cr、Ga 等元素，进而导致其相对富集（鲍志东等，1998）。同时，B、V、Cr、U、Mo、Ni、Co 及 V/（V+Ni）等对氧化还原环境极为敏感，其含量（比值）与还原强度呈正相关（田洋等，2014）。另外，B 元素还与盐度密切相关，盐度越高，B 含量越高（Couch，1971）。而 Ce/La 大于 2 反映沉积环境为厌氧环境，1.5~1.8 为贫氧环境（柏道远等，2007）。岩相 1 岩性为深水泥岩，其吸附作用可导致微量元素富集（图 4-17a 至 g）。Ce/La 为 1.6268~2.5847，高 V/（V+Ni）

指示沉积环境为强还原环境（图4-17h、i）。因此，泥岩的吸附作用及强还原环境共同作用导致原地沉积微量元素含量高。

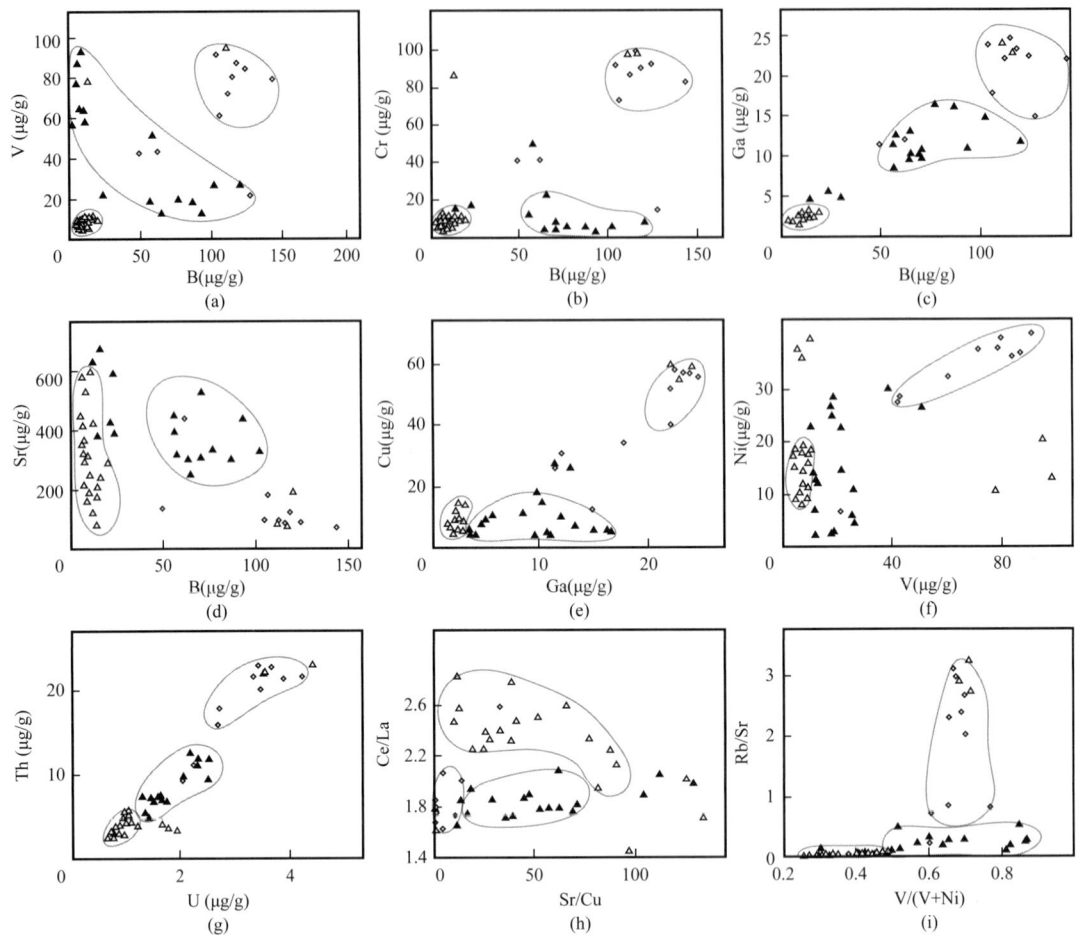

◇ 岩相1—水平层理泥岩相(斜坡原地沉积)　△ 岩相2—交错层理砂岩相(浊流沉积)　▲ 岩相3—双向交错层理砂岩相(改造砂)

图4-17　陇县地区岩相1—3地球化学特征

2）交错层理砂岩相（岩相2）

岩相2岩性为灰绿色砂岩，界面多平直，多为层状，侧向分布稳定，单层厚度为1～39cm，一般为5～15cm（图4-18a至c）。古生物化石少见。颗粒多为石英，以钙质胶结为主（图4-18d）。颗粒粒径ϕ值为1.8～3.5，以2.48～2.96最为常见（图4-18e），分选系数为0.56～0.79，棱角状—次棱角状（图4-18d）。累计百分比曲线斜率较陡，概率累计曲线呈一段式（图4-18f、g）。沉积构造丰富，常见交错层理、平行层理、波痕、粒序层理、变形构造、沟模及槽模，底部见侵蚀面（图4-18a至c）。总体为下粗上细正粒序（图4-18a至c）。槽模指示古水流优势方向为E，而交错层理反映古水流方向为SE，综合认为古水流优势方向为SEE向（图4-19a）。

岩相2中24个样品地球化学测试结果表明，B、V、Cr、Ni、Cu、Ga、Sr、Th及U含量最大值分别为116μg/g、98.2μg/g、99μg/g、39.7μg/g、59.5μg/g、24μg/g、598μg/g、

- 288 -

23.1μg/g 及 4.44μg/g，最小值为 5.05μg/g、4.48μg/g、4.99μg/g、8.07μg/g、4.24μg/g、1.5μg/g、68.4μg/g、2.47μg/g 及 0.639μg/g，平均值为 18.5μg/g、18μg/g、18.6μg/g、16.6μg/g、13.6μg/g、4.77μg/g、303μg/g、6.1μg/g 及 1.357μg/g。Sr/Cu、V/（V+Ni）、Ce/La 及 Rb/Sr 最大值分别为 133.1、0.7171、2.8208 和 3.246，最小值为 1.244、0.2586、1.4474、0.01，平均值为 51.15、0.4096、2.2169、0.397。在 B—V、B—Cr、B—Ga、B—Sr、Ga—Cu、V—Ni、U—Th、Sr/Cu—Ce/La 及 V/（V+Ni）—Rb/Sr 等交会图上与岩相 1 明显不同（图 4-17）。

综合岩性、沉积构造、沉积序列、地球化学等资料认为岩相 2 为浊流沉积，主要依据如下：（1）岩性为砂岩，颗粒以石英为主，其分选较差，棱角—次棱角状，说明沉积物为异地搬运且搬运距离较短，快速堆积；（2）古生物及生物扰动不发育，说明沉积环境较为动荡，不适合生物生存；（3）颗粒粒度多为 2.48～2.96，指示物源相对单一；（4）概率累计曲线呈一段式，反映沉积物以悬移搬运为主，其水动力性质为重力流；（5）槽模及沟模等多出现在重力流沉积之中；（6）岩性及沉积构造组成不完整的鲍马序列，例如 Ta、Tb、Tc、Td，Ta、Tb、Tc，以及 Ta，为浊流沉积典型特征；（7）槽模及交错层理反映古水流方向为 SEE 向，单向流体且大致沿斜坡向下，在深水沉积环境中，其可能为浊流；（8）由于浊流沉积物源主要来自东北部鄂尔多斯古陆及浅水区，沉积物形成环境为氧化环境，微量元素富集程度整体比岩相 1（原地沉积）低。同时，岩相 2 主要为砂岩，其吸附性能明显低于岩相 1 的泥岩，进而导致微量元素含量较低。

3）双向交错层理砂岩相（岩相 3）

岩相 3 岩性主要为灰绿色中—薄层砂岩及粉砂岩，界面平直或波状，单层厚度为 5～50cm，以 15～25cm 为主（图 4-20a、b）。沉积构造丰富，常见双向交错层理、单向交错层理、平行层理及波状层理等，生物扰动较为发育（图 4-20a 至 c）。颗粒以石英为主，另见少量粉屑及生屑，多为钙质胶结，部分为硅质胶结，黏土基质含量为 2%～8%（图 4-20d）。粉屑成分多为泥晶方解石，生屑主要为介形虫、海绵骨针及三叶虫碎屑。颗粒粒度呈现两个总体 2.1～3、4～5（图 4-20e），分选系数为 0.52～0.58，次棱角状—次圆状（图 4-20d）。累计百分比曲线斜率有大有小（图 4-20f），概率累计曲线呈一段式至三段式，多为一段及两段式（图 4-20g）。沉积序列多为下粗上细的正旋回。单向交错层理指示古水流方向为 W 向和 SE 向，双向交错层理反映古水流方向为 W 和 NEE 向。综合分析，古水流方向大致为 W 向和 SE 向（图 4-19b）。

岩相 3 中 20 个样品地球化学测试结果表明，B、V、Cr、Ni、Cu、Ga、Sr、Th 及 U 含量最大值分别为 120μg/g、51.1μg/g、50.4μg/g、29.8μg/g、27.3μg/g、16.6μg/g、676μg/g、12.8μg/g 及 2.53μg/g，最小值为 7.44μg/g、7.91μg/g、3.63μg/g、2.68μg/g、3.69μg/g、3.47μg/g、192μg/g、1.88μg/g 及 0.552μg/g，平均值为 55.1μg/g、19.9μg/g、13μg/g、15.8μg/g、9.82μg/g、9.47μg/g、404μg/g、7.16μg/g 及 1.579μg/g。Sr/Cu、V/（V+Ni）、Ce/La 及 Rb/Sr 最大值分别为 183.2、0.8683、2.0784、0.557，最小值为 12.16、0.2976、1.4573、0.014，平均值为 60.11、0.576、1.824、0.176。在 B—V、B—Cr、B—Ga、B—Sr、Ga—Cu、V—Ni、U—Th、Sr/Cu—Ce/La 及 V/（V+Ni）—Rb/Sr 等交会图上与岩相 1 及岩相 2 差异明显（图 4-17）。

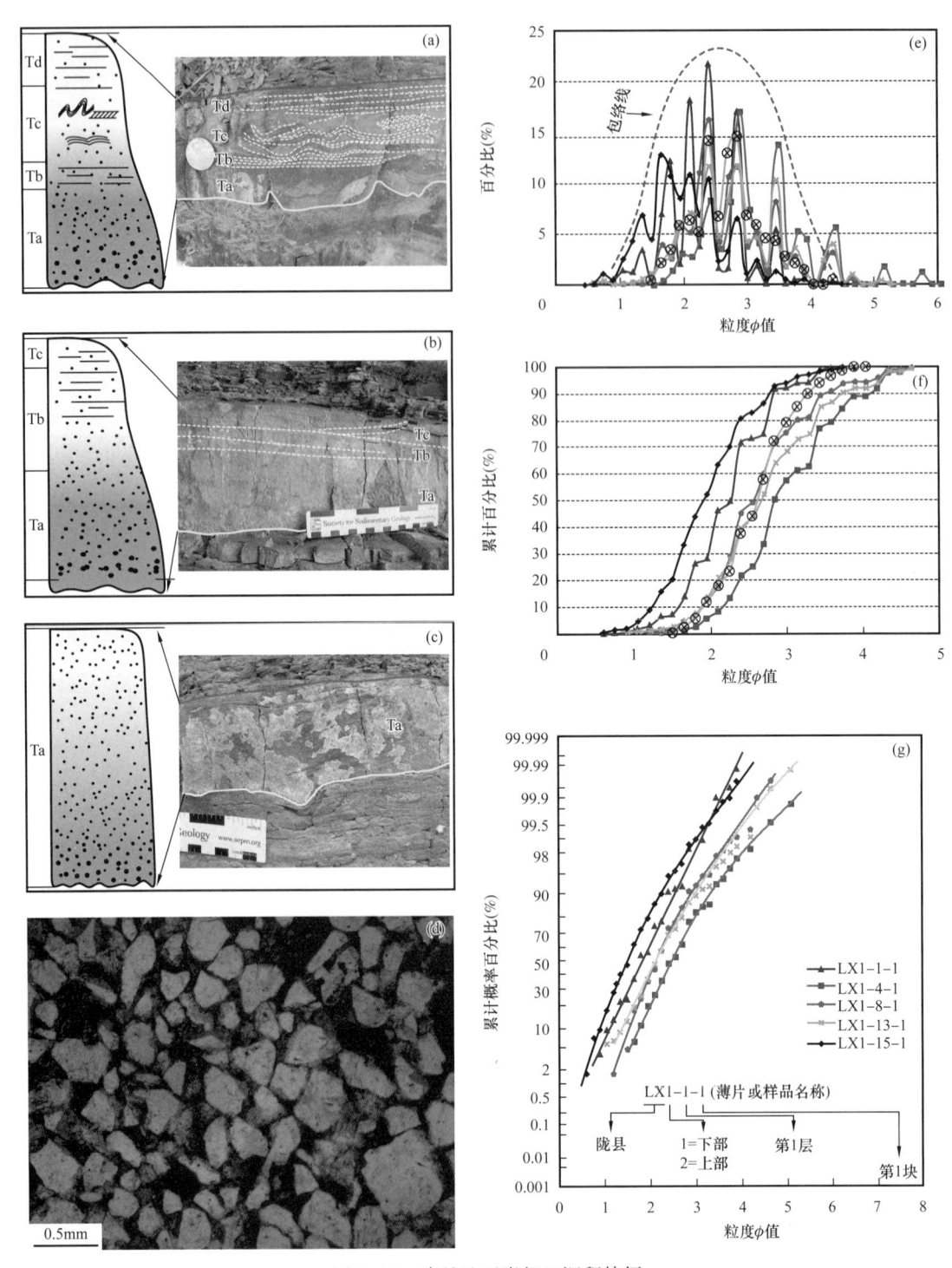

图 4-18 陇县地区岩相 2 沉积特征

（a）至（c）灰色薄层—中层砂岩，发育槽模、平行层理及变形构造等，组成不完整的鲍马序列；（d）颗粒主要为石英，钙质胶结，分选较差，棱角状—次棱角状；（e）至（g）颗粒粒径较为集中，累计概率百分比曲线斜率较陡，概率累计曲线为一段式

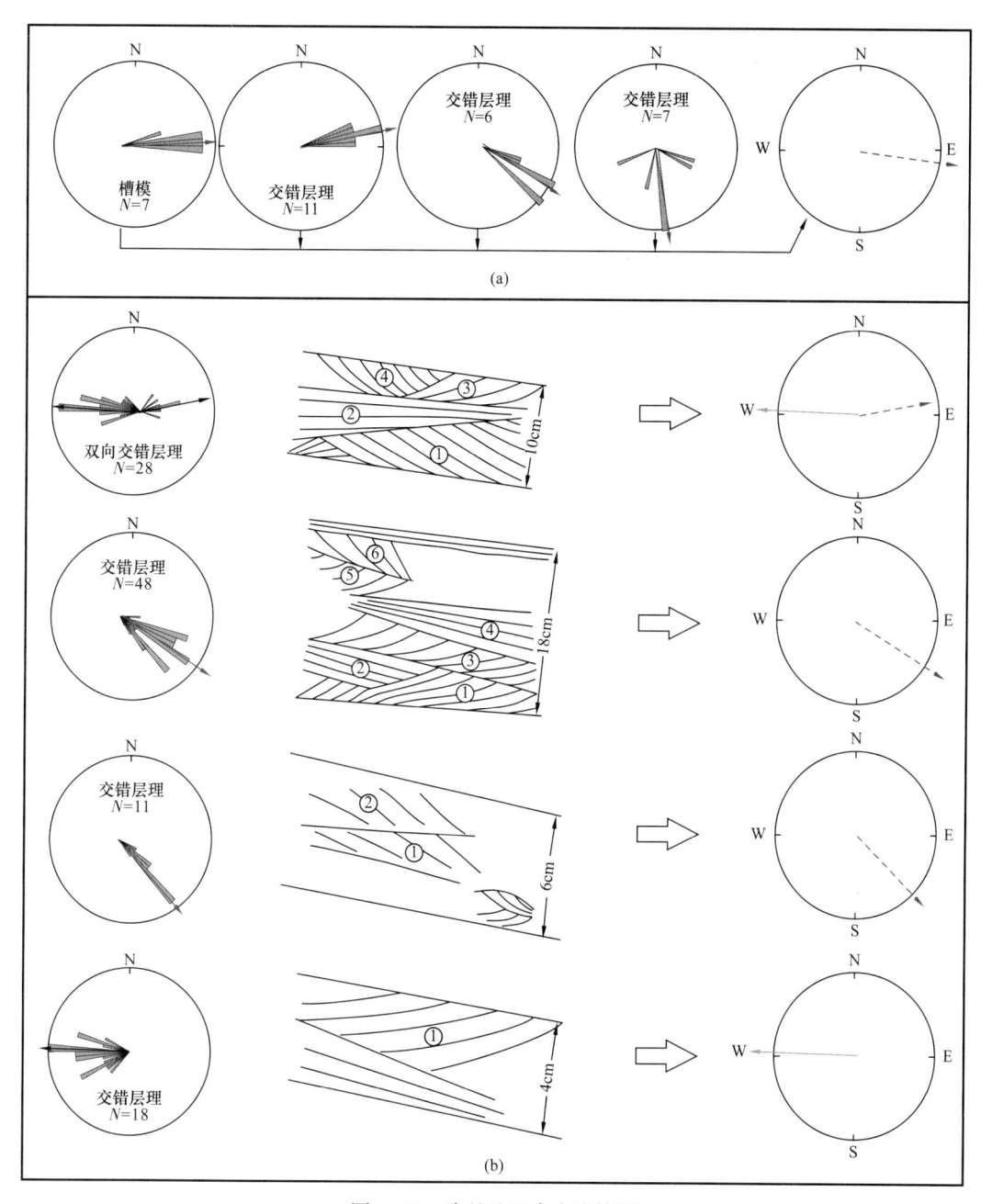

图 4-19 陇县地区古水流特征
（a）古水流优势方向为 E 向；（b）古水流具有两个优势方向，分别为 W 向和 SE 向；①至⑥为层系编号

基于岩性、古生物及地球化学等特征，认为岩相 3 为等深流改造重力流沉积，即改造砂沉积。与岩相 2（浊流沉积）相比，其典型特征如下：

（1）颗粒主要为石英，见粉屑，黏土基质相对较多，既有钙质胶结，又有硅质胶结，其结构与浊流沉积明显不同。

（2）古生物及生物扰动常见。介形虫在浅水及深水沉积环境中较为常见。海绵骨针在深水环境中较为发育。而三叶虫多为浅水环境生物，其碎屑可能为重力流从浅水地区

— 291 —

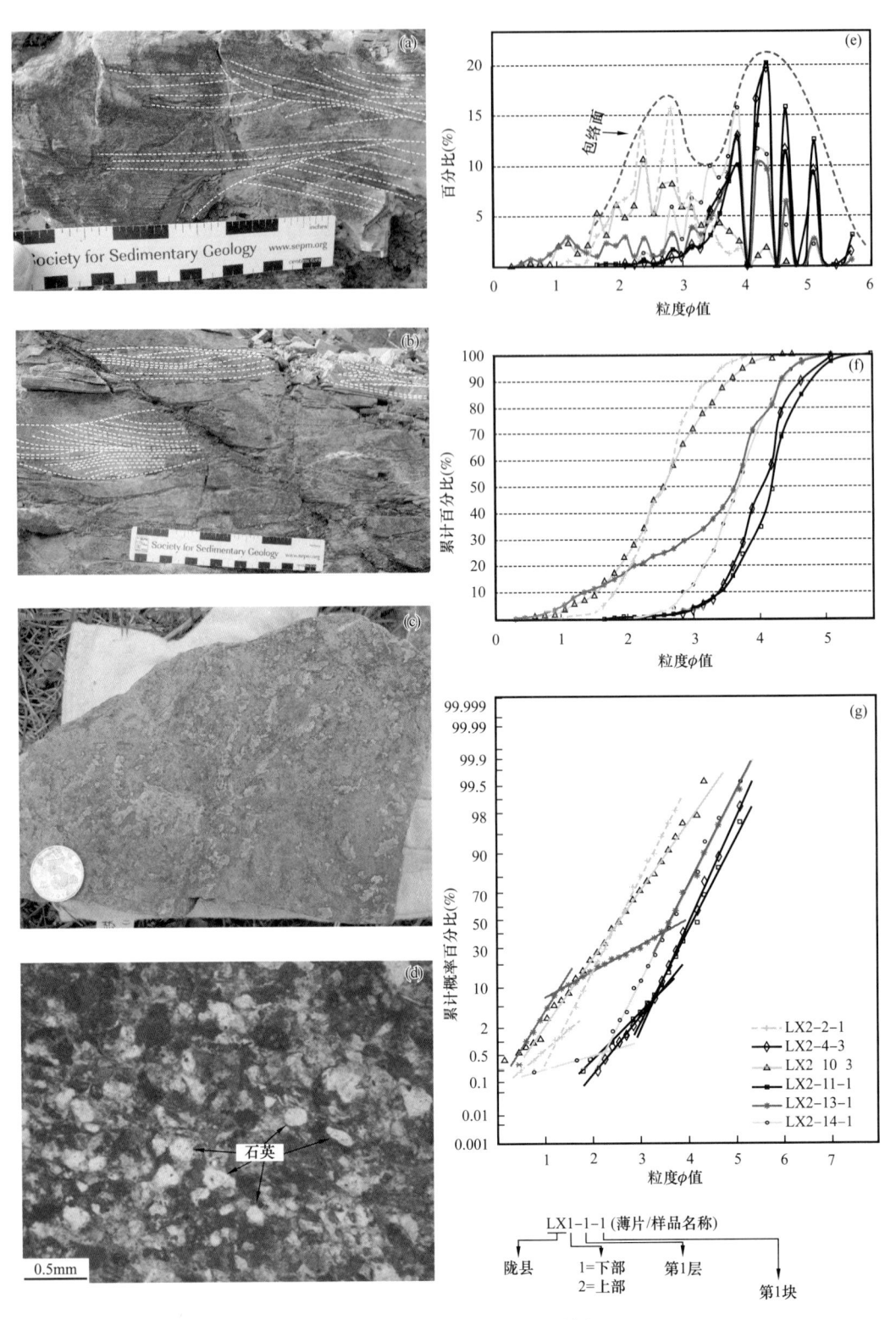

图 4-20 陇县地区改造砂沉积特征

(a) 和 (b) 灰色中层石英，发育双向交错层理；(c) 生物扰动，砂岩；(d) 石英颗粒，分选较好，次棱角状—次圆状；(e) 至 (g) 粒度分布有两个总体，概率累计曲线呈一段式至三段式，以一段及两段式为主

- 292 -

搬运至深水环境沉积而成。生物扰动发育说明沉积环境在某段地质时期内相对稳定，便于生物生长发育。

（3）颗粒粒度有两个总体，反映可能具有多种搬运方式及沉积机制。

（4）概率累计曲线以一段及两段式为主。一段式反映沉积物以悬浮搬运为主。两段式反映以推移及跳跃为主，多为牵引流搬运方式。

（5）双向交错层理反映双向水流的存在，说明沉积环境中存在1种双向水流或2种不同方向的水流。

（6）沉积构造指示古水流方向为W及SE向。其中，SE向大致沿斜坡向下，与重力流方向相同，代表浊流运动优势方向，与岩相2大致相同。而W向水流方向大致平行斜坡。由于研究区等深流活动极为活跃（高振中等，1995），因此W向水流方向可能为等深流运动方向。

（7）沉积序列多为下粗上细，与鲍马序列有所不同的是，上部或顶部常见侵蚀面，反映早期沉积物受后期水流侵蚀改造程度较高。

（8）岩相3岩石结构与岩相2相比，黏土基质较多，同时还夹有粉砂岩及泥岩，其具有较好的吸附性，可导致微量元素B、V、Ni等相对富集。其次，等深流在对浊流改造的过程中，一方面其自身可搬运深水原地的细粒沉积物进而产生沉积（颗粒粒度为4~5），而形成微量元素相对富集现象（富集程度低于岩相1的原地沉积泥）；另一方面等深流改造作用通常会造成水团中含氧量的增加和盐度变化（Heezen and Hollister，1964）。含氧量相对变化，但程度远低于浅水环境，微量元素含量与岩相2相比较高。盐度的增加可促使微量元素B等富集。综上所述，改造砂微量元素B等富集程度总体小于岩相1，而略高于岩相2。

3. 浊流沉积与改造砂沉积特征对比

研究区3种典型岩相分别代表深水原地沉积、浊流沉积及改造砂，其在岩性、结构、构造、沉积序列等方面明显不同（表4-5）。其中，浊流沉积与改造砂有效鉴别是开展地层记录中研究工作的前提和基础。改造砂在岩性、结构、粒度及古水流方向等方面与浊流沉积明显不同，可作为地层记录中改造砂的鉴别标志，其主要有以下六个方面：（1）结构明显不同，颗粒分选相对较好，粒度分布存在两个或多个总体；（2）概率累计曲线呈一段式至三段式，既有浊流沉积特征，又有牵引流沉积特征；（3）双向交错层理发育，古水流具有多个优势方向；（4）生物化石及生物扰动较为常见；（5）下粗上细正粒序沉积序列，顶部见侵蚀现象；（6）微量元素相对富集，其含量低于原地沉积而高于浊流沉积。

4. 改造砂形成机理

1）形成过程

（1）浊流及浊流沉积。

岩相2中石英颗粒粒度集中在2.48~2.96之间，分选较差，棱角状—次棱角状，概率累计曲线为一段式，发育不完整的鲍马序列（图4-18），说明浊流在沿斜坡向下快速运动过程中，沉积物快速搬运、堆积。陇县地区平凉组沉积早期，浊流沉积占主导，其可为改造砂提供丰富的物质基础。

表4-5 陇县地区深水原地沉积、浊流沉积及改造砂沉积特征对比表

沉积特征	原地沉积	浊流沉积	改造砂
岩性	泥岩	砂岩	砂岩、粉砂岩
结构	黏土，见少量粉砂	以石英颗粒为主，分选差，以钙质胶结为主，棱角状—次棱角状，粒径相对集中	以石英颗粒为主，分选中等—较好，钙质、硅质胶结，次棱角状—次圆状，粒径主要分布在两个区域
概率累计曲线	无	一段式	两段式或三段式，以两段式为主
沉积构造	水平层理、遗迹化石	平行层理、波痕、交错层理、槽模及沟模	双向交错层理、平行层理及透镜状层理
生物化石	笔石	少量生屑，多为介壳类	介壳类、少量三叶虫碎屑
沉积序列	无	下粗上细，鲍马序列	下粗上细，上部见侵蚀
古水流	无	沿斜坡向下	大致平行斜坡
产状	层状	层状	层状
地球化学特征	微量元素富集	微量元素相对富集	微量元素含量较低

（2）等深流及等深流沉积。

鄂尔多斯盆地西南缘奥陶系平凉组沉积期，等深流较为活跃，其从东向西大致平行斜坡运动（李华等，2016）。这使得等深流改造浊流沉积成为可能。岩相3中，石英颗粒粒度主要有两个总体（2.1~3，4~5），分选系数为0.52~0.58，次棱角状—次圆状；概率累计曲线一段式至三段式都可见（图4-20），古水流方向为W和SE向（图4-19b）。其中，粒度为2.1~3、SE向古水流方向（顺斜坡向下）及概率累计曲线一段式等特征与岩相2类似，可能为早期浊流沉积。但颗粒分选及磨圆相对较好，说明可能存在等深流对早期浊流沉积的淘洗、搬运及再沉积作用。而颗粒粒度为4~5，W向水流方向（大致平行斜坡），概率累计曲线呈两段式，反映其可能是等深流大致平行斜坡运动过程中，对细粒沉积物进行搬运及沉积作用而成。因此，岩相3包括了浊流沉积被改造残余部分和等深流搬运沉积，两者综合组成了等深流改造浊流沉积，即改造砂。

（3）改造砂形成过程。

结合研究区沉积特征及类型大致推测改造砂形成过程主要经历三个阶段。浊流爆发初期，其在沿斜坡向下（SE向）运动过程中，能量高，形成大规模的浊流沉积。而等深流能量远小于浊流，其对浊流沉积改造作用不明显，基本可以忽略。此时，以浊流沉积为主。浊流爆发中后期，其能量逐渐降低，仍可形成大规模的浊流沉积。当等深流能量与浊流大致相当时，等深流可影响浊流沉积，进而形成狭义的浊流及等深流交互作用沉积。由于本书不能有效对其进行识别及研究，在此不对其沉积特征及过程进行阐述。当

浊流作用末期或间歇期时，能量极弱。相反，向西运动的等深流开始占主导，其长时间、持续作用可对早期的浊流沉积进行簸选、搬运及改造等作用，最终形成改造砂。

2）主控因素

研究区改造砂沉积规模直接取决于浊流和等深流相对能量的大小。而影响二者能量的间接因素相对较多，主要包括物源供给、相对海平面升降、地形及构造运动等。

（1）物源供给。

物源供给决定沉积体规模及类型，其是浊流及等深流沉积的物质保障。陇县地区浊流古水流方向大致为SEE，大致顺斜坡向下（图4-14）。研究区北部为鄂尔多斯古陆，古陆碎屑物质通过波浪、岸流及海流等作用从浅水区搬运至斜坡，进而发育浊流沉积。同时，也可为等深流沉积提供物源供给。而无论是浊流沉积、深水原地沉积还是等深流沉积都可为改造砂提供物质来源。

（2）相对海平面升降。

一般而言，浊流能量远高于等深流。相对海平面升降可间接影响浊流及等深流沉积等的规模。相对海平面较低，沉积物更容易运达斜坡，使得浊流沉积发育，该时期内浊流沉积规模远大于等深流沉积。同时，由于浊流具有较强的侵蚀破坏能力，其可破坏等深流沉积，导致浊流沉积发育。相反，相对海平面较高，沉积物运至斜坡难度增大，浊流沉积相对减少，等深流沉积增加。陇县地区奥陶纪相对海平面逐渐上升（郭彦如等，2014），因此，早期相对海平面较低，浊流沉积发育；晚期相对海平面较高，浊流作用逐渐减弱，等深流活动占主导。此时，占主导作用的等深流可对早期浊流沉积进行改造，形成改造砂（图4-15）。

（3）地形。

陇县地区奥陶系平凉组沉积期地形为"裂坡型"，地层厚度向西急剧增大，地形差异明显（吴胜和和冯增昭，1994）。其西北为鄂尔多斯古陆，西南为秦岭—祁连海槽，地形差异明显导致浊流沉积较为发育（图4-14）。另外，陇县地区位于秦岭—祁连海槽末端，其东南部为开阔环境，西南进入海槽（限制型环境），等深流从东向西运动过程中，在陇县地区从开阔环境进入限制性环境，将导致其能量局部增大，进而改造早期浊流沉积程度增大，可形成可观的改造砂。同时，研究区位于鄂尔多斯盆地西南缘"L"形拐点，局部地形变化也有可能导致等深流在运动过程中流速局部提高，进而有利于改造砂的发育。

（4）构造运动。

早奥陶世，鄂尔多斯盆地整体表现为被动大陆边缘特征。中奥陶世，鄂尔多斯洋盆向北俯冲形成弧后盆地，盆地西南缘以深水沉积的海槽及斜坡环境为主（陈小炜等，2014）。由于构造活动加剧，地形高差明显，使得陇县地区发育大规模的浊流沉积。而等深流作用相对较弱，改造砂相对不发育。

5. 油气勘探意义

浊流沉积一直是深水油气勘探的重点。由于等深流可对浊流沉积进行淘洗、筛选和再沉积，其可改变沉积物的结构，提高其成熟度，最终使得改造砂具有优质的储集性能。墨西哥湾改造砂含砂率最高达80%，孔隙度为25%~40%，渗透率为100~1800mD（Shanmugam et al.，1993）。南海莺歌海盆地改造砂平均面孔率为18.7%，平均孔隙度为19.2%，平均渗透率为106.9mD，平均孔喉半径为8.34μm（黄银涛等，2016）。在巴西Campos盆地古近系—新近系（Moraes et al.，2007）、西非白垩系—新近系斜坡（Mitchum，2014）、中国南海珠江口盆地（Gong et al.，2016）均发育大规模的改造砂沉积，并逐渐成为油气勘探的主要对象。同时，等深流沉积，特别是特殊环境中高能的等深流可形成粗粒的等深流沉积，其本身可成为潜在储层。阿拉伯克拉通白垩系等深流沉积已具有数十年的油气开发历史（Bein and Weiler，1976）。而细粒等深流沉积可作为良好的烃源岩。因此，改造砂及粗粒的等深流沉积作为良好的储层与细粒的等深流沉积及深水原地沉积伴生可形成优质的生储盖组合。

首先，鄂尔多斯盆地西南缘奥陶系平凉组从东北向西南分别发育鄂尔多斯古陆、碳酸盐岩台地、斜坡及深水盆地。西缘斜坡区发育3个大型海底扇，芦参1井砂岩厚度为286m，石英含量为36%~70%，次圆状，分选中等。苦深1井砂岩厚度为112m，在井深3923~3927m气测全烃含量为3765~22781μg/g，甲烷含量为3600~21794μg/g。而南部平凉、陇县、岐山及富平等地区仍然发育大规模的重力流沉积，其可成为潜在油气储集体。

其次，鄂尔多斯盆地西南缘奥陶系平凉组沉积期，等深流作用极为活跃，在盆地南缘其从东到西，大致平行斜坡运动。在盆地西缘，通过秦岭—祁连海槽，转而向北运动（席胜利等，2006），在此过程中形成了一系列的等深流沉积。如东部富平地区的粉屑及泥质等深岩，西部平凉地区的砂屑等深岩，以及北部桌子山地区的泥晶及砂屑等深岩。其中，平凉地区砂屑等深岩侧向厚度变化大，局部呈透镜状，层面多为波状，砂屑粒径为0.1~0.5mm，含量为35%~65%，分选及磨圆较好，亮晶—泥晶胶结，具有较好的储集性能。另外，等深流在运动过程中，当其进入秦岭—祁连海槽时，由于地形变化（限制型环境和盆地边缘"L"形拐点），其能量会局部增强，进而导致其可能对陇县及平凉地区的重力流沉积进行簸选、改造，提高其成熟度，最终形成改造砂。

最后，鄂尔多斯盆地西缘奥陶系克里摩里组等深流沉积总有机碳含量为0.1%~1.08%；总烃含量多大于60%，干酪根类型多数为腐泥型，可作为较好的烃源岩（徐焕华等，2008）。桌子山地区泥晶等深岩总有机碳平均值为0.607%（丁海军等，2009）。富平及平凉地区等深流沉积中常见灰黑色、褐色条带状及团块状有机质（图4-21）。另外，张月巧等（2013）对鄂尔多斯盆地西南缘中—上奥陶统克里摩里组和乌拉力克组（相当于峰峰组和部分平凉组）中原地沉积烃源岩研究表明，盆地西南缘中—上奥陶统烃源岩生气强度高，为$0.2~1\times10^4\text{m}^3/\text{km}^2$，总生烃量约$48\times10^{12}\text{m}^3$，排烃量约为$38\times10^{12}\text{m}^3$，资源量约$2.3\times10^{12}\text{m}^3$。在南部富平和陇县之间的淳化地区存在一个生气中心。综上所述，陇县及周缘地区重力流、改造砂及粗粒等深流沉积可作为潜在的油气储层，而细粒等深流沉积和原地沉积具有较好的生烃能力，其相互叠置可形成理想的生储盖组合，进而成为油气勘探的潜在区。

(a) 条带状，沿泥质条带分布，泥晶灰岩

(b) 条带状，沿缝合线分布，泥晶灰岩

(c) 灰黑色团块状，泥晶灰岩

(d) 褐色团块状，泥晶灰岩

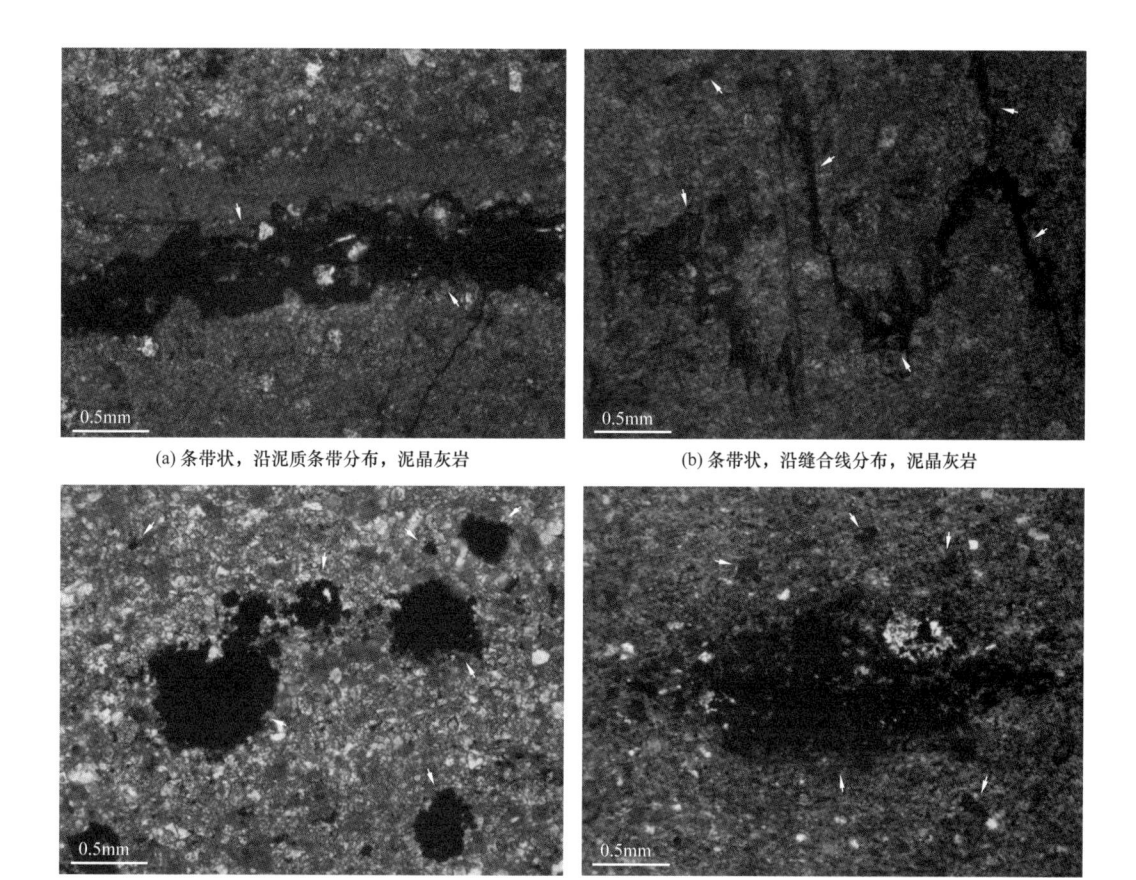

图 4-21 陇县地区平凉组有机质特征

第五章 深水沉积研究展望

尽管深水沉积是较为常见的沉积类型，但是对于全球沉积范围最广的沉积作用，对其沉积作用过程、机理、产物及其潜在信息和应用前景等方面，仍有诸多问题有待探讨，如各类深水沉积的正确识别问题、形成机理问题、其地质意义和应用前景等问题。笔者认为，在深水沉积研究中，应加强或突出以下五方面的研究。

第一节 鉴别标志的完善

有效的鉴别标志是开展深水沉积研究的前提。目前，地层记录中的内波、内潮汐沉积，等深流沉积，异重流沉积及超临界重力流沉积等的鉴别标志尚待进一步的完善。

一、内波、内潮汐沉积

1991年，高振中和Eriksson（1991）在研究美国阿巴拉契亚山脉重力流水道沉积时，发现了反映沿斜坡向上及向下水流方向的双向交错层理，首次提出了内波、内潮汐沉积。随后，高振中率领其团队在国内开展了多处内波、内潮汐沉积研究，认为深水环境中双向交错层理（古水流方向沿斜坡向上及向下）是内波、内潮汐沉积的重要鉴别标志，并总结了4个主要的沉积层序。然而，Shanmugam（2014）认为这一论断完全基于古代地层的记录，而没有任何现代类似物来验证。Stow等（2013）报道了在现代加的斯水道中，与内潮汐相关流体的转向，但是他们并没有说明岩心中是否出现双向交错层理。因此，内波、内潮汐沉积的鉴别标志，特别是双向交错层理能否作为重要标志值得进一步完善。

二、等深流沉积

等深流沉积的地球物理、岩心及沉积序列等识别标志总结相对较多，较为典型的标志为特殊的外形、不同尺度的细—粗—细层序、古水流方向平行斜坡，以及生物扰动发育。然而，在实际研究过程中，特别是古代地层记录中，由于露头出露面积较小和等深流能量较低等原因，导致具有指向性的沉积构造较为缺乏，等深流沉积平面展布较难把控，导致等深流沉积的鉴别难度较大。另外，深水区水动力复杂，沉积响应具有多样性、复杂性和多解性特征。在实际研究过程中，由于对等深流沉积的重视程度不够，存在着将等深流沉积解释为重力流或其他水动力沉积的情况。因此，需要结合现代和古代研究实例，建立和完善一套等深流沉积典型标志。

三、重力流沉积

相对于内波、内潮汐及等深流沉积而言，重力流沉积的鉴别标志较为成熟，如鲍马序列发育的低密度浊流沉积、块状沉积、泥岩撕裂屑发育的碎屑流沉积，以及泄水构造发育的液化沉积物流沉积。随着研究深入，高密度浊流、砂质碎屑流、异重流、异轻流、超临界重力流及混合事件层沉积等重力流类型不断受到重视，这些沉积在地层记录中如何有效鉴别及区分，其岩相、地球物理特征需要继续研究及完善。

四、交互作用沉积

交互作用沉积研究主要是基于特殊沉积体进行研究，如单向迁移水道、不对称朵叶体、不同类型沉积互层等，其他沉积类型涉及较少。理论上来说，经等深流、内波改造的重力流沉积，成熟度将提高，也能发育具有指向性的沉积构造及特殊层序，还可有效鉴别不同流体性质的沉积。然而，在实际研究过程中，从研究资料来说，地球物理资料重在形态、内部结构特征鉴别，较难甄别地震反射特征类似的沉积体；岩心、现代水文测试、浅钻、浅剖等资料相对较少，并且较难发现有效的沉积记录，多解性也比较强。从流体性质的复杂性来说，不同流向的水流系统，是内波、等深流、重力流等综合作用，还是相同流体受地形等作用形成不同方向的水流形成存在多解性。因此，交互作用的鉴别标志需要完善。

第二节 研究实例的质量与数量

研究实例的数量及质量不仅有利于深水沉积鉴别标志的建立和完善，还可促进深水沉积研究。然而，内波、内潮汐、等深流及交互作用沉积研究实例较少，尽管重力流沉积研究相对较多，但与其他沉积类型相比，研究实例仍然偏少。

一、内波、内潮汐沉积

目前，可以确认的是内波在海洋里较为常见且规模可以很大（南海北部珠江口盆地、琼东南盆地、比斯开湾、西非及东非陆缘等地）。关于内波、内潮汐沉积研究共有 14 个典型实例，其中，8 例位于中国，主要分布在浙江桐庐—临安、塔里木盆地、西秦岭、湖南常德、赣东北、鄂尔多斯盆地西缘及莺歌海盆地等；国外 6 例，分别位于美国弗吉尼亚州、西班牙伊比利亚盆地、伊朗科曼莎盆地、法国东南部、意大利北部亚平宁山脉及阿普利亚区。总体来看，对于一种沉积类型来说，这种实例实在是太少了，难以有效地对该类沉积特征进行总结，更难以有效地阐明其形成机理。

二、等深流沉积

等深流沉积研究实例相对内波、内潮汐沉积研究较多，但是从全球研究实例分布来看，等深流沉积研究以现代为主且多分布在大西洋两岸，特别是大西洋北部，其他地区极少，分布极不平衡。而古代等深流沉积研究实例更少，主要在欧洲，中国古代地层记录中等深流沉积研究开展相对较多。总体而言，等深流沉积研究实例相对三角洲、河流沉积等研究仍然偏少，增加等深流沉积研究实例是有力推进等深流沉积研究的重要手段。

三、重力流沉积

重力流沉积研究在深水沉积研究领域中实例较多，但是，重力流沉积研究大部分都集中在重大含油气盆地，研究实例分布相对不平衡。在诸多研究实例中，被动大陆边缘盆地重力流研究较多，主动大陆边缘研究较少，海上研究较多，野外及实验研究相对较弱，针对不同构造背景、物源供给、坡度等背景下重力流沉积需要持续开展研究。

四、交互作用沉积

内波、内潮汐、等深流与重力流交互作用研究较少，特别是内波、内潮汐与重力流交互作用研究极少。目前，等深流与重力流交互作用沉积研究主要集中在大西洋两侧，特别是加的斯海湾，中国南海北部也有部分研究成果。总体来看，交互作用沉积现代较多，古代较少，并且古代沉积研究中主要是针对几种特殊沉积类型进行研究，如改造砂、单向迁移水道等。因此，增加研究实例是今后开展交互作用沉积研究的重要内容。

第三节 交叉学科及多尺度的综合研究

深水沉积涉及海洋学、泥沙动力学、沉积学、石油地质学及构造地质学等相关理论，需要用到现代水文测试、地球物理、浅钻及传统沉积学手段，因此，需开展多学科及多尺度综合研究。

一、内波、内潮汐沉积

内波、内潮汐沉积与内波、内潮汐的产生、叠加、传播，与海底地形发生的破碎、反射、扩散、衰减及冲流和回流等现象密切相关，而这些现象在海洋物理学中均有较深入的研究。因此，需要及时地将海洋物理学的相关研究成果应用在内波、内潮汐沉积的研究中，进而利用地层记录中内波、内潮汐的沉积特征反演内波、内潮汐的物理特征。目前，有关内波、内潮汐沉积研究的模拟实验还没有开展，没能通过对内波、内潮汐的模拟来对内潮汐沉积进行模拟。

二、等深流沉积

等深流沉积在综合研究方面，国外比国内做得更好。在理论储备和研究手段方面，等深流沉积的特征刻画、形成过程、沉积模式和主控因素需要结合沉积学、泥沙动力学、海洋学、构造地质学、地球物理及气候等方面的理论，利用野外露头、高分辨率地震资料、钻井及测井、岩心、浅钻、多波束扫描、水文测试、地球化学测试及重力活塞样等。

关于等深流沉积的模拟实验尚未见到。利用物理海洋、现代水文、野外露头及模拟实验综合开展多尺度、多维度的等深流沉积研究极为薄弱。

三、重力流沉积

重力流沉积开展研究相对深入，在野外露头、地球物理、现代观测、物理及数值模拟等方面都开展了相关研究。然而，针对重力流沉积研究，现代观测因重力流能量一般较强，破坏能力较强，观测研究实例多是重力流能量较弱或重力流相对不发育的地区，针对重力流的爆发、搬运及沉积过程还缺乏明确的观察与了解。在物理及数值模拟方面，因室内物理模拟不能与自然界深水重力流环境、规模及能量完全相同，尽管在模拟过程中，研究者都尽量与实际条件相近，但仍是针对重力流沉积的主要一个或几个主控因素作用下的沉积响应研究。因此，需要多学科、多手段、多尺度、多维度综合开展不同沉积背景下的重力流沉积研究。

四、交互作用沉积

目前，综合物理海洋、现代观测、地球物理等资料开展现代交互作用沉积的研究相对较多，但是因深水区水体深度大、研究手段有限、地球物理资料精度较低，多属半定量—定量研究。古代地层记录中的交互作用沉积机理研究精度相对较低，多为定性描述性分析。物理模拟研究精度高，但开展极少，模拟条件较为简化，主控因素较为单一，国内尚未开展等深流—重力流混合沉积过程的物理模拟，国外仅开展过等深流与水道—堤岸体系中重力流混合沉积的物理模拟。总之，需要综合多学科、多手段，结合物理海洋资料，开展地球物理（地震、多波束）、水文测试、岩心（浅钻）、分析测试及室内模拟等综合研究，在精度提高的同时，半定量—定量揭示等深流（内波、内潮汐）与重力流混合沉积物的搬运及沉积过程。

第四节　形成机理的研究

内波、内潮汐、等深流及交互作用沉积等研究共同面临研究实例少、有效鉴别标志不完善等类似问题，导致形成机理研究极为薄弱。内波、内潮汐的波—流关系及沉积物的搬运尚待研究。不同路径及背景下等深流的性质及沉积响应尚不清楚。不同性质的水动力相互作用的水动力性质、运动方向、运移路径、沉积物的搬运及卸载之间的内在联系不清楚。不同沉积背景下的重力流性质、沉积单元及沉积展布需要继续研究。

一、内波、内潮汐沉积

从水动力学方面来说，不同周期、不同环境中的密度变化层，不同的扰动源背景下，内波速度、传播方向、周期、波长及波高的变化差异较大。在内波流的形成及运动方面，不同类型的内波与沉积表面相接触时，内波流运动方向、路径、流量及能量变化需要进一步研究。在沉积物搬运、卸载过程研究方面，不同类型的内波（单一、叠加内波）、内波流对沉积物的搬运方式、距离及沉积分布等需要进一步研究。从沉积背景方面来说，水道、峡谷中内波作用最为明显，其对沉积的搬运、改造及沉积过程，主控因素，与其他性质水动力（重力流、等深流、雾浊层等）的相互影响及沉积响应有待继续研究。开阔型沉积环境，如陆坡及台地区，内波沉积的形成过程及影响因素也值得关注。同时，物源的供给及沉积物组分的不同，可能导致内波沉积的形成机理有所差异，如陆缘碎屑物质及碳酸盐岩背景，粗粒与细粒沉积物。因此，不同类型的内波，在不同沉积背景下的搬运、沉积过程及影响因素仍是重要研究内容。此外，由于研究实例有限，对古代内波、内潮汐沉积形成发育的控制因素、形成条件、大地构造背景的认识尚不系统，尤其是它们与古海洋、古气候的关系及其所反映出的古大洋盆地特征与底流流动模式等问题的研究刚刚起步，尚无这方面的系统研究。

二、等深流沉积

等深流沉积的形成过程研究主要是基于野外、地球物理及海洋学开展的定性—半定量研究。然而，等深流具有速度低、规模大、持续时间长的特点，可形成大规模细粒的等深流沉积，在局部特殊地形（限制型水道、路径突变）地区，其速度可能较高，可形成粗粒沉积。等深流沉积形成机理研究主要涉及四个方面的内容：（1）不同速度及通量的等深流在运动过程中对沉积物的搬运能力，包括搬运方式、搬运距离及沉积分布，通常等深流具有层状及螺旋流（紊流）两种特征，不同性质的等深流对沉积物搬运效率差异较大；（2）复杂运移路径下等深流的流体形成、运动路径及沉积过程；（3）不同水深等深流的性质、运动方向、环流系统及沉积响应的关系；（4）古代等深流沉积中等深流系统的恢复及影响因素（古温度、古气候、古盐度及古水深等）。

三、重力流沉积

重力流的沉积响应是研究重力流的有效载体。常见与重力流相关的沉积单元包括峡谷、水道、堤岸、朵叶体及席状砂等。但在其沉积单元及形成机理研究方面还有两个方面尚待加强。

（1）不同沉积单元组合形式（沉积模式）在不同地区各有不同，如扇模式、槽模式、水道—堤岸模式等。但是，即使是扇模式及水道—堤岸模式也存在不同的形式组合及展布规律，影响上述沉积的不同主控因素有哪些？重力流沉积扮演何种角色？浊流、碎屑流等在运动过程中相互转化的控制因素、过程及沉积响应如何？超临界流、临界流及亚临界流浊流的搬运及沉积响应有哪些？如何有效鉴别？各种性质的流体在"源—汇"系统中如何搬运及沉积也是今后研究的重要内容。

（2）重力流在运动、沉积过程中，能量变化和流体性质的相互转变导致的沉积响应。如重力流水道中的复合型、迁移型及加积型水道的形成有何差异？如弯曲水道的形成及演化，低弯曲度和高弯曲度水道形成机理有何差异，是否有内在联系；水道弯曲度、充填过程与哪些因素有关等；重力流水道分叉及决口扇发育规律及影响因素；水道—朵叶体转化的条件及因素；不同影响因素的互补关系如何等。

综上所述，系统对比研究不同背景、不同类型重力流沉积形成机理，探讨其形成过程与重力流性质及流态变化的联系，具体可从两个方面进行：一是基于露头、地震、测井及钻孔等资料，对重力流的物源供给、沉积物分布、粒度、规模、坡度、构造运动及气候等静态因素进行系统的对比研究；二是结合现代观察、物理及数值模拟等手段，对重力流演化过程中的速度、浓度、浊度及弗劳德数等进行动态综合分析，研究重力流的流体演化及沉积动力变化规律，进而研究其沉积响应。

四、交互作用沉积

等深流与重力流交互作用形成机理主要核心问题是两种性质的水动力作用下，沉积物的搬运及沉积规律，这涉及沉积过程及主控因素两个关键问题（内波、内潮汐与重力流交互作用与之类似）。

（1）等深流与重力流相对能量的大小。等深流与重力流流体性质截然不同，两者的相对能量高低与主导地位密切相关，直接控制沉积物的搬运和堆积。等深流速度一般较低（小于0.3m/s），持续时间长且稳定，但其水团规模一般较大，沉积物搬运通量较高，能量总体较强，特别是在海峡或运动路径突变处速度可达3m/s，也可形成规模较大、较粗的等深流沉积（加的斯海湾见粗砂、砾质沉积，鄂尔多斯盆地西南缘发育砂屑、中砂—细砂沉积）。而重力流能量一般较高，速度较大，但具有瞬时性，通常为幕式侵蚀或沉积。然而，重力流因规模（大、小）、部位（底部一般粗，顶部细；头部、颈部、体部及尾部粒度差异较大）、时间（早期、中期、末期及间歇期）、位置（上、中、下陆坡及盆地）及沉积单元（峡谷、水道、水道—堤岸及朵叶体）的不同而导致速度、能量迥异，这导致等深流与重力流共同作用过程复杂多变，在此过程中沉积物何时搬运？如何搬运？搬运至哪？三个问题是今后研究的重要内容。

（2）等深流与重力流交互作用沉积的主控因素。等深流与重力流相对能量的高低使得其水动力性质（牵引流与重力流）、流动强度（Fr）及流态（Re）等有所不同，进而导致沉积物的搬运时间、方式及沉积各有不同。而且除了速度及能量等直接控制因素之外，等深流与重力流交互作用还受物源供给、相对海平面升降、冰期—间冰期、古气候及古构造的影响，因此在开展地质历史时期内的研究还需综合、系统分析其间接控制因素。

第五节　地质信息的发掘与应用研究

深水沉积是开展海洋环流、碳循环、古环境恢复、生态系统、气候变化、矿产资源、地质灾害及地球演化研究的重要载体，内波、内潮汐还对军事及海上设备具有重要影响，但是深水沉积地质信息的挖掘力度及应用推广极为薄弱。

一、内波、内潮汐沉积

目前，对内波、内潮汐沉积的研究意义了解还不充分。内波、内潮汐研究的理论意义在于发展了沉积学理论，同时对古地理、古环境及古气候等方面也有重要意义。此外，内波、内潮汐研究对于油气勘探具有重要的实际意义。水道型内波、内潮汐沉积形成于能量较强的潮流环境，粒度较粗（可达粗砂级），单砂层较厚（可达数米），具有较好的结构成熟度，可作为良好的油气储层。同时，砂级的内波、内潮汐沉积常与深水细粒沉积互层，可形成良好的生储盖组合。目前，国内仅在莺歌海盆地、塔里木盆地见到内波、内潮汐相关油气勘探成果发表（高振中等，1996；杨红君等，2013；郭书生等，2017）。

二、等深流沉积

等深流沉积体可以作为良好的储集体和烃源岩，粗粒和细粒的等深流沉积互层可以形成潜在的地层圈闭。目前，等深流沉积研究重在特征、过程及模式探讨，在油气勘探潜力方面做得很少。根据公开资料发现，与等深流沉积密切相关的油气勘探成功实例主要是阿拉伯克拉通及巴西东部，其他地区未有公开报道。等深流及相关沉积的古环境恢复及地质灾害研究很少。

三、重力流沉积

重力流沉积储层是油气勘探的重要对象。而深水区"源—汇"系统及重力流流体演化对有利储层分布有着重要的影响。尽管重力流通常携带大量的沉积物，但是其砾、砂、泥、水等混杂，重力流沉积通常储集性能差异明显，具有明显的非均质性能。前人对重力流水道、朵叶体等储层研究较为薄弱，研究手段较为单一，主要为地震和露头资料，缺乏丰富的测试资料，对不同类型重力流沉积储层分布规律缺乏综合对比研究。同时，重力流沉积有助于古构造、古气候及古地貌等恢复，也有利于地质灾害的预防。

四、交互作用沉积

等深流与重力流交互作用的沉积类型、规模、分布及演化是古海洋、古气候及古构造等变化的综合体现。同时，等深流与重力流交互作用沉积中，粗粒的等深流沉积、重力流沉积及等深流改造重力流沉积具有良好的油气储集性能，细粒沉积可形成理想的烃源岩及盖层，进而可形成自生自储自盖的油气藏。此外，内波、内潮汐、等深流与重力流共同作用会产生不同规模的侵蚀和沉积，进而形成丘状、陡坡、陡崖及断层等地貌，也会诱发海底滑坡等地质灾害。目前，对于等深流与重力流交互作用沉积相关的古环境研究较为薄弱，油气勘探潜力也未受到足够的重视，地质灾害评估及预测研究更为薄弱。

参 考 文 献

柏道远，周亮，王先辉，等，2007.湘东南南华系—寒武系砂岩地球化学特征及对华南新元古代—早古生代构造背景的制约［J］.地质学报，81（6）：755-771.

鲍志东，朱井泉，江茂生，等，1998.海平面升降中的元素地球化学响应：以塔中地区奥陶纪为例［J］.沉积学报，16（4）：32-36.

蔡俊，吕修祥，焦伟伟，等，2012.内波和内潮汐沉积对深水油气勘探的意义［J］.新疆石油地质，33（1）：52-57.

蔡树群，甘子钧，2001.南海北部孤立子内波的研究进展［J］.地球科学进展，16（2）：215-219.

蔡树群，何建玲，谢皆烁，2011.近10年来南海孤立内波的研究进展［J］.地球科学进展，26（7）：703-710.

曹立辉，杨红丽，杨联贵，2010.两层界面内波的色散和非线性特征［J］.内蒙古大学学报：自然科学版，41（3）：270-275.

陈会军，刘招君，柳蓉，等，2009.银额盆地下白垩统巴音戈壁组油页岩特征及古环境［J］.吉林大学学报，39（4）：669-675.

陈小烩，牟传龙，周恩恩，等，2014.鄂尔多斯西缘中晚奥陶世大坪阶—艾家阶岩相古地理［J］.中国地质，41（6）：2028-2038.

代寒松，陈彬滔，郝晋进，等，2018.滨里海盆地东南缘石炭系MKT组"反向前积"构型的性质［J］.石油与天然气地质，39（6）：1246-1254.

邓昆，周立发，胡朋，2007.香山群辉绿岩地球化学特征及其构造背景［J］.大地构造与成矿学，31（3）：365-371.

丁海军，孟祥化，葛铭，2008.米钵山组复理石中的内潮汐沉积［J］.安徽地质，18（4）：241-247.

丁海军，孟祥化，葛铭，等，2009.贺兰拗拉谷北段奥陶系等深流沉积［J］.地球科学与环境学报，31（1）：58-64.

丁巍伟，李家彪，李军，等，2013.南海珠江口外海底峡谷形成的控制因素及过程［J］.热带海洋学报，32（6）：63-72.

董大忠，邹才能，杨桦，等，2012.中国页岩气勘探开发进展与发展前景［J］.石油学报，33（增刊1）：107-114.

董桂玉，何幼斌，陈洪德，等，2008.湖南石门杨家坪下寒武统杷榔组三段混合沉积研究［J］.地质论评，54（5）：593-601.

董卉子，许惠平，2016.南海北部非线性内波的特征研究及生成模拟［J］.海洋技术学报，35（2）：20-26.

杜涛，吴巍，方欣华，2001.海洋内波的产生与分布［J］.海洋科学，25（4）：25-28.

杜远生，朱杰，顾松竹，等，2007.北祁连造山带寒武系—奥陶系硅质岩沉积地球化学特征及其对多岛洋的启示［J］.中国科学：D辑，37（10）：1314-1329.

范家维，陈孔全，沈均均，等，2020.中扬子地区当阳复向斜奥陶系五峰组—志留系龙马溪组页岩储层特征［J］.石油实验地质，42（1）：69-78.

方国庆，毛曼君，2007.陕西富平上奥陶统遗迹化石及其环境意义［J］.同济大学学报：自然科学版，35（8）：1118-1121.

方文东，施平，龙小敏，等，2005.南海北部孤立内波的现场观测［J］.科学通报，50（13）：1400-1404.

方欣华，杜涛，2004.海洋内波基础和中国海内波［M］.青岛：中国海洋大学出版社：16-52.

方欣华，王景明，1986.海洋内波研究现状简介［J］.力学进展，16（3）：319-330.

方欣华，吴巍，仇德忠，1999.关于南沙海域内波与细结构研究［J］.青岛海洋大学学报，29（4）：537-542.

冯益民，1997.祁连造山带研究概况：历史、现状及展望［J］.地球科学进展，12（4）：307-314.

冯益民，何世平，1995.祁连山及其邻区大地构造基本特征：兼论早古生代海相火山岩的成因环境［J］.西北地质科学，16（1）：92-103.

冯益民，吴汉泉，1992.北祁连山及其邻区古生代以来的大地构造演化初探［J］.西北地质科学，13（2）：61-73.

付建军，庄振业，曹立华，等，2018.美国加州蒙特利湾浊积扇和流道上的沉积物波［J］.海洋地质前沿，34（4）：8-15.

高波，刘忠宝，舒志国，等，2020.中上扬子地区下寒武统页岩气储层特征及勘探方向［J］.石油与天然气地质，41（2）：284-294.

高平，何幼斌，2009.深海大型沉积物波的研究现状与展望［J］.海洋科学，33（5）：92-97.

高胜美，卓海腾，王英民，等，2019.南海北部白云峡谷群富有孔虫砂层沉积特征及发育机制［J］.沉积学报，37（4）：798-811.

高振中，1996.深水牵引流沉积：内潮汐、内波和等深流沉积研究［M］.北京：科学出版社.

高振中，段太忠，1990.华南海相深水重力流沉积相模式［J］.沉积学报，8（2）：9-21.

高振中，何幼斌，李向东，2010.中国地层记录中内波、内潮汐沉积研究［J］.古地理学报，12（5）：515-527.

高振中，何幼斌，张兴阳，等，2000.塔中地区中晚奥陶世内波、内潮汐沉积［J］.沉积学报，18（3）：400-407.

高振中，罗顺社，何幼斌，等，1995.鄂尔多斯地区西缘中奥陶世等深流沉积［J］.沉积学报，13（4）：16-26.

高振中，彭德堂，刘学锋，等，1996.塔里木盆地TZ30井中上奥陶统内潮汐沉积［J］.江汉石油学院学报，18（4）：9-14.

葛肖虹，刘俊来，1999.北祁连造山带的形成与背景［J］.地学前缘，6（4）：223-230.

郭建秋，张雄华，章泽军，2003.江西修水地区中元古界双桥山群修水组内波内潮汐沉积［J］.地质科技情报，22（1）：47-52.

郭建秋，张雄华，章泽军，等，2004.赣西北前寒武系首次发现内波内潮汐沉积［J］.地质科学，39（3）：329-338.

郭书生，高永德，刘博，等，2017.莺歌海盆地内波内潮汐与重力流沉积特征及其油气地质意义［J］.中国海上油气，29（1）：12-22.

郭笑，李华，梁建设，等，2019.坦桑尼亚盆地渐新世深水重力流沉积特征及控制因素［J］.古地理学报，21（6）：971-982.

郭旭升，李宇平，腾格尔，等，2020.四川盆地五峰组—龙马溪组深水陆棚相页岩生储机理探讨［J］.石油勘探与开发，47（1）：193-201.

郭彦如，赵振宇，徐旺林，等，2014.鄂尔多斯盆地奥陶系层序地层格架［J］.沉积学报，32（1）：44-60.

郭彦如，赵振宇，张月巧，等，2016.鄂尔多斯盆地海相烃源岩系发育特征与勘探新领域［J］.石油学报，37（8）：939-951.

郭忠信，杨天鸿，仇德忠，1985.冬季南海暖流及其右侧的西南向海流［J］.热带海洋，4（1）：1-9.

何家雄，夏斌，施小斌，等，2006.世界深水油气勘探进展与南海深水油气勘探前景［J］.天然气地球科学，17（6）：747-752.

何建华，丁文龙，付景龙，等，2014.页岩微观孔隙成因类型研究［J］.岩性油气藏，26（5）：30-35.

何庆,何生,董田,等,2019.鄂西下寒武统牛蹄塘组页岩孔隙结构特征及影响因素[J].石油实验地质,41(4):530-539.

何幼斌,高振中,郭成贤,等,2005.石门杨家坪下寒武统把榔组三段内波和内潮汐沉积研究[J].中国地质,32(1):62-69.

何幼斌,高振中,李建明,等,1998.浙江桐庐地区晚奥陶世内潮汐沉积[J].沉积学报,16(1):1-71.

何幼斌,高振中,罗顺社,等,2004b.宁夏香山群中的内波、内潮汐沉积[C]//第八届古地理学与沉积学学术会议论文摘要集.中国地质学会:50-51.

何幼斌,高振中,罗顺社,等,2007a.陕西陇县地区平凉组三段发现内潮汐沉积[J].石油天然气学报,29(4):28-33.

何幼斌,高振中,张兴阳,2002.塔中地区中—上奥陶统内波内潮汐沉积与油气勘探[J].海相油气地质,7(4):33-40.

何幼斌,高振中,张兴阳,等,2003.塔里木盆地塔中32井中上奥陶统内潮汐沉积[J].古地理学报,5(4):414-425.

何幼斌,黄伟,2015.内潮汐沉积研究及其存在的问题[J].高校地质学报,21(4):623-633.

何幼斌,罗顺社,高振中,等,2004a.内波、内潮汐沉积研究现状与进展[J].江汉石油学院学报,26(1):5-10.

何幼斌,王文广,2017.沉积岩与沉积相[M].北京:石油工业出版社:301-311.

何幼斌,辛长静,罗进雄,等,2007b.深海大型沉积物波的特征与成因[J].矿物岩石地球化学通报,26(增刊):382-383.

贺聪,吉利明,苏奥,等,2017.鄂尔多斯盆地南部延长组热水沉积作用与烃源岩发育的关系[J].地学前缘,24(1):1-9.

洪庆玉,1985.唐王陵组岩石学特征及沉积物重力流[J].石油与天然气地质,6(1):49-63.

胡涛,马力,张云鹏,2008.海南岛南部海区非线性内波特征分析[J].海洋湖沼通报(2):8-15.

黄璐,张家年,吴昊雨,等,2013.弯曲海底峡谷中浊流的三维流动及沉积的初步研究[J].沉积学报,31(6):1001-1007.

黄银涛,姚光庆,朱红涛,等,2016.莺歌海盆地东方区黄流组重力流砂体的底流改造作用[J].石油学报,37(7):854-866.

霍福臣,1989.宁夏地质概论[M].北京:科学出版社:43-68.

吉磊,1994.赣西寒武纪—奥陶纪深水沉积[J].地质学报,68(2):173-184.

姜在兴,赵澂林,雄继辉,1989.皖中下志留统的等深积岩及其地质意义[J].科学通报(20):1575-1576.

姜在兴,赵徵林,刘孟慧,1988.一种沿深水箕状谷纵向搬运的重力流沉积[J].石油实验地质,10(2):106-115.

焦强,庄振业,曹立华,等,2016.南大洋深水沉积物波举例研究[J].海洋地质前沿,32(9):7-16.

金宠,陈安清,楼章华,等,2012.东非构造演化与油气成藏规律初探[J].吉林大学学报,42(增刊2):121-130.

晋慧娟,李育慈,1996.西秦岭北带泥盆系舒家坝组深海陆源碎屑沉积序列的研究[J].沉积学报,14(1):1-10.

晋慧娟,李育慈,方国庆,2002.西秦岭古代地层记录中内波、内潮汐沉积及其成因解释[J].沉积学报,20(1):80-83.

柯自明,尹宝树,徐振华,等,2009.南海文昌海域内孤立波特征观测研究[J].海洋与湖沼,43(3):269-274.

李保华,翦知湣,2001.南沙深海区近10Ma来浮游有孔虫群及海水温跃层演变[J].中国科学:D辑,

31(10): 840-845.

李丙瑞, 范海梅, 田纪伟, 等, 2010. 小振幅海洋内波的演变、破碎和所致混合[J]. 海洋与湖沼, 41(6): 807-815.

李大美, 杨小亭, 2004. 水力学[M]. 武汉: 武汉大学出版社: 71-73.

李华, 2011. 尼日尔三角洲盆地中新统重力流沉积相研究[D]. 武汉: 长江大学.

李华, 何幼斌, 2017. 等深流沉积研究进展[J]. 沉积学报, 35(2): 228-240.

李华, 何幼斌, 2018. 鄂尔多斯盆地西南缘奥陶系平凉组改造砂沉积特征及意义[J]. 石油与天然气地质, 39(2): 384-397.

李华, 何幼斌, 2020. 深水重力流水道沉积研究进展[J]. 古地理学报, 22(1): 161-174.

李华, 何幼斌, 冯斌, 等, 2018. 鄂尔多斯盆地西缘奥陶系拉什仲组深水水道沉积类型及演化[J]. 地球科学, 43(6): 2149-2159.

李华, 何幼斌, 黄伟, 等, 2016. 鄂尔多斯盆地南缘奥陶系平凉组等深流沉积[J]. 古地理学报, 18(4): 631-642.

李华, 何幼斌, 黄伟, 等, 2018. 鄂尔多斯盆地南缘奥陶系平凉组深水沉积特征及其与古环境关系: 以陕西富平赵老峪地区为例[J]. 沉积学报, 36(3): 483-499.

李华, 何幼斌, 李向东, 等, 2010. 宁夏香山群徐家圈组波痕特征及成因分析[J]. 沉积与特提斯地质, 30(1): 18-24.

李华, 何幼斌, 刘朱睿鸷, 等, 2017. 鄂尔多斯盆地西南缘奥陶系平凉组重力流沉积特征[J]. 中国科技论文, 12(5): 1774-1779.

李华, 何幼斌, 谈梦婷, 等, 2022. 深水重力流水道—朵叶体系形成演化及储层分布[J]. 石油与天然气地质, 43(4): 917-928.

李华, 何幼斌, 王振奇, 2011. 深水高弯度水道—堤岸沉积体系形态及特征[J]. 古地理学报, 13(2): 139-149.

李华, 梁建设, 邱春光, 等, 2022. 东非海岸重点盆地渐新世构造事件—沉积体系耦合关系研究[J]. 地质学报, 96(5): 1855-1867.

李华, 马良涛, 严世帮, 等, 2007. 深水大型沉积物波的成因机制[J]. 海洋地质前沿, 23(12): 1-7.

李华, 王英民, 徐强, 等, 2013a. 南海北部第四系深层等深流沉积特征及类型[J]. 古地理学报, 15(5): 637-646.

李华, 王英民, 徐强, 等, 2013b. 深水单向迁移水道—堤岸沉积体特征及形成过程[J]. 现代地质, 27(3): 653-661.

李华, 王英民, 徐强, 等, 2014. 南海北部珠江口盆地重力流与等深流交互作用沉积特征、过程及沉积模式[J]. 地质学报, 88(6): 1120-1129.

李家春, 2005. 水面下的波浪—海洋内波[J]. 力学与实践, 27(2): 1-6.

李建明, 何幼斌, 高振中, 等, 2005b. 湖南桃江半边山前寒武纪内潮汐沉积及其共生沉积特征[J]. 石油天然气学报, 27(5): 545-547.

李建明, 王华, 何幼斌, 等, 2005a. 浙江临安上奥陶统复理石中的内潮汐沉积[J]. 石油天然气学报, 27(1): 1-4.

李琳静, 2012. 内波、内潮汐沉积形成过程中内波传播方向与沉积物搬运方向相反的定量解释[J]. 沉积与特提斯地质, 32(2): 44-48.

李培军, 侯泉林, 孙枢, 等, 1998. 闽西南地区早三叠世溪口组深水沉积及其演化[J]. 中国科学: D辑, 28(3): 219-225.

李群, 陈旭, 徐肇廷, 等, 2009. 南海东北部陆架波折处潮—地作用激发非线性内波的数值模拟[J]. 水动力学研究与进展, 24(6): 724-733.

李日辉，1994. 桌子山中奥陶统公乌素组等积岩的确认及沉积环境［J］. 石油与天然气地质，15（3）：235-240.

李三忠，杨朝，赵淑娟，等，2016b. 全球早古生代造山带Ⅱ：俯冲—增生型造山［J］. 吉林大学学报：地球科学版，46（4）：968-1004.

李三忠，赵淑娟，余珊，等，2016a. 东亚原特提斯洋Ⅱ：早古生代微陆块亲缘性与聚合［J］. 岩石学报，32（9）：2628-2644.

李天斌，1997. 宁夏香山群地层时代的再讨论［J］. 西北地质，18（2）：1-9.

李天斌，1999. 宁夏天景山—米钵山奥陶纪地层地球化学特征［J］. 地层学杂志，23（1）：16-25.

李文厚，梅志超，陈景维，等，1991. 富平地区中—晚奥陶世沉积的古斜坡与古流向［J］. 西安地质学院学报，13（2）：36-41.

李向东，2010. 宁夏香山群徐家圈组深水沉积研究［D］. 武汉：长江大学.

李向东，2013. 关于深水环境下内波、内潮汐沉积分类的探讨［J］. 地质论评，59（6）：1097-1109.

李向东，2020a. 浅议沉积学中的流体问题［J］. 世界地质，39（1）：45-55.

李向东，2020b. 丘状和似丘状交错层理成因机制研究进展［J］. 古地理学报，22（6）：1065-1080.

李向东，2021. 地层记录中内波、内潮汐沉积研究进展及其页岩气勘探意义［J］. 中南大学学报（自然科学版），52（10）：3513-3528.

李向东，陈海燕，2020a. 鄂尔多斯盆地西缘上奥陶统拉什仲组深水等深流沉积［J］. 地球科学，45（4）：1266-1280.

李向东，陈海燕，2020b. 深水环境下古水流方向分析和阻塞浊流沉积的识别：以鄂尔多斯盆地桌子山地区上奥陶统拉什仲组为例［J］. 石油学报，41（11）：1348-1365.

李向东，陈海燕，陈洪达，2019. 鄂尔多斯盆地西缘桌子山地区上奥陶统拉什仲组深水复合流沉积［J］. 地球科学进展，34（12）：1301-1305.

李向东，何幼斌，2019. 宁夏香山群徐家圈组顶部石灰岩地球化学特征及其时代意义［J］. 地球化学，48（4）：325-341.

李向东，何幼斌，2020. 宁夏香山群徐家圈组顶部石灰岩稀土元素特征与沉积介质分析［J］. 吉林大学学报：地球科学版，50（1）：139-157.

李向东，何幼斌，刘训，等，2011c. 宁夏中奥陶统香山群徐家圈组大地构造环境分析［J］. 中国地质，38（2）：374-383.

李向东，何幼斌，罗进雄，等，2011b. 宁夏香山群徐家圈组基本沉积单元［J］. 地质学报：中文版，85（4）：516-525.

李向东，何幼斌，王丹，等，2009a. 宁夏中奥陶统香山群徐家圈组内波和内潮汐沉积［J］. 古地理学报，11（5）：513-523.

李向东，何幼斌，王丹，等，2009b. 贺兰山以南中奥陶统香山群徐家圈组古水流分析［J］. 地质论评，55（5）：653-662.

李向东，何幼斌，张铭记，等，2011a. 宁夏中奥陶统香山群徐家圈组内波、内潮汐沉积类型［J］. 地球科学进展，26（9）：1006-1014.

李向东，何幼斌，郑昭昌，等，2010. 宁夏香山群徐家圈组发现深水复合流沉积构造［J］. 地质学报：中文版，84（2）：221-232.

李向东，阚易，郇雅棋，2017. 桌子山中奥陶统克里摩里组下段薄层状石灰岩垂向序列分析［J］. 地球科学进展，32（3）：276-291.

李向东，郇雅棋，2019. 桌子山奥陶系克里摩里组下段等深暖流沉积及其油气地质意义［J］. 油气地质与采收率，26（4）：15-23.

梁建军，杜涛，2012. 海洋内波破碎问题的研究［J］. 海洋预报，29（6）：22-29.

林缅，袁志达，2005. 振荡流作用下波状底床上流场特性的实验研究［J］. 地球物理学报，48（6）：1466-1474.

刘宝珺，许效松，梁仁枝，1990. 湘西黔东寒武纪等深流沉积［J］. 矿物岩石，10（4）：43-47.

刘宝珺，余光明，王成善，1982. 珠穆朗玛峰地区侏罗系的等深积岩沉积及其特征［J］. 成都地质学院学报，3（2）：1-5.

刘成鑫，纪友亮，胡喜锋，2005. 内潮汐和内波沉积研究现状与展望［J］. 海洋地质动态，21（3）：6-11.

刘国涛，尚晓东，陈桂英，等，2009. 连续层化流体中内波破碎的动力学机制的数值研究［J］. 热带海洋学报，28（1）：1-8.

刘金芳，毛可修，张晓娟，等，2013. 中国海密度跃层分布特征概况［J］. 海洋预报，30（6）：21-27.

刘军，庞雄，颜承志，等，2011. 南海北部陆坡白云深水区浅层深水水道沉积［J］. 石油实验地质，33（3）：255-259.

刘训，李廷栋，耿树方，等，2012. 中国大地构造区划及若干问题［J］. 地质通报，31（7）：1024-1034.

刘增宏，许建平，孙朝辉，等，2011. 吕宋海峡附近海域水团分布及季节变化特征［J］. 热带海洋学报，30（1）：11-19.

马继瑞，林春发，李斌，1985. 太平洋西部赤道区域海流、温度、盐度的分布和变化［J］. 海洋学报：中文版，7（2）：131-142.

马永生，蔡勋育，赵培荣，2018. 中国页岩气勘探开发理论认识与实践［J］. 石油勘探与开发，45（4）：561-574.

孟静，王树亚，陈旭，2017. 分层流体中水平运动源生成内波的表面流场特征［J］. 海洋湖沼通报，39（4）：45-51.

苗凤彬，彭中勤，汪宗欣，等，2020. 雪峰隆起西缘下寒武统牛蹄塘组页岩裂缝发育特征及主控因素［J］. 地质科技通报，39（2）：31-42.

牟传龙，王秀平，王启宇，等，2016. 川南及邻区下志留统龙马溪组下段沉积相与页岩气地质条件的关系［J］. 古地理学报：中文版，18（3）：457-472.

倪善芹，侯泉林，王安建，等，2010. 碳酸盐岩中锶元素地球化学特征及其指示意义［J］. 地质学报，84（10）：1510-1516.

宁夏回族自治区地质矿产局，1996. 宁夏回族自治区岩石地层（全国地层多重划分对比研究64）［M］. 武汉：中国地质大学出版社：3-46.

屈红军，梅志超，李文厚，等，2010. 陕西富平地区中奥陶统等深流沉积的特征及其地质意义［J］. 地质通报，29（9）：1304-1309.

施振生，邱振，董大忠，等，2018. 四川盆地巫溪2井龙马溪组含气页岩细粒沉积纹层特征［J］. 石油勘探与开发，45（2）：339-348.

史久新，赵进平，2003. 北冰洋盐跃层研究进展［J］. 地球科学进展，18（3）：351-357.

司广成，于非，刁新源，2014. 南海北部中尺度涡与内波相遇的特征分析［J］. 海洋科学，38（7）：89-94.

宋诗艳，王晶，孟俊敏，等，2010. 深海内波非线性薛定谔方程的研究［J］. 物理学报，59（2）：1123-1129.

苏梦，王彩霞，陈旭，2017. 均匀流过地形生成内波的实验探究［J］. 海洋湖沼通报，39（5）：1-8.

苏玉芬，乔荣珍，1990. 南极普里兹湾及其邻近海域的温盐跃层［J］. 东海海洋，8（4）：100-107.

孙福宁，杨仁超，樊爱萍，等，2018. 灵山岛下白垩统软沉积物变形构造类型划分及其地质意义［J］. 沉积学报，36（6）：1105-1108.

孙福宁，杨仁超，李冬月，2016. 异重流沉积研究进展［J］. 沉积学报，34（3）：452-462.

孙启良，解习农，吴时国，2021. 南海北部海底滑坡的特征、灾害评估和研究展望［J］. 地学前缘，28

（2）：258-270.

孙昕，杨潘，解岳，2016. 分层水环境曝气诱导形成内波的过程与特性［J］. 中国环境科学，36（9）：2658-2664.

孙运宝，吴世国，王志君，等，2008. 南海北部白云大型海底扇滑坡的几何形态与变形特征［J］. 海洋地质与第四纪地质，28（6）：69-77.

谈明轩，朱筱敏，朱世发，2015. 异重流沉积过程和沉积特征研究［J］. 高校地质学报，21（1）：94-104.

唐武，王英民，仲米虹，等，2016. 异重流研究进展综述［J］. 海相油气地质，21（2）：47-56.

田洋，赵小明，王令占，等，2014. 重庆石柱二叠纪栖霞组地球化学特征及其环境意义［J］. 沉积学报，32（6）：1035-1045.

佟彦明，何幼斌，朱光辉，2007. 深水内波、内潮汐沉积类型及其油气意义［J］. 海相油气地质，12（2）：39-45.

童晓光，2015. 跨国油气勘探开发研究论文集［M］. 北京：石油工业出版社：137-148.

汪品先，2019. 深水珊瑚林［J］. 地球科学进展，34（12）：1222-1233.

王方平，高振中，何幼斌，2004. 塔中低凸起中上奥陶统内潮汐成因砂体储集性能研究［J］. 江汉石油学院学报，26（3）：35-36.

王海荣，王英民，邱燕，等，2007. 南海北部大陆边缘深水环境的沉积物波［J］. 自然科学进展，17（9）：1235-1243.

王宏斌，张光学，杨木壮，等，2003. 南海陆坡天然气水合物成藏的构造环境［J］. 海洋地质与第四纪地质，23（2）：81-86.

王华，陈思，甘华军，等，2015. 浅海背景下大型浊积扇研究进展及堆积机制探讨：以莺歌海盆地黄流组重力流为例［J］. 地学前缘，22（1）：21-34.

王吉良，斋藤文纪，大场忠道，等，2000. 近万年来冲绳海槽温跃层的高分辨率记录［J］. 中国科学：D辑，30（3）：233-238.

王晶，马瑞玲，王龙，等，2012. 采用混合模型数值模拟从深海到浅海内波的传播［J］. 物理学报，61（6）：5.

王宁，何幼斌，李向东，等，2013. 宁夏狼嘴子地区香山群徐家圈组鲕粒石灰岩的特征及成因研究［J/OL］. 中国科技论文在线 . http：//www.paper.edu.cn.

王朋飞，姜振学，韩波，等，2018. 中国南方下寒武统牛蹄塘组页岩气高效勘探开发储层地质参数［J］. 石油学报，39（2）：152-162.

王青春，鲍志东，贺萍，2005. 内波沉积中指向沉积构造的形成机理［J］. 沉积学报，23（2）：255-259.

王青春，贺萍，何幼斌，等，2009. 一种新的沉积构造：类羽状交错层理［J］. 新疆石油地质，30（5）：655-657.

王濡岳，丁文龙，龚大建，等，2016. 渝东南—黔北地区下寒武统牛蹄塘组页岩裂缝发育特征与主控因素［J］. 石油学报，37（7）：832-845.

王少强，吴立新，王慧文，等，2004. 南中国海实验温度场与声传播起伏及内潮特征反演［J］. 自然科学进展，14（6）：635-641.

王展，朱玉可，2019. 非线性海洋内波的理论、模型与计算［J］. 力学学报，51（6）：1589-1604.

王振藩，郑昭昌，1998. 宁夏香山群的时代探讨［J］. 中国区域地质，17（1）：69-73.

王振涛，周洪瑞，王训练，等，2015a. 贺兰山地区中奥陶统樱桃沟组深水牵引流沉积的发现及其意义［J］. 地学前缘，22（2）：221-231.

王振涛，周洪瑞，王训练，等，2015b. 鄂尔多斯盆地西、南缘奥陶纪地质事件群耦合作用［J］. 地质学报，89（11）：1990-2004.

王中刚，于学元，赵振华，1989.稀土元素地球化学［M］.北京：科学出版社：247-278.

魏岗，戴世强，2006.分层流体中运动源生成的内波研究进展［J］.力学进展，36（1）：111-124.

文琼英，李桂林，焦凤臣，等，1987.攀西会理群的碳酸盐滑积岩等深积岩及其构造条件浅析［J］.长春地质学院学报，17（3）：255-265.

吴嘉鹏，王英民，王海荣，等，2012.深水重力流与底流交互作用研究进展［J］.地质论评，58（6）：1110-1120.

吴胜和，冯增昭，1994.鄂尔多斯盆地西缘及南缘中奥陶统平凉组重力流沉积［J］.石油与天然气地质，15（3）：226-234.

吴艳艳，曹海虹，丁安徐，等，2015.页岩气储层孔隙特征差异及其对含气量影响［J］.石油实验地质，37（2）：231-236.

席胜利，李振宏，王欣，等，2006.鄂尔多斯盆地奥陶系储层展布及勘探潜力［J］.石油与天然气地质，27（3）：405-412.

夏华永，刘愉强，杨阳，2009.南海北部沙波区海底强流的内波特征及其对沙波运动的影响［J］.热带海洋学报，28（6）：15-22.

夏林圻，夏祖春，徐学义，2003.北祁连山奥陶纪弧后盆地火山岩浆成因［J］.中国地质，30（1）：48-60.

夏学惠，郝尔宏，2012.中国磷矿床成因分类［J］.化工矿产地质，34（1）：1-14.

肖彬，何幼斌，罗进雄，等，2014.内蒙古桌子山中奥陶统拉什仲组深水水道沉积［J］.地质论评，60（2）：321-331.

肖晖，赵靖舟，熊涛，等，2017.鄂尔多斯盆地古隆起西侧奥陶系烃源岩评价及成藏模式［J］.石油与天然气地质，38（6）：1087-1097.

谢玲玲，2009.西北太平洋环流及其南海水交换研究［D］.青岛：中国海洋大学：65-88.

谢玉洪，范彩伟，2010.莺歌海盆地东方区黄流组储层成因新认识［J］.中国海上油气，22（6）：355-386.

熊亮，2019.川南威荣页岩气田五峰组—龙马溪组页岩沉积相特征及其意义［J］.石油实验地质，41（3）：326-332.

休斯W F，布赖顿J A，2002.流体动力学［M］.徐燕侯，过明道，徐立功，等，译.北京：科学出版社：267-288.

修义瑞，张绪东，尼建军，等，2010.黑潮源区及邻近海域海水密度跃层分析［J］.海洋测绘，30（1）：50-52.

徐焕华，杨忠芳，丁海军，2008.贺兰拗拉谷北段奥陶系等深流烃源岩［J］.西部探矿工程（3）：88-90.

徐黎明，周立发，张义楷，等，2006.香山群沉积岩浆记录及其反映的大地构造环境［J］.西北大学学报：自然科学版，36（3）：442-448.

许淑梅，冯怀伟，李三忠，等，2016.贺兰山及周边地区加里东运动研究［J］.岩石学报，32（7）：2137-2150.

薛珂，张润宇，2019.中国磷矿资源分布及其成矿特征研究进展［J］.矿物学报，39（1）：7-14.

杨朝强，周伟，王玉，等，2022.莺歌海盆地东方区黄流组一段小层划分及海底扇沉积演化主控因素［J］.中国海上油气，34（1）：55-65.

杨海英，肖加飞，李艳桃，等，2017.黔中地区陡山沱期开阳、瓮安磷矿区成矿作用研究现状探讨［J］.地质找矿论丛，32（4）：551-561.

杨红君，郭书生，刘博，等，2013.莺歌海盆地SE区上中新统重力流与内波内潮汐沉积新认识［J］.石油实验地质，35（6）：626-633.

杨仁超，金之钧，孙冬胜，等，2015.鄂尔多斯晚三叠世湖盆异重流沉积新发现［J］.沉积学报，33（1）：

10-20.

杨仁超，尹伟，樊爱萍，等，2017.鄂尔多斯盆地南部三叠系延长组湖相重力流沉积细粒岩及其油气地质意义［J］.古地理学报，19（5）：791-806.

杨树珍，1994.我国内波研究取得新进展［J］.海洋信息，9（6）：3-4.

杨田，操应长，王艳忠，等，2015.异重流沉积动力学过程及沉积特征［J］.地质论评，61（1）：23-33.

杨宗玉，罗平，刘波，等，2019.早寒武世早期热液沉积特征：以塔里木盆地西北缘玉尔吐斯组底部硅质岩系为例［J］.地球科学，44（11）：26.

叶建华，1990.黄海中部的低频内波［J］.青岛海洋大学学报，20（2）：7-16.

叶志敏，张铭，2004.中、低纬太平洋ARGO测站Rossby内波垂直模态的数值计算［J］.海洋通报，23（6）：1-7.

由伟丰，张海清，校培喜，等，2011.北祁连山—阿拉善地区寒武纪构造—岩相古地理［J］.地球科学进展，26（10）：1092-1100.

于炳松，2013.页岩气储层孔隙分类与表征［J］.地学前缘，20（4）：211-220.

虞子冶，施央申，郭令智，1989.广西钦州盆地志留纪—中泥盆世等深流沉积及其大地构造意义［J］.沉积学报，7（3）：21-29.

岳军，郑一，王金良，等，2011.南海内孤立波的周期特性分析［J］.青岛理工大学学报，32（1）：97-100.

云南省地质矿产局，1996.云南省岩石地层（全国地层多重划分对比研究53）［M］.武汉：中国地质大学出版社：60-61.

曾维特，丁文龙，张金川，等，2019.渝东南—黔北地区牛蹄塘组页岩微纳米级孔隙发育特征及主控因素分析［J］.地学前缘，26（3）：220-235.

曾允孚，沈丽娟，何廷贵，1989.滇东磷块岩的沉积环境和成矿机理［J］.矿物岩石，9（2）：45-59.

曾允孚，沈丽娟，何廷贵，等，1994.滇东早寒武世含磷岩系层序地层分析［J］.矿物岩石，14（3）：43-52.

张功成，屈红军，赵冲，等，2017.全球深水油气勘探40年大发现及未来勘探前景［J］.天然气地球科学，28（10）：1447-1477.

张光亚，余朝华，陈忠民，等，2018.非洲地区盆地演化与油气分布［J］.地学前缘，25（2）：1-14.

张进，李锦轶，刘建峰，等，2012.早古生代阿拉善地块与华北地块之间的关系：来自阿拉善东缘中奥陶统碎屑锆石的信息［J］.岩石学报，28（9）：2912-2934.

张进，马宗晋，任文军，2004.再论贺兰山地区新生代之前拉张活动的性质［J］.石油学报，25（6）：8-11.

张进，马宗晋，任文军，等，2007.滑塌堆积在逆冲构造中的作用：以宁夏牛首山中奥陶统米钵山组为例［J］.地学前缘，14（4）：85-95.

张抗，1992.鄂尔多斯盆地西南缘奥陶系滑塌堆积［J］.沉积学报，10（1）：11-18.

张抗，1993.香山群时代讨论［J］.石油实验地质，15（3）：309-316.

张琴，刘畅，梅啸寒，等，2015.页岩气储层微观储集空间研究现状及展望［J］.石油与天然气地质，36（4）：666-674.

张文彪，陈志海，刘志强，等，2015.深水水道形态定量分析及沉积模拟：以西非Gengibre油田为例［J］.石油学报，36（1）：41-49.

张效谦，梁鑫峰，田纪伟，2005.南海北部450 m以浅水层内潮和近惯性运动研究［J］.科学通报，50（18）：2027-2031.

张兴阳，何幼斌，罗顺社，等，2002.内波单独作用形成的深水沉积物波［J］.古地理学报，4（1）：83-89.

张绪东，佟凯，尼建军，等，2004.台湾周边海域密度跃层分析［J］.海洋预报，21（4）：16-27.

张月巧，郭彦如，侯伟，等，2013. 鄂尔多斯盆地西南缘中上奥陶统烃源岩特征及勘探潜力［J］. 天然气地球科学，24（5）：894-904.

赵俊生，耿世江，孙洪亮，等，1992. 中国海洋学文集3：浅海内波研究［M］. 北京：海洋出版社：1-101.

赵晓辰，刘池洋，赵岩，等，2017. 河西走廊过渡带东部香山群硅质岩地球化学特征及其地质意义［J］. 高校地质学报，23（1）：83-94.

郑洽馀，鲁钟琪，1980. 流体力学［M］. 北京：机械工业出版社：262-305.

钟大康，姜振昌，郭强，等，2015. 热水沉积作用的研究历史、现状及展望［J］. 古地理学报，17（3）：285-296.

钟建华，梁刚，2009. 沉积构造的研究现状及发展趋势［J］. 地质论评，55（6）：831-839.

周立发，1992. 阿拉善地块南缘早古生代大地构造特征和演化［J］. 西北大学学报，22（1）：107-115.

周庆杰，李西双，徐元芹，等，2017. 一种基于水深梯度原理的海底滑坡快速识别方法：以南海北部陆坡白云深水区为例［J］. 海洋学报，39（1）：138-147.

周伟，2021. 深水单向迁移水道建造模式与成因机制研究进展［J］. 古地理学报，23（6）：1082-1093.

周燕遐，李炳兰，张义钧，等，2002. 世界大洋冬夏季温度跃层特征［J］. 海洋通报，21（1）：16-22.

周志强，校培喜，2010. 对香山群时代的商榷［J］. 西北地质，43（1）：54-59.

朱勇，1993. 分层流体中混合流体团运动生成内波的研究现状［J］. 力学进展，23（1）：34-41.

邹才能，董大忠，王玉满，等，2016. 中国页岩气特征、挑战及前景（二）［J］. 石油勘探与开发，43（2）：166-178.

邹才能，赵群，董大忠，等，2017. 页岩气基本特征、主要挑战与未来前景［J］. 天然气地球科学，28（12）：1781-1796.

左国朝，刘寄陈，1987. 北祁连早古生代大地构造演化［J］. 地质科学，22（1）：15-24.

ABDI A，GHARAIE M H M，BÁDENAS B，2014. Internal wave deposits in Jurassic Kermanshah pelagic carbonates and radiolarites（Kermanshah area，West Iran）［J］. Sedimentary Geology，314：47-59.

ABREU V，SULLIVAN M，PIRMEZ C，et al.，2003. Lateral accretion packages（LAPs）：An important reservoir element in deep water sinuous channels［J］. Marine and Petroleum Geology，20：631-648.

AGUILAR D A，SUTHERLAND B R，2006. Internal wave generation from rough topography［J］. Physics of Fluids，18：066603.

AKHURST M C，STOW D A V，STOKER M S，2002. Late Quaternary glacigenic contourite，debris flow and turbidite process interaction in the Faroe-Shetland Channel，NW European continental margin［M］// STOW D A V，PUDSEY C J，HOWE J A，et al.，Deep-Water Contourite Systems：Modern Drifts and Ancient Series，Seismic and Sedimentary Characteristics. London：Geological Society，22：73-84.

ALFORD M H，PEACOCK T，MACKINNON J A，et al.，2015. Corrigendum：The formation and fate of internal waves in the South China Sea［J］. Nature，528（7580）：152.

ALGEO T J，MAYNARD J B，2004. Trace-element behavior and redox facies in core shales of Upper Pennsylvanian Kansas-type cyclothems［J］. Chemical Geology，206（3）：289-318.

ALLEN J R L，1984. Sedimentary Structures：Their Character and Physical Basins［M］. Amsterdam：Elsevier，I：1235.

ALLEN P A，1981. Wave-generated structures in the Devonian lacustrine sediments of south-east Shetland and ancient wave conditions［J］. Sedimentology，28（3）：369-379.

ALLEN S E，DURRIEU DE MADRON X，2009. A review of the role of submarine canyons in deep ocean exchange with the shelf［J］. Ocean Science，5（4）：607-620.

ALLER J Y，1997. Benthic community response to temporal and spatial gradients in physical disturbance within a deep-sea western boundray region［J］. Deep-Sea Research I，44：39-69.

ALONSO B, ERCILLA G, CASAS D, et al., 2016. Contourite vs gravity-flow deposits of the Pleistocene Faro Drift (Gulf of Cadiz): Sedimentological and mineralogical approaches [J]. Marine Geology, 377 (8): 77-94.

AMOS K, PEAKALL J, BRADBURY P W, et al., 2010. The influence of bend amplitude and planform morphology on flow and sedimentation in submarine channels [J]. Marine and Petroleum Geology, 27: 1431-1447.

ANKINDINOVA O, AKSU A E, HISCOTT R N, 2020. Holocene sedimentation in the southwestern Black Sea: Interplay between riverine supply, coastal eddies of the Rim Current, surface and internal waves, and saline underflow through the Strait of Bosphorus [J/OL]. Marine Geology, 420 [2020-06-16]. https://doi.org/10.1016/j.margeo, 2019.106092.

ARNOTT R W C, 1993. Quasi-planar-laminated sandstone beds of the Lower Cretaceous Bootlegger Member, north-central Montana: Evidence of combined-flow sedimentation [J]. Journal of Sedimentary Research, 63 (3): 488-494.

ARNOTT R W C, 2012. Turbidites, and the case of the missing dunes [J]. Journal of Sedimentary Research, 82 (6): 379-384.

ARNOTT R W C, SOUTHARD J B, 1990. Exploratory flow-duct experiments on combined-flow bed configurations and some implications for interpreting storm-event stratification [J]. Journal of Sedimentary Petrology, 60 (2): 211-219.

ASHLEY G M, SOUTHARD J B, BOOTHROYD J C, 1982. Deposition of climbing ripple beds: A flume simulation [J]. Sedimentology, 29: 67-79.

BÁDENAS B, POMAR L, AURELL M, et al., 2012. A facies model for internalites (internal wave deposits) on a gently sloping carbonate ramp (Upper Jurassic, Ricla, NE Spain) [J]. Sedimentary Geology, 271: 44-57.

BAILEY W, MCARTHUR A, MCCAFFREY W, 2021. Sealing potential of contourite drifts in deep-water fold and thrust belts: Examples from the Hikurangi margin, New Zealand [J/OL]. Marine and Petroleum Geology, 123 (1): 104776. https://doi.org/10.1016/j.marpetgeo.2020.104776.

BANERJEE I, 1996. Population, trands, and cycles in combined-flow bedforms [J]. Journal of Sedimentary Research, 66 (5): 868-874.

BARAD M F, FRINGER O B, 2010. Simulations of shear instabilities in interfacial internal gravity waves [J]. Journal of Fluid Mechanics, 644: 61-95.

BASILICI G, DE LUCA P H V, POIRÉ D G, 2012. Hummocky cross-stratification-like structures and combined-flow ripples in the Punta Negra Formation (Lower-Middle Devonian, Argentine Precordillera): A turbiditic deep-water or storm-dominated prodelta inner-shelf system? [J]. Sedimentary Geology, 267: 73-92.

BASILICI G, VIDAL A G, 2018. Alternating coarse-and fine-grained sedimentation in Precambrian deep-water ramp (Apiúna Formation, SE of Brazil): Tectonic and climate control or sea level variations? [J]. Precambrian Research, 311: 211-227.

BATES C, 1953. Rational theory of delta formation [J]. AAPG, 37 (9): 2119-2162.

BATURIN G N, 1989. The origin of marine phosphorites [J]. International Geology Review, 31 (4): 327-342.

BEIN A, WEILER Y, 1976. The Cretaceous Talme Yafe formation: a contour current shaped sedimentary prism of calcareous detritus at the continental margin of the Arabian Craton [J]. Sedimentology, 23: 511-532.

BENJAMIN, BROOKE T, 1967. Internal waves of permanent form in fluids of great depth [J]. Journal of Fluid Mechanics, 29 (3): 559-592.

BISCARA L, MULDER T, GONTHIER E, ET AL., 2010. Migrating submarine furrows on Gabonese margin (West Africa) from Miocene to present: Influence of bottom currents? [J] .Geo-Temas, 11: 21-22.

BOUMA A H, 2000. Coarse-grained and fine-grained turbidite systems as end member models: Applicability and dangers [J]. Marine and Petroleum Geology, 17: 137-143.

BOURUET-AUBERTOT P, SOMMERIA J, STAQUET C, 1995. Breaking of standing internal gravity waves through two-dimensional instabilities [J]. Journal of Fluid Mechanics, 285: 265-301.

BOURUET-AUBERTOT P, THORPE S A, 1999. Numerical experiments on internal gravity waves in an accelerating shear flow [J]. Dynamics of Atmospheres and Oceans, 29 (1): 41-63.

BRAMI T R, TENNEY C M, PIRMEZ C, et al., 2000. Late Pleistocene deepwater stratigraphy an depositional processes off shore Trinidad & Tobago using 3D seismic data [C] //WEIMER R M, et al., Global deep-water reservoirs: Gulf coast section-SEPM foundation nob PERKINS F 20th Annual Research Conference: 402-421.

BRANDANO M, RONCA S, DI BELLA L, 2020. Erosion of Tortonian phosphatic intervals in upwelling zones: The role of internal waves [J/OL]. Palaeogeography, Palaeoclimatology, Palaeoecology, 537: 109405. https: //doi.org/10.1016/j.palaeo.2019.109405.

BRANDT P, RUBINO A, ALPERS W, et al., 1997. Internal waves in the Strait of Messina studied by a numerical model and synthetic aperture radar images from the ERS 1/2 satellites [J]. Journal of Physical Oceanography, 27 (5): 648-663.

BROECKER W S, 1991. The great ocean conveyor [J]. Oceanography, 4: 79-89.

BUERGER P, SCHMIDT G M, WALL M, 2015. Temperature tolerance of the coral Porites lutea exposed to simulated large amplitude internal waves (LAIW) [J]. Journal of Experimental Marine Biology and Ecology, 471: 232-239.

BULAT J, LONG D, 2001. Images of the seabed in the Faroe-Shetland Channel from commercial 3D seismic data [J]. Marine Geophysical Researches, 22: 345-367.

CACCHIONE D A, SCHWAB W C, NOBLE M, et al., 1988. Internal tides and sediment movement on Horizon Guyot, mid-Pacific Mountains [J]. Geo-Marine Letters, 8 (1): 11-17.

CAMACHO H, BUSBY C J, KNELLER B, 2002. A new depositional model for the classical turbidite locality at San Clemente State Beach, California [J]. AAPG, 86 (9): 1543-1560.

CAMPBELL D C, MOSHER D C, 2015. Geophysical evidence for widespread Cenozoic bottom current activity from the continental margin of Nova Scotia, Canada [J/OL]. Marine Geology, http: //dx.doi.org/10.1016/j.margeo.2015.10.005.

CAPELLA W, HERNÁNDEZ-MOLINA F J, FLECKER R, et al., 2017. Sandy contourite drift in the Miocene Rifian Corridor (Morocco): Reconstruction of depositional environments in a foreland-basin seaway [J]. Sedimentary Geology, 355: 31-57.

CARTER R M, 1988. The nature and evolution of deep-sea channel systems [J]. Basin Research, 1: 41-54.

CARTER R M, MCCAVE I N, CARTER L, 2004. Leg 181 synthesis: Fronts, flows, drifts, volcanoes, and the evolution of the southwestern gateway to the Pacific Ocean, eastern New Zealand [M/OL] // RICHTER C. Process ODP Science Research, 181. http: //www-odp. tamu. edu/publications/181_SR/synth/synth. htm.

CARTIGNY M J B, VENTRA D, POSTMA G, ET al., 2014. Morphodynamics and sedimentary structures of bedforms under supercritical-flow conditions: New insights from flume experiments [J]. Sedimentology, 61: 712-748.

CASCIANO C, PATACCI M, LONGHITANO S, et al., 2019. Multi-scale analysis of a migrating submarine channel system in a tectonically-confined basin: The Miocene Gorgoglione Flysch Formation, southern Italy [J]. Sedimentology, 66: 205-240.

CASTRO S, HERNÁNDEZ-MOLINA F J, RODRÍGUEZ-TOVAR F J, et al., 2020. Contourites and bottom current reworked sands: Bed facies model and implications [J/OL]. Marine Geology, 428: 106267. https://doi.org/10.1016/j.margeo.2020.106267.

CELMA C, TELONI R, RUSTICHELLI A, 2014. Large-scale stratigraphic architecture and sequence analysis of an early Pleistocene submarine canyon fill, Monte Ascensione succession (Peri-Adriatic basin, eastern central Italy) [J]. International journal of Earth Sciences, 103: 843-875.

CHAO S Y, SHAW P T, WU S Y, 1996. Deep water ventilation in the South China Sea [J]. Deep Sea Research, Part I, 43: 445-466.

CHEN C T A, Wang S L, 1998. Influence of intermediate water in the western Okinawa Trough by the outflow from the South China Sea [J]. Journal of Geophysical Research, 103 (C6): 12683-12688.

CHEN C Y, 2011. A critical review of internal wave dynamics. Part I: Remote sensing andin-situ observations [J]. Journal of Vibration and Control, 18 (3): 417-436.

CHEN G P, VALLE-LEVINSON A, WINANT C D, et al., 2010. Upwelling-enhanced seasonal stratification in a semiarid bay [J]. Continental Shelf Research, 30 (10-11): 1241-1249.

CHEN H, XIE X N, ROOIJ D V, et al., 2014. Depositional characteristics and processes of alongslope currents related a seamount on the northern margin of the Northwest Sub-Basin, South China Sea [J]. Marine Geology, 355: 36-53.

CHEN T, 2005. Tracing tropical and intermediate waters from the South China Sea to the Okinawa Trough and beyond [J]. Journal of Geophysical Research, 110: C05012. DOI: 10.1029/2004 JC002494.

CHEN T, HUANG M H, 1996. A Mid-depth front separating the South China Sea Water and the Philippine Sea Water [J]. Journal of Oceanography, 52: 17-25.

CHEN X H, ZHOU L, WEI K, et al., 2011. The environmental index of the rare earth elements in conodonts: Evidence from the Ordovician conodonts of the Huanghuachang Section, Yichang area [J]. Chinese Science Bulletin, 57 (4): 349-359.

CHEN Y H, YAO G S, WANG X F, et al., 2020. Flow processes of the interaction between turbidity flows and bottom currents in sinuous unidirectionally migrating channels: an example from the Oligocene channels in the Rovuma Basin, offshore Mozambique [J/OL]. Sedimentary Geology, 404, 105680. https://doi.org/10.1016/j.sedgeo.2020.105680.

CHOI W, CAMASSA R, 1999. Fully nonlinear internal waves in a two-fluid system [J]. Journal of Fluid Mechanics, 396: 1-36.

CHOROWICZ J, 2005. The East rift system [J]. Journal of African Earth Sciences, 43: 379-410.

CLARK J D, KENYON N H, PICKERING K T, 1992. Quantitative analysis of the geometry of submarine channels: Implications for the classification of submarine fans [J]. Geology, 20: 633-636.

CLARK J D, Pickering K T, 1996. Architectural elements and growth patterns of submarine channels: Application to hydrocarbon exploration [J], AAPG, 80: 194-221.

COTTER E, 2000. Depositional setting and cyclic development of the lower part of the Witteberg Group (Mid-to Upper Devonian), Cape Supergroup, Western Cape, South Africa [J]. South African Journal of Geology, 103（1）: 1-14.

COUCH E L, 1971. Calculation of paleosalinities from boron and clay mineral data [J] . AAPG Bulletin, 55（10）: 1829-1837.

CROSS N, CUNNINGHAM A, COOK R, et al., 2009. Three-dimensional seismic geomorphology of a deep-water slope-channel system: The Sequoia field, offshore west Nile Delta, Egypt [J] . AAPG, 93（8）: 1063-1086.

CURTIS J B, 2002. Fractured shale-gas systems [J] . AAPG Bulletin, 86（11）: 1921-1938.

DA SILVA J C B, NEWB A L, MAGALHAES J M, 2011. On the structure and propagation of internal solitary waves generated at the Mascarebce Plateau in the Indian Ocean [J] . Deep Sea Research 58（3）: 229-240.

DAMUTH J E, 1975. Echo character of the western equatorial Atlantic floor and its relationship to the dispersal and distribution of terrigenous sediments [J] . Marine Geology, 18: 17-45.

DAMUTH J E, FLOOD R D, KOWSMANN R O, et al., 1988. Anatomy and growth pattern of Amazon deep-sea as revealed by long-rage side-scan sonar (Gloria) and high-resolution seismic studies [J] . AAPG, 72: 885-911.

DAMUTH J E, OLSON H C, 2001. Neogene-Quaternary contourite and related deposition on the West Shetland Slope and Faeroe-Shetland Channel revealed by high-resolution seismic studies [J] . Marine Geophysical Researches, 22: 369-399.

DATTA B, SARKAR S, CHAUDHURI A K, 1999. Swaley cross-stratification in medium to coarse sandstone produced by oscillatory and combined flows: Examples from the Proterozoic Kansapathar Formation, Chhattisgarh Basin, M. P., India [J] . Sedimentary Geology, 129（1-2）: 51-70.

DAUXOIS T, YOUNG W R, 1999. Near-critical reflection of internal waves [J] . Journal Fluid Mechanics, 390（390）: 271-295.

DEPTUCK M E, STEFFENS G S, BARTON M, et al., 2003. Architecture and evolution of upper fan channel-belts on the Niger Delta slope and in the Arabian Sea [J] . Marine and Petroleum Geology, 20: 649-676.

DEPTUCK M E, SYLVESTER Z, PIRMEZ C, et al., 2007. Migration-aggradation history and 3-D seismic geomorphology of submarine channels in the Pleistocene Benin-major Canyon, western Niger Delta slope [J] . Marine and Petroleum Geology, 24: 406-433.

DEY S, ALI S Z, 2019. Bed sediment entrainment by streamflow: State of the science [J] . Sedimentology, 66（5）: 1449-1485.

DICKINSON W R, 1988. Provenance and sediment dispersal in relation to paleotectonics and paleogeography of sedimentary basins [M] //KLEINSPEHN K L, PAOLA C. New perspectives in basin analysis. Berlin: Springer-Verlag: 3-25.

DIETZE H, OSCHLIES A, KÄHLER P, 2004. Internal-wave-induced and double-diffusive nutrient fluxesto the nutrient-consuming surface layer in the oligotrophicsubtropical North Atlantic [J] . Ocean Dynamics, 54: 1-7.

DJORDJECVIC V D, REDEKOPP L G, 1978. The fission and disintegration of internal solitary waves moving over two-dimensional topography [J] . Journal of Physical Oceanography, 8（6）: 1016-1024.

DONG J H, ZHAO W, CHEN H T, et al., 2015. Asymmetry of internal waves and its effects on the ecological environment observed in the northern South China Sea [J] . Deep-Sea Research, 98: 94-101.

DUAN T, GAO Z, ZENG Y, et al., 1993. A fossil carbonate contourite drift on the Lower Ordovician palaeocontinental margin of the middle Yangtze Terrane, Jiuxi, northern Hunan, southern China [J] .

Sedimentary Geology, 82: 271-284.

DUARTE C S L, VIANA A R, 2007. Santos Drift System: Stratigraphic organization and implications for late Cenozoic palaeocirculation in the Santos Basin [M] //VIANA A R, REBESCO M. Economic and Palaeoceanographic Significance of Contourite Deposits. London: Geological Society, 276: 171-198.

DUMAS S, ARNOTT R W C, 2006. Origin of hummocky and swaley cross-stratification: The controlling influence of unidirectional current strength and aggradation rate [J]. Geology, 34 (12): 1073-1076.

DUMAS S, ARNOTT R W C, SOUTHARD J B, 2005. Experiments on oscillatory-flow and combined-flow bed forms: Implications for interpreting parts of the shallow-marine sedimentary record [J]. Journal of Sedimentary Research, 75 (3): 501-513.

DYKSTRA M, 2012. Deep-water tidal sedimentology [M] //DAVIS R A, Jr DALRYMPLE R W. Principles of Tidal Sedimentology. Berlin, Germany: Springer: 371-395.

EGLOFF J, JOHNSON G L, 1975. Morphology and structure of the southern Labrador Sea [J]. Canadian Journal of Earth Sciences, 12: 2111-2133.

EMBLEY R W, LANGSETH M G, 1977. Sedimentation processes on the continental rise of northeastern South America [J]. Marine Geology, 25 (4): 279-297.

EMERY K O, GUNNERSON C G, 1973. Internal Swash and Surf [J]. Proceedings of Nature Academy of Science of USA, 70 (8): 2379-2380.

ERCILLA G, JUAN G, PERIÁÑEZ R, et al., 2019. Influence of alongslope processes on modern turbidite systems and canyons in the Alboran Sea (southwestern Mediterranean) [J]. Deep-Sea Research Part I, 144: 1-16.

FANG G H, FANG W D, FANG Y, et al., 1998. A survey of studies on the South China Sea upper ocean circulation [J]. Acta Oceanography Taiwanica, 37: 1-16.

FANG X H, ZHANG Y L, SUN H L, et al., 1989. An investigation of the properties of low-frequency internal waves in the northeastern China Seas [J]. Chinese Journal of Oceanology and Limnology, 7 (4): 289-299.

FAUGERES J C, STOW D A V, 1993. Bottom-current-controlled sedimentation: A synthesis of the contourite problem [J]. Sedimentary Geology, 82 (1-4): 287-297.

FAUGÈRES J C, GONTHIER E, MULDER T, et al., 2002. Multi-processgenerated sediment waves on the Land Plateau (Bay of Biscay, North Atlantic) [J]. Marine Geology, 182 (324): 279-302.

FAUGÈRES J C, GONTHIER E, STOW D A V, 1984. Contourite drift moulded by deep Mediterranean outflow [J]. Geology, 12: 296-300.

FAUGÈRES J C, IMBERT P, MÉZERAIS M L, et al., 1998. Seismic patterns of a muddy contourite fan (Vema Channel, South Brazilian Basin) and a sandy distal turbidite deep-sea fan (Cap Ferret system, Bay of Biscay): A comparison [J]. Sedimentary Geology, 115: 81-110.

FAUGÈRES J C, LIMA A F, MASSE L, et al., 2002. The Columbia channel-levee system: A fan drift in the southern Brazil Basin [M] //STOW D A V, PUDSEY C J, HOWE J A, et al., Deep-Water Contourite Systems: Modern Drifts and Ancient Series, Seismic and Sedimentary Characteristics. London: Geological Society, 22: 223-238.

FAUGÈRES J C, MEZERAIS M L, STOW D A V, 1993. Contourite drift types and their distribution in the North and South Atlantic Ocean basins [J]. Sedimentary Geology, 82: 189-203.

FAUGÈRES J C, STOW D A V, 2008. Contourite drifts: Nature, evolution and controls [M] //REBESCO M, CAMERLENGHI A. Contourites, Developments in Sedimentology. Amsterdam: Elsevier, 60: 259-288.

FAUGÈRES J C, STOW D A V, IMBERT P, et al., 1999. Seismic features diagnostic of contourite drifts [J].

Marine Geology, 162: 1-38.

FERDELMAN T G, KANO A, WILLIAMS T, et al., 2006. IODP Expedition 307 Drills cold-water coral mound along the Irish continental margin [J]. Scientific Drilling, (2): 11-16.

FETT R W, RABE K, 1977. Satellite observation of internal wave refraction in the South China Sea [J]. Geophysical Research Letters, 4 (5): 189-191.

FLOOD R D, 1983. Classification of sedimentary furrows and a model for furrow initiation and evolution [J]. GSA Bulletin, 94 (5): 630-639.

FLOOD R D, 1988. A lee wave-model for deep-sea mud wave activity [J]. Deep-Sea Research, 35: 973-983.

FLOOD R D, PIPER D J W, 1997. Amazon Fan sedimentation: the relationship to equatorial climate change, continental denudation, and sea-level fluctuations [M] //Proceedings Ocean Drilling Program, Scientific Results, 155: 653-675.

FLOOD R D, SHOR A N, MANELY P D, 1993. Morphology of abyssal mudwaves at Project MUDWAVES sites in the Argentine Basin [J]. Deep-Sea Research Part II: Topical Studies Oceanography, 40: 859-888.

FOFONOFF N P, 1969. Spectral characteristics of internal waves in the ocean [J]. Deep-Sea Research, 16(S): 58-71.

FÖLLMI K B, 2016. Sedimentary condensation [J]. Earth Science Review, 152: 143-180.

FÖLLMI K B, HOFMANN H, CHIARADIA M, et al., 2015. Miocene phosphate-rich sediments in Salento (southern Italy) [J]. Sedimentary Geology, 327: 55-71.

FONNESU M, PALERMO D, GALBIATI M, et al., 2020. A new world-class deep-water play-type, deposited by the syndepositional interaction of turbidity flows and bottom currents: The giant Eocene Coral Field in northern Mozambique [J]. Marine and Petroleum Geology, 111: 179-201.

FOSTER T D, FOLDVIK A, MIDDLETON J H, 1987. Mixing and bottom water formation in the shelf break region of the southern Weddell Sea [J]. Deep-sea Research, 34: 1771-1794.

FU K H, WANG Y H, LAURENT L S, et al., 2012. Shoaling of large-amplitude nonlinear internal waves at Dongsha Atollinthe northern South China Sea [J]. Continental Shelf Research, 37: 1-7.

FUHRMANN A, KANE I A, CLARE M A, et al., 2020. Hybrid turbidite-drift channel complexes: an integrated multiscale model [J/OL]. Geology, 48 (6). https://doi.org/10.1130/G47179.1.

GAO Z Z, ERIKSSON K A, 1991. Internal-tide deposits in an Ordovician submarine channel: Previously unrecognized facies? [J]. Geology, 19 (7): 734-737.

GAO Z Z, ERIKSSON K A, HE Y B, et al., 1998. Deep-Water Traction Current Deposits: A Study of internal tides, internal waves, contour currents and their deposits [M]. Beijing and New York: Science Press; Utrecht and Tokyo: VSP: 1-56.

GAO Z Z, HE Y B, LI J M, et al., 1997. The first internal-tide deposits found in China [J]. Chinese Science Bulletin, 42 (13): 1113-1117.

GAO Z Z, HE Y B, LI X D, et al., 2013. Review of research in internal-wave and internal-tide deposits of China [J]. Journal of Palaeogeography, 2 (1): 57-65.

GARCIA-SOLSONA E, JEANDEL C, LABATUT M, et al., 2014. Rare earth elements and Nd isotopes tracing water mass mixing and particle-seawater interactions in the SE Atlantic [J]. Geochimica et Cosmochimica Acta, 125: 351-372.

GARRETT C J R, MUNK W H, 1972. Space-time scales of internal waves [J]. Geophysical Fluid Dynamics, 3 (3): 225-264.

GARRETT C J R, MUNK W H, 1975. Space-time scales of internal waves: A progress report [J]. Journal of Geophysical Research, 80 (3): 291-297.

GARRETT C J R, MUNK W H, 1979. Internal waves in the ocean [J]. Annual Review Fluid Mechanics, 11 (1): 339-369.

GENNESSEAUX M P, GUIBOUT H, LACOMBE, 1971. Enregistrement de courants de turbidite dans la vallee sous-marine du Var (Alps-Maritimes) [J]. Academy Science Comptes Rendus: Series D, 273: 2456-2459.

GEORGIOPOULOU A, OWENS M, HAUGHTON P D W, 2021. Channel and inter-channel morphology resulting from the long-term interplay of alongslope and downslope processes, NE Rockall Trough, NE Atlantic [J/OL]. Marine Geology, 441: 106624. https://doi.org/10.1016/j.margeo.2021.106624.

GILBERT I M, PUDSEY C J, MURRAY J W, 1998. A sediment record of cyclic bottom-current variability from the northwest Weddell Sea [J]. Sedimentary Geology, 115: 185-214.

GLADSTONE C, MCCLELLAND H L O, WOODCOCK N H, et al., 2018. The formation of convolute lamination in mud-rich turbidites [J]. Sedimentology, 65 (5): 1800-1825.

GONG C L, STEEL R J, WANG Y M, et al., 2016. Shelf-margin architecture variability and its role in sediment-budget partitioning into deep-water areas [J]. Earth-Science Reviews, 154: 72-101.

GONG C L, WANG Y M, PENG X C, et al., 2012. Sediment waves on the South China Sea Slope off southwestern Taiwan: Implications for the intrusion of the Northern Pacific deep water into the South China Sea [J]. Marine and Petroleum Geology, 32: 95-109.

GONG C L, WANG Y M, REBESCO M, et al., 2018. How do turbidity flows interact with contour currents in unidirectionally migrating deep-water channels? [J]. Geology, 46: 551-554.

GONG C L, WANG Y M, ZHENG R C, et al., 2016. Middle Miocene reworked turbidites in the Baiyun Sag of the Pearl River Mouth Basin, northern South China Sea margin: Processes, genesis, and implications [J]. Journal of Asian Earth Sciences, 128: 116-129.

GORDON A L, 1966. Potential temperature, oxygen and circulation of bottom water in the Southern Ocean [J]. Deep-sea Research, 13: 1125-1138.

GUO C, CHEN X, 2014. A review of internal solitary wave dynamics in the northern South China Sea [J]. Progress in Oceanography, 121: 7-23.

GUO C, VLASENKO V, ALPERS W, et al., 2012. Evidence of short internal waves trailing strong internal solitary waves in the northern South China Sea from synthetic aperture radar observations [J]. Remote Sensing of Environment, 124: 542-550.

HABGOOD E L, KENYON N H, MASSON D G, et al., 2003. Deep-water sediment wave fields, bottom currents and channels and gravity flow channel-lobe systems: Gulf of Cadiz, NE Atlantic [J]. Sedimentology, 50: 483-510.

HARCHEGANI F K, MORSILLI M, 2019. Internal waves as controlling factor in the development of stromatoporoid-rich facies of the Apulia Platform margin (Upper Jurassic-Lower Cretaceous, Gargano Promontory, Italy) [J]. Sedimentary Geology, 380: 1-20.

HARMS J C, 1969. Hydraulic significance of some sand ripples [J]. Geological Society of America Bulletin, 80 (3): 363-396.

HATCH J R, LEVENTHAL J S, 1992. Relationship between inferred redox potential of the depositional environment and geochemistry of the Upper Pennsylvanian (Missourian) stark shale Member of the Dennis Limestone, Wabaunsee County, Kansas, U.S.A. [J]. Chemical Geology, 99 (1/2/3): 65-82.

HE Y B, GAO Z Z, 1999. The Characteristics and recognition of internal-tide and internal-wave deposits [J].

Chinese Science Bulletin, 44 (7): 582-589.

HE Y B, GAO Z Z, LUO J X, et al., 2008. Characteristics of internal-wave and internal-tide deposits and their hydrocarbon potential [J]. Petroleum Science, 5 (1): 37-43.

HE Y B, LUO J X, LI X D, et al., 2011. Evidence of internal-wave and internal-tide deposits in the Middle Ordovician Xujiajuan Formation of the Xiangshan Group, Ningxia, China [J]. Geo-Marine Letters, 31 (5-6): 509-523.

HE Y B, LUO J X, XIN C J, et al., 2007. Characteristics and origins of deep-sea large-scale sediment wave [J]. Journal of China University of Geosciences, 18 (S): 305-307.

HE Y L, XIE X N, BENJAMIN C, 2012. Architecture and controlling factors of canyon fills on the shelf margin in the Qiongdongnan Basin, northern South China Sea [J]. Marine and Petroleum Geology, 41: 264-276.

HE Y, DUAN T, GAO Z Z, 2008. Sediment entrainment [M] //REBESCO M, CAMERLENGHI A. Contourites, Developments in Sedimentology. Amsterdam: Elsevier, 60: 101-118.

HEBBELN D, BENDER M, GAIDE S, et al., 2019. Thousands of cold-water coral mounds along the Moroccan Atlantic continental margin: Distribution and morphometry [J]. Marine Geology, 411: 51-61.

HEEZEN B C, HOLLISTER C D, 1963. Evidence of deep-sea bottom currents from abyssal sediments [C]. Abstracts of papers, Internal Association of Physical Oceanography, 13th General Assembly, Internal Union Geodesy and Geophysics, 6: 111.

HEEZEN B C, HOLLISTER C D, 1964. Deep sea current evidence from abyssal sediments [J]. Marine Geology, 1: 141-174.

HEEZEN B C, HOLLISTER C D, 1971. The Face of the Deep [M]. New York: Oxford University Press: 659.

HEEZEN B C, HOLLISTER C D, RUDDIMAN W F, 1966. Shaping of the continental rise by deep geostrophic contour currents [J]. Science, 152: 502-508.

HELLER P, DICKINSON W, 1985. Submarine ramp facies model for delta-fed, sand-rich turbidite systems [J]. The American Association of Petroleum Geologists Bulletin, 69 (6): 960-976.

HERNÁNDEZ-MOLINA F J, LLAVE E, ERCILLA G, et al., 2014. Contourite processes associated with the Mediterranean Outflow Water after its exit from the Strait of Gibraltar: Global and conceptual implications [J]. Geology, 42 (3): 227-230.

HERNÁNDEZ-MOLINA F J, Llave E, Stow D A V, 2008. Continental slope contourites [M] //REBESCO M, CAMERLENGHI A. Contourites, Developments in Sedimentology. Amsterdam: Elsevier, 60: 379-408.

HERNÁNDEZ-MOLINA F J, LLAVE E, STOW D A V, et al., 2006. The contourite depositional system of the Gulf of Cádiz: A sedimentary model related to the bottom current activity of the Mediterranean outflow water and its interaction with the continental margin [J]. Deep-Sea Research II, 53: 1420-1463.

HERNÁNDEZ-MOLINA F J, PATERLINI M, VIOLANTE R, et al., 2009. Contourite depositional system on the Argentine Slope: An exceptional record of the influence of Antarctic water masses [J]. Geology, 37 (6): 507-510.

HERNÁNDEZ-MOLINA F J, SERRA N, STOW D A V, et al., 2011. Along-slope oceanographic processes and sedimentary products around the Iberian margin [J]. Geo-Marine Letters, 31 (5-6): 315-314.

HERNÁNDEZ-MOLINA F J, SIERRO F J, LLAVE E, et al., 2016. Evolution of the gulf of Cadiz margin and southwest Portugal contourite depositional system: Tectonic, sedimentary and paleoceanographic implications from IODP expedition 339 [J]. Marine Geology, 377: 7-39.

HERNÁNDEZ-MOLINA F J, SOTO M, PIOLA A, et al., 2016. A contourite depositional system along the Uruguayan continental margin: Sedimentary, oceanographic and paleoceanographic implications [J]. Marine Geology, 378: 333-349.

HERNÁNDEZ-MOLINA F J, STOW D A V, 2008. Continental slope contourites [M] //REBESCO M, CAMERLENGHI A. Contourites, Developments in Sedimentology. Amsterdam: Elsevier, 60: 379-408.

HERSI O S, ABBASI I A, AL-HARTHY A, 2016. Sedimentology, rhythmicity and basin-fill architecture of a carbonate ramp depositional system with intermittent terrigenous influx: The Albian Kharfot Formation of the Jeza-Qamar Basin, Dhofar, Southern Oman [J]. Sedimentary Geology, 331: 114-131.

HISCOTT R N, HALL F R, PIREMEZ C, 1997. Turbidity-current overspill from Amazon Channel: texture of the silt/sand load, paleoflow from anisotropy of magnetic susceptibility, and implications for flow processes [M] //FLOOD R D, et al., Proceedings Ocean Drilling Program, Science Reports, 155: 53-78.

HOLLISTER C D, HEEZEN B C, 1972. Geological effects of ocean bottom currents [M] //GORDON A L. Studies in physical Oceanography. New York: Gordon and Breach Science Publishers, 2: 37-65.

HOLLITER C D, MCCAVE I N, 1984. sedimentation under deep-sea storms [J]. Nature, 309: 220-225.

HOVIKOSKI J, UCHMAN A, WEIBEL R, et al., 2020. Upper Cretaceous bottom current deposits, northeast Greenland [J]. Sedimentology, 67: 3619-3654.

HOVLAND M, MORTENSEN P B, BRATTEGARD T, et al., 1998. Ahermatypic coral banks off mid-Norway: Evidence for a link with seepage of light hydrocarbons [J]. Palaios, 13 (2): 189-200.

HOWE J A, STOKER M S, STOW D A V, 1994. Late Cenozoic sediment drift complex, northeast Rockall Trough, North Atlantic [J]. Paleoceanography, 9: 989-999.

HOWE J A, STOKER M S, STOW D A V, et al., 2002. Sediment drifts and contourite sedimentation in the northeastern Rockall Trough and Faeroe-Shetland Channel, North Atlantic Ocean [M] //STOW D A V, PUDSEY C J, HOWE J A, et al., Deep-Water Contourite Systems: Modern Drifts and Ancient Series, Seismic and Sedimentary characteristics. London: Geological Society, 22: 65-72.

HSU M K, LIU A K, LIU C, 2000. A study of internal waves in the China seas and Yellow Sea using SAR [J]. Continental Shelf Research, 20 (4-5): 389-410.

HUANG J, LI A, WAN S, 2011. Sensitive grain-size records of Holocene East Asian summer monsoon in sediments of northern South China Sea [J]. Quaternary Research, 75: 734-744.

HUANG Y T, YAO G Q, FAN X Y, 2019. Sedimentary characteristics of shallow-marine fans of the Huangliu formation in the Yinggehai Basin, China [J]. Marine and Petroleum Geology, 110: 403-419.

HUGHES D J, GAGE J D, 2004. Benthic metazoan biomass, community structure and bioturbation at three contrasting deep-water sites on the northwest European continental margin [J]. Progress in Oceanography, 63: 29-55.

HÜNEKE H, STOW D A V, 2008. Identification of ancient contourites: Problems and palaeoceanographic significance [M] //REBESCO M, CAMERLENGHI A. Contourites, Developments in Sedimentology. Amsterdam: Elsevier, 60: 323-344.

ITO M, 1996. Sandy contourites of the Lower Kazusa group in the Boso Pennisula, Japan: Kuroshio-Current-influenced deep-sea sedimentation in a Plio-Pleistocene forearc basin [J]. Journal of Sedimentary Research, 66 (3): 587-598.

JANOCKO M, NEMEC W, HENRIKSEN S, et al., 2013. The diversity of deep-water sinuous channel belts and slope valley-fill complexes [J]. Marine and Petroleum Geology, 41: 7-34.

JOBE Z R, HOWES N C, AUCHTER N C, 2016. Comparing submarine and fluvial channel kinematics: Implications for stratigraphic architecture [J]. Geology, 44 (11): 931-934.

JOBE Z, BERNHARDT A, LOWE D, 2010. Facies and architectural asymmetry in a conglomerate-rich submarine channel fill, Cerro Toro formation, Sierra Del Toro, Magallanes Basin, Chile [J]. Journal of Sedimentary Research, 80: 1085-1108.

JOBE Z, LOWE D R, UCHYTIL S J, 2011. Two fundamentally different types of submarine canyons along the continental margin of Equatorial Guinea [J]. Marine and Petroleum Geology, 28: 843-860.

JONES B G, FERGUSSON C L, ZAMBELLI P F, 1993. Ordovician contourites in the Lachlan Fold Belt, eastern Australia [J]. Sedimentary Geology, 82: 257-270.

JONES B, MANNING D A C, 1994. Comparison of geochemical indices used for the interpretation of palaeoredox conditions in ancient mudstones [J]. Chemical Geology, 111 (1/2/3/4): 111-129.

JOPLING A V, WALKER R G, 1968. Morphology and origin of ripple-driftcross-lamination, with exemples from the Pleistocene of Massachusetts [J]. Journal of Sedimentary Petrology, 38 (4): 971-984.

KÄHLER G, STOW D A V, 1998. Turbidites and contourites of the Palaeogene Lefkara Formation southern Cyprus [J]. Sedimentary Geology, 115: 215-231.

KANO A, FERDELMAN T G, WILLIAMS T, 2010. The pleistocene cooling built challenger mound, a deep-water coral mound in the NE Atlantic: Synthesis from IODP Expedition 307 [J]. The Sedimentary Records, 8 (4): 4-9.

KARL H A, 1986. Internal-wave currents as a mechanism to account for large sand waves in Navarinsky Canyon Head, Bering Sea [J]. Journal of Sedimentary Petroleum, 56 (5): 706-714.

KASE Y, SATO M, NISHIDA N, et al., 2016. The use of microstructures for discriminating turbiditic and hemipelagic muds and mudstones [J]. Sedimentology, 63 (7): 2066-2086.

KEEVIL G M, PEAKALL J, BEST J L, et al., 2006. Flow structure in sinuous submarine channels: Velocity and turbulence structure of an experimental submarine channel [J]. Marine Geology, 229: 241-257.

KENYON N H, AKHMETZHANOV A M, TWICHELL D C, 2002. Sand wave fields beneath the Loop Current, Gulf of Mexico: Reworking of fan sands [J]. Marine Geology, 192: 297-307.

KENYON N H, KLAUCKE I, MILLINGTON J, et al., 2002. Sandy submarine canyon mouth lobes on the western margin of Corsica and Sardinia, Mediterranean Sea [J]. Marine Geology, 184: 69-84.

KHAN Z, ARNOTT R, 2011. Stratal attributes and evolution of asymmetric inner-and outer-bend levee deposits associated with an ancient deep-water channel-levee complex within the Isaac Formation, southern Canada [J]. Marine and Petroleum Geology, 28: 824-842.

KLEIN G D, 1975. Resedimented pelagic carbonate and volcaniclastic sediments and sedimentary structures in Leg 30 DSDP cores from the Western Equatorial Pacific [J]. Geology, 3 (1): 39-42.

KNELLER B C, BRANNEY M J, 1995. Sustained high-density turbidity currents and the deposition of thick massive sands [J]. Sedimentology, 42 (4): 607-616.

KNELLER B C, MCCAFFREY W D, 2003. The interpretation of vertical sequences in turbidite beds: The influence of longitudinal flow structure [J]. Journal of Sedimentary Research, 73 (5): 706-713.

KOLLA V, EITTREM S, SULLIVAN L, et al., 1980. Current-controlled abyssal microtopography and sedimentation in Mozambique basin, Southwest Indian Ocean [J]. Marine Geology, 34: 171-206.

KOLLA V, POSAMENTIER H W, Wood L J, 2007. Deep-water and fluvial sinuous channels: Characteristics, similarities and dissimilarities, and modes of formation [J]. Marine and Petroleum Geology, 24: 388-405.

KOLLA V, SULLIVAN L, STREETER S S, et al., 1976. Spreading of Antarctic Bottom Water and its effects on the floor of the Indian Ocean inferred from Bottom-water potential temperature, turbidity, and sea-floor photography [J]. Marine Geology, 21: 171-189.

KOSTIC S, 2011. Modeling of submarine cyclic steps: Controls on the formation, migration, and architecture [J]. Geosphere, 7 (2): 294-304.

KRAEMER L M, OWEN R M, DICKENS G R, 2000. Lithology of the upper gas hydrate zone, Blake Outer Ridge: A link between diatoms, porosity, and gas hydrate [M] //PAULL C K, MATSUMOTO R, WALLACE P J, et al., Process Ocean Drilling Program. [S. L.]: Science Research, 164: 229-236.

KRAUSS W, 1999. Internal tides resulting from the passage of surface tides through an eddy field [J]. Journal of Geophysical Research, 104 (C8): 18323-18331.

KUBOTA T, 1978. Weakly-nonlinear, long internal gravity waves in stratified fluids of finite depth [J]. Journal of Hydronautics, 12 (4): 157-165.

KUNZE E, ROSENFELD L K, Carter G S, et al., 2002. Internal waves in Monterey submarine canyon [J]. Journal of Physical Oceanography, 32: 1890-1913.

KURODA Y, MITSUDERA H, 1995. Observation of internal tides in the East China Sea with an underwater sliding vehicle [J]. Journal of Geophysical Research-atmospheres, 100 (C6): 10801-10816.

KUVAAS B, LEITCHENKOV G, 1992. Glaciomarine turbidite and current controlled deposits in Prydz Bay, Antarctica [J]. Marine Geology, 108: 365-381.

LABOURDETTE R, 2007. Integrated three-dimensional modeling approach of stacked turbidite channels [J]. AAPG, 91 (11): 1603-1618.

LABOURDETTE R, BEZ M, 2010. Element migration in turbidite systems: random or systematic depositional processes? [J]. AAPG, 94 (3): 345-368.

LAFOND E C, 1966. Internal waves [M] //FAIRBRIDGE R W. The Encyclopedia of Oceangraphy. New York: Reinhold: 402-408.

LAIRD M G, 1972. Sedimentology of the Greenland Group in the Paparoa Range, west coast, south island N Z [J]. Journal of Geology and Geophysics, 15 (3): 372-393.

LAMB M P, MYROW P M, LUKENS C, et al., 2008. Deposits from wave-influenced turbidity currents: Pennsylvanian Minturn Formation, Colorado, USA [J]. Journal of Sedimentary Research, 78 (7): 480-498.

LAVALEYE M S S, DUINEVELD G C A, BERGHUIS E M, et al., 2002. A comparison between the megafauna communities on the N. W. Iberian and Celtic continental margins-effects of coastal upwelling? [J]. Progress in Oceanography, 52: 459-476.

LEE I H, LIEN R C, LIU J T, et al., 2009. Turbulent mixing and internal tidesin Gaoping (Kaoping) Submarine Canyon, Taiwan [J]. Journal of Marine Systems, 76: 383-396.

LEEUW J, EGGENHUISEN J T, CARTIGNY M J B, 2016. Morphodynamics of submarine channel inception revealed by new experimental approach [J]. Nature Communications, 7: 100886. DOI: 10.1038/ncomms10886 (2016).

LEGG S, ADCROFT A, 2003. Internal wave breaking at concave and convex slopes [J]. Journal of Physical Oceanography, 33 (11): 2224-2246.

LI D, CHEN X, LIU A, 2011. On the generation and evolution of internal solitary waves in the northwestern South China Sea [J]. Ocean Modelling, 40 (2): 105-119.

LI H, HE Y B, WANG Z Q, 2010. Morphologic and sedimentary characteristics of a deep-water high sinuous channel-levee System in the Niger continental margin [J]. Geo-Temas, 11: 99-100.

LI H, VAN LOON A J, HE Y B, 2020. Cannibalism of contourites by gravity flows: Explanation of the facies distribution of the Ordovician Pingliang Formation along the southern margin of the Ordos Basin, China [J]. Canadian Journal of Earth Sciences, 57: 331-347.

LI H, VAN LOON (TOM), HE Y, 2019. Interaction between turbidity currents and a contour current: A rare example from the Ordovician of Shaanxi province, China [J]. Geologos, 25 (1): 15-30.

LI H, WANG Y M, ZHU W L, et al., 2013. Seismic characteristics and processes of the Plio-Quaternary unidirectionally migrating channel sand contourites in the northern slope of the South China Sea [J]. Marine and Petroleum Geology, 43: 370-380.

LI J, LI W, ALVES T M, et al., 2019. Different origins of seafloor undulations in a submarine canyon system, northern South China Sea, based on their seismic character and relative location [J]. Marine Geology, 413: 99-111.

LI P, KNELLER B, THOMPSON P, et al., 2018. Architectural and facies organisation of slope channel fills: Upper Cretaceous Rosario Formation, Baja California, Mexico [J]. Marine and Petroleum Geology, 92: 632-649.

LIANG W D, TANG T Y, YANG Y J, et al., 2003. Upper-ocean currents around Taiwan [J]. Deep-sea Research Part II, 50: 1085-1105.

LING S X, WU X Y, REN Y, et al., 2015. Geochemistry of trace and rare earth elements during weathering of black shale profiles in Northeast Chongqing, Southwestern China: Their mobilization, redistribution, and fractionation [J]. Geochemistry, 75 (3): 403-417.

LIU A K, SU F C, HSU M K, et al., 2013. Generation and evolution of mode-two internal waves in the South China Sea [J]. Continental Shelf Research, 59: 18-27.

LOBO F J, LÓPEZ-QUIRÓS A, HERNÁNDEZ-MOLINA F J, et al., 2021. Recent morpho-sedimentary processes in Dove Basin, southern Scotia Sea, Antarctica: A basin-scale case of interaction between bottom currents and mass movements [J/OL]. Marine Geology, 441: 106598. https://doi.org/10.1016/j.margeo.2021.106598.

LONSDALE P, NORNAARK W R, NEWMAN W A, 1972. Sedimentation and erosion on Horizon Guyot [J]. GSA Bulletin, 83 (2): 289-316.

LOUCKS R G, REED R M, RUPPEL S C, et al., 2012. Spectrum of pore types and networks in mudrocks and a descriptive classification for matrix-related mudrock pores [J]. AAPG Bulletin, 96 (6): 1071-1098.

LOVELL J P B, STOW D A V, 1981. Identification of ancient sandy contourites [J]. Geology, 9: 347-349.

LOWE D R, 1982. Sediment gravity flows II: Depositional models with special reference to the deposits of high-density turbidity currents [J]. Journal of Sedimentary Petrology, 52 (1): 279-297.

LOWE D R, 1988. Suspended-load fallout rate as an independent variable in the analysis of current structures [J]. Sedimentology, 35 (1): 765-776.

LUAN X W, LU Y T, FAN G Z, Et al., 2021. Deep-water sedimentation controlled by interaction between bottom current and gravity flow: A case study of Rovuma Basin, East Africa [J/OL]. Journal of African Earth Sciences, 180 (2): 104228. https://doi.org/10.1016/j.jafrearsci.2021.104228.

LUAN X W, ZHANG L, PENG X C, 2011. Dongsha erosive channel on northern South China Sea Shelf and its induced Kuroshio South China Sea Branch [J]. Science in China Series D: Earth Science, 55: 149-158.

LÜDMANN T, WONG H K, BERGLAR K, 2005. Upward flow of Northern Pacific Deep Water in the northern South China Sea as deduced from the occurrence of drift sediments [J]. Geophysical Research Letters, 32: LO5614.

MAHANJANE E S, 2014. The Davie fracture zone and adjacent basin in the offshore Mozambique Margin: A new insights for the hydrocarbon potential [J]. Marine and Petroleum Geology, 57: 561-571.

MALDONADO A, BARNOLAS A, BOHOYO F, et al., 2005. Miocene to recent contourite drifts development in the northern Weddell Sea (Antarctica) [J]. Global and Planetary Change, 45: 99-129.

MARCHÈS E, MULDER T, CREMER M, et al., 2007. Contourite drift construction influenced by capture of Mediterranean Outflow Water deep-sea current by the Portimão submarine canyon (Gulf of Cadiz, South Portugal) [J]. Marine Geology, 242 (4): 247-260.

MARCHÈS E, MULDER T, GONTHIER E, et al., 2010. Perhed lobe formation in the Gulf of Cadiz : Interactions between gravity processes and contour currents (Algarve Margin, Southern Porgal) [J]. Sedimentary Geology, 229: 81-90.

MARTÍN-CHIVELET J, FREGENAL-MARTÍNEZ, CHACÓN B, 2003. Mid-depth calcareous contourites in the latest Cretaceous of Caravaca (Subbetic Zone, SE Spain): Origin and paleohydrological significance [J]. Sedimentary Geology, 163: 131-146.

MARTÍN-CHIVELET J, FREGENAL-MARTÍNEZ, CHACÓN B, 2008. Traction structures in contourites [M] //REBESCO M, Camerlenghi A. Contourites, Developments in Sedimentology. Amsterdam: Elsevier, 60: 159-182.

MASSÉ L, FAUGÈRES J C, HROVATIN V, 1998. The interplay between turbidity and contour current processes on the Columbia Channel fan drift, South Brazil Basin [J]. Sedimentary Geology, 115: 111-132.

MATEU-VICENS G, POMAR L, FERRÁNDEZ-CAÑADELL C, 2012. Nummulitic banks in the upper Lutetian 'Buil level', Ainsa Basin, South Central Pyrenean Zone: The impact of internal waves [J]. Sedimentology, 59 (2): 527-552.

MAXWORTHYT, 1979. A note on the internal solitary waves produced by tidal flow over a three-dimensional ridge [J]. Journal of Geophysical Research, 84 (C1): 338-346.

MAYALL M, JONES E, CASEY M, 2006. Turbidite channel reservoirs : Key elements in facies prediction and effective development [J]. Marine and Petroleum Geology, 23: 821-841.

MCCAVE I N, 1981. Nepheloid layers [M] //SELLEY R C, COCKS L R M, Plimer I R. [S. L.]: Encyclopedia of Geology, 5: 8-17.

MCCAVE I N, 1986. Local and global aspects of the bottom nepheloid layers in the world ocean [J]. Netherlands Journal of Sea Research, 20: 167-181.

MCDONOUGH K J, Bouanga E, Pierard C, et al., 2013. Wheeler transformed 2D seismic data yield fan chronostratigraphy of offshore Tanzania [J]. The Leading Edge, 32 (2): 162-170.

MENARD H W, 1952. Deep ripple marks in the sea [J]. Journal of Sedimentary Petrology, 22 (1): 3-9.

MENCARONI D, URGELES R, CAMERLENGHI A, Et al., 2021. A mixed turbidite-contourite system related to a major submarine canyon : the Marquês de Pombal Drift (south-west Iberian margin) [J]. Sedimentology, 68 (1). DOI: 10.1111/sed.12844.

MERCIER M J, VASSEUR R, DAUXOIS T, 2011. Resurrecting dead-water phenomenon [J]. Nonlinear Processes in Geophysics, 18: 193-208.

MICHELS K, ROGENHAGEN J, KUHN G, 2001. Recognition of contour-current influence in mixed contourite-turbidite sequences of the western Weddell Sea, Antarctica [J]. Marine Geophysical Researches, 22: 465-485.

MIDDLETON G V, HAMPTON M A, 1973. Sediment gravity flows : Mechanics of flow and deposition [C]. SEPM Pacific section short course: 1-38.

MILLIKEN K L, RUDNICKI M, AWWILLER D N, et al., 2013. Organic matter-hosted pore system,

Marcellus Formation (Devonian), Pennsylvania [J]. AAPG Bulletin, 97 (2): 177-200.

MIRAMONTES E, GARZIGLIA S, SULTAN N, et al., 2018. Morphological control of slope instability in contourites: A geotechnical approach [J]. Landslides, 15: 1085-1095.

MIRAMONTES E, THIÉBLEMONT A, BABONNEAU N, et al., 2021. Contourite and mixed turbidite-contourite systems in the Mozambique Channel (SW Indian Ocean): Link between geometry, sediment characteristics and modelled bottom currents [J/OL]. Marine Geology, 437: 106502. https://doi.org/10.1016/j.margeo.2021.106502.

MITCHUM R M, 2014. Interaction between deepwater current drifts (contourites) and canyon fill-slope valley turbidites, Cretaceous and Tertiary sediments of offshore West Africa [C]. AAPG 2014 annual convention & exhibition, USA, 06983.

MORAES M A S, MACIEL W B, BRAGA M S S, et al., 2007. Bottom-current reworked Palaeocene-Eocene deep-water reservoirs of the Campos Basin, Brazil [M]. London: Geological Society: 81-94.

MORSILLI M, POMAR L, 2012. Internal waves vs. surface storm waves: A review on the origin of hummocky cross-stratification [J]. Terra Nova, 24 (4): 273-282.

MUACHO S, DA SILVA J C B, BROTAS V, et al., 2014. Chlorophyll enhancement in the central region of the Bay of Biscay as a result of internal tidal wave interaction [J]. Journal of Marine Systems, 136: 22-30.

MULDER T, ALEXANDER J, 2001. The physical character of subaqueous sedimentary density flows and their deposits [J]. Sedimentology, 48 (2): 269-299.

MULDER T, FAUGÈRES J-C, GONTHIER E, 2008. Mixed turbidite-contourite systems [M]//REBESCO M, CAMERIENGHI A. Contourites, Developments in Sedimentology. Amsterdam: Elsevier, 60: 435-456.

MULDER T, MIGEON S, SAVOYE B, et al., 2001. Inversely graded turbidite sequences in the deep Mediterranean: A record of deposits from flood-generated turbidity currents? [J]. Geo-Marine Letters, 21 (2): 86-93.

MULDER T, RAZIN P, FAUGERES J C, 2009. Hummocky cross-stratification-like structures in deep-sea turbidites: Upper Cretaceous Basque basins (Western Pyrenees, France) [J]. Sedimentology, 56 (4): 997-1015.

MULDER T, SYVITSKI J P M, 1995. Turbidity current generated at river mouths during exceptional discharges to the world oceans [J]. Journal of Geology, 103 (3): 285-299.

MULDER T, SYVITSKI J P M, MIGEON S, et al., 2003. Marine hyperpycnal flows: Initiation, behavior and related deposits. A review [J]. Marine and Petroleum Geology, 20: 861-882.

MULLER P, OLBERS D J, WILLBRAND J, 1978. The IWEX spectrum [J]. Journal of Geophysical Research, 83 (C1): 479-500.

MUNK W, 1981. Internal waves and small-scale processes [M]//WARREN B A, C WUNSCH. Evolution of physical oceanography. Cambridge: Massachusetts Institute of Technology: 264-291.

MURRAY R B, 1994. Chemical criteria to identify the depositional environment of chert: General principles and applications [J]. Sedimentary Geology, 90 (3-4): 213-232.

MUTTI E, BERNOULLI D, LUCCHI F R, et al., 2009. Turbidites and turbidity currents from alpine 'flysch' to the exploration of continental margins [J]. Sedimentology, 56 (1): 267-318.

MUTTI E, LUCCHI F R, 1972. Turbidites of the northern Apennines: Introduction to facies analysis [J]. International Geology Review, 20: 125-166.

MUTTI M, BERNOULLI D, 2003. Early marine lithification and hardground development on a Miocene ramp (Maiella, Italy): Key surfaces to track changes in trophic resources innontropical carbonate settings [J]. Journal of Sedimentary Research, 73 (2): 296-308.

MYROW P M, FISCHER W, GOODGE J W, 2002. Wave-modified turbidites: Combined-flow shoreline and shelf deposits, Cambrian, Antarctica [J]. Journal of Sedimentary Research, 72 (5): 641-656.

MYROW P M, SOUTHARD J B, 1991. Combined-flow model for vertical stratification sequences in shallow marine storm-deposited beds [J]. Journal of Sedimentary Petrology, 61 (2): 202-210.

NIELSEN T, KUIJPERS A, KNUTZ P, 2008. Seismic expression of contourite depositional systems [M] // REBESCO M, CAMERLENGHI A. Contourites, Developments in Sedimentology. Amsterdam: Elsevier, 60: 301-322.

NITANI H, 1972. Beginning of Kuroshio. Kurohsio: Physical aspects of Japan Current [M]. Washington: University of Washington Press: 129-163.

NORMANDEAU A, CAMPBELL D C, CARTIGNY B, 2019. The influence of turbidity currents and contour currents on the distribution of deep-water sediment waves offshore eastern Canada [J]. Sedimentology, 66: 1746-1757.

NORMARK W R, 1970. Growth patterns of deep-sea fans [J]. AAPG, 54: 2170-2195.

NORMARK W R, 1978. Fan valleys, channels, and depositional lobes on modern submarine fans: Characters for recognition of sandy turbidite environments [J]. The American Association of Petroleum Geologists, 62 (6): 912-931.

NORMARK W R, PIPER D J W, 1991. Initiation processes and flow evolution of turbidity currents: implications for the depositional record [M] //OSBORNE R H. From shoreline to abyss: Contributions in marine geology in honor of Shepard F P: 207-230. Oklahoma: SEPM, 46.

NORMARK W R, PIPER D J W, HESS G R, 1979. Distributary channels, sand lobes, and mesotopography of Navy submarine fan, California Borderland, with applications to ancient fan sediments [J]. Sedimentology, 26: 749-774.

NORMARK W R, PIPER D J W, HISCOTT R N, 1988. Sean level controls on the textural and depositional architecture of the Hueneme and associated submarine fan systems, Santa Monica Basin, California [J]. Sedimentology, 45: 53-70.

NØTTVEDT A, KREISA R D, 1987. Model for the combined-flow origin of hummocky cross-stratification [J]. Geology, 15 (4): 357-361.

NOZAKI Y, ZHANG J, AMAKAW H, 1997. The fractionation between Y and Ho in the marine environment [J]. Earth and Planetary Science Letters, 148 (1-2): 329-340.

ONO H, 1975. Algebraic solitary waves in stratified fluids [J]. Journal of the Physical Society of Japan, 39 (4): 1082-1091.

PANDOLPHO B T, KLEIN A H F, DUTRA I, et al., 2021. Seismic record of a cyclic turbidite-contourite system in the northern Campos Basin, SE Brazil [J/OL]. Marine Geology, 434: 106422. https://doi.org/10.1016/j.margeo.2021.106422.

PARKER G, 2008. Cyclic septs: A phenomenon of supercritical shallow flow from the high mountains to the bottom of the ocean [C]. 2nd International Symposium on shallow flows.

PARKER G, GARCIA M, FUKUSHIMA Y, et al., 1987. Experiments on turbidity currents over an erodible bed [J]. Journal of Hydraulic Research, 25 (1): 123-147.

PARSONS D R, PEAKALL J, AKSU A E, et al., 2010. Gravity-driven flow in a submarine channel bend: Direct field evidence of helical flow reversal [J]. Geology, 38: 1063-1066.

PEQUEGNAT W E, 1972. A deep bottom current on the Mississippi Cone [J]. Contribution on the physicaloceanography of the Gulf of Mexico, 2: 65-87.

PERILLO M M, BEST J L, YOKOKAWA M, et al., 2014. A unified model for bedform development and equilibrium under unidirectional, oscillatory and combined-flows [J]. Sedimentology, 61 (7): 2063-2085.

PERRY R B, SCHIMKE G R, 1965. Large-amplitude internal waves observed off the northwest coast of Sumatra [J]. Journal of Geophysical Research, 70 (10): 2319-2324.

PETER J M, GOODFELLOW W D, 1996. Mineralogy, bulk and rare earth element geochemistry of massive sulphide-associated hydrothermal sediments of the Brunswick Horizon, Bathurst Mining Camp, New Brunswick [J]. Canadian Journal of Earth Sciences, 33 (2): 252-283.

PICKERING K T, HISCOTT R N, 2015. deep marine systems: processes, deposits, environments, tectonics and sedimentation [M]. New Jersey: Wiley: 330-334.

PICKERING K T, HISCOTT R N, KENYON N H, et al., 1995. Atlas of deep water environments: architectural style in turbidite systems [M]. London: CHAPMAN & HALL, 333.

PICOT M, MARSSET L D, DENNIELOU B, et al., 2016. Controls on turbidite sedimentation: Insights from a quantitative approach of submarine channel and lobe architecture (Late Quaternary Congo Fan) [J]. Marine and Petroleum Geology, 72: 423-446.

PIRMEZ C, FLOOD R D, 1995. Morphology and structure of Amazon Channel [C] //Proceeding Ocean Drilling Program, Initial Report, College Station, Texas. USA: Ocean Drilling Program.

POMAR L, MOLINA J M, RUIZ-ORTIZ P A, et al., 2019. Storms in the deep: Tempestite and beach-like deposits in pelagic sequences (Jurassic, Subbetic, South of Spain) [J]. Marine and Petroleum Geology, 107: 365-381.

POMAR L, MORSILLI M, HALLOCK P, et al., 2012. Internal waves, an under-explored source of turbulence events in the sedimentary record [J]. Earth-Science Reviews, 111 (1): 56-81.

POPESCU I, LERICOLARIS G, PANIN N, et al., 2001. Later Quaternary channel avulsions on the Danube deep-sea fan, Black Sea [J]. Marine Geology, 179: 25-37.

POSAMENTIER H W, 2003. Depositional elements associated with a basin floor channel-levee system: Case study from Gulf of Mexico [J]. Marine and Petroleum Geology, 20: 677-690.

POSAMENTIER H W, KOLLA V, 2003. Seismic geomorphology and stratigraphy of depositional elements in deep-water settings [J]. Journal of Sedimentary Research, 73 (3): 367-388.

POSAMENTIER H W, WALKER V, 2006. Facies Models Revisited [M]. Oklahoma: SEPM: 473-476.

POSTMA G, KLEVERLAAN K, CARTIGNY M J B, 2014. Recognition of cyclic steps in sandy and gravelly turbidite sequences, and consequences for the Bouma facies model [J]. Sedimentology, 61 (7): 2268-2290.

POSTMA G, NEMEC W, KLEINSPEHN K L, 1988. Large floating clasts in turbidites: A mechanism for their emplacement [J]. Sedimentology, 58: 47-61.

PRAVE A R, DUKE W L, 1990. Small-scale hummocky cross-stratification in turbidites: A form of antidune stratification? [J]. Sedimentology, 37 (3): 531-539.

QI H W, HU R Z, SU W C, et al., 2004. Continental hydrothermal sedimentary siliceous rock and genesis of superlarge germanium (Ge) deposit hosted in coal: A study from the Lincang Ge deposit, Yunnan, China [J]. Science China Earth Sciences, 34 (11): 973-984.

QUIN J M, 2011. Is most hummocky cross-stratification formed by large-scale ripples? [J]. Sedimentology, 58 (6): 1414-1433.

RAAF DE J F M, BOERSMA J R, GELDER V A, 1977. Wave-generated structures and sequences from a shallow marine succession, Lower Carboniferous, County Cork, Ireland [J]. Sedimentology, 24 (4):

451-483.

RASMUSSEN E S, 1994. The relationship between submarine canyon fill and sea-level change: An example from Middle Miocene offshore Gabon, West Africa [J]. Sedimentary Geology, 90: 61-75.

RASMUSSEN S, LYKKE-ANDERSEN H, KIJPERS A, et al., 2003. Post-Miocene sedimentation at the continental rise of Southeast Greenland: the interplay between turbidity and contour currents [J]. Marine Geology, 196: 37-52.

RATTRAY M, 1960. On the coastal generation of internal tides [J]. Tellus, 12 (1): 54-62.

READING H G, RICHARD M, 1994. Turbidite Systems in Deep-Water Basin Margins Classified by Grain Size and Feeder System [J]. AAPG, 78 (5): 792-822.

REBESCO M, HERNÁNDEZ-MOLINA, ROOIJ D V, et al., 2014. Contourites and associated sediments controlled by deep-water circulation processes: State-of-the-art and future considerations [J]. Marine Geology, 352: 111-154.

REBESCO M, STOW D A V, 2001. Seismic Expression of Contourites and Related Deposits: A Preface [J]. Marine Geophysical Researches, 22: 303-308.

REED D L, MEYER A W, SILVER E A, et al., 1987. Contourite sedimentation in an intraoceanic forearc system: Eastern Sunda Arc, Indonesia [J]. Marine Geology, 76: 223-242.

REEDER D B, MA B B, YANG Y J, 2011. Very large subaqueous sand dunes on the upper continental slope in the South China Sea generated by episodic, shoaling deep-water internal solitary waves [J]. Marine Geology, 279 (1-4): 12-18.

REEDER M S, ROTHWELL G, STOW D A V, 2002. The Sicilian gateway: Anatomy of the deep-water connection between East and West Mediterranean basins [M] //STOW D A V, PUDSEY C J, HOWE J A, et al., Deep-Water Contourite Systems: Modern Drifts and Ancient Series, Seismic and Sedimentary Characteristics. London: Geological Society, 22: 171-190.

RICHARD P C, RITCHIE J D, THOMSON A R, 1987. Evolution of deep-water climbing dunes in the Rokall Trough-implications for overflow currents across the Wyville-Thomson Ridge in the Late Miocene [J]. Marine Geology, 76: 177-183.

RINKE K, HÜBNER I, PETZOLDT T, et al., 2007. How internal waves influence the vertical distribution of zooplankton [J]. Freshwater Biology, 52: 137-144.

ROBERTS J, 1975. Internal gravity waves in the ocean [M]. New York: Marcel Dekker.

RODRIGUES S, HERNÁNDEZ-MOLINA F J, Kirby A, 2021. A Late Cretaceous mixed (turbidite-contourite) system along the Argentine margin: paleoceanographic and conceptual implications [J/OL]. Marine and Petroleum Geology, 123: 104768. https: //doi.org/10.1016/j.marpetgeo.2020.104768.

ROOIJ D V, IGLESIAS J, HERNÁNDEZ-MOLINA F J, et al., 2010. The Le Danois contourite depositional system: Interactions between the Mediterranean Outflow Water and the upper Cantabrian slope [J]. Marine Geology, 274: 1-20.

SAID A, MODER C, CLARK S, et al., 2015. Sedimentary budgets of the Tanzania coastal basin and implications for uplift history of the East African rift system [J]. Journal of African Earth Science, 111: 288-295.

SALLER A H, NOAH J T, RUZUAR A P, et al., 2004. Linked lowstand delta to basin-floor fan deposition offshore Indonesia: An analog for deep-water reservoir systems [J]. AAPG, 88: 21-46.

SALLER A, DHARMASAMADHI I N W, 2012. Controls on the development of valleys, canyons, and unconfined channel-levee complexes on the Pleistocene Slope of East Kalimantan, Indonesia [J]. Marine and Petroleum Geology, 29: 15-34.

SALLES T, MARCHÈS E, GRIFFITHS C, et al., 2010. Simulation of the interactions between gravity processes and contour currents on the Algarve Margin (South Portugal) using the stratigraphic forward model Sedsim [J]. Sedimentary Geology, 229: 95-109.

SALMAN G, SBDULA I, 1995. Development of the Mozambique and Ruvuma sedimentary basins, offshore Mozambique [J]. Sedimentary Geology, 96 (1/2): 7-41.

SCHÄFER W, 1956. Wirkungen der Benthos-Organismen auf den jungen Schichtver band [J]. Senck enbergiana Lethaea, 37: 183-263.

SCHENAU S J, SLOMP C P, DE LANGE G J, 2000. Phosphogenesis and active phosphoriteformation in sediments from the Arabian Sea oxygen minimum zone [J]. Marine Geology, 169 (1-2): 1-20.

SCHEUER C, GOHL K, UDINTSEV G, 2006. Bottom-current control on sedimentation in the western Bellingshausen Sea, West Antarctica [J]. Geo-Marine Letters, 26: 90-101.

SCHIEBER J, SOUTHARD J B, KISSLING P, et al., 2013. Experimental deposition of carbonate mud from moving suspensions: Importance of flocculation and Implications for modern and ancient carbonate mud deposition [J]. Journal of Sedimentary Research, 83 (11): 1025-1031.

SCHWENK T, SPIE β V, HÜBSCHER C, et al., 2003. Frequent channel avulsions within the active channel-levee system of the middle Bengal Fan: An exceptional channel-levee development derived from Parasound and Hydrosweep data [J]. Deep-Sea Research II, 50: 1023-1045.

SÉRANNE M, ABEIGNE C R, 1999. Oligocene to Holocene sediment drifts and bottom currents on the slope of Gabon continental margin (west Africa): Consequences for sedimentation and southeast Atlantic upwelling [J]. Sedimentary Geology, 128: 179-199.

SHANMUGAM G, 1997. The Bouma Sequence and the turbidite mind set [J]. Earth-Science Reviews, 42: 201-229.

SHANMUGAM G, 2000. 50 years of the turbidite paradigm (1950s—1990s): Deep-water processes and facies models: A critical perspective [J]. Marine and Petroleum Geology, 17 (2): 285-342.

SHANMUGAM G, 2003. Deep-marine tidal bottom currents and their reworked sands in modern and ancient submarine canyons [J]. Marine and Petroleum Geology, 20 (5): 471-491.

SHANMUGAM G, 2013. Modern internal waves and internal tides along oceanic pycnoclines: Challenges and implications for ancient deep-marine baroclinic sands [J]. AAPG Bulletin, 97 (5): 799-843.

SHANMUGAM G, 2013. New perspective on deep-water sandstones: implication [J]. Petroleum Exploration and Development, 40 (3): 316-324.

SHANMUGAM G, 2014. Review of research in internal-wave and internal-tide deposits of China: Discussion [J]. Journal of Palaeogeography, 3 (4): 332-350.

SHANMUGAM G, MOIOLA R J, 1995. Reinterpretation of depositional processes in a classic flysch sequence (Pennsylvanian Jackfork Group), Ouachita Mountains, Arkansas and Oklahoma [J]. AAPG, 79 (5): 672-695.

SHANMUGAM G, SPALDING T D, Rofheart D H, 1993. Process sedimentology and reservoir quality of deep-marine bottom-current reworked sands (sandy contourites): An example from the Gulf of Mexico [J]. AAPG, 77 (7): 1241-1259.

SHANMUGAM G, SPALDING T D, Rofheart D H, 1993. Traction structures in deep-marine bottom-current reworked sands in the Pliocene and Pleistocene, Gulf of Mexico [J]. Geology, 21: 929-932.

SHAO L, LI X J, GENG J H, et al., 2007. Deep water bottom current deposition in the northern South China Sea [J]. Science in China Series D: Earth Science, 50: 1060-1066.

SHAW P T, CHAO S Y, 1994. Surface circulation in the South China Sea [J]. Deep Sea Research Part I:

Oceanographic Research Papers, 41: 1663-1683.

SHEPARD E P, 1977. Geological Oceanography: evolution of coast, continental margin, and the deep-sea floor [M]. New York: Crane, Russak & Company, 214.

SHEPARD F P, 1976. Tidal components of currents in submarine canyons [J]. Journal of Geology, 84: 343-350.

SHEPARD F P, 1981. Submarine canyons: Multiple causes and long-time persistence [J]. AAPG Bulletin, 65: 1062-1077.

SHEPARD F P, MARSHALL N F, MCLOUGHLIN P A, et al., 1979. Currents in submarine canyons and other sea valleys [J]. AAPG Studies in Geology, 8: 1-13.

SHIELDS G A, WEBB G E, 2004. Has the REE composition of seawater changed over geological time [J]. Chemistry Geology, 204 (1/2): 103-107.

SINGH P, SLATT R, BORGES G, et al., 2009. Reservoir characterization of unconventional gas shale reservoirs: Example from the Barnett Shale, Texas, USA [J]. Oklahoma City Geological Society, 60 (1): 15-31.

SLACK J F, GRENNE T, BEKKER A, et al., 2007. Suboxic Deep Seawater in the Late Paleoproterozoic: Evidence from Hematitic Chert and Iron Formation related to Seafloor-Hydrothermal Sulfide Deposits, Central Arizona, USA [J]. Earth and Planetary Science Letters, 255 (1-2): 243-256.

SONG S G, Niu Y L, Su L, et al., 2013. Tectonics of the North Qilian Orogen, NW China [J]. Gondwana Research, 23: 1378-1401.

SOUTHARD J B, CACCHIONE D A, 1972. Experiments on bottom sediment movement by breaking internal waves [M] //SWIFT D J, DUANE D B, PILKEY O H. Shelf Sediment Transport: Process and Pattern. Stroudsburg Hutchinson & Ross: 83-97.

SOUTHARD J B, LAMBIE J M, FEDERICO D C, et al., 1990. Experiments on bed configurations in fine sands under bidirectional purely oscillatory flow, and the origin of hummocky cross-stratification [J]. Journal sedimentary Petrology, 60: 1-17.

SOUZA CRUZ C E, 1998. South Atlantic paleoceanographic events recorded in the Neogene deep water section of the Campos Basin, Brazil [J]. AAPG, 82: 1883-1984.

STANLEY D J, 1987. Turbidite to current-reworked sand continuum in Upper Cretaceous rocks, U. S. Virgin Islands [J]. Marine Geology, 78 (1-2): 143-151.

STANLEY D J, 1988. Deep-sea current flow in the Late Cretaceous Caribbean: measurements in St. Croix, U. S. Virgin Islands [J]. Marine Geology, 79 (1-2): 127-133.

STANLEY D J, 1993. Model for turbidite-to-contourite continuum and multiple process transport in deep marine settings: Example in the rock record [J]. Sedimentary Geology, 82 (1-4): 241-255.

STOW D A V A, SMILLIE Z, 2020. Distinguishing between deep-water sediment facies: Turbidites, contourites and hemipelagites [J]. Geosciences, 10 (68). DOI: 10.3390/geosciences 10020068.

STOW D A V, 2005. Sedimentary rocks in the field. A colour guide [M]. London: Manson Publishing, 320.

STOW D A V, FAUGÈRES J C, 2008. Contourite facies and the facies model [M] //REBESCO M, CAMERLENGHI A. Contourites, Developments in Sedimentology. Amsterdam: Elsevier, 60: 224-250.

STOW D A V, FAUGÈRES J C, VIANA A, et al., 1998. Fossil contourites: A critical review [J]. Sedimentary Geology, 115: 3-31.

STOW D A V, HERNÁNDEZ-MOLINA F J, LLAVE E, et al., 2009. Bedform-velocity matrix: The estimation of bottom current velocity from bedform observation [J]. Geology, 37 (4): 327-330.

STOW D A V, HERNÁNDEZ-MOLINA F J, LLAVE E, et al., 2013. The Cadiz Contourite Channel: Sandy contourites, bedforms and dynamic current interaction [J]. Marine Geology, 343: 99-114.

STOW D A V, HUC A Y, BERTRAND P, 2001. Depositional processes of black shales in deep water [J]. Marine and Petroleum Geology, 18 (4): 491-498.

STOW D A V, HUNTER S, WILKINSON D, et al., 2008. The nature of contourite deposition [M] // REBESCO M, CAMERLENGI A. Contourites, Developments in Sedimentology. Amsterdam: Elsevier, 60: 143-156.

STOW D A V, JOHANSSON M, 2000. Deep-water massive sands: nature, origin and hydrocarbon implications [J]. Marine and Petroleum Geology, 17 (2): 145-174.

STOW D A V, KAHLER G, REEDER M, 2002. Fossil contourites: type example from an Oligocene palaeoslope system, Cyprus [M] //STOW D A V, PUDSEY C J, HOWE J A, et al., Deep-water contourite systems: Modern drifts and ancient series, seismic and sedimentary characteristics. London: Geological Society, 22: 443-455.

Stow D A V, Lovell J P B, 1979. Contourites: Their recognition in modern and ancient sediments [J]. Earth-Science Reviews, 14: 251-291.

STOW D A V, MAYALL M, 2000. Deep-water sedimentary systems: New models for the 21st century [J]. Marine and Petroleum Geology, 17 (2): 125-135.

STOW D A V, PIPER D J W, 1984. Deep-water fine sediments: Facies models [M] //STOW DAV, PIPER D J W. Fine-grained sediments: Deep-water processes and facies. London: Geological Society, 15: 611-645.

STOW D A V, PUDSEY J A, HOWE J C, et al., 2002. Deep-water contourite systems: Modern drifts and ancient series, seismic and sedimentary characteristics [M]. London: Geological Society.

STOW D A V, TABREZ A, 1998. Hemipelagites: Facies, processes and models [M]. London: Geological Society, 129: 317-338.

SUGITANI K, 1992. Geochemical characteristics of Archean cherts and other sedimentary rocks in the Pilbara Block, Western Australia: Evidence for Archean seawater enriched in hydrothermally-derived iron and silica [J]. Precambrian Research, 57 (1): 21-47.

SUMNER E J, AMY L A, TALLING P J, 2008. Deposit structure and processes of sand deposition from decelerating sediment suspensions [J]. Journal of Sedimentary Research, 78 (8): 529-547.

SWIFT D J P, FIGUEIREDO A G, Jr FREELAND G L, et al., 1983. Hummocky cross-stratification and megaripples: A geological double standard? [J]. Journal of Sedimentary Petrology, 53 (4): 1295-1317.

THOMSEN L, VAN WEERING T, GUST G, 2002. Processes in the benthic boundary layer at the Iberian continental margin and their implication for carbon mineralization [J]. Progress in Oceanography, 52: 315-329.

THORPE S A, 1975. The excitation, dissipation and interaction of internal wave in the deep ocean [J]. Journal of Geophysical Research, 80 (3): 328-338.

THORPE S A, 1999. On the breaking of internal waves in the ocean [J]. Journal of Physical Oceanography, 29 (9): 2433-2441.

TIERCELIN J J, COHEN A S, SOREGHAN M, et al., 1992. Sedimentation in large rift lakes: Example from the Middle Pleistocene-Modern deposits of the Tanganyika Trough, East Africa Rift System [J]. Bulletin des Centres de Recherche Exploration Production Elf Aquitaine, 16 (1): 83-111.

TINTERRI R, MAGALHAES P M, TAGLIAFERRI A, et al., 2016. Convolute laminations and load structures in turbidites as indicators of flow reflections and decelerations against bounding slopes: Examples from the Marnoso-arenacea Formation (northern Italy) and Annot Sandstones (south eastern France) [J]. Sedimentary Geology, 344: 382-407.

TURNER R E L, VANDEN-BROECK J M, 1988. Broadening of interfacial solitary waves [J]. Physics of Fluids, 31 (9): 2486-2490.

UMEYAMA M, SHINTANI T, 2004. Visualization analysis of runup and mixing of internal waves on an upper slope [J]. Journal of Waterway Port Coastal and Ocean Engineering, 130 (2): 89-97.

VESCOGNI A, VERTINO A, BOSELLINI F R, et al., 2018. New paleo-environment al insights on the Miocene condensed phosphatic layer of Salento (southern Italy) unlocked by the coral-mollusc fossil archive [J/OL]. Facies, 64: 7. https://doi.org/10.1007/s10347-018-0520-9.

VIANA A R, ALMEIDA J W, NUNES M C V, et al., 2007. The economic importance of contourites [M] //VIANA A R, REBESCO M. Economic and Palaeoceanographic Significance of Contourite Deposits. London: Geological Society, 276: 1-23.

VIANA A R, DE ALMEIDA J W, DE ALMEIDA C W, 2002. Upper slope sands: Late Quaternary shallow-water sandy contourites of Campos Basin, SW Atlantic margin[M]//STOW D A V, PUDSEY C, HOWE J A, et al., Deep-water contourites: Modern drifts and ancient series, seismic and sedimentary characteristics. London: Geological Society, 22: 261-270.

VIANA A R, FAUGÈRES J C, STOW D A V, 1998. Bottom-current-controlled sand deposits: A review of modern shallow-to deep-water environments [J]. Sedimentary Geology, 115: 53-80.

VIANA A R, REBESCO M, 2007. Economic and palaeoceanographic significance of contourite deposits [M]. London: Geological Society, 276: 350.

VLASENKO V, GUO C C, STASHCHUK N, 2012. On the mechanism of a-type and b-type internal solitary wave generation in the northern South China Sea [J]. Deep-Sea Research I, 69: 100-112.

WALKER R G, 1978. Deep-Water Sandstone Facies and Ancient Submarine Fans: Models for Exploration for Stratigraphic Traps [J]. The American Association of Petroleum Geologists, 62 (6): 932-966.

WALKER R G, PLINT A G, 1992. Wave- and storm-dominated shallow marine systems [J] //WALKER R G, James N P. Facies Models. Geological Association of Canada: 219-238.

WALTER RK, STASTNA M, WOODSON CB, et al., 2016. Observations of nonlinear internal waves at a persistent coastal upwelling front [J]. Continental Shelf Research, 117: 100-117.

WANG H R, YUAN S Q, GAO H F, et al., 2010. The contourite system and the framework of contour current circulation in the South China Sea [J]. Geo-Temas, 11: 189-190.

WANG H Z, LO LACONO C, WIENBERG C, et al., 2019. Cold-water coral mounds in the southern Alboran Sea (western Mediterranean Sea): Internal waves as an important driver for mound formation since the last deglaciation [J]. Marine Geology, 412: 1-18.

WANG Z, FAN R Y, ZONG R W, et al., 2021. Composition and spatiotemporal evolution of the mixed turbidite-contourite systems from the Middle Ordovician, in western margin of the North China Craton [J/OL]. Sedimentary Geology, 421: 105943. https://doi.org/10.1016/j.sedgeo.2021.105943.

WEBSTER T F, 1968. Observation of inertial period motions in the deep sea [J]. Reviews of Geophysics, 6 (4): 473-490.

WEIMER P, SLATT R M, 2007. Introduction to the petroleum geology of deepwater settings [M]. Oklahoma: SEPM, 344.

WETZEL A, WERNER F, STOW D A V, 2008. Bioturbation and biogenic sedimentary structures in contourites [M] //REBESCO M, CAMERLENGI A. Contourites, Developments in Sedimentology.

Amsterdam : Elsevier, 60: 183-202.

WIGLEY R, COMPTON J S, 2007. Oligocene to Holocene glauconite-phosphorite grains from the head of the Cape Canyon on the western margin of South Africa [J]. Deep-Sea Research, 54 (11-13): 1375-1395.

WITBAARD R, DAAN R, MULDER M, et al., 2005. The mollusc fauna along a depth transect in the Faroe Shetland Channel : Is there a relationship with internal waves? [J]. Marine Biology Research, 1 (3): 186-201.

WOOD R, DAVY B, 1994. The Hikurangi Plateau [J]. Marine Geology, 118: 153-173.

WU L Y, XIONG X J, LI X L, et al., 2016. Bottom currents observed in and around a submarine valley on the continental slope of the northern South China Sea [J]. Journal of Ocean University of China, 15 (6): 947-957.

WUNSCH C, 1975. Internal tides in the ocean [J]. Reviews of Geophysics (Space Physics), 13 (1): 167-182.

WUNSCH C, WEBB S, 1979. The climatology of deep ocean internal waves [J]. Journal of Physical Oceanography, 9 (2): 235-243.

WYNN R B, CRONIN B T, PEAKALL J, 2007. Sinuous deep-water channels : Genesis, geometry and architecture [J]. Marine and Petroleum Geology, 24: 341-387.

WYNN R B, MASSON D G, 2008. Sediment waves and bedforms [M] //REBESCO M, CAMERLENGHI A. Contourites, Developments in Sedimentology. Amsterdam : Elsevier, 60: 289-300.

WYNN R B, STOW D A V, 2002. Classification and characterisation of deep-water sediment waves [J]. Marine Geology, 192: 7-22.

WYRTKI K, 1961. Scientific results of marine investigations of the South China Sea and the Gulf of Thailand 1959—1961 [R]. Naga Report, University of California at San Diego, 2: 1-195.

XU J X, CHEN Z W, XIE J S, et al., 2016. On generation and evolution of seaward propagating internal solitary waves in the north western South China Sea [J]. Communication in Nonlinear Science & Numerical, 32: 122-136.

XUE H, CHAI F, PETTIGREW N, et al., 2004. Kuroshio intrusion and the circulation in the South China Sea [J]. Journal of Geophysical Research, 109 (C2). DOI : 10.1029/2002 JC 001724.

YAWAR Z, SCHIEBER J, 2017. On the origin of silt laminae in laminated shales [J]. Sedimentary Geology, 360: 22-34.

YERKES R F, GORSLINE D S, RUSNAK G A, 1967. Origin of Redondo submarine canyon, southern California [R]. U. S. Geological Survey, Professional Paper.

YU S, LI S, ZHAO S J, et al., 2015. Long history of a Grenville Orogen Relic of the North Qinling Terrane : Evolution of the Qinling Orogenic Belt from Rodinia to Gondwana [J]. Precambrian Research, 271: 98-117.

YU W C, ALGEO T J, DU Y S, et al., 2016. Genesis of Cryogenian Datangpo manganese deposit : Hydrothermal influence and episodic post-glacial ventilation of Nanhua Basin, South China [J]. Palaeogeography, Palaeoclimatology, Palaeoecology, 459 (1): 321-337.

YU X H, STOW D A V, SMILLIE Z, ET AL., 2020. Contourite porosity, grain size and reservoir characteristics [J/OL]. Marine and Petroleum Geology, 117: 104392. https : //doi.org/10.1016/j.marpetgeo.2020.104392.

YUAN D L, 2002. A numerical study of the South China Sea deep circulation and its relation to the Luzon Strait transport [J]. Acta Oceanologica Sinica, 21: 187-202.

YUAN S Q, WU S G, LÜDMANN T, ET AL., 2009. Fine-grained Pleistocene deepwater turbidite channel system on the slope of Qiongdongnan Basin, northern South China Sea [J]. Marine and Petroleum Geology, 26: 1441-1451.

ZHANG J, ZHANG Y P, XIAO W X, et al., 2015. Linking the Alxa Terrane to the eastern Gondwana during the Early Paleozoic: Constraints from detrital zircon U-Pb ages and Cambrian sedimentary records [J]. Gondwana Research, 28 (3): 1168-1182.

ZHAO X C, LIU C Y, WANG J Q, et al., 2017. Petrology, geochemistry and zircon U-Pb geochronology of the Xiangshan Group in the eastern Hexi Corridor Belt: Implications for provenance and tectonic evolution [J]. Acta Geologica Sinica (English Edition), 91 (5): 1680-1703.

ZHAO Y Y, ZHENG Y F, CHEN F K, 2009. Trace element and strontium isotope constraints on sedimentary environment of Ediacaran carbonates in southern Anhui, South China [J]. Chemical Geology, 265 (2): 345-362.

ZHOU W, WANG Y M, GAO X Z, et al., 2015. Architecture, evolution history and controlling factors of the Baiyun submarine canyon system from the Middle Miocene to Quaternary in the Pearl River Mouth Basin, northern South China Sea [J]. Marine and Petroleum Geology, 67: 389-407.

ZHU M, GRAHAM S, PANG X, ET AL., 2010. Characteristics of migrating submarine canyons from the middle Miocene to present: Implications for paleoceanographic circulation, northern South China Sea [J]. Marine and Petroleum Geology, 27: 307-319.

ZWAAN G J, JORISSEN F J, STIGTER H C, 1990. The depth dependency of planktonic/benthic foraminiferal ratios: Constraints and applications [J]. Marine Geology, 95 (1): 1-16.